Begründet von:
Ernst Greb †, Ludwigsburg
Alfred Kemper, Sindelfingen
Gottfried Quinzler, Sindelfingen

Gedruckt auf Papier aus
chlorfrei gebleichtem Zellstoff,
säurefrei.

1. Auflage 1 5 4 3 2 1 | 2000 99 98 97 96

Alle Drucke dieser Auflage können im Unterricht
nebeneinander benutzt werden, sie sind untereinander
unverändert.
Die letzte Zahl bezeichnet das Jahr des Druckes.

Redaktion: Dr. Andreas Henseler

Zeichnungen: Atelier Gebhardt, Asperg; Conrad Höllerer,
Stuttgart; Margret Lochner-Barthel, Nürnberg; Julian T.
Luksch, Freiburg; Karin Mall, Berlin; Melanie Waigand-Brauner,
Freiburg

Reproduktion: Gölz, Ludwigsburg;
infowerk nürnberg, Werkstatt für grafische
Informationsverarbeitung Nürnberg GmbH;
Fotosatz und Satzgrafiken: F & A Sepat, Becheln;
infowerk nürnberg, Werkstatt für grafische
Informationsverarbeitung Nürnberg GmbH;
topset Computersatz, Nürtingen
Druck: KLETT-DRUCK H.S. GmbH, Korb

ISBN 3-12-079800-2

umwelt: chemie

Ausgabe A

von:

Wolfram Bäurle
Paul Gietz
Barbara Hoppe
Peter Menzel
Reinhard Peppmeier
Bernd Schäpers

Ernst Klett Schulbuchverlag
Stuttgart Düsseldorf Berlin Leipzig

Inhaltsverzeichnis

Inhaltsverzeichnis

Sicherheit beim Experimentieren

In Beruf und Alltag gibt es viele Stoffe, von denen beim leichtsinnigen Umgang zahlreiche Gefahren ausgehen. Bei der Verwendung muß man über mögliche Gefahren genau Bescheid wissen.
Deshalb ist es selbstverständlich, daß der Umgang mit Stoffen, die beispielsweise brennbar sein können, die vielleicht giftig wirken oder deren Abfälle nicht in den Abfluß gehören, besonderen Regeln unterliegt und entsprechende Kenntnisse erfordert.

Ein Maler muß wissen, wie er mit Farbverdünnern oder Pinselreinigern umgeht, in der chemischen Industrie gibt es besondere Sicherheitseinrichtungen. Auch von manchen Haushaltsprodukten können bei unsachgemäßer Verwendung Gefahren ausgehen. Auf der Verpackung solcher Stoffe sind deshalb Warnhinweise vorgeschrieben.
Da im Chemieunterricht wie in großen Labors mit einer Vielzahl von Stoffen mit den unterschiedlichsten Eigenschaften gearbeitet wird, gibt es hierzu Kennzeichnungen, Sicherheitseinrichtungen und Regeln für den verantwortungsvollen, gefahrlosen Umgang.
Ihre Kenntnis und Beachtung sind die Voraussetzung für sicheres Experimentieren.

1.1 Grundregeln zum Experimentieren

B 1 Vorführung der Sicherheitseinrichtungen

B 2 Wichtige Sicherheitseinrichtungen mit Erklärungen

	**NOT-AUS-Taster**	Alle Strom- und Gaszuführungen können mit einem Druck unterbrochen werden
	**Telefon (Notruf)**	110 Polizei (Notruf) 112 Feuerwehr
	**Feuerlöscher**	Kleine Brände werden mit Kohlenstoffdioxidlöscher oder Löschsand bekämpft
	**Feuerlöschdecke**	Durch Einhüllen brennender Personen werden die Flammen erstickt
	**Erste-Hilfe-Kasten**	Lage und Inhalt des Verbandskastens sollten bekannt sein
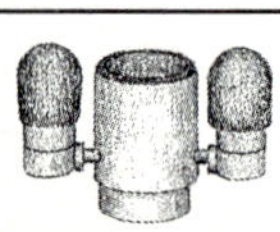	**Augenbrause**	Die Augen werden nach Verätzung durch Säuren und Laugen sofort gespült

Vorstellen des Chemie-Fachraums. Im Chemie-Fachraum sind einige Besonderheiten auffallend. Die Tischflächen sind meist mit Keramikfliesen bedeckt, an Lehrer- und Schülertischen gibt es Anschlüsse für Gas und elektrischen Strom.
An den Schülerarbeitstischen werden im Chemieunterricht Stoffuntersuchungen durchgeführt. Häufig muß bei den Versuchen erwärmt werden, in der Regel mit einem Gasbrenner. Flüssige Reste werden nur auf ausdrückliche Aufforderung durch den Lehrer in den Abfluß am Schülertisch gegossen. Da sie direkt in das Abwasser gelangen, dürfen sie die Umwelt nicht gefährden.

Eine Reihe von Versuchen können nur vom Lehrer am Experimentiertisch vorne durchgeführt werden. Zusätzlich zu einer **Schutzbrille**, die beim Experimentieren grundsätzlich getragen werden muß, wird eine Schutzscheibe zwischen Versuchsaufbau und Schüler gestellt, wenn Explosions- oder Spritzgefahr besteht. Versuche, bei denen gesundheitsgefährdende Stoffe an die Raumluft abgegeben werden, müssen im Abzug durchgeführt werden.

Bei allen Experimenten müssen ausreichende Sicherheitsvorkehrungen getroffen werden. Sollte dennoch ein Unfall geschehen, muß jeder genau wissen, was zu tun und zu beachten ist. Deshalb ist es wichtig, die **Sicherheitseinrichtungen** zu kennen (▷ B 1, ▷ B 2). Um Schüler vor Schaden zu bewahren, müssen sie im Notfall nach dem aushängenden Alarm- und Fluchtwegplan dem grünen Schild des Fluchtwegs ins Freie folgen. Dies muß möglichst ruhig und rasch geschehen. Daher wird dieser Fluchtweg vom Chemieraum aus mit allen Schülern einmal gemeinsam begangen. Im Brandfall ist darauf zu achten, daß alle Fenster geschlossen sind.
Der rote Pilzdrucktaster am Lehrerexperimentiertisch ist eine Not-Aus-Einrichtung, mit der alle Strom- und Gaszuführungen mit einem Druck unterbrochen werden können. Ein gleichartiger Knopf mit Kontroll-Leuchte ist in Türhöhe angebracht und muß vom Lehrer bei Unterrichtsende gedrückt werden. Damit ist gewährleistet, daß außerhalb der Unterrichtszeit die Leitungen weder Strom noch Gas führen.

Verhalten im Chemieraum. Grundsätzlich dürfen Schüler diesen Raum nie ohne Lehrkraft betreten und sich nicht ohne Aufsicht darin aufhalten. Im Chemieraum darf weder gegessen noch getrunken werden. Schüler dürfen Geräte, Schaltungen und Chemikalien nie ohne Anweisung des Fachlehrers berühren oder wegnehmen.

Diszipliniertes, rücksichtsvolles und umsichtiges Verhalten jedes Einzelnen ist Voraussetzung für eine wirksame Unfallvermeidung.

Vor der Versuchsdurchführung. Die Versuchsanleitung muß aufmerksam gelesen und die Durchführung ausführlich besprochen werden.
Die erforderlichen Geräte und Chemikalien werden auf einem Tablett an den Arbeitsplatz getragen.
Geräte, Brenner und Chemikalien sind in die Mitte des Tisches zu stellen, Glasgeräte vor dem Herunterrollen zu sichern.
Eine Schutzbrille muß aufgesetzt und langes Haar mit einem Band zusammengebunden werden.
Der einwandfreie Zustand der Geräte und des Brenners muß sofort überprüft werden.

Während der Versuchsdurchführung. Mit der Versuchsdurchführung darf erst begonnen werden, wenn der Versuchsaufbau vom Lehrer überprüft ist.
Beim Erhitzen von Flüssigkeiten im Reagenzglas kann es zum plötzlichen Herausspritzen kommen (Siedeverzug). Deshalb wird das Reagenzglas höchstens bis zu einem Drittel mit Flüssigkeit gefüllt und beim Erwärmen über der Brennerflamme vorsichtig bewegt. Die Öffnung des Reagenzglases darf nie auf Personen gerichtet werden (▷B 3). Größere Flüssigkeitsmengen werden unter Verwendung von Siedesteinchen erhitzt.

Glasrohre und Flüssigkeitsthermometer werden unter vorsichtigem Drehen in die Bohrung eines Stopfens eingeführt (▷B 4). Etwas Glycerin verbessert die Gleitfähigkeit. Stets vom Körper weg arbeiten. Glasrohre mit scharfen Kanten werden mit der rauschenden Brennerflamme nachgeschmolzen.
Pipettieren darf nie mit dem Mund durchgeführt werden, man muß geeignete Pipettierhilfen verwenden (▷B 5).
Geschmacks- und Geruchsproben dürfen nur auf ausdrückliche Anordnung des Lehrers erfolgen.
Ordnung und Sauberkeit am Arbeitsplatz und Genauigkeit sind Voraussetzung für ein erfolgreiches Experimentieren. Gute Versuchsergebnisse sind nur durch sorgfältiges, überlegtes und ruhiges Arbeiten gewährleistet. Versuchsbeobachtungen, Meßdaten und Ergebnisse werden übersichtlich protokolliert.

Nach der Versuchsdurchführung. Alle Chemikalienreste müssen in Abfallgefäße gegeben werden, die vom Lehrer bereitgestellt und entsorgt werden.
Gebrauchte Gefäße werden sorgfältig gespült, getrocknet und weggeräumt. Enge Gefäße, die sich innen nicht abtrocknen lassen, werden mit destilliertem Wasser nachgespült.
Nach dem Abräumen der Geräte und Chemikalien wird der Labortisch gewischt und außerdem geprüft, ob Gas- und Wasserhähne geschlossen sind.
Beschädigungen an Experimentiergeräten sind dem Lehrer umgehend zu melden.

B 3 Richtiges Experimentieren verhindert Verletzungen

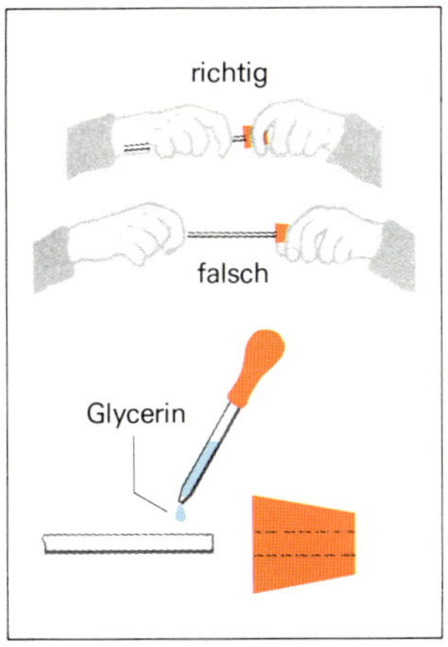

B 4 Vorsicht mit Glas

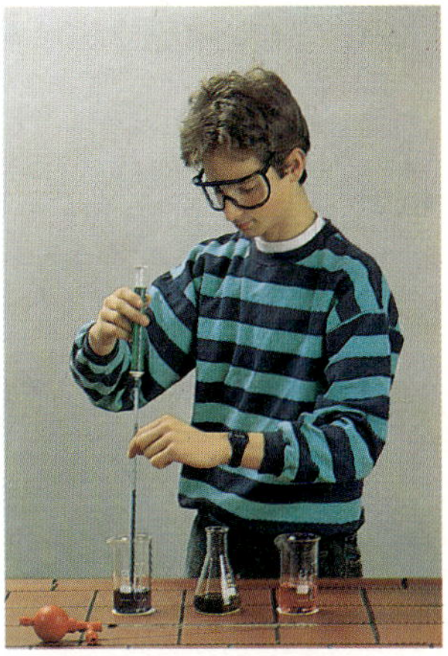

B 5 Sicheres Pipettieren

B 6 Kippgefahr. Um ein Kippen zu verhindern, wird die Apparatur möglichst niedrig und über der Stativplatte aufgebaut

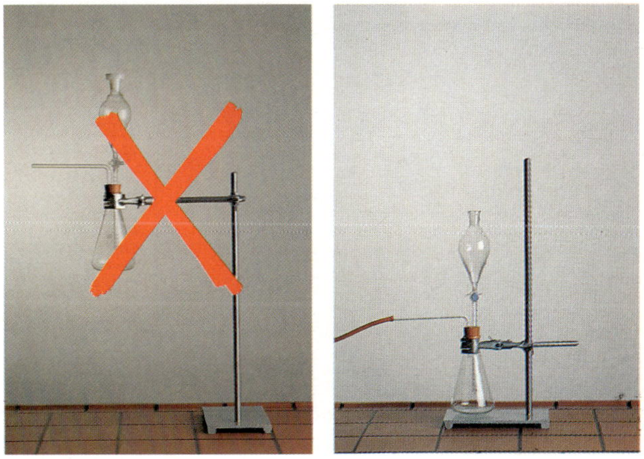

1.2 Umgang mit Chemikalien

Verhängnisvoller Schluck

Eine vierzehnjährige Realschülerin mußte nach einem Schluck aus einer Sprudelflasche auf die Intensivstation des nahen Kreiskrankenhauses eingeliefert werden. Nachforschungen ergaben, daß das Mädchen im Sekretariat der Schule aus einer Flasche, die gesundheitsschädigende Flüssigkeit für den Matrizenumdrucker enthielt, getrunken hatte in der Meinung, es wäre Mineralwasser. Wer die Chemikalie fälschlicherweise in die Sprudelflasche abfüllen ließ, konnte nicht mehr geklärt werden. Die Flasche stand schon jahrelang mit überklebtem Etikett unter dem Waschbecken des Sekretariats.

B 1 Chemikalien dürfen niemals in Lebensmittelbehältern aufbewahrt werden

A 1 Der Umgang mit manchen Alltagsprodukten ist mit Gefahren verbunden, die auf den Behältern angegeben sein müssen.
a) Suche im Haushalt oder im Supermarkt nach Produkten, die mit Gefahrensymbolen gekennzeichnet sind. Berichte über die damit verbundenen Gefahren.
b) Überlege, ob es für den gekennzeichneten Stoff einen weniger gefährlichen Ersatzstoff gibt.

A 2 Warum sind auf dem Sicherheitsetikett auch Name und Anschrift des Herstellers angegeben?

A 3 Auf einer älteren Chemikalienflasche ist das Etikett zerstört. Wie sollte man mit einem solchen Gefäß verfahren?

Die meisten Chemikalien, die im Chemieunterricht verwendet werden, bergen für den Benutzer bei sachgerechtem Umgang keine Gefahren. Sie werden in besonderen Chemikalienflaschen aufbewahrt. Um Verwechselungen zu vermeiden, müssen alle Chemikalienbehälter eindeutig und dauerhaft beschriftet sein. Chemikalien dürfen niemals in Lebensmittelbehälter, z. B. Sprudelflaschen (▷ B 1, ▷ B 2) abgefüllt werden, da damit Gefahren für die Gesundheit des Menschen verbunden sein können, auch wenn es sich um mindergiftige Stoffe handelt.

Kennzeichnung von Gefahrstoffen. Chemikalien, die aufgrund ihrer Eigenschaften eine Gefährdung für die Gesundheit oder die Umwelt darstellen, nennt man Gefahrstoffe. Sie sind z. B. giftig, ätzend, reizend oder leicht entzündlich. Den Umgang mit diesen Gefahrstoffen regelt eine besondere Vorschrift, die **Gefahrstoffverordnung**. Für Behälter mit Gefahrstoffen sind besondere **Sicherheitsetiketten** vorgeschrieben, die mit international gebräuchlichen Gefahrensymbolen gekennzeichnet sein müssen.
Um Unfälle durch Unkenntnis oder unvorsichtige Handhabung zu vermeiden, enthalten Sicherheitsetiketten (▷ B 3) folgende Angaben:

Bezeichnung (Name) des Stoffes
Gefahrensymbol
Gefahrenbezeichnung
Hinweise auf besondere Gefahren (R-Sätze)
Sicherheitsratschläge (S-Sätze)
Gefahrklasse bei brennbaren Flüssigkeiten
Name und Anschrift des Herstellers

B 2 Verwechselungsgefahr durch die unbeschriftete Sprudelflasche

B 3 Chemikalienetikett mit Gefahrenhinweisen und Sicherheitsratschlägen

Umgang mit Chemikalien

Gefahrensymbol und Kennbuchstabe. Das Gefahrensymbol (▷ B 4) gibt eine erste Information über die Gefährlichkeit eines Stoffes: z. B. seine Giftigkeit. Ob ein Stoff aber giftig oder sehr giftig ist, läßt sich anhand des Symbols (Totenkopf) allein nicht ablesen. Deshalb wird dem Symbol noch ein Kennbuchstabe hinzugefügt, der die Gefährlichkeit näher kennzeichnet, z. B. bedeutet T giftig, T^+ dagegen sehr giftig.

R- und S-Sätze. Um möglichst genaue Informationen über Gefahren und Möglichkeiten der Unfallverhütung zu geben, sind auf dem Sicherheitsetikett Hinweise auf besondere Gefahren (R-Sätze, von engl. risk, Gefahr) und Sicherheitsratschläge (S-Sätze, von engl. security, Sicherheit) angegeben (↗ S. 334f).

Umgang mit Chemikalien. Chemikalien dürfen niemals mit den Fingern angefaßt werden. Zur Entnahme fester Stoffe benutzt man einen Spatel oder Spatellöffel. Dabei werden die Chemikalienflaschen so gehalten, daß das Schild zur Hand zeigt. Beim Öffnen wird die Flaschenöffnung vom Gesicht weggehalten und der Stopfen umgekehrt auf den Tisch gelegt. Nach der Entnahme wird die Flasche sofort wieder verschlossen.
Ebenso verfährt man beim Ausgießen von Flüssigkeiten. Zum Pipettieren verwendet man Pipettierhilfen, Saughütchen oder einen Pipettierball.

Einmal entnommene Chemikalien dürfen nie in die Vorratsflasche zurückgegeben werden.

Sparsamer Verbrauch von Chemikalien verringert nicht nur die Abfallmenge und damit die Umweltbelastung, sondern senkt auch die Kosten für den Chemikalienbedarf. Außerdem lassen sich die meisten Versuche mit kleineren Stoffportionen schneller durchführen.

Aufbewahrung von Chemikalien. Auch für die Aufbewahrung von Chemikalien gibt es besondere Vorschriften. Gefahrstoffe sind so zu lagern, daß sie die menschliche Gesundheit und die Umwelt nicht gefährden. So müssen z. B. giftige und sehr giftige Stoffe unter Verschluß in einem Giftschrank aufbewahrt werden. Stoffe, die gefährliche Gase, Dämpfe, Nebel oder Rauch entwickeln, sind in Schränken unterzubringen, die eine wirksame Entlüftung haben.

Entsorgung von Chemikalien. Um die Umwelt mit Chemikalienrückständen nicht zu belasten, dürfen wasserbelastende Chemikalienreste auf keinen Fall in den Abfluß gelangen. Für feste und flüssige Chemikalienreste stehen beschriftete Entsorgungsgefäße (▷ B 5) bereit, in die man die Reste hineingibt. Die so gesammelten Rückstände werden wiederaufbereitet oder an Entsorgungsunternehmen abgegeben (↗ S. 326).

Symbol	Gefahrenbezeichnung	Kennbuchstabe	Gefährlichkeitsmerkmale
	Sehr giftig	T^+	Dieser Stoff verursacht äußerst schwere Gesundheitsschäden, schon weniger als 25 mg pro kg Körpergewicht können bei Einnahme zum Tod führen.
	Giftig	T	Dieser Stoff kann erhebliche Gesundheitsschäden verursachen, 25 – 200 mg pro kg Körpergewicht können zum Tod führen.
	Gesundheitsschädlich	Xn	Dieser Stoff ist gesundheitsschädlich, 200 – 2 000 mg pro kg Körpergewicht können tödlich sein.
	Reizend	Xi	Dieser Stoff hat Reizwirkung auf Haut und Schleimhäute, er kann Entzündungen auslösen.
	Ätzend	C	Dieser Stoff kann lebendes Gewebe zerstören.
	Explosionsgefährlich	E	Dieser Stoff kann unter bestimmten Bedingungen explodieren.
	Brandfördernd	O	Dieser Stoff ist brandfördernd, er reagiert mit brennbaren Stoffen.
	Hochentzündlich	F^+	Dieser Stoff ist selbstentzündlich, er kann bereits bei Temperaturen unter 0 °C entflammen.
	Leichtentzündlich	F	Dieser Stoff ist leichtentzündlich, er kann bei Temperaturen unter 21 °C entflammen. *Oder:* Dieser Stoff bildet explosionsfähige Gemische mit Luft. *Oder:* Dieser Stoff bildet, mit Wasser zusammengebracht, brennbare Gase.
	Umweltgefährlich	N	Dieser Stoff kann längerfristig schädliche Wirkungen auf die Umwelt haben. Er ist schädlich in Gewässern, Boden oder Luft und (sehr) giftig für Organismen.

B 4 Gefahrensymbole mit Erklärungen

B 5 Chemikalienreste werden in geeigneten und beschrifteten Entsorgungsgefäßen gesammelt

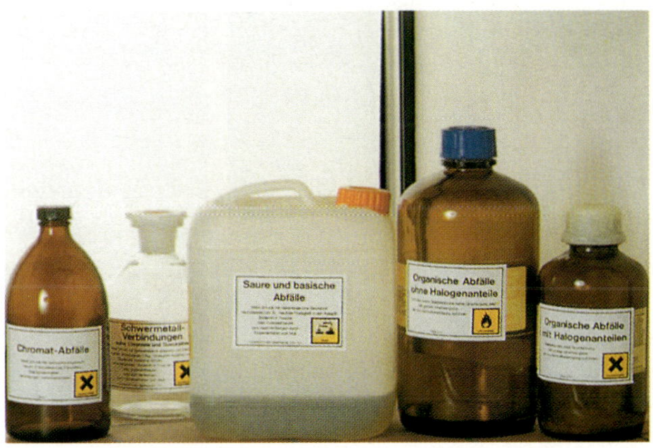

1.3 Umgang mit dem Gasbrenner

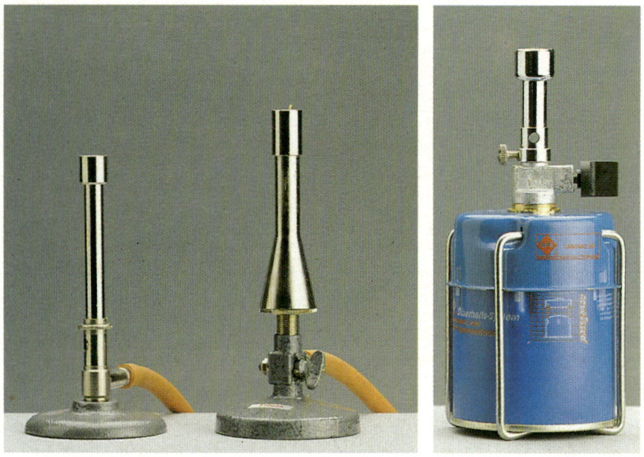

B 1 Verschiedene Typen von Gasbrennern: a) Bunsenbrenner, b) Teclubrenner, c) Kartuschenbrenner

V 1 Zerlege einen Teclu- bzw. Bunsenbrenner in seine Bestandteile und reinige sie mit einem Lappen. Die Düse wird mit einer Pinselborste durchfahren. Setze den Brenner anschließend wieder zusammen.

V 2 Schließe den Brenner an und entzünde ihn nach Vorschrift. Stelle durch Regulierung der Luftzufuhr eine leuchtende, eine nichtleuchtende und eine rauschende Flamme ein.

V 3 Halte einen Holzspan oder ein Magnesiastäbchen in verschiedene Höhen a) einer leuchtenden, b) einer nichtleuchtenden und c) einer rauschenden Flamme. Welche Unterschiede zeigen die drei Flammentypen? An welcher Stelle ist die rauschende Flamme am heißesten?

Für viele Experimente wird eine Wärmequelle benötigt. Eine geeignete Wärmequelle ist der **Gasbrenner** (▷ B 1). Das Arbeiten mit dem Brenner ist jedoch nicht ganz ungefährlich, denn unverbrannt ausströmendes Gas kann mit Luft explosive Gemische bilden. Es ist deshalb wichtig, Aufbau und Wirkungsweise des Gasbrenners zu kennen, um sicher mit ihm umgehen zu können.

Entzünden des Brenners

1. Schließe den Brenner an die Gasversorgung des Tisches an und prüfe, ob die Luftzufuhr geschlossen ist.
2. Setze eine Schutzbrille auf und halte Streichhölzer oder Gasanzünder bereit.
3. Öffne die Gaszufuhr und entzünde das ausströmende Gas sofort (!).

Regulierung des Brenners. Der Brenner zeigt nun eine leuchtende Flamme. Ihre Größe kann durch Verringerung oder Verstärkung der *Gaszufuhr* geregelt werden. Je nach Einstellung der *Luftzufuhr* können drei Flammentypen erzeugt werden (▷ B 2). Bei der **leuchtenden** Flamme bleibt die Luftzufuhr geschlossen. Wird die Luftzufuhr so weit geöffnet, bis das Leuchten gerade verschwindet, erhält man eine **nichtleuchtende** Flamme. Mit dieser Flamme wird in der Regel gearbeitet. Wird die Luftzufuhr weit geöffnet, entsteht eine sehr heiße **rauschende** Flamme mit blauem Kern.

Bedienungsfehler. Wird bei der nichtleuchtenden oder rauschenden Flamme die Gaszufuhr verringert, so kann sich die Flamme in das Brennerrohr zurückziehen. Der Brenner wird dabei sehr heiß. Ursache für ein solches „Zurückschlagen" kann ein eingeklemmter Gasschlauch sein. Die Gaszufuhr muß in diesem Fall *sofort geschlossen* werden. Nach dem Erkalten und Schließen der Luftzufuhr kann der Brenner dann erneut entzündet werden.

B 2 Verschiedene Flammentypen: a) leuchtende, b) nichtleuchtende, c) rauschende Flamme

B 3 Aufbau des Teclubrenners und Flammentemperaturen bei geöffneter Luftzufuhr (rauschende Flamme)

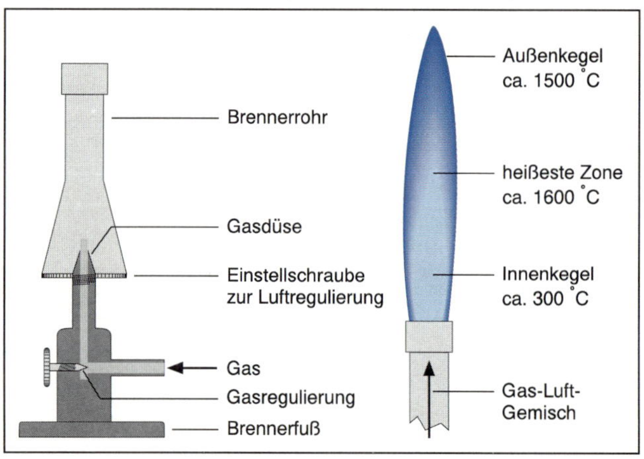

1.4 Praktikum: Glasbearbeitung

„Ohne Glas wäre die Chemie blind“ heißt es in der Werbung eines Glasgeräteherstellers. Da Glas durchsichtig, glatt, porenfrei und äußerst beständig gegenüber einer großen Zahl von Chemikalien ist, werden viele Laborgeräte wie Bechergläser, Kolben und Trichter aus diesem Material hergestellt. Glas ist jedoch auch ein sehr spröder, zerbrechlicher und gegenüber Temperaturschwankungen empfindlicher Stoff. Deshalb muß bei der Glasbearbeitung sehr sorgfältig gearbeitet werden. Bei unsachgemäßem Umgang besteht eine erhebliche Verletzungsgefahr.
Komplizierte Glasarbeiten kann nur ein ausgebildeter Glasbläser durchführen. Mit etwas Geschick können wir jedoch einzelne Glasteile wie Winkelrohre und Glasspitzen selbst herstellen.

Geräte/Materialien

Schutzbrille, Glasrohre („Biegeglas“, ⌀ 3–6 mm), feuerfeste Ablage (z. B. Keramikplatte), Tuch (z. B. Handtuch, Papiertuch), Gasbrenner, Glasfeile, Ampullensäge oder Glasschneider

Sicherheitsmaßnahmen

Schutzbrille tragen. Bruchglas oder heiße Glasteile nicht mit bloßen Händen berühren.

Versuchsanleitungen

Versuch 1 Schneiden eines Glasrohres

Ritze das Glasrohr an der gewünschten Stelle mit einer Glasfeile, Ampullensäge oder einem Glasschneider auf etwa zwei Drittel des Umfangs ein. Lege zur Sicherheit ein Tuch über das Rohr. Nimm das Rohr so in beide Hände, daß die Daumen gegenüber der Kerbstelle liegen und brich mit geringem Druck die Teile auseinander (Vorsicht! Immer vom Körper weg). Die Schnittkanten sind scharf und werden deshalb durch langsames Drehen in der nichtleuchtenden Brennerflamme rundgeschmolzen.

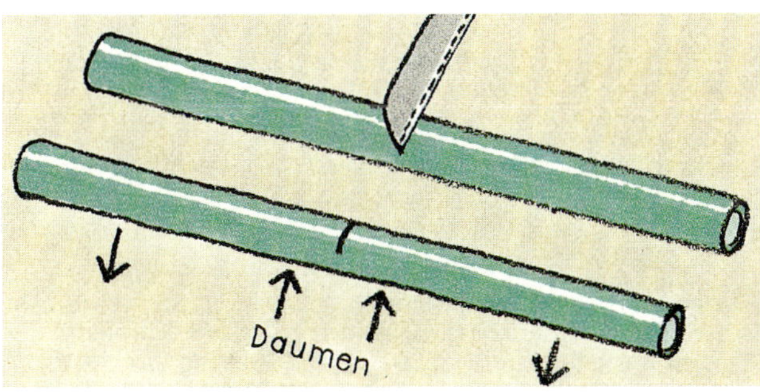

Versuch 2 Biegen eines Glasrohres

Drehe ein Glasrohr in der nichtleuchtenden Brennerflamme, bis dieses auf einer längeren Strecke erweicht. Biege das erweichte Glasrohr langsam **außerhalb** der Flamme zur gewünschten Krümmung. Achte darauf, daß der gewünschte Winkel in einem Zug hergestellt wird.

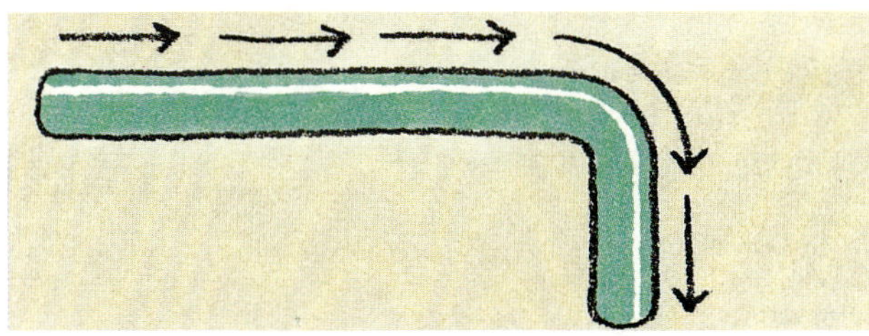

Versuch 3 Ausziehen einer Spitze

Erwärme in der nichtleuchtenden Flamme die auszuziehende Stelle des Glasrohres unter ständigem Drehen bis zum Erweichen. Ziehe das erhitzte Glasrohr **außerhalb** der Flamme bis zur gewünschten Verjüngung. Trenne nach dem Erkalten. (Vorsicht: Scharfkantige Stellen abrunden!)

1.5 Praktikum: Wie verhalten sich Stoffe beim Erwärmen?

Glas beginnt bei hohen Temperaturen zu glühen, wird weich und verformbar. Nach dem Abkühlen liegt es unverändert, aber in neuer Form vor. Im folgenden untersuchen wir das Verhalten verschiedener Stoffe beim Erwärmen. Dabei dient der Gasbrenner als Wärmequelle.

Geräte/Materialien

Schutzbrille, Gasbrenner, 4 Reagenzgläser, Reagenzglashalter, Reagenzglasgestell, 1 Adsorptionsstopfen mit Aktivkohle, 3 Spatellöffel

Chemikalien

Zinkoxid, Haushaltszucker, Kochsalz, Wasser

Versuch 1 **Wir erhitzen Zinkoxid**

Erhitze einen Spatel trockenes Zinkoxid im Reagenzglas und lasse anschließend abkühlen. Beobachte die auftretenden Farbänderungen.

Versuch 2 **Wir erhitzen Zucker und Salz**

a) Fülle in ein Reagenzglas eine Spatelspitze Zucker, verschließe mit einem Aktivkohlestopfen und erhitze das Reagenzglas. Beobachte alle Veränderungen.

b) Erhitze Kochsalz in einem Reagenzglas und achte auf Veränderungen.

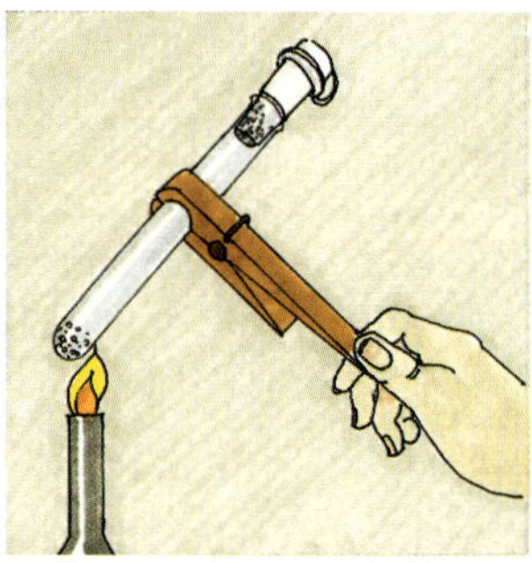

Versuch 3 **Wir erhitzen Wasser**

Fülle ein Reagenzglas zu einem Drittel mit Wasser und erhitze unter ständigem Schütteln. *Achte hier besonders darauf, daß du die Öffnung des Reagenzglases nicht auf eine Person richtest!*

Auswertung/Aufgaben

1. Welche Veränderungen der Eigenschaften erfährt Zinkoxid beim Erhitzen und Abkühlen?
2. Im Reagenzglas von ▷ V 2a bleibt Zuckerkohle übrig. Welche Eigenschaftsänderungen konntest du beobachten?
3. Überlege dir, ob es sich beim Erhitzen von Wasser um vorübergehende Änderungen der Eigenschaften wie bei Zinkoxid oder um bleibende Veränderungen wie bei Zucker handelt. Begründe deine Entscheidung!

Versuchsprotokoll

Fragestellung: *Was geschieht, wenn man einen brennenden Holzspan einer Porzellanschale mit Brennspiritus nähert?*

Geräte/Materialien:

Schutzbrille
Gasbrenner
Porzellanschale
Holzspan

Chemikalien:

Brennspiritus

Aufbau:

Versuchsanleitung: *Gib wenige Tropfen Brennspiritus in eine Porzellanschale. Nähere der Schale vorsichtig einen brennenden Holzspan.*

Beobachtung:
1. *Die Flamme springt bereits über, bevor der brennende Span die Flüssigkeit berührt.*
2. *Spiritus verbrennt mit fahler, fast unsichtbarer Flamme ohne Rückstand.*

Auswertung:
1. *Über der Flüssigkeit müssen sich leicht entzündliche Dämpfe gebildet haben.*
2. *Für Stoffe, deren Dämpfe leicht entzündlich sind, gelten besondere Sicherheitshinweise für die Aufbewahrung.*

Stoffe und ihre Eigenschaften

Überall in unserer Umwelt sind wir von Stoffen umgeben. Die gesamte belebte und unbelebte Natur besteht daraus. Viele sind bereits durch ihren Namen als Stoffe ausgewiesen, z. B. Farbstoffe, Werkstoffe, Baustoffe oder Klebstoffe – aber auch Arzneimittel oder Reinigungsmittel sind Stoffe. Ihre Eigenschaften bestimmen ihre Verwendung.

Die Chemie beschäftigt sich mit der Untersuchung und Herstellung von Stoffen. So untersuchen Lebensmittelchemiker unsere Nahrungsmittel. In der chemischen Industrie werden täglich große Mengen der verschiedenartigsten Stoffe, z. B. Kunststoffe, hergestellt.

Wir werden in diesem Kapitel einige Stoffe kennenlernen und auf ihre Eigenschaften hin untersuchen.

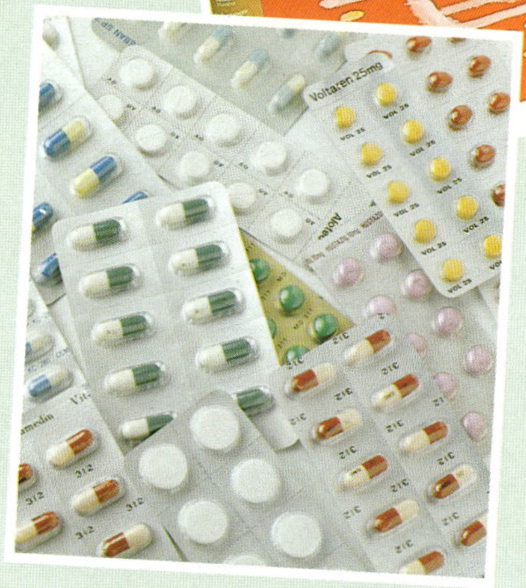

2.1 Stoffe und ihre Eigenschaften

Auf einer Baustelle findet man viele unterschiedliche Baustoffe. Die Vielfalt der Stoffe hat im Laufe der Zeit immer mehr zugenommen, so daß man für jede Anwendung das geeignete Material wählen kann.

1 Um die Verbindung zwischen den Dachpfannen und dem Schornstein regensicher zu machen, bringt der Dachdecker eine Schürze aus Bleiblech an. Was macht dieses Metall für diesen Zweck geeignet?

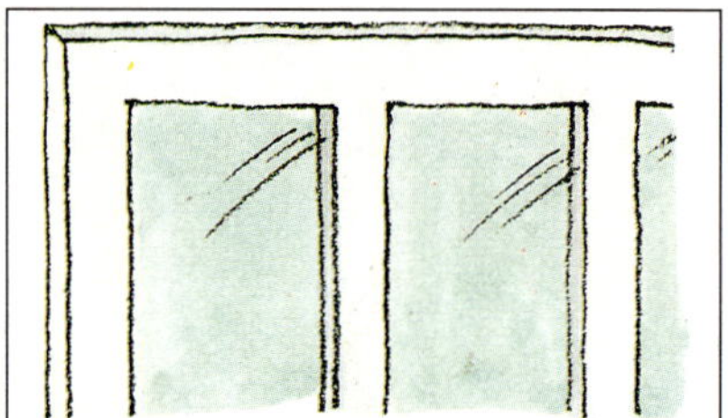

2 Der Bauherr will prüfen, ob der Windschutz auf der Terrasse aus Glas oder Kunststoff besteht. Wie kann er vorgehen? Welche Stoffeigenschaft kann er überprüfen?

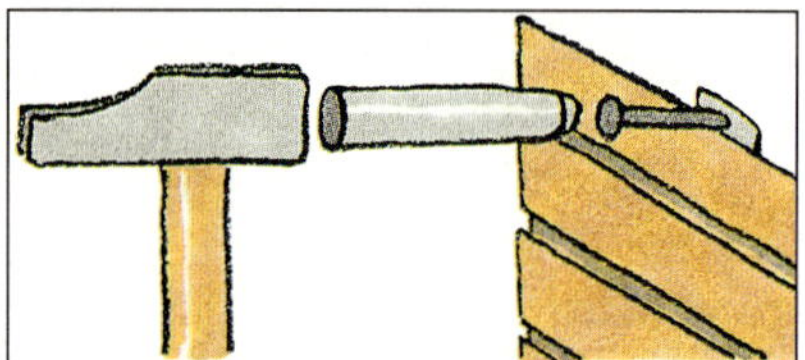

3 Beim Annageln von Profilbrettern verwendet man häufig magnetische Nagelhalter. Die Nägel bestehen äußerlich aus einer Zinkschicht. Woraus muß der Kern bestehen?

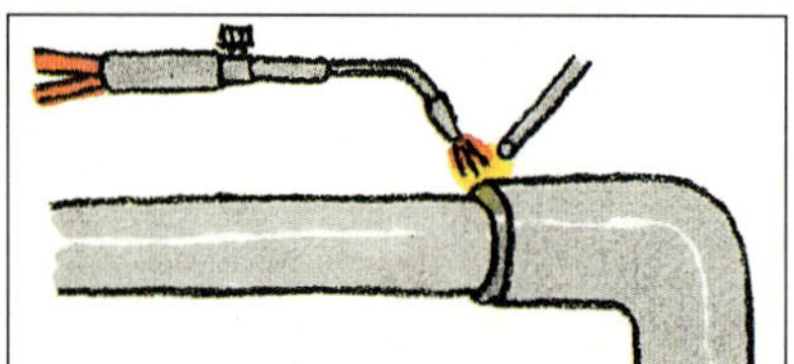

4 Der Heizungsinstallateur lötet die Verbindungen zwischen Heizungsleitungen, d. h., er verbindet die Metallteile mit flüssigem Metall, das aus einer Legierung von Zinn besteht. Was macht dieses Metallgemisch für den Zweck so geeignet?

5 Zwischen dem Innenmauerwerk und der Klinkerwand eines Hauses werden häufig Schaumstoff-Isolierplatten eingesetzt. Welche Eigenschaft macht sie dafür geeignet?

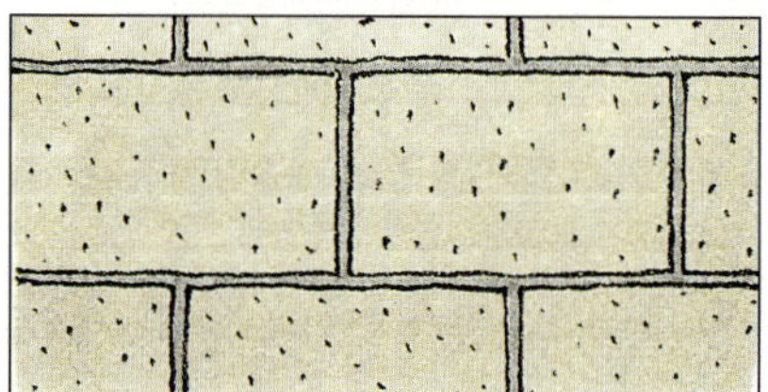

6 Innenwände, die auf freitragenden Decken gebaut werden, bestehen häufig aus Gasbetonsteinen. Aufgrund welcher Eigenschaft werden sie den massiven Kalksandsteinen vorgezogen?

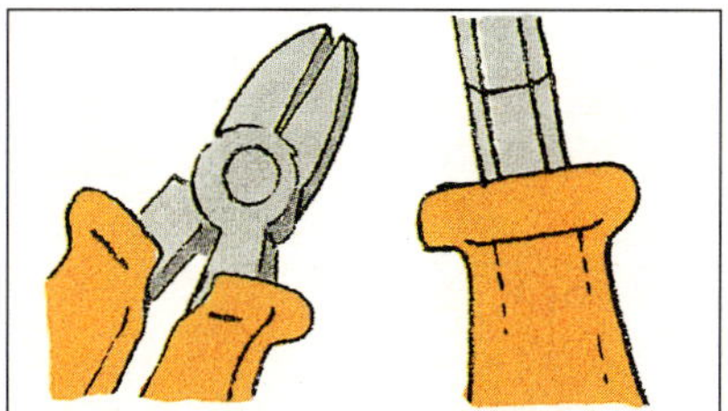

9 Wenn elektrische Installationen montiert werden, stehen diese in der Regel nicht unter Spannung. Warum ist es trotzdem sinnvoll, Werkzeuge mit Kunststoffgriffen zu benutzen?

10 Moderne Farben und Lacke ohne chemische Lösungsmittel bringen für den Maler den Vorteil, daß er die Pinsel in Wasser reinigen kann. Welche Eigenschaft der Farbstoffe macht dies möglich?

11 Es ist üblich, die Innenwände von Bädern und Toiletten mit keramischen Fliesen zu verkleiden. Welche Eigenschaft der Fliesen macht sie für diesen Zweck besonders geeignet?

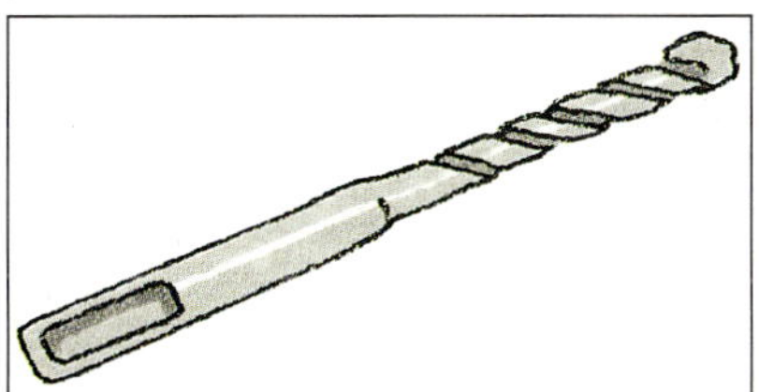

7 Bohrer, mit denen Löcher in Wände aus Stein und Beton gebohrt werden, haben Spitzen aus besonderem Stahl. Welche Eigenschaften müssen sie besitzen? Warum werden sie Widia-Bohrer (*Wie Dia*mant) genannt?

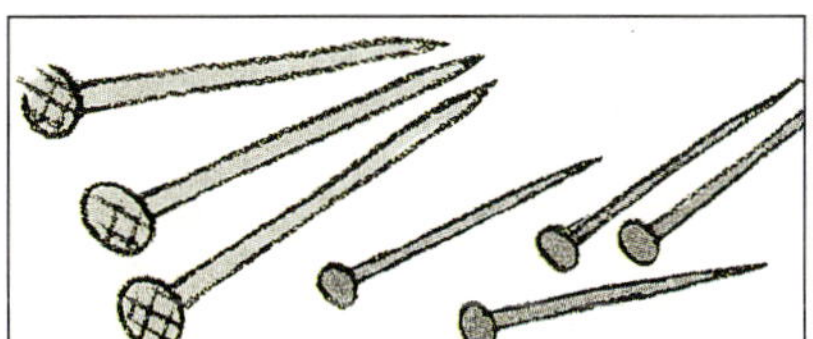

8 Bei der Befestigung elektrischer Leitungen an Wänden benutzt der Elektriker Nägel aus Stahl, Zimmerleute verwenden lieber Eisennägel. Welche Eigenschaften machen die verschiedenen Nägel für den jeweiligen Zweck geeignet?

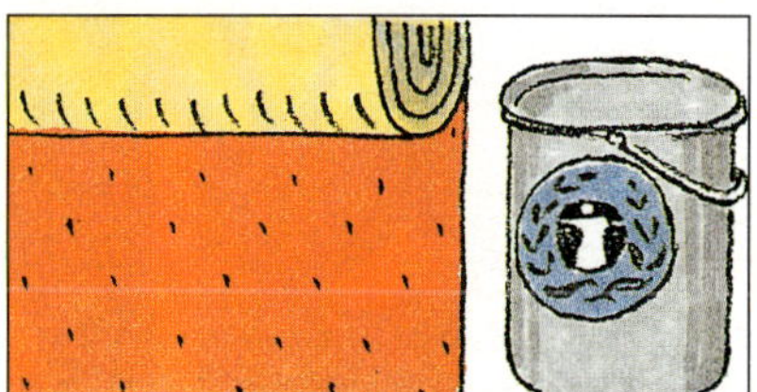

12 Die Bauherrin legt Wert darauf, daß die verwendeten Klebstoffe für den Fußbodenbelag frei von chemischen Lösungsmitteln sind. Anhand welcher Stoffeigenschaft kann sie dieses überprüfen?

2.2 Unterscheidung von Stoffen

B 1 Gleiche Form – verschiedene Stoffe

B 2 Gleicher Stoff – verschiedene Formen

B 3 Unterschiedliche Kristallformen von Kochsalz und Zucker

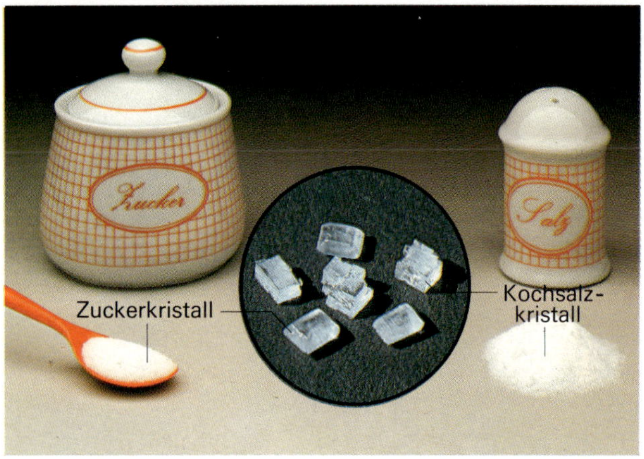

B 4 Geruchsprobe durch Zufächeln mit der Hand

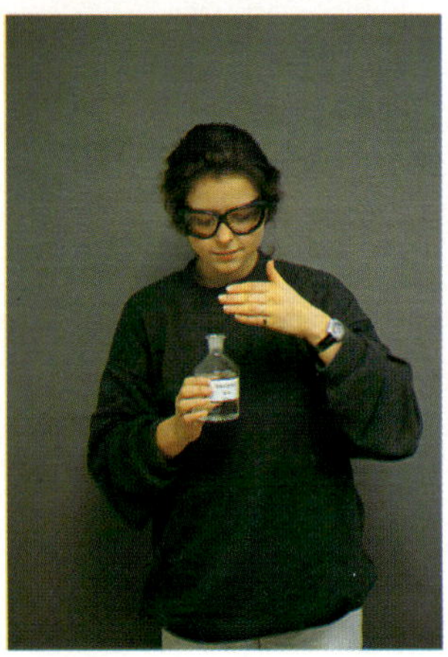

B 5 Benzindämpfe sind leicht entzündlich

Gegenstand und Stoff. Wir kommen täglich mit vielerlei Gegenständen in Berührung. Sie haben alle eine bestimmte Form oder Gestalt. In ▷ B 1 sind kugelförmige Gegenstände abgebildet. Sie bestehen aus unterschiedlichen *Materialien*. Solche Materialien nennt der Chemiker **Stoffe**. Dagegen zeigt ▷ B 2 Gegenstände von unterschiedlicher *Form*, die alle aus dem gleichen Stoff, aus *Kupfer*, gefertigt sind.

Zur genauen Beschreibung eines Gegenstandes gibt man sowohl den *Stoff* als auch seine *Form* an. Man spricht von einer Glaskugel, einer Eisenstange und einem Holzwürfel. Es gibt aber nicht nur *Feststoffe*, auch *Flüssigkeiten* (Wasser, Benzin) und *Gase* (Luft, Erdgas) sind **Stoffe**.

Wie kann man Stoffe erkennen? Beim Vergleich verschiedener Stoffe fällt auf, daß sie unterschiedliche **Eigenschaften** besitzen. Diese sind von der Form des Gegenstandes unabhängig. Wir untersuchen meist nur kleine *Stoffportionen*.

Aussehen. Mit den Augen erkennen wir die **Farbe** der Stoffe. Metalle z. B. zeigen neben ihrer Färbung einen besonderen **Oberflächenglanz**. Das macht sie als Schmuckstücke besonders reizvoll. Andere Stoffe kann man an ihren typischen **Kristallformen** erkennen (▷ B 3). Manchmal täuscht das Aussehen eines Gegenstandes über den Stoff, aus dem er besteht, hinweg. Eine durchsichtige Gewächshausscheibe kann aus *Glas*, aber auch aus *Kunststoff* (Plexiglas) bestehen.

Geschmack. Viele Stoffe, wie z. B. Salz oder Zucker, kann man an ihrem besonderen *Geschmack* unterscheiden (▷ V 1). Es gibt aber zahlreiche Stoffe, die Vergiftungen verursachen, selbst wenn sie nur in geringen Mengen in den Mund gelangen. Deshalb ist es sehr gefährlich, den Geschmack unbekannter Stoffe zu prüfen.

Geruch. Zahlreiche Stoffe (Spiritus, Benzin, Heizöl) haben einen charakteristischen Geruch (▷ V 2). *Geruchsproben* sollten jedoch äußerst vorsichtig durchgeführt werden, da viele Stoffe *gesundheitsschädliche* Dämpfe abgeben oder sogar giftig sind.

Deshalb ist es auf *keinen* Fall erlaubt, mit der Nase direkt den Geruch aufzunehmen. Eine Geruchsprobe wird stets durch *Zufächeln* mit der Hand ausgeführt (▷ B 4). So gelangen nur kleine Stoffportionen in die Nase.

Geruchs- und Geschmacksproben sind gefährlich und dürfen im Chemieunterricht nur auf ausdrückliche Anweisung des Lehrers ausgeführt werden.

Brennbarkeit. Viele Stoffe beginnen zu *brennen*, wenn sie in eine Flamme gehalten werden. Ein Stück Papier entflammt auf diese Weise sofort. Zurück bleibt grauweiße Asche.

Nähert man einer Porzellanschale, die etwas Benzin enthält, einen brennenden Holzspan (▷ B 5), so springt die Flamme bereits über, bevor der Span die Flüssigkeit berührt. Über der Flüssigkeit haben sich Benzindämpfe gebildet, die rußend verbrennen, aber keine Asche hinterlassen.

Benzin und Brennspiritus zählen zu den *leicht entflammbaren* Stoffen. Sie müssen besonders gekennzeichnet sein. Da ihre *Dämpfe brennbar* und *leicht entzündlich* sind, dürfen diese Stoffe nur an gut belüfteten Orten aufbewahrt werden. In ihrer Nähe darf man nicht mit offenen Flammen hantieren und nicht rauchen.

Wärmeleitfähigkeit. Allein durch Tasten mit den Fingerspitzen kann man feststellen, ob eine Kugel aus Holz oder Eisen besteht. Ein metallischer Gegenstand fühlt sich bei Zimmertemperatur stets kühl an. Metalle leiten die Körperwärme schnell ab und erzeugen dadurch ein Kältegefühl auf der Haut (▷ V 3). Stoffe mit geringer *Wärmeleitfähigkeit* wie z. B. Holz fühlen sich dagegen warm an.

Verformbarkeit. Wachs oder Knetmasse lassen sich mit den Händen formen, sie sind *verformbar*. Versucht man, dünne Stäbe aus Glas oder Eisen zu biegen (▷ V 4), so zeigen sie unterschiedliches Verhalten. Das Glas ist *spröde* und bricht, das Eisen dagegen ist *biegsam*. Die beiden Stoffe unterscheiden sich in ihrer *Verformbarkeit*. Schwefel, ein gelber Feststoff, zerbricht beim Bearbeiten ähnlich wie Glas. Schwefel ist *spröde*. Dagegen läßt sich Kupfer auf einem Holzblock sogar mit einem Hammer zu Schalen verformen oder treiben (▷ B 6). Kupfer ist *plastisch* verformbar.

Gegenstände aus Gummi sind zwar verformbar, nehmen aber anschließend wieder ihre ursprüngliche Gestalt an. Gummi ist *elastisch*.

Härte. Holz und Speckstein kann man mit dem Fingernagel anritzen, sie sind *weich*. Andere Stoffe wie Glas, Kupfer und Eisen behalten dabei eine unveränderte Oberfläche, sie weisen eine größere *Härte* auf (▷ V 5). Diamant ist der härteste aller Stoffe. Mit ihm kann man Glas schneiden und Gestein bohren.

Klang. Ein geübter Kassierer erkennt die Echtheit einer Münze oft schon an ihrem *Klang*. Ob ein durchsichtiger Gegenstand aus Kunststoff oder Glas besteht, läßt sich leicht durch eine Klangprüfung feststellen.

B 6 Verformbarkeit. Links: Schwefel ist spröde und zerbricht. Rechts: Kupfer läßt sich plastisch verformen

V 1 Prüfe den Geschmack geringer Mengen von Zucker, Salz, Speiseessig, Mehl und Citronensäure. Versuche, den jeweiligen Geschmack zu beschreiben.

V 2 Prüfe vorsichtig den Geruch von Essig, Wund- oder Waschbenzin, Brennspiritus und verdünnter Ammoniaklösung. Beschreibe den jeweiligen Geruch.

V 3 Halte einen Eisen- und einen Glasstab in die Brennerflamme. Welcher Stoff leitet die Wärme besser?

V 4 Prüfe in einem Biegeversuch dünne Stäbe aus Glas und Eisen auf ihre Verformbarkeit. (Schutzbrille!)

V 5 Versuche, mit dem Fingernagel und mit einem Stahlnagel folgende Stoffe zu ritzen: Glas, Kupfer, Eisen, Speckstein, Holz, Wachs, Gips. Vergleiche ihre Härte.

B 7 Härte. Ritzversuche führen zu einer einfachen Ordnung

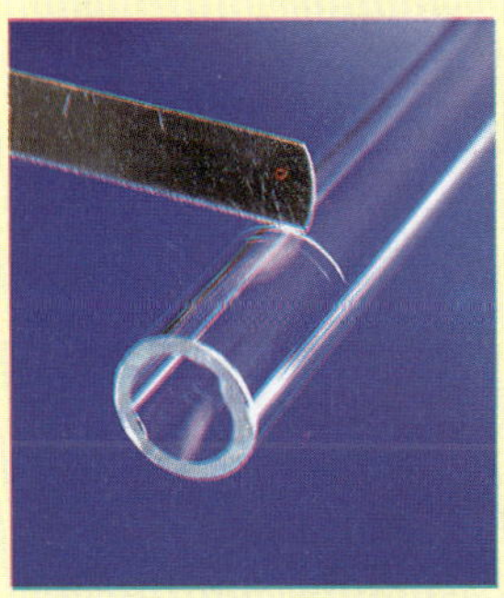

Stoffe	Härtestufe
Kerzenwachs Ton	sehr weich
Blei Kupfer Speckstein	weich
Eisen Ziegelstein Fensterglas	hart
Werkzeugstahl Quarz Diamant	sehr hart

2.3 Metalle bilden eine Stoffklasse

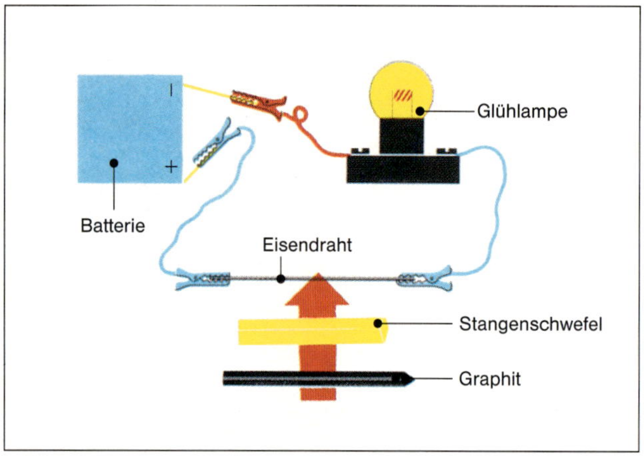

B 1 Versuchsanordnung zur Prüfung der elektrischen Leitfähigkeit von festen Stoffen

V 1 Prüfe trockenes Holz, Eisen, Kupfer, Styropor, Messing, Schwefel, Aluminium, Graphit auf
a) Glanz bei frisch bearbeiteter Oberfläche;
b) Verformbarkeit (Hammer);
c) Wärmeleitfähigkeit;
d) elektrische Leitfähigkeit (▷ B 1).
Versuche, die Stoffe zu ordnen.

A 1 Zähle die für alle Metalle typischen Eigenschaften auf, nach denen sie zu einer Stoffklasse zusammengefaßt werden.

A 2 Schwefel kann nicht zur Stoffklasse der Metalle gehören. Finde dafür in der Eigenschaftskombination der Metalle eine Begründung.

A 3 Teile die Metalle aus ▷ B 6 in edel und unedel ein.

B 2 Quecksilber, das einzige bei Zimmertemperatur flüssige Metall. Seine Dämpfe sind sehr giftig

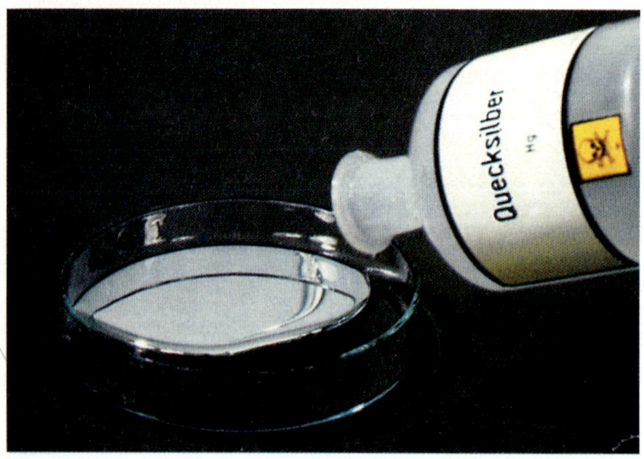

Eigenschaften der Metalle. Wie schon in früheren Zeiten nutzen die Menschen auch heute noch die vorteilhaften Eigenschaften der Metalle, um Gebrauchsgegenstände und kunstvolle Schmuckstücke daraus zu fertigen. Auffallend ist der golden oder silbrig schimmernde *Oberflächenglanz*, der bei Armreifen, Ohrringen oder Halsketten aus den Metallen Gold und Silber so anziehend wirkt.
Neben diesem wirkungsvollen Glanz spielt bei der Verarbeitung von Metallen ihre *Verformbarkeit* eine wichtige Rolle. Manche Elemente werden wegen ihrer *Zähigkeit, Elastizität* und *Härte* zum idealen Material für Werkzeuge.

Eine weitere gemeinsame Eigenschaft der Metalle ist ihre *elektrische Leitfähigkeit.* Bringt man ein Metall in einen Stromkreis (▷ B 1), so zeigt eine Glühlampe oder ein Stromstärkemeßgerät an, daß ein Strom fließt. Metalle eignen sich deshalb sehr gut zur Verwendung als Stromkabel und in elektrischen Geräten. Neben der elektrischen Leitfähigkeit ist auch die gute *Wärmeleitfähigkeit* von Vorteil, die man von Metallkesseln her kennt.

Stoffklasse der Metalle. Die genannten Eigenschaften sind für Metalle *charakteristisch* und kennzeichnen sie eindeutig. In *dieser* Kombination treten diese Eigenschaften nur bei den Metallen auf.
Metallischer Glanz, Verformbarkeit, Leitfähigkeit für Wärme und elektrischen Strom bilden für alle Metalle eine typische *Eigenschaftskombination.*
Durch diese können nicht nur einzelne metallische Stoffe erkannt werden. Das kombinierte Auftreten der genannten Eigenschaften kennzeichnet eine ganze *Gruppe von Stoffen.* Man faßt deshalb alle Stoffe, die diese vier Eigenschaften vereint aufweisen, zur **Stoffklasse** der Metalle zusammen.

Metalle bilden eine Stoffklasse mit gemeinsamen Eigenschaften.

Einteilung der Metalle. Innerhalb der Stoffklasse der Metalle gibt es neben gemeinsamen Eigenschaften auch Unterschiede, die es ermöglichen, die Vielzahl der Metalle zu *ordnen.* Ein Teil dieser Stoffe (z. B. Blei, Zink) zeigt den typischen Metallglanz nur bei *frisch bearbeiteter Oberfläche.* Sie werden **unedle Metalle** genannt. Gold und Platin dagegen behalten ihren Glanz. Es sind **Edelmetalle**.

Zu den Edelmetallen zählt auch Quecksilber. Es ist das einzige Metall, das bei Zimmertemperatur flüssig ist (▷ B 2). In vielen Fieberthermometern ist es noch heute als Thermometerflüssigkeit vorhanden. Da Quecksilberdämpfe *giftig* sind, ist beim Umgang mit diesem Metall größte Vorsicht geboten.

B 3 Kupfer, wie es in der Natur gefunden werden kann

B 4 Goldbarren

B 5 Olympia-Medaillen gibt es in Gold, Silber und Bronze

Legierungen. Werden verschiedene Metalle zusammengeschmolzen, so entstehen **Legierungen**. Sie haben andere Eigenschaften als die reinen Metalle. Aus den recht weichen Metallen Kupfer und Zinn entsteht so die wesentlich härtere und bei niedrigeren Temperaturen schmelzende *Bronze*. Aus ihr wurden in der *Bronze*zeit Schmuckstücke, Werkzeuge und Waffen hergestellt.

Messing ist eine häufig verwendete Legierung aus *Kupfer* und *Zink*. Sie ist ebenfalls härter als die reinen Metalle. Eisen wird so gut wie nie in reiner Form verwendet. Durch Legieren mit verschiedenen anderen Metallen (z. B. *Chrom* und *Nickel*) entstehen *Stähle* mit ganz unterschiedlichen Eigenschaften.

Auch reines *Gold* ist für die Verwendung als Schmuckmetall viel zu weich. Seine Oberfläche wird schnell zerkratzt. Deshalb wird es mit *Kupfer*, *Silber* oder *Nickel* legiert. Der eingeschlagene Stempel gibt den Goldgehalt an. So bedeutet die Zahl 585, daß von 1 000 g der Legierung 585 g reines Gold sind.

Lötzinn ist eine Legierung aus *Zinn* und *Blei*. Es schmilzt bereits bei etwa 180 °C, die Legierungsbestandteile hingegen erst bei 232 °C (Zinn) und 327 °C (Blei).

Quecksilberlegierungen heißen *Amalgame*. Sie werden z. B. als Zahnfüllungen verwendet. Beim Legieren soll das giftige Quecksilber weitgehend seine Gefährlichkeit verlieren.

Legierungen sind Gemische von Metallen, die andere Eigenschaften haben als die reinen Metalle.

B 6 Einige wichtige Metalle und ihre Verwendung

Aluminium
Wichtigstes Leichtmetall, sehr dehnbar (Folien, Tuben), gute Leitfähigkeit für Wärme und Elektrizität

Magnesium
Unedles Leichtmetall. Verwendung in Legierungenen für Flugzeug- und Motorenbau

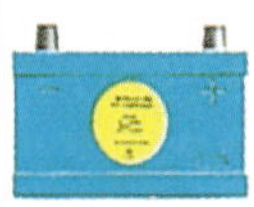

Blei
Weich, an frischer Oberfläche blau glänzend, Verwendung für Batterien, Schutz gegen Röntgenstrahlen

Quecksilber
Silberglänzendes, halbedles Schwermetall, bei Zimmertemperatur flüssig. Verwendung in Thermometern. Dämpfe sind giftig

Eisen
Wichtigstes Gebrauchsmetall für Werkzeuge, Maschinen und Bauten, magnetisierbar, rostet an feuchter Luft

Silber
Weiches Edelmetall, bester elektrischer Leiter. Verwendung als Schmuck und Münzmetall und für medizinische Geräte

Gold
Weich, sehr dehnbar. Dünne Goldfolie läßt Licht grün durchscheinen. Verwendung als Schmuckmetall und in der Zahnmedizin

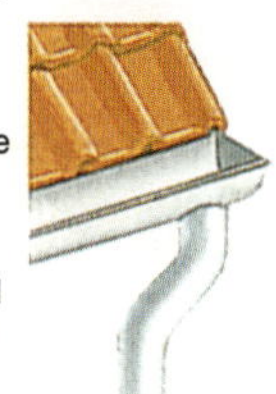

Zink
Hellgraues Schwermetall. Gegen Witterungseinflüsse gut beständig. Wird zum Verzinken von Stahlblech verwendet.

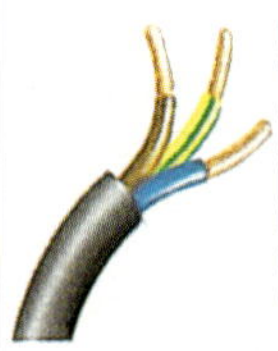

Kupfer
Weiches, rötliches, sehr dehnbares Schwermetall, zweitbester elektrischer Leiter, Verwendung in elektrischen Geräten

Zinn
Silberglänzendes Schwermetall, weich, dehnbar. Verwendung: Früher für Geschirr, im Lötzinn und zum Verzinnen von Eisenblech

2.4 Schmelz- und Siedetemperatur

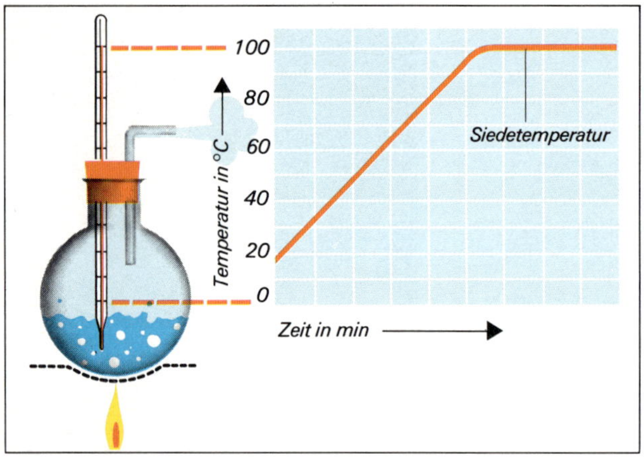

B 1 Siedetemperatur von Wasser und Temperaturverlauf beim Erhitzen

V 1 Erhitze nach ▷ B 1 Wasser bis zum Sieden (Siedesteinchen!). Notiere die Temperatur in regelmäßigen Zeitabständen. Erstelle ein Siedediagramm und bestimme daraus die Siedetemperatur.

V 2 Bringe in einem Reagenzglas etwas Stearinsäure im Wasserbad (95 °C) zum Schmelzen. Nimm das Glas einige Minuten danach aus dem Bad.
Ermittle im Minutenabstand die Temperaturwerte bis zum Erstarren (jeweils umrühren!). Erstelle ein Diagramm. Bestimme die Erstarrungstemperatur.

A 1 Warum werden in ▷ B 3 nur die Schmelz- und Siedetemperaturen und nicht auch noch die Kondensations- und Erstarrungstemperaturen angegeben?

Manche der bisher behandelten Stoffeigenschaften (z. B. Farbe und Geruch) können nicht immer eindeutig beschrieben werden. Für die Kennzeichnung von Stoffen werden deshalb die Eigenschaften bevorzugt, die *meßbar* sind und mit *Zahlen* belegt werden können.

Siedetemperatur. Um die **Siedetemperatur** des Wassers zu bestimmen, verfolgt man den Temperaturverlauf beim Erhitzen (▷ V 1). Bei 100 °C beginnt das Sieden. Von nun an zeigt das Thermometer keine weitere Temperaturerhöhung an (▷ B 1).

Oft allerdings werden abweichende Werte festgestellt. Die Siedetemperatur ist nämlich vom *Luftdruck* abhängig. Genaue Bestimmungen werden deshalb einheitlich bei Normdruck (1013 hPa) durchgeführt.
Zur Kontrolle wird die Temperatur im Dampfraum bestimmt. Das Thermometer zeigt 100 °C. Siedetemperatur und **Kondensationstemperatur** stimmen überein. Die Siedetemperaturen anderer Flüssigkeiten werden auf entsprechende Weise ermittelt.

Schmelztemperatur. Zur Bestimmung der **Schmelztemperatur** eines Feststoffs wird im Reagenzglas eine kleine Menge Stearinsäure erwärmt. Bei 71 °C beginnt der Schmelzvorgang. Die Temperatur bleibt unverändert, bis eine klare Schmelze entstanden ist. Erst dann erwärmt sich die Flüssigkeit weiter (▷ B 2). Zur Kontrolle kann beim Abkühlen die **Erstarrungstemperatur** gemessen werden (▷ V 2).

Es ist möglich, daß solche Messungen automatisch von Computern gesteuert und ausgewertet werden (▷ B 2).

Schmelztemperatur und Siedetemperatur sind meßbare Stoffeigenschaften. Sie kennzeichnen einen Stoff eindeutig.

B 2 Computergesteuerte Messung der Schmelztemperatur von Stearinsäure

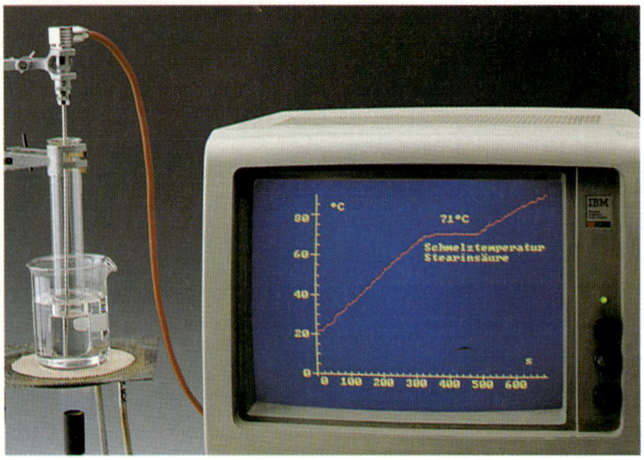

B 3 Schmelz- und Siedetemperatur einiger Stoffe bei Normdruck

Stoff	Schmelztemperatur (°C)	Siedetemperatur (°C)
Sauerstoff	−219	−183
Ether	−116	35
Alkohol	−114	78
Quecksilber	−39	356
Benzol	6	80
Glycerin	18	291
Stearinsäure	71	370
Schwefel	119	444
Blei	327	1740
Kochsalz	801	1461
Eisen	1535	2750

2.5 Dichte – eine meßbare Stoffeigenschaft

Nimmt man gleich große Gegenstände aus Aluminium und Blei (▷ B 1) jeweils in eine Hand, merkt man sofort, daß Blei sehr viel schwerer ist als Aluminium. Beide Stoffe haben bei gleichem Volumen eine verschieden große Masse. Die Stoffe haben eine unterschiedliche **Dichte**.
Aus der Dichte geht hervor, welche *Masse in Gramm ein Kubikzentimeter* eines Stoffes hat.
Neben den genannten Eigenschaften der Stoffklasse der Metalle bietet die Dichte eine weitere Möglichkeit zur *Einteilung der Metalle* (▷ B 1). Ist die Dichte kleiner als 5 g/cm³, spricht man von **Leichtmetallen** (z. B. Aluminium), bei größerer Dichte von **Schwermetallen** (z. B. Blei).

Dichtebestimmung von Feststoffen. Um die Dichte von unregelmäßig geformten Körpern zu bestimmen, wird zuerst mit der Waage die *Masse* des Körpers ermittelt. Dann wird sein *Volumen* durch Wasserverdrängung bestimmt (▷ B 2). Die Dichte wird berechnet, indem man die ermittelte Masse (in g) durch das festgestellte Volumen (in cm³) dividiert:

$$\text{Dichte} = \frac{\text{Masse}}{\text{Volumen}}$$

Dichtebestimmung von Flüssigkeiten. Man füllt die Flüssigkeit in einen Meßzylinder und liest das Volumen ab. Durch Wägung bestimmt man die Masse dieser Flüssigkeitsportion und berechnet die Dichte. Besonders einfach ist dies mit 10 ml oder 100 ml Flüssigkeit.

Dichtebestimmungen von Gasen werden mit Spezialgeräten durchgeführt. Ein Beispiel ist in ▷ A 2 beschrieben. Dichten sind abhängig von *Druck* und *Temperatur*. Deshalb können sie nur unter gleichen Bedingungen verglichen werden. Tabellenwerte im Buch (▷ B 3) beziehen sich einheitlich auf 20 °C und Normdruck (1 013 hPa).

B 2 Bestimmung der Dichte aus Masse und Volumen einer Stoffportion

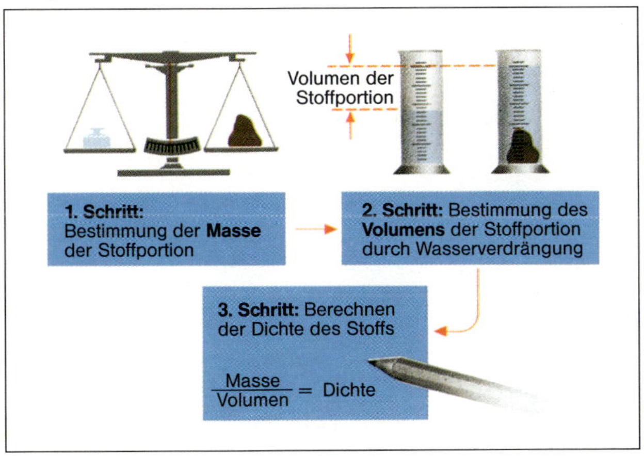

Leichtmetalle	Dichte (g/cm³)	Schwermetalle	Dichte (g/cm³)
Magnesium	1,74	Eisen	7,86
Aluminium	2,70	Kupfer	8,92
		Blei	11,40
		Gold	19,32
		Platin	21,40

B 1 Einteilung der Metalle nach ihrer Dichte (Kubikzentimeterwürfel, oben)

V 1 Bestimme entsprechend der Darstellung in ▷ B 2 Masse und Volumen einiger Eisennägel. Berechne anschließend die Dichte von Eisen.

A 1 Die Masse eines Meßzylinders wurde mit 73 g bestimmt. Nachdem 50 cm³ einer Flüssigkeit eingefüllt worden waren, wog er 112,5 g. Berechne die Dichte und entnimm der Tabelle in ▷ B 3, um welche Flüssigkeit es sich handelt.

A 2 Zur Bestimmung der Dichte der Luft wurde eine Gaswägekugel evakuiert (luftleer gemacht) und gewogen. Nachdem 200 cm³ Luft eingesaugt worden waren, wurde sie erneut gewogen. Die Massenzunahme betrug 0,24 g. Berechne die Dichte der Luft.

B 3 Dichte einiger Stoffe bei 20 °C und Normdruck

Stoff	Aggregatzustand	Dichte (g/cm³)
Stickstoff	gasförmig	0,00117
Sauerstoff	gasförmig	0,00133
Alkohol	flüssig	0,79
Wasser	flüssig	1,0
Quecksilber	flüssig	13,55
Schwefel	fest	2,07
Aluminium	fest	2,70
Zink	fest	7,14
Eisen	fest	7,86
Kupfer	fest	8,92
Blei	fest	11,40

2.6 Löslichkeit

B 1 Fettfleckentfernung. Anwendung eines geeigneten Lösungsmittels

Wird etwas *Kochsalz* in Wasser gegeben, so ist das Salz nach einiger Zeit nicht mehr zu sehen. Es ist aber noch vorhanden, wie eine Geschmacksprobe zeigt. Man sagt, das Kochsalz hat sich **gelöst**. Dabei ist eine **Lösung**, *Kochsalzlösung*, entstanden. Auch bestimmte Flüssigkeiten und Gase sind in Wasser löslich, wie alkoholische Getränke und Sprudel zeigen.
Außer Wasser können auch andere Flüssigkeiten als **Lösungsmittel** auftreten. Sie haben jedoch andere Lösungseigenschaften. So ist *Benzin* nicht in der Lage, Kochsalz zu lösen, es ist jedoch ein gutes Lösungsmittel für Öl (▷ B 2). Ein Fettfleck läßt sich mit Benzin leicht entfernen (▷ B 1). Diese Eigenschaften des Benzins nutzt man beim chemischen Reinigen aus.

Flüssigkeiten, die Stoffe lösen, heißen Lösungsmittel. Gelöst werden können Feststoffe, Flüssigkeiten und Gase. Nicht jedes Lösungsmittel kann auch jeden Stoff lösen.

Löslichkeit in Wasser. Manche Stoffe sind in Wasser *gut löslich* (Zucker, Kochsalz), andere *schwer löslich* (Gips, Löschkalk) oder nahezu *unlöslich* (Schwefel, Öl). Alkohol ist *unbegrenzt* wasserlöslich.
Auch gut lösliche Feststoffe lösen sich in Wasser nicht unbegrenzt. Gibt man auf einen Löffel Kochsalz einen Tropfen Wasser, so löst dieser nur eine bestimmte Menge des Salzes. ▷ V 2 zeigt, daß sich in 100 g Wasser nur 36 g Kochsalz lösen. Gibt man mehr Kochsalz zu, so setzt sich dieses als **Bodenkörper** auf dem Grund des Gefäßes ab; die Lösung ist **gesättigt**.

Die Löslichkeit ist eine meßbare Stoffeigenschaft. Sie gibt an, wieviel Gramm eines Stoffes sich in 100 Gramm Lösungsmittel lösen.

Löslichkeit und Temperatur. Wird eine gesättigte Lösung von Alaun in Wasser mit Bodenkörper erwärmt, so löst sich dieser auf (▷ B 3). Beim Abkühlen kristallisiert er wieder aus. Heißes Wasser kann mehr Alaun lösen als kaltes. Die Löslichkeit von Alaun ist *temperaturabhängig*.

Bei vielen Stoffen nimmt die Löslichkeit mit steigender Temperatur zu.

V 1 Prüfe im Reagenzglas, ob sich folgende Stoffe jeweils in Wasser oder Benzin lösen: Kochsalz, Zucker, Öl, Alkohol (Brennspiritus), Naphthalin, Holzkohle, Styropor.

V 2 Gib in ein Becherglas 100 g Wasser und löse unter Umrühren 30 g Kochsalz auf. Füge nach und nach Portionen von je 1 g hinzu, bis ein Bodenkörper sichtbar bleibt.
Wieviel Gramm Kochsalz lösen sich insgesamt?

B 2 Lösungsmittel im Vergleich. Lösen sie jeden Stoff?

Stoff	Lösungsmittel: Benzin	Wasser
Holzkohle	nein	nein
Öl, Fett	ja	nein
Kochsalz	nein	ja
Alkohol	ja	ja
Zucker	nein	ja
Naphthalin	ja	nein
Kerzenwachs	ja	nein

B 3 Löslichkeit und Temperatur. Im heißen Wasser löst sich mehr Alaun

B 4 Löslichkeit einiger Stoffe in Wasser bei 20 °C

Stoff	Löslichkeit in g/100 g Wasser
Zucker	203,9
Kochsalz	35,88
Kaliumnitrat	31,66
Soda	21,66
Alaun	11,40
Gips	0,20
Löschkalk	0,12
Sauerstoff	0,0043
Stickstoff	0,0019
Kalkstein	0,0015

2.7 Praktikum: Wir erstellen einen Steckbrief

Zur sicheren Identifizierung eines unbekannten Stoffes reicht die Angabe einer einzelnen Stoffeigenschaft nicht aus. Eine klare Flüssigkeit kann ebenso Wasser, wie auch Alkohol oder Waschbenzin sein. Erst durch die Bestimmung mehrerer Eigenschaften ist ein Stoff eindeutig zu erkennen. So wollen wir mit einigen Experimenten einen Steckbrief von Alkohol erstellen.

Versuch 1 Prüfung der Brennbarkeit

Geräte/Materialien
Porzellanschale, Holzspan

Chemikalien
Alkohol (Brennspiritus)

Versuchsanleitung
Gieße etwas Alkohol in die Porzellanschale. Entzünde einen Holzspan und nähere die Flamme vorsichtig der Oberfläche der Flüssigkeit in der Porzellanschale.

Versuch 2 Messung der Siedetemperatur

Geräte/Materialien
Becherglas, Gasbrenner, Dreifuß, Keramik-Drahtnetz, Stativ, Doppelmuffe, Stativklemme, Reagenzglas, Thermometer

Chemikalien
Alkohol (Brennspiritus)

Versuchsanleitung
Fülle das Becherglas mit Wasser und erhitze, bis das Wasser fast zu sieden beginnt. Dann lösche den Brenner. Fülle ein Reagenzglas zu einem Drittel mit Alkohol. Stelle das Becherglas mit dem heißen Wasser (Vorsicht!) auf die Stativplatte und befestige das Reagenzglas so mit der Stativklemme, daß es bis zum Boden des Becherglases in das heiße Wasser eintaucht. Halte das Thermometer in den Alkohol und beobachte es beim Erwärmen der Probe.

Versuch 3 Prüfung der Löslichkeit

Geräte/Materialien
3 Reagenzgläser, Reagenzglasständer

Chemikalien
Wasser, Alkohol (Brennspiritus), Benzin (kein Tankstellenbenzin, sondern Wasch- oder Wundbenzin)

Versuchsanleitung
Gib in ein Reagenzglas 5 ml Alkohol (Brennspiritus), in ein weiteres 5 ml Wasser und in das dritte 5 ml Benzin. Verteile den Alkohol vorsichtig auf die Reagenzgläser mit Wasser und Benzin und schüttle etwas.

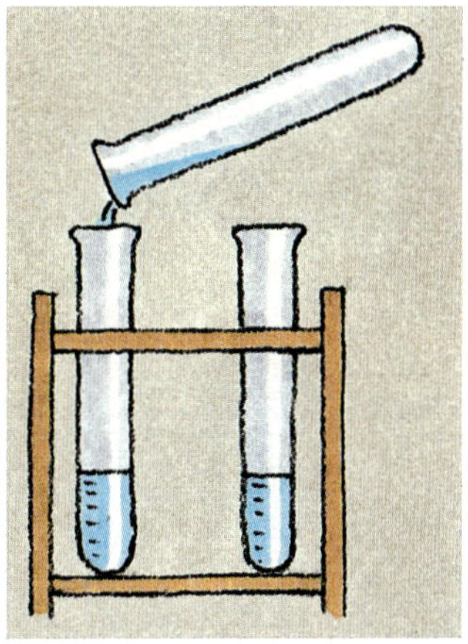

Versuch 4 Messung der Dichte

Geräte/Materialien
Meßzylinder, Waage

Chemikalien
Alkohol (Brennspiritus)

Versuchsanleitung
Bestimme mit der Waage die Masse des leeren Meßzylinders. Fülle danach Alkohol in den Meßzylinder und bestimme das Volumen genau. Ermittle nun die Masse der Stoffprobe, indem du den Meßzylinder mit dem Alkohol wiegst. Errechne zunächst die Masse der Stoffprobe und danach die Dichte des Alkohols.

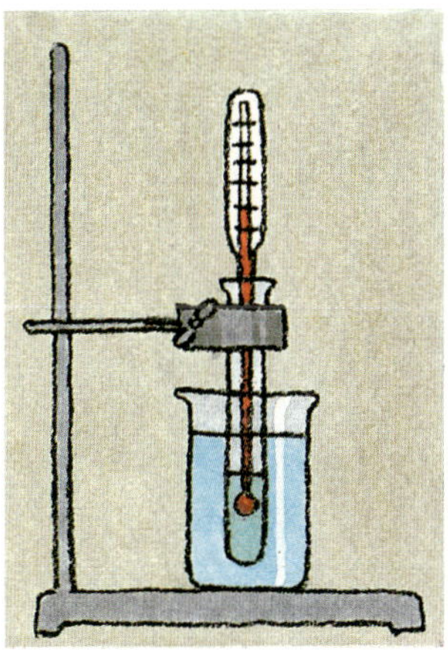

Auswertung
Übertrage die nebenstehende Tabelle in dein Heft und trage die Versuchsergebnisse ein.

Steckbrief von Alkohol (Brennspiritus):

Brennbarkeit	
Siedetemperatur	
Löslichkeit in Wasser	
in Benzin	
Dichte	

2.8 Reinstoff und Stoffgemisch

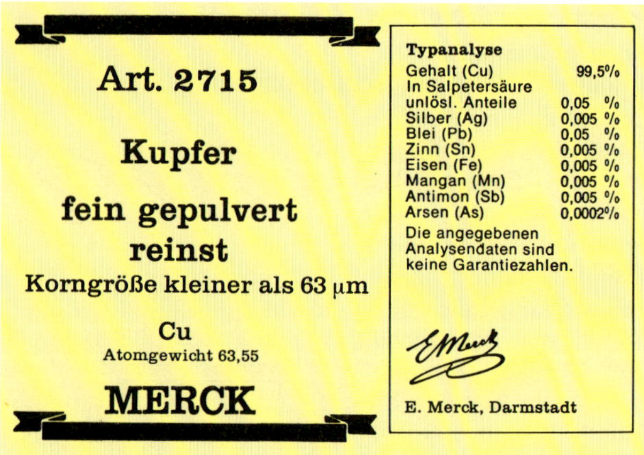

B 1 Chemikalienetikett mit Reinheitsangabe. Selbst reinste Stoffe enthalten meist noch Beimengungen anderer Stoffe

V 1 Untersuche Granit mit einer Lupe. Wie viele Bestandteile kannst du erkennen?

V 2 Zerkleinere möglichst grobkörnigen Granit und sortiere mit einer Pinzette die Bestandteile.

V 3 Mische gleiche Portionen a) Eisen- und Schwefelpulver, b) Zucker und Kochsalz. Betrachte die Gemische unter dem Mikroskop. Aufgrund welcher Eigenschaften kann man die Bestandteile erkennen?

A 1 Ordne die folgenden Stoffe nach Reinstoffen und Stoffgemischen: Holz, Kupfer, Meerwasser, Limonade, Kochsalz, Papier, Aluminium, Apfelsaft, Leitungswasser, Schwefel, Milch, Tee.

Wir haben bisher bei der Untersuchung von Stoffeigenschaften meist Stoffe verwendet, die nicht mit anderen vermischt waren. Der Chemiker bezeichnet solche Stoffe als **Reinstoffe**. Reinstoffe sind durch ihre meßbaren Eigenschaften eindeutig gekennzeichnet.

Wie das Chemikalienetikett in ▷ B 1 zeigt, enthalten jedoch selbst Reinstoffe, die im Chemielabor verwendet werden, meist noch geringe Mengen an Verunreinigungen. Die Herstellung von möglichst reinen Stoffen ist eine wichtige Aufgabe des Chemikers.

Die Mehrzahl der Stoffe, die uns täglich begegnen, sind jedoch **Stoffgemische**. Sie bestehen aus *verschiedenen Reinstoffen*. Die einzelnen Bestandteile eines Stoffgemisches kann man an ihren Eigenschaften erkennen. So sieht man bereits mit bloßem Auge, daß *Granit* nicht einheitlich aufgebaut ist (▷ B 2). Bei näherem Betrachten erkennt man, daß er aus drei verschiedenen festen Bestandteilen besteht, die sich in ihrer *Farbe* unterscheiden: aus rötlichem Feldspat, weißem Quarz und schwarzem Glimmer (▷ V 1).
Zerkleinert man Granit, so kann man die einzelnen Bestandteile anhand ihrer Farbe aus dem Gemisch abtrennen. Häufig muß man zur Unterscheidung ein Mikroskop zur Hilfe nehmen (▷ V 3).

Steinsalz, Sandstein, Gartenerde sind feste Stoffgemische, die ebenfalls in der Natur vorkommen. Für viele Zwecke im Alltag stellt man sich Stoffgemische her, z. B. beim Mischen von Farben, Zubereiten von Speisen, kosmetischen Produkten und Medikamenten oder der Herstellung von Beton.

Die meisten Stoffe unserer Umwelt sind keine Reinstoffe, sondern Gemische von Reinstoffen.

B 2 Granit, ein natürliches Stoffgemisch aus Feldspat, Quarz und Glimmer

B 3 Mischen von Beton aus Sand, Zement und Wasser

Arten von Stoffgemischen. Reinstoffe treten im festen, flüssigen und gasförmigen Aggregatzustand auf. Man unterscheidet deshalb *verschiedene Arten* von Stoffgemischen.

Ist ein fester, wasserunlöslicher Stoff in Wasser fein verteilt, handelt es sich um eine **Suspension (Aufschlämmung)**. So entsteht eine Suspension bei der Verteilung von Lehm oder Sand in Wasser. Nach einiger Zeit setzt sich der feste Bestandteil des Gemisches am Boden des Gefäßes ab (▷ B 4). Suspensionen bilden sich auch, wenn feste, unlösliche Stoffe statt in Wasser in anderen flüssigen Stoffen fein verteilt werden.

Wasser und Speiseöl sind zwei nicht ineinander lösliche Flüssigkeiten. Schüttelt man Wasser mit Speiseöl, erhält man eine milchige Flüssigkeit, eine **Emulsion**.
Emulsionen entstehen, wenn eine Flüssigkeit in feinen Tropfen in einer anderen Flüssigkeit verteilt wird. Die Öl-Wasser-Emulsion entmischt sich nach kurzer Zeit, das Öl scheidet sich über dem Wasser ab (▷ B 4). Eine über längere Zeit haltbare Emulsion ist Milch, ein Gemisch von Fetttröpfchen in Wasser. Das Eiweiß in der Milch verhindert das Trennen der Bestandteile. Es ist ein *Emulgator*.

Schweben feinste Flüssigkeitströpfchen in einem Gas, so spricht man von einem **Nebel**. Ein Gemisch aus feinen Feststoffkörnchen und einem Gas bezeichnet man als **Rauch**.

Ein Stoffgemisch, dessen Bestandteile noch zu erkennen sind, sieht *nicht einheitlich* aus. Man bezeichnet es als **heterogen** (von griech. heteros, ungleichartig).
Gemische von Feststoffen, Suspensionen und Emulsionen sind heterogene Stoffgemische.

Daneben gibt es Gemische, die selbst bei stärkster Vergrößerung keine einzelnen Bestandteile erkennen lassen. Sie sehen völlig *einheitlich* aus und haben wie die Reinstoffe an allen Stellen die gleichen Eigenschaften. Diese Stoffgemische nennt man **homogen** (von griech. homo, gleichartig). Zu ihnen gehören die **Lösungen**. So bildet sich beispielsweise beim Auflösen von blauem Kupfersulfat in Wasser eine hellblaue, vollständig klare und durchscheinende Kupfersulfatlösung (▷ B 4).

Auch ineinander lösliche Flüssigkeiten (z. B. Alkohol und Wasser) oder in Flüssigkeiten gelöste Gase (z. B. Sprudel) bilden homogene Gemische. Homogene Feststoffgemische bilden sich, wenn verschiedene Metalle (z. B. Kupfer und Zink) zusammengeschmolzen werden und zu Legierungen (z. B. Messing) erstarren.

Suspensionen und Emulsionen sind heterogene, Lösungen sind homogene Stoffgemische.

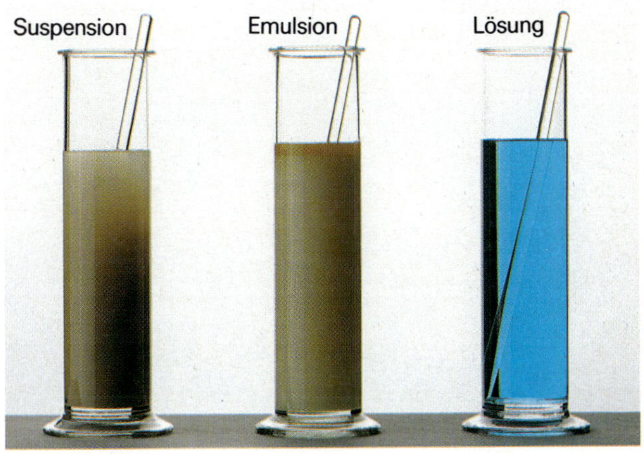

B 4 Vergleich einiger Gemische. Nur Lösungen sind homogen

V 4 Mische in einem Reagenzglas 5 ml Speiseöl mit 5 ml Wasser durch kräftiges Schütteln. Beobachte das Gemisch einige Minuten lang. Füge etwas Eigelb als Emulgator hinzu und schüttle nochmals.

A 2 Nenne die Bestandteile der in ▷ B 5 genannten Gemische und gib ihren Aggregatzustand an. Unterteile in homogene und heterogene Gemische.

A 3 Zu welchem Gemischtyp gehört ein Gemisch aus a) Benzin und Wasser, b) Sand und Wasser, c) Alkohol und Wasser, d) Zucker und Wasser, e) Zucker und Mehl?

A 4 Begründe, warum ein Reinstoff homogen ist.

B 5 Einteilung und Benennung von Stoffgemischen nach dem Aggregatzustand der Bestandteile

Stoffgemisch	Aggregatzustand der Reinstoffe	Benennung
Granit, Steinsalz	fest–fest	Feststoffgemisch
Lehmwasser Kochsalzlösung	fest–flüssig	Suspension Lösung
Fetttropfen in Milch Weinbrand	flüssig–flüssig	Emulsion Lösung
Flüssigkeitströpfchen in der Luft Sprudel	flüssig–gasförmig	Nebel Lösung
Ruß- und Staubkörnchen in der Luft	fest–gasförmig	Rauch

2.9 Vom Steinsalz zum Speisesalz

B 1 Steinsalz, ein natürliches Gemisch aus Kochsalz und Gestein

V 1 Zerkleinere rohes Steinsalz und gib in einem sauberen Gefäß reichlich Wasser hinzu (statt Steinsalz kann eine Mischung von Kochsalz und Sand verwendet werden). Dekantiere einen kleinen Teil der überstehenden Lösung ab und prüfe Farbe und Geschmack.

V 2 Filtriere das Gemisch von ▷ V 1. Verwende zum Filtrieren einen Glastrichter und einen Rundfilter aus Papier. Benutze gut gesäuberte Geräte. Der Filter wird entsprechend ▷ B 2 gefaltet, in den Trichter gesteckt und mit Wasser angefeuchtet. Prüfe Farbe und Geschmack des Filtrats. Bewahre das Filtrat für ▷ V 3 auf.

A 1 Eine Suspension von Sand und Wasser soll filtriert werden. Zeichne die Apparatur.

Steinsalz wird in seine Bestandteile zerlegt. Steinsalz kommt in der Natur in großen Lagerstätten vor. Untersucht man einen rohen Steinsalzbrocken, so erkennt man, daß Steinsalz ein *Gemisch aus Kochsalz und Gestein* ist (▷ B 1). Wie läßt sich daraus der Reinstoff Kochsalz abtrennen?

Eine Trennung durch **Auslesen** nach der unterschiedlichen *Farbe* der Gemischbestandteile wäre zu mühsam. Außerdem wäre eine vollständige Abtrennung nicht möglich.

Zur Trennung nützt man die unterschiedlichen *Löslichkeiten* der Stoffe in Wasser aus. Kochsalz ist in Wasser sehr gut löslich, das Begleitgestein dagegen kaum. Gibt man zu zerkleinertem Steinsalz Wasser, erhält man eine Suspension. Das Kochsalz löst sich auf, das Begleitgestein setzt sich am Gefäßboden ab. Die überstehende Lösung schmeckt salzig (▷ V 1).

Durch **Absetzenlassen (Sedimentieren)** und **Abgießen (Dekantieren)** erfolgt eine grobe Trennung von Salzlösung und Gestein. Die Lösung ist jedoch noch durch Verunreinigungen getrübt.

Schneller und vollständiger verläuft die Trennung der Salzlösung vom Gestein durch **Filtrieren** (▷ B 3). Ein Filter wirkt wie ein Sieb mit sehr feinen Poren. Die unlöslichen Bestandteile verbleiben aufgrund ihrer Größe als *Rückstand* auf dem Filter. Das gelöste Salz kann ungehindert die Filterporen passieren. Die hindurchgeflossene Lösung ist klar und schmeckt salzig (▷ V 2).

Durch Filtrieren können ungelöste Feststoffe von gelösten Stoffen getrennt werden.

B 2 Falten eines runden Filterpapiers zum Einlegen in den Trichter

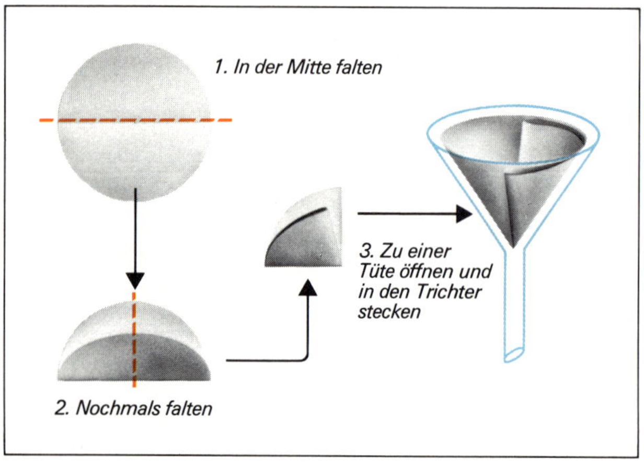

B 3 Filtrieren. Ungelöster Feststoff und Flüssigkeit werden durch das Filter getrennt

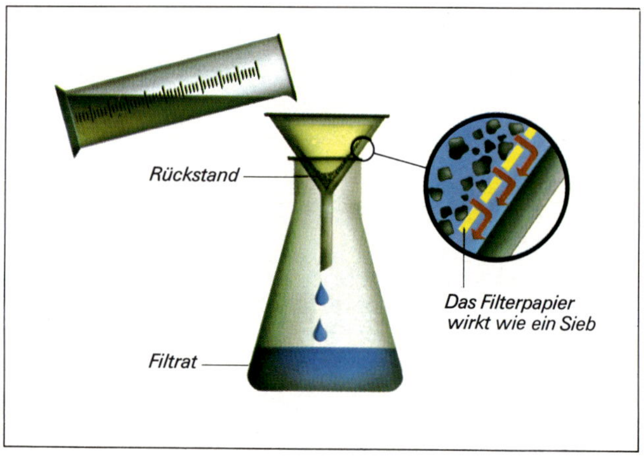

Wir gewinnen Kochsalz aus der Salzlösung. Um aus der Salzlösung das feste Kochsalz zu gewinnen, muß das Wasser entfernt werden. Durch Stehenlassen der Salzlösung an der Luft würde das Wasser nach einiger Zeit *verdunsten*. Diese Methode ist jedoch sehr zeitraubend.

Schneller geht es, wenn man die Salzlösung bis zum Sieden erhitzt (▷V3). Aufgrund der unterschiedlichen Siedetemperaturen von Wasser (100 °C) und Kochsalz (1461 °C) verdampft nur das Wasser. Beim vollständigen **Eindampfen** bleibt in der Schale das weiße Kochsalz zurück (▷B4).

Durch Eindampfen können feste Stoffe aus Lösungen zurückgewonnen werden (aufgrund der unterschiedlichen Siedetemperaturen).

Es ist damit gelungen, mit Hilfe zweier Trennverfahren, Filtrieren und Eindampfen, den Reinstoff Kochsalz vom Begleitgestein abzutrennen.

Industrielle Salzgewinnung. Sedimentieren und Eindampfen werden als Trennverfahren auch bei der Salzgewinnung in Salinen angewandt. Man leitet Wasser in eine Salzlagerstätte, wobei das Salz gelöst wird und die unlöslichen Gesteinsbestandteile im entstehenden Hohlraum zu Boden sinken. Das mit Salz gesättigte Wasser, **Sole** genannt, wird herausgepumpt und in Verdampfungsapparaten (▷B5) eingedampft. Das so gewonnene **Siedesalz** wird vorwiegend als Speisesalz benutzt. In südlichen Ländern gewinnt man energiesparend **Meersalz** durch Verdunsten von Meerwasser (▷B6).

Stoffgemische können durch geeignete Trennverfahren in Reinstoffe zerlegt werden.

B4 Eindampfen. Der gelöste Stoff (Kochsalz, rechts) wird vom Lösungsmittel (Wasser) getrennt

V 3 Gib das farblose Filtrat von ▷V2 in eine (schwarz glasierte) Porzellanschale und dampfe die Lösung vorsichtig ein. (Schutzbrille!)

V 4 Stelle eine Kochsalzlösung her und dampfe sie vorsichtig in einer Porzellanschale ein. (Schutzbrille!)

V 5 Anlegen eines „Salzgartens“: Stelle eine gesättigte Kochsalzlösung her und filtriere. Gieße das Filtrat in eine flache Glasschale und laß das Wasser verdunsten.

A 2 Warum ist die Gewinnung von Meersalz aus Nordseewasser in Salzgärten wirtschaftlich nicht sinnvoll?

B5 Blick in eine Saline. Die Sole wird in großen Apparaturen eingedampft. Das Salz setzt sich unten ab

B6 Salzgewinnung in Salzgärten durch Verdunsten von Meerwasser

2.10 Trinkwasser aus Salzwasser

Neues Meerwasserentsalzungsprojekt

Madeira. Portugal wird mit technischer Unterstützung Deutschlands auf der nördlich von Madeira gelegenen Atlantikinsel Porto Santo eine besonders wirtschaftliche Variante des Verdunstungsverfahrens zur Entsalzung von Meerwasser mit Hilfe von Sonnenenergie erproben. Auf Porto Santo leben etwa 3000 Menschen, die mit Trinkwasser versorgt werden müssen. Es fällt aber nur sehr wenig Regen. Die geringen Niederschläge fließen zudem durch den karstigen Boden ins Meer ab, ohne als Quellen zutage zu treten.
Wie in vielen Trockengebieten der Erde herrscht akuter Mangel an Süßwasser, besonders in den Sommermonaten. Die Verbesserung auch herkömmlicher Entsalzungsverfahren ist zu begrüßen, da weltweit sinkende Süßwasserreserven, steigende Bevölkerungszahlen und fortschreitende Industrialisierung immer häufiger den Rückgriff auf Meerwasser zur Trinkwasserversorgung erfordern.

B 1 Trinkwasser ist knapp in Trockengebieten. Es kann durch Entsalzung von Meerwasser gewonnen werden

V 1 Erhitze Kochsalzlösung in einem Becherglas zum Sieden (Siedesteinchen!). Halte mit einer Reagenzglasklammer ein gut gesäubertes Uhrglas in den Dampf. Prüfe Farbe und Geschmack der kondensierten Flüssigkeit.

V 2 Baue eine Apparatur nach ▷ B 3 auf und destilliere Kochsalzlösung (Schutzbrille!). Verwende dann eine gekühlte Vorlage nach ▷ B 4. Wie wirkt sich die Veränderung aus?

V 3 Baue eine Destillationsapparatur nach ▷ B 5 auf und destilliere a) Kochsalzlösung, b) Tinte. Vergleiche das Destillat mit der Ausgangslösung und fertige eine Zeichnung der Apparatur an.

Meerwasser ist wegen seines hohen Salzanteils (32 bis 43 Gramm pro Liter) als Trinkwasser und zur Bewässerung nicht geeignet. In vielen südlichen Ländern herrscht Trinkwassermangel, obwohl sie ans Meer grenzen. Die dort lebenden Menschen sind auf die Entsalzung von Meerwasser angewiesen (▷ B 1).

Wie kann man aus einer Salzlösung *Trinkwasser* gewinnen? Durch Verdunsten oder Eindampfen erfolgt zwar eine Trennung, das Wasser entweicht jedoch als Wasserdampf. Man benötigt eine Apparatur, mit der man den *Wasserdampf auffangen und wieder verflüssigen* kann.

Wir entwickeln eine Destillationsapparatur. Erhitzt man eine Salzlösung zum Sieden und hält in den Dampfstrom eine *Glasplatte*, so schlägt sich der Wasserdampf nieder, er *kondensiert* (▷ B 2). Das kondensierte Wasser schmeckt nicht mehr salzig. Das Salz bleibt aufgrund seiner höheren Siedetemperatur im Gefäß zurück.

Auf diese Weise läßt sich nur wenig reines Wasser gewinnen. Günstiger ist es, den Wasserdampf in einem *langen Glasrohr* kondensieren zu lassen (▷ B 3). Die Ausbeute ist aber immer noch gering, weil sich das Rohr erwärmt und Wasserdampf entweicht. Dies kann man verhindern, wenn man das Auffanggefäß, die *Vorlage*, zusätzlich von außen mit Wasser kühlt (▷ B 4).

Eine weitere Verbesserung wird erzielt, wenn man das Kondensationsrohr mit einem Glasrohr umgibt, das mit kaltem Wasser gefüllt ist. In der Praxis verwendet man einen **Kühler**. Er besitzt einen *Kühlmantel*, durch den ständig von unten her kaltes Wasser geleitet wird (▷ B 5), so daß der Dampf mit einer immer kühler werdenden Gefäßwand in Berührung kommt (*Gegenstromprinzip*).

B 2 Kondensation von Wasserdampf an kühler Glasplatte

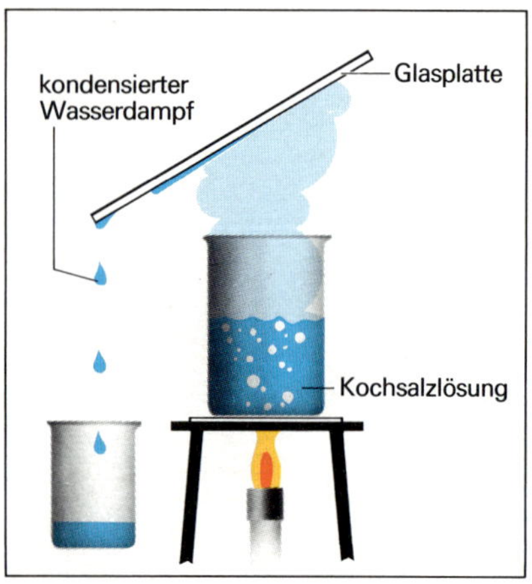

B 3 Kondensation in luftgekühltem Glasrohr

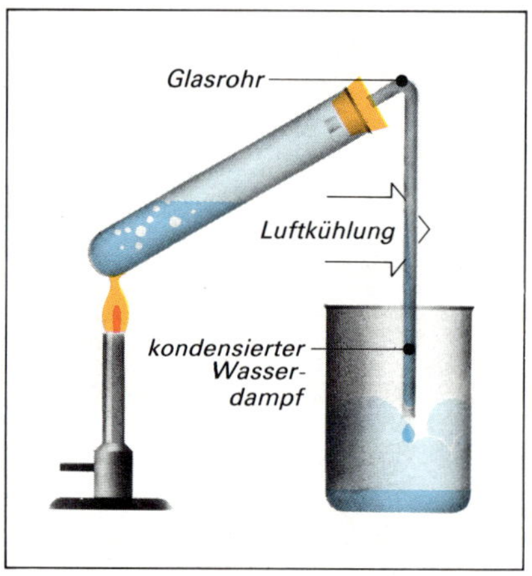

B 4 Kondensation in wassergekühlter Vorlage

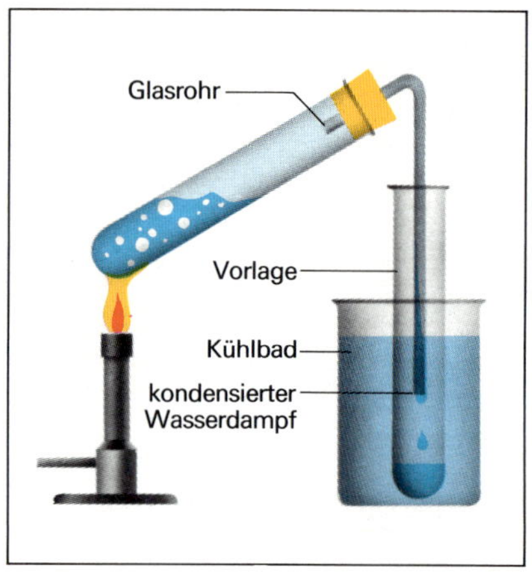

Man erhält **destilliertes Wasser** (von lat. destillare, herabträufeln). Es ist ein Reinstoff, der keine gelösten Stoffe mehr enthält. Im *Destillierkolben* bleibt das feste Salz zurück.

Destilliertes Wasser hat im Vergleich zu Leitungswasser einen faden Geschmack und ist ungenießbar. Leitungswasser enthält geringe Mengen an gelösten Mineralsalzen. Sie sind für den Menschen lebensnotwendig und verleihen dem Trinkwasser den typischen Geschmack.

Entsalzung von Meerwasser. Zur Trinkwassergewinnung wird Meerwasser in großen Destillationsanlagen durch Sonneneinstrahlung erwärmt (▷B 7). Das verdampfte Wasser kondensiert an den gekühlten Teilen der Anlage und wird in Sammelrinnen aufgefangen. Um es für Trinkzwecke verwenden zu können, müssen ihm wieder geringe Mengen an Salzen zugefügt werden.

Destillation anderer Stoffgemische. Nicht nur eine Lösung von Kochsalz in Wasser, auch *Flüssigkeitsgemische* lassen sich aufgrund unterschiedlicher Siedetemperaturen durch Destillation trennen.

Destilliert man ein *Gemisch aus Alkohol und Wasser* (▷V 5), so sammelt sich als Destillat hauptsächlich Alkohol (Siedetemperatur 78 °C). Die Trennung gelingt jedoch nicht vollständig, da die Siedetemperaturen der Mischungsbestandteile nahe beieinander liegen.

Die Trennung eines Stoffgemisches durch Verdampfen und anschließendes Kondensieren heißt Destillation. Durch Destillation können Stoffe mit unterschiedlichen Siedetemperaturen getrennt werden.

B 6 Destillationsanlage zur Entsalzung von Meerwasser auf Porto Santo. Sonnenstrahlen liefern die erforderliche Wärme

V 4 Dampfe Leitungswasser in einer (schwarz glasierten) Porzellanschale oder im Reagenzglas vorsichtig ein. Ist Leitungswasser ein Reinstoff?

V 5 Man destilliert in einer Apparatur nach ▷B 5 Rotwein. Die Vorlage wird mehrmals gewechselt. Prüfe die verschiedenen Destillate auf Geruch und Brennbarkeit. Deute das Ergebnis.

A 1 Welche Gemische lassen sich durch Destillation trennen? Begründe!

A 2 Vergleiche destilliertes Wasser, Meerwasser, Regenwasser (Reinstoff oder Stoffgemisch, Entstehungsweise).

B 5 Destillationsapparatur mit Gegenstromkühler. Der Wasserdampf kondensiert vollständig

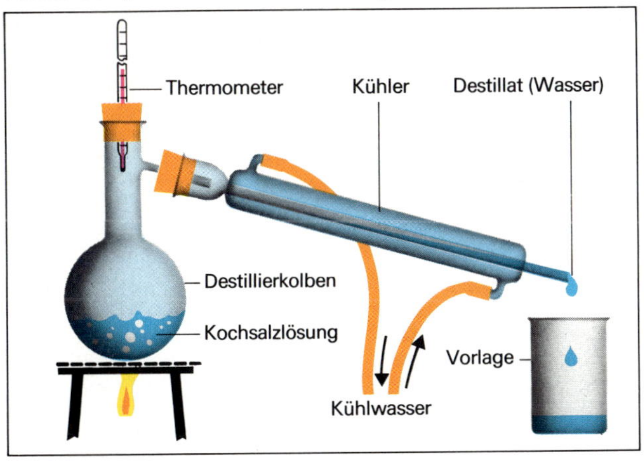

B 7 Schemabild einer Destillationsanlage zur Entsalzung von Meerwasser

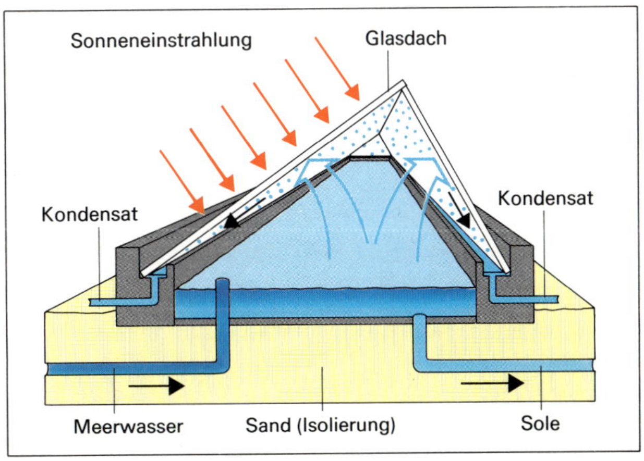

2.11 Praktikum: Wir untersuchen Tinte

In einer Bank erscheint ein Herr und möchte einen Scheck einlösen. Der Kassierer betrachtet den Scheck und bittet den Herrn um etwas Geduld. Nach wenigen Minuten nimmt die Polizei den Mann vorläufig fest. Der Kassierer hatte den Verdacht, daß der Scheck durch nachträgliche Änderungen gefälscht wurde. Wie kann diese Vermutung überprüft werden?

Versuch 1 Wir vergleichen zwei Filzstifte

Geräte/Materialien
Petrischalenhälfte (d = 60 mm), Rundfilter (d = 70 mm), Filtrierpapierstreifen (2 cm x 10 cm), 2 Filzstifte (gleiche Farbe, verschiedene Hersteller, wasserlöslich), Bleistift, Wasser

Versuchsanleitung
Bohre mit der Bleistiftspitze ein kleines Loch in die Mitte des Rundfilters und trage rechts und links neben dem Loch mit den verschiedenen Filzschreibern je einen dikken Punkt auf. Rolle den Streifen Filtrierpapier zu einem Docht zusammen und stecke ihn durch das Loch des Rundfilters. Fülle die Petrischale zur Hälfte mit Wasser und lege den Rundfilter so darauf, daß der Docht in das Wasser taucht.

Auswertung
Vergleiche die Chromatogramme der beiden Filzschreiber. Welche Unterschiede weisen sie auf?

Versuch 2 Wir weisen eine Fälschung nach

Geräte/Materialien
2 Filzstifte (gleiche Farbe, verschiedene Hersteller, wasserlöslich), ein Blatt weißes Papier, eine Schere, eine Heftmaschine, Petrischalenhälfte (d = 60 mm), Rundfilter (d = 70 mm), Filtrierpapierstreifen (2 cm x 10 cm), Bleistift, Wasser

Versuchsanleitung
Schreibe mit einem schwarzen Filzstift die Zahl 10 000 auf ein weißes Blatt Papier. Ergänze mit einem anderen schwarzen Filzstift eine weitere „1“, so daß die Zahl 110 000 entsteht. Bereite wie im vorherigen Versuch ein Rundfilter vor, indem du mit der Bleistiftspitze ein Loch mitten hinein bohrst. Schneide nun die beiden „Einsen“ mit einer Schere aus dem Blatt Papier heraus und hefte die Papierstücke mit einer Heftmaschine rechts und links neben das Loch. Achte darauf, daß die Papierstücke guten Kontakt mit dem Rundfilter haben. Rolle den Streifen Filtrierpapier zu einem Docht zusammen und stecke ihn durch das Loch des Rundfilters. Fülle die Petrischale zur Hälfte mit Wasser und lege das Rundfilter so darauf, daß der Docht in das Wasser taucht.

Auswertung
Ist eindeutig nachweisbar, daß die beiden „Einsen“ mit verschiedenen Stiften geschrieben wurden? Woran läßt es sich erkennen?

Die Papierchromatografie

Tinte ist häufig ein Gemisch verschiedener Farbstoffe. Diese können mit Hilfe der Papierchromatografie voneinander getrennt werden. Die Auftrennung kommt dadurch zustande, daß die einzelnen Farben an Papierfasern unterschiedlich fest haften.

Ein Lösungsmittel, das alle Bestandteile des Farbgemisches auflöst, dient als sogenanntes Laufmittel. Es breitet sich im Papier aus und nimmt die gelösten Stoffe mit unterschiedlicher Geschwindigkeit mit. Stoffe, die gut auf Papier haften, wandern langsam, Stoffe, die schlecht auf Papier haften, schneller. Durch die unterschiedliche Laufgeschwindigkeit werden die Bestandteile des Gemisches voneinander getrennt.

2.12 Praktikum: Vom Aufbau der Stoffe

Die folgenden Experimente sollen dazu anregen, sich Gedanken darüber zu machen, wie die Stoffe aufgebaut sind.

Versuch 1 **Ausbreitung eines Duftes**

Geräte/Materialien
Petrischale, ätherische Öle (z. B. Eukalyptus-, Nelken-, Zitronen- oder Fichtennadelöl), Uhr, Meßband

Versuchsanleitung
Gib in eine Petrischale, die sich am Ende des Tisches befindet, einige Tropfen eines ätherischen Öls. Die anderen Schüler setzen sich in unterschiedlichen Abständen neben die Petrischale. Miß die Abstände zwischen der Petrischale und den Schülern und notiere die Zeit, die vergeht, bis die einzelnen Schüler den Geruch wahrnehmen. Achte darauf, daß die Gruppen weit auseinander sitzen, damit sich die Düfte nicht so schnell mischen.

Fragen/Auswertung
1. Wie läßt sich die Ausbreitung des Duftes erklären?
2. Warum sind die gemessenen Zeiten für verschiedene Öle unterschiedlich?

Versuch 2 **Ausbreitung eines Farbstoffes**

Geräte/Materialien
Becherglas, Glasstab, Büroklammer, Teebeutel (mit kräftiger Farbe, z. B. Hagebutte oder Malve), warmes Wasser

Versuchsanleitung
1. Beschwere einen Teebeutel mit einer Büroklammer und befestige ihn so an einem Glasstab, daß er etwa in halber Höhe in dem Becherglas hängt. Nimm den Glasstab mit dem Teebeutel wieder aus dem Becherglas.
2. Fülle das Becherglas mit warmem Wasser und hänge anschließend den Teebeutel in das Becherglas.
3. Beobachte genau die Ausbreitung der Farbstoffe und fertige nach jeweils etwa 5 Minuten eine Skizze an.

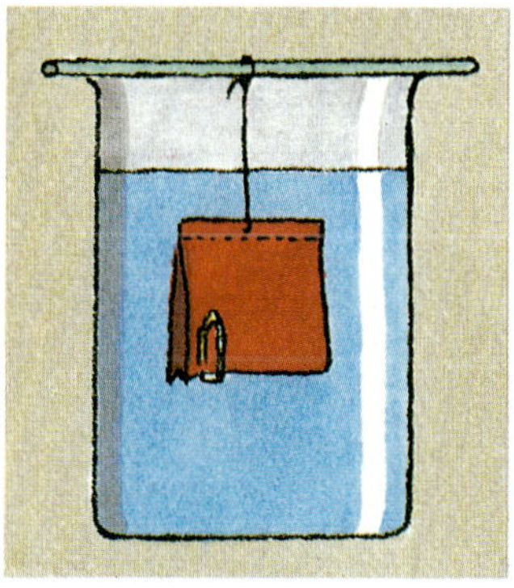

Auswertung
1. Erkläre die Ausbreitung der Farbstoffe im Wasser.
2. Warum sinken die Farbstoffe zunächst auf den Boden des Becherglases?

Versuch 3 **Lösen eines farbigen Salzes**

Geräte/Materialien
Becherglas, Pinzette

Chemikalien
Kaliumpermanganatkristall

Versuchsanleitung
Fülle ein Becherglas mit Wasser. Nimm mit einer Pinzette einen Kaliumpermanganatkristall auf und laß ihn vorsichtig in die Mitte des Becherglases fallen. Fertige in Abständen von etwa 5 Minuten eine Skizze an.

Auswertung
Wie läßt sich das Auflösen des Kristalles und die Ausbreitung der Farbfront erklären?

Versuch 4 **Lösen von Kandis- oder Würfelzucker**

Geräte/Materialien
Becherglas, brauner Kandis- oder brauner Würfelzucker, Wasser

Versuchsanleitung
Fülle ein Becherglas etwa halbvoll mit Wasser und bringe auf den Boden des Becherglases einen braunen Kandiszuckerkristall oder ein Stück braunen Würfelzucker. Beobachte den Lösungsvorgang.

Auswertung
1. Welche Hinweise auf den Aufbau von Zucker ergeben sich aus den Beobachtungen?
2. Wie ließe sich der Lösungsvorgang beschleunigen?

Versuch 5 **Lösen und Kristallisieren**

Geräte/Materialien
Becherglas, Porzellanschale, Spatel, Keramik-Drahtnetz, Gasbrenner, Kochsalz, Wasser

Versuchsanleitung
Löse in einem mit Wasser gefüllten Becherglas einige Spatel Kochsalz. Gib etwas von der Lösung in eine Porzellanschale und dampfe die Lösung ein.

Auswertung
Versuche, die Vorgänge beim Lösen und Kristallisieren des Kochsalzes mit Hilfe einer geeigneten Modellvorstellung zu erklären.

2.13 Stoffe bestehen aus kleinsten Teilchen

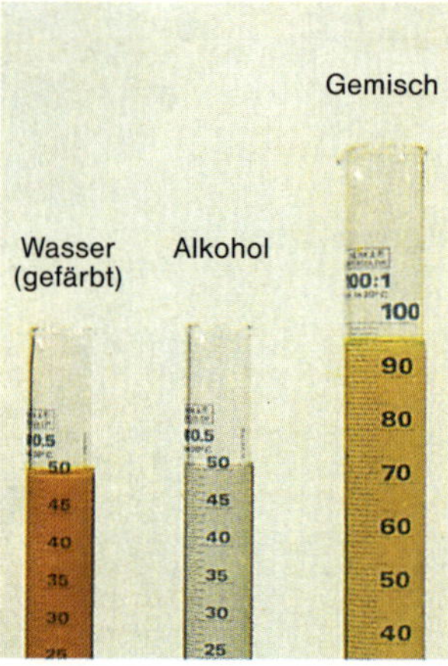

B 1 Volumenverringerung beim Mischen von Alkohol und Wasser

B 2 Modellversuch. Die kleineren Kugeln füllen die Lücken zwischen den größeren

V 1 a) Gieße 50 ml Alkohol zu 50 ml Wasser in einen Meßzylinder und schüttle.
b) Gieße 50 ml Wasser zu 50 ml Wasser und schüttle.
c) Gieße 50 ml Alkohol zu 50 ml Alkohol, schüttle.
Lies die Volumina ab und vergleiche.

V 2 Wiederhole ▷ V 1 a mit 50 ml Erbsen und 50 ml Senfkörnern. Lies das Volumen ab und erkläre.

Modell und Wirklichkeit. Um strömungsgünstige Autokarosserien zu entwickeln, genügen einfache Modelle aus Holz oder Gips (Bild unten). Sie erfassen nur jene Teile des wirklichen Autos, die für die Messung des Luftwiderstandes im Windkanal von Bedeutung sind.
Auch unser Kugelteilchenmodell gibt nur Teile der Wirklichkeit wieder. Es ist nur eine vereinfachte Vorstellung vom Aufbau der Stoffe, die aber viele Erscheinungen anschaulich erklären kann. So läßt sich selbst die Volumenverminderung beim Mischen von Alkohol und Wasser im Modellversuch mit Erbsen und Senfkörnern simulieren. Ob die unterschiedliche Größe der Kugelteilchen die einzige Erklärungsmöglichkeit hierfür ist, läßt sich aus diesem Versuch allerdings nicht ableiten. Modelle können immer nur Annäherungen an die Wirklichkeit sein.

Mischt man 50 ml Wasser mit 50 ml Alkohol, so macht man eine erstaunliche Beobachtung. Das Volumen des Gemisches beträgt nicht 100 ml, sondern nur 96 ml (▷ V 1, ▷ B 1). Wie kommt dieser Unterschied zustande?

Die Teilchenvorstellung. Die im Versuch beobachtete Volumenverringerung läßt sich erklären, wenn man annimmt, daß die Stoffe Alkohol und Wasser aus **kleinsten Teilchen** aufgebaut sind, die ungefähr die Form einer *Kugel* haben. Die kleinsten Teilchen des Wassers und die des Alkohols sind jeweils *untereinander* gleich, unterscheiden sich aber *voneinander* durch ihre *Größe*. Die Alkoholteilchen sind größer als die Wasserteilchen. Deshalb können im Gemisch einige der kleineren Wasserteilchen in die Lücken zwischen die größeren Alkoholteilchen wandern. Dies läßt sich anschaulich in einem Modellversuch zeigen (▷ V 2, ▷ B 2).

Alle Stoffe bestehen aus kleinsten Teilchen. Die am Beispiel der Volumenverringerung gewonnene Teilchenvorstellung ist von ganz allgemeiner Bedeutung. Man geht heute davon aus, daß *alle* Stoffe aus *kleinsten kugelförmigen Teilchen* aufgebaut sind. Die kleinsten Teilchen *eines Reinstoffes* sind *untereinander gleich*, sie haben die *gleiche Größe* und *Masse*. Kleinste Teilchen *verschiedener* Stoffe können sich voneinander in Größe und Masse *unterscheiden*.

Wegen ihrer außerordentlich geringen Größe kann man die kleinsten Teilchen selbst mit dem stärksten Mikroskop nicht einzeln wahrnehmen. Man kann sie daher auch nicht wirklichkeitsgetreu abbilden, sondern nur **Modelle**, also *Vorstellungen* und *vereinfachte Darstellungen* von ihnen entwickeln, die der *Wirklichkeit* angenähert sind. Eine wesentliche Vereinfachung in *unserer* Modellvorstellung besteht in der Annahme der *kugelförmigen* Gestalt der kleinsten Teilchen. Man bezeichnet diese Teilchen deshalb auch als **Kugelteilchen**.

Das Kugelteilchenmodell ist eine vereinfachte Vorstellung vom Aufbau der Stoffe. Mit ihm lassen sich viele Eigenschaften und Vorgänge anschaulich erklären.

Bei der konkreten Darstellung der Kugelteilchen (z. B. als Erbsen oder Senfkörner) können zusätzlich Eigenschaften auftreten, die nicht Bestandteil der Modellvorstellung sind und deshalb auch nicht auf die kleinsten Teilchen übertragen werden dürfen. So haben Erbsen oder Senfkörner eine Farbe, unser Modell sagt aber nichts über die Farbe der kleinsten Teilchen eines Stoffes aus.

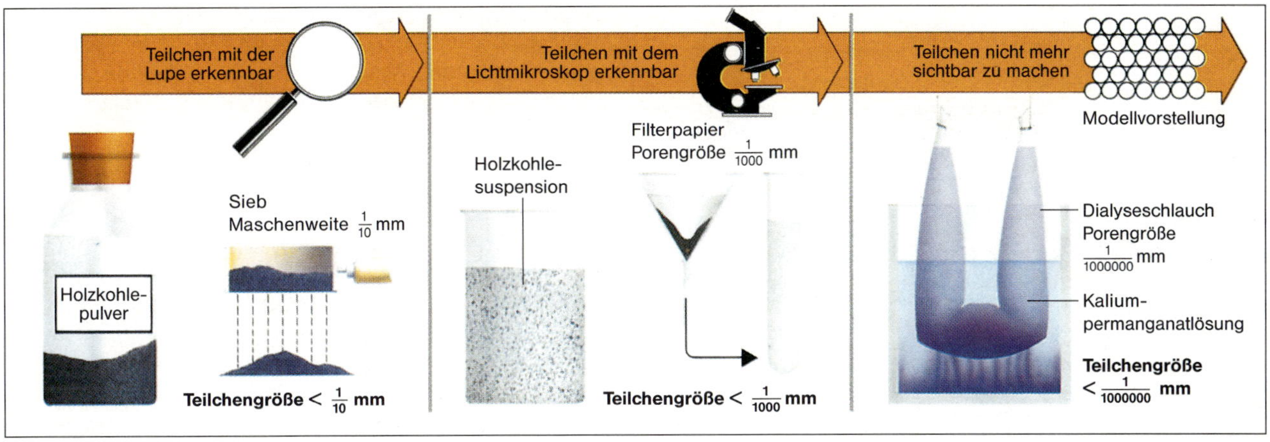

B 3 Teilchengröße. Die Maschenweite des jeweiligen „Siebes" läßt Rückschlüsse auf die Größe der hindurchtretenden Teilchen zu

Größe der kleinsten Teilchen. Zerkleinert man ein Stück Holzkohle, so kann man mit Sieben unterschiedlicher Maschenweite verschieden große Holzkohlekörner voneinander trennen. Durch Zerreiben entsteht aus ihnen ein feines Pulver, in dem einzelne Körner nur noch mit der Lupe zu erkennen sind.
Filtriert man eine wäßrige Suspension dieses Holzkohlepulvers (▷V 3), so bleibt der größte Teil des Pulvers auf dem Filterpapier zurück. Das Filtrat ist schwach getrübt, dies bedeutet, ein Teil der Holzkohlekörnchen ist durch die Filterporen gelangt. Diese Körnchen müssen demnach kleiner sein als die Poren des Filters (etwa ein Tausendstel Millimeter). Man kann sie jedoch im Lichtmikroskop noch erkennen.
Filtriert man jedoch eine Kaliumpermanganatlösung, so erhält man ein violettes, aber klares Filtrat (▷V 4). Selbst einen Dialyseschlauch kann die Lösung noch durchdringen (▷V 5). Da der Porendurchmesser eines solchen Schlauches nur etwa ein Millionstel Millimeter beträgt, muß auch der Durchmesser von Kaliumpermanganatteilchen weniger als ein Millionstel Millimeter betragen.

Die kleinsten Teilchen haben eine Eigenbewegung. In einem geschlossenen Standzylinder breitet sich Bromdampf nach kurzer Zeit so aus, daß eine vollständige Durchmischung mit der eingeschlossenen Luft stattfindet (▷B 4). Eine solche selbständige Durchmischung heißt **Diffusion**. Die Diffusion läßt sich gut erklären, wenn man davon ausgeht, daß die kleinsten Teilchen der Stoffe in ständiger Bewegung sind. Die Bewegung der kleinsten Teilchen ist dabei völlig regellos und ungeordnet.

Mit dem Kugelteilchenmodell und der Eigenbewegung lassen sich nicht nur die Diffusion, sondern auch die Aggregatzustände und die Übergänge zwischen ihnen anschaulich erklären.

V 3 Gib Holzkohlepulver in Wasser und filtriere die Suspension. Betrachte das Filtrat und untersuche einen Tropfen davon unter dem Mikroskop.

V 4 Filtriere eine wäßrige Kaliumpermanganat- und eine Kochsalzlösung und prüfe das Filtrat. Welche Eigenschaft weist darauf hin, daß Teilchen dieser Stoffe im Filtrat vorhanden sind?

V 5 Fülle einen Dialyseschlauch mit Kaliumpermanganatlösung und hänge ihn in ein Glas mit Wasser. Beobachte!

A 1 Gibt man einen Löffel Zucker in eine Tasse mit Kaffee, dann schmeckt der Kaffee nach einiger Zeit auch ohne Umrühren süß. Erkläre!

B 4 Diffusion. Links: Bromdampf in Luft. Rechts: Kaliumpermanganat in Wasser

2.14 Aggregatzustand und Teilchenmodell

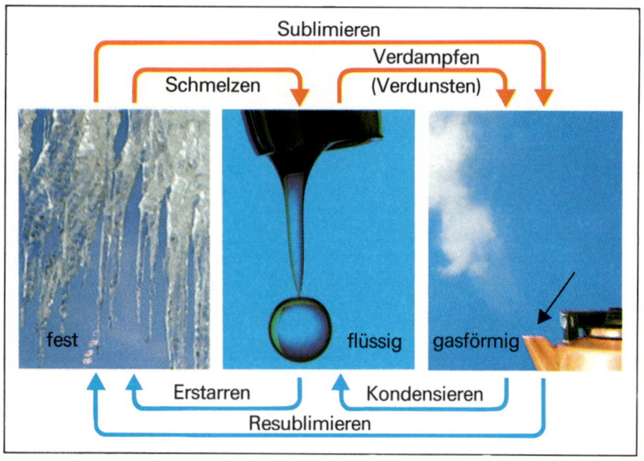

B 1 Die Zustandsarten des Wassers und die Übergänge zwischen ihnen

V 1 Man gibt einige Iodkristalle in einen Weithals-Erlenmeyerkolben, deckt mit einem Uhrglas ab und erwärmt ihn im Wasserbad. Auf das Uhrglas gibt man etwas kaltes Wasser. Beobachte einige Zeit und erkläre.

V 2 Man gibt in ein Reagenzglas etwas Naphthalin und erhitzt es vorsichtig mit kleiner Flamme (Schutzbrille!). Beschreibe deine Beobachtungen.

A 1 Eine Eisdecke wird auch bei Dauerfrost allmählich dünner. Wie ist dies zu erklären?

A 2 Welche Vorgänge werden mit folgenden Begriffen bezeichnet: Verdampfen, Kondensieren, Schmelzen, Erstarren, Sublimieren, Resublimieren?

B 2 Rauhreif auf einer Pflanze

B 3 Iod sublimiert und resublimiert

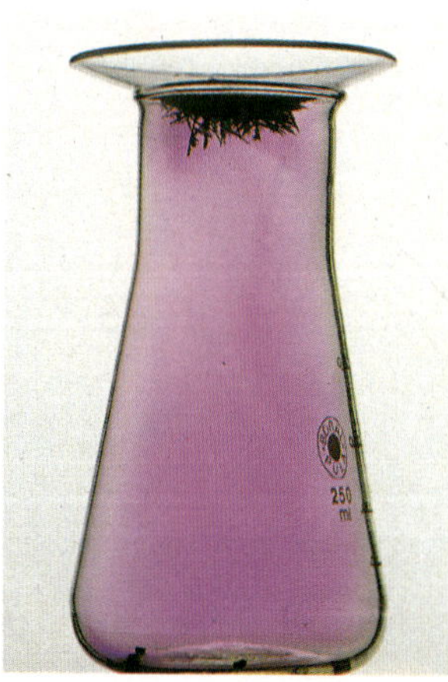

Wasser bei verschiedenen Temperaturen. Im Winter überziehen sich Flüsse und Seen mit einer festen Eisdecke. Tropfendes Wasser *erstarrt* zu Eiszapfen. Bei wärmerem Wetter *schmilzt* das Eis, und es entsteht wieder Wasser.

Wird Wasser erhitzt, so beginnt es zu sieden und *verdampft* schließlich vollständig. Dabei geht es in den gasförmigen Zustand über. Der entstehende Wasserdampf ist farblos. Wenn er sich abkühlt, bilden sich winzige Wassertröpfchen. Sie können weißen Nebel bilden. Der Wasserdampf *kondensiert*. Diese Zustandsänderungen sind vorübergehend und von der Temperatur abhängig.

Wasser kommt also in drei **Zustandsarten** vor: *fest* – Eis, *flüssig* – Wasser, *gasförmig* – Wasserdampf. Sie werden auch als **Aggregatzustände** des Wassers bezeichnet (▷ B 1).

Wasser verdunstet. Läßt man in einem geöffneten Gefäß einige Zeit Wasser stehen, so stellt man fest, daß es allmählich weniger wird. Es *verdunstet*. Wasser kann bei niedrigen Temperaturen ohne zu sieden in den gasförmigen Zustand übergehen.

Sublimation und Resublimation. Nasse Wäsche, die im Winter im Freien zum Trocknen auf die Leine gehängt wird, erstarrt zuerst durch gefrierendes Wasser und trocknet dann, ohne daß das Eis schmilzt. Aus Eis ist unter Umgehung des flüssigen Zustandes unsichtbarer Wasserdampf geworden. Diesen Vorgang nennt man **Sublimation**.

An kalten Tagen sind oft Eisblumen an den Fenstern zu sehen. Sie entstehen dadurch, daß Wasserdampf aus der Zimmerluft (*Luftfeuchtigkeit*) direkt zu festem Eis wird. Dieser Vorgang heißt **Resublimation**. Auch die Bildung von Rauhreif (▷ B 2) ist auf diese Weise zu erklären.

Zustandsänderungen anderer Stoffe. Festes *Wachs* schmilzt, wenn es erwärmt wird, und verdampft bei weiterem Erhitzen. Auch *Metalle* schmelzen bei höheren Temperaturen. Dies geschieht z. B. beim Löten mit Zinn. Nach dem Erkalten der Lötstelle sind die beiden Werkstücke durch das erstarrte Zinn fest miteinander verbunden.

Wird festes *Iod* erwärmt (▷ V 1), so entsteht direkt violetter Ioddampf; Iod sublimiert. Beim Abkühlen erscheinen blauschwarze Iodkristalle. Durch Resublimation bildet sich wieder festes Iod (▷ B 3).

Stoffe kommen in drei Zustandsarten (Aggregatzuständen) vor: fest, flüssig und gasförmig.
Die Begriffe Schmelzen, Erstarren, Verdampfen, Kondensieren, Sublimieren und Resublimieren beschreiben die Übergänge zwischen ihnen. Die Veränderungen sind von der Temperatur abhängig.

Reinstoffe im festen Zustand. Um einen Glasstab zu zerbrechen oder einen Eisennagel zu verbiegen, muß man Kraft aufwenden. Die kleinsten Teilchen des Feststoffes lassen sich offenbar nur schwer voneinander trennen und gegeneinander verschieben. Zwischen den kleinsten Teilchen wirken *starke Anziehungskräfte*, die die Kugelteilchen auf ihren Plätzen festhalten. Um diese können die Teilchen schwingen. Je größer die Anziehungskräfte zwischen den Teilchen sind, um so höher ist die Schmelztemperatur des Stoffes, und um so größer ist seine Härte.

Die kleinsten Teilchen sind *dicht nebeneinander* angeordnet, deshalb läßt sich ein Feststoff kaum zusammenpressen.

Reinstoffe in flüssigem Zustand. Auch Flüssigkeiten lassen sich kaum zusammendrücken, aber sie sind beweglich, lassen sich verformen und passen sich jeder Gefäßform an. Offensichtlich sind die *Anziehungskräfte* zwischen den Teilchen *geringer als* bei Feststoffen. Deshalb sind die kleinsten Teilchen einer Flüssigkeit leicht *gegeneinander beweglich*. Die Abstände zwischen den Teilchen sind gering, aber meist größer als im Feststoff.

Reinstoffe im gasförmigen Zustand. Ein Gas läßt sich leicht zusammendrücken, es nimmt jeden zur Verfügung stehenden Raum ein. Dies läßt sich damit erklären, daß sich die kleinsten Teilchen eines Gases *sehr weit voneinander entfernen* können, weil nur *sehr geringe Anziehungskräfte* zwischen ihnen wirken. Die Teilchen bewegen sich *frei* und *ungeordnet* im Raum.

Übergänge zwischen den Aggregatzuständen. Erwärmt man einen Feststoff, so dehnt er sich aus, die kleinsten Teilchen geraten in heftigere Schwingungen, der Abstand zwischen ihnen nimmt zu, die Wirkung der Anziehungskräfte wird kleiner. Die Teilchen verlassen ihre Plätze, die regelmäßige Anordnung geht verloren, der Stoff *schmilzt*. Bei weiterer Wärmezufuhr bewegen sich die kleinsten Teilchen immer schneller, ihre Abstände vergrößern sich weiter, bis die Anziehungskräfte zwischen ihnen überwunden werden. Der Stoff *verdampft (siedet)*. Während des Schmelz- und Siedevorgangs ändert sich die Temperatur eines Reinstoffes auch bei weiterer Wärmezufuhr nicht. Die zugeführte Wärme dient dazu, die Teilchenabstände zu vergrößern und die Wirkung der Anziehungskräfte zu überwinden. Beim *Verdunsten* verlassen einzelne Teilchen unterhalb der Siedetemperatur die Flüssigkeit. Sind die Anziehungskräfte nicht sehr hoch, können einzelne Teilchen die Oberfläche eines Feststoffes verlassen. Der Stoff *sublimiert*.

Die kleinsten Teilchen selbst verändern sich beim Erwärmen oder Abkühlen nicht. Ein einzelnes Kugelteilchen kann nicht fest, flüssig oder gasförmig sein. Aggregatzustände sind immer an *Stoffportionen* gebunden, die aus *vielen Teilchen* bestehen.

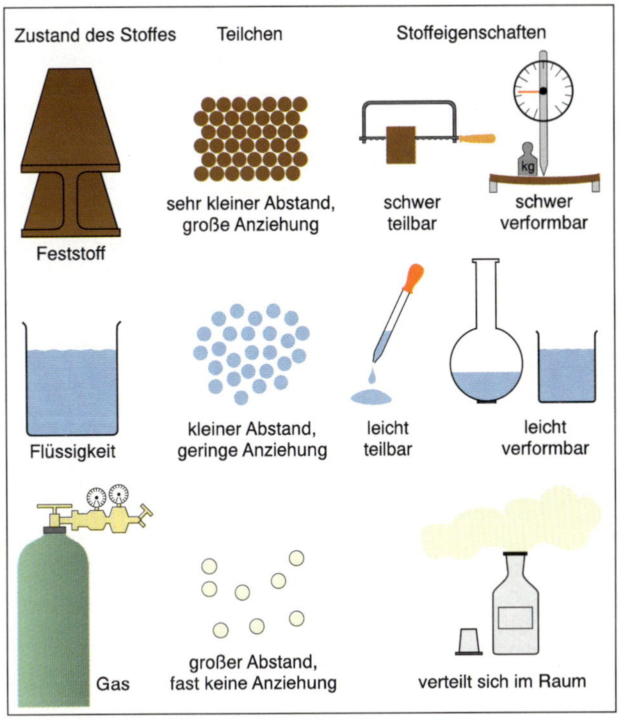

B4 Abstand und Anziehung zwischen den kleinsten Teilchen bestimmen den Aggregatzustand eines Stoffes

B5 Übergänge zwischen den Aggregatzuständen

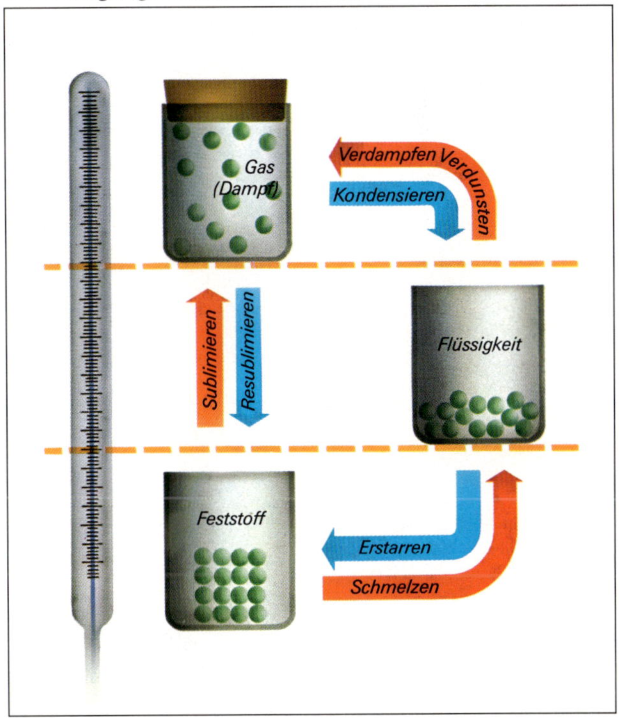

2.15 Anwendung und Vertiefung

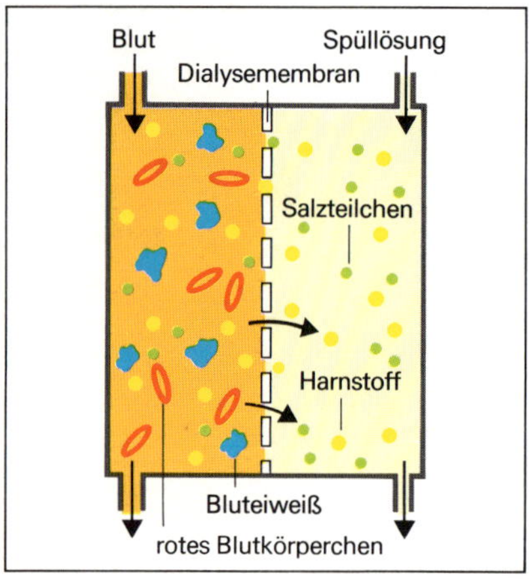

B 1 Zu Aufgabe 1

B 2 Zu Aufgabe 2

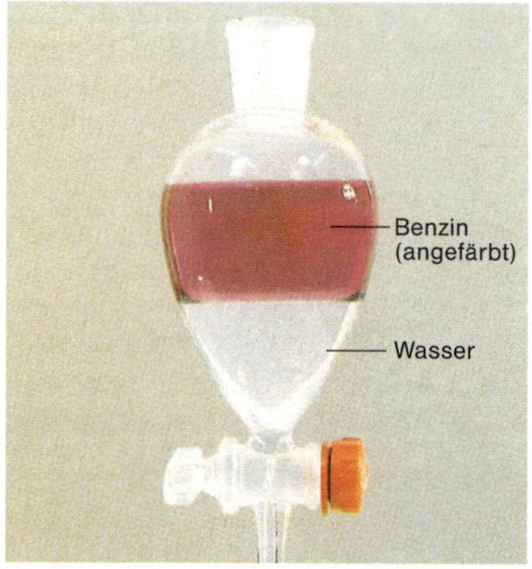

B 3 Zu Aufgabe 3

1 Bei nierenkranken Menschen kann zur Blutwäsche (Dialyse) ein Dialyseschlauch mit einem Porendurchmesser von nur einem Millionstel Millimeter verwendet werden. Bei der Dialyse müssen die lebensnotwendigen Blutkörperchen im Blut verbleiben, während die beim Stoffwechsel entstehenden Salze und der Harnstoff aus dem Blut entfernt werden müssen. Erkläre mit Hilfe von (▷ B 1) den Ablauf einer Dialyse.

2 In der Industrie werden zum Filtrieren häufig Filterpressen (▷ B 2) verwendet.

a) Welche Stoffgemische lassen sich durch Filtration trennen?

b) Welche Auswirkung kann eine Druckerhöhung auf die Filtration haben?

3 Benzin und Wasser, zwei Stoffe, die nicht ineinander löslich sind, lassen sich im Scheidetrichter (▷ B 3) trennen.

Beschreibe, wie die Trennung der beiden Flüssigkeiten praktisch durchgeführt wird (Hinweis: Benzin hat eine geringere Dichte als Wasser).

4 Bei der Müllsortierung wird Eisenschrott zur Weiterverwertung vom Restmüll abgetrennt (▷ B 4). Beschreibe das Trennverfahren!

5 **Chromatografie.** Trägt man wasserlösliche Filzstiftfarben um das Loch eines durchbohrten Rundfilters auf (▷ B 5) und tränkt dieses von innen mit Wasser, so beobachtet man verschiedene Farbzonen. Das Wasser transportiert die Farbstoffe mit unterschiedlicher Geschwindigkeit. Wovon könnte die Wanderungsgeschwindigkeit der Farben abhängen?

B 4 Zu Aufgabe 4

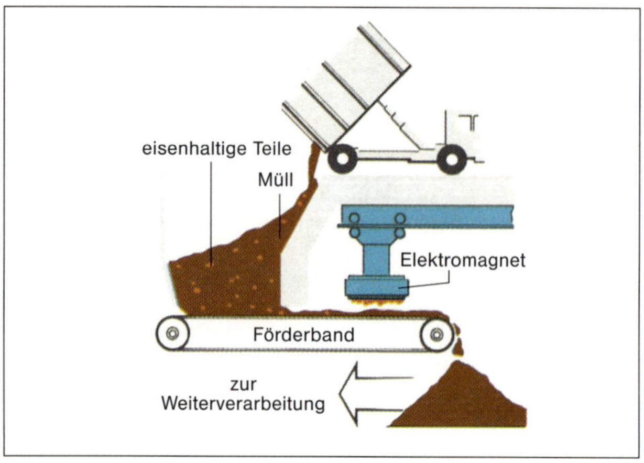

B 5 Zu Aufgabe 5

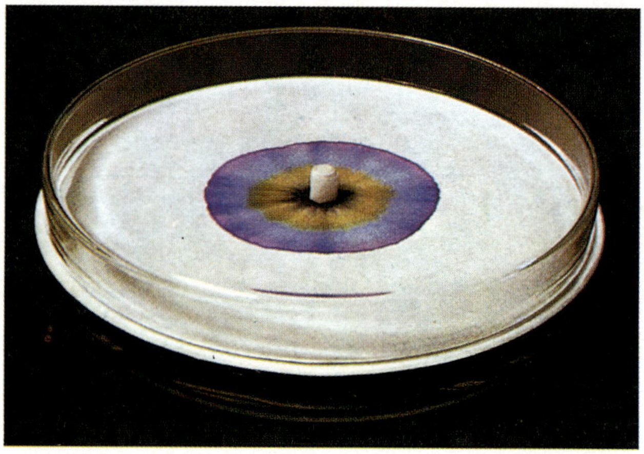

Stoffumwandlung – chemische Reaktion

In unserer Umwelt spielen sich viele Vorgänge ab, die mit stofflichen Veränderungen verbunden sind. So überziehen sich Kupfergegenstände im Freien allmählich mit einer grünen Schicht. Silberne oder versilberte Gegenstände laufen an der Luft allmählich schwarz an. Erst wenn die schwarze Schicht entfernt worden ist, kommt wieder Silber zum Vorschein: Der schwarze Stoff ist kein Silber, sondern ein neuer Stoff, an dessen Entstehung das Silber beteiligt ist.

Im folgenden beschäftigen wir uns mit Vorgängen, bei denen neue Stoffe entstehen. Viele dieser Vorgänge laufen nicht von allein ab, sondern sie müssen erst ausgelöst werden. Eine Wunderkerze muß erst entzündet werden, dann erfolgt ein Aufglühen und Funkensprühen. Zurück bleibt ein dunkelgrauer Stoff. Im folgenden wird auch behandelt, welche Bedeutung das Entzünden hat und wie das Glühen zustandekommt.

Rezept zum Backen eines kleinen Rührkuchens

Rühre 1 Ei, 50 g Margarine und 50 g Zucker schaumig. Vermische 100 g Mehl mit etwa 3,5 g Backpulver. Gib dann das mit Backpulver gemischte Mehl abwechselnd mit 25 ml Milch zu dem obigen Gemisch und rühre kräftig. Fette eine Suppentasse mit Margarine aus und fülle den Teig in die Tasse.

Heize den Backofen bei 175 °C bis 190 °C vor und schiebe die Tasse in den Backofen. Die Backzeit beträgt ca. 35 bis 50 Minuten. Kontrolliere nach ca. einer halben Stunde den Kuchen regelmäßig durch Einstechen mit einem Holzstäbchen. Löse den Kuchen nach Abkühlen aus der Tasse und schneide ihn an.

1 Die Chemikerinnen und Chemiker untersuchen nicht nur die Eigenschaften von Stoffen und suchen nach Verfahren zur Trennung von Stoffgemischen, eine genauso wichtige Aufgabe ist es für sie, neue Stoffe herzustellen.
Neue Stoffe stellen Menschen jeden Tag her, wenn sie kochen und backen, um Stoffe genießbar und schmackhaft zu machen, oder wenn sie Holz verbrennen, um sich zu wärmen.

a) Backe einen Rührkuchen nach dem abgebildeten Rezept.

b) Wo sind die Ausgangsstoffe für den Kuchen geblieben?

c) Wie sieht der Kuchen aus, wenn bei der Teigherstellung das Backpulver vergessen worden ist?

2 Aus Zucker, Kakao, Milch, Eiern, Fett und Butterkeksen kann man einen Kellerkuchen („Kalte Schnauze") herstellen.

a) Kann man aus einem Kellerkuchen die Ausgangsstoffe wiedergewinnen?

b) Welcher wichtige Unterschied besteht zwischen der Herstellung eines Kellerkuchens und eines Rührkuchens?

3 Veränderungen von Stoffen treten nicht nur durch Handlungen von Menschen ein. Durch Umwelteinflüsse können Metalle und ganze Bauwerke zerstört werden.

a) Wodurch unterscheidet sich Rost von Eisen?

b) Unter welchen Bedingungen rostet Eisen?

c) Warum ist das Eisen auf Grönland nicht verrostet?

d) Gib in ein Glas Essig und Marmorstückchen. Schildere deine Beobachtungen. An welche Vorgänge aus der Umwelt erinnert dich der Versuch?

e) Nenne einige Vorgänge aus der Umwelt, bei denen Stoffe bleibende Veränderungen erfahren.

Eisen in Grönland
1894 fand der Entdecker ROBERT PEARY an der Melville-Bucht in Grönland drei große Meteore, die von den Eskimos als Eisenquelle benutzt wurden. Seit Generationen hatten die Werkzeugmacher der Eskimos kleine Eisenspäne von den Meteoren abgesplittert. Diese Stücke von knapp 1 cm trieben sie der Länge nach in Knochenstücke oder Walroßzähne und verschafften sich so Messer. PEARY war von seinem Fund so fasziniert, daß er einen kleineren Meteor von etwa 3 Tonnen in das amerikanische Museum für Naturgeschichte in New York bringen ließ.

3.2 Praktikum: Stoffumwandlung bei Kupfer und Schwefel

Bisher haben wir einige Stoffveränderungen bei Vorgängen aus Umwelt und Alltag beobachtet. Im folgenden werden wir der Frage nachgehen, was beim Erhitzen von zwei uns aus dem Chemieunterricht gut bekannten Reinstoffen passiert.

Geräte/Materialien

Schutzbrille, Gasbrenner, Stativ, Doppelmuffe, Stativklemme, Thermometer, Spatel, Tiegelzange, Lupe, Pinzette, 4 Reagenzgläser, Reagenzglasgestell, Reibschale mit Pistill, Becherglas (100 ml), Steinwolle

Chemikalien

Kupferblechstreifen (1 cm x 4 cm; Dicke 0,1 mm), Schwefelpulver, Schwefelstück, kleines Kupferblech, Kupferpulver, heißes Wasser (etwa 80 °C)

Versuch 1 **Erhitzen von Kupfer und Schwefel**

Versuchsanleitung

1. Gib in ein Reagenzglas etwa 1 cm hoch Schwefelpulver und spanne es fast waagrecht ein. Knicke den Kupferblechstreifen entlang der Mitte, schiebe ihn bis zur Mitte des Reagenzglases und verschließe es locker mit einem Steinwollebausch.
2. Erhitze das Kupferblech und bringe dann den Schwefel zum Sieden, so daß der Schwefeldampf über das heiße Kupferblech streicht.
3. Ziehe den noch heißen, nun blauschwarzen Streifen mit der Pinzette aus dem Reagenzglas und gib ihn in ein zweites Reagenzglas. Verschließe auch dieses locker mit Steinwolle und erhitze den Streifen, damit der noch anhaftende Schwefel verdampft.

Auswertung

Schildere deine Beobachtungen.

Versuch 2 **Vergleich des blauschwarzen Streifens mit Kupfer und Schwefel**

Versuchsanleitung

1. Prüfe die elektrische Leitfähigkeit eines Schwefelstücks, eines Kupferblechs und des blauschwarzen Streifens.
2. Halte zur Untersuchung der Wärmeleitfähigkeit das Schwefelstück, das Kupferblech und den blauschwarzen Streifen mit der Tiegelzange in ein Becherglas mit heißem Wasser.
3. Versuche, den blauschwarzen Streifen zu verbiegen. Vergleiche mit einem Kupferblech und einem Schwefelstück.
4. Zerreibe einen Teil des blauschwarzen Streifens in der Reibschale. Betrachte den zerriebenen Stoff durch die Lupe. Vergleiche mit einem Gemisch aus Kupfer- und Schwefelpulver.

Auswertung/Aufgaben

1. Trage die Eigenschaften der Stoffe in eine Tabelle nach folgendem Muster ein:

Eigenschaft	Kupfer	Schwefel	Stoff, der nach dem Erhitzen vorliegt
Farbe			
elektrische Leitfähigkeit			
Wärmeleitfähigkeit			
Verformbarkeit			
Aussehen unter der Lupe	Kupfer-Schwefel-Gemisch		

2. Deute die Beobachtungen, die du bei den beiden Versuchen gemacht hast, in einer Zusammenfassung.
3. Ist nach dem Erhitzen von Kupfer und Schwefel noch Kupfer im Reagenzglas vorhanden gewesen?
4. Die Schmelztemperatur des Stoffes, der nach dem Erhitzen vorliegt, beträgt 1130 °C, seine Dichte 5,6 g/cm^3. Suche die Schmelztemperaturen und Dichten von Kupfer und Schwefel im Anhang des Buches heraus. Ergänze die Tabelle in deinem Heft um diese Eigenschaften und vergleiche.
5. Warum ist ein Vergleich von meßbaren Eigenschaften der Stoffe sehr wichtig?

3.3 Stoffe werden umgewandelt

B 1 Bildung eines neuen Reinstoffes aus einem Gemisch von Eisen und Schwefel

V 1 Mische 14 g Eisenpulver und 8 g Schwefelpulver in einer Reibschale. Halbiere das Gemisch. Gib die eine Hälfte in ein Reagenzglas und erhitze von unten mit der Brennerflamme (Abzug! Schutzbrille!).
Glüht das Gemisch an einer Stelle auf, nimm den Brenner weg und beobachte weiter.

V 2 Untersuchung des in ▷V1 entstandenen Stoffes im Vergleich zum Ausgangsgemisch:
a) Untersuche Farbe, Aussehen, Brennbarkeit, Magnetisierbarkeit. Vergleiche mit den Ausgangsstoffen.
b) Zerreibe den Stoff und betrachte ihn unter der Lupe. Vergleiche mit den Ausgangsstoffen.
c) Fülle zwei Reagenzgläser etwa zur Hälfte mit Wasser und gib in das erste eine kleine Portion des zerriebenen grauschwarzen Stoffes, und in das andere etwas von dem Eisen/Schwefel-Gemisch. Schüttle kräftig und laß die Reagenzgläser eine Weile stehen. Erstelle ein Protokoll.

Viele Vorgänge in unserer Umwelt, bei denen neue Stoffe entstehen, sind sehr schwer zu durchschauen. Leichter lassen sich diese Vorgänge beobachten und erfassen, wenn man von wenigen und bekannten Reinstoffen ausgeht.

Aus Eisen und Schwefel entsteht ein neuer Stoff. Beim Mischen von Eisen- und Schwefelpulver entsteht ein gelbgraues Gemisch von einheitlichem Aussehen. Unter der Lupe oder dem Mikroskop lassen sich allerdings noch einzelne Eisen- und Schwefelteilchen in dem Gemisch unterscheiden. Aufgrund ihrer verschiedenen Eigenschaften lassen sich die Stoffe wieder voneinander trennen. So kann man beispielsweise die magnetischen Eigenschaften oder die Dichte des Eisens zur Trennung ausnutzen. Auch das Ausschmelzen müßte gelingen, da Schwefel eine erheblich niedrigere Schmelztemperatur als Eisen besitzt.

Erwärmt man jedoch ein Eisen/Schwefel-Gemisch (▷V 1), so beginnt es an einer Stelle aufzuglühen. Ohne weiteres Erwärmen durchdringt die Glühfront das restliche Gemisch. Aus dem pulverförmigen, hellgrauen Ausgangsgemisch ist ein *spröder, grauschwarzer Stoff* (▷V 2) entstanden. Unter der Lupe oder dem Mikroskop erscheint der pulverisierte, grauschwarze Stoff durch und durch einheitlich. Ein Gemisch aus Eisen- und Schwefelpulver läßt sich mit Hilfe von Wasser trennen, der grauschwarze Stoff nicht. Im Gegensatz zu Eisen wird er von einem Magneten nur schwach angezogen. Er läßt sich mit keinem uns bisher bekannten Verfahren trennen. Da so viele Eigenschaften des grauschwarzen Stoffes nicht mit denen von Eisen und Schwefel übereinstimmen, bleibt kein Zweifel: Die Stoffe Eisen und Schwefel sind nicht mehr vorhanden, an ihre Stelle ist ein *neuer Stoff* getreten.

Der *neue Stoff* ist ein *Reinstoff*, der eine nur für ihn *typische Kombination von Eigenschaften* (bestimmte Schmelztemperatur und Dichte usw.) aufweist. *Eisen* und *Schwefel* haben sich in einen *neuen Reinstoff* mit einer *neuen Eigenschaftskombination umgewandelt.*

Eigenschaften	Eisen	Schwefel	neu entstandener Stoff
Farbe	grau	gelb	grauschwarz
Brennbarkeit	nicht brennbar	verbrennt mit blauer Flamme	nicht brennbar
magnetische Anziehung	stark	keine	schwach
elektrische Leitfähigkeit	gut	keine	schwach
Schmelztemperatur (°C)	1535	119	1193
Dichte in g/cm^3	7,86	2,07	4,7
Verhalten in Wasser	nicht löslich sinkt	nicht löslich schwimmt	nicht löslich sinkt
Aussehen unter dem Mikroskop	Gemisch nicht einheitlich, zwei verschiedene Stoffe		durch und durch einheitlich

B 2 Vergleich der Eigenschaften von Eisen und Schwefel mit denen des neuen Stoffes

Wir stellen weitere Stoffe aus Metallen und Schwefel her. Streicht Schwefeldampf über ein heißes Kupferblech (▷ B 3), glüht dieses auf. Das Glühen setzt sich langsam durch das ganze Blech fort. Es entsteht ein *blauschwarzer Stoff*, der mit den Ausgangsstoffen keine Ähnlichkeit mehr hat. Kupfer und Schwefel haben sich in einen *neuen Reinstoff* umgewandelt. Auch Silber und Schwefel wandeln sich in einen neuen Stoff um (▷ V 3). Er bildet sich auch beim langsamen Anlaufen von silbernen oder versilberten Gegenständen.

Merkmale von Stoffumwandlungen. Bei den betrachteten Vorgängen lassen sich die Stoffumwandlungen daran erkennen, daß die *Eigenschaften* der eingesetzten Stoffe andere sind als die Eigenschaften des Stoffes, der sich nach dem Erhitzen gebildet hat. Allerdings hängen z. B. die Dichte und die Löslichkeit eines Stoffes von der Temperatur ab; die Farbe von Kupferpulver ist anders als die eines Kupferblechs. Ein Vergleich der Eigenschaften führt also nur dann zu *eindeutigen* Ergebnissen, wenn der Eigenschaftsvergleich unter den *gleichen Bedingungen* durchgeführt wird.

Der Vergleich der Eigenschaften von Stoffen muß unter gleichen Bedingungen durchgeführt werden.

Auch wenn sich bei einem Vorgang Rauch bildet oder Gasbläschen aufsteigen oder sich in einer Flüssigkeit ein Niederschlag bildet, sind dies Hinweise auf Stoffumwandlungen. In der Umwelt laufen Stoffumwandlungen häufig sehr langsam ab (z. B. Rosten, Fotosynthese), so daß ihre Merkmale nicht sofort erkennbar sind.

V 3 Gib in ein Reagenzglas etwa drei erbsengroße Schwefelstücke und spanne es fast waagerecht ein. Schiebe einen 1 cm x 2 cm großen Silberblechstreifen (Dicke 0,1 mm) bis zur Mitte in das Reagenzglas und verschließe es locker mit einem Steinwollebausch. Erhitze das Silberblech und bringe den Schwefel zum Sieden, so daß der Schwefeldampf über das heiße Silberblech streicht. Protokolliere die Beobachtungen. Ziehe den noch heißen, nun schwarzen Streifen aus dem Reagenzglas und halte ihn kurz in die nichtleuchtende Brennerflamme (Abzug!), so daß noch anhaftender Schwefel verbrennt.
Schildere deine Beobachtungen.
Untersuche die Eigenschaften des schwarzen Streifens im Vergleich zu Silber und Schwefel.
Überlege dir selbst, welche Eigenschaften du untersuchen willst.

A 1 Verreibt man etwas Schwefelpulver auf der Oberfläche eines versilberten Löffels oder einer Silbermünze, färbt sich diese(r) nach einiger Zeit dunkel. Deute diese Beobachtung.

A 2 Woran kann man erkennen, daß es sich bei dem aus Eisen und Schwefel gebildeten Stoff um einen neuen Reinstoff handelt?

A 3 Eine Kochsalzlösung wird in einem offenen Reagenzglas sehr stark erhitzt. Gasblasen steigen auf. Nebel entweichen aus dem Reagenzglas. Es bildet sich ein Niederschlag. Hat eine Stoffumwandlung stattgefunden?
Begründe deine Antwort.

B 3 Stoffumwandlung bei Kupfer und Schwefel. Der neue Stoff ist bereits an seiner Farbe erkennbar

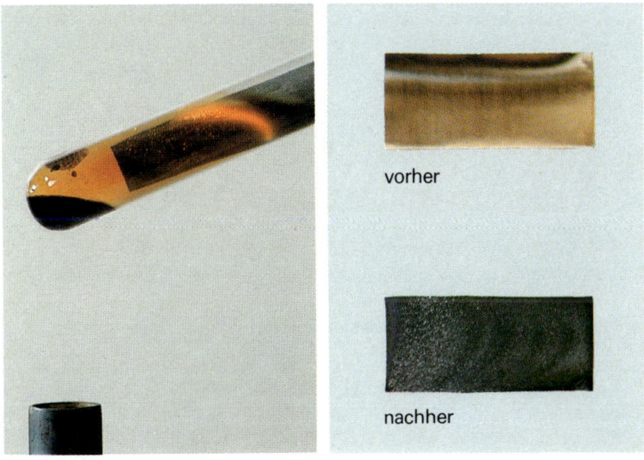

3.4 Die chemische Reaktion

B1 Natürlich vorkommende Metallsulfide. Links: Bleiglanz (Bleisulfid). Rechts Zinnober (Quecksilbersulfid)

A 1 Ein Gemisch aus Sand und Schwefel kann durch kräftiges Erhitzen getrennt werden, nicht aber ein Gemisch aus Eisen und Schwefel. Nenne Gründe dafür.

A 2 Woran kann man den Ablauf einer chemischen Reaktion erkennen?

A 3 Stelle für die Reaktionen der Metalle Eisen, Zink, Silber und Blei mit Schwefel das jeweilige Reaktionsschema auf.

A 4 Bei welcher der folgenden Vorgänge findet eine chemische Reaktion statt: a) Wasser verdunstet; b) Obst fault; c) Holz verbrennt; d) Papier wird zerrissen; e) Salzwasser wird destilliert?

B2 Das Reaktionsschema beschreibt in kurzer Form eine chemische Reaktion

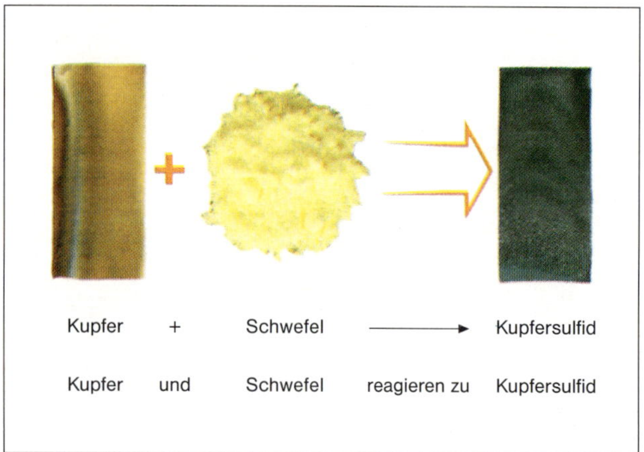

Beim Erhitzen von Metallen mit Schwefel werden die Stoffe umgewandelt, es entstehen völlig neue Stoffe. Ein Vorgang, bei dem durch Stoffumwandlung neue Stoffe entstehen, bezeichnet man als **chemische Reaktion**. Dabei bilden sich aus den Ausgangsstoffen die Reaktionsprodukte. Die Reaktionsprodukte haben andere Eigenschaften als die Ausgangsstoffe.

Eine chemische Reaktion ist ein Vorgang, bei dem eine Stoffumwandlung stattfindet. Dabei entstehen aus den Ausgangsstoffen neue Stoffe mit anderen Eigenschaften. Die entstehenden Stoffe nennt man Reaktionsprodukte.

Bei der Reaktion eines Metalls mit Schwefel haben zwei Ausgangsstoffe miteinander reagiert. Dabei entstand ein Reaktionsprodukt. Es gibt auch chemische Reaktionen, bei denen aus einem oder mehreren Ausgangsstoff(en) mehrere Reaktionsprodukte entstehen.
Reaktionsprodukte, die sich bei der Reaktion eines Stoffes mit Schwefel bilden, nennt man **Sulfide** (von lat. sulfur, Schwefel). So entstehen aus den Metallen Kupfer, Eisen und Silber durch die Reaktion mit Schwefel die Metallsulfide Kupfersulfid, Eisensulfid und Silbersulfid.

Man sagt: Kupfer und Schwefel verbinden sich miteinander. Dabei entsteht die **Verbindung** Kupfersulfid. Dies gilt ebenso für die Verbindungen Eisensulfid und Silbersulfid. Viele Metallsulfide kommen in der Natur als Mineralien vor (▷ B 1) und sind in Form von Erzen wichtige Ausgangsstoffe zur Gewinnung von Gebrauchsmetallen.

Das Reaktionsschema. Chemische Reaktionen lassen sich durch eine Kurzschreibweise darstellen. Dabei gibt man an, welche Stoffe miteinander reagiert haben und welche Stoffe bei der Reaktion entstanden sind. Schreibt man die Ausgangsstoffe und die Reaktionsprodukte in Worten, so bezeichnet man diese Kurzschreibweise als **Reaktionsschema** (▷ B 2).

In der Mitte des Reaktionsschemas steht der **Reaktionspfeil**. Er bezeichnet die Richtung der chemischen Reaktion. Auf der linken Seite des Reaktionsschemas stehen die Ausgangsstoffe, auf der rechten die Reaktionsprodukte. Der Reaktionspfeil wird gelesen als „reagieren zu".

$$\text{Ausgangsstoffe} \xrightarrow{\text{reagieren zu}} \text{Reaktionsprodukte}$$

Der Reaktionspfeil darf nicht durch ein Gleichheitszeichen ersetzt werden, weil die Stoffe auf der linken Seite andere sind als auf der rechten. Das „+"-Zeichen ist als aufzählendes „und" zu verstehen.

Das Reaktionsschema beschreibt in kurzer Form die chemische Reaktion der Ausgangsstoffe zu den Reaktionsprodukten.

3.5 Auslösen einer Reaktion – Aktivierungsenergie

Meist bildet sich ein Metallsulfid in einer heftigen Reaktion, wenn das Metall und der Schwefel erhitzt werden. Bei einigen Sulfidbildungen ist ein Aufglühen zu beobachten. Wie kommt das Glühen zustande? Warum müssen die Ausgangsstoffe erhitzt werden?

Bei chemischen Reaktionen kann Wärme abgegeben werden. Es genügt, ein Gemisch aus Eisen und Schwefel nur an einer kleinen Stelle bis zum Aufglühen zu erhitzen. Das Glühen pflanzt sich durch die ganze Stoffportion fort. Das Reaktionsprodukt Eisensulfid ist so heiß, daß es nicht sofort untersucht werden kann.

Das Aufglühen bei der Reaktion von Eisen und Schwefel beobachtet man auch dann noch, wenn der Brenner schon lange entfernt worden ist. Deshalb kann die Wärme, die das Glühen verursacht, nicht von außen kommen. Sie muß bei der Reaktion selbst frei werden.

Chemische Reaktionen, die unter Energieabgabe verlaufen, bezeichnet man als exotherme Reaktionen.

Im Reaktionsschema wird der exotherme Verlauf einer Reaktion auf folgende Weise festgehalten:

Kupfer + Schwefel ⟶ Kupfersulfid | exotherm

Auslösen einer chemischen Reaktion. Obwohl bei der Reaktion von Eisen und Schwefel sehr viel Wärme frei wird, kommt die Reaktion nicht von allein in Gang, sondern sie wird erst durch die Zufuhr von Wärme ausgelöst. Dabei genügt es allerdings, nur einen kleinen Teil des Gemisches zu erhitzen. Die Reaktion läuft dann ohne weitere Energiezufuhr von selbst ab.

Wir können dies verstehen, wenn wir uns vorstellen, daß zunächst Energie zum *Auslösen* der chemischen Reaktion zugeführt werden muß.

Die zum *Auslösen* oder *„Zünden"* erforderliche Energie bezeichnet man als **Aktivierungsenergie**. Der Name kommt daher, daß die Ausgangsstoffe erst *reaktionsbereit* (= aktiv) gemacht werden müssen (▷ B 2).

Die zum Auslösen einer chemischen Reaktion benötigte Energie heißt Aktivierungsenergie.

Die jeweils erforderliche Aktivierungsenergie kann Stoffen nicht nur mit der Brennerflamme, sondern auch auf andere Weise zugeführt werden. Ein einfaches Beispiel ist das Entzünden eines Papiers mit dem Brennglas.

Ein Gemisch aus Kupfer- und Schwefelpulver entzündet sich bereits, wenn die Gemischbestandteile in einer Reibschale miteinander verrieben werden. Durch die auftretende *Reibungswärme* wird die Reaktion ausgelöst und läuft ohne weiteres Erwärmen sehr heftig ab (▷ B 3).

„Kleine Ursache, große Wirkung"

Recklinghausen. Mit einer „Streichholzprobe" löste am 8. Oktober ein Jugendlicher eine Gasexplosion in einem Wohnhaus aus, bei der drei Menschen ums Leben kamen und achtzehn weitere zum Teil schwer verletzt wurden.
Der Junge hatte am Einstiegsschacht des Kellers Gasgeruch wahrgenommen und zur „Prüfung" ein brennendes Streichholz an die Schachtöffnung gehalten. Daraufhin zerbarst das Wohnhaus wie unter einer riesigen Faust. Nach Ermittlungen der Staatsanwaltschaft hatten Monteure vergessen, eine Gasleitung im Keller abzusperren, so daß Gas ausströmen und sich ein explosives Gas-Luft-Gemisch bilden konnte.

B 1 Meldung aus einer Tageszeitung

B 2 Veranschaulichung der Aktivierungsenergie. Die Ausgangsstoffe werden reaktionsbereit gemacht

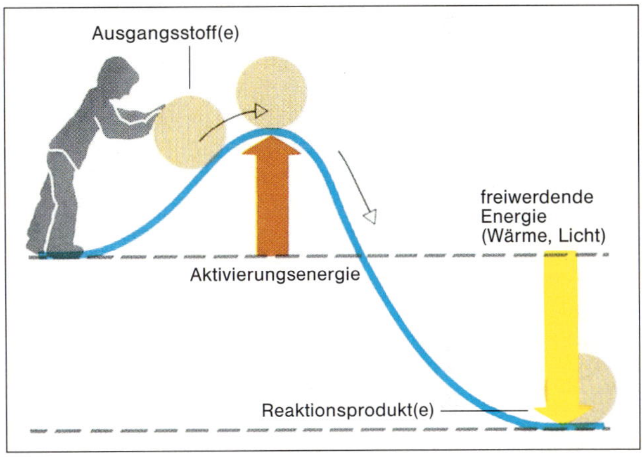

B 3 Entzündung durch Reibungswärme bei einem Gemisch aus Kupfer- und Schwefelpulver

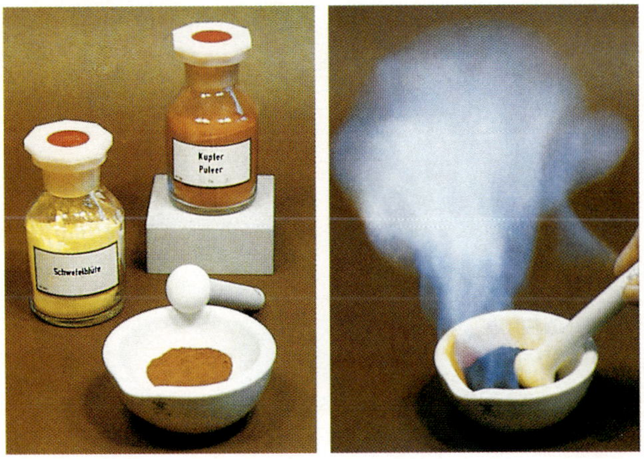

3.6 Element und Verbindung

B1 Thermische Zerlegung von Silbersulfid. Es entstehen Schwefel (rechts oben) und Silber (rechts unten)

V **1** Eine kleine Silbersulfidportion wird in ein 15 bis 20 cm langes Quarzrohr (d=0,8 cm) gebracht. Durch das Rohr wird kurz ein Stickstoffstrom geleitet, anschließend wird eine Seite verschlossen und das Silbersulfid mit dem Gebläsebrenner erhitzt. Die Kugel, die sich nach dem Erhitzen gebildet hat, wird aus dem Rohr getrieben und nach dem Erkalten ausgehämmert.

A **1** Welche der folgenden Stoffe Bleiglanz (Bleisulfid), Eisensulfid, Zink, Schwefel sind Elemente?

A **2** Streicht Schwefeldampf über ein heißes Kupferblech, beobachtet man ein Aufglühen, das sich langsam durch den ganzen Streifen fortpflanzt. Ist es eine exotherme oder endotherme Reaktion? Begründe!

B2 Einteilung der Stoffe. Auf diese Weise kann man die Vielzahl der Stoffe ordnen

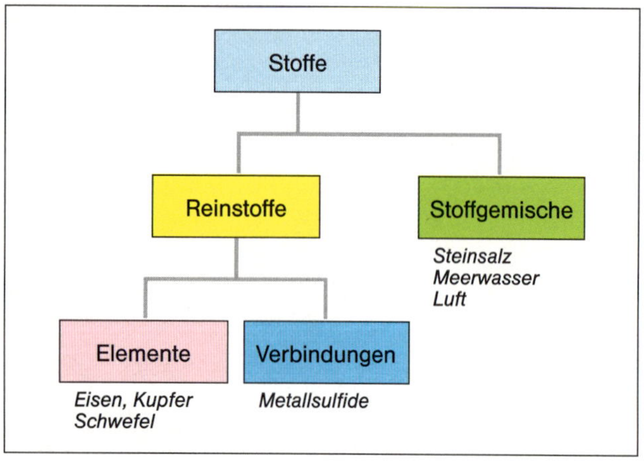

Viele Metallsulfide kommen in der Natur in Erzen vor, aus denen wichtige Gebrauchsmetalle gewonnen werden. Offenbar kann aus einem Metallsulfid mindestens das Metall hergestellt werden. Wir haben gesehen, daß bei der Bildung eines Metallsulfids aus dem Metall und Schwefel Energie meist in Form von Licht und Wärme frei wird. Was passiert nun beim Erhitzen eines Metallsulfids?

Silbersulfid wird erhitzt. Wird das schwarze Silbersulfid sehr stark erhitzt (▷ V 1), schmilzt es zu einer glühenden Kugel zusammen. Nach kurzer Zeit bilden sich links und rechts von der Kugel Ringe aus einem *gelben Feststoff*. Schüttelt man die Kugel aus dem Rohr, erstarrt sie und läßt sich zu einem *silbrig glänzenden, biegsamen Plättchen* aushämmern. **Silbersulfid** ist in **Silber** und **Schwefel** zerlegt worden. Diese Zerlegung ist eine chemische Reaktion, bei der Silbersulfid der Ausgangsstoff ist und Schwefel und Silber die Reaktionsprodukte sind.

Silbersulfid ⟶ Silber + Schwefel

Der Reinstoff Silbersulfid hat sich in die Stoffe zerlegen lassen, aus denen er auch gebildet werden kann. Weder Silber noch Schwefel können durch eine chemische Reaktion in weitere Stoffe zerlegt werden. Silber und Schwefel sind **Grundstoffe** oder **Elemente**. Silbersulfid ist eine **Verbindung** aus den Elementen Silber und Schwefel.

Elemente sind Reinstoffe, die sich nicht in andere Stoffe zerlegen lassen.

Verbindungen sind Reinstoffe, die sich aus Elementen aufbauen oder sich in wenigstens zwei Elemente zerlegen lassen.

Man kennt heute über 100 Elemente. Etwa vier Fünftel zählt man zu den Metallen, die übrigen zu den Nichtmetallen. Man schätzt, daß aus den etwa 100 Elementen ca. 10 Millionen Verbindungen aufgebaut sind. Bei der Bildung und Zerlegung einer Verbindung handelt es sich nicht um die Herstellung oder Trennung eines Gemisches, sondern um eine *chemische Reaktion*. Grundsätzlich läßt sich jedes Metallsulfid in die Elemente zerlegen, dieses gelingt aber meist nur bei sehr hohen Temperaturen.

Endotherme Reaktion. Silbersulfid wird beim Erhitzen zerlegt. Bei dieser chemischen Reaktion wird keine Energie frei, sondern es muß ständig Energie in Form von Wärme zugeführt werden. Eine solche Reaktion nennt man **endotherm**.

Silbersulfid ⟶ Silber + Schwefel | endotherm

Reaktionen, die nur unter ständiger Energiezufuhr ablaufen, sind endotherme Reaktionen.

3.7 Vom Teilchen zum Atom

Bei der Erklärung der Aggregatzustände hat sich die Vorstellung bewährt, daß Stoffe aus kleinsten Teilchen aufgebaut sind. Die Existenz kleinster Teilchen wurde schon von dem griechischen Philosophen DEMOKRIT angenommen. DEMOKRIT nannte diese Teilchen **Atome** (von griech. atomos, unteilbar). Zu Beginn des 19. Jahrhunderts entwickelte der englische Chemiker JOHN DALTON (1766 – 1844) aufgrund von Experimenten eine genauere Vorstellung vom Aufbau der Stoffe (▷ B 1).

Die Atomvorstellung von Dalton. DALTON stellte sich die Atome als kleine Kugeln vor, die unveränderlich und unzerstörbar sind. Die Atome eines Elements sind nach seiner Vorstellung alle untereinander gleich. Sie unterscheiden sich von den Atomen anderer Elemente in ihrer Größe und Masse. Diese anschauliche Vorstellung von Atomen als winzige Massekügelchen bezeichnet man als **Dalton-Atommodell**.

Wie groß sind Atome? Atome sind unvorstellbar klein (▷ B 2). Sie haben einen Durchmesser von etwa einem Zehnmillionstel Millimeter. Wäre ein Atom so groß wie ein Tennisball, so müßte bei gleichem Maßstab ein Mensch 2 000 000 Kilometer lang sein. Er würde so weit in den Weltraum ragen, daß der Mond unterhalb seiner Knie vorbeikreisen würde.
In vielen festen Elementen, wie bei den Metallen, sind die Atome zu großen Atomverbänden aus sehr vielen Atomen verbunden (▷ B 3).

Die Atommasse. Die geringe Größe der Atome läßt vermuten, daß auch ihre Masse ungewöhnlich klein sein muß. Für das Atom mit der geringsten Masse, das Wasserstoffatom, wurde folgende Masse bestimmt:

0,000 000 000 000 000 000 000 001 674 g.

Da die Angabe eines Atoms in Gramm sehr umständlich ist, wurde die Atommasseneinheit mit dem Kurzzeichen u (von engl. mass unit, Masseneinheit) eingeführt.

Die Masse eines Atoms wird in Atommasseneinheiten mit dem Kurzzeichen u angegeben.

Wie alle Maßeinheiten, z. B. Meter oder Kilogramm, ist auch die Atommasseneinheit u genau festgelegt: 1 u ist der zwölfte Teil der Masse eines Kohlenstoffatoms und entspricht:

0,000 000 000 000 000 000 000 001 661 g.

Mit Hilfe der Atommasseneinheiten lassen sich die Atommassen der einzelnen Elemente vergleichen (▷ B 4). Die Masse eines Sauerstoffatoms (16 u) entspricht ungefähr der Masse von 16 Wasserstoffatomen, die Masse eines Kupferatoms (64 u) der Masse von 2 Schwefelatomen (32 u) oder 4 Sauerstoffatomen (16 u). Die genauen Atommassen aller Elemente sind im Anhang aufgeführt.

Atome ſind unveränderlich und unteilbar.
Sie haben kugelförmige Geſtalt.
Atome verſchiedener Elemente unterſcheiden ſich hinſichtlich Größe und Maſſe.

B 1 JOHN DALTON (1766 – 1844) und seine Atomvorstellung

B 2 Atomgröße. Könnte man 1 g Schwefel über die Erdoberfläche verteilen, kämen auf 1 mm² noch 40 Atome

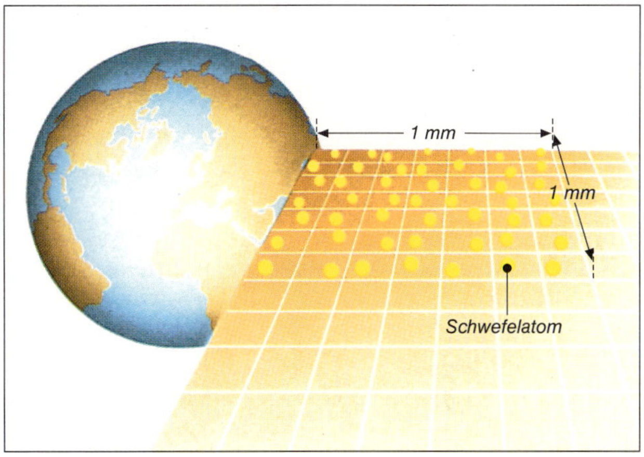

B 3 Kleinste Teilchen eines Metalls (Zink)

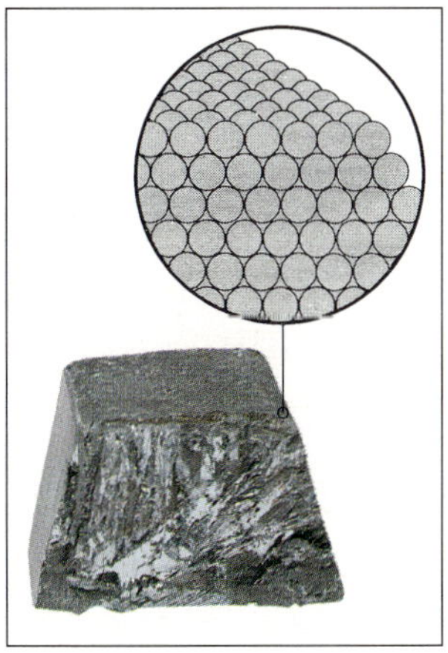

B 4 Atommassenvergleich. 16 Wasserstoffatome halten 1 Sauerstoffatom die Waage

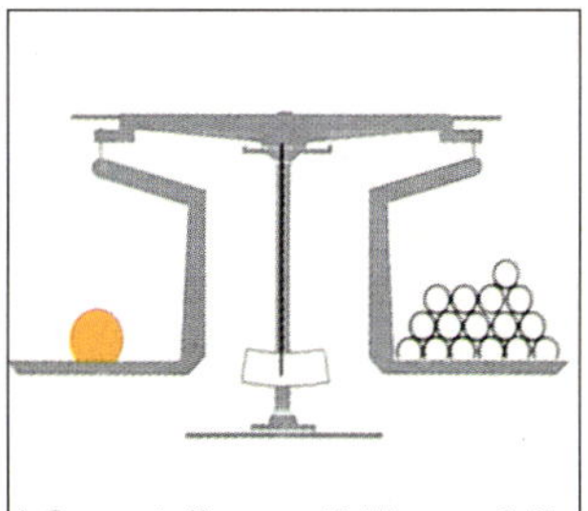

3.8 Die chemische Symbolsprache ist international

„Dieſe Anfangsbuchſtaben hat man gewählt aus der lateiniſchen Nomenclatur, weil ſie den Naturforſchern aller Länder angehört, von ihnen allen gebraucht werden kann, ohne daß es nöthig iſt, jene nach der jedesmaligen Sprache zu ändern."

B 1 JÖNS JAKOB BERZELIUS (1779 – 1848) führte die internationale chemische Zeichensprache ein

A 1 Welchen Vorteil hat die von BERZELIUS eingeführte Symbolsprache gegenüber den vorher verwendeten Zeichen?

A 2 Obwohl in dem Elementnamen Stickstoff der Buchstabe N nicht auftritt, wird er als chemisches Symbol für Stickstoff verwendet. Erkläre!

A 3 Warum bestehen einige chemische Symbole aus zwei Buchstaben?

A 4 In welchen Bereichen des täglichen Lebens werden auch bestimmte Symbole verwendet?

A 5 Schreibe die chemischen Symbole von a) 10 Metallen und b) 10 Nichtmetallen auf.

Chemische Symbole. Als DALTON neue Zeichen für die damals bekannten Stoffe einführte, waren diese nicht international verständlich. Aus diesem Grund entwickelte der schwedische Chemiker BERZELIUS (▷ B 1) die noch heute gebräuchliche **internationale chemische Zeichensprache**: Jedes chemische Element erhielt ein Symbol, das von seinem lateinischen oder griechischen Namen abgeleitet wurde.

Beispiele:

Symbol für Wasserstoff: **H** (von **H**ydrogenium)
Symbol für Sauerstoff: **O** (von **O**xygenium)
Symbol für Stickstoff: **N** (von **N**itrogenium)

Da heute bereits über 100 Elemente bekannt sind, reichen die 26 Buchstaben des Alphabets nicht aus. Viele Elementsymbole bestehen deshalb aus zwei Buchstaben. Der erste Buchstabe wird groß, der zweite klein geschrieben. Beide Buchstaben werden getrennt ausgesprochen.

Beispiele: Kohlenstoff **C** (**C**arboneum); Kupfer **Cu** (**Cu**prum); **C**alcium **Ca**; **C**h**r**om **Cr**; **C**ae**s**ium **Cs**.

Symbole haben verschiedene Bedeutungen. Symbole sind nicht nur Abkürzungen für ein Element, sie können auch *ein Atom* des Elements bezeichnen.

O bedeutet — Element Sauerstoff
O bedeutet — 1 Atom Sauerstoff

Ein Symbol kennzeichnet ein chemisches Element. Es kann jedoch auch ein Atom des Elements bezeichnen.

B 2 Symbole einiger Elemente im Wandel der Jahrhunderte

Elementname deutsch	lat./griech. Name	15. Jh.	18. Jh.	DALTON (1808)	heutiges Symbol
Blei	**Plumbum**	[illegible]	♄	Ⓛ	Pb
Eisen	**Ferrum**	[illegible]	♂	Ⓘ	Fe
Gold	**Aurum**	☼	☉	[illegible]	Au
Kupfer	**Cuprum**	♀	♀	Ⓒ	Cu
Quecksilber	**Hydrargyrum**	[illegible]	☿	[illegible]	Hg
Schwefel	**Sulfur**	[illegible]	🜍	⊕	S
Silber	**Argentum**	☽	☽	Ⓢ	Ag

B 3 International verständliche Symbole auf Chemikalienflaschen verschiedener Länder

3.9 Symbolsprache und Reaktionsgleichung

Verbindungen und chemische Formel. Bei der Bildung von Kupfersulfid reagieren die Elemente Kupfer und Schwefel miteinander. Dabei kommen 2 Kupferatome auf 1 Schwefelatom. Die Anzahl der miteinander verbundenen Atome kennzeichnet man durch eine kleine tiefgestellte Zahl, die an das Elementsymbol angehängt wird. Diese Schreibweise bezeichnet der Chemiker als **Formel**. Die Formel des Kupfersulfids lautet:

Cu_2S_1 oder vereinfacht Cu_2S

Die kleinen tiefgestellten Zahlen geben an, daß sich immer 2 Kupferatome mit 1 Schwefelatom verbinden. Das Atomzahlenverhältnis ist 2 : 1. Kupfersulfid muß man sich als großen Teilchenverband aus vielen Cu_2S-Gruppen vorstellen (▷ B 1).
Im Eisensulfid dagegen verbindet sich jeweils ein Eisenatom mit einem Schwefelatom. Das Atomzahlenverhältnis ist 1 : 1. Die Formel von Eisensulfid lautet:

Fe_1S_1 oder vereinfacht FeS

In Verbindungen aus einem Metall und einem Nichtmetall schreibt man in der Formel zuerst das Symbol des Metalls, dann das Symbol des Nichtmetalls. Sind solche Verbindungen nur aus den Atomen von zwei Elementen zusammengesetzt, erkennt man sie an der Endsilbe -id, z. B. Kupfersulfid oder Eisensulfid.

Chemische Reaktion und Masse. Erhitzt man Kupfer und Schwefel in einem verschlossenen Reagenzglas (▷ V 1), können weder Stoffe hinzukommen noch entweichen. Nach der Reaktion kann man keine Massenänderung feststellen (▷ B 2).

Bei jeder chemischen Reaktion ist die Masse der Ausgangsstoffe gleich der Masse der Reaktionsprodukte.

Dies läßt sich mit dem Atommodell von DALTON anschaulich erklären: Bei einer chemischen Reaktion werden die Atome nicht zerstört oder neu gebildet, sondern voneinander getrennt oder miteinander verbunden. Die chemische Reaktion läßt sich daher als Umgruppierung der Atome deuten.

Reaktionsgleichung. Eine chemische Reaktion wurde bisher als Reaktionsschema dargestellt. Mit Hilfe von Symbolen und Formeln kann man jedoch auch eine Aussage über das Verhältnis der reagierenden Teilchen machen. Da bei einer chemischen Reaktion keine Teilchen verlorengehen, muß die Anzahl der Atome auf beiden Seiten des Reaktionspfeils gleich groß sein. Damit die Anzahl der Atome auf beiden Seiten übereinstimmt, müssen vor die Symbole und Formeln entsprechende Vorzahlen geschrieben werden. Diese Schreibweise bezeichnet man als **Reaktionsgleichung**. Im Gegensatz zum Reaktionsschema ist die Reaktionsgleichung international verständlich (▷ B 3).

Name	Eisensulfid	Kupfersulfid
Teilchenverband	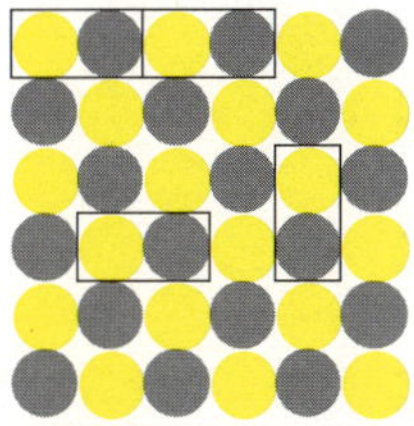	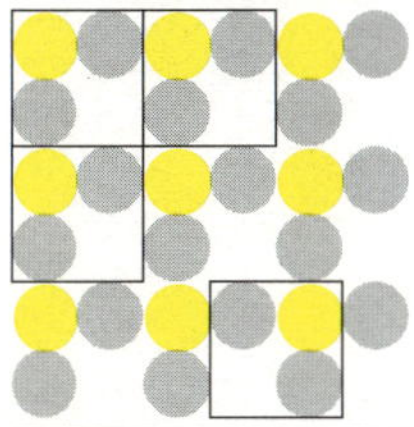
Kleinste Einheit der Verbindung	 Eisenteilchen, Schwefelteilchen	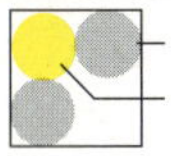 Kupferteilchen, Schwefelteilchen
Teilchenzahlenverhältnis	Fe : S = 1 : 1	Cu : S = 2 : 1
Formel	FeS	Cu_2S

B 1 Verbindung und Formel. Das Atomzahlenverhältnis der an der Verbindung beteiligten Atome führt zur Formel

V 1 Gib in ein Reagenzglas etwas Schwefel und schiebe ein geknicktes Kupferblech hinein. Stülpe über die Öffnung des Reagenzglases einen Luftballon und bestimme die Gesamtmasse auf der Waage. Erhitze zuerst das Kupferblech und dann den Schwefel. Bestimme nach dem Abkühlen wieder die Gesamtmasse. Deute deine Beobachtung.

B 2 Massenerhaltung

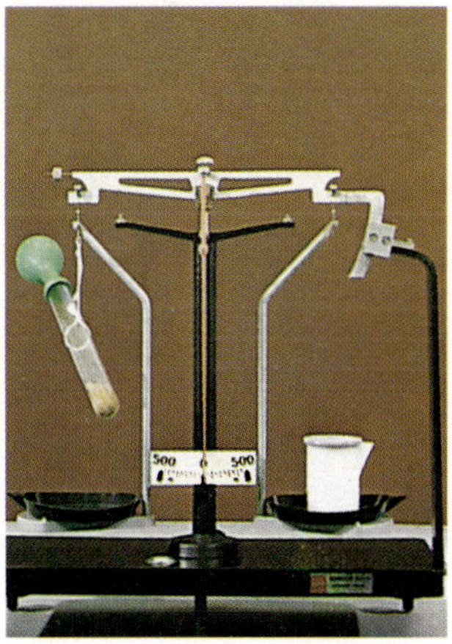

B 3 Reaktionsgleichungen sind international verständlich

Deutsch:	Kupfer und Schwefel reagieren zu Kupfersulfid 2 Cu + S ⟶ Cu_2S
Englisch:	Copper and sulfur react to produce cuprous sulfide 2 Cu + S ⟶ Cu_2S
Griechisch:	Χαλκός και θείον αντιδρούν εις σουλΦίδιον του χαλκού 2 Cu + S ⟶ Cu_2S
Russisch:	њаЎ а'–ЏжЎЎ №'Ў б б'аёў ё–а–„г'вбп бгцмдЎ' №'Ў. 2 Cu + S ⟶ Cu_2S
Arabisch:	حامض الكبريت مع النحاس الأحمر = (ينتج من تفاعلهما) كبريتيد النحاس الأحمر 2 Cu + S ⟶ Cu_2S

3.10 Anwendung und Vertiefung

B1 Zu Aufgabe 1

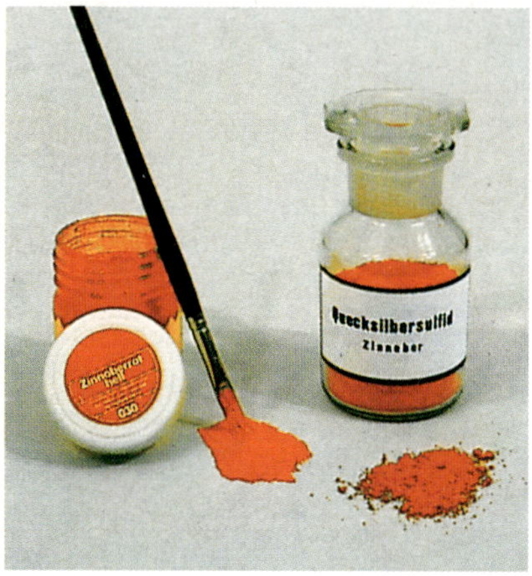

B2 Zu Aufgabe 2

1 Berührt man ein Gemisch aus Zink und Schwefel mit einer glühenden Nadel, so glüht es unter Funkensprühen und Rauchentwicklung hell auf. Zurück bleibt ein schwach gelber, fester Reinstoff (▷ B 1).

a) Welcher Stoff ist entstanden? Formuliere das Reaktionsschema.
b) Warum genügt es, das Gemisch nur an einer Stelle zu entzünden?
c) Bei dieser Reaktion verbindet sich 1 Zinkatom mit 1 Schwefelatom. Stelle die Formel der Verbindung und die Reaktionsgleichung auf.

2 Zinnober, ein Quecksilbersulfid, kommt in der Natur als Erz vor. Wegen der leuchtend roten Farbe wird es als Malerfarbe (Zinnoberrot) verwendet (▷ B 2). Wird Zinnober stark erhitzt, bildet sich ein Gas, das bei Zimmertemperatur zu silbrig glänzenden Tropfen kondensiert.

a) Um welchen Stoff handelt es sich hierbei?
b) Formuliere das Reaktionsschema für die Zerlegung von Quecksilbersulfid. Handelt es sich um einen exothermen oder endothermen Vorgang?

3 Die meisten Elemente (▷ B 3 zeigt die Massenanteile) kommen in der Natur nur in Verbindungen vor und müssen durch chemische Reaktionen aus diesen erst gewonnen werden. Eines der beiden häufigsten Elemente kann auch elementar, das heißt nicht gebunden, auftreten. Um welches Element handelt es sich?

4 Erkläre anhand von ▷ B 4 die Vorgänge, die bei einer chemischen Reaktion ablaufen, mit der Atomvorstellung von DALTON.

B3 Zu Aufgabe 3

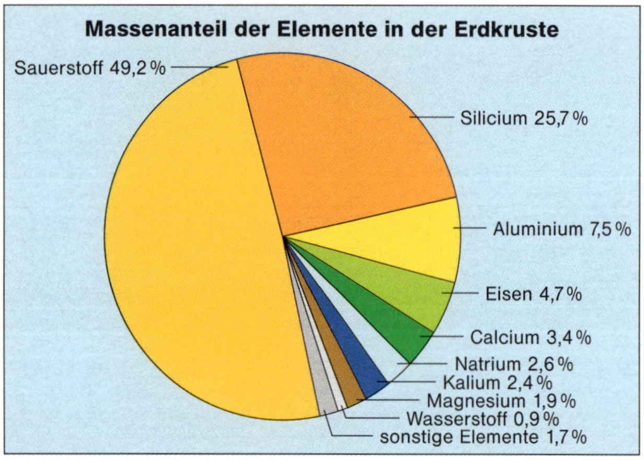

B4 Zu Aufgabe 4

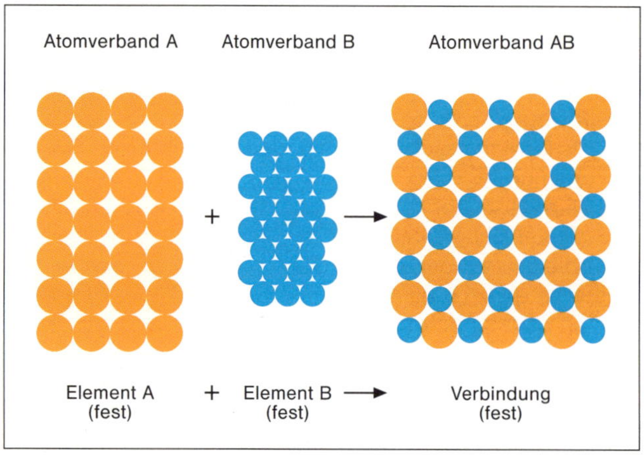

Luft und Verbrennung

Verbrennungen sind alltägliche Erscheinungen. Sie sind an den hell leuchtenden Flammen zu erkennen oder an der kaum sichtbaren Glut.

Feuer ist aber auch eine Naturerscheinung. Blitzschlag, feuerspeiende Vulkane, glutflüssige Lavaströme oder die Hitze der Sonne können Brände entfachen.

Die meisten Verbrennungsvorgänge, die wir direkt beobachten können, finden an der Luft statt. Vieles deutet darauf hin, daß sie Einfluß auf die Verbrennung hat. Ein Windstoß bringt ein Feuer zum Aufglühen, mit einem Blasebalg kann ein Feuer entfacht werden.

Als Brennstoffe verwenden wir brennbare Feststoffe, Flüssigkeiten und Gase. Zurück bleibt meist Asche, es können aber auch gasförmige Verbrennungsprodukte entstehen.

Wir wollen den Vorgang der Verbrennung, die Rolle der Luft und die entstehenden Verbrennungsprodukte genauer untersuchen.

4.1 Verbrennen

1 Wenn du eine Kerze mit einem Streichholz entzündest, kannst du eine Reihe von Beobachtungen machen.

a) Was stellst du fest, wenn du eine neue Kerze mit frischem Docht zum ersten Mal anzündest?
b) Was beobachtest du, wenn der Docht einer Kerze zu lang oder zu kurz ist?
c) Warum brennt der Docht bzw. das Wachs für sich alleine nicht?
d) Warum rußen manche Kerzenflammen stärker?
e) Welche Veränderungen beobachtest du, während die Kerze ruhig brennt?
f) Wie kannst du eine Kerzenflamme so löschen, daß der Docht nicht nachglüht und raucht?
g) Welche Eigenschaften der Kerzenflamme macht man sich bei der Verwendung eines Teelichtes zunutze?
h) Warum haben viele Lampions am Boden ein kleines Loch und oben eine große Öffnung?

2 Wunderkerzen haben keinen Docht und enthalten kein Wachs. Deshalb läuft ihre Verbrennung völlig anders ab.

a) Was beobachtest du beim Entzünden und Abbrennen?
b) Welche Gefahren können auftreten, wenn Wunderkerzen in der Wohnung abgebrannt werden?
c) Überlege, warum der Metalldraht nicht mitverbrennt.
d) Eine Wachskerze brennt über längere Zeit ruhig ab, danach sind fast keine Rückstände vorhanden. Vergleiche damit das Verhalten einer Wunderkerze.
e) Eine Wunderkerze kannst du nicht mehrmals anzünden. Begründe.

3 Vor dem Start eines Heißluftballons liegt die Hülle flach auf der Erde. Zunächst wird mit einem Gebläse kalte Luft in die ausgelegte Nylonhülle geblasen, bis sie zu drei Viertel voll ist.

Mit einer drei Meter hohen Flamme eines Propangasbrenners wird die Füllung langsam erwärmt. Der ca. 27 Meter hohe Ballon hebt nach etwa 20 Minuten vom Boden ab.

a) Überlege, warum ein Heißluftballon aufsteigen kann.

b) Warum verwendet man als Brennstoff beim Ballonfahren nicht Holz oder Kohle, sondern Propan?

c) Zähle weitere Verwendungsmöglichkeiten von Propan auf!

4 Holzfässer zur Aufbewahrung von Most und Wein werden vor ihrer Verwendung mit brennenden Schwefelschnitten „ausgeschwefelt".

a) Erkundige dich, welche Wirkung das Ausschwefeln hat.

b) Welche Vorsichtsmaßnahmen müssen beim Ausschwefeln beachtet werden?

5 Die Abbildung zeigt wesentliche Teile, die in der Regel zur Beheizung eines Wohnhauses gehören. Jährlich einmal wird die Heizungsanlage überprüft, die Schornsteine müssen bis zu viermal im Jahr gereinigt werden.

a) Vergleiche diese Skizze mit der Heizungsanlage bei dir zu Hause. Gibt es Ähnlichkeiten oder Unterschiede?

b) Informiere dich, mit welchen Brennstoffen Heizkessel betrieben werden und vergleiche Vor- und Nachteile.

c) Welche Möglichkeiten gibt es, die Temperatur im Heizkessel zu regeln oder zu verändern? Denke daran, daß es feste, flüssige und gasförmige Brennstoffe gibt.

d) Welche Messungen führt der Schornsteinfeger im Abgasrohr durch und welche Teile der Heizungsanlage werden von ihm kontrolliert?

e) Wozu dient die Drosselklappe im Abgasrohr?

f) Warum ist die Dauerbelüftung im Heizungsraum vorgeschrieben?

g) Warum sind Kontrollen der Kamine erforderlich?

h) Zwischen dem Heizungsraum und der Garage ist in der Abbildung eine Brandschutztür eingezeichnet. Aus welchem Material ist sie gefertigt? In welche Richtung muß sie zu öffnen sein?

i) Welche baulichen Maßnahmen sind zur Belüftung einer Garage erforderlich?

j) Warum muß ein Schornstein höher sein als das Haus?

k) Bei der Kontrolle achtet der Schornsteinfeger besonders auf Feuchtigkeit im Kamin. Wie kann es zu einem solchen Wasserbeschlag kommen? Welche Abhilfemaßnahmen gibt es?

l) Warum muß für einen Kaminofen oder offenen Kamin ein eigener Schornstein gebaut werden?

m) An Heizkörpern findest du Thermostatventile. Wozu dienen sie?

n) Welche weiteren Maßnahmen verringern den Energieverbrauch?

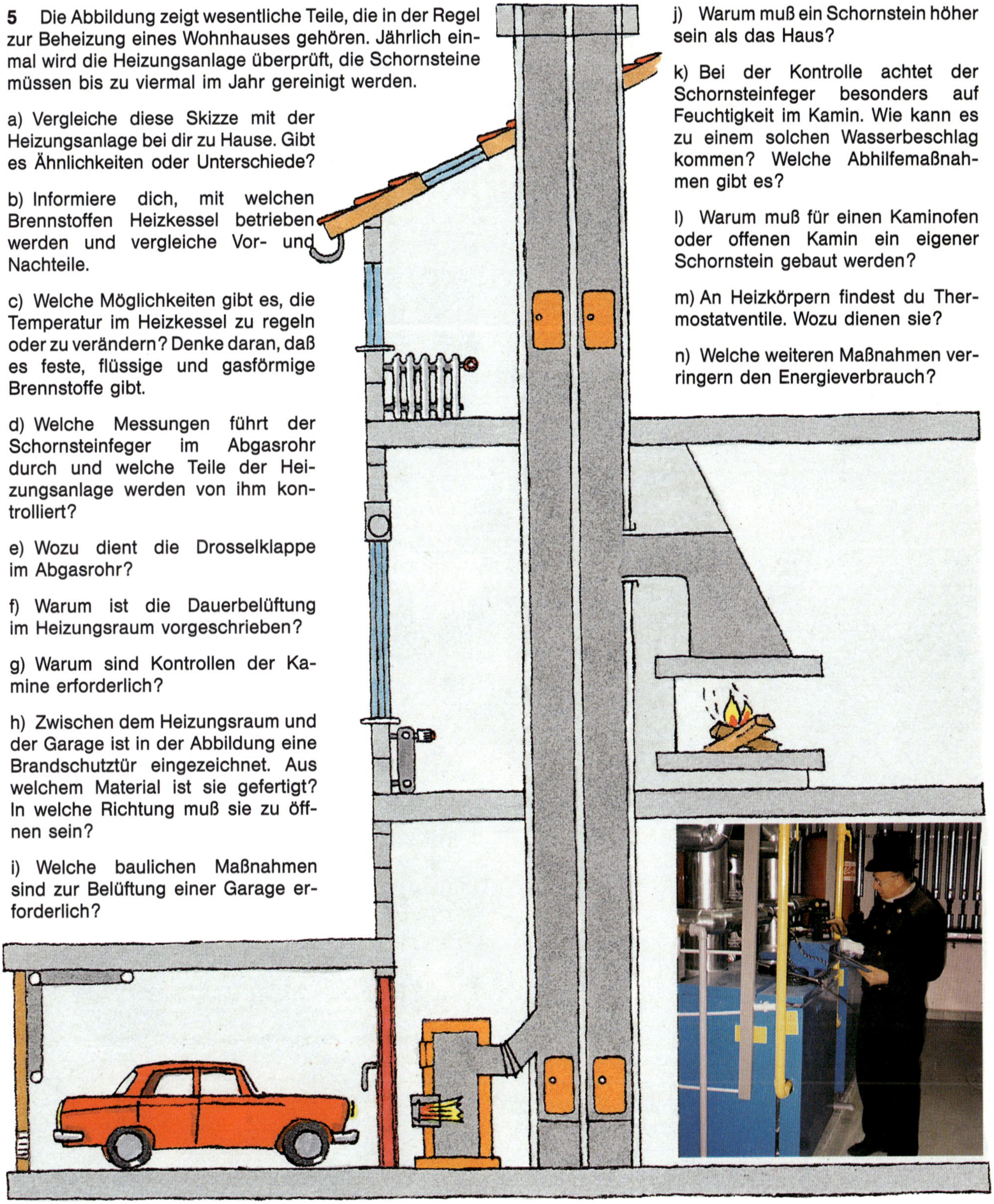

4.2 Untersuchung von Verbrennungsvorgängen

B 1 Lagerfeuer

Bedingungen einer Verbrennung. Ein Feuer kann nur brennen, solange ein **brennbarer Stoff** vorhanden ist. Will man ein Lagerfeuer entfachen, kann man zum Anzünden leicht entzündliche Brennmaterialien wie Papier, Holzspäne oder trockene Ästchen verwenden. Die brennbaren Stoffe werden dabei so aufgeschichtet, daß eine gute Luftzufuhr gewährleistet ist (▷ B 1). Zur Verbrennung muß also auch **Luft** vorhanden sein. Wird der Luftzutritt verhindert, erstickt das Feuer.

Damit sich brennbare Stoffe entzünden, ist eine direkte Berührung mit einer offenen Flamme nicht nötig. Streichhölzer z. B. entflammen in einem Reagenzglas allein durch die Erwärmung (▷ V 1). Es muß eine bestimmte Temperatur erreicht werden, um sie zu zünden (▷ B 2). Diese **Zündtemperatur** beträgt für Streichhölzer etwa 200 °C.

Hält man eine Kupferwendel über eine Kerzenflamme, so erlischt die Flamme nach kurzer Zeit (▷ V 2). Kupfer ist ein guter Wärmeleiter. Die bei der Verbrennung entstehende Wärme wird über die Kupferwendel abgeleitet (▷ B 3). Dadurch wird der *Wachsdampf unter die Zündtemperatur abgekühlt*, während sich das Kupfer erwärmt.

Mit einer besonderen Versuchsanordnung kann man die Feuergefährlichkeit verschiedener Feststoffe vergleichen (▷ V 3). Erhitzt man eine Eisenplatte, auf der verschiedene Brennstoffe (Streichhölzer, Holz, Papier, Holzkohle) liegen, so entzünden sich die Streichhölzer zuerst (▷ B 4). Im Vergleich zu Holz, Papier und Holzkohle haben Streichhölzer die niedrigste Zündtemperatur.

Bedingungen für die Verbrennung sind: 1. Brennbarer Stoff, 2. Luft, 3. Erreichen der Zündtemperatur.

B 2 Streichholz zündet im Reagenzglas

B 3 Kerzenflamme erlischt unter der Kupferwendel

V 1 Gib in ein Reagenzglas zwei oder drei Streichhölzer mit dem Zündkopf nach unten und erhitze über der Brennerflamme.

V 2 Halte eine Kupferwendel mit einer Tiegelzange über eine Kerzenflamme. Der Durchmesser der Kupferwendel sollte etwa dem Durchmesser der Flamme entsprechen (ca. 6 mm). Erkläre deine Beobachtung.

V 3 Auf ein Eisenblech werden Streichhölzer, ein trockenes Holzstück, ein Stück Papier oder Pappe und ein Holzkohlestück gelegt. Die Brennstoffe sollten auf dem Blech in etwa gleicher Entfernung von der Mitte aus angeordnet werden. Das Eisenblech wird mit dem Gasbrenner von unten in der Mitte stark erhitzt.

B 4 Feuergefährlichkeit einiger Brennstoffe im Vergleich. Die Streichhölzer zünden zuerst

4.3 Praktikum: Experimente mit einer Kerze

An Sommerabenden werden bei Festen im Freien häufig zur Beleuchtung Windlichter verwendet. Eine Kerze oder ein Teelicht kann in einem schützenden Keramikgehäuse brennen und Licht spenden. Mit einfachen Versuchen kannst du einiges über die Kerze und ihre Flamme erfahren.

Geräte/Materialien

Schutzbrille, Kerze oder Teelicht, Zündhölzer, Kerzenhalter, 2 Unterlegklötze, Glaszylinder, feuerfeste Unterlage, Glas- oder Metallröhrchen, Docht und Wachs, Holzstäbchen, Reagenzglasgestell, Reagenzglas, Reagenzglashalter, Tiegelzange, Gasbrenner mit Anzünder, Glasplatte (rund)

Versuchsanleitungen

Versuch 1 Eine Kerze wird entzündet

Stelle eine Kerze in einem Halter auf eine feuerfeste Unterlage und entzünde die Kerze. Beobachte sehr genau, wie sich die Größe der Flamme verändert und achte auch auf das Wachs beim Übergang zum Docht.

Versuch 2 Hüpfende Flamme

Blase eine brennende Kerze vorsichtig aus und bringe ein brennendes Zündholz *sofort* in die Nähe der Wachsdämpfe. Wiederhole den Versuch, wenn du nach dem Ausblasen eine Zeitlang gewartet hast.

Versuch 3 Tochterflamme

Halte mit einer Tiegelzange ein Glas- oder Metallröhrchen in die Kerzenflamme bis in die Nähe des Dochtes. Versuche ausströmende Wachsdämpfe am Rohrende zu entzünden.

Versuch 4 Kennzeichnung von Holzstäbchen

Nimm einen langen Holzstab zwischen beide Hände und führe den Stab von der Seite in eine Kerzenflamme. Unterbrich nach kurzer Zeit den Versuch und sieh dir den Holzstab genau an. Wiederhole den Versuch an einer anderen Stelle des Holzstabes.

Versuch 5 Die Aufgabe des Dochtes

1. Halte ein Stück Docht in die nichtleuchtende Flamme eines Brenners und versuche es zu entzünden. Tauche das glühende Ende in Wasser.

2. Erwärme festes Wachs in einem Reagenzglas, tauche einen Docht in das flüssige Wachs, bis dieser sich vollgesaugt hat. Halte den Docht mit einer Tiegelzange und versuche ihn anschließend zu entzünden.

Versuch 6 Unterschiedliche Luftzufuhr

1. Stelle eine brennende Kerze auf eine feuerfeste Unterlage und stülpe einen Glaszylinder über die Kerze. Decke die Öffnung mit einer Glasplatte ab. Beobachte die Flamme.

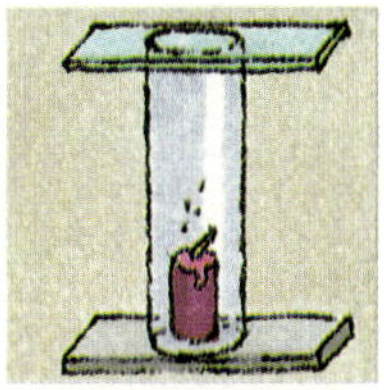

2. Wiederhole den Versuch. Stelle dieses Mal den Glaszylinder auf 2 Unterlegklötze und verschließe ihn nicht. Beobachte die Flamme und überlege dir, warum sie nicht erlischt.

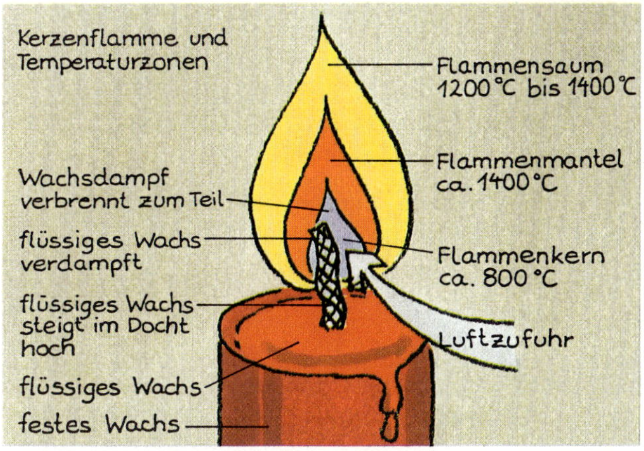

Aufgaben/Fragen

1. Vergleiche die Lage der beiden Brandstellen in Versuch 4 mit der Flamme. Überlege dir die Temperatur in diesem Bereich. Kannst du etwas über die Temperatur aussagen?
2. In Versuch 3 konntest du eine „Tochterflamme" herstellen. Überlege, warum dies möglich ist. Sieh in der obenstehenden Grafik nach und antworte im Heft.
3. Bei einer Brennergasflamme (↗ Kap. 1.3) hast du Temperaturzonen kennengelernt. Vergleiche diese mit denen einer Kerzenflamme.
4. Ein Windlicht ist häufig nur an einer Seite offen. Denke über die Verwendung nach und begründe.

4.4 Die Rolle der Luft bei der Verbrennung

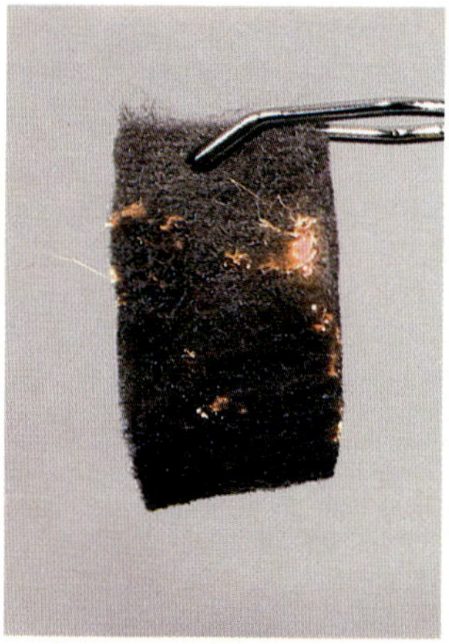

B 1 Eisenwolle verbrennt ohne Flamme: sie verglüht

B 2 Magnesium verbrennt mit gleißender Flamme

V 1 Halte etwas Eisenwolle mit der Tiegelzange in die Brennerflamme (feuerfeste Unterlage, Sicherheitsabstand). Untersuche das Reaktionsprodukt.

V 2 Man entzündet ein Magnesiumband (oder Zinkwolle) und läßt die Veränderungen beobachten.

V 3 Erhitze ein mehrfach gefaltetes Kupferblech in der Brennerflamme nach ▷ B 3. Falte das Blech nach dem Abkühlen auf und vergleiche die Innen- und Außenseite. Deute deine Beobachtung.

V 4 Entzünde einen Bausch Eisenwolle, der an einer austarierten Waage hängt. Beobachte den Wägearm und deute die Veränderung.

Im Experiment haben wir gesehen, daß bei der Verbrennung die Luftzufuhr von Bedeutung ist. Welche Veränderung die Brennstoffe dabei erfahren, ist nicht so einfach zu erkennen. Um die Verbrennungsprodukte und den Einfluß der Luft besser untersuchen zu können, führen wir zunächst Brennproben mit Metallen durch.

Manche Metalle brennen. Wird Eisenwolle entzündet (▷ V 1), so beobachtet man ein lebhaftes Aufglühen (▷ B 1). Es ist aber keine Flamme zu sehen. Eisenwolle verglüht. Zurück bleibt ein blauschwarzer, spröder Stoff. Es hat eine chemische Reaktion stattgefunden.
Hält man ein Magnesiumband in die Brennerflamme (▷ V 2), so entzündet es sich und verbrennt mit grellweißer Flamme (▷ B 2). Zurück bleibt ein weißer Stoff, der sich zwischen den Fingern zerreiben läßt. Die Verbrennung von Magnesium ist eine chemische Reaktion. Es gibt jedoch auch Metalle, wie z. B. Gold und Platin, die nicht verbrennen.

Verbrennungen sind chemische Reaktionen. Dabei entstehen unter Wärmeabgabe neue Stoffe.

Luft ermöglicht die Verbrennung. Erhitzt man ein gefaltetes Kupferblech (▷ V 3), so glüht es und überzieht sich außen mit einer schwarzen Schicht. Nach dem Auffalten sieht man die glänzende, rotbraune Innenseite (▷ B 3). Nur dort, wo Luft zutreten konnte, hat eine chemische Reaktion stattgefunden.

Entzündet man Eisenwolle am Arm einer austarierten Waage (▷ V 4), so neigt die Waage sich zur Seite des glühenden Eisens und zeigt damit eine Zunahme der Masse (▷ B 4) an. Es ist noch zu prüfen, ob die gesamte Luft oder nur ein Bestandteil für die Massenzunahme verantwortlich ist.

B 3 Erhitzen eines gefalteten Kupferblechs. Nur dort, wo Luft zutreten kann, bildet sich eine schwarze Schicht

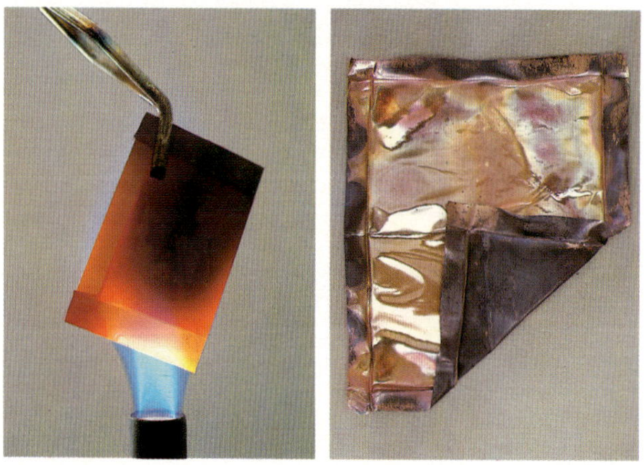

B 4 Massenzunahme beim Verbrennen. Der Wägearm neigt sich zur Seite des glühenden Eisens

4.5 Die Zusammensetzung der Luft

Wird Eisenwolle in einem Glasrohr entzündet (▷ V 1), so wandert die Glutzone hell aufleuchtend durch das Rohr, wenn Luft hindurchgesaugt wird. Bei Unterbrechung der Luftzufuhr hört das Glühen auf.

Die Zusammensetzung der Luft. Um zu prüfen, ob die gesamte Luft bei der Verbrennung reagiert, verbrennen wir Eisenwolle in einer geschlossenen Apparatur mit einer genau bekannten Luftportion (▷ B 1, ▷ V 2a). Nach dem Versuch kann man am Kolbenprober ablesen, daß nur etwa *ein Fünftel des Volumens fehlt.* Nur ein Bestandteil der Luft reagiert bei der Verbrennung. Dieser bei der Verbrennung reagierende Anteil der Luft heißt **Sauerstoff**.

In dem verbliebenen Restgas erstickt die Flamme eines Holzspans (▷ V 2b). Es besteht zum größten Teil aus **Stickstoff**.
Luft ist ein Gasgemisch. Sehr genaue Untersuchungen haben ergeben, daß Luft noch andere Gase enthält.

Luft ist ein Gasgemisch. Neben den Hauptbestandteilen Stickstoff und Sauerstoff enthält sie noch Edelgase und Kohlenstoffdioxid.

Nachweis von Sauerstoff. Metalle reagieren beim Verbrennen mit Sauerstoff. Dies ist ein Hinweis dafür, daß Sauerstoff die Verbrennung fördert und unterhält, aber selbst nicht brennbar ist. Diese Eigenschaft nutzt man aus, um ihn nachzuweisen. Hält man einen an der Luft nur glimmenden Holzspan in Sauerstoff (▷ V 3), so flammt er auf und brennt mit heller Flamme (▷ B 3).

Mit der Glimmspanprobe weist man Sauerstoff nach.

Sauerstoff kommt in *blauen* Stahlflaschen in den Handel. Darin steht er unter hohem Druck und kann nur über druckmindernde Ventile entnommen werden (▷ B 4).

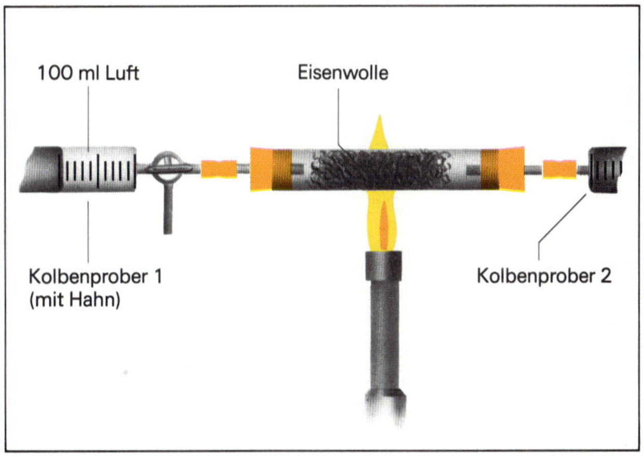

B 1 Ermittlung des Sauerstoffgehalts der Luft. Nur ein Fünftel der Luft reagiert bei der Verbrennung

V 1 Fülle ein Verbrennungsrohr mit Eisenwolle und verbinde es mit einer Wasserstrahlpumpe. Entzünde die Eisenwolle und sauge stoßweise Luft hindurch.

V 2 a) Baue eine Apparatur nach ▷ B 1 auf und schiebe die eingeschlossene Luftportion (100 ml) mehrmals über die erhitzte Eisenwolle. Lies das Volumen des erkalteten Restgases ab und ermittle den Verbrauch. Zeichne die Versuchsapparatur.
b) Drücke das Restgas in einen Standzylinder und halte einen brennenden Holzspan hinein.

V 3 Entzünde einen Holzspan, blase die Flamme aus und halte den noch glimmenden Holzspan in einen mit Sauerstoff gefüllten Standzylinder.

B 2 Zusammensetzung der Luft (Volumenanteile) ohne Berücksichtigung der Luftfeuchtigkeit, gerundete Werte

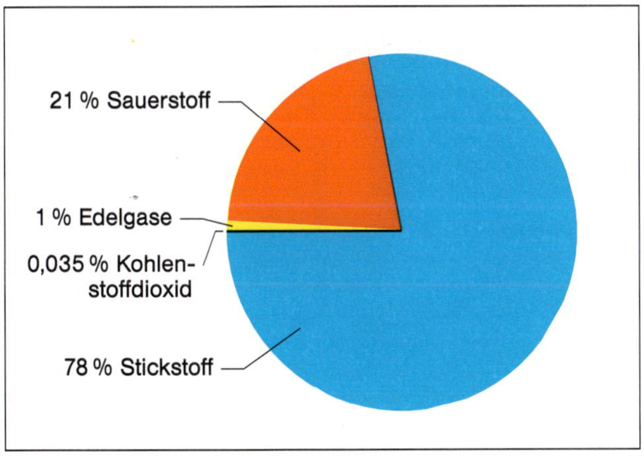

B 3 Glimmspanprobe

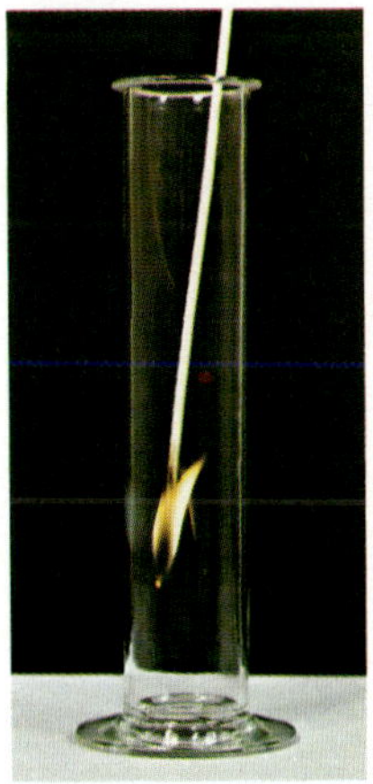

B 4 Sauerstoff-Flasche mit Druckminderungsventil zur Gasentnahme

4.6 Sauerstoff und andere Luftbestandteile

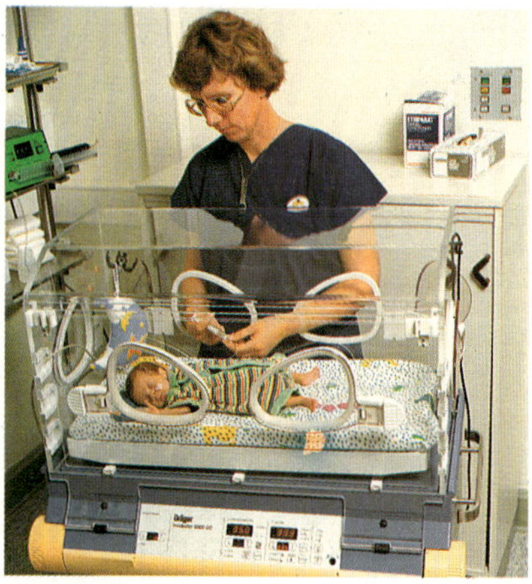

B 1 Sauerstoffeinsatz in der Medizin

Die in der Luft enthaltenen Gase sind für das Leben auf der Erde und für die Technik von großer Bedeutung.

Sauerstoff, Bedeutung und Eigenschaften. Sauerstoff wird von Menschen und Tieren zum Atmen benötigt. In Krankenhäusern wird Sauerstoff in Reinform oder mit Luft vermischt zum Beatmen und Inhalieren verwendet (▷ B 1). Auch bei Verbrennungsvorgängen wird Sauerstoff verbraucht. Grüne Pflanzen dagegen stellen bei Sonneneinstrahlung Sauerstoff her. Sauerstoff ist ein farb- und geruchloses Gas. Wir können ihn mit den Sinnesorganen nicht wahrnehmen. Seine Dichte beträgt 1,33 g/l (▷ V 1), sie ist größer als die von Luft mit 1,19 g/l. Sauerstoff ist nicht brennbar, unterhält jedoch die Verbrennung (▷ B 2).

Gewinnung von Sauerstoff aus der Luft. Wird Luft zusammengepreßt, so steigt ihre Temperatur. Dehnt sich das Gasgemisch wieder aus, so sinkt die Temperatur. Führt man die beim Zusammenpressen freiwerdende Wärme ab und läßt die Luft sich wieder ausdehnen, so wird diese kälter als sie ursprünglich war. Wiederholt man diesen Vorgang mehrfach, werden so niedrige Temperaturen erreicht, daß die Luft kondensiert. Es entsteht flüssige Luft (▷ B 3). Durch Destillation flüssiger Luft lassen sich einzelne Bestandteile aufgrund unterschiedlicher Siedetemperaturen (▷ B 4) abtrennen. Nach diesem Verfahren werden reiner Sauerstoff und andere Bestandteile der Luft gewonnen.

Stickstoff, der Hauptbestandteil der Luft, ist ebenfalls farb- und geruchlos. Er ist nicht brennbar und unterhält die Verbrennung auch nicht. Flüssiger Stickstoff ist heute ein unentbehrlicher Stoff in der Kältetechnik. Lebensmittel werden damit in kürzester Zeit tiefgefroren und haltbar gemacht. In der Medizin werden sogar Organe darin aufbewahrt.
Stickstoffverbindungen werden von allen Lebewesen benötigt. Sie können bis auf wenige Ausnahmen den in der Luft vorhandenen Stickstoff nicht nutzen. Pflanzen können Stickstoffverbindungen mit den Wurzeln aus dem Boden aufnehmen, Menschen und Tiere nehmen sie mit der Nahrung zu sich.

Kohlenstoffdioxid ist lebensnotwendig für die Ernährung grüner Pflanzen. Sie nehmen Kohlenstoffdioxid und Wasser aus ihrer Umgebung auf und bilden daraus im Licht Zucker und Stärke. Dabei geben sie Sauerstoff ab.

Farbe	farblos
Geruch	geruchlos
Geschmack	geschmacklos
Aggregatzustand bei Zimmertemp.	gasförmig
Dichte (20 °C)	1,33 g/l
Schmelztemperatur	−219 °C
Siedetemperatur	−183 °C
Brennbarkeit	brennt nicht, unterhält Verbrennung
Löslichkeit in Wasser (20 °C)	geringfügig (31 cm^3/l)

B 2 Eigenschaften von Sauerstoff

B 3 Flüssige Luft

B 4 Siedetemperaturen einiger Luftbestandteile

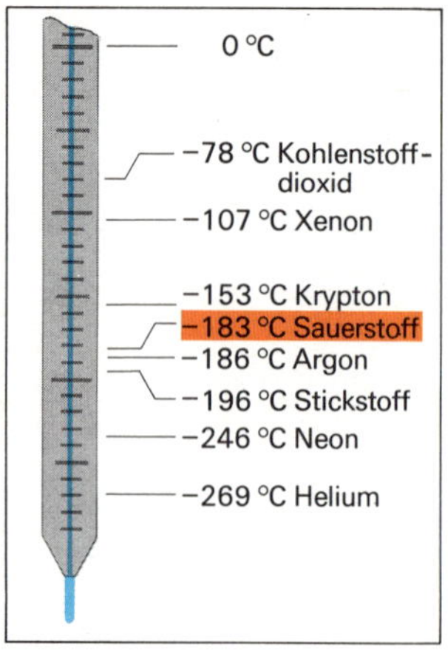

B 5 Gewinnung flüssiger Luft nach dem Lindeverfahren

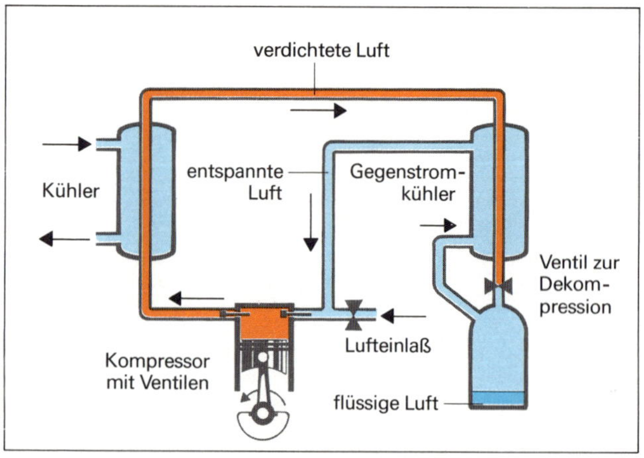

B 6 Leuchtstoffröhren mit Edelgasfüllung als Lichtreklame

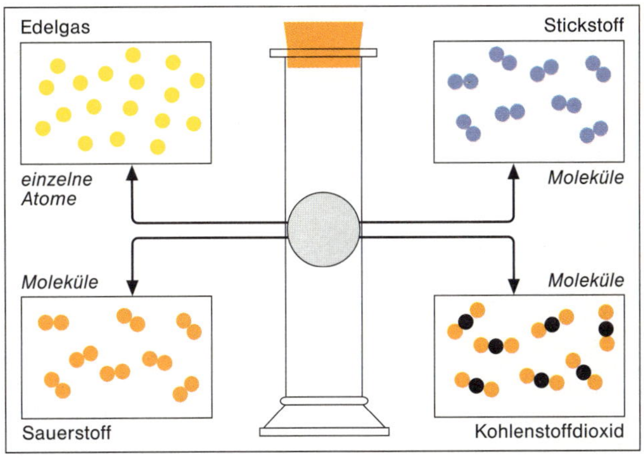

B 7 Kleinste Teilchen der Luftbestandteile. Nur Edelgase bestehen aus einzelnen, unverbundenen Atomen

Edelgase sind nur in geringen Mengen in der Luft enthalten und wurden deshalb viel später als Sauerstoff und Stickstoff entdeckt. Da man sie anfänglich für völlig reaktionsunfähig hielt, gab man ihnen den Namen Edelgase.

Zu den Edelgasen zählen Helium, Neon, Argon, Krypton und Xenon. Sie sind farb- und geruchlos, sehr reaktionsträge und nicht brennbar. Von Helium, Neon und Argon kennt man bis heute keine Verbindungen. Wegen ihrer besonderen Eigenschaften finden sie vielfältige Verwendung. Mit Neon und anderen Edelgasen gefüllte Leuchtstoffröhren spenden farbiges Licht (▷ B 6).

Atome und Moleküle. Nur die Teilchen der Edelgase sind einzelne Atome. Alle anderen gasförmigen Elemente in der Luft, wie z. B. Sauerstoff und Stickstoff, bestehen dagegen aus Teilchen, die aus zwei miteinander verbundenen Atomen zusammengesetzt sind (▷ B 7). Solche Teilchen nennt man **Moleküle**. Auch die anderen Gase, wie z. B. Kohlenstoffdioxid, sind Moleküle. Sie sind aus Atomen verschiedener Elemente zusammengesetzt.

Vom Molekül zur chemischen Formel. Die Anzahl der in einem Molekül enthaltenen Atome kennzeichnet man durch eine kleine, tiefgestellte Zahl, die an das Elementsymbol angehängt wird. Ein Sauerstoffmolekül, das aus zwei Sauerstoffatomen aufgebaut ist, wird durch folgende Formel angegeben:

$1\,O_2$ oder vereinfacht O_2

Sind mehrere Moleküle zu zählen, so wird die entsprechende Anzahl vor die Formel geschrieben (▷ B 8).
$3\,O_2$ bedeutet: drei Sauerstoffmoleküle, die aus je zwei Sauerstoffatomen zusammengesetzt sind.

V 1 Befestige zwei mit Sauerstoff gefüllte Zylinder an einem Stativ, einen mit der Öffnung nach oben, den anderen umgekehrt. Führe nach einigen Minuten die Glimmspanprobe durch. Erkläre deine Beobachtung.

A 1 Erläutere mit Hilfe von ▷ B 4 und ▷ B 5 die Gewinnung von Sauerstoff nach dem Lindeverfahren.

A 2 Durch welche Eigenschaften unterscheiden sich Sauerstoff und Stickstoff voneinander?

A 3 Zeichne die Teilchen wie in ▷ B 8 und schreibe in Symbolen:
a) 2 Heliumatome und 2 Sauerstoffmoleküle,
b) 1 Molekül Kohlenstoffdioxid, aufgebaut aus 1 Kohlenstoffatom und 2 Sauerstoffatomen.

B 8 Chemische Symbole und Formeln kennzeichnen Atome und Moleküle

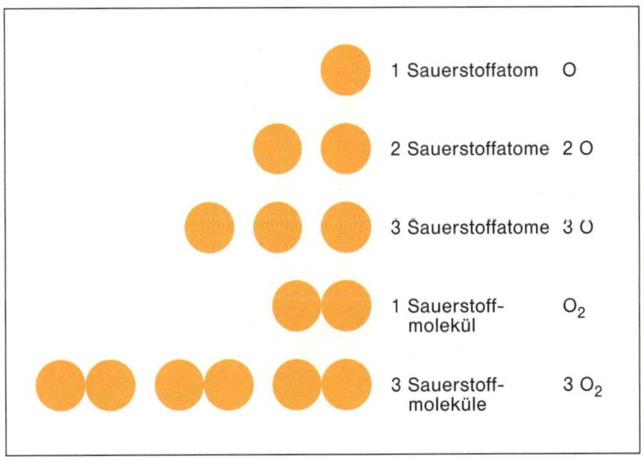

4.7 Metalle reagieren mit Sauerstoff

B 1 Durchtrennung einer Metallplatte mit dem Schneidbrenner. Das Metall verbrennt im Sauerstoffstrom

V 1 Man hält brennende Eisenwolle bzw. brennendes Magnesiumband in einen mit Sauerstoff gefüllten Standzylinder. (Vorsicht! Boden mit Sand bedecken! Schutzbrille!)

V 2 Bestimme die Masse eines Blitzlämpchens vor und nach dem Zünden.

A 1 Brennt eine Kerze auf der Waage, so beobachtet man eine Massenabnahme, beim Verbrennen von Kupferspänen dagegen eine Massenzunahme. Wie lassen sich diese Beobachtungen erklären?

A 2 Stelle die Reaktionsgleichung für die Bildung von Kupferoxid (Formel: CuO) aus den Elementen auf.

Auf Baustellen kann man oft beobachten, wie Stahlträger mit Schneidbrennern zerteilt werden. Hierzu erhitzt man das Metall zunächst mit der Brennerflamme und läßt danach nur noch reinen Sauerstoff auf die glühende Oberfläche strömen (▷ B 1). Dabei verbrennt der Stahl. Offensichtlich läuft die Verbrennung in reinem Sauerstoff heftiger ab als an der Luft.

Verbrennung von Metallen in reinem Sauerstoff. Eisenwolle, die an der Luft nur verglüht, verbrennt in reinem Sauerstoff unter lebhaftem Funkensprühen (▷ V 1, ▷ B 2). Magnesium verbrennt darin sogar so heftig, daß sich das gesamte Reaktionsprodukt in Form eines weißen Rauches zeigt (▷ B 3). Die Reaktionsprodukte unterscheiden sich in beiden Fällen nicht von denen, die beim Verbrennen an der Luft entstehen.

Die Oxidation. Eine Reaktion, bei der ein Stoff mit Sauerstoff reagiert, nennt man **Oxidation** (von griech./lat. oxygenium, Sauerstoff). Die dabei entstehenden Stoffe heißen **Oxide**. So bildet sich bei der Reaktion von Eisen mit Sauerstoff *Eisenoxid*, bei der Reaktion von Magnesium mit Sauerstoff *Magnesiumoxid*.
Oxide unterscheiden sich deutlich von den Metallen, aus denen sie entstehen (▷ B 4). Es sind spröde Stoffe mit hohen Schmelztemperaturen. Sie leiten den elektrischen Strom in der Regel nicht.

Die Reaktion eines Stoffes mit Sauerstoff wird Oxidation genannt.

Bei den meisten Oxidationen wird Energie in Form von Wärme und Licht frei. Sie gehören also zu den exothermen Reaktionen.

B 2 Eisenwolle verbrennt in Sauerstoff

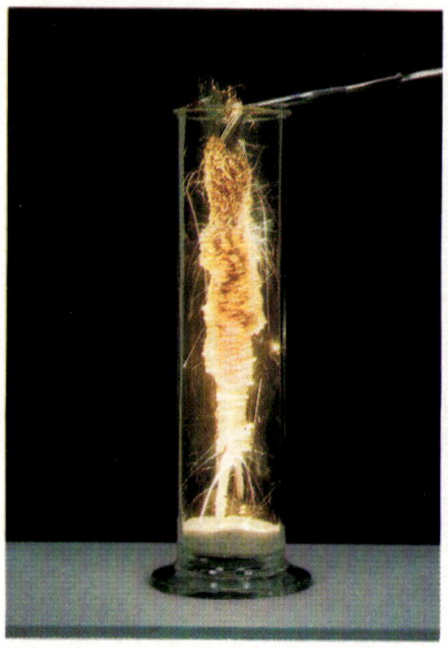

B3 Magnesium verbrennt in Sauerstoff

B 4 Eigenschaften einiger Metalle und ihrer Oxide im Vergleich

Metall: Name	Metall: Eigenschaften	Metalloxid: Name	Metalloxid: Eigenschaften
Magnesium	silberglänzend; Schmelztemp. 649 °C	Magnesiumoxid	weiß, spröde; Schmelztemp. 2802 °C
Eisen	grau glänzend; Schmelztemp. 1535 °C	Eisenoxid	blauschwarz, spröde; Schmelztemp. 1594 °C
Kupfer	rötlich glänzend weich; Schmelztemp. 1083 °C	Kupferoxid	schwarz, spröde Schmelztemp. 1336 °C
Silber	silberglänzend; Schmelztemp. 962 °C	Silberoxid	schwarz, spröde; zersetzt sich ab 160 °C

Name	Magnesiumoxid
Teilchenverband	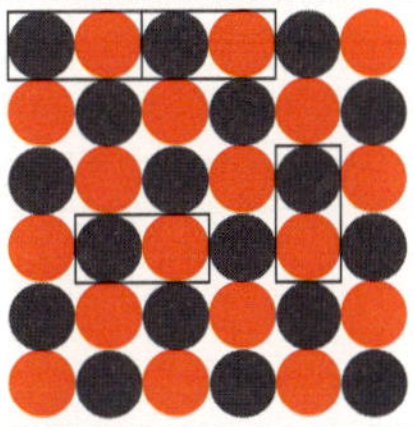
Kleinste Einheit der Verbindung	
Teilchenzahlenverhältnis	Mg : O = 1 : 1
Formel	MgO

B5 Formel von Magnesiumoxid

Magnesium	+	Sauerstoff	⟶	Magnesiumoxid	exotherm
2 Mg	+	O_2	⟶	2 MgO	exotherm

B6 Reaktionsschema und Reaktionsgleichung für die Bildung von Magnesiumoxid

Oxidationen lassen sich wie folgt beschreiben:

Eisen + Sauerstoff ⟶ Eisenoxid | exotherm
Magnesium + Sauerstoff ⟶ Magnesiumoxid | exotherm

Allgemein gilt für die Oxidation der Metalle:

Metall + Sauerstoff ⟶ Metalloxid | exotherm

Verbrennungen sind Oxidationen, bei denen Energie frei wird. Es sind exotherme Reaktionen.

Die chemische Formel von Magnesiumoxid. Im Magnesiumoxid verbindet sich jeweils ein Magnesiumatom mit einem Sauerstoffatom. Die Formel des Magnesiumoxids lautet $\mathbf{Mg_1O_1}$ oder vereinfacht **MgO** (▷ B 5).
Bei der Aufstellung der Reaktionsgleichung für die Bildung von Magnesiumoxid muß man beachten, daß die Anzahl der Atome auf beiden Seiten des Reaktionspfeils gleich groß ist. Da aber Sauerstoffteilchen aus zweiatomigen Molekülen bestehen, sind für die Reaktion auch zwei Magnesiumatome erforderlich. Aus zwei Magnesiumatomen und einem Sauerstoffmolekül bilden sich zwei MgO-Gruppen (▷ B 6). Da an der Reaktion viele Atome und Moleküle beteiligt sind, lagern sich die MgO-Gruppen zu einem großen Teilchenverband zusammen.

Beim Zünden eines Blitzlämpchens verbrennt der dünne Magnesiumfaden in dem mit Sauerstoff gefüllten Kolben mit heller Flamme. Die Masse des Lämpchens ist vor und nach dem Zünden gleich (▷ B 7). Durch Umgruppierung der Elementteilchen entsteht die Verbindung Magnesiumoxid (▷ B 8). Da sich die Masse und die Anzahl der Atome dabei nicht verändert, kann sich auch die Gesamtmasse der Stoffe nicht verändern.

B7 Massenerhaltung. Masse eines Blitzlämpchens vor (links) und nach dem Zünden (rechts)

B8 Chemische Reaktion und Teilchenmodell. Anzahl und Masse der Atome verändern sich nicht

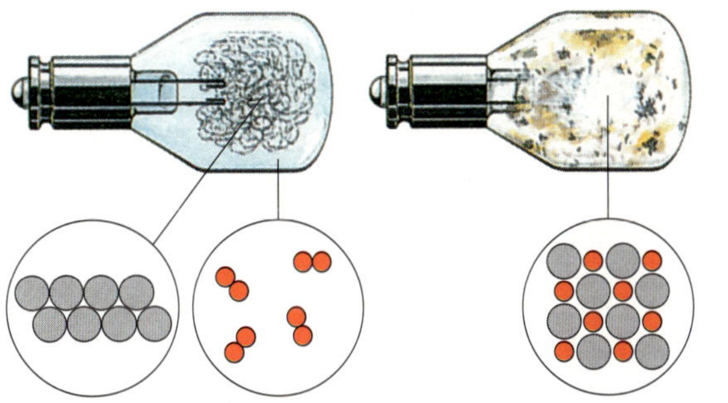

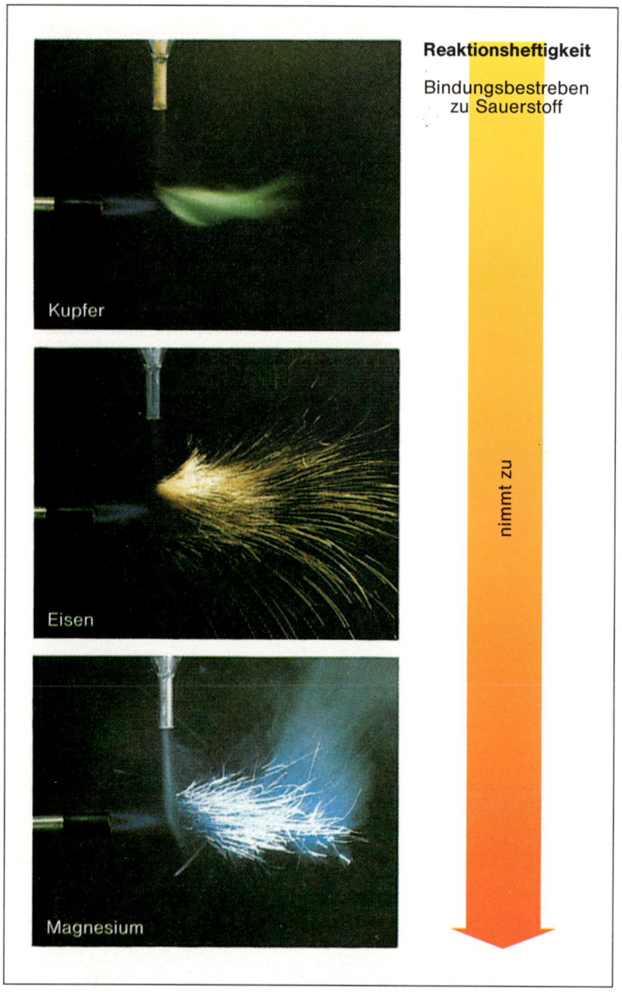

B 9 Reaktionsheftigkeit und Bindungsbestreben

Das Bindungsbestreben der Metalle zu Sauerstoff. Bläst man Pulver gleicher Korngröße der Metalle Kupfer, Eisen oder Magnesium in die nichtleuchtende Flamme (▷ V 3), so zeigen sich deutliche Unterschiede in der Heftigkeit der Reaktion. Von den untersuchten Metallen hat Magnesium das größte, Kupfer das geringste Bestreben, mit Sauerstoff ein Oxid zu bilden. Es ergibt sich die Reihenfolge:

Kupfer, Eisen, Magnesium ⟶

Von Kupfer zu Magnesium nimmt das Bindungsbestreben zu Sauerstoff zu (▷ B 9). Nach ihrem Bindungsbestreben zu Sauerstoff lassen sich die Metalle auch unterscheiden. Metalle, die ein großes Bindungsbestreben zu Sauerstoff haben, werden unedle Metalle genannt. Ihnen stehen die Edelmetalle gegenüber.

Unedle Metalle weisen ein großes, Edelmetalle kein oder nur ein geringes Bindungsbestreben zu Sauerstoff auf.

Silberoxid wird erhitzt. Erwärmt man schwarzes Silberoxid langsam (▷ V 4, ▷ B 10), so ändert sich die Farbe. Ein zunächst weißer, dann silbrig glänzender Stoff ist zu sehen. Daneben kann man noch ein farbloses Gas auffangen, das mit Hilfe der Glimmspanprobe als Sauerstoff nachgewiesen wird.
Die Verbindung Silberoxid läßt sich durch Erhitzen in die Elemente Silber und Sauerstoff zerlegen. Dabei muß ständig Energie in Form von Wärme zugeführt werden. Die Abspaltung von Sauerstoff aus einer Verbindung nennt man **Reduktion**, es handelt sich um eine endotherme Reaktion.

Silberoxid ⟶ Silber + Sauerstoff | endotherm

B 10 Zerlegung von Silberoxid durch Wärmezufuhr. Es entstehen die Elemente Silber und Sauerstoff

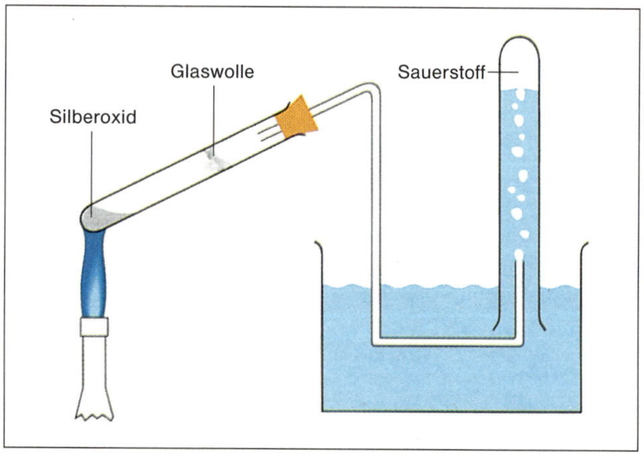

V 3 Man bläst Pulver gleicher Korngröße der Metalle Eisen, Kupfer und Magnesium mit einem gewinkelten Glasrohr in die nichtleuchtende Brennerflamme. (Schutzbrille! Feuerfeste Unterlage!) Vergleiche das Reaktionsverhalten.

V 4 Im schwerschmelzbaren Reagenzglas wird etwas Silberoxid erhitzt und das entstehende Gas aufgefangen (▷ B 10). Man führt mit dem Gas die Glimmspanprobe durch.

A 3 In der Verbindung Silberoxid sind 2 Silberatome mit 1 Sauerstoffatom verbunden. Die Formel von Silberoxid lautet Ag_2O. Stelle die Reaktionsgleichung für die Zerlegung von Silberoxid auf.

4.8 Oxidation ohne Flamme

Splittert durch Hagelschlag oder leichte Karambolagen der Autolack ab, kommt das Eisenblech mit Wasser und Luft in Berührung. Es bildet sich eine rotbraune Schicht aus Rost.

Rosten, Oxidation ohne Flamme. Schabt man etwas Rost ab und untersucht ihn (▷ V 1), so erkennt man, daß Rost nicht magnetisch und nicht elektrisch leitfähig ist. Rost ist ein Oxid. Die Rostbildung ist eine Oxidation. Im Experiment (▷ V 2, ▷ B 3) zeigt sich, daß ein Teil der Luft an der Reaktion beteiligt ist. Eisen verbindet sich in der Feuchtigkeit mit Sauerstoff aus der Luft. Der Vorgang verläuft ohne merkliche Licht- und Wärmeabgabe. Man spricht von einer **langsamen Oxidation.**

Die Rostschicht ist locker und porös. Sauerstoff und Feuchtigkeit können sie durchdringen und an das darunterliegende Metall gelangen. Auf diese Weise können selbst dicke Eisenteile im Laufe der Zeit durchrosten.

Um Eisenteile vor Rost zu schützen, muß der Zutritt von Luft und Wasser verhindert werden. Deshalb werden Autos lackiert, Eisengitter und -tore mit Rostschutzfarbe gestrichen oder mit Kunststoff überzogen, eiserne Kochtöpfe emailliert und Gartengeräte aus Eisen eingeölt. Vor der Behandlung müssen die Eisenteile völlig rostfrei und trocken sein.

Oxidation ohne Flamme im Körper des Menschen. Auch in unserem Körper finden Oxidationen statt. Die Nährstoffe aus der Nahrung (z. B. Fett, Zucker, Stärke) verbrennen aber nicht bei hoher Temperatur, sondern werden durch den eingeatmeten Sauerstoff langsam und stufenweise abgebaut. Die dabei freiwerdende Energie ermöglicht z. B. die Aufrechterhaltung der Körpertemperatur (▷ B 5). Es handelt sich ebenfalls um eine langsame Oxidation.

B 1 Eisenteile rosten, wenn sie in Berührung mit Luft und Feuchtigkeit kommen

B 2 Mikroaufnahme von Rost

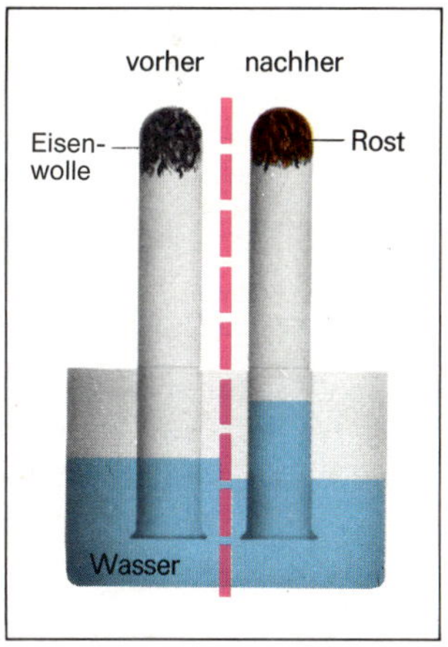

B 3 Sauerstoffverbrauch beim Rosten

B 4 Tätigkeit und Energiebedarf

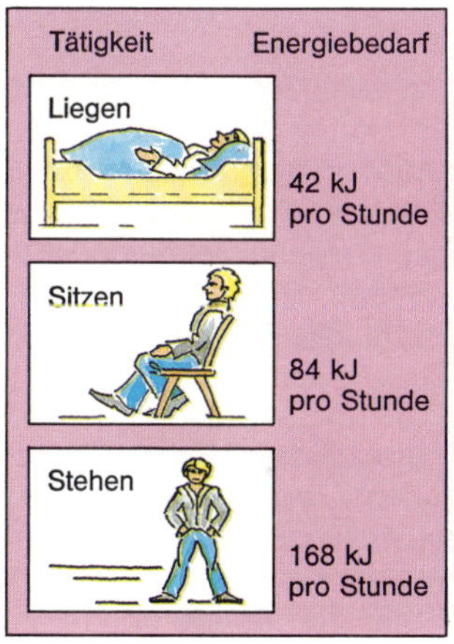

B 5 Körperwärme durch Oxidation von Nährstoffen

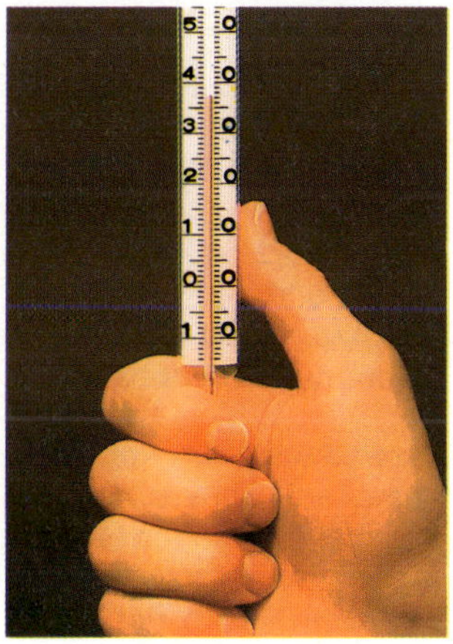

V 1 Untersuche Magnetismus und elektrische Leitfähigkeit von Rost.

V 2 Fülle etwas angefeuchtete Eisenwolle in ein Reagenzglas und stelle es mit der Öffnung nach unten in ein Becherglas mit Wasser. Gleiche den Wasserspiegel in beiden Gefäßen aus. Markiere am Reagenzglas das anfangs vorhandene Luftvolumen.
Welche Veränderungen stellst du nach einigen Tagen fest?

A 1 Nenne Möglichkeiten, wie Eisenteile vor Rost geschützt werden können.

A 2 Warum wird eine Fahrradkette, die gut geölt ist, nicht rosten?

4.9 Kohlenstoff und Schwefel verbrennen

B 1 Gewinnung von Holzkohle aus Holz in großen Meilern

V 1 Entzünde ein Stück Holzkohle auf dem Verbrennungslöffel und schwenke es vorsichtig in der Luft. Senke dann die glühende Holzkohle in einen Standzylinder, der mit Sauerstoff gefüllt ist.

V 2 Gib nach dem Verbrennen der Holzkohle etwas Kalkwasser in den Standzylinder von ▷V 1. Verschließe ihn mit einer Glasplatte und schüttle.

V 3 Stelle in ein Glasbecken Kerzen verschiedener Länge und zünde sie an. Fülle mehrere große Bechergläser durch Luftverdrängung mit Kohlenstoffdioxid und gieße das Gas durch einen Trichter mit weiter Öffnung in das Glasbecken um. Wie ist die Beobachtung zu erklären?

B 2 Holzkohle verbrennt in Sauerstoff

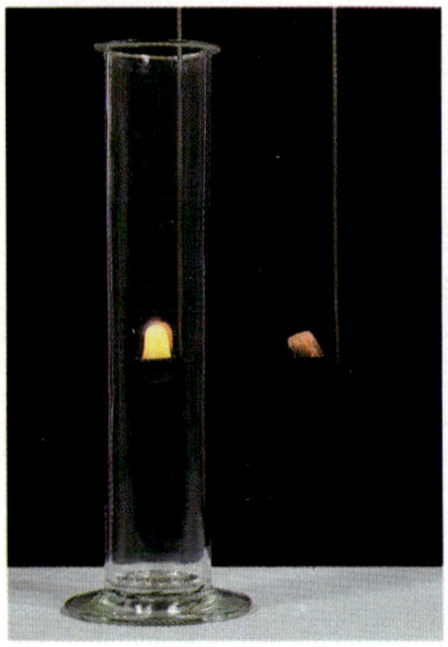

B 3 Kohlenstoffdioxid trübt Kalkwasser

Die Brennstoffe Kohle, Heizöl und Erdgas, die im Haushalt und in der Industrie Verwendung finden, bestehen aus Kohlenstoff oder Kohlenstoffverbindungen. Manche Brennstoffe enthalten zusätzlich Verbindungen des Schwefels. Wie sich Kohlenstoff und Schwefel gegenüber Sauerstoff verhalten, untersuchen wir im folgenden.

Verbrennung von Kohlenstoff. Die für den Gartengrill benutzte Holzkohle wird aus Holz gewonnen. Das Holz wird in Meilern unter Luftabschluß erhitzt (▷B 1).
Die Holzkohle besteht fast ausschließlich aus Kohlenstoff, daneben enthält sie noch geringe Anteile mineralischer Stoffe.

Zündet man Holzkohle an, so glüht sie bei Luftzufuhr hell auf und verglüht langsam unter Wärmeabgabe. Zurück bleibt hellgraue, fast weiße Asche. Ein Vergleich zeigt, daß die Masse der Asche wesentlich geringer ist als die Masse der eingesetzten Holzkohle. Die Asche ist nicht das Oxid des Kohlenstoffs, sondern nur der Rückstand der Mineralstoffe in der Holzkohle. Bei der Verbrennung von Kohlenstoff entsteht kein sichtbares Oxid.

Verbrennt man Kohlenstoff in Luft oder reinem Sauerstoff (▷V 1, ▷B 2), so bildet sich ein farb- und geruchloses Gas. Es wird **Kohlenstoffdioxid** genannt.

Kohlenstoff + Sauerstoff ⟶ Kohlenstoffdioxid | exotherm

$$C + O_2 \longrightarrow CO_2 \quad | \text{ exotherm}$$

Eigenschaften von Kohlenstoffdioxid. Schüttelt man einen Standzylinder, in dem sich Kohlenstoffdioxid und Kalkwasser befinden (▷V 2), so beobachtet man eine milchige Trübung (▷B 3). Kohlenstoffdioxid bildet mit Kalkwasser einen weißen Feststoff, der als Niederschlag ausfällt und die Trübung verursacht.

Die Trübung von Kalkwasser ist ein Nachweis von Kohlenstoffdioxid.

Läßt man Kohlenstoffdioxid in ein Gefäß strömen, in dem Kerzen in verschiedenen Höhen brennen (▷V 3), so erlöschen diese nacheinander von unten nach oben (▷B 4). Die Dichte von Kohlenstoffdioxid ist größer als die der Luft. Es läßt sich deshalb umgießen wie eine Flüssigkeit und sammelt sich am Boden eines Gefäßes oder Raumes. Kohlenstoffdioxid löscht die Flammen und ist selbst nicht brennbar.

Verwendung von Kohlenstoffdioxid. Viele Mineralwässer enthalten Kohlenstoffdioxid gelöst; Limonaden und manchen alkoholischen Getränken wird es zugesetzt. In Gaststätten drückt Kohlenstoffdioxid das Bier vom Faß zum Zapfhahn und bildet mit dem Bier den Schaum.

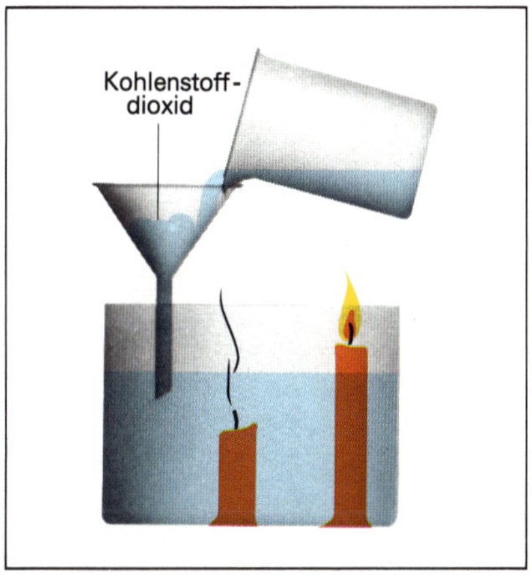

B 4 Kohlenstoffdioxid sinkt und erstickt die Flamme

B 5 Trockeneis zum Tiefkühlen von Lebensmitteln

B 6 Kohlenstoffmonooxid verbrennt mit blauer Flamme

Kohlenstoffdioxid kommt, unter Druck verflüssigt, in *grauen* Stahlflaschen in den Handel. Wird flüssiges Kohlenstoffdioxid abgekühlt, so erstarrt es zu einer eisähnlichen Masse, zu **Trockeneis**. Festes Kohlenstoffdioxid wird bei Zimmertemperatur nicht flüssig, sondern gasförmig: es sublimiert. Dabei kühlt sich die Umgebung stark ab. Trockeneis wird deshalb zum Kühlen von Lebensmitteln verwendet (▷B 5).

Kohlenstoffmonooxid. Verbrennt Kohlenstoff bei ungenügender Luftzufuhr, so entsteht als Nebenprodukt ein giftiges Gas, das Kohlenstoffmonooxid. Es ist farb- und geruchlos und wirkt schon in geringen Mengen tödlich. Beim Entzünden verbrennt es mit blauer Flamme zu Kohlenstoffdioxid (▷B 6).
Kohlenstoffmonooxid entsteht im Verbrennungsmotor und in Heizkesseln. Wegen seiner Giftigkeit unterliegt es beim Abgastest der Autos strengen Bestimmungen.

Schwefel reagiert mit Sauerstoff. Wird Schwefel erhitzt, so schmilzt er und entzündet sich. An der Luft verbrennt Schwefel mit schwach blauer Flamme (▷V 4), in reinem Sauerstoff jedoch mit leuchtend blauer Flamme (▷B 7). Dabei entsteht ein farbloses, stechend riechendes Gas, das **Schwefeldioxid** genannt wird.

Schwefel + Sauerstoff ⟶ Schwefeldioxid | exotherm

$S + O_2 \longrightarrow SO_2$ | exotherm

Schwefel darf nur unter dem Abzug in kleinen Mengen verbrannt werden, weil Schwefeldioxid giftig ist und die Schleimhäute der Atemwege reizt und schädigt. Da Schwefeldioxid Schimmelpilze und Bakterien abtötet, wird es zum *Haltbarmachen* von Trockenfrüchten und zur Desinfektion von Wein- und Bierfässern eingesetzt.

V 4 Ein kleines Stück Schwefel wird auf einem blanken Verbrennungslöffel unter dem Abzug in die nichtleuchtende Brennerflamme gehalten.

V 5 Auf einem blanken Verbrennungslöffel wird brennender Schwefel unter dem Abzug in einen mit Sauerstoff gefüllten Standzylinder gehalten.
Beschreibe und vergleiche die Beobachtungen aus ▷V 4 und ▷V 5.

A 1 Der Brennstoff Kohle enthält außer Kohlenstoff auch geringe Mengen Verbindungen des Schwefels. Welcher Stoff entsteht jeweils bei der Verbrennung von Kohlenstoff bzw. Schwefel? Warum können die Abgase unsere Umwelt gefährlich belasten?

B 7 Schwefel verbrennt in Sauerstoff

B 8 Handelsformen des Schwefels

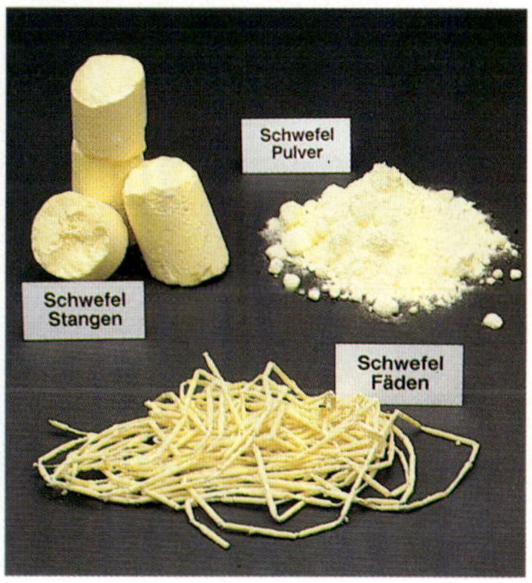

4.10 Anwendung und Vertiefung

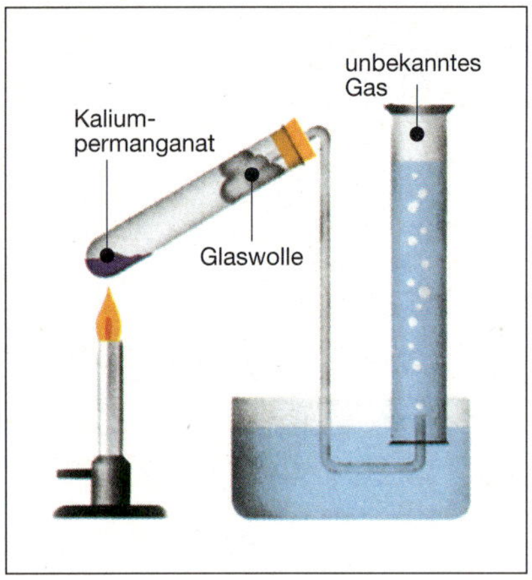

B1 Zu Aufgabe 1

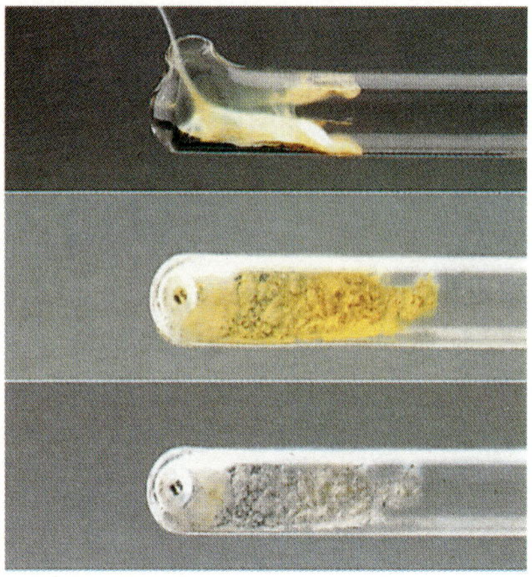

B2 Zu Aufgabe 2

1 Erhitzt man Kaliumpermanganat (▷ B 1), entsteht ein Gas, das über Wasser als Sperrflüssigkeit aufgefangen wird. Hält man in das Gas einen glimmenden Holzspan, so flammt er auf und brennt mit heller Flamme. Welches Gas ist entstanden?

2 Zinkpulver verbrennt mit Flammenerscheinung und Wärmeentwicklung (▷ B 2). Es entsteht ein Stoff, der in der Hitze gelb und nach Abkühlen weiß aussieht. Benenne das Reaktionsprodukt und formuliere Reaktionsschema und Reaktionsgleichung.

3 Terpentinöl läßt sich nicht mit einem brennenden Holzspan entzünden. Wird es dagegen fein zerstäubt in eine Flamme gesprüht, entsteht eine hohe Stichflamme (▷ B 3). Begründe.

4 Zum Entzünden von Stahlwolle genügt z.B. der Zündfunke eines Gasanzünders oder die elektrische Energie einer Batterie (▷ B 4). Erkläre dies.

5 In Blitzlämpchen verbrennen Metalle. Mit welchem Gas muß der Glaskolben gefüllt sein, damit in kurzer Zeit viel Licht erzeugt wird?

6 Handelt es sich bei Luft um eine Verbindung, ein Gemisch oder ein Element?
Begründe deine Entscheidung.

7 Warum kommt Gold in Gesteinsgängen gediegen (d.h. als Element) vor, Magnesium aber nur in Verbindungen? Gib eine kurze Begründung.

8 Zum Entzünden der Holzkohle im Gartengrill verwendet man oft feste oder flüssige Grillkohleanzünder. Welche Aufgabe haben diese Stoffe? Warum muß man mit ihnen vorsichtig umgehen?

9 Bei der Gärung von Traubensaft entsteht auch Kohlenstoffdioxid. Der Kellermeister betritt den Gärkeller aus Sicherheitsgründen meist mit einer brennenden Kerze in der Hand. Nenne Gründe dafür.

10 Viele Feststoffe glühen, wenn sie erhitzt werden. Ein Feststoff zeigt beim Erhitzen Rotglut, bei weiterer Zufuhr von Wärme Gelb- und schließlich sogar Weißglut. Farbe und Helligkeit glühender Körper hängen dabei nur von der Temperatur, nicht von dem Stoff ab (▷ B 5).
Kupfer schmilzt bei Gelbglut, Eisen erst bei Weißglut. Was kann man daraus schließen?

B3 Zu Aufgabe 3

B4 Zu Aufgabe 4

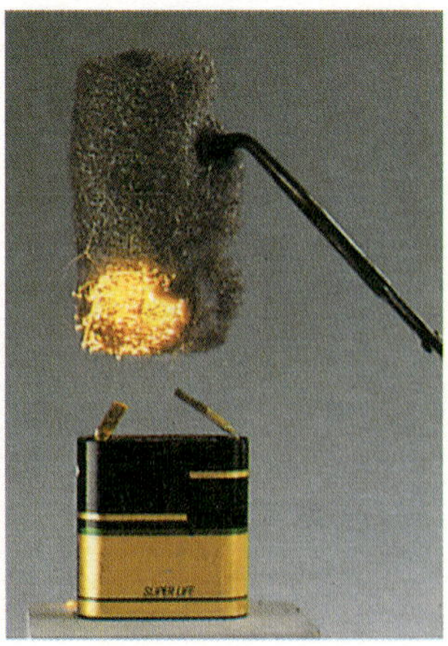

B5 Zu Aufgabe 10

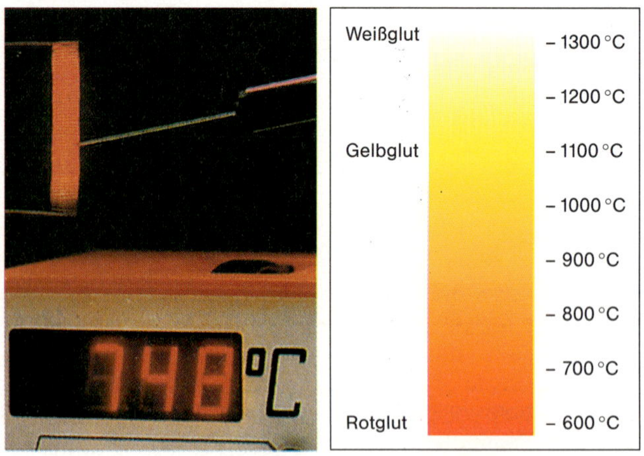

Brennen und Löschen

Es gibt viele Verbrennungsvorgänge, die im Dienst des Menschen stehen können. Immer waren auch große Gefahren mit dieser Nutzung verbunden. Im Mittelalter wurden häufig ganze Städte ein Raub der Flammen, weil die Häuser meist aus Fachwerk und die Straßen sehr eng waren. Fahrlässigkeit und Unachtsamkeit führen auch heute noch zu Großbränden mit verheerenden Folgen.

Noch zu Anfang dieses Jahrhunderts waren die Löschmöglichkeiten sehr begrenzt, und nicht selten stand die Löschmannschaft den Flammen machtlos gegenüber. Moderne Brandschutzmethoden und vorbeugende Brandschutzmaßnahmen tragen heutzutage zur Verringerung der Gefahren bei. Neben der Freiwilligen Feuerwehr und den Berufsfeuerwehren gibt es in großen Industriebetrieben eine werkseigene Feuerwehr.

In diesem Kapitel erfährst du einiges über Voraussetzungen, unter denen Brände entstehen können. Du lernst außerdem Löschmittel und Löschmöglichkeiten an einigen Beispielen kennen.

5.1 Brennen und Löschen

Spiritus ins Grillfeuer
Tödliche Verbrennungen

Auto fing Feuer

Kinder zündelten

Millionenschaden bei Brand in Grastrocknungs-Anlage

Benzinkanister fing Feuer
Fahrer schwer verletzt

Zimmerbrand durch Kerze

Rauchvergiftungen bei Zimmerbrand erlitten

Vier Verletzte bei Brand

Heißes Fritierfett: Haus ausgebrannt
Überhitztes Fritierfett ist die Ursache des Brandes eines Zweifamilienhauses, bei dem gestern Sachschaden in Höhe von mindestens 250 000 Mark entstand. Die 50jährige Hausbesitzerin hatte, um Pommes frites zuzubereiten, einen Topf mit heißem Öl auf die Herdplatte gestellt - und diesen dann wegen eines Telefonanrufes vergessen. Die Feuerwehren konnten das Gebäude trotz schnellem Einschreiten nicht mehr retten, es brannte völlig aus. Die 50jährige Frau erlitt bei dem Brand Verletzungen an beiden Händen. (tab)

1 Wohnungsbrände

a) Welche Ursachen können Wohnungs- oder Hausbrände haben? Sieh dir die Schlagzeilen und den Text an.

b) Wie sollte man sich im Brandfall nach Möglichkeit verhalten?

c) Warum ist es ratsam, bei jedem Brand in einer Wohnung die Feuerwehr zu benachrichtigen?

d) Überlege, wie man sich bei starker Rauchentwicklung verhalten kann.

e) Frage nach, welche Maßnahmen die Feuerwehr bei starker Rauchbildung ergreifen muß.

f) Erkundige dich, welche Löschmittel die Feuerwehr bei einem Wohnungsbrand einsetzt.

g) Im Brandfall sollte man einen Aufzug im Haus nicht benutzen. Begründe.

h) Wie kann man einem Menschen in brennenden Kleidungsstücken helfen?

i) Welche Gesundheitsgefahren drohen, wenn der Fluchtweg versperrt ist oder das brennende Gebäude nicht rechtzeitig verlassen werden kann?

j) Sammle über einen längeren Zeitraum Zeitungsausschnitte, in denen Brände beschrieben werden.

2 Jugendfeuerwehr

a) Erkundige dich, wer in deiner Klasse bei der Jugendfeuerwehr ist. Lasse dir berichten, welche Aufgaben diese Mitschüler erledigen können, wie oft sie sich treffen, wann sie zum Einsatz kommen.

b) Das Feuerwehrgesetz bestimmt im § 32 Melde- und Hilfeleistungspflicht. Erkundige dich, ab welchem Alter dies zutrifft.

3 Waldbrände

Der zweite große Waldbrand in einer Woche in Ostdeutschland droht außer Kontrolle zu geraten. Starke Ostwinde, die am Nachmittag Orkanstärke erreichen sollen, haben das Feuer im Kreis Fürstenwalde bei Berlin wieder angefacht.

Der Brand, der bislang 400 Hektar Wald vernichtet hat, greift auf andere Waldstücke über. Im Augenblick sind mehr als 300 Feuerwehrleute an den Löscharbeiten beteiligt. Zusätzlich schlagen Bergepanzer der Bundeswehr Schneisen in den Wald, um eine weitere Ausbreitung des Feuers zu verhindern. Auch aus der Luft wird das Feuer mit Großhubschraubern bekämpft. Die zeitweise sehr starke Rauchentwicklung hat zur vorübergehenden Sperrung der angrenzenden Autobahn geführt.

Ursache für die Feuersbrunst ist die langanhaltende Hitzeperiode. Durch sie ist ein trockener Kiefernwald in Brand gesetzt worden.

a) Welche Ursachen können Waldbrände haben?

b) Wodurch werden Waldbrände rasch zu Flächenbränden?

c) Warum dürfen trockene Wegraine nicht abgeflammt werden?

d) Warum müssen Grillplätze am Waldrand besonders sicher angelegt, die Feuerstelle gemauert werden?

e) Rauchen und offenes Feuer sind vom 1. März bis 31. Oktober im Wald verboten. Begründe!

f) Suche in den Bildern die verschiedenen Löschmethoden auf und benenne sie.

g) Welche Feuer können durch Ausschlagen mit einer Feuerklatsche gelöscht werden, wann müssen Gräben gezogen, Hubschrauber eingesetzt werden?

h) Wie kann man bei einer Feuersbrunst noch nicht betroffene Häuser vor den Flammen schützen?

i) Einen Handfeuerlöscher soll man mehrmals kurzzeitig betätigen. Begründe.

5.2 Brandentstehung

B 1 Ein Benzinbrand entsteht

V 1 Man befestigt eine Blechrinne schräg an einem Stativ, legt einen mit Wundbenzin getränkten Wattestreifen in die Rinne und nähert mit der Tiegelzange dem tiefer liegenden Ende der Rinne eine brennende Kerze.

V 2 Man versucht in einer Porzellanschale einige Milliliter Petroleum (Heizöl) mit einem brennenden Holzspan zu entzünden. Danach wird erwärmt und dabei die Temperatur der Flüssigkeit gemessen, bei der sich entflammbare Dämpfe bilden. Anstelle mit einer Brennerflamme kann die Flüssigkeit gefahrloser mit einem Aluminium-Thermoblock auf einem Magnetrührer mit Heizplatte erwärmt werden. In die Flüssigkeit gibt man ein Rührstäbchen.

Entstehung eines Brandes. Beim Umgang mit Benzin ist Vorsicht geboten, vor allem wenn offene Flammen oder heiße Gegenstände in der Nähe sind. Da Benzindämpfe eine größere Dichte als Luft haben, können sie sich auf dem Arbeitstisch ausbreiten und in Brand geraten. Wie ▷B 1 zeigt, genügt eine relativ weit entfernte Kerzenflamme, um die Benzindämpfe in der Metallrinne zu entzünden (▷V 1).
Obwohl Heizöl brennbar ist, gelingt dieser Versuch mit Heizöl nicht. Erst beim Erwärmen bilden sich genügend Heizöldämpfe, die entzündet werden können.
Bildet ein Stoff beim Erwärmen Dämpfe, die durch Fremdzündung entflammt werden können, ist seine **Flammtemperatur** erreicht. Mit einfachen Versuchen kann diese Temperatur bestimmt werden. Beim langsamen Erwärmen von Heizöl wird an einem Thermometer jene Temperatur festgestellt, bei der sich über der Flüssigkeit gerade zum ersten Mal entflammbare Dämpfe bilden (▷V 2, ▷B 2). Ein Stoff ist daher um so feuergefährlicher, je niedriger seine *Flammtemperatur* ist.
Voraussetzung für eine Flamme bzw. ein Feuer ist ein *brennbarer Stoff*. Erreicht dieser beim Erwärmen seine **Zündtemperatur** (▷B 3), entzündet er sich, ohne daß dazu eine Flamme erforderlich ist. Bei dieser Temperatur bildet sich an der Oberfläche des brennbaren Stoffes ein Dampf/Luft-Gemisch, das ohne Fremdzündung entflammt.

Verbrennung und Zerteilungsgrad. Erhitzt man ein Eisenblech, so glüht es schwach und überzieht sich mit einer dünnen schwarzen Schicht. Eisenwolle dagegen verglüht funkensprühend, kleine schwarze Kügelchen fallen ab (▷V 3). Bläst man Eisenpulver in die Brennerflamme (▷V 4), so verbrennt das Pulver hell leuchtend unter Funkensprühen.

B 2 Flammtemperaturbestimmung mit einem Aluminium-Thermoblock

B 3 Zündtemperaturen von einigen brennbaren Stoffen

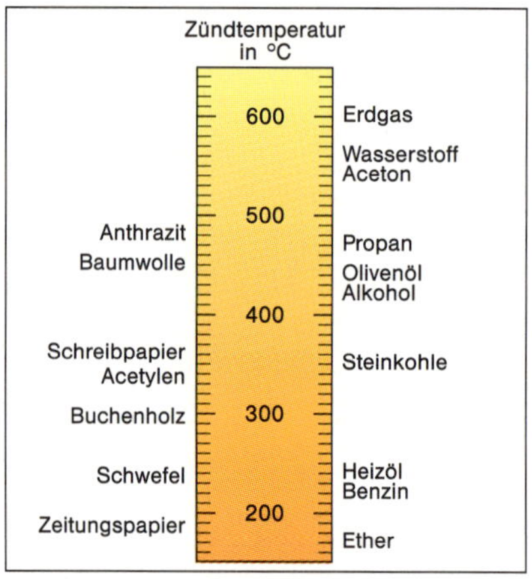

B 4 Verbrennung von Eisen mit unterschiedlichem Zerteilungsgrad

B 5 Ein Hartholzstück und Holzspäne brennen unterschiedlich

B 6 Holzstaubexplosion im Modellsilo

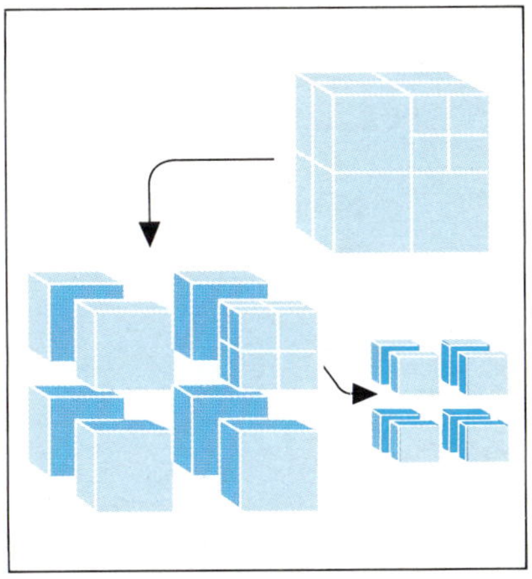

B 7 Zerteilung und Oberfläche. Beim Zerteilen eines Stoffes vergrößert sich seine Oberfläche

Im Alltag hat jeder mit Holz ähnliche Erfahrungen gemacht. Wiederholt man daher diese Versuche zuerst mit einem Stück Hartholz, dann mit Holzspänen, Holzwolle und schließlich mit Holzstaub (▷ B 6, ▷ V 5), der aus Sicherheitsgründen in einem Modellsilo gezündet wird, macht man eine ähnliche Beobachtung.
Die Verbrennung verläuft mit zunehmendem **Zerteilungsgrad** der brennbaren Stoffe intensiver und vollständiger ab. Der Zerteilungsgrad hat Einfluß auf die Heftigkeit einer Verbrennung. Je größer der Zerteilungsgrad ist, um so heftiger verläuft die Reaktion. Deshalb können Stäube brennbarer Stoffe explodieren (▷ B 6).
Durch das *Zerteilen* des Feststoffes wird dessen *Oberfläche* stark vergrößert (▷ B 7), die Masse bleibt gleich. Eine Vergrößerung der Oberfläche bewirkt, daß der Luftsauerstoff an viel mehr Stellen mit dem brennbaren Stoff in Kontakt tritt. Die Verbrennung verläuft dann sehr intensiv und oft spontan.

Die Heftigkeit, mit der ein Stoff verbrennt, ist von seinem Zerteilungsgrad abhängig.

Verbrennung und Zündgrenze. Tropft man in ein Zündrohr mit bekanntem Volumen einige Tropfen Wundbenzin, schüttelt gut durch und versucht die Mischung zu zünden, kann man eine interessante Beobachtung machen. Das Benzin/Luft-Gemisch ist nicht immer zündfähig. Führt man deshalb eine Versuchsreihe mit unterschiedlicher Tropfenzahl durch, zeigt sich, daß bei 4 bis 6 Tropfen die Mischung gut zündfähig ist. Demnach besteht ein Zusammenhang zwischen der Menge der brennbaren Flüssigkeit und dem Luftvolumen. Die Kenntnis der unteren und oberen *Explosions-* oder *Zündgrenze* ist deshalb für viele Dampf/Luft-Gemische außerordentlich wichtig.

V 3 Halte mit einer Tiegelzange ein Eisenblech (Eisenwolle) in die nichtleuchtende Brennerflamme. (Schutzbrille! Feuerfeste Unterlage!)

V 4 Man bläst Eisenpulver mit einem Blasrohr in die nichtleuchtende Brennerflamme (Schutzbrille!).

V 5 Man führt mit einem Modellsilo aus Plexiglas nach ▷ B 6 eine Staubexplosion durch (Schutzbrille!). ⚠

V 6 Man führt in einem Zündrohr nach ▷ B 8 eine Versuchsreihe mit Wundbenzin durch. Mit einer Pipette werden zuerst 4 bis 6 Tropfen in das Rohr gegeben. Man verschließt das Rohr mit einem Kunststoffdeckel, schüttelt gut durch und zündet das Gemisch im abgedunkelten Raum. Der Versuch wird mit veränderter Tropfenzahl wiederholt (Schutzbrille!). ⚠

B 8 Bestimmung der Zündgrenze

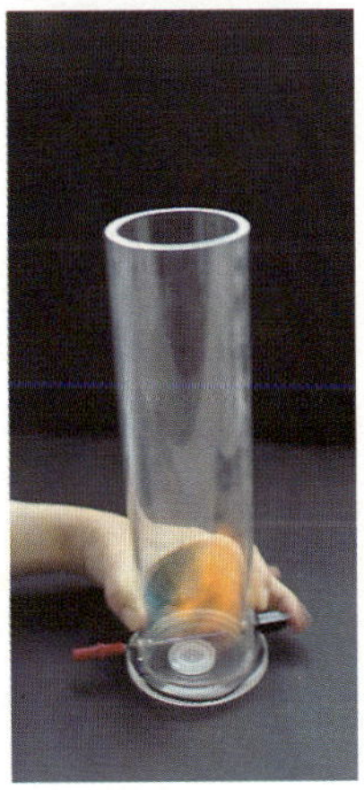

B 9 Bedingungen für eine Verbrennung

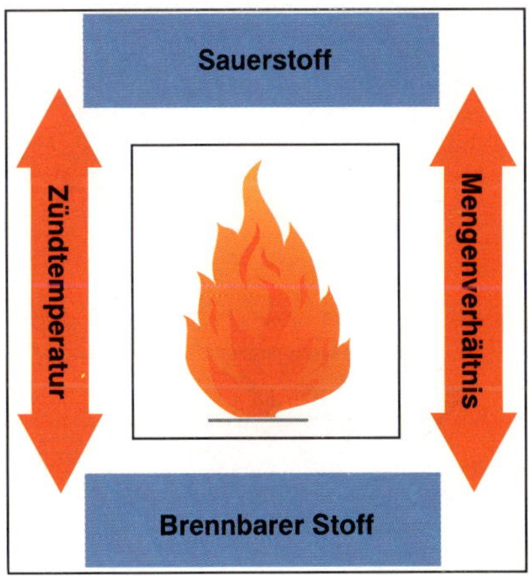

5.3 Brandbekämpfung

B 1 Löschen eines Brandes mit Schaum. Die Feuerwehrleute am Schaumlöscher werden mit Wasser gekühlt

Voraussetzungen zur Verbrennung	Maßnahmen zur Brandbekämpfung allgemein	Beispiele
Brennstoff	Entfernen des brennbaren Stoffes	
Zünd-temperatur	Abkühlen unter die Zünd-temperatur	
Luft	Unterbrechung der Luftzufuhr	

B 2 Möglichkeiten der Brandbekämpfung im Überblick

B 3 Modell eines Schaumlöschers im Einsatz

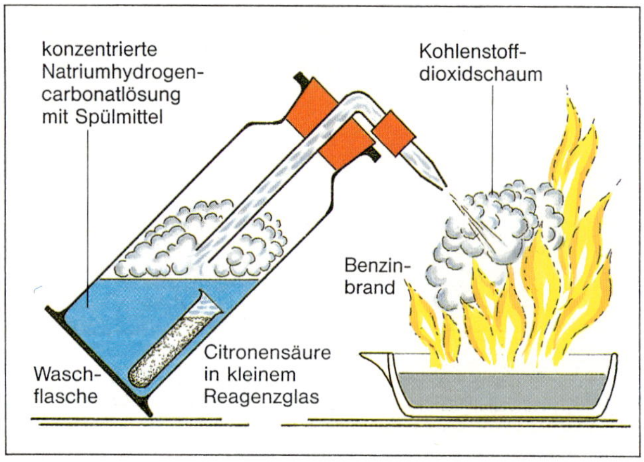

Zur Verbrennung eines Stoffes sind vier Bedingungen nötig: Brennbarer Stoff, Zündtemperatur, Sauerstoff und das richtige Mengenverhältnis. Beim Löschen von Bränden muß dafür gesorgt werden, daß mindestens eine dieser Voraussetzungen nicht mehr gegeben ist.

Entzug des brennbaren Stoffes. Dies ist nur selten möglich. Hat sich ein Feuer schon stark ausgebreitet, verhindern Hitze, Rauch und eventuell Einsturzgefahr ein Näherkommen mit Räumgeräten an den Brandherd. Anders ist es häufig bei Waldbränden. Hier werden, wenn möglich, breite Gräben und Schneisen angelegt. An diesen kann das Feuer zum Stillstand kommen.

Abkühlen unter die Zündtemperatur. Die Feuerwehr versucht fast immer, einen Brand zunächst mit Wasser zu löschen. Das kalte Wasser wird mit Spezialschläuchen und -rohren in die Flammen gespritzt. Die brennbaren Stoffe werden dadurch so abgekühlt, daß deren Zündtemperatur unterschritten wird. Gleichzeitig behindern Wasser und Wasserdampf die Luftzufuhr.

Luftzufuhr unterbinden. Nicht immer ist Wasser zur Brandbekämpfung geeignet. So schwimmt z. B. Benzin auf Wasser und brennt dort weiter. In einem solchen Fall werden andere Löschmittel verwendet. Kohlenstoffdioxid aus Feuerlöschern verdrängt die Luft. Wegen seiner hohen Dichte bildet Kohlenstoffdioxid über dem Brandherd eine Schicht, die den Luftsauerstoff von den brennbaren Stoffen fernhält. Bei heftigen Bränden wird Kohlenstoffdioxid jedoch so stark verwirbelt, daß es nicht mehr hemmend wirkt. Deshalb verwendet man häufig die wirksameren Schaumlöscher. Der meist mit Kohlenstoffdioxid gefüllte Schaum bedeckt den brennenden Stoff, so daß das Feuer sofort erstickt (▷ B 1). Der Inhalt von Pulverlöschern erzeugt in der Hitze ebenfalls Kohlenstoffdioxid.
Weder mit Wasser noch mit Kohlenstoffdioxid können z. B. Magnesiumbrände, wie sie bei der Bearbeitung von Magnesiumlegierungen auftreten können, gelöscht werden. Magnesium reagiert mit beiden Löschmitteln heftig. Deshalb verhindert man bei Metallbränden den Luftzutritt durch Abdecken mit Sand oder Zement.
Geraten die Kleider eines Menschen in Brand, muß man das Feuer durch rasches Abdecken mit einer Decke oder durch Wälzen über den Boden löschen.

Veränderung des Mengenverhältnisses. Bei der Bestimmung der Zündgrenze eines Benzin/Luft-Gemisches hat sich gezeigt, daß nicht jedes Mengenverhältnis zündfähig war. Ein zu „mageres" Gemisch mit nur 2 Tropfen zündet ebenso wenig wie ein zu „fettes" Gemisch mit zu viel Benzin.

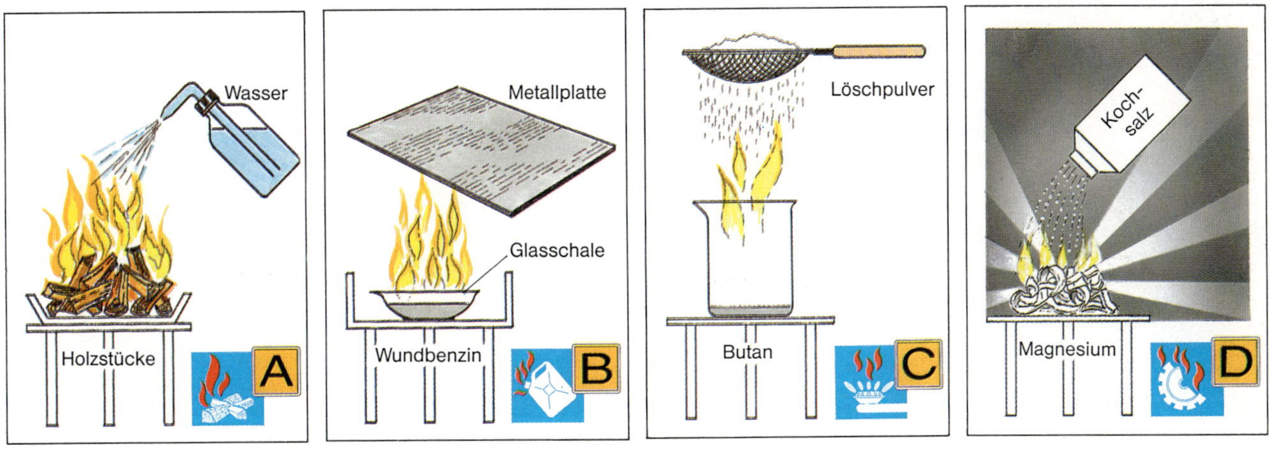

B 4 Löschen von Bränden (von links): Holz-, Benzin-, Feuerzeuggas- und Leichtmetallbrand

Brandklassen und Löschmittel. Brennbare Stoffe werden nach Aggregatzustand und Beschaffenheit in vier *Brandklassen* eingeteilt (▷B 5). Benzin oder Fette z. B. sind in der Brandklasse B zu finden, da sie zu den flüssigen bzw. flüssig werdenden Stoffen gehören. Den Brandklassen sind jeweils verschiedene *Löschmittel* zugeordnet wie z. B. Schaum, Pulver oder Kohlenstoffdioxid.

Damit die Feuerwehr sofort wirksame Maßnahmen zur Brandbekämpfung einleiten kann, sollte man die Art der brennenden Stoffe bereits bei der *Brandmeldung* angeben. Werden bei einem Brand gesundheitsgefährdende Gase frei, so ist der Einsatz von Atemschutzgeräten notwendig. Besteht die Gefahr, daß ein Brand sich auf benachbarte Gebäude ausbreitet, werden die betroffenen Bewohner durch die Polizei gewarnt und über Sicherheitsmaßnahmen informiert.

B 5 Brandklassen und Löschmittel

Brandklasse	Beispiel d. Stoffe	Löschmittel
Klasse A Brände fester Stoffe, die normalerweise unter Glutbildung verbrennen	Holz, Kohle, Papier, Stroh, Faserstoffe, Textilien	Wasser (W), Schaum (S), Pulver für Glutbrände (PG)
Klasse B Brände von flüssigen oder flüssig werdenden Stoffen	Benzin, Benzol, Heizöl, Ether, Alkohol, Stearin, Harze, Teer	Schaum (S), Pulver (P-PG), Kohlenstoffdioxid (K)
Klasse C Brände von Gasen	Acetylen, Wasserstoff, Methan, Propan, Stadtgas, Erdgas	Pulver (P-PG), Kohlenstoffdioxid (K)
Klasse D Brände von Metallen	Aluminium, Magnesium, Natrium, Kalium	Pulver für Metallbrände (PM), Steinsalz, trockener Sand

V 1 Auf eine feuerfeste Unterlage legt man einige kleine Holzstücke, entzündet sie und wartet, bis das Feuer richtig brennt. Aus einer Spritzflasche wird Wasser als Löschmittel von oben so lange auf die Flammen gespritzt, bis das Feuer erlischt (Abzug!).

V 2 a) In einer Porzellanschale, die in einer feuerfesten Wanne steht, werden einige Milliliter Wundbenzin entzündet. Das Feuer wird durch Abdecken mit einer Metallplatte gelöscht.
b) Man wiederholt den Versuch mehrmals, indem man zum Löschen nacheinander eine Decke, Kohlenstoffdioxidschaum und Sand verwendet.
c) In einem weiteren Versuch wird aus einer Spritzflasche Wasser in den Benzinbrand gespritzt (Schutzhandschuhe! Schutzbrille! Sicherheitsabstand!). ⚠

V 3 Aus einem Butangasbrenner läßt man eine kleine Menge Gas nach unten in ein Becherglas strömen, entfernt den Brenner und zündet das Gas in sicherem Abstand mit einem brennenden Holzspan. Zum Löschen streut man durch ein Sieb Löschpulver auf den Brand (Schutzbrille! Schutzscheibe!).

V 4 Auf einem starken Eisenblech wird im Freien Magnesiumpulver aufgeschichtet und mit einem Butangasbrenner entzündet. Das brennende Magnesiumpulver wird mit trockenem Sand oder mit Zementpulver oder mit Natriumchlorid bedeckt. Etwa 10 Minuten nach Ende des Löschvorgangs kann der Brandherd geöffnet werden (Vorsicht! Schutzkleidung! Schutzbrille! Sicherheitsabstand!).
Auch im Freien darf nicht in die Flamme von brennendem Magnesium geschaut werden.

A 1 Gib zu ▷V 1 bis ▷V 4 für die brennbaren Stoffe die entsprechenden Brandklassen an.

5.4 Anwendung und Vertiefung

B1 Zu Aufgabe 3

1 Im Chemiefachraum deiner Schule gibt es Brandschutzeinrichtungen. Welche sind vorhanden? Wie funktionieren Sie?

2 Bei einer Brandfallübung im Chemiefachraum gibt es für jeden genaue Verhaltensvorschriften. Was mußt du tun?

3 Entnimm aus ▷ B 1, was du bei der Meldung eines Brandes alles angeben mußt. Welche Fragen mußt du beantworten?

4 Die Scheune in ▷ B 2 ist vermutlich deshalb in Brand geraten, weil feuchtes Heu darin war. Es hatte sich selbst entzündet. Überlege dir, wie und wodurch dies möglich war.

5 Schreibe aus dem Zeitungsartikel (▷ B 3) heraus, welche Auswirkungen die Mehlstaubexplosion im einzelnen zur Folge hatte.

6 Zum Anzünden von Holzkohle in einem Grill wird häufig noch Brennspiritus mitverwendet. Warum kann es zu einer sehr gefährlichen Situation kommen, wenn man mit einem brennenden Zündholz nur in die Nähe des Grills kommt?

7 Nach dem Grillen in der gemauerten Grillstelle muß der Brandherd zur Vorsicht auseinandergezogen werden. Was soll damit erreicht werden?

8 Bei einem Waldbrand bilden sich nach den eigentlichen Löscharbeiten noch häufig sog. Glutnester. Deshalb bleibt immer eine Brandwache in der Nähe. Überlege dir, was an diesen Stellen noch geschehen könnte.

9 Moorbrände sind besonders gefürchtet, da sie oft tage- und wochenlang die Feuerwehr beschäftigen. Welche Probleme treten bei Moorbränden zusätzlich zu denen bei Waldbränden auf? Wie kann man Moorbrände am besten löschen?

10 Nach einem Wohnungsbrand findet man Bücher, die häufig nur von außen angekohlt bzw. angebrannt sind. Dagegen sind Tageszeitungen meist völlig verbrannt. Wie kannst du dies erklären?

11 In vielen öffentlichen Gebäuden wie z. B. in Schulen, stehen für erste Maßnahmen der Brandbekämpfung Geräte zur Selbsthilfe zur Verfügung. Welche Möglichkeiten werden in ▷ B 4 angeboten? Wer sollte nur mit diesen Geräten umgehen?

B2 Zu Aufgabe 4

B3 Zu Aufgabe 5

In der Getreidemühle in M. ist es in der Nacht von Dienstag auf Mittwoch zu einer Mehlstaubexplosion gekommen. Mit ohrenbetäubendem Lärm ist ein Silo in die Luft geflogen.

Die Bewohner in den umliegenden Gebäuden rannten auf die Straße, um die Ursache für die nächtliche Störung zu erfahren. Sämtliche Fensterscheiben waren selbst in entlegenen Häusern zu Bruch gegangen.

Drei Arbeiter der Nachtschicht erlitten tödliche Verletzungen durch die herumfliegenden Teile des Silos, weitere wurden zum Teil schwer verletzt.

Der Feuerwehr bot sich ein Bild der Verwüstung.

B4 Zu Aufgabe 11

Wasser

Ohne Wasser wäre kein Leben auf dieser Erde denkbar. Wasser ist das wichtigste Grundnahrungsmittel für Mensch, Tier und Pflanze. Obwohl beinahe drei Viertel der Erdoberfläche von Wasser bedeckt sind, gibt es Gebiete der Erde, die infolge Wassermangels kaum genutzt werden können.
In anderen Gebieten fallen sehr viele Niederschläge, aber die Verschmutzung des Wassers hat so bedrohliche Ausmaße angenommen, daß mitten im Überfluß Mangel herrscht. In aller Welt befassen sich Forscher mit dem wichtigen Problem einer ausreichenden Versorgung der Menschen mit Wasser.
Wasser ist ein Stoff, mit dem wir täglich in Berührung kommen. Doch was ist Wasser chemisch gesehen? Die griechischen Philosophen zählten Wasser zu den Elementen. Ob dies auch unserer Betrachtungsweise entspricht, müssen wir untersuchen.

6.1 Wasser – ein Oxid?

B 1 Nebelbildung am Auspuff. An kalten Tagen kondensiert Wasserdampf aus den Autoabgasen

V 1 Halte mit einer Universalklemme ein trockenes Becherglas über eine Brennerflamme.

V 2 Stelle nach ▷ B 3 den Gasbrenner unter einen Glastrichter (oder Metalltrichter) und sauge mit der Wasserstrahlpumpe die heißen Verbrennungsgase ab.

V 3 a) Halte Watesmopapier mit der Pinzette in etwas dest. Wasser. b) Wiederhole die Probe mit der Flüssigkeit aus ▷ V 1 und ▷ V 2. Deute das Ergebnis.

A 1 Wenn im Chemiesaal viele Gasflammen brennen, beschlagen manchmal die Fensterscheiben. Was könnte man aufgrund dieser Beobachtung vermuten? Wie kannst du deine Vermutung beweisen?

An kalten Wintertagen bilden sich hinter den Auspuffrohren von Kraftfahrzeugen weiße Nebelwolken (▷ B 1). Die Auspuffgase enthalten offenbar auch gasförmiges Wasser, das in der kalten Luft zu Wassertröpfchen kondensiert und als Nebel sichtbar wird.
Auch aus den Schornsteinen von Kraftwerken und Häusern können im Winter weiße Wasserdampfwolken aufsteigen. Dies läßt vermuten, daß bei der Verbrennung von Benzin, Heizöl oder Heizgasen neben anderen Verbrennungsprodukten auch Wasser gebildet wird. Die Vermutung kann durch Experimente bestätigt werden.

Wasser, ein Verbrennungsprodukt. Hält man ein trockenes Becherglas über die Brennerflamme (▷ V 1), beschlägt es mit einer farblosen Flüssigkeit (▷ B 2). Für eine Bestimmung der Eigenschaften reicht die Flüssigkeitsmenge jedoch nicht aus.

Läßt man die Brennerflamme längere Zeit unter einem Trichter brennen und saugt die Verbrennungsgase durch ein gut gekühltes Reagenzglas, so kondensiert bald eine größere Flüssigkeitsportion (▷ V 2, ▷ B 3). Die Siedetemperatur der Flüssigkeit beträgt 100 °C und die Dichte 1 g/cm^3.

Bei der Verbrennung des Brennergases entsteht Wasser.

Ein einfacher und schneller *Nachweis für Wasser* kann mit im Handel erhältlichen *Wassertestpapier* „Watesmo“ durchgeführt werden. Beim Eintauchen in Wasser zeigt es eine *tiefblaue Farbe* (▷ V 3, ▷ B 4). Da sich mit dem Testpapier noch Spuren von Wasser, z. B. die Feuchtigkeit der Haut, nachweisen lassen, sollte man es mit einer Pinzette oder absolut trockenen Fingern anfassen.

B 2 Kondensierte Flüssigkeit aus Verbrennungsgasen

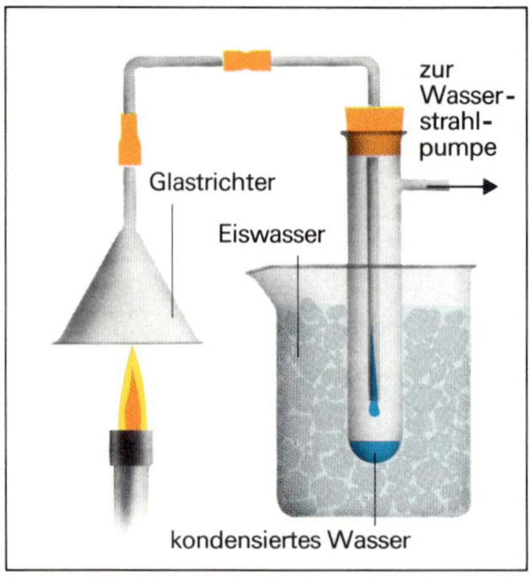

B 3 Apparatur zum Sammeln des Kondensats aus der Brennerflamme

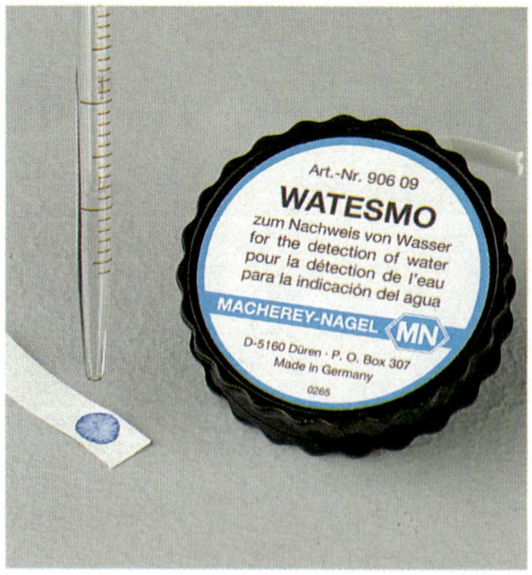

B 4 Wassernachweis. Watesmopapier zeigt eine tiefblaue Färbung

B 5 Magnesium brennt im Wasserdampf weiter

B 6 Magnesiumbrände können nicht mit Wasser gelöscht werden

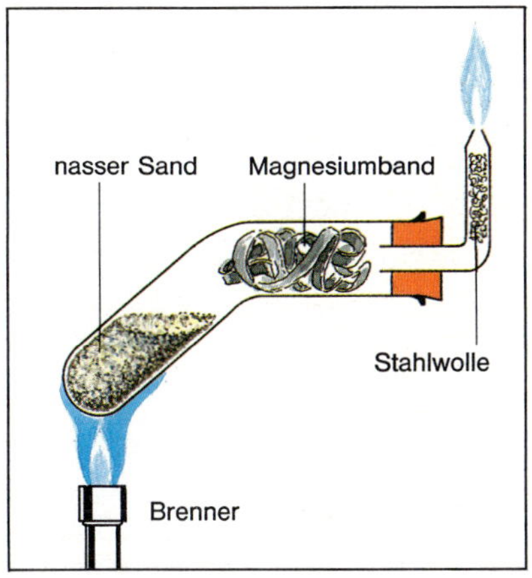

B 7 Wasserstoffbildung aus Magnesium und Wasser

Beim Verbrennen reagieren die Stoffe mit Sauerstoff. Als Verbrennungsprodukte entstehen Oxide. Auch Wasser könnte eine Verbindung des Sauerstoffs sein, da es bei Verbrennungsvorgängen entsteht. Diese Überlegung läßt sich mit Hilfe von Experimenten überprüfen.

Ist Wasser eine Sauerstoffverbindung? Manche Verbindungen, wie z. B. Silberoxid, können durch Wärmezufuhr in die Elemente zerlegt werden. Erhitzt man jedoch Wasser, so *verdampft* es und *kondensiert* beim Abkühlen wieder zu Wasser. Eine Zerlegung allein durch Erhitzen ist nicht möglich. Man benötigt dazu einen Stoff mit besonders großem Bindungsbestreben zu Sauerstoff. Ein solcher Stoff ist Magnesium.

Wenn Wasser siedet, verdrängt der entstehende Wasserdampf die Luft im Kolben. Ein brennender Holzspan erlischt darin. Hält man dagegen ein brennendes Magnesiumband in den Wasserdampf (▷ V 4), so verbrennt es unter Feuererscheinung zu Magnesiumoxid (▷ B 5). Da kein Luftsauerstoff zugegen war, muß das Magnesium den zur Verbrennung nötigen Sauerstoff dem Wasser entzogen haben. Deshalb kann man Wasser auch nicht zum Löschen von Magnesiumbränden verwenden, es führt zu Explosionen (▷ B 6, ↗ S. 71).

Wasser ist eine Sauerstoffverbindung, ein Oxid.

Um zu klären, welcher brennbare Stoff mit Sauerstoff Wasser bildet, untersuchen wir die Reaktion von Magnesium mit Wasser genauer. Leitet man Wasserdampf über erhitztes Magnesium, so entsteht ein Gas, das sich entzünden läßt (▷ B 7). Bei seiner Verbrennung entsteht Wasserdampf (▷ V 6). Das brennbare Gas wird aufgrund seiner Entstehung aus Wasser als **Wasserstoff** bezeichnet.

V 4 In einem Weithals-Rundkolben läßt man etwas Wasser sieden, bis die Luft aus dem Kolben verdrängt ist. Dann entzündet man ein etwa 10 cm langes Magnesiumband und hält es mit der Tiegelzange in den mit Wasserdampf gefüllten Kolben (Schutzbrille!). Zum Vergleich führt man den Versuch mit einem brennenden Holzspan anstelle von Magnesium durch.

V 5 Man füllt in ein schwer schmelzbares Reagenzglas ca. 2 cm hoch Sand und tropft so viel Wasser zu, daß ein dicker Brei entsteht. In die Mitte des Reagenzglases schiebt man ein Knäuel aus blankgeschmirgeltem Magnesiumband und verschließt das Glas mit einem Stopfen und Gasableitungsrohr (Stahlwollesicherung!). ⚠
Man erhitzt zuerst das Magnesium und entwickelt dann durch schwaches Erwärmen des nassen Sandes Wasserdampf. Wenn das Metall aufglüht, wird nur noch die Wasserdampfentwicklung fortgesetzt. Das entstehende Gas wird an der Spitze des Gasableitungsrohrs entzündet (Schutzscheibe! Schutzbrille!).

V 6 Man hält ein trockenes Becherglas über die Flamme des ausströmenden Gases von ▷ V 5 und prüft den Feuchtigkeitsbeschlag mit Wassertestpapier.

A 2 Überlege, wie man das bei der Verbrennung von Benzin entstehende Wasser nachweisen kann.

A 3 Ist Wasser ein Element oder eine Verbindung? Begründe deine Antwort.

A 4 Zur Zerlegung des Wassers können auch andere Metalle (Aluminium, Zink, Eisen) eingesetzt werden. Welche Eigenschaft macht man sich dabei zunutze?

6.2 Wasserstoff

B 1 Brennendes Luftschiff „Hindenburg". Als Füllgas wurde damals Wasserstoff verwendet

V 1 Ein Luftballon wird mit Wasserstoff gefüllt, ein zweiter Luftballon wird aufgeblasen. Man läßt beide Ballone sich frei im Raum bewegen.

V 2 Zwei Reagenzgläser werden mit Wasserstoff gefüllt. Das eine wird mit der Öffnung nach oben, das andere mit der Öffnung nach unten kurze Zeit festgehalten. Danach versucht man, den Wasserstoff zu entzünden (Schutzbrille!).

V 3 Man spannt einen dickwandigen Zylinder mit der Öffnung nach unten ein, füllt ihn mit Wasserstoff und führt rasch eine brennende Kerze ein und zieht sie wieder heraus. (Schutzscheibe! Schutzbrille!)
Wie lassen sich die Beobachtungen erklären?

B 2 Eine Kerze erlischt in Wasserstoff. Dieser unterhält die Verbrennung nicht

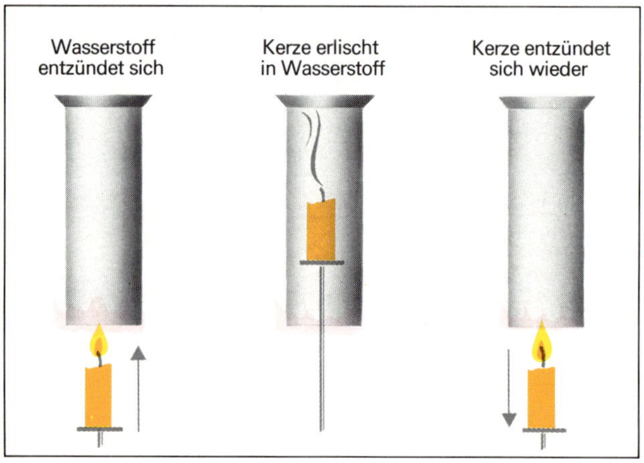

Wasserstoff ist ein Gas mit ungewöhnlichen Eigenschaften. Ein mit Wasserstoff gefüllter Ballon steigt (▷ V 1). Deshalb wurde Wasserstoff früher als Füllgas für Freiballone und Luftschiffe verwendet.
Als der mit 200 000 m^3 Wasserstoff gefüllte deutsche Zeppelin „Hindenburg" am 6. Mai 1937 in Lakehurst (USA) in Brand geriet und innerhalb weniger Minuten völlig vernichtet wurde (▷ B 1), war dies zunächst das Ende der Zeppelinluftfahrt. Heute werden Luftschiffe nur noch mit dem unbrennbaren Edelgas Helium gefüllt.

Eigenschaften von Wasserstoff. Wasserstoff ist ein *farb-* und *geruchloses* Gas und deshalb mit unseren Sinnesorganen nicht wahrnehmbar.

Wasserstoff hat die *geringste Dichte* aller Elemente. Er muß also auch eine geringere Dichte als Luft aufweisen. Ein Liter Luft ist ungefähr 14mal so schwer wie ein Liter Wasserstoff. Deshalb entweicht er auch sehr schnell aus Gefäßen, wenn ihre Öffnung nach oben gerichtet ist (▷ V 2). Wegen der geringen Dichte steigen mit Wasserstoff gefüllte Ballone rasch auf.

Wasserstoff ist *brennbar*. Beim Einführen einer brennenden Kerze in einen mit Wasserstoff gefüllten Standzylinder (▷ V 3) entzündet sich der Wasserstoff am Rand, weil dort der zur Verbrennung notwendige Sauerstoff vorhanden ist. Im Innern des Zylinders erlischt die Kerze, beim Herausziehen entzündet sie sich wieder (▷ B 2).

Wasserstoff ist ein farb- und geruchloses Gas. Er hat die geringste Dichte aller Stoffe. Er ist brennbar, unterhält die Verbrennung jedoch nicht.

B 3 Eigenschaften von Wasserstoff

Stoffeigenschaft	Eigenschaft des Wasserstoffs
Farbe	farblos
Geruch	geruchlos
Geschmack	geschmacklos
Aggregatzustand bei Zimmertemperatur	gasförmig
Löslichkeit in Wasser	sehr gering
Brennbarkeit	brennbar, bildet mit Luft und Sauerstoff explosive Gemische
Schmelztemperatur	−259 °C
Siedetemperatur	−253 °C
Dichte (20 °C)	0,083 g/l

Die Knallgasprobe. Vermischt sich Wasserstoff mit Luft, so bildet sich ein Gemisch, das beim Entzünden explosionsartig verbrennt (▷V 4). Man bezeichnet solche explosiven Gasgemische als **Knallgas**. Nach der Reaktion ist im Zündrohr ein Beschlag zu erkennen (▷B 4), Watesmopapier zeigt die Bildung von Wasser an.

Mit der Knallgasprobe weist man Wasserstoff nach.

Bevor ein Wasserstoffstrom an einer Apparatur entzündet werden darf, muß geprüft werden, ob aus der Apparatur reiner Wasserstoff oder das gefährliche Knallgas entströmt. Hierzu füllt man ein kleines Reagenzglas durch Wasserverdrängung mit dem ausströmenden Gas (▷B 5). Dann nähert man die nach unten weisende Öffnung des Reagenzglases der Brennerflamme (▷B 6).

Brennt das Gas ruhig ab, so handelt es sich um reinen Wasserstoff, der gefahrlos entzündet werden kann. Verbrennt es dagegen mit einem pfeifenden Geräusch, so liegt das gefährliche Knallgas vor. In diesem Fall muß die Probe so oft wiederholt werden, bis kein Geräusch mehr zu hören ist.

Gefahren beim Umgang mit brennbaren Gasen. Außer Wasserstoff können auch andere brennbare Gase, z. B. Brennergas oder Campinggas mit Luft explosive Gas/Luft-Gemische bilden. Die unerwünschte Entstehung solch gefährlicher Gemische muß unbedingt verhindert werden. Wo sie dennoch auftreten können, muß jede Entzündungsmöglichkeit vermieden werden.

Gemische von brennbaren Gasen mit Luft können explodieren.

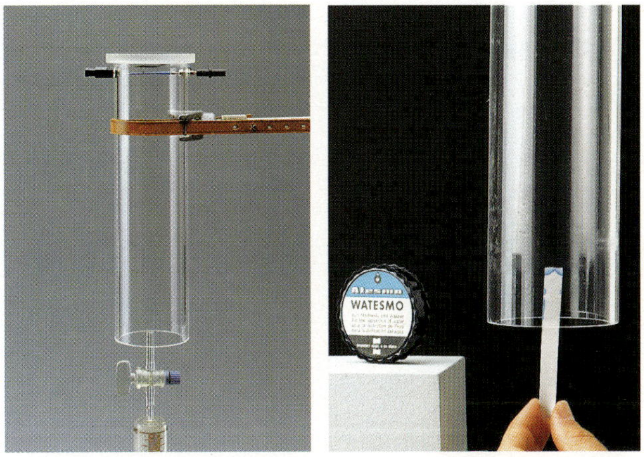

B 4 Wasserstoff/Luft-Gemische sind gefährlich. Sie verbrennen explosionsartig unter Bildung von Wasser (rechts)

V 4 Das Zündrohr wird nach ▷B 4 mit der Öffnung nach unten eingespannt. Man drückt 200 ml Wasserstoff mit Kunststoffspritzen oder Kolbenprobern in das Rohr, verschließt es mit dem Deckel und zündet das Gemisch (Schutzbrille! Mund öffnen!). Mit dem Beschlag im Rohr führt man den Wassernachweis durch.

V 5 Man läßt Wasserstoff nach ▷B 5 durch ein mit Luft gefülltes Glasrohr strömen, fängt das entweichende Gas in vier Reagenzgläsern auf und hält sie mit der Öffnung an die Brennerflamme (Schutzbrille!).

A 1 Vergleiche die Eigenschaften von Sauerstoff, Stickstoff, Wasserstoff und Kohlenstoffdioxid und gib den Nachweis für jedes Gas an.

B 5 Herstellung eines Prüfgemisches zur Durchführung der Knallgasprobe

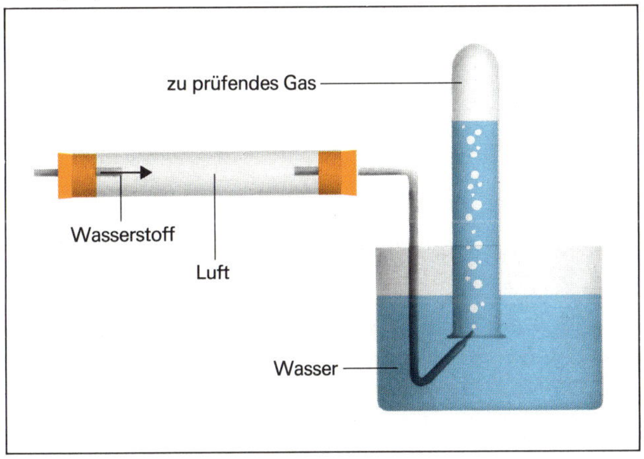

B 6 Knallgasprobe zur Prüfung auf explosive Wasserstoff/Luft-Gemische

6.3 Mit der Wertigkeit werden Formeln ermittelt

Teilchenmodell	Formel	Atomzahlen-verhältnis	Bindefähigkeit (Wertigkeit)
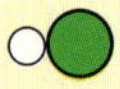	HCl	1 : 1	einwertig (I)
	H_2O	2 : 1	zweiwertig (II)
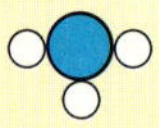	NH_3	1 : 3	dreiwertig (III)
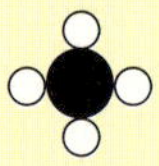	CH_4	1 : 4	vierwertig (IV)
	CO_2	1 : 2	vierwertig (IV)

B 1 Die Wertigkeit gibt an, wie viele Wasserstoffatome ein Atom binden oder ersetzen kann

B 2 Zeichnerische Ermittlung der Formel

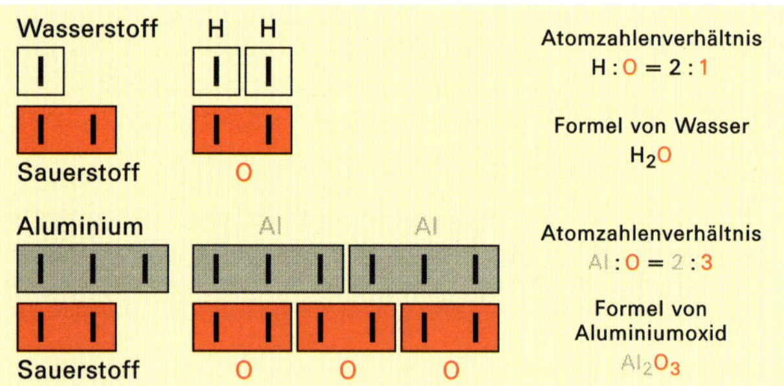

B 3 Rechnerische Ermittlung der Formel

Elementsymbole und Wertigkeiten	kgV der Wertigkeiten	kgV dividiert durch die Wertigkeit	Atomzahlenverhältnis	Formel
Mg II O II	2	2 : II = 1 2 : II = 1	1 : 1	MgO
Al III O II	6	6 : III = 2 6 : II = 3	2 : 3	Al_2O_3
C IV O II	4	4 : IV = 1 4 : II = 2	1 : 2	CO_2

Die Wertigkeit. Durch zahlreiche Experimente konnte man zeigen, daß sich ein Wasserstoffatom immer nur mit *einem* anderen Atom verbindet. Man benutzt deshalb die Bindefähigkeit des Wasserstoffatoms als Maß für die Bindefähigkeit anderer Atome. Diese Bindefähigkeit nennt man **Wertigkeit** der Atome. Die Wertigkeit wird mit **römischen** Ziffern angegeben.

Ein Chloratom bindet ein Wasserstoffatom, Chloratome sind daher einwertig. Sauerstoffatome binden jeweils zwei Wasserstoffatome, sie sind zweiwertig. Bindet ein Atom drei Wasserstoffatome (z. B. ein Stickstoffatom), so ist es dreiwertig. Ein Kohlenstoffatom, das vier Wasserstoffatome bindet, ist vierwertig (▷ B 1).

In der Verbindung Kohlenstoffdioxid ist ein Kohlenstoffatom mit zwei Sauerstoffatomen verbunden. Ersetzt man ein Sauerstoffatom durch zwei Wasserstoffatome, so stellt man fest, daß ein Kohlenstoffatom vierwertig ist. Dieses Beispiel zeigt, daß 1 vierwertiges Atom 2 zweiwertige Atome binden kann.

Die Wertigkeit gibt an, wie viele Wasserstoffatome ein Atom eines anderen Elements binden oder ersetzen kann.

Ist die Wertigkeit der an einer Verbindung beteiligten Atome bekannt, so läßt sich die Formel einer Verbindung zeichnerisch oder durch Rechnung ermitteln.

Zeichnerische Ermittlung einer Formel. Stellt man die Atome eines Elements als Kästchen dar, kann man die Wertigkeit der Atome mit Strichen angeben. Das einwertige Wasserstoffatom wird als Kästchen mit einem Strich gezeichnet, das zweiwertige Sauerstoffatom als doppelt so langes mit zwei Strichen. Die Kästchen für die Atome der miteinander reagierenden Elemente werden untereinander gezeichnet (▷ B 2).

In einer Verbindung müssen die Wertigkeiten der beteiligten Atome ausgeglichen sein. Daher muß die Zahl der Striche oben und unten in den Kästchen übereinstimmen. Die Anzahl der Kästchen gibt dann das Atomzahlenverhältnis der Verbindung an.

Rechnerische Ermittlung einer Formel. Haben die beteiligten Atome die gleiche Wertigkeit, so verbinden sie sich im Zahlenverhältnis 1 : 1. Sind die Wertigkeiten der Atome unterschiedlich, so bildet man das kleinste gemeinsame Vielfache (kgV) der Wertigkeiten. Dividiert man jeweils das kgV durch die Wertigkeiten, so erhält man die Anzahl der miteinander verbundenen Atome. Aus dem Zahlenverhältnis läßt sich die Formel der Verbindung ableiten (▷ B 3).

Mit der Wertigkeit werden Formeln ermittelt

Element	Symbol	Wertigkeit
Aluminium	Al	III
Blei	Pb	II, IV
Chlor	Cl	I
Eisen	Fe	II, III
Kohlenstoff	C	IV
Kupfer	Cu	I, II
Magnesium	Mg	II
Natrium	Na	I
Phosphor	P	III, V
Sauerstoff	O	II
Schwefel	S	II, IV, VI
Wasserstoff	H	I
Zink	Zn	II

B 4 Die häufigsten Wertigkeiten einiger wichtiger Elemente

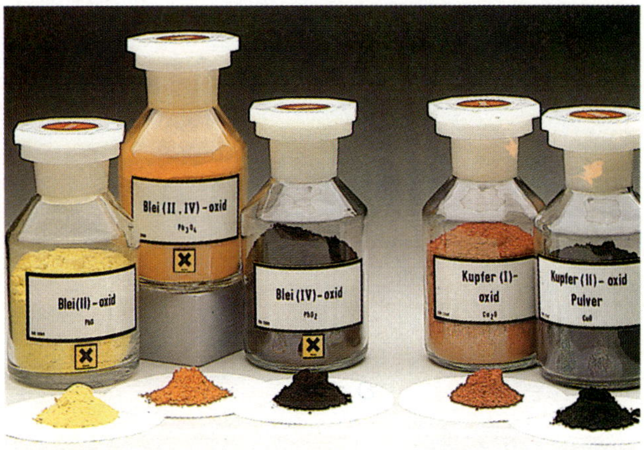

B 5 Oxide von Blei und Kupfer. Die Metalle treten jeweils in verschiedenen Wertigkeiten auf

Manche Elemente haben mehrere Wertigkeiten. Viele Metalle bilden mit Sauerstoff verschiedene Oxide (▷ B 5), die sich schon in der Farbe unterscheiden. So kann man z. B. durch Änderung der Reaktionsbedingungen zwei Oxide des Kupfers herstellen; ein Oxid sieht rot aus, das andere schwarz. Im roten Kupferoxid Cu_2O ist das Kupferatom einwertig, im schwarzen Kupferoxid CuO dagegen zweiwertig.

Auch Bleiatome können in verschiedenen Wertigkeiten auftreten. Das schwarzbraune Bleioxid PbO_2 (vierwertiges Bleiatom) läßt sich durch Erhitzen in gelbes Bleioxid PbO (zweiwertiges Bleiatom) umwandeln.

Die Wertigkeit des Schwefelatoms hängt vom Reaktionspartner und von den Reaktionsbedingungen ab. In Verbindungen mit Metallen ist es zweiwertig, in Verbindungen mit Sauerstoff dagegen hat es höhere Wertigkeiten. In Schwefeldioxid SO_2 z. B. ist das Schwefelatom vierwertig.

Formel und Name einer Verbindung. Kohlenstoffdioxid hat die Formel CO_2. Die Silbe -di (von griech. dis, zwei) sagt aus, daß in diesem Molekül der Verbindung zwei Sauerstoffatome mit einem Kohlenstoffatom verbunden sind. Kohlenstoffmonooxid (von griech. monos, eins) hat die Formel CO, das bedeutet, nur ein Sauerstoffatom ist mit dem Kohlenstoffatom verbunden.

Heute wird oft noch die Wertigkeit eines Elements im Namen der Verbindung angegeben. Sie wird als römische Zahl geschrieben und in Klammern hinter den Namen des Elements gesetzt. Die Verbindung Cu_2O heißt Kupfer(I)-oxid, da das Kupferatom einwertig ist. CuO dagegen ist Kupfer(II)-oxid, das Kupferatom ist zweiwertig.

A 1 Ermittle die Wertigkeiten in folgenden Verbindungen: H_2O, CH_4, HBr, H_2S, MgS, Ag_2S.
Erkläre anhand der Beispiele, wie sich die Wertigkeiten bestimmen lassen.

A 2 Ermittle a) zeichnerisch, b) rechnerisch die Formeln folgender Verbindungen: Kupfer(I)-sulfid, Kupfer(I)-oxid, Eisen(III)-oxid, Eisen(III)-chlorid, Magnesium(II)-oxid, Blei(IV)-oxid, Stickstoff(V)-oxid, Silber(I)-oxid.

A 3 Verbinden sich Schwefelatome und Sauerstoffatome miteinander, so kann das Schwefelatom vierwertig oder sechswertig sein.
a) Wie lauten die Formeln der beiden Schwefeloxide?
b) Benenne die Oxide eindeutig. Gib zwei mögliche Namen für jede Verbindung an (entweder mit der Wertigkeit oder mit griechischen Zahlwörtern).

A 4 Bestimme die Wertigkeiten der Atome in folgenden Verbindungen und gib ihre Namen an: FeO, Fe_2O_3, $PbCl_2$, PbO, PbO_2, ZnO, Na_2O, $CuCl_2$, CuO.
Entnimm die Wertigkeiten der Nichtmetalle aus der Tabelle in ▷ B 4.

B 6 Zahlwörter kennzeichnen die Anzahl der Atome im Namen einer Verbindung

Zahl	1	2	3	4	5	6	7	8
Silbe	mono	di	tri	tetra	penta	hexa	hepta	octa

6.4 Wasser, Oxid des Wasserstoffs

B 1 In Raketentriebwerken verbrennt flüssiger Wasserstoff mit flüssigem Sauerstoff

V 1 An die Nickelelektroden im linken Gefäß (mit verd. Natronlauge) des Schagerschen Apparates (▷ B 2) legt man eine Gleichspannung an und läßt das Gasgemisch durch ein zweites Gefäß mit dest. Wasser strömen. Man leitet das Gasgemisch in eine Metallschale mit Seifenlösung, entfernt das Einleitungsrohr, und entzündet dann den Schaumberg mit einem brennenden Holzspan (Schutzbrille! Mund öffnen!).

V 2 Das Knallgasgemisch wird in der Apparatur nach ▷ B 2 am Spezialbrenner entzündet und im wassergekühlten Reaktionsgefäß verbrannt. Mit dem Kondensat führt man den Wassernachweis durch.

A 1 Formuliere jeweils das Reaktionsschema für die Bildung bzw. Zerlegung von Wasser.

In Raketentriebwerken verbrennt flüssiger Wasserstoff mit flüssigem Sauerstoff. Dabei entstehen Temperaturen von 2000 °C bis 4000 °C und hohe Drücke. Das Verbrennungsprodukt strömt deshalb mit großer Geschwindigkeit aus der Düse der Rakete und bewirkt einen starken Schub (▷ B 1). Dichte weiße Wolken sind an der Startrampe zu sehen. Bei der Verbrennung von Wasserstoff in reinem Sauerstoff entsteht Wasserdampf.
Ist Wasser ein Oxid nur des Wasserstoffs? Diese Frage läßt sich beantworten, wenn wir Wasser in die Elemente zerlegen und aus den Reaktionsprodukten wieder Wasser bilden können.

Wasser wird zersetzt. Zerlegen wir Wasser durch elektrischen Strom in einer Apparatur nach ▷ B 2, so entweichen nur gasförmige Reaktionsprodukte (▷ V 1). Beim Einleiten in eine Seifenlösung entsteht ein blasiger Schaum, der sich entzünden läßt (▷ B 3) und explosionsartig mit lautem Knall verbrennt. Bei der Zersetzung von Wasser entsteht Knallgas, ein Gemisch aus Wasserstoff und Sauerstoff.

Bildung von Wasser. Das Knallgas-Gemisch läßt sich an einem Spezialbrenner gefahrlos entzünden. Beim Verbrennen im gut gekühlten Reaktionsgefäß entsteht eine farblose Flüssigkeit; Watesmopapier zeigt Wasser an (▷ V 2). Wasser ist eine Verbindung aus den Elementen Wasserstoff und Sauerstoff. Wasser ist ein Oxid des Wasserstoffs, also **Wasserstoffoxid**. Bei seiner Bildung wird viel Wärme frei.

Wasser ist eine Verbindung aus den Elementen Wasserstoff und Sauerstoff.

B 2 Zerlegung und Bildung von Wasser. Im Schagerschen Apparat entsteht ein Knallgasgemisch (links), das unter Bildung von Wasser verbrennt (rechts)

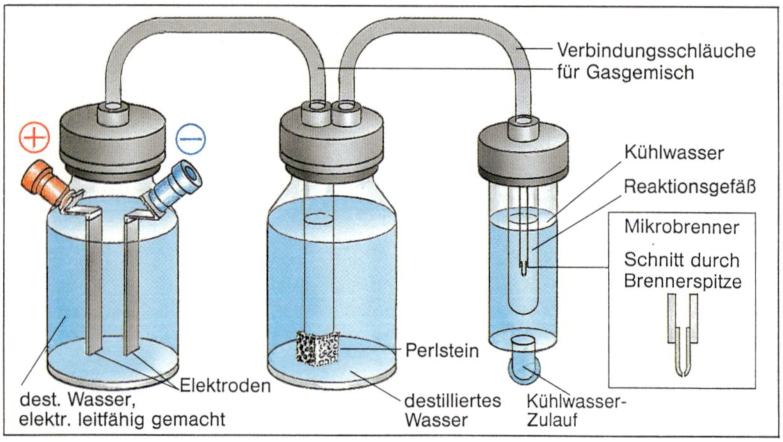

B 3 Einleitung des Knallgasgemisches in Seifenlösung

6.5 Chemische Reaktionen in der Formelschreibweise

Leitet man in ein Eudiometerrohr Wasserstoff und Sauerstoff in unterschiedlichen Mischungsverhältnissen, so bleibt häufig ein Restgas im Rohr zurück. Nur im Mischungsverhältnis 2:1 reagieren die beiden Gase Wasserstoff und Sauerstoff vollständig miteinander (▷ B 1). Im Wassermolekül sind zwei Wasserstoffatome mit einem Sauerstoffatom verbunden.

Aufstellen einer Reaktionsgleichung. Will man bei einer chemischen Reaktion eine Aussage über das Verhältnis der reagierenden Teilchen machen, kann man die Reaktionsgleichung aufstellen. Damit die Anzahl der Atome auf beiden Seiten des Reaktionspfeils übereinstimmt, müssen vor die Symbole und Formeln entsprechende Vorzahlen geschrieben werden. Zur Aufstellung der Reaktionsgleichung kann man schrittweise vorgehen, wie folgende Beispiele zeigen:

1. Schritt: **Aufstellen des Reaktionsschemas**

Wasserstoff + Sauerstoff ⟶ Wasser (stoffoxid)
Aluminium + Sauerstoff ⟶ Aluminiumoxid

2. Schritt: **Ermittlung der Symbole und Formeln der Ausgangsstoffe und der Reaktionsprodukte**

Wasserstoff: H_2 ; Sauerstoff: O_2 ; Wasser: H_2O
Aluminium: Al ; Sauerstoff: O_2 ; Aluminiumoxid: Al_2O_3

Beachte: Alle gasförmigen Elemente (Ausnahme: Edelgase) sind aus zweiatomigen Molekülen aufgebaut. Die Formeln der Verbindungen kann man mit Hilfe der Wertigkeiten berechnen.

3. Schritt: **Vorläufige Reaktionsgleichung**

Ersetzt man im Reaktionsschema die Namen für die Stoffe durch die entsprechenden Symbole und Formeln, so erhält man eine vorläufige Reaktionsgleichung.

$$H_2 + O_2 \longrightarrow H_2O$$
$$Al + O_2 \longrightarrow Al_2O_3$$

4. Schritt: **Einrichten der Reaktionsgleichung**

Damit die Anzahl der Atome auf beiden Seiten des Reaktionspfeils übereinstimmt, werden die Symbole und Formeln durch Multiplikation mit entsprechenden Vorzahlen vervielfacht.

$$2\,H_2 + O_2 \longrightarrow 2\,H_2O$$
$$4\,Al + 3\,O_2 \longrightarrow 2\,Al_2O_3$$

Beachte: Beim Einrichten der Reaktionsgleichung darf an den Formeln nichts mehr geändert werden, da sie die Zusammensetzung (das Atomzahlenverhältnis) der Teilchen der Verbindung angeben.

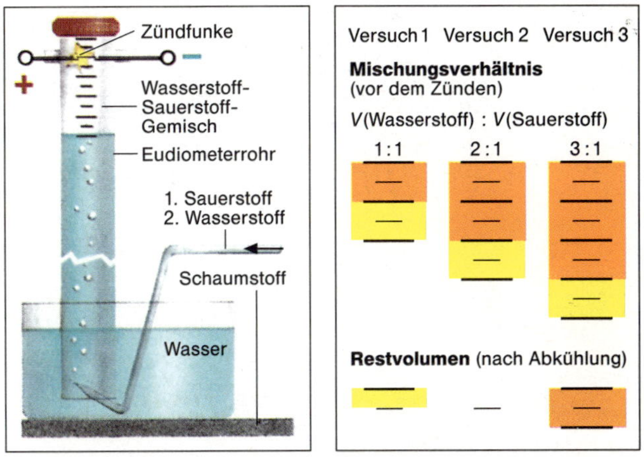

B 1 Quantitative Knallgasreaktion. Wasserstoff und Sauerstoff reagieren nur im Verhältnis 2:1 vollständig

V 1 Man leitet in ein Eudiometerrohr Wasserstoff und Sauerstoff im Verhältnis 1:1 ein, zündet das Gemisch (Schutzscheibe! Schutzbrille!) und liest das Restvolumen ab. Man wiederholt den Versuch mit den Verhältnissen 2:1 (max. 10 ml) und 3:1.

A 1 Prüfe folgende Reaktionsgleichungen und ergänze sie, falls erforderlich:

a) $Zn + O_2 \longrightarrow ZnO$ c) $HgO \longrightarrow Hg + O_2$
b) $C + O_2 \longrightarrow CO_2$ d) $Fe + O_2 \longrightarrow Fe_2O_3$

A 2 Stelle mit Hilfe der erarbeiteten Schrittfolgen die Reaktionsgleichung auf a) für die Bildung von Schwefeldioxid, b) für die Bildung von Silberoxid, c) für die Reaktion von Aluminium und Schwefel.

B 2 Chemische Reaktion in unterschiedlicher Darstellung

Reaktionsschema

Wasserstoff + Sauerstoff ⟶ Wasser

Reaktionsgleichung

$$2\,H_2 + O_2 \longrightarrow 2\,H_2O$$

Teilchendarstellung

6.6 Wasserstoff als Energieträger

B 1 Anwendung von Wasserstoff als Treibstoff

Im Haushalt und in der Industrie werden täglich große Mengen von Brennstoffen verwendet. Holz und Kohle, Heizöl, Benzin und Erdgas werden verbrannt, um daraus Energie zu gewinnen. Die Vorräte dieser Energieträger in der Natur sind jedoch begrenzt. Außerdem entstehen bei ihrer Verbrennung Schadstoffe, die unsere Atmosphäre belasten. Auf der Suche nach einer umweltfreundlichen Zukunftsenergie erforscht man die Wasserstofftechnologie.

Wasserstoff als Energieträger. Bei der Verbrennung von Wasserstoff wird sehr viel Energie frei, er hat einen hohen Heizwert. Er kann zum Heizen oder als Kraftstoff für Autos (▷ B 1) verwendet werden. Flüssiger, gekühlter Wasserstoff wird in großem Umfang als Treibstoff für Raketen eingesetzt. Wasserstoff ist ungiftig und verbrennt mit reinem Sauerstoff rückstandsfrei zu Wasser. Bei der Verbrennung mit Luft bilden sich zwar Stickstoffoxide, doch andere Schadstoffe fallen nicht an.

Wasserstoff kann in Tanks gelagert und durch Rohrleitungen transportiert werden. Für den Betrieb von Kraftfahrzeugen kann er an Feststoffe gebunden und gespeichert werden. Ein Wasserstofftank ist jedoch viel schwerer und größer als ein herkömmlicher Benzintank bei gleicher Reichweite.

Wasserstoff kann durch Zerlegung von Wasser mit Hilfe von elektrischem Strom gewonnen werden, wobei Wasser auf der Erde fast unbegrenzt vorhanden ist. Das größte Problem aber ist die elektrische Energie, die zur Herstellung des Wasserstoffs benötigt wird. Solange der elektrische Strom noch durch Verbrennung von Kohle, Heizöl oder Erdgas erzeugt wird, entweichen weiterhin Schadstoffe in die Luft. Einen Ausweg bietet die Nutzung von Solarenergie (▷ B 2), Wind- oder Wasserkraft. Doch der Solarstrom ist noch sehr teuer.

A 1 Mit welchen Energieträgern kann ein Auto betrieben werden? Nenne jeweils Vor- und Nachteile.

A 2 Die Zerlegung einer Verbindung mit Hilfe des elektrischen Stroms nennt man Elektrolyse. Welche Stoffe entstehen bei der Elektrolyse von Wasser?

A 3 Wasserstoff kommt in der Natur nicht als Element vor, er muß erst aus Wasser hergestellt werden. Welche Nachteile sind damit verbunden?

A 4 Soll in Zukunft Wasserstoff als Energieträger auch im Haushalt zum Kochen und Heizen genutzt werden, müssen strenge Sicherheitsvorkehrungen getroffen werden. Nenne Gründe dafür.

B 2 Solarzellen liefern Strom für die Herstellung von Wasserstoff aus Wasser

B 3 Wasserstoff als Energieträger. Der mit Hilfe der Sonnenenergie erzeugte Wasserstoff kann vielseitig genutzt werden

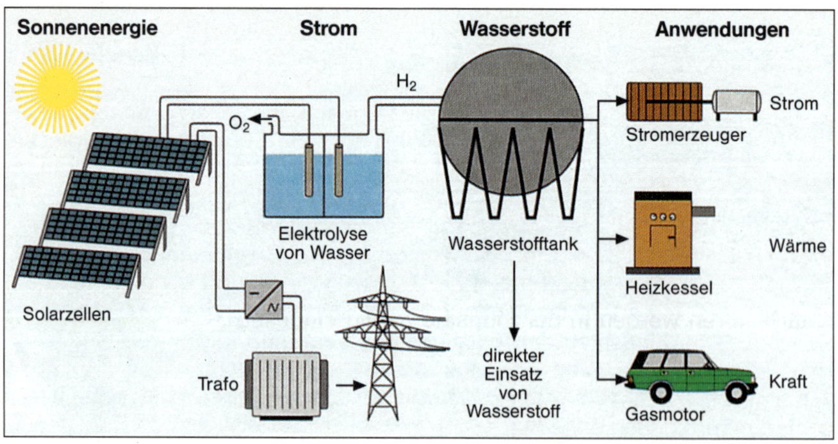

6.7 Die Wirkungsweise eines Katalysators

B 1 JOHANN WOLFGANG DÖBEREINER (1780 – 1849)

B 2 Döbereinersche Zündmaschine, das erste Feuerzeug

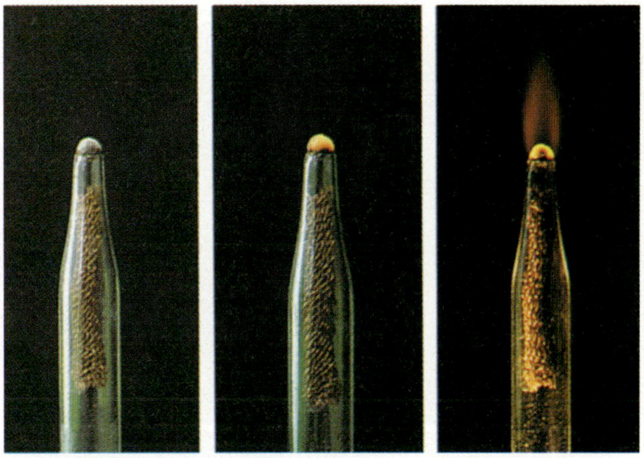

B 3 Entzündung von Wasserstoff am Perlkatalysator. Die Reaktion verläuft bei Zimmertemperatur

Im Jahre 1823 entdeckte der Apotheker DÖBEREINER (▷ B 1), daß sich ein Knallgasgemisch schon bei Zimmertemperatur gefahrlos entzünden kann. In seiner Zündmaschine (▷ B 2) wurde Wasserstoff aus Zink und Salzsäure erzeugt und über fein verteiltes Platin geleitet. Bei Luftzutritt entzündete sich der Wasserstoff am Platinschwamm ohne Energiezufuhr. Der Vorgang ließ sich *ohne Veränderung des Platins* ständig wiederholen. Das erste Feuerzeug war entdeckt.

Katalysatoren beschleunigen Reaktionen. Wir können die Selbstentzündung von Wasserstoff im Experiment nachvollziehen. Dazu verwendet man Perlen, die fein verteiltes Platin an der Oberfläche enthalten. Läßt man Wasserstoff langsam über die Perle strömen (▷ V 1), so glüht sie auf und der Wasserstoff entzündet sich (▷ B 3). Die Perle ist nach dem Versuch unverändert.

Stoffe, die in einen Reaktionsablauf eingreifen, ohne sich dabei zu verändern, nennt man **Katalysatoren**. Sie setzen die Aktivierungsenergie herab (▷ B 4). Mit Platin oder dem Perlkatalysator setzt die Reaktion von Wasserstoff und Sauerstoff schon bei Zimmertemperatur ein, ohne Katalysator erst ab 400 °C bis 600 °C.

Katalysatoren setzen die Aktivierungsenergie herab, beschleunigen die Reaktion und liegen danach unverändert vor.

Katalysatoren werden in der Industrie häufig eingesetzt, um chemische Reaktionen schon bei niedrigen Temperaturen durchführen zu können. Viele Reaktionen in unserem Körper laufen bei einer Temperatur von 37 °C nur mit Biokatalysatoren (Enzymen) ab.

V 1 Auf die Öffnung einer Glaspipette (mit Kupferwolle als Rückschlagsicherung) wird eine Katalysatorperle gedrückt. Man leitet langsam Wasserstoff durch das Rohr (2 bis 3 Blasen pro Sekunde), bis die Katalysatorperle glüht und sich der Wasserstoff entzündet. Man wiederholt den Versuch mehrmals. (Schutzbrille!)

V 2 Mische 10 ml Fixiersalzlösung mit 10 ml Eisenchloridlösung und miß die Zeit, bis die auftretende Blaufärbung wieder verschwindet. Wiederhole den Versuch unter Zugabe eines Tropfens Kupfersulfatlösung. Vergleiche die Meßergebnisse und erkläre.
Herstellung der Salzlösungen: a) 12,4 g Fixiersalz (Natriumthiosulfat), b) 13,5 g Eisen(III)-chlorid, c) 8 g Kupfersulfat in je 1 Liter Wasser lösen.

B 4 Veranschaulichung der Katalysatorwirkung. Die Aktivierungsenergie der Reaktionspartner wird herabgesetzt

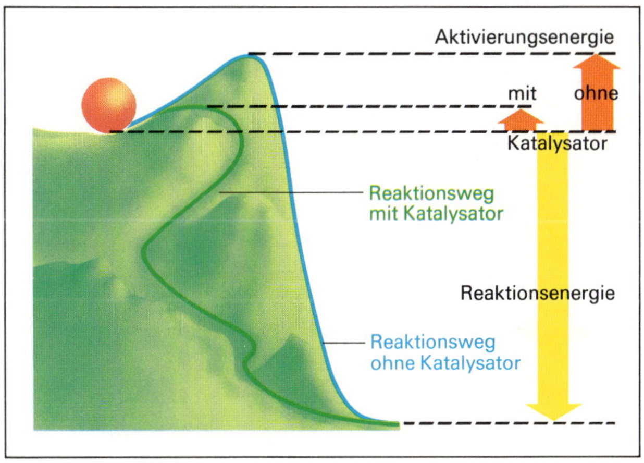

PROJEKT: Wasser

Ohne Wasser kein Leben

Wasservorräte der Erde. Fast drei Viertel der Erdoberfläche sind von Wasser bedeckt. Wasser gibt es scheinbar im Überfluß. Nachdenklich wird man aber, wenn man das Wasservorkommen genauer betrachtet.

- 97,2 % der Wasservorräte sind salziges Meerwasser, ungenießbar für die Menschen.
- 2,2 % Süßwasser sind in Gletschern und an den Polkappen als Eis gebunden und daher für den Menschen nicht nutzbar.
- Nur 0,6 % Süßwasser bleiben für unsere Wasserversorgung, entweder in Flüssen und Seen als Oberflächenwasser oder unterirdisch als nicht sichtbares Grundwasser.

Stell dir vor, der gesamte Wasservorrat der Erde würde in eine Badewanne passen, die 180 Liter faßt, dann wären davon nur 5 Liter (ein halber Eimer voll) Süßwasser. Von diesem Süßwasser kommen 4 Liter als Eis, etwa 1 Liter als Grundwasser und nur 0,03 Liter (etwa ein Likörglas voll) als Oberflächenwasser vor.

Der Kreislauf des Wassers. Die Wasservorräte der Erde lassen sich nicht vermehren, gehen aber auch nicht verloren. Tatsächlich bewegt sich das Wasser in einer Vielzahl von Kreisläufen.

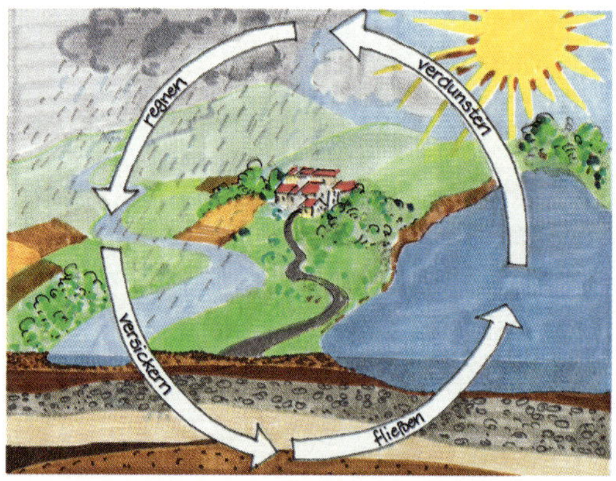

Bei welchen Tätigkeiten zuhause, auf Reisen oder in der Freizeit wird Wasser benötigt?
Welche Folgen hätte ein eintägiger Ausfall der Wasserversorgung?

Beschreibe die einzelnen Stationen des Wasserkreislaufs. Warum hat Wasser in einigen Ländern und Regionen der Erde einen anderen Wert als bei uns?

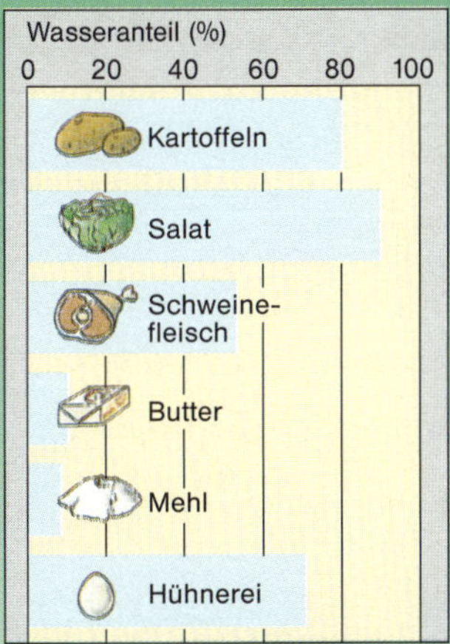

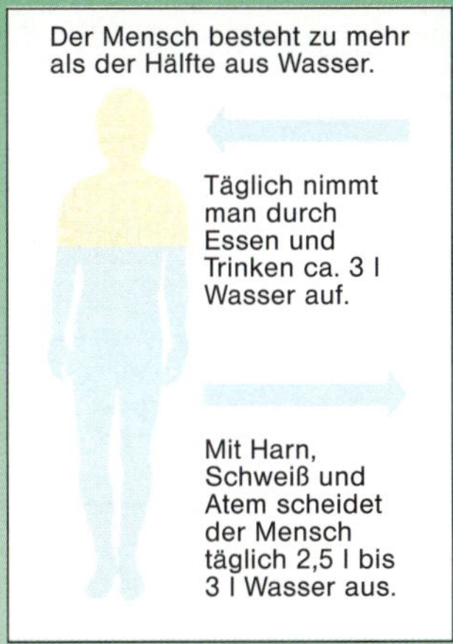

Wasser, ein „Über-Lebens-Mittel". Der Körper von Menschen, Tieren und Pflanzen besteht zu einem großen Teil aus Wasser. Völliger Wasserentzug führt beim Menschen nach wenigen Tagen zum Tode. Wasser erfüllt im Körper der Lebewesen wichtige Aufgaben. Es löst und transportiert lebenswichtige und verbrauchte Stoffe. Durch Ausscheiden und Verdunsten regulieren viele Lebewesen ihren Wasserhaushalt.

Trinkwasser, wofür? Die Versorgung mit Trinkwasser ist bei uns selbstverständlich geworden. Die Anforderungen an seine Qualität sind gesetzlich geregelt. Es muß frei von Krankheitserregern sein und soll „appetitlich, farblos, klar, kühl, geruchlos und geschmacklich einwandfrei sein." In Deutschland sind 98 % aller Haushalte an die öffentliche Wasserversorgung angeschlossen. Der Wasserverbrauch ist aber bei uns nicht auf das lebensnotwendige Maß von 3 Liter beschränkt. Hohe Ansprüche an Lebensqualität und Hygiene haben den Tagesverbrauch auf etwa 150 Liter pro Person ansteigen lassen.

	Liter
Duschen Baden	40
Wäsche waschen	40
WC	40
Körperpflege (ohne Baden)	15
Wohnungsreinigung	10
Geschirrspülen	7
Trinken und Kochen	6
Anteil am öffentlichen Verbrauch, z. B. Schwimmbäder	150

Im Alltag wird dabei häufig von „Wasserverbrauch" gesprochen. Tatsächlich wird das Wasser nur für kurze Zeit dem Kreislauf entzogen, die Gesamtmenge des Wassers bleibt unverändert. Oft wird jedoch das Wasser beim Gebrauch stark verunreinigt.

Wasser muß geschützt werden. Fast überall in Deutschland ist Wasser in ausreichender Menge vorhanden. Doch allzu oft gehen wir sorglos mit dem kostbaren Gut Wasser um. Durch ungenügend oder überhaupt nicht gereinigte Abwässer sind unsere Flüsse, Seen und Meere stark gefährdet. Manche Schadstoffe können durch sauerstoffzehrende Kleinstlebewesen im Wasser abgebaut werden. Viele Abfallstoffe (z. B. Schwermetallverbindungen) werden überhaupt nicht oder nur langsam zersetzt. Die natürliche Selbstreinigungskraft des Wassers reicht nicht mehr aus, der Sauerstoffgehalt sinkt. Zuerst sterben die Fische, dann alles weitere Leben.

Von manchen Stoffen geht eine besondere Gefahr für Oberflächen- und Grundwasser aus. 1 Liter Mineralöl kann 1 Million Liter Wasser ungenießbar machen. Auch Dünge- und Pflanzenschutzmittel aus der Landwirtschaft können in das Grundwasser gelangen und so unser Trinkwasser unbrauchbar machen. 1 Gramm Pflanzenschutzmittel kann 1 Million Eimer mit je 10 Liter Wasser verseuchen. Ist aus dem Trinkwasser erst stinkendes oder sogar giftiges Abwasser geworden, muß es mit sehr viel Geld und großem Aufwand in den Wasserwerken aufbereitet werden.
Besser ist es, Vorsorge zu treffen und Wasser zu sparen, um unsere Gewässer zu schützen und ihre Wasserqualität zu sichern.

Toilette als Müllschlucker: Lebensmittelreste, Zigaretten, Tampons, Binden, Katzenstreu, Kondome verstopfen die Rohre und müssen wieder herausgefischt werden.

Kein Gift in den Abfluß! Speiseöl, Motorenöl, Benzin, Verdünner, Farben, Lacke, Dünge- und Pflanzenschutzmittel, Medikamente belasten das Wasser.

Lies jeden Tag den Zählerstand der Wasseruhr ab und notiere die Werte. Berechne den „Wasserverbrauch" pro Woche. Überlege, wie du Wasser sparen kannst.

Gebiete, in denen Trinkwasser gewonnen wird, sind als Wasserschutzgebiete gekennzeichnet. Beschreibe das Hinweisschild. Was ist dort erlaubt, was verboten?

Leben im Fließgewässer

Quellwasser und schnellfließende Bäche sind nährstoffarm und sauerstoffreich. Das Wasser ist kühl und klar. Im Wasser liegende Steine sind mit Kiesel- und Grünalgen überzogen, unter den Steinen versteckt leben Steinfliegenlarven und Strudelwürmer, an sandigen Stellen kriechen kleine Köcherfliegenlarven über den Boden. Das gut mit Sauerstoff angereicherte Wasser bietet Forellen ideale Lebensbedingungen.
Werden Bäche zu Flüssen, erwärmt sich das langsamer fließende Wasser. Im sandigen und schlammigen Uferbereich wurzeln Sumpfdotterblumen, Wasserknöterich und Schilf. Zwischen den Wasserpflanzen leben Kleinkrebse, Schnecken und Wasserkäfer. Im tieferen Wasser in der Nähe von Brücken und Ufermauern sammeln sich Schwärme von Fischen.

Der Neckar, von der Quelle zur Mündung. Der Neckar wurde zu einer Schiffahrtsstraße ausgebaut. Die Ufer sind begradigt und mit Beton oder Steinen befestigt, eine Fahrrinne wurde ausgebaggert. In regelmäßigen Abständen ist der Fluß gestaut. Schiffe können diese Staustufen durch Schleusen überwinden, für Fische wurden Fischtreppen angelegt.

Am Neckar und seinen Nebenflüssen leben viele Menschen. Ihre Abwässer gelangen mehr oder weniger gereinigt in den Fluß. Viele große und kleine Industriebetriebe nutzen das Flußwasser für ihre Produktion, die Kraftwerke verwenden es als Kühlwasser, die Landwirtschaft bewässert Felder und Gärten. Bis zur Mündung in den Rhein ist die Qualität des Neckarwassers starken Veränderungen unterworfen.

Gewässergüte. Abwässer aus Haushalten enthalten Küchenabfälle, Fett, Blut, Kot und Urin. Das sind organische Stoffe, die von Bakterien und Abwasserpilzen abgebaut werden. Seit 1975 wird in Deutschland eine biologische Gewässergütekarte erstellt. Die Gewässergüte gibt die Belastung mit organischen Stoffen an. Die Qualität des Wassers wird dabei in sieben Gewässergüteklassen eingeteilt. Sie können mit biologischen Methoden ermittelt werden. Aus der Art und Häufigkeit bestimmter Lebewesen (Leitorganismen) kann man auf den Zustand des Gewässers schließen. Es gibt typische Schmutzwasserorganismen und Anzeiger für unbelastetes, sauerstoffreiches Wasser. Die massenhafte Vermehrung einer Tier- oder Pflanzenart zeigt an, daß sie gerade hier besonders günstige Lebensbedingungen findet.

Die meisten Haushalte sind an eine zentrale Wasserversorgung angeschlossen. Erkundige dich beim Wasserwerk, woher dein Heimatort sein Trinkwasser bekommt.

Wo das Grundwasser nicht ausreicht, wird Oberflächenwasser als Trinkwasser aufbereitet. Am Rhein haben die Wasserwerke Probleme, gutes Trinkwasser zu liefern. Begründe.

Viele Stoffe, die unsere Gewässer belasten, kommen aus Haushalten. Nenne Beispiele. Wie kann jeder dazu beitragen, die Gewässerbelastung zu verringern?

Für die **biologische Gewässeruntersuchung** benötigt ihr:

- Campingtisch
- weiße Eimer, Kunststoffschalen
- Petrischalen, Küchensiebe
- Kescher mit langem Stiel
- Pinsel, Kaffeelöffel
- kleine Marmeladegläser mit Deckel
- Lupen (3- bis 5-fache Vergrößerung)
- Schreibzeug, Auswertungsbogen
- Bestimmungsbücher und -tabellen
- geeignete Kleidung, Gummistiefel
- Einweghandschuhe, Handtuch
- Kanister mit frischem Wasser
- Desinfektionsmittel
- leere, verschließbare Plastikflasche für Chemikalienabfälle

Güteklasse	Grad der organischen Belastung	Kennfarbe	Wichtige Indikatororganismen		Fische und ihre Anforderungen an die Gewässergüte	
I	unbelastet bis sehr gering belastet	dunkelblau	Steinfliegenlarven Hakenkäfer	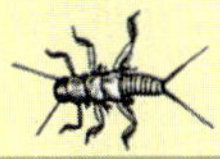	Bachforelle	
I–II	gering belastet	hellblau	Steinfliegenlarven Strudelwürmer Hakenkäfer Köcherfliegenlarven	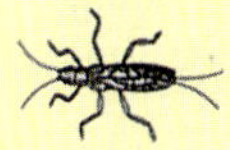	Bachforelle Äsche	
II	mäßig belastet	grün	Hakenkäfer Eintagsfliegenlarven Köcherfliegenlarven Kleinkrebse Schnecken Blütenpflanzen		Barbe Äsche Flußbarsch Nase Hecht	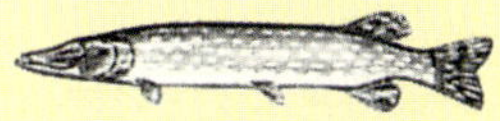
II–III	kritisch belastet	gelbgrün	Egel Schnecken Moostierchen Kleinkrebse Grünalgenkolonien Muscheln	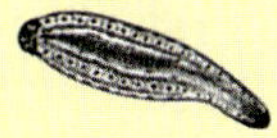	Karpfen Aal Schleie Brachsen	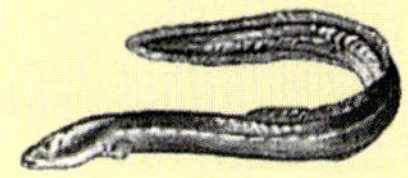
III	stark verschmutzt	gelb	Wasserasseln Egel Wimpertierchenkolonien Schwämme	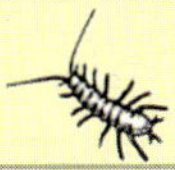	Plötze Schleie	
III–IV	sehr stark verschmutzt	rotorange	Zuckmückenlarven Schlammröhrenwürmer Wimpertierchen	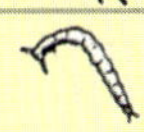		
IV	übermäßig verschmutzt	rot	Schwefelbakterien Geißeltierchen Wimpertierchen			
IV Sonderstufe	ökologisch zerstört, biologisch tot	schwarz				

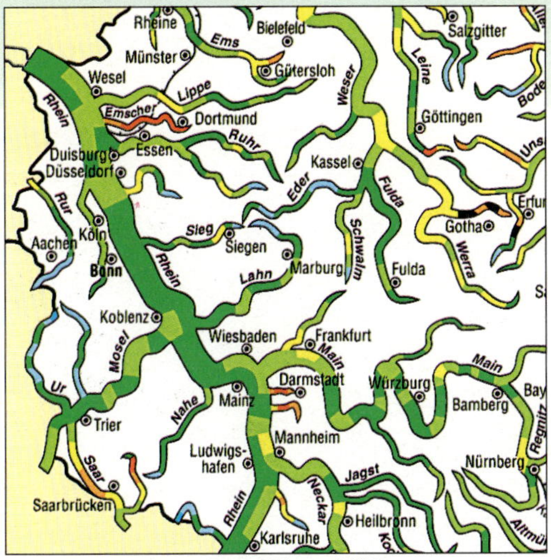

Quelle: Länderarbeitsgemeinschaft Wasser (LAWA) Umweltbundesamt/UMPLIS

Untersuchungen können das ganze Jahr über, besonders günstig zwischen Mai und Oktober durchgeführt werden. Geeignet dafür ist jedes flache Fließgewässer, in das ihr mit Gummistiefeln hineingehen könnt. Tiefe, schnellfließende Flüsse mit steilen Uferböschungen sind gefährlich. Achtet auf schutzwürdige Uferbereiche. Pflanzen dürfen nicht zertreten werden. Vorsicht bei Abwassereinleitungen, sie können Krankheitskeime enthalten. Bringt die gefangenen Tiere nach der Untersuchung wieder an die Entnahmestelle zurück. Achtet darauf, daß die Tiere nicht sterben. Nach der Untersuchung müßt ihr unbedingt die Hände waschen.

Fang: Suche mit dem Kescher das freie Wasser, Pflanzenbestände, den Boden, große Steine und Äste im Wasser ab. Sammle den Fang in einem Eimer.
Bestimmung: Entnimm die Tiere besonders vorsichtig aus dem Eimer, z. B. mit dem Pinsel oder Kaffeelöffel und gib sie in Schalen mit Frischwasser. Sortiere sie unter der Lupe und setze sie in kleine Gläser mit frischem Wasser. Bestimme die Namen der Tiere.
Auswertung: Notiere die gefundenen Tierarten im Auswertungsbogen und gib ihre Anzahl an!

In der Landwirtschaft, beim Friseur, Metzger und Bäcker, in der Autowaschanlage wird Wasser genutzt. Zähle weitere Beispiele für die vielfältige Nutzung des Wassers auf.

Benötigte Wassermengen zur Herstellung von

• 1 t Papier	500 000 l
• 1 t Zucker	1 500 l
• 1 t Stahl	18 000 l
• 1 Auto	380 000 l

Überlegt, wo ihr in eurem Heimatort für den Gewässerschutz aktiv werden könnt. Erkundigt euch nach der Möglichkeit, Patenschaften für Gewässer zu übernehmen.

Betrachte die Gewässergütekarte von Baden-Württemberg. Versuche, eine Begründung für die unterschiedlichen Gewässergüteklassen entlang des Neckars zu finden.

Ein Projekttag am Fließgewässer

Reines Quellwasser ist durchsichtig, klar und erscheint schwach hellblau. Es ist sauerstoffreich und enthält nur wenig Bakterien. Gelangen viele organische Stoffe mit dem Abwasser in einen Fluß, wird das Wasser trüb. Bakterien und Abwasserpilze vermehren sich stark und zersetzen die organischen Stoffe. Sie verbrauchen dabei den größten Teil des Sauerstoffs im Gewässer. Durch die Abbautätigkeit entstehen verschiedene Salze, z. B. Stickstoffverbindungen wie Nitrate und Phosphorverbindungen wie Phosphate.

Bestimmt man die Sichttiefe des Gewässers, den Sauerstoffgehalt, den Anteil verschiedener Salze und andere Veränderungen im Wasser, so erhält man einen Hinweis auf die Qualität des Flußwassers. Dabei wird der Zustand und die Güte des Gewässers in einer Art *Momentaufnahme* bewertet.

Die Untersuchungsmethoden. Bei der Arbeit am Fließgewässer können ganz unterschiedliche Methoden angewandt werden.

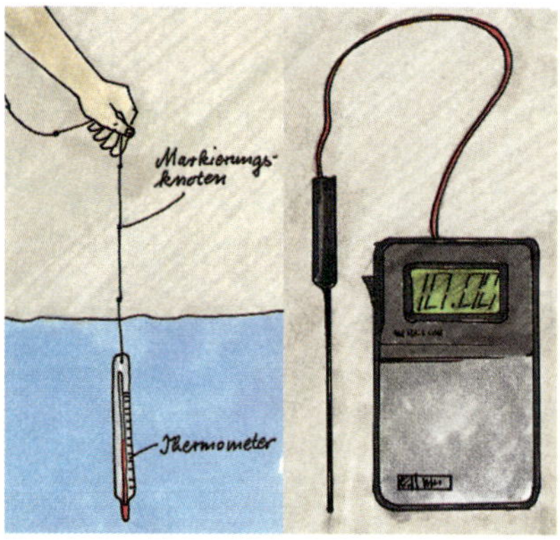

Aussehen, Farbe und *Geruch* des Wassers kann man mit den Sinnen prüfen. *Wassertemperatur, pH-Wert* und *elektrische Leitfähigkeit* lassen sich mit entsprechenden **Taschen-** oder **Handmeßgeräten** bestimmen.

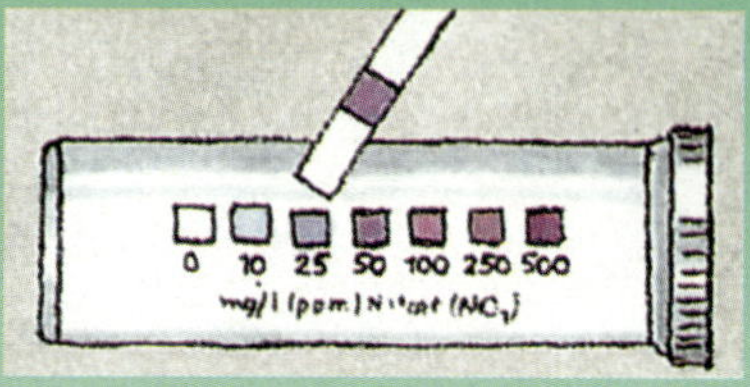

Mit Teststäbchen lassen sich Wasserproben ohne großen Aufwand sehr schnell untersuchen. Du darfst das Stäbchen nur kurz in die Wasserprobe eintauchen. Nach einer vorgeschriebenen Zeitdauer kannst du das Ergebnis ablesen und mit einer Farbskala vergleichen. Die Gebrauchsanweisung steht auf der Verpackung. Die Ergebnisse sind allerdings nicht immer eindeutig und genau.

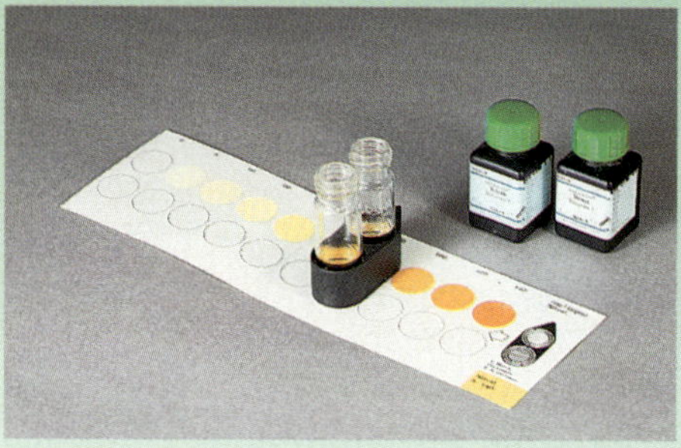

Ein Reagenziensatz besteht aus *Pipetten, Tropfflaschen, Meßgefäßen* und *Nachweislösungen*.

Die Untersuchungen sind viel aufwendiger als die mit Teststäbchen, dafür erhältst du aber auch genauere Ergebnisse. Die Wasserproben zeigen bei Zugabe von Chemikalien nach einer bestimmten Zeit eine Farbreaktion. Mit der beiliegenden Farbskala kannst du den genauen Meßwert ablesen. Halte dich genau an die Anweisungen auf der Packungsbeilage. Beachte auch die Warnhinweise!

Sammle Berichte aus der Tageszeitung zum Thema „Wasser". Welche Probleme werden angesprochen? Nenne Gründe für die zunehmende Gefährdung unseres Trinkwassers.

Teststäbchen sind bei kühler und trockener Lagerung in der Regel zwei Jahre haltbar. Was ist zu erwarten, wenn ein zu altes Teststäbchen verwendet wird?

Welche Gewässeruntersuchungen kann man
a) mit Teststäbchen,
b) mit einem Reagenziensatz
c) mit Meßgeräten
durchführen?

Die Gewässeruntersuchung braucht Zeit, sie kann im Rahmen eines Projekttages an einem schulnahen Bach durchgeführt werden. Alle erforderlichen Geräte und Materialien müßt ihr zuvor in der Schule genau anschauen, ausprobieren und auf Vollständigkeit überprüfen.
Arbeitet am Gewässer in Kleingruppen nach einem zuvor aufgestellten Plan gewissenhaft und zügig. Wählt einen sicheren Standort an einem flachen Uferbereich, möglichst nicht in der Nähe von Abwassereinleitungen. Die Landschaft und das Gewässer dürfen nicht verschmutzt werden, nehmt deshalb genügend Behälter für die Abfälle mit.
Untersucht zuerst *Geruch, Farbe* und *Sichttiefe* des Wassers. Die *Wassertemperatur* muß man ca. 20 cm unter der Wasseroberfläche messen. Für alle weiteren Untersuchungen nehmt ihr Wasserproben mit ans Ufer. Vor der Probenentnahme wird das Gefäß mehrmals mit Fließwasser gespült. Alle Meßwerte müssen im *Protokollblatt* notiert werden. Nach Abschluß der Arbeit müßt ihr euch gründlich die Hände waschen.

Wir bestimmen die Sichttiefe

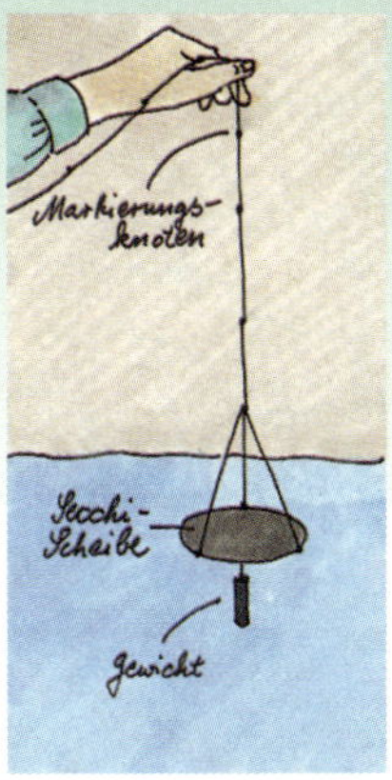

Material: weiße Scheibe aus Kunststoff (d = 20 cm) mit Halterung, Schnur mit Längenmarkierungen (Abstand 20 cm), langer Stock mit Kerbe oder Nagel

Durchführung: Befestige die Schnur mit der Sichtscheibe an dem Stock und lasse sie langsam senkrecht in das Gewässer sinken, bis die Umrisse der Scheibe nicht mehr zu sehen sind. Lies an der Längenmarkierung der Schnur die Sichttiefe ab. Wiederhole den Vorgang mehrmals und berechne den Durchschnittswert.

Wir bestimmen den Sauerstoffgehalt

Ohne Sauerstoff kann sich in natürlichen Gewässern kein Leben entwickeln. Durch Austausch mit der Umgebungsluft und besonders durch die Fotosynthesetätigkeit der Wasserpflanzen gelangt Sauerstoff in das Wasser und liegt in gelöster Form vor. Für die Wassertiere ist der im Wasser gelöste Sauerstoff lebensnotwendig. Verschiedene Fischarten haben jedoch einen sehr unterschiedlichen Sauerstoffbedarf.

Material: Reagenziensatz für die Sauerstoffbestimmung, Thermometer oder Temperaturmeßgerät, Wasserproben

Durchführung: Untersuche die Wasserprobe direkt an der Entnahmestelle; der Sauerstoffgehalt ändert sich bei längerem Stehen. Halte dich genau an die Gebrauchsanweisung.

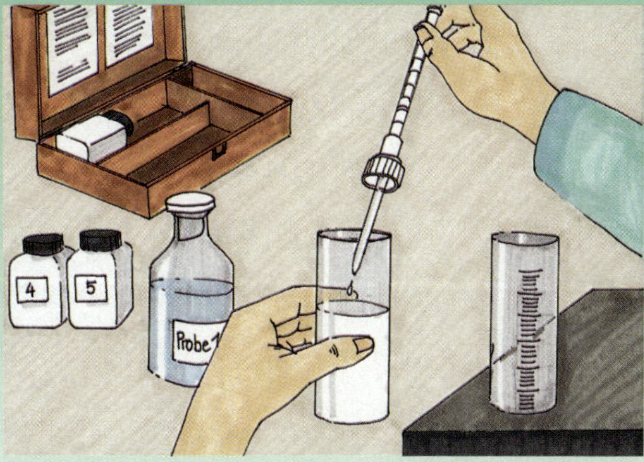

Auswertung: Die Löslichkeit des Sauerstoffs ist *temperaturabhängig*. Je höher die Temperatur ist, desto weniger Sauerstoff löst sich im Wasser. Bei der Bestimmung des Sauerstoffgehalts muß daher immer auch die Wassertemperatur gemessen werden. Der Wert des Sauerstoffgehalts wird in *Milligramm pro Liter* angegeben. Damit du den gemessenen Wert richtig einordnen kannst, mußt du die Sauerstoff*sättigung* berechnen. Der Grad der Sättigung wird in folgender Tabelle angegeben.

Tabelle zur Ermittlung der Sauerstoffsättigung
(Auszug 0 °C – 39 °C)

°C	Sauerstoff in mg/l	°C	Sauerstoff in mg/l	°C	Sauerstoff in mg/l	°C	Sauerstoff in mg/l
0	14,16	10	10,92	20	8,84	30	7,53
1	13,77	11	10,67	21	8,68	31	7,42
2	13,40	12	10,43	22	8,53	32	7,32
3	13,05	13	10,20	23	8,38	33	7,22
4	12,70	14	9,98	24	8,25	34	7,13
5	12,37	15	9,76	25	8,11	35	7,04
6	12,06	16	9,56	26	7,99	36	6,94
7	11,76	17	9,37	27	7,86	37	6,86
8	11,47	18	9,18	28	7,75	38	6,76
9	11,19	19	9,01	29	7,64	39	6,68

Sammle Berichte über Fischsterben in Flüssen und Seen. Warum findet man Zeitungsberichte über das Fischsterben in Gewässern hauptsächlich in den Sommermonaten?

Flußwasser wird in Kraftwerken zum Kühlen genutzt. Dabei entsteht in der Regel keine Verschmutzung, trotzdem wird die Tier- und Pflanzenwelt dadurch verändert. Erkläre!

Beispiel für die Berechnung der Sauerstoffsättigung:

Gemessene Wassertemperatur	13 °C
Sauerstoff-Sättigungswert (Tabelle)	10,2 mg/l
Sauerstoffgehalt bei Entnahme	8,7 mg/l

prozentuale Sättigung: $\frac{8{,}7 \cdot 100\,\%}{10{,}2} = 85{,}3\,\%$

Nitrat, Ammonium und Phosphat. Nitrate und Ammoniumsalze sind Stickstoffverbindungen, die in der Landwirtschaft als Düngemittel Verwendung finden. Wird zu viel gedüngt, werden die Salze aus dem Boden ausgewaschen und können in die Gewässer gelangen. Ammoniumsalze reichern sich auch durch Einleiten von Jauche oder Gülle im Wasser an, in unbelasteten Gewässern kommen sie nur in Spuren vor. Über Haushaltsabwässer, die ungenügend gereinigt und mit Fäkalien belastet sind, werden nicht nur Stickstoffverbindungen, sondern auch Phosphate in die Flüsse und Seen eingeschwemmt.

Die große Zufuhr an Nährsalzen führt zu einem starken Pflanzenwachstum in den Gewässern. Diesen Vorgang nennt man **Eutrophierung**. Die Pflanzen nehmen sich gegenseitig den Lebensraum weg, sterben ab und sinken auf den Grund der Gewässer. Dort werden sie von Kleinstlebewesen zersetzt. Diese verbrauchen dabei den im Wasser gelösten Sauerstoff. Am Boden stark verschmutzter Gewässer bildet sich Faulschlamm. Durch die Zersetzungstätigkeit von Bakterien entstehen übelriechende Gase und Ammoniumsalze. Bei höheren Wassertemperaturen entsteht aus den Ammoniumsalzen Ammoniak, ein starkes Fischgift. Fische und andere Lebewesen gehen zugrunde. Man sagt: Das Gewässer „kippt um".

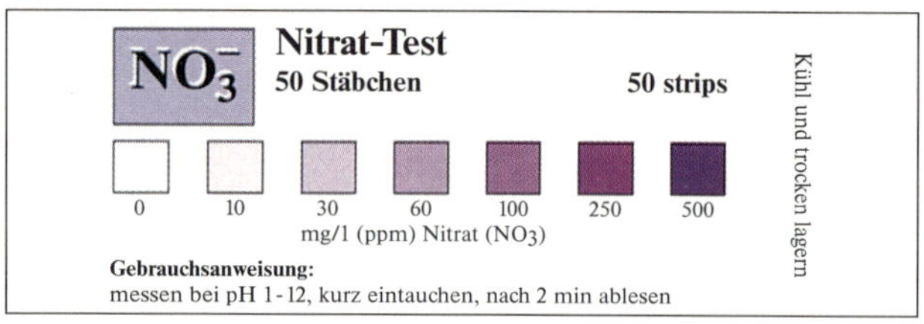

Die Wasserhärte hängt von der Bodenbeschaffenheit und von der Jahreszeit ab. Quellwasser in regenreichen Gebieten ist weich. In Kalk- und Gipslandschaften kann das Wasser eine erhebliche Härte erreichen.
Wird hartes Wasser erwärmt, bildet sich unlöslicher Kalkstein, der sich als Kesselstein in Heizröhren, Töpfen, Kaffeemaschinen und Boilern ablagert. Durch die Bildung von Kalkstein nimmt die Wasserhärte ab, das Wasser wird weicher. Deshalb bezeichnet man diese Wasserhärte als **vorübergehende Härte** oder **Carbonathärte**. Sie wird von im Wasser gelösten Calcium- und Magnesiumsalzen hervorgerufen. Sind noch andere härtebildende Salze (z. B. Sulfate) im Wasser vorhanden, die sich nicht in Kalkstein umwandeln, spricht man von **bleibender Härte**. Carbonathärte und bleibende Härte bilden die Gesamthärte des Wassers. Diese wird in Grad deutscher Härte (°dH) oder in Millimol pro Liter gemessen. Für den praktischen Gebrauch hat sich die Einteilung der Gesamtwasserhärte in vier *Härtebereiche* bewährt.

Schnelltest: Willst du die Wasserhärte besonders einfach und schnell bestimmen, kannst du Teststäbchen verwenden. Mit einem Reagenziensatz bekommst du genauere Werte.

Der Nitratgehalt im Trinkwasser darf zur Zeit nicht mehr als 50 mg/l betragen. Überprüfe, ob der Nitratgehalt der Wasserprobe für Trinkwasserqualität ausreicht.

Warum hängt die Härte des Wassers von der Beschaffenheit des Bodens ab, aus dem es kommt? Bestimme die Härte des Leitungswassers deines Heimatortes.

Härtebereich	Wasserhärte in °dH
1 weich	0 – 7
2 mittelhart	7 – 14
3 hart	14 – 21
4 sehr hart	über 21

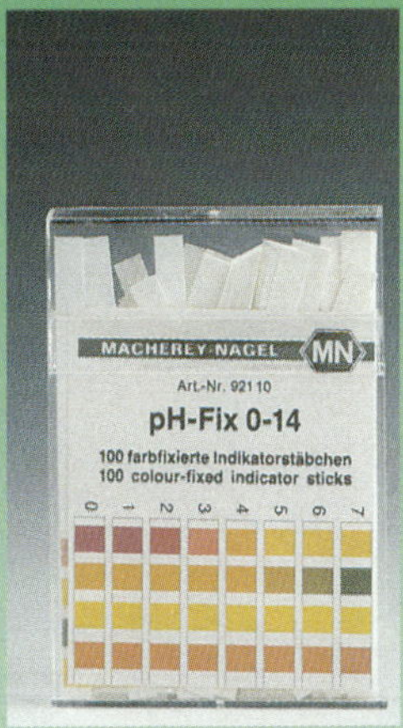

Der pH-Wert. Saurer Regen stört das biologische Gleichgewicht in Gewässern. Fische und andere Wassertiere erkranken und sterben, auch an den Pflanzen zeigt sich die Schadwirkung des säurehaltigen Wassers. Seifenlösungen und Waschlaugen fühlen sich glitschig an. Solche Lösungen nennt man alkalisch; auch sie belasten das Wasser. Zum Prüfen saurer und alkalischer Lösungen verwendet der Chemiker Nachweismittel. Sie enthalten Farbstoffe, die je nach Art der Lösung ihre Farbe ändern. Stoffe, die das Vorliegen saurer und alkalischer Lösung anzeigen, nennt man **Indikatoren** (von lat. indicare, anzeigen).

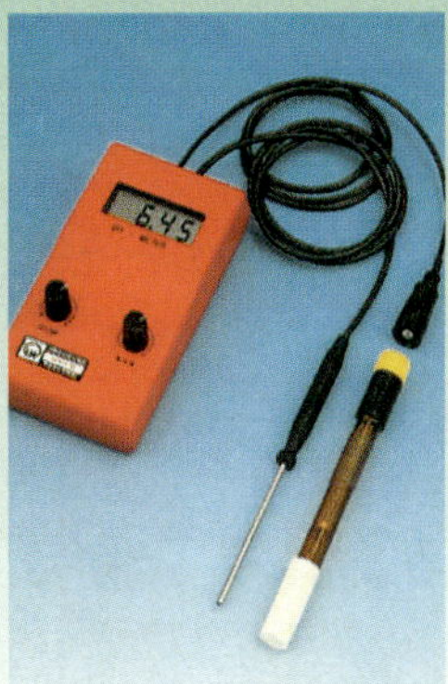

Zur genauen Kennzeichnung, wie stark sauer oder alkalisch ein Gewässer ist, wird der **pH-Wert** bestimmt. Reines Wasser ist weder sauer noch alkalisch, es ist neutral und besitzt den pH-Wert 7. Saure Lösungen haben einen pH-Wert, der kleiner als 7 ist. Alkalische Lösungen weisen einen pH-Wert auf, der größer ist als 7.
Der pH-Wert in Fließgewässern hängt stark von der Zusammensetzung der eingeleiteten Abwässer ab. Stark saure oder alkalische Lösungen beeinflussen den Stoffwechsel von Wassertieren und Pflanzen. Für die Mehrzahl der Fische muß der pH-Wert der Gewässer zwischen 5,5 und 8,5 liegen. Abweichungen hiervon führen zur Erkrankung oder zum Tod der Tiere.

Temperatur °C		
Sauerstoff	Sättigungswert (Tabelle mg/l)	
	gemessener Wert mg/l	
	Sauerstoff-Defizit mg/l	
pH-Wert		
Ammonium mg/l		
Nitrit mg/l		
Nitrat mg/l		
Phosphat mg/l		
Gesamthärte °dH		
Leitfähigkeit µS/cm		
Gesamtbeurteilung		

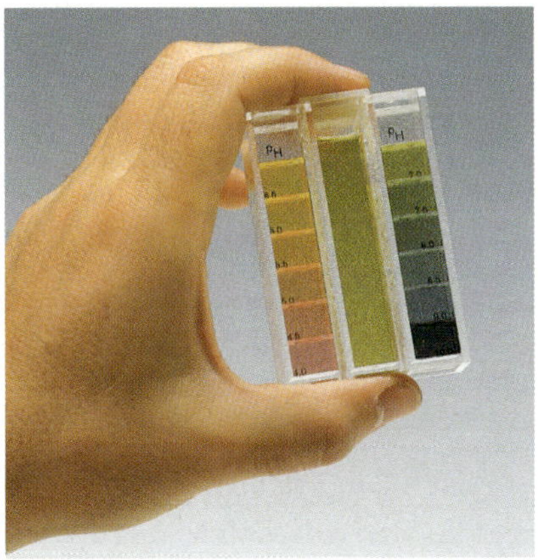

Bestimmung des pH-Werts.
Dazu kannst du Teststäbchen, ein pH-Meßgerät oder einen Reagenziensatz verwenden.

Parameter	Fließgewässer: unbedenklich: sauber bis fast sauber	zunehmend kritisch: leicht bis erheblich verschmutzt	gefährlich: stark bis sehr stark verschmutzt	abwasserähnlich: übermäßig verschmutzt
Biologische Gewässergüte	I bis I/II	II bis II/III	III bis III/IV	IV
Wassertemperatur in °C (jahreszeitlich bedingt; hier Sommerwerte)	12 – 14	15 – 18	21 – 23	> 23
Sichttiefe (stehende Gewässer)	5 m	3 – 1 m	0,5 m	< 0,5 m
pH-Wert	6,5 – 7,5	6,0 – 8,5	5,5 – 9	< 5,5; > 9
Sauerstoffgehalt in mg O_2/l	≥ 8	≥ 6	≥ 4	≤ 2
Sauerstoffsättigung in %	85 – 110	85 – 50	40 – 20	< 10
Ammonium in mg NH_4^+/l	< 0,1	< 0,3	< 1	> 2
Nitrit in mg NO_2^-/l	< 0,1	0,2 – 0,5	4 – 6	> 8
Nitrat in mg NO_3^-/l	< 1	< 5	> 5 (30 – 50)	(über 100)
Phosphat in mg PO_4^{3-}/l	0,1	0,5 – 2	3 – 5	> 8

Der pH-Wert von Flüssigkeiten kann auch elektrisch gemessen werden. Welche Vorteile bietet diese Methode? Welcher pH-Wertbereich ist für Fische optimal?

Die Bildung von giftigem Ammoniak aus Ammoniumsalzen ist abhängig vom pH-Wert. Ist der pH-Wert größer als 7, nimmt der Ammoniakgehalt zu. Beschreibe Folgen!

Die chemische Untersuchung eines Gewässers gibt Hinweise auf Verschmutzungsquellen. Wie beurteilst du die Wasserqualität des untersuchten Fließgewässers?

Die chemische Untersuchung zeigt , welche Qualität das Wasser zum Zeitpunkt der Probenentnahme hat. Was bewertet die biologische Untersuchung?

6.9 Trinkwasser – Gewinnung und Verteilung

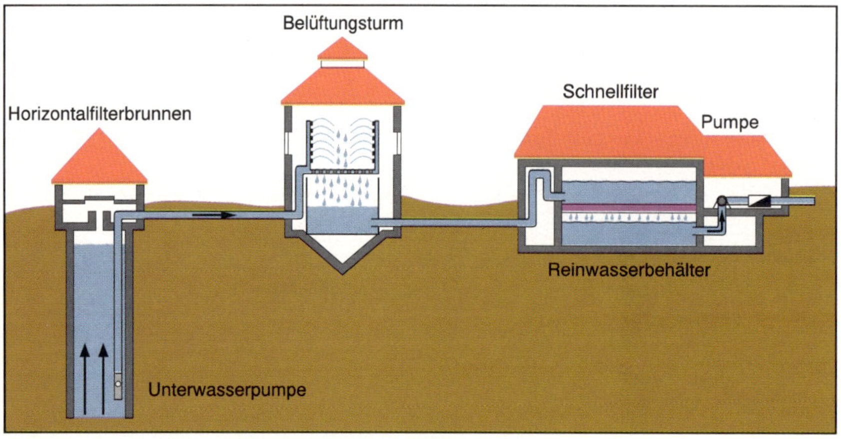

B 1 Trinkwassergewinnung aus Grundwasser

B 2 Trinkwasserbrunnen

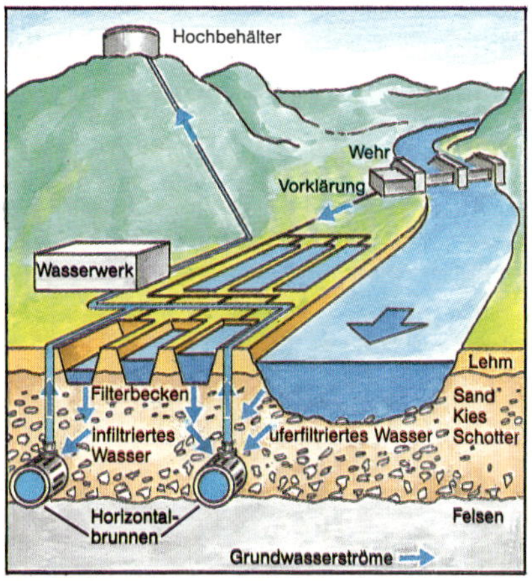

B 3 Trinkwasser aus Uferfiltrat

B 4 Verkehrszeichen für Wasserschutzgebiete

An unser Trinkwasser werden hohe Anforderungen gestellt. Es soll klar, farblos, geruch- und geschmackslos und frei von Krankheitskeimen sein. *Grundwasser* entspricht diesen Anforderungen am besten. Bei einem Tagesbedarf von 150 Litern pro Kopf und einem zusätzlichen Anteil für den öffentlichen Wasserverbrauch, z. B. für Schwimmbäder, Schulen, Krankenhäuser und Straßenreinigung, reicht das Grundwasservorkommen zur Trinkwassergewinnung nicht mehr aus. Es muß daher auch zunehmend auf *Oberflächenwasser* zurückgegriffen werden. Da die Oberflächengewässer aber stark verschmutzt sind, müssen die Wasserversorgungsbetriebe große Anstrengungen unternehmen, um die Ansprüche an das Trinkwasser zu erfüllen. Ein Wasserversorgungsbetrieb unterscheidet die vier Bereiche: Wassergewinnung, Wasseraufbereitung, Wasserspeicherung und Wasserverteilung.

Wassergewinnung. Zur Gewinnung von Grundwasser verfügen die Wasserwerke heute meistens über eine große Zahl von Brunnen (▷ B 2). Das Grundwasser wird mit Elektropumpen gehoben und zur Wasseraufbereitung in die Wasserwerke geleitet. Um auch verschmutztes Oberflächenwasser aus Seen und Flüssen für die Trinkwassergewinnung zu nutzen, legt man auch Förderbrunnen in den Uferzonen von Seen und Flüssen an. Das verschmutzte Oberflächenwasser muß auf dem Weg zu den Brunnen dicke Sand- und Kiesschichten passieren, die wie große Filter wirken (▷ B 3). Das so gewonnene Trinkwasser wird als *Uferfiltrat* bezeichnet.
Ein anderes Verfahren besteht darin, Oberflächenwasser in Sickerbecken zu leiten. Aus diesen Sickerbecken, die mit einer Sandschicht ausgekleidet sind, versickert das Wasser in den Boden und vermischt sich dort mit dem Grundwasser. Die Sandschichten der Sickerbecken müssen von Zeit zu Zeit erneuert werden.

Wasserschutzgebiete. Die Gebiete, in denen Trinkwasser gewonnen wird, werden als Wasserschutzgebiete gekennzeichnet. In diesen Gebieten wird falsches Verhalten, das zur Verschmutzung des Grundwassers führt (z. B. Autowaschen) besonders bestraft. Amtliche Verkehrsschilder (▷ B 4) weisen auf Wasserschutzgebiete hin. Das blaue Schild zeigt an, daß die Straße durch ein Schutzgebiet oder daran entlang führt.

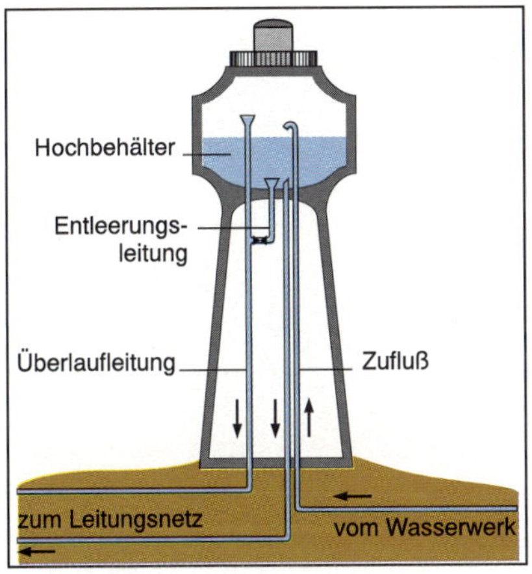

B5 Aufbau eines Wasserturms

Erklärung der Hinweisschilder für Hydranten und Schieber

Um die Hydranten und Schieber auch unter Schlamm- oder Schneedecken schnell aufzufinden, geben die Hinweisschilder die Lage genau an.
Der in dem Hinweisschild bezeichnete Hydrant ist an eine Wasserleitung mit einem Durchmesser von 150 mm angeschlossen und befindet sich vom Schild aus 4,0 m nach vorne und 0,4 m nach links.
Der Schieber sitzt an einer Wasserleitung mit einem Durchmesser von 80 mm und befindet sich vom Schild aus 3,5 m nach vorn und 0,4 m nach links.

B6 Hinweisschilder für Hydrant und Schieber

Wasseraufbereitung. Vielfach müssen Oberflächengewässer, Uferfiltrate und auch das Grundwasser vor der Abgabe in die Wasserleitungen aufbereitet werden, weil sie durch Schwebstoffe, Algen und Bakterien verschmutzt sind, oder weil in ihnen Stoffe wie Kalk, eisen- oder manganhaltige Substanzen gelöst sind. Das Wasser gelangt bei der Aufbereitung zunächst in einen Belüftungsturm. Dort wird es durch Düsen fein zerstäubt. Das Wasser kommt dabei intensiv mit der Luft in Berührung, wobei einige gelöste Stoffe mit Luft Feststoffe bilden. Diese flocken aus und können dann durch Filter abgetrennt werden. Die Filter bestehen meistens aus Sand- und Kiesschichten, bei stärker belastetem Grundwasser werden jedoch auch Aktivkohlefilter eingesetzt. Das so gereinigte Wasser kann noch Krankheitserreger enthalten. Diese werden durch Chlor oder Ozon abgetötet. Die im Wasser verbleibenden Mineralstoffe verleihen dem Wasser einen guten Geschmack und tragen zur Gesunderhaltung bei.

Wasserspeicherung. Der Wasserverbrauch verteilt sich über die 24 Stunden eines Tages sehr unterschiedlich (▷ B 7). Nachts werden die Wasserhähne kaum aufgedreht, während es am Morgen, in der Mittagszeit und in den Abendstunden zu einem stark erhöhten Verbrauch kommt. An einem heißen Sommertag wird das Mehrfache an Wasser gebraucht wie an einem kalten Wintertag. Diesen großen Schwankungen können die Förderanlagen der Wasserwerke nicht folgen. Zur Speicherung wird deshalb das Trinkwasser in Wasserbehälter oder in Wassertürme (▷ B 5) gepumpt.

Wasserverteilung. Die Zuleitungen des Wassers in die einzelnen Haushalte stellen den größten Kostenfaktor bei der Wasserversorgung dar. Die größeren Städte verfügen meistens über ein *Ringleitungssystem* mit Hauptrohren von einem Durchmesser bis zu einem Meter. Von diesen zweigen Straßenleitungen mit einem geringeren Durchmesser ab.
Zur Behebung von Wasserrohrbrüchen und zur Durchführung von Reinigungsarbeiten befinden sich in bestimmten Abständen Schieber. Für die Brandbekämpfung und für größere Wasserentnahmen gibt es an verschiedenen Stellen Entnahmestellen, die Hydranten. Die Lage von Hydranten und Schiebern sind durch Tafeln am Straßenrand markiert (▷ B 6). Von den Straßenrohren zweigen die Hausleitungen ab, die sich hinter dem *Wasserzähler* im Haus verzweigen.

A 1 Zeichne die Hinweisschilder für einen Schieber (einen Hydranten) an einem Wasserrohr mit einem Durchmesser von 300 mm (850 mm), der vom Schild aus 7 m nach links (5,5 m nach rechts) und 2,5 m (2,1 m) nach vorn liegt.

A 2 Auf welche Weise können Krankheitserreger im Trinkwasser verhindert werden?

B7 Wasserverbrauch in einem Wohngebiet während eines Fußballspieles

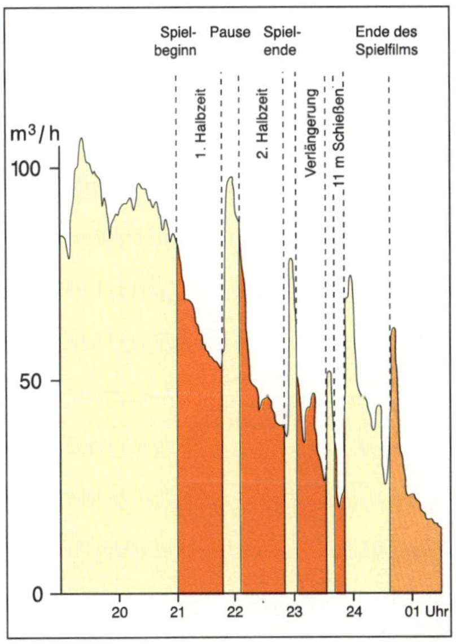

6.10 Abwasserreinigung

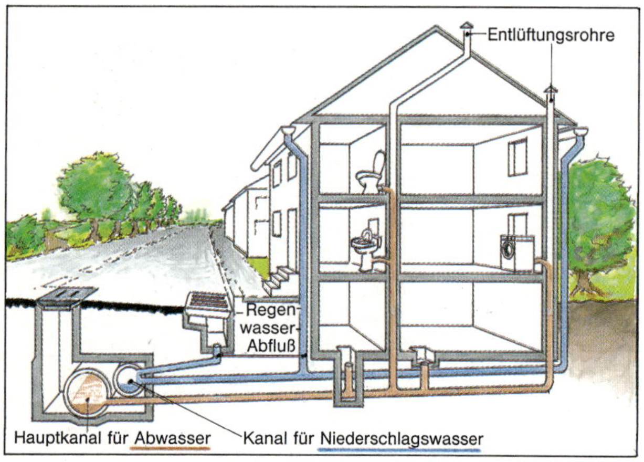

B 1 Hausentwässerung und städtische Kanalisation (Trennsystem)

B 2 Zusammenfluß von Nebenkanälen zu einem Sammelkanal

Beim Bau eines Hauses muß darauf geachtet werden, daß die Abwässer und anfallendes Niederschlagswasser der Kanalisation zugeführt werden.

Bei dem **Mischsystem** wird das häusliche Abwasser zusammen mit dem von Dächern, Straßen und Plätzen anfallenden Niederschlagswasser in einem einzigen Kanalisationsrohr abgeführt.
Für die Arbeit einer Kläranlage ist es jedoch vorteilhaft, wenn die Abwässer und das Regenwasser in getrennten Rohren zugeleitet werden. Diese Art der Ableitung wird als **Trennsystem** (▷ B 1) bezeichnet.

Zur Belüftung, Kontrolle und Reinigung der unterirdischen Rohre sind diese in regelmäßigen Abständen mit *Einstiegsschächten* versehen. Im Kanalnetz führen mehrere kleine Nebenkanäle zu einem *Sammelkanal* (▷ B 2), der die Abwässer in die Kläranlage einleitet. Um bei starken Regenfällen die Wassermassen zu fassen, sind an einigen Stellen *Rückhaltebecken* angelegt.

Kläranlage. In den meisten Kläranlagen erfolgt die Reinigung der Abwässer in zwei Stufen. Die erste Stufe bildet die **mechanische Klärung**. Zunächst fließt das Abwasser durch *Grob-* und *Feinrechen*, die wie ein Kamm die groben Verunreinigungen zurückhalten. Im *Sandabsetzbecken* verbreitert sich der Abflußkanal, wodurch die Geschwindigkeit des durchfließenden Wassers abnimmt. Dadurch lagern sich die schweren, erdigen Bestandteile wie Sand oder Kies ab. In dem anschließenden *Ölabscheider* wird das wegen seiner geringeren Dichte auf dem Wasser schwimmende Öl oder Benzin abgetrennt.

B 3 Luftbild einer Kläranlage

Schließlich gelangt das Abwasser in das *Vorklärbecken*, wo es ca. zwei Stunden verweilt. Die fein verteilten Schwebstoffe sinken zu Boden und bilden eine dicke Schlammschicht.

Die zweite Reinigungsstufe bildet die **biologische Klärung**. Hier laufen Vorgänge wie bei der Selbstreinigung der Gewässer ab, nur auf engstem Raum und viel rascher. Im *Belüftungsbecken* können die Kleinstlebewesen unter ständiger Luftzufuhr den größten Teil der im Abwasser enthaltenen Schmutzstoffe abbauen. Bei diesem Abbau entsteht auch Nitrat, eine Verbindung aus Stickstoff und Sauerstoff. Da größere Mengen an Nitrat die Gewässer belasten, verfügen moderne Kläranlagen über ein *Denitrifikationsbecken*. Die Bakterien in diesem Becken (Nitratbakterien) holen sich den für ihren Stoffwechsel benötigten Sauerstoff aus den Nitraten. Von den Nitraten bleibt dann nur noch Stickstoff übrig, der als Gas entweicht. In dem nachfolgenden *Nachklärbecken* setzen sich abgestorbene Kleinstlebewesen und Bakterien als Schlamm ab. Nach Passieren der mechanischen und der biologischen Reinigungsstufe ist das Abwasser etwa zu 95% gereinigt. Unter den verbleibenden Schmutzstoffen können sich jedoch auch noch Stoffe befinden, die stark wassergefährdend sind.

Zur Entfernung solcher wassergefährdenden Stoffe ist häufig noch eine weitere Behandlung in einer dritten Stufe, der **chemischen Klärung**, notwendig. In einem Flockungsbecken wird dem Abwasser unter starker Durchmischung eine Chemikalienlösung beigesetzt, die mit dem Restschmutz unlösliche Flocken bilden. Diese Flocken setzen sich auf dem Boden als Schlamm ab und können dann entfernt werden. Das gereinigte Wasser kann nun in natürliche Gewässer eingeleitet werden.

Schlammbehandlung. Der in den Vor- und Nachklärbecken anfallende Schlamm gelangt zuerst in einen *Faulraum*, wo der Schlamm bei 37°C unter Luftabschluß gärt. Dabei entstehen *Faulgase*, die zunächst in einem *Gasbehälter* gesammelt und später für Heizwecke genutzt werden können. Nach etwa vier Wochen ist der Schlamm ausgefault. Der durch entweichende Faulgase aufgelockerte Schlamm wird eingedickt und dann entwässert. Ist der Faulschlamm nicht durch Schwermetallverbindungen von Cadmium, Blei oder Kupfer belastet, kann er als Düngemittel in der Landwirtschaft verwendet werden (▷ B4). Im anderen Fall muß er verbrannt und die anfallende Asche dann deponiert werden.

B4 Klärschlamm kann als Düngemittel eingesetzt werden

A 1 Erkläre bei der Abwasserableitung die Vorteile des Trennverfahrens gegenüber dem Mischverfahren.

A 2 Warum wird in dem Belüftungsbecken kein reiner Sauerstoff zugeführt?

A 3 Warum ist bei vielen Abwasserbehandlungen eine chemische Reinigungsstufe erforderlich?

A 4 Klärschlamm wird auch als Düngemittel in der Landwirtschaft verwendet. Dies ist aber nicht immer möglich. Begründe!

B5 Schema einer Kläranlage

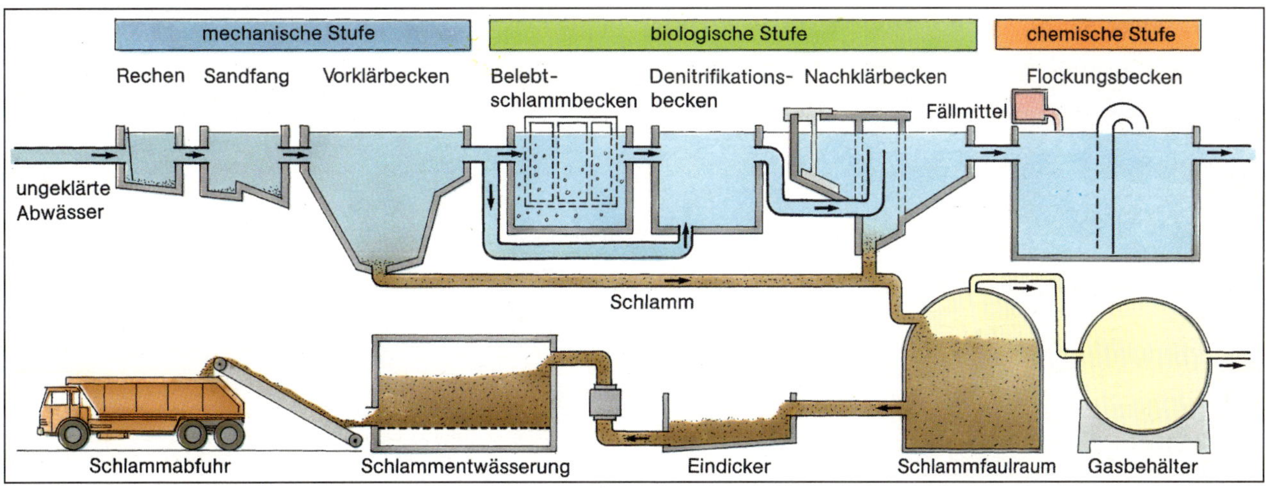

6.11 Anwendung und Vertiefung

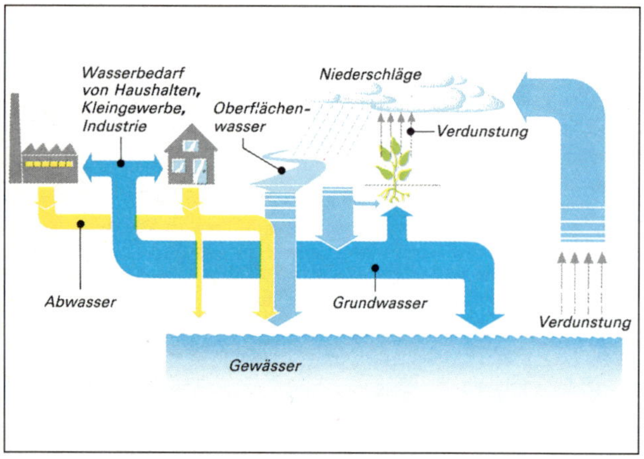

B 1 Zu Aufgabe 1

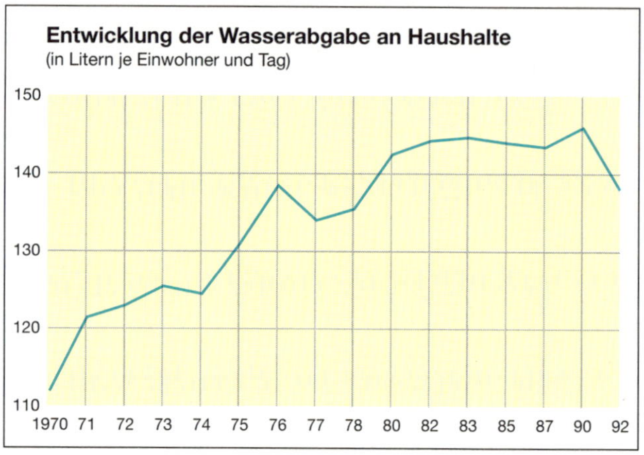

B 2 Zu Aufgabe 2

1 Erkläre anhand ▷ B 1 den Kreislauf des Wassers. An welchen Stellen wird das Wasser verschmutzt?

2 ▷ B 2 kann man entnehmen, daß der Wasserverbrauch in den privaten Haushalten in den Jahren 1974 bis 1980 kräftig angestiegen ist, während er in den letzten Jahren in etwa gleich geblieben ist. Wie ist dies zu erklären?

3 Um den als Trinkwasser zur Verfügung stehenden Anteil des gesamten Wasservorkommens zu veranschaulichen, soll folgender Vergleich dienen. Angenommen die gesamten Wasservorräte der Erde paßten in eine Badewanne mit 150 Liter Inhalt. Wie groß wäre dann der als Trinkwasser verwertbare Anteil:

a) ein Eimer (= 10 l),

b) eine Schüssel (= 3 l),

c) eine Getränkeflasche (= 1 l),

d) eine Tasse (= 0,1 l),

e) ein Schnapsglas (= 0,02 l)?

Stelle zur Beantwortung der Frage eine Berechnung an.

4 Zum Umweltschutz und zur Gewässerreinhaltung kann jeder beitragen. Viele Stoffe, die für Grund- und Oberflächenwasser belastend sind, kommen aus den Haushalten.

a) Welche Stoffe sind das?

b) Wie kann jeder dazu beitragen, die Gewässerbelastung zu verringern?

5 An das Trinkwasser werden besonders hohe Anforderungen gestellt. Die Qualität des Trinkwassers wird deshalb durch ständige Kontrollen in modernen Untersuchungslabors (▷ B 3) sichergestellt.

a) Welche Anforderungen muß das Trinkwasser erfüllen?

b) Durch welche Maßnahmen können die Wasserversorgungsunternehmen diese Ansprüche erfüllen?

B 3 Zu Aufgabe 5

B 4 Zu Aufgabe 6

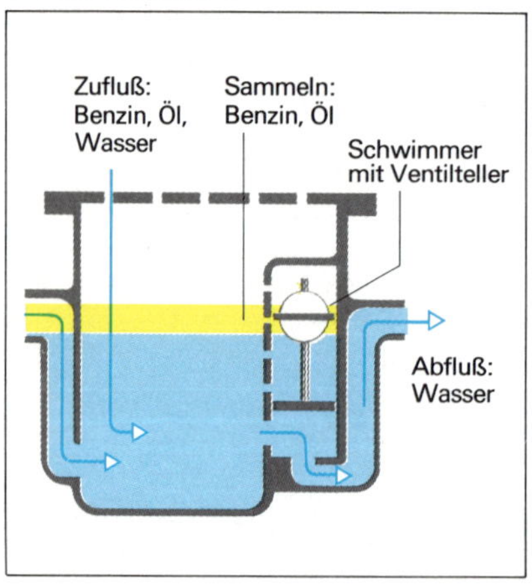

6 In vielen Arbeitsbereichen entsteht durch Öl oder Benzin verunreinigtes Schmutzwasser. Dieses Wasser darf erst in die Kanalisation eingeleitet werden, wenn es einen Ölabscheider durchlaufen hat.

a) In welchen Bereichen entsteht solches Schmutzwasser?

b) Erkläre mit Hilfe von ▷ B 4 die Arbeitsweise eines Ölabscheiders.

c) Gib Beispiele für Wasserverschmutzungen an, die sich mit einem Ölabscheider nicht abtrennen lassen.

Luft – Wasser – Boden
Stoffkreisläufe

Unser Abwasser wird durch die Kanalisation in eine Kläranlage geleitet. Dort wird es gereinigt, bevor es in die Flüsse gelangt. In der biologischen und chemischen Reinigungsstufe der Kläranlage fallen große Mengen Klärschlamm an. Er wird in Faultürmen unter Luftabschluß ausgefault. Dabei entstehen Faulgase, die zum Heizen oder zum Antrieb von Motoren genutzt werden können. Schadstoffe im Abwasser, die in der Kläranlage nicht entfernt werden können und in den Klärschlamm gelangen, gefährden Luft und Böden.

Klärschlamm, der mit Schwermetallverbindungen von Cadmium, Blei und Kupfer belastet ist, läßt sich nicht wiederverwerten. Er muß deponiert oder verbrannt werden, wobei sich die Schadstoffe im Boden anreichern oder in die Luft entweichen können. Deshalb ist es besser, wenn schwer abbaubare Stoffe erst gar nicht in den Naturkreislauf gelangen.
Wir werden in diesem Kapitel weitere Stoffkreisläufe in der Abfallwirtschaft kennenlernen, bei denen die Vermeidung im Vordergrund steht.

7.1 Reinhaltung von Luft, Wasser und Boden

B 1 Meßstationen ermitteln ständig die Schadstoffbelastung der Luft

Bei Verbrennungsvorgängen in Kraftwerken, Industrieanlagen und Kraftfahrzeugmotoren entstehen gasförmige und feste Schadstoffe, die in die Luft gelangen. In Ballungs- und Belastungsgebieten wird der Anteil der Schadstoffe in der Luft ständig gemessen (▷ B 1). Kohlenstoffmonooxid und Stickstoffoxide stammen hauptsächlich aus den Abgasen von Kraftfahrzeugen. Schwefeldioxid wird bei der Verbrennung von Kohle und Heizöl aus darin enthaltenen Schwefelverbindungen gebildet. Stickstoffoxide und Schwefeldioxid bilden mit dem Wasser der Niederschläge Sauren Regen, der als Hauptursache für das Waldsterben gilt.

Umweltbelastung und Bioindikatoren. Pflanzen, die besonders empfindlich auf Luftschadstoffe reagieren, nennt man **Bioindikatoren**. Sie werden im Labor gezüchtet und ins Freiland ausgesetzt, um die Schadstoffe in der Luft zu messen. Flechten z. B. sterben ab, wenn der Anteil von Schwefeldioxid in der Luft zunimmt (▷ B 2).

Durch Übersäuerung wird auch das biologische Gleichgewicht in Böden und Gewässern gestört. Dies ist ein Hinweis dafür, daß die Luftschadstoffe wie in einem Kreislauf wieder zurück zur Erde in Böden und Gewässer gelangen. Die Schadwirkung des Sauren Regens zeigt sich sowohl an Pflanzenwurzeln und Bodentieren als auch an Fischen (▷ B 3) und anderen Kleinlebewesen des Wassers.

Gefährdung durch Überdüngung. Auch andere Beispiele zeigen, daß Luft, Wasser, Boden und Lebewesen eng miteinander verbunden sind. In Gebieten mit viel Landwirtschaft und intensivem Gartenbau können sich überschüssige Düngemittel (z. B. Nitrate) im Boden anreichern, in das Grundwasser gelangen und dieses als Trinkwasser ungenießbar machen (▷ B 4).

V 1 Spanne über die Öffnung eines Glases mehrere Streifen Tesafilm mit der Klebefläche nach oben. Stelle das Glas im Freien auf. Entferne die Klebestreifen nach 24 Stunden und klebe sie auf Millimeterpapier. Betrachte die Staubteilchen unter der Lupe. Wie viele Staubteilchen befinden sich jeweils auf 1 cm^2?

A 1 Warum wird die Schadstoffbelastung der Luft nicht nur mit technischen Geräten, sondern auch mit Bioindikatoren gemessen?

A 2 In stark sauren Bächen leben heute meist nur alte Fische in stark abgemagertem Zustand. Nenne Gründe dafür.

B 2 Bioindikatoren-Station. Unten: Flechten vor (links) und nach Einwirkung von Luftschadstoffen (rechts)

B 3 Fischbestand in der kleinen Kinzig (Schwarzwald)

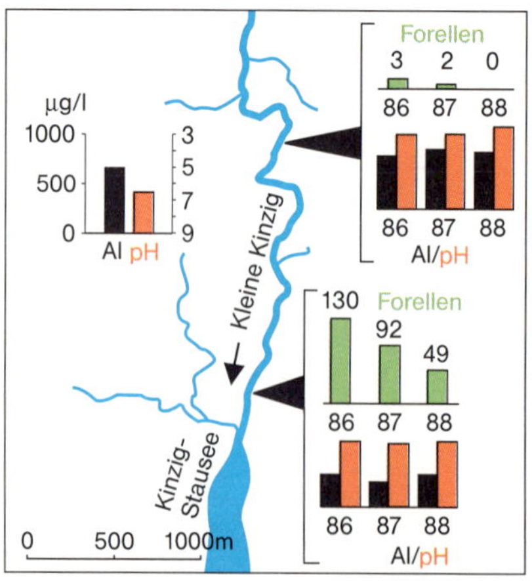

B 4 Überschüssiges Nitrat aus Düngemitteln kann ins Trinkwasser gelangen

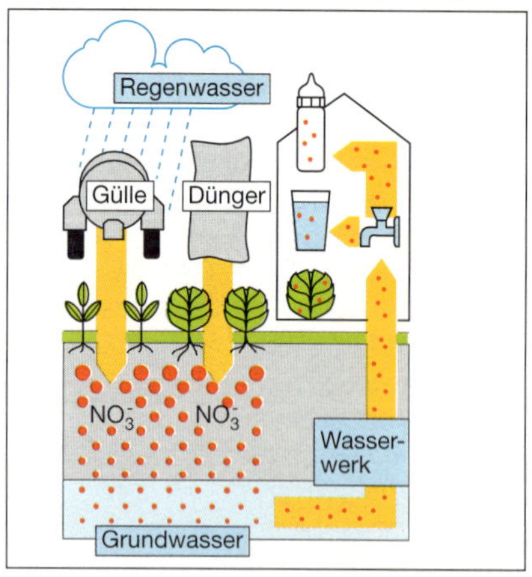

Versuch 1 Wir bestimmen den Anteil von Schadstoffen in der Luft

Gasförmige Luftschadstoffe können mit einem Gasspürgerät gemessen werden. Zu dem Gerät gehören eine Pumpe und verschiedene Prüfröhrchen. Leitet man Luft durch ein Röhrchen, verfärbt sich die darin enthaltene Substanz. Mit Hilfe der aufgedruckten Skala kann der Meßwert bestimmt werden. Die Meßwerte werden meist in ppm angegeben, das bedeutet parts per million (engl., Teile von 1 Million Teilen).

Geräte/Materialien

Gasspürpumpe (100 ml), Prüfröhrchen für Kohlenstoffmonooxid (Meßbereich 5 bis 150 ppm), Prüfröhrchen für Schwefeldioxid (0,1 bis 3 ppm), Prüfröhrchen für Stickstoffdioxid (0,5 bis 25 ppm)

Versuchsanleitung

Wähle verschiedene Standorte (z. B. vielbefahrene Straßenkreuzung, Tiefgarage, Straßentunnel, Reinluftgebiet) und miß jeweils die Volumenanteile der Schadstoffe Kohlenstoffmonooxid, Schwefeldioxid und Stickstoffdioxid. Brich zuerst die Spitzen des Prüfröhrchens ab und stecke es in Richtung des aufgedruckten Pfeils in die Öffnung der Gasspürpumpe. Sauge dann die den Angaben auf dem Röhrchen entsprechende Luftmenge hindurch.
Notiere die Meßhöhe.

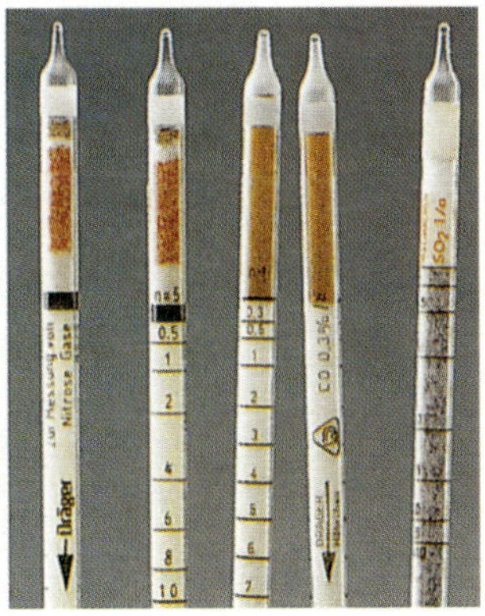

Aufgaben/Auswertung

1. Erstelle ein Versuchsprotokoll und trage alle Meßwerte sowie die Meßhöhe in eine Tabelle ein.
2. Eine langzeitliche Belastung mit Kohlenstoffmonooxid darf 10 ppm nicht überschreiten. Ein Schadstoffgehalt von 0,3 ppm Schwefeldioxid bzw. 0,1 ppm Stickstoffdioxid in der Luft gilt noch als gesundheitlich unbedenklich. Vergleiche diese Werte mit deinen Meßwerten und diskutiere das Ergebnis.

Versuch 2 Wir untersuchen die Wirkung von Saurem Regen auf Böden

Pflanzen benötigen zum Wachsen und Gedeihen Mineralsalze, die im Boden gespeichert vorliegen. Dringt Saurer Regen in die Erde ein, verändern sich die Eigenschaften des Bodens. Ein Versuch zeigt die Wirkung des Sauren Regens auf Eisensalze im Boden.

Geräte/Materialien

Schutzbrille, großer Blumentopf, Becherglas (500 ml), 2 Bechergläser (250 ml), Reagenzglas, Tropfpipette, Meßzylinder (100 ml), Dreifuß, Steinwolle, Blumenerde

Chemikalien

Verdünnte Salzsäure, verdünnte Schwefelsäure, verdünnte Kaliumthiocyanatlösung, verdünnte Eisensalzlösung (0,1 g Eisen(III)-chlorid in 500 ml Wasser)

Versuchsanleitung

1. Gib in ein Reagenzglas 10 ml Eisensalzlösung und 1 ml verdünnte Salzsäure. Füge 2 bis 3 Tropfen Kaliumthiocyanatlösung dazu. Die entstehende Rotfärbung ist ein Nachweis für bestimmte Eisensalze.
2. Dichte den Boden eines großen Blumentopfes mit Steinwolle ab und fülle den Topf bis zum Rand mit Blumenerde. Lasse auf die Erde *langsam* 100 ml Eisensalzlösung fließen. Fange die durchfließende Lösung in einem Becherglas auf und prüfe sie wie im ersten Versuchsschritt auf Eisensalz.
3. Gieße anschließend auf die Erde langsam 100 ml verdünnte Schwefelsäure (Saurer Regen). Führe mit der durchgeflossenen Lösung wieder den Nachweis für Eisensalz durch.

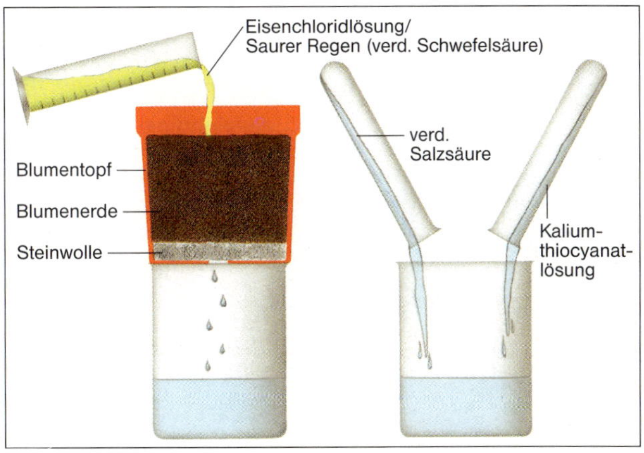

Auswertung

1. Beschreibe und deute deine Beobachtungen.
2. Welche Veränderungen werden im Boden durch Sauren Regen hervorgerufen? Beschreibe mögliche Auswirkungen auf Nutzpflanzen (z. B. Obst, Gemüse, Salat).

7.3 Wertvolle Rohstoffe im Stoffkreislauf

B 1 Müll – eine Kehrseite des Wohlstands

Abfallberg – so hoch wie das Matterhorn

So hoch wie das Matterhorn türmte sich der Inhalt aller bundesdeutschen Mülltonnen in einem Jahr auf, wenn alles auf einen Fleck geschüttet würde.

Erhebliche Sorgen bereitet Politikern und Entsorgern die Beseitigung all dessen, was die Industrie- und Wohlstandsgesellschaft an Abfällen produziert. Allein 23 Millionen Tonnen Hausmüll müssen jährlich entsorgt werden. Dabei läßt sich durch sorgfältiges Sortierten des anfallenden Abfalls die Müllmenge deutlich verringern.

B 2 Wohin mit dem Müll?

B 3 Zusammensetzung des Hausmülls

A 1 Stelle fest, wieviel Müll bei euch zuhause pro Woche entsteht. Berechne die Jahresmenge.

A 2 Aus welchen Bestandteilen setzt sich der Hausmüll zusammen? Welche Maßnahmen können dazu beitragen, die Menge des Hausmülls zu verringern?

A 3 Was kannst du zur Vermeidung von Müll in der Schule beitragen?

A 4 In vielen Gemeinden gibt es Geschirrmobile, sie helfen viel Müll einzusparen. Nenne Gründe dafür.

A 5 Der Kompost ist nur so gut wie sein Ausgangsmaterial. Welche Abfälle im Haushalt können kompostiert werden? Beschreibe die Vorteile und die Probleme der Eigenkompostierung. Gibt es in eurem Landkreis eine Kompostieranlage?

B 4 Wegwerfartikel

B 5 Aufwendige Skinverpackung

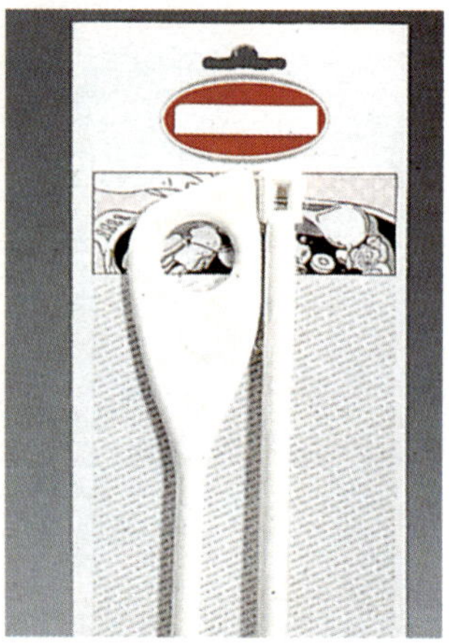

Wohin mit dem Müll? Früher hatte jedes Dorf seinen Müllplatz. Bis in die sechziger Jahre wurden die Abfälle auf ungeordneten Müllkippen abgelagert. Doch dann wuchsen die Müllberge unaufhaltsam (▷ B 2). Schadstoffe reicherten sich im Boden an, durch Sickerwasser geriet das Grundwasser in Gefahr. In wenigen Jahrzehnten wurden viele wertvolle Rohstoffe in wertlosen Abfall verwandelt.

Die moderne Abfallwirtschaft hat sich neue Ziele gesetzt. Heute stehen folgende Maßnahmen im Vordergrund: **Vermeiden**, **Vermindern** und **Verwerten**. Die Umweltgefahren durch Abfälle müssen möglichst gering sein, die im Müll enthaltenen Rohstoffe und Energien müssen so weit wie möglich genutzt werden. Grundsätzlich gilt:

Vermeiden geht vor Vermindern,
Vermindern geht vor Verwerten,
Verwerten geht vor Beseitigen!

Vermeiden. Abfälle, die gar nicht erst entstehen, können auch die Umwelt nicht belasten. Einwegbehälter können in vielen Fällen durch **Mehrwegbehälter** ersetzt werden. „Nachfüllen statt Wegwerfen" hilft viel Müll sparen. Einweg-Geschirr (▷ B 4), Einweg-Feuerzeuge, Einweg-Batterien usw. füllen die Mülltonnen und belasten die Umwelt.

Vermindern. Oft kann man aus hygienischen Gründen auf Verpackungen nicht ganz verzichten. Wichtig ist die Beschränkung auf das unbedingt Notwendige, denn ein Großteil des Hausmülls besteht aus Verpackungsabfällen. Aufwendige Verpackungen für Gebrauchsartikel sind meist überflüssig (▷ B 5). Darauf sollte man schon beim Einkauf achten. Mit etwas Nachdenken läßt sich viel zur Verminderung des Mülls beitragen. Verwertbare Materialien, aber auch Problemstoffe wie Lacke, Altöl und Medikamente gehören nicht in die Mülltonne (▷ B 6).

B 6 Viele Abfälle gehören nicht in den Müll

B 7 Getrenntes Sammeln der Abfälle

B 8 Glas, ein Rohstoff mit hohem Recyclinganteil

Verwerten. Hausmüll und Sperrmüll enthalten viele wertvolle Rohstoffe. Dazu gehören Glas, Papier, Pappe, Metalle und manche Kunststoffe. Diese Stoffe können wiederverwertet werden. Statt auf dem Müll zu landen, werden wertvolle Rohstoffe wieder in einen **Stoffkreislauf** zurückgeführt. Dieses Verfahren nennt man **Recycling**. Dadurch wird die Umwelt weniger belastet und das natürliche Rohstoffvorkommen geschont.

Voraussetzung für eine Wiederverwertung ist das möglichst **sortenreine** Vorliegen dieser Stoffe. Die Wertstoffe müssen getrennt von anderen Abfällen gesammelt werden. Hierzu dienen **Glas-** und **Papiercontainer** sowie **Wertstofftonnen** (▷ B 7). In der Wertstofftonne werden Metalle und Kunststoffe erfaßt. Erst das getrennte Sammeln macht aus den vorhandenen Rohstoffen im Müll auch Wertstoffe.

Altglas hat einen hohen Recyclinganteil (▷ B 8). Bei der Herstellung von Grünglas in Glashütten wird bereits über 90 % Altglas wiederverwertet. Durch Beimischung von Glasscherben zur Glasschmelze werden Heizkosten und Rohstoffe gespart.
Viele Produkte wie Zeitungen, Schulhefte, Notizblöcke, Toilettenpapier und Verpackungsmaterial aus Pappe werden aus **Altpapier** hergestellt (▷ B 9). Durch Verwendung von Recycling-Papier wird der Natur weniger Holz entnommen.

Etwa ein Drittel des Hausmülls besteht aus Küchen- und Gartenabfällen. Diese Abfälle können durch **Kompostieren** in wertvollen Dünger umgewandelt werden (▷ B 11). In vielen Gemeinden wird der kompostierbare Abfall als Biomüll getrennt vom Restmüll gesammelt und zu Fertigkompost verarbeitet.

B 9 Altpapier für Recyclingzwecke

B 10 Wiederverwertbare Kunststoffteile eines Fahrzeugs (grün)

B 11 Komposthaufen. Aus Abfällen entsteht wertvoller Dünger

B 12 Eisenschrott, wertvoller Rohstoff zur Rückgewinnung des Metalls

A 6 Die Landkreise in Baden-Württemberg geben Broschüren heraus, die über Entsorgung und Verwertung des Hausmülls informieren. Ordne die Abfälle des Hausmülls folgenden Gruppen zu: Sperrmüll, Restmüll, Wertstoffe, kompostierbare Abfälle, Problemstoffe, Elektronikschrott.

A 7 Getränkedosen, Einweg- oder Mehrwegflaschen? Diskutiere Vor- und Nachteile.

A 8 Wählt Schülerinnen und Schüler aus für ein Rollenspiel. Stellt euch vor, ihr seid in einer Sitzung des Gemeinderats und beratet über ein neues Abfallkonzept für euren Heimatort. Über welche Probleme würdet ihr diskutieren?

Altauto-Recycling. In Deutschland werden jährlich ca. 2 Millionen Kraftfahrzeuge verschrottet. Ein Fahrzeug besteht zu etwa 75 Prozent aus Metallen und zu 25 Prozent aus Nichtmetallen. Eisenschrott kann durch Magnettrennung aussortiert werden (▷ B 12).
Das Fahrzeug-Recycling geschieht in mehreren Schritten. Zunächst werden Brems- und Kühlflüssigkeiten, Benzin- und Ölreste, entfernt. Noch verwertbare Teile wie z. B. Getriebe, Motor, Anlasser oder Pumpen werden ausgebaut. Besonders wertvoll ist Katalysatorschrott, eine Tonne enthält 1,5 kg Platin und 0,3 kg Rhodium. Im nächsten Schritt werden alle Nichtmetalle aus dem Fahrzeug entfernt. Textilreste, Gummi und Kunststoffe haben einen hohen Heizwert. Sortenreine Kunststoffe lassen sich auch recyceln. In der Shredderanlage werden die Karosserien in handgroße Stücke zerkleinert (▷ B 13). Der aussortierte Eisenschrott wird zur Rückgewinnung des Metalls wiederverwertet.

Beseitigen. Abfälle, die sich nicht vermeiden und auch nicht verwerten lassen, müssen beseitigt werden, möglichst ohne Gefahren für Mensch und Umwelt. Die zur Zeit wichtigsten Verfahren zur Müllbeseitigung sind die **Müllverbrennung** (▷ B 14) und die **Mülldeponierung**.
Bei der Müllverbrennung wird zwar das Volumen des Mülls stark verringert, jedoch kann die Abluft auch durch moderne Elektrofilter nicht vollständig gereinigt werden. Es gelangen deshalb bei der Verbrennung Schadstoffe in die Atmosphäre, die zur Luftverschmutzung beitragen. Außerdem bleiben nach der Verbrennung noch schadstoffhaltige Rückstände und Filterstäube übrig, die als Sondermüll gelagert werden müssen.
Bei der Mülldeponierung muß darauf geachtet werden, daß durch eine sorgfältige Untergrundabdichtung kein Sickerwasser aus dem deponierten Müll in das Grundwasser gelangt (▷ B 15).

B 13 In der Shredderanlage werden Karosserien zerkleinert

B 14 Müllverbrennungsanlage (MVA)

B 15 Grundwassersicherung in einer Mülldeponie

Eisen und Stahl

Bereits vor etwa 7000 Jahren stellten Menschen Waffen, Schmuck und Werkzeuge aus Kupfer und Bronze her. Eisengegenstände waren sehr selten, die ältesten wurden um 4000 v. Chr. aus Meteorit-Eisen gefertigt. Erst 3000 Jahre später konnte Eisen in großen Mengen gewonnen werden; auf die Bronzezeit folgte die Eisenzeit. Die Technik der Metallgewinnung bestimmte die Geschichte.

Bei uns haben erstmals die Kelten im Siegerland um 700 v. Chr. Eisen verhüttet. Sie erhitzten Eisenerze im Holzkohlefeuer unter kräftiger Luftzufuhr. Roheisen wird heute in Hochöfen erzeugt und hauptsächlich zu walz- und schmiedbaren Stählen weiterverarbeitet. Gegenstände aus Eisen und Stahl sind in der industrialisierten Welt allgegenwärtig.

Im folgenden werden wir die Grundlagen der Gewinnung von Eisen, seine Weiterverarbeitung zu Stahl und die Unterschiede zwischen Eisen und Stahl kennenlernen.

8.1 Praktikum: Wir untersuchen das Metall einer Getränkedose

Wenn du dich zu Hause umschaust, wirst du viele Gegenstände aus Stahl entdecken. Stahl ist eine Legierung, wobei der Legierungsanteil des Eisens meistens am größten ist (sehr häufig liegt er über 90 %). Auch die meisten Getränkedosen sind mit Ausnahme ihrer Deckel aus Stahl. Liegt eine Getränkedose längere Zeit zerknautscht auf der Straße, bildet sich Rost. Getränke, die in den Dosen aufbewahrt werden, haben einen angenehm sauren Geschmack. Allerdings weißt du sicherlich, daß saure Lösungen Eisen und auch Stahl angreifen und das Rosten beschleunigen. Rostige Dosen werden aber nicht gekauft. Die folgenden Versuche und Fragen bringen dir die Unterschiede zwischen Eisen und Stahl näher. Die Eigenschaften dieser Metalle sind für ihre Verwendung von besonderer Bedeutung.

Versuch 1 Eigenschaften von Eisen und Stahl

Geräte/Materialien

Kleine Streifen aus einer Getränkedose, Bleistift, Blumendraht (Blumendraht ist fast reines Eisen)

Versuchsanleitung

Nimm einen Streifen aus einer Getränkedose, bewege und verbiege ihn (Vorsicht, der Streifen kann scharfe Kanten aufweisen!). Vergleiche die Elastizität des Streifens mit der von Eisen. Umwickle dazu einen Bleistift mit einem Stück Blumendraht, so daß du eine Eisenfeder erhältst. Ziehe die Feder an den Enden leicht auseinander und lasse ein Ende los.

Auswertung/Aufgaben

1. Schildere deine Beobachtungen.
2. Welche Nachteile für den Transport hätte es, wenn eine Getränkedose nicht aus dünnem Stahlblech, sondern aus dünnem Eisenblech bestünde?

Versuch 2 Magnetismus und Recycling von Getränkedosen

Versuchsanleitung

Berühre den Boden, den Zylinder und den Deckel einer Getränkedose mit einem Magneten.

Aufgaben

1. Welche Teile sind magnetisch?
2. Warum lassen sich Getränkedosen leicht aus dem Müll aussortieren?
3. Welche Nachteile hat es, wenn eine Getränkedose aus verschiedenen Metallen besteht?

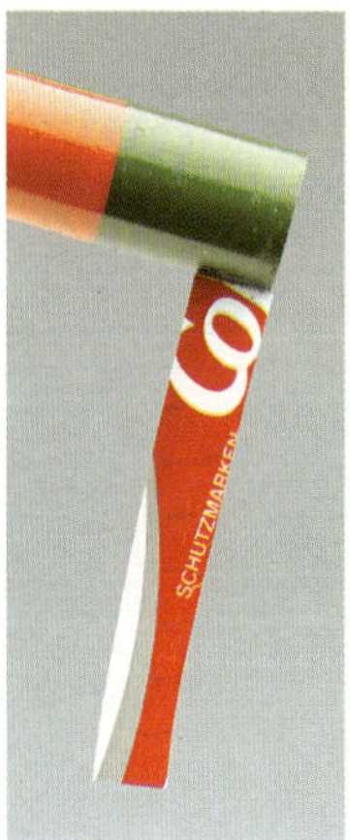

Versuch 3 Ein Nachweis für Eisenverbindungen

Eisen läßt sich leicht aufgrund seines Magnetismus erkennen. Einer Lösung aber kann man nicht ansehen, ob in ihr eine Eisenverbindung gelöst ist, deshalb benötigt man ein Nachweismittel.

Geräte/Materialien

Erlenmeyerkolben (100 ml), Reagenzglas, Tropfpipette, Spatel

Chemikalien

rotes Blutlaugensalz, Eisenverbindung (z. B. Eisen(II)-sulfat)

Versuchsanleitung

Gib in den Erlenmeyerkolben ca. 50 ml dest. Wasser und löse 1 bis 2 Spatel rotes Blutlaugensalz. Löse eine Spatelspitze Eisensulfat in wenig Wasser in dem Reagenzglas. Tropfe zu dieser Lösung einen Tropfen der Lösung des roten Blutlaugensalzes. Verdünne eventuell die Lösung zum besseren Erkennen der Farbe.

Auswertung

Welche Farbe weist die Lösung einer Eisenverbindung nach Zugabe des Nachweismittels auf?

Versuch 4 Wirkung von sauren Lösungen auf Eisen und Stahl

Geräte/Materialien

Nagel, Streifen der Getränkedose, Schmirgelpapier, Reagenzglasständer, 6 Reagenzgläser, Tropfpipette

Chemikalien

Nachweislösung für Eisenverbindungen, verd. Salzsäure

Versuchsanleitung

1. Fülle drei Reagenzgläser zu jeweils etwa einem Viertel mit verd. Salzsäure. Gib in das erste Reagenzglas einen Streifen der Getränkedose, in das zweite einen blankgeschmirgelten Nagel und in das dritte einen angeschmirgelten Streifen der Getränkedose.

2. Warte und beobachte etwa 5 Minuten. Gieße dann jeweils eine kleine Menge der Lösungen in jeweils ein Reagenzglas. Gib zu jeder Lösung etwa 2 Tropfen der Nachweislösung für Eisenverbindungen.
3. Wiederhole den 2. Versuchsteil nach zwei bis drei Tagen.

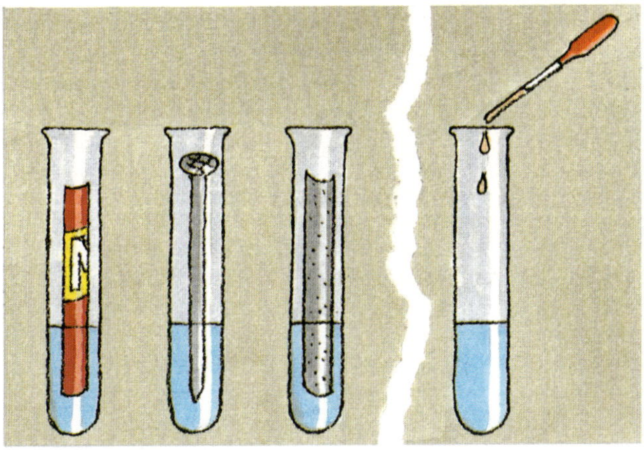

Auswertung
Schildere und deute deine Beobachtungen.

Versuch 5 **Eisen läßt sich schützen**

Geräte/Materialien
Schutzbrille, 6 blankgeschmirgelte Nägel, 6 Reagenzgläser mit Stopfen, Reagenzglasständer, 2 Porzellantiegel, Dreifuß, Tondreieck, Brenner, Tiegelzange, Becherglas (100 ml)

Chemikalien
Salzsäure (20 %), verdünnte Essigsäure, Zinkgranalien, Zinngranalien

Sicherheitsmaßnahmen
Während der Versuchsdurchführung ist die Schutzbrille zu tragen!

Versuchsanleitung
1. Stelle zunächst durch Erhitzen von ca. 2 g Zinkgranalien in dem Porzellantiegel eine Zinkschmelze her. Halte dann einen blankgeschmirgelten Eisennagel etwa 2 bis 3 Minuten in die Salzsäure und tauche ihn anschließend sofort in das geschmolzene Zink. Laß den Nagel an der Luft abkühlen.
2. Stelle durch Erhitzen von ca. 2 g Zinngranalien in einem Porzellantiegel eine Zinnschmelze her. Halte dann einen zweiten Eisennagel etwa 2 bis 3 Minuten in die Salzsäure und tauche ihn anschließend in das geschmolzene Zinn. Laß auch diesen Nagel an der Luft abkühlen.
3. Halte einen dritten blankgeschmirgelten Nagel für den folgenden Versuch bereit.
4. Stelle die Nägel in jeweils ein Reagenzglas, dessen Boden mit feuchtem Sand bedeckt ist. Verschließe die Reagenzgläser für 1 bis 2 Tage.
5. Wiederhole die Versuche 1 bis 3 mit drei Nägeln und gib diese Nägel in jeweils ein Reagenzglas mit verdünnter Essigsäure. Verschließe auch diese Reagenzgläser für 1 bis 2 Tage.

Auswertung/Aufgaben
1. Schildere und deute deine Beobachtungen.
2. Eignet sich ein Eisenblech, ein verzinktes oder ein verzinntes Eisenblech am besten für die Aufbewahrung von Getränken?
3. Die Masten von Laternen und Ampeln sind aus verzinktem Stahl. Welchen Sinn hat das Verzinken?
4. Nenne einige Möglichkeiten, Eisen- und Stahlteile vor dem Verrosten zu schützen.

Information: Schutzschichten für Eisen

Ein mit einer verdünnten Zinnschicht überzogenes Eisen- oder Stahlblech heißt Weißblech. Erst durch die Erfindung des Weißbleches war es möglich, Konservendosen herzustellen. Weißblech wird im Gegensatz zu einem verzinkten Blech nicht von sauren Lösungen angegriffen. Wird allerdings die Oberfläche eines verzinnten Bleches beschädigt, rostet dieses Blech schneller als ein verzinktes Blech. Das Weißblech der Getränkedosen ist noch mit einem elastischen Kunstharz überzogen, so daß auch Risse im Weißblech, die durch Stöße entstehen können, nicht sofort zum Rosten führen.

8.2 Reduktion von Metalloxiden

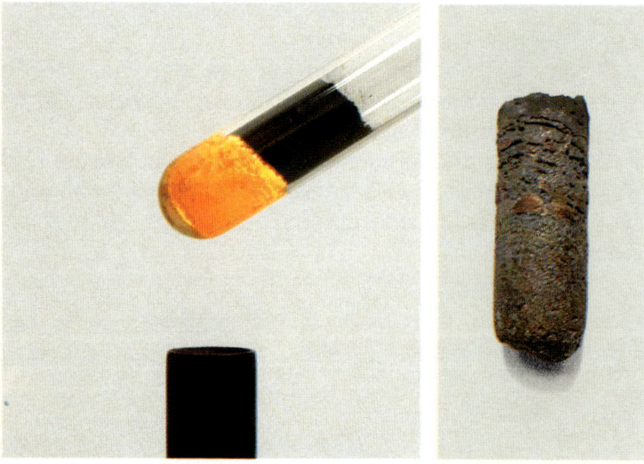

B 1 Eisen reagiert mit Kupferoxid. Nach der Reaktion sind rotes Kupfer und grauschwarzes Eisenoxid erkennbar

V 1 Mische 1,6 g schwarzes Kupferoxidpulver und 0,8 g Eisenpulver. Erhitze das Gemisch im Reagenzglas bis zum ersten Aufglühen und entferne das Reagenzglas sofort aus der Brennerflamme (Schutzbrille!).

⚠ **V 2** Man mischt 0,5 g Kupferoxid- und 0,4 g Zinkpulver, bringt das Gemisch auf eine Magnesiarinne oder Porzellanscherbe und erhitzt es (Schutzbrille! Schutzscheibe!).

⚠ **V 3** Ein Gemisch aus einer Spatelspitze Kupferoxid- und Magnesiumpulver auf einer Magnesiarinne oder Porzellanscherbe wird mit der Brennerflamme berührt (Schutzbrille! Schutzscheibe! Schutzhandschuhe!).

A 1 Mit welchen der in ▷ B 2 aufgeführten Metalle kann man Eisenoxid reduzieren?

B 2 Reduktions- und Oxidationsvermögen einiger Metall/ Metalloxid-Paare

Reduktionsvermögen nimmt ab →

Bestreben zum Sauerstoffentzug nimmt ab

Magnesium	Zink	Eisen	Kupfer
Magnesiumoxid	Zinkoxid	Eisenoxid	Kupferoxid

Bestreben zur Sauerstoffübergabe nimmt zu →

Oxidationsvermögen nimmt zu

Silberoxid läßt sich durch Erhitzen in Silber und Sauerstoff zerlegen. Im Prinzip gelingt das auch mit anderen Metalloxiden, jedoch nur bei sehr hohen Temperaturen.

Bei einer anderen Möglichkeit, Metalle aus Metalloxiden herzustellen, wird das unterschiedliche Bindungsbestreben der Metalle zu Sauerstoff genutzt.

Ein Metall reagiert mit einem Metalloxid. Ein Gemisch aus Eisen und Kupferoxid glüht nach kurzem Erhitzen auf (▷ V 1, ▷ B 1 links). Die Glühfront bewegt sich durch das Gemisch hindurch. Nach dem Erkalten erkennt man rote Kupferkügelchen und grauschwarzes Eisenoxid. Das schwarze Kupferoxid reagiert mit dem grauen Eisen zu rotem Kupfer und schwarzem Eisenoxid (▷ B 1 rechts).

Eisen wird bei dieser Reaktion **oxidiert** zu Eisenoxid, gleichzeitig wird Kupferoxid der Sauerstoff entzogen, es bildet sich Kupfer. Die Bildung eines Metalls aus einem Metalloxid nennt man **Reduktion** (von lat. reducere, zurückführen). Man sagt daher: Kupferoxid wird zu Kupfer **reduziert**. In diesem Zusammenhang spricht man von einer Reduktion, wenn eine Sauerstoffverbindung Sauerstoff abgibt. So ist auch die Zerlegung von Silberoxid eine Reduktion. Die Reduktion ist die Umkehrung der Oxidation.

> Eine chemische Reaktion, bei der Sauerstoff abgegeben wird, nennt man Reduktion.

Reduktion (Kupferoxid → Kupfer)

Kupferoxid + Eisen ⟶ Kupfer + Eisenoxid

Oxidation (Eisen → Eisenoxid)

Bei der Reaktion zwischen Kupferoxid und Eisen laufen Reduktion und Oxidation *gleichzeitig* ab. Eine solche Reaktion bezeichnet man als **Red**uktions-**Ox**idations-Reaktion, abgekürzt **Redoxreaktion**.

> Eine Reaktion, bei der Oxidation und Reduktion gleichzeitig ablaufen, nennt man Redoxreaktion.

Stoffe, die einen anderen Stoff oxidieren, nennt man **Oxidationsmittel**. In der obigen Reaktion ist Kupferoxid das Oxidationsmittel. Stoffe, die einen anderen Stoff reduzieren, sind **Reduktionsmittel**. In der obigen Reaktion ist das Eisen das Reduktionsmittel. Je größer das Bindungsbestreben eines Metalls zu Sauerstoff ist, desto stärker wirkt es als Reduktionsmittel (▷ B 2).

Eisen ist zur großtechnischen Kupfergewinnung nicht geeignet, weil es selbst erst durch teure Redoxreaktionen gewonnen werden muß.

B 3 Verschweißen von Eisenbahnschienen unter Anwendung des Thermitverfahrens

B 4 Thermitreaktion. Links: Versuchsaufbau. Rechts: Reaktion des Thermitgemischs in einem Spezialtiegel

Thermitverfahren. Redoxreaktionen, bei denen starke Reduktionsmittel eingesetzt werden, können teilweise sehr heftig und unter äußerst *starker Wärmeentwicklung* ablaufen.
Ein Gemisch aus rotem Eisenoxidpulver und Aluminiumgrieß dient zum Schweißen und Verbinden von Eisenteilen wie z. B. Schienen (▷ B 3), da es nach der Zündung in wenigen Sekunden *weißglühendes, flüssiges Eisen* liefert. Es werden Temperaturen bis zu 2400 °C erreicht.

Reduktion

Eisenoxid + Aluminium ⟶ Eisen + Aluminiumoxid

Oxidation

Nichtmetalle reagieren mit Metalloxiden. Bei der Redoxreaktion zwischen einem Metall und einem Metalloxid verbacken das neu gebildete Metall und Metalloxid häufig ineinander. Das neue Gemisch muß dann mühsam getrennt werden. Dieser Nachteil entfällt, wenn das Reduktionsmittel zu einem *gasförmigen Stoff* oxidiert wird.

Als solches Reduktionsmittel ist Kohlenstoff geeignet, es wird zu gasförmigem Kohlenstoffdioxid oxidiert.
Erhitzt man ein Gemisch aus schwarzem Kupferoxid und Kohlenstoff (▷ V 5), so glüht es auf. Im Kalkwasser perlen Gasblasen hoch, das Kalkwasser trübt sich (▷ B 5). Nach dem Erkalten erkennt man im Reagenzglas einen rötlichen, festen Stoff.
Kupferoxid und Kohlenstoff reagieren in einer exothermen Reaktion zu Kupfer und Kohlenstoffdioxid.

Reduktion

Kupferoxid + Kohlenstoff ⟶ Kupfer + Kohlenstoffdioxid

Oxidation

V 4 Man mischt 15 g rotes Eisenoxidpulver, 5 g Aluminiumgrieß und 0,5 g Aluminiumpulver und schüttet das Gemisch in eine Hülse aus Alufolie, die in einem mit Sand gefüllten Blumentopf steckt (▷ B 4 links). Auf das Gemisch gibt man etwas Magnesiumpulver und zündet mit einem Magnesiumband.
(Schutzbrille! Schutzhandschuhe! Schutzscheibe! Feuerfeste Unterlage, z. B. Sandwanne benutzen!)

V 5 Gib in ein Reagenzglas ein Gemisch aus 2 g Kupferoxidpulver und 0,2 g Holzkohlepulver. Verschließe entsprechend ▷ B 5 mit einem Stopfen, in dem ein gewinkeltes Gasableitungsrohr steckt, das in Kalkwasser eintaucht. Erhitze bis zum Glühen und löse sofort den Stopfen (Schutzbrille!).

B 5 Kohlenstoff reduziert Kupferoxid zu Kupfer und wird zu Kohlenstoffdioxid oxidiert

8.3 Vom Eisenerz zum Roheisen

Magneteisenerz (Magnetit)

Roteisenerz (Hämatit)

Pellets

Hochofenkoks

Hochofenanlage in einem Hüttenwerk

Massenbilanz für einen Hochofen je Arbeitstag

Einsatz		Abgabe	
15 800 t	Erz (Pellets)	11 000 t	Roheisen
2 300 t	Zuschläge	3 500 t	Schlacke
5 000 t	Koks	23 500 t	Gichtgas und Staub
15 000 t	Heißwind		
96 000 t	Kühlwasser	96 000 t	Erwärmtes Kühlwasser

Ein Hochofen ist durchschnittlich 10 Jahre in Betrieb. Man läßt ihn nie ausgehen, da er sonst abgebrochen und neu aufgebaut werden müßte.

Eisen wird industriell aus Eisenerzen gewonnen. Diese sind Gemische aus Gestein und Eisenverbindungen, häufig Eisenoxiden. Die Erze werden am Ort ihrer Förderung meist schon aufbereitet, um das Gestein nicht zum Ort der Eisengewinnung befördern zu müssen.
Die Eisenverbindungen werden zu größeren Kugeln, den *Pellets*, verbacken. Aus ihnen wird durch Reduktion Eisen gewonnen. Zur Reduktion wird Steinkohlenkoks eingesetzt, dieser ist fast reiner Kohlenstoff.
Die Eisenoxide werden heute meist in hohen Schachtöfen, den Hochöfen, reduziert.

Der Hochofen. Die Hochöfen sind bis zu 50 m hoch. Ihre Wände bestehen aus feuerfesten Steinen, die von einem Stahlmantel umgeben sind. Zur Kühlung sind in das Mauerwerk Kästen eingelassen, durch die fortwährend Wasser fließt. Der Hochofen wird von oben her abwechselnd mit Koks und *Möller*, einem Gemisch aus den Pellets und Zuschlägen, beschickt. Die Zuschläge (Kalk oder Feldspat) sind notwendig, um das an den Pellets noch anhaftende Gestein in niedrigschmelzende Schlacke zu überführen.

Von unten her wird erhitzte Luft („*Heißwind*") durch die „Windformen" in den Hochofen eingeblasen. Die unterste Koksschicht reagiert mit dem Sauerstoff der etwa 800 °C heißen Luft zu Kohlenstoffdioxid. Da bei dieser Reaktion sehr viel Wärme frei wird, steigt die Temperatur in diesem Bereich des Hochofens auf über 1600 °C, in einem kleinen Bereich sogar auf über 2000 °C. Kohlenstoffdioxid reagiert mit der darüberliegenden Koksschicht fast vollständig zu Kohlenstoffmonooxid. Dieses ist ein starkes Reduktionsmittel und reduziert den größten Teil der Eisenoxide zu Eisen.

A 1 Kennzeichne bei der Reaktion von Eisenoxid mit Kohlenstoffmonooxid zu Eisen und Kohlenstoffdioxid den Oxidations- und den Reduktionsvorgang.

A 2 Warum befinden sich am oberen Ende des Hochofens zwei Glocken und nicht nur eine?

A 3 Ein vierachsiger Güterwagen der Bundesbahn faßt 30 t Schüttgut. Ein Zug besteht häufig aus 50 Güterwagen. Wie viele Güterzüge müssen täglich zum Hochofen fahren, um Erz, Koks und Zuschläge heranzuschaffen?

A 4 Warum sind Hochöfen häufig an Wasserstraßen errichtet worden?

Alle vier bis sechs Stunden wird das flüssige *Roheisen* „abgestochen" und über Sandrinnen in Spezialbehälter geleitet. In diesen wird es ohne größere Wärmeverluste in Stahlwerke und Gießereien transportiert.

Bedeutung und Erzeugung von Heißwind. Der Heißwind durchströmt den Hochofen von unten nach oben. Die entstehenden Gase verlassen den Ofen an der Gicht als **Gichtgas**. Es enthält neben Stickstoff und Kohlenstoffdioxid noch etwa 30 % Kohlenstoffmonooxid, Wasserstoff und Methan. Gichtgas ist deshalb *brennbar* und wird zum Vorwärmen der Luft benutzt, die in den Hochofen geblasen wird.

Dazu muß das Gichtgas vorher in einer *Reinigungsanlage* von Gichtstaub (feinste Teilchen von Erz und Kohle) befreit werden. Dann wird es in einen bis zu 60 m hohen *Winderhitzer* geleitet und dort unter Luftzufuhr verbrannt.

Die heißen Verbrennungsgase erwärmen die Gittersteine des Winderhitzerturms auf etwa 1200 °C. Ist diese Temperatur erreicht, wird in umgekehrter Richtung Frischluft durch den Turm geleitet. Diese erwärmt sich an den heißen Gittersteinen und verläßt den Winderhitzer als *Heißwind*, der dann von unten in den Hochofen geblasen wird.

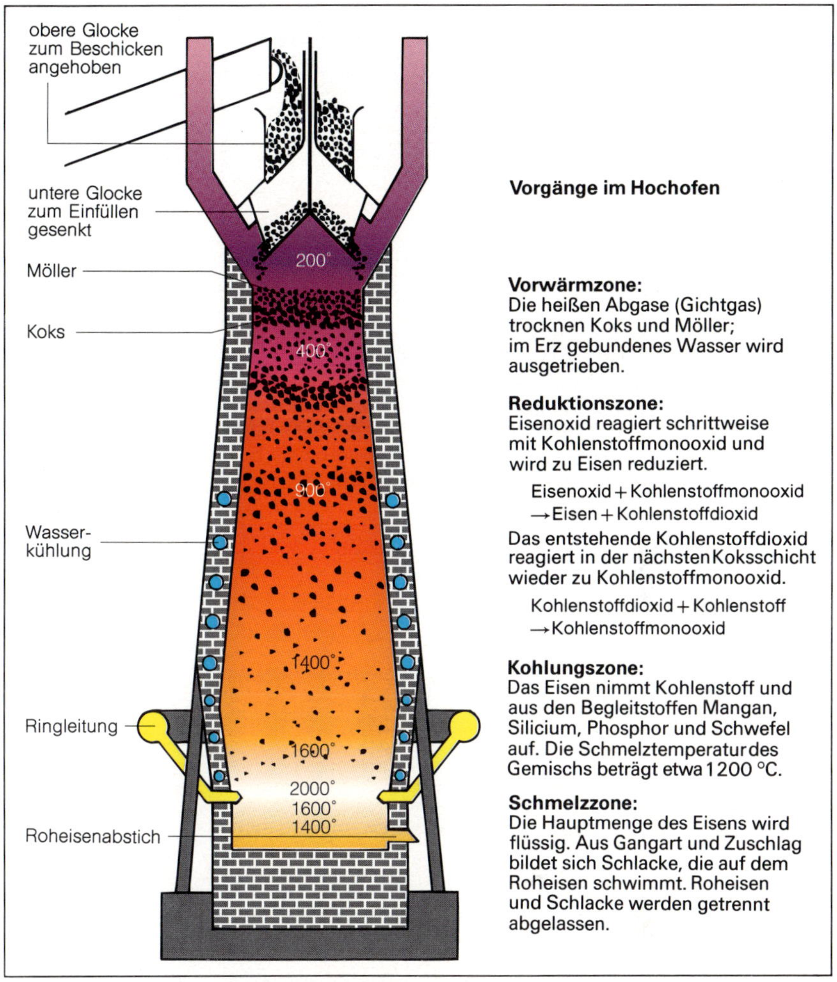

B 1 Aufbau eines Hochofens und Reaktionszonen im Hochofeninnern

B 2 Hochofenabstich

B 3 Hochofenanlage mit Gichtgasreinigung und Winderhitzergruppe in schematischer Darstellung

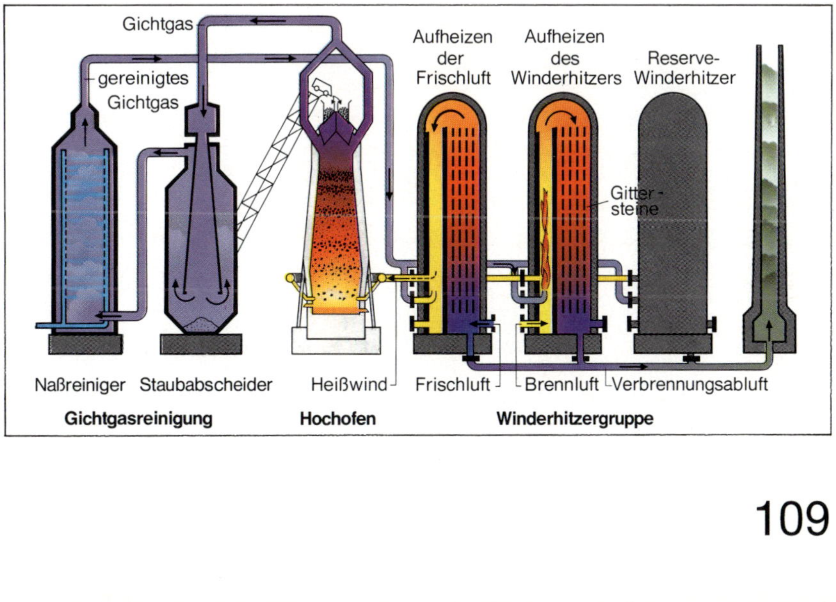

8.4 Vom Roheisen zum Stahl

B 1 Roheisen. Links: Probenahme beim Hochofenabstich. Rechts: Bruch des erstarrten, spröden Roheisens

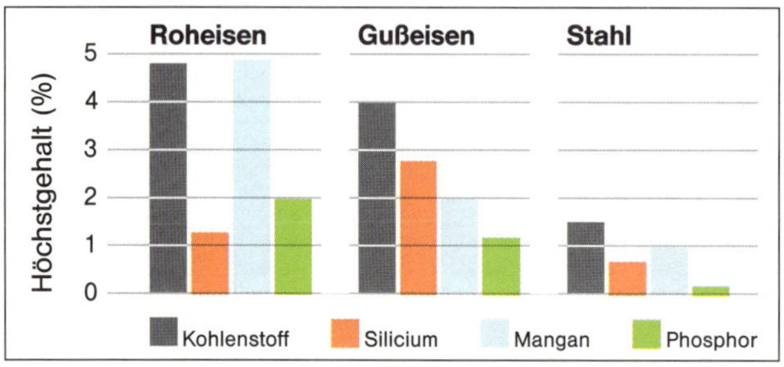

B 2 Zusammensetzung von Eisenwerkstoffen im Vergleich

Roheisen-Gußeisen-Stahl. Das im Hochofen erzeugte Roheisen enthält neben geringfügigen Mengen Mangan, Phosphor, Silicium und Schwefel noch etwa 3 % bis 5 % Kohlenstoff in Form von Graphit. Dieses *graue Roheisen* ist hart und spröde (▷ B 1), schmilzt bei etwa 1200 °C und läßt sich *weder schmieden noch walzen*. Man kann es jedoch schmelzen und als **Gußeisen** in Formen gießen. Gußeisen wird zur Herstellung von Öfen, Heizkesseln, Motorblöcken, Röhren und Maschinenteilen verwendet.

Um Roheisen *verformbar* zu machen, muß der Kohlenstoffanteil stark verringert werden. Hierzu läßt man flüssiges Roheisen *mit Sauerstoff reagieren*. Diesen Vorgang nennt man **Frischen**. Dabei werden die unerwünschten Begleitstoffe zu einem Teil in gasförmige oder feste Oxide übergeführt. Aus dem Roheisen wird so leicht zu bearbeitender **Stahl**. Sein Kohlenstoffanteil darf nicht über 1,7 % liegen (▷ B 2).

Sauerstoffaufblasverfahren. Das wichtigste Frischverfahren zur Herstellung von Stahl ist das **Sauerstoffaufblas-Verfahren** (**L**inz-**D**onawitz-, **LD**-Verfahren). Der Frischvorgang erfolgt in einem schwenkbaren Gefäß, dem *Konverter*. Dieser faßt bis zu 400 Tonnen. Der Sauerstoff wird von oben unter Druck *auf* das flüssige Roheisen geblasen (*Auf*blas-Verfahren). Dabei werden die Beimengungen des Roheisens oxidiert. Die entstehenden gasförmigen Oxide entweichen, die anderen bilden mit zugegebenem Kalk eine Schlacke. Diese hat eine kleinere Dichte als Stahl und schwimmt auf der Oberfläche.

B 3 Sauerstoffaufblas-Verfahren. Links: Beschicken eines Konverters im Stahlwerk. Rechts: Konverter im Schnitt

Durch die bei der Oxidation freiwerdende Wärme steigt die Temperatur der Schmelze. Man fügt deshalb zur „Kühlung“ noch etwa 25 % Schrott oder Erz hinzu. Dies ist zugleich eine Möglichkeit, „Alteisen“ zu verwerten und Rohstoffe zu sparen. Der Frischvorgang dauert 30 bis 40 Minuten. Da der Kohlenstoff zuletzt oxidiert wird, kann man durch die Dauer der Frischzeit den gewünschten Kohlenstoffanteil des Stahls einstellen.

Elektroverfahren. In einem Elektroofen (▷ B 4), der ein Fassungsvermögen zwischen 5 und 360 Tonnen besitzt, werden mit Hilfe eines Lichtbogens bei Temperaturen von etwa 3000 °C Schrott und Roheisen eingeschmolzen. Der zum Frischen notwendige Sauerstoff stammt aus den Eisenoxiden des Schrotts. Außerdem kann bei Bedarf noch Eisenerz zugesetzt oder von außen Sauerstoff in das Metallbad eingeblasen werden.

Da der Kohlenstoffanteil der Stahlschmelze in diesen Öfen sehr genau eingehalten und laufend kontrolliert werden kann, dient dieses Verfahren vor allem zur Herstellung hochwertiger *Spezialstähle*.

Veredlung von Stahl. Die Qualität des beim Frischen erzeugten Stahls läßt sich durch Beimischen (*Legieren*) verschiedener Metalle wie Chrom, Nickel, Vanadium, Molybdän, Mangan und Wolfram verbessern. Durch diese *Veredlung* erhält man Spezialstähle (▷ B 5) mit besonderen Eigenschaften.
So erhöht z. B. ein Zusatz von Nickel die Zähigkeit des Stahls. Eine Legierung mit 25 % Nickel kann, ohne zu zerreißen, auf die doppelte Länge ausgezogen werden. Chromzusätze machen den Stahl sehr hart. Mit Chrom und Nickel legierte Stähle sind säurebeständig und rostfrei (*Edelstahl*).
Stahlsorten mit Wolfram bleiben auch bei Rotglut hart und werden daher als Material für schnellaufende und sehr heiß werdende Werkzeuge verwendet.

Weiterverarbeitung des Rohstahls. Der flüssige Rohstahl kann direkt in Formen gegossen werden und als **Stahlguß** zur Herstellung von Maschinenteilen (z. B. Schiffsschrauben, Turbinengehäuse, Ventile für Rohrleitungen) verwendet werden. Der größte Teil des Rohstahls wird jedoch in Blöcke vergossen und glühend maschinell verarbeitet. Wichtigstes Verarbeitungsverfahren ist das **Walzen** (▷ B 6). Hierbei werden auf vollautomatischen Walzstraßen z. B. lange Schienen oder dünne Bleche mit Hunderten von Metern Länge hergestellt.

Das älteste Bearbeitungsverfahren für Stahl ist das **Schmieden**, das heute durch **Pressen** ergänzt wird. Massive Werkstücke wie z. B. Kurbelwellen werden dabei von riesigen Hämmern bearbeitet oder von hydraulischen Pressen in einfache Formen gedrückt.

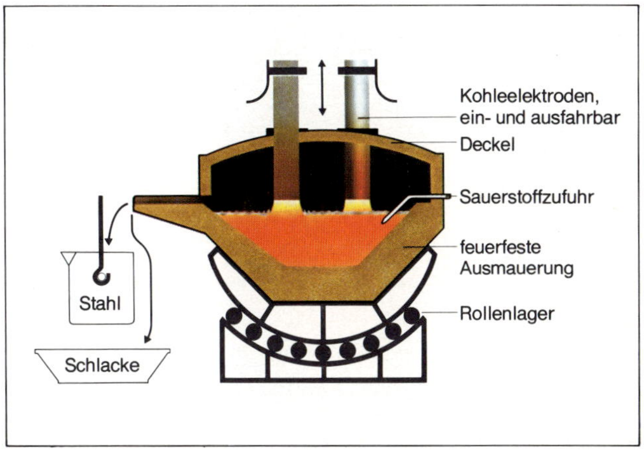

B 4 Elektroofen zum Einschmelzen von Stahlschrott

Name	Legierungsanteile (%)	Eigenschaften	Verwendungsbeispiele
Werkzeugstahl (unlegiert)	C 0,5-1,5 Si 0,15-0,5 Mn 0,6-0,8 P 0,035 S 0,035	hohe Festigkeit, große Härte bis zu einer Arbeitstemperatur von 200 °C	Feilen, Zangen Messer, Handsägen, Schraubenzieher
Schnellarbeitsstahl (hochlegiert)	C 0,9 W 6-18 Mo 1-5 V 2-4 Co 2-10 Cr 4	extrem hart und hitzebeständig (Arbeitstemperatur bis 600 °C)	Fräser, Drehmeißel, Spiralbohrer Sägeblätter, Hobelmesser
nichtrostender Stahl (hochlegiert)	C 0,05-0,12 Cr 12-18 Ni 8-20 Mo <1	korrosionsbeständig gegen Luftfeuchtigkeit und Wasser, beständig gegen Säuren und Laugen	Spültische, Behälter, Küchengeräte, Geräte für Nahrungsmittelindustrie

B 5 Einige wichtige Spezialstähle im Vergleich

B 6 Walzen. Weiterverarbeitung des glühenden Rohstahls auf einer vollautomatischen Walzstraße

8.5 Anwendung und Vertiefung

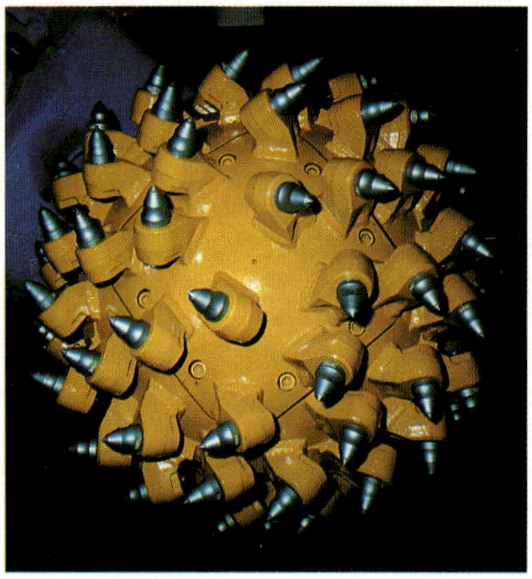

B1 Zu Aufgabe 1

B2 Zu Aufgabe 4

1 Beim Tunnelbau zwischen Dover und Calais wühlten sich täglich zehn mehr als 1300 Tonnen schwere stählerne Bohrmaschinen 40 Meter unter dem Ärmelkanal durch das Gestein. Für den nötigen „Biß“ beim Tunnelbau sorgen Stahlnoppen auf dem Kopf (▷ B 1) eines Schrämbaggers. Welche Legierungsbestandteile könnten die Stahlnoppen aufweisen?

2 Ordne den folgenden Stoffen die zugehörigen Betriffe zu. Stoffe: Hämatit, Eisenoxid, Eisen, Kohlenstoff, Kohlenstoffdioxid; Begriffe: Element, Verbindung, Gemisch, Reinstoff.

3 Edelstähle sind keine Legierungen des Eisens mit Silber oder gar Gold, sondern mit Chrom und Nickel legierte Stähle. Warum heißen sie trotzdem Edelstähle?

4 Zur Kennzeichnung aller Weißblechverpackungen wird der Hufeisenmagnet mit den Kraftlinien und dem Recycling-Schriftzug eingesetzt.

a) Warum ist wohl dieses Symbol gewählt worden?

b) Nenne einige Vorteile, die sich aus der Wiederverwertung von Weißblech ergeben.

B3 Zu Aufgabe 6: Reduktion von Eisenoxiden mit Wasserstoff oder Erdgas

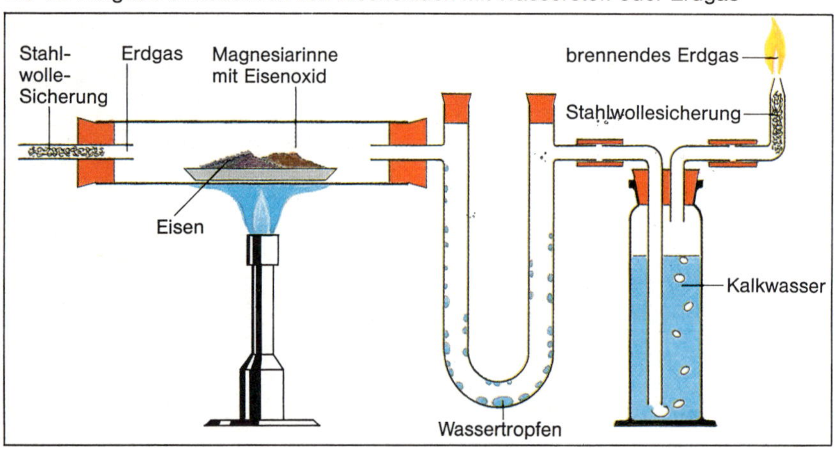

5 **Erdgas und Wasserstoff als Reduktionsmittel**. Seit einigen Jahren gewinnt ein Verfahren zur Reduktion von Eisenoxiden ohne Koks und Hochofen an Bedeutung. Zur Reduktion werden Erdgas und Erdölprodukte eingesetzt, sie enthalten Kohlenstoff-Wasserstoff-Verbindungen, diese werden dabei zu Wasser und Kohlenstoffdioxid oxidiert. Bei diesem Verfahren wird ein poröses, festes Roheisen von hoher Reinheit gewonnen. Dieser „Eisenschwamm“ wird meist im Elektroverfahren zu Stahl veredelt. Bei der Gewinnung kleiner Eisenmengen ist es eine kostengünstige Alternative zu den riesigen Hochöfen.
Wolfram, ein Legierungsbestandteil für harte und hitzebeständige Stähle, wird mit Hilfe von Wasserstoff aus Wolframoxid gewonnen. Wasserstoff kann allerdings nicht zur Reduktion von Oxiden unedler Metalle, die ein großes Bindungsbestreben zu Sauerstoff aufweisen wie Magnesium und Zink, eingesetzt werden.

a) Wie kann man nachweisen, daß es sich bei der Flüssigkeit im U-Rohr (▷ B 3) um Wasser handelt?

b) Wie kann man nachweisen, daß sich im Reaktionsrohr Eisen gebildet hat (▷ B 3)?

c) Formuliere für die Reaktion von Kupferoxid mit Wasserstoff das Reaktionsschema. Kennzeichne die Oxidations- und die Reduktionsreaktion.

Elementgruppen, Atombau und Periodensystem

***V**on den rund 90 Elementen, die in der Natur vorkommen, haben wir bisher einen kleinen Teil kennengelernt. Darunter waren feste Stoffe und Gase, Metalle und Nichtmetalle, leichte und schwere, seltene und häufige Elemente. Bei einer solchen Vielfalt von Stoffen sind Zusammenhänge und Gemeinsamkeiten nur schwer zu erkennen. Ein allgemeines Ordnungsprinzip könnte hierbei helfen, aber je nach Anwendung gibt es auch unterschiedliche Ordnungsmöglichkeiten. Schon bei den Metallen haben wir festgestellt, daß man sie nach ihrer Dichte in Leicht- und Schwermetalle oder nach ihrem Reaktionsverhalten in edle und unedle Metalle einteilen kann.*

Elemente und Verbindungen, die in der Schulsammlung aufbewahrt werden, kann man nach verschiedenen Gesichtspunkten ordnen. Zum raschen Auffinden kann eine alphabetische Anordnung günstig sein. In einem großen Chemikalienlager ist dagegen die Trennung in Feststoffe, Flüssigkeiten und Gase sinnvoll. Für Gefahrstoffe, die z. B. feuergefährlich, ätzend oder giftig sind, gelten wieder andere Vorschriften.

Es gibt heute ein allgemeingültiges Ordnungssystem für alle Elemente: das Periodensystem der Elemente. Seinen Aufbau und seine Entwicklung zeigt das folgende Kapitel.

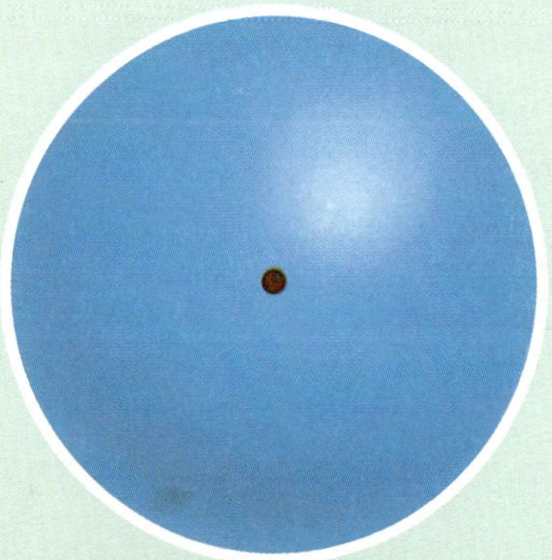

Kern-Hülle-Modell

Natriumhydrogencarbonat-Säuerling

HEILWASSER

Analyse

Kationen
Kalium
Natrium
Lithium
Ammonium
Calcium
Magnesium
Strontium
Eisen

1 Auf vielen Flaschenetiketten von Mineralwasser, Tafel- und Heilwasser findest du ausführliche Angaben über die Inhaltsstoffe. Calcium, Magnesium und Eisen sind Metalle, die dir aus dem Unterricht bekannt sind. Im Wasser liegen diese Metalle in Form von Verbindungen vor.

a) Vergleiche in einem Getränkemarkt die Etiketten von verschiedenen Mineralwässern und notiere den Anteil der einzelnen Inhaltsstoffe.

b) Der Natrium- bzw. Kaliumsalzanteil kann in den einzelnen Mineralwässern sehr unterschiedlich sein. Suche ein besonders natriumarmes (unter 20 mg/l) und ein natriumreiches Wasser unter den Angeboten im Getränkemarkt.

c) Natürliches Mineralwasser ist Quellwasser. Es enthält mindestens 1 Gramm Salz pro Liter gelöst. Wie könnten diese Mineralsalze in das Wasser gelangt sein?

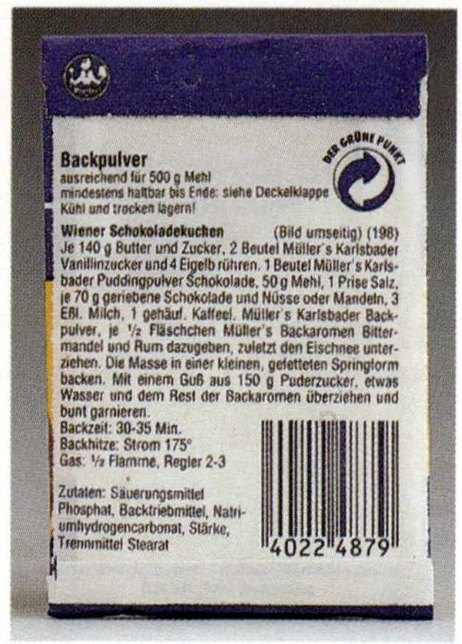

2 Viele Produkte, die man im Haushalt verwendet, enthalten Natrium- und Kaliumverbindungen. Zwei typische Alltagsprodukte findest du hier abgebildet.

a) Lies auf der Packung nach, wozu Natron als bewährtes Hausmittel auch heute noch verwendet werden kann.

b) In einem Drogeriemarkt und in der Abteilung für Putz- und Reinigungsmittel in einem Supermarkt findest du weitere Produkte, in denen Natrium- und Kaliumverbindungen enthalten sind. Schreibe möglichst viele Beispiele auf.

3 Wir untersuchen Alltagsprodukte mit der Flammenfärbung

Geräte/Materialien

Schutzbrille, Gasbrenner, 5 Uhrgläser, 5 Spatellöffel, Kobaltglas, Backpulver, Waschmittel, Schmierseife, Kernseife, Brausepulver, dest. Wasser, Magnesiastäbchen.

Versuchsanleitung

Gib mit einem Spatellöffel eine kleine Menge Backpulver auf ein Uhrglas, benetze mit wenig destilliertem Wasser und tauche ein zuvor ausgeglühtes Magnesiastäbchen in die angefeuchtete Probe.

Halte dieses Magnesiastäbchen in die nichtleuchtende Flamme eines schräg eingespannten Brenners und beobachte die Flammenfärbung. Betrachte die Flammenfärbung zusätzlich durch ein Kobaltglas.

Wiederhole den Versuch nacheinander mit den anderen oben angegebenen Proben und sehr gut ausgeglühten Magnesiastäbchen.

Fragen/Aufgaben

1. Schreibe jeweils die Probe und die beobachtete Flammenfärbung auf.
2. Fertige ein Versuchsprotokoll an!

9.2 Natrium – ein ungewöhnliches Element

In der Chemiesammlung der Schule gehört **Natrium** zu den besonders *interessanten Elementen*. Es wird in einer Flüssigkeit aufbewahrt. Neben dem Stoffnamen trägt die Flasche Warnsymbole (▷ B 1) mit den Kennbuchstaben F und C.

Bei Zimmertemperatur ist Natrium fest. Es ist aber so weich, daß es sich mit einem Messer schneiden läßt. (▷ V 1, ▷ B 2). Unter einer grauen Kruste zeigt die frische Schnittfläche einen silbrigen Glanz. Natrium leitet den elektrischen Strom an dieser Schnittfläche gut (▷ V 2, ▷ B 3).

Metallischer Glanz, Verformbarkeit und elektrische Leitfähigkeit zeigen, daß Natrium ein Metall ist. Im Vergleich zu vielen anderen Metallen besitzt Natrium eine sehr geringe Dichte (0,97 g/cm^3). Selbst das Leichtmetall Aluminium hat eine dreimal größere Dichte. Wird ein Natriumstück an der Luft geschnitten, so glänzt die Schnittfläche nur kurz, danach entsteht wieder ein mattgrauer Belag. Natrium reagiert also an der Luft.

Um Natrium zu schützen, kann es nicht in Wasser aufbewahrt werden, da es mit diesem reagiert. Wirft man ein kleines, würfelförmiges Natriumstück auf Wasser (▷ V 3), so bildet sich sofort eine Kugel, die sich zischend auf der Wasseroberfläche hin- und herbewegt. Die Kugel wird schnell kleiner und verschwindet. Bringt man ein kleines Natriumstück auf ein Filterpapier, das auf der Wasseroberfläche schwimmt, entzündet sich der bei der Reaktion entstehende Wasserstoff und verbrennt mit Teilen des Natriums leuchtend gelb.

Setzt man dem Wasser Universalindikatorlösung zu, erkennt man an der Rotfärbung, daß bei der Reaktion von Natrium mit Wasser eine alkalische Lösung entstanden ist (▷ B 4).

Natrium wird wegen seiner Reaktion mit Luftsauerstoff und Wasser unter Paraffinöl bzw. Petroleum aufbewahrt.

B 1 **Natrium** wird auf besondere Weise aufbewahrt

V 1 Von einem Stück Natrium aus der Vorratsflasche wird ein Stück abgeschnitten und die Schnittfläche beobachtet. (Schutzbrille!)

V 2 Man prüft die elektrische Leitfähigkeit an einer frischen Schnittfläche eines Natriumstückes. (Schutzbrille!)

V 3 Eine große runde Glaswanne wird zur Hälfte mit Wasser gefüllt. Von einem Stück Natrium entfernt man anhaftendes Paraffinöl sorgfältig und schneidet einen kleinen Würfel (etwa erbsengroß) heraus, so daß die Kruste völlig entfernt ist. Man wirft diesen Würfel auf das Wasser in der Wanne. (Schutzscheibe! Schutzbrille!) Dem Wasser kann man Universalindikatorlösung zufügen und den Versuch wiederholen.

B 2 **Metallglanz von Natrium** an frischer Schnittfläche

B 3 **Natrium leitet den elektrischen Strom**

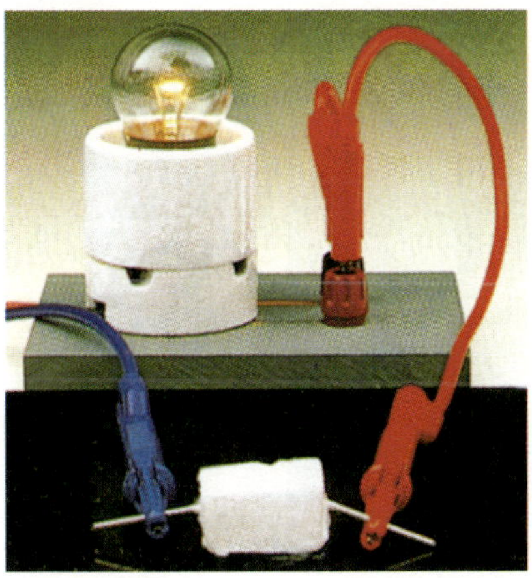

B 4 **Reaktion von Natrium mit Wasser.** Es entsteht eine alkalische Lösung

9.3 Alkalimetalle, eine Elementgruppe

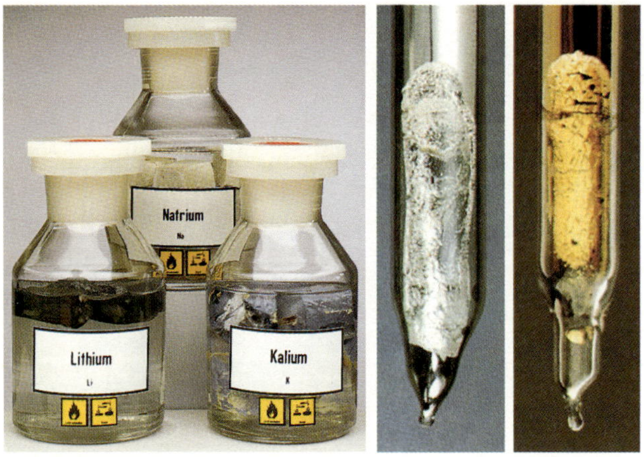

B 1 Alkalimetalle. Rubidium (Mitte) und Caesium (rechts) werden in Glasampullen eingeschmolzen, die anderen unter Paraffinöl aufbewahrt

V 1 Von einer Stange Lithium, Natrium und Kalium wird je eine Scheibe abgeschnitten. Man vergleicht Härte und Veränderung des Metallglanzes.

V 2 In je eine große runde Glaswanne füllt man zur Hälfte Wasser, fügt jeweils Indikator zu und wirft ein etwa erbsengroßes, entrindetes Stück Lithium, Natrium bzw. Kalium auf die Wasseroberfläche. (Schutzscheibe! Schutzbrille!)

V 3 Mit einem gut ausgeglühten Magnesiastäbchen hältst du nacheinander je ein Lithium-, Natrium- und Kaliumsalz in die nichtleuchtende Flamme. Betrachte bei jedem Salz die Flamme auch durch ein Kobaltglas.

Eigenschaften von Alkalimetallen. Auch Lithium und Kalium werden wie Natrium unter Paraffinöl aufbewahrt (▷ B 1 links). Beide lassen sich mit dem Messer schneiden. Lithium ist im Vergleich zu Natrium härter, Kalium deutlich weicher (▷ V 1). Die metallisch glänzenden Schnittflächen überziehen sich an der Luft mit einem Belag. Dieser bildet sich bei Kalium sehr schnell, bei Lithium deutlich langsamer als bei Natrium. Beim Verbrennen zeigen sich charakteristische Flammenfarben (▷ B 3). Diese beobachtet man auch, wenn man Verbindungen der drei Metalle in die nichtleuchtende Brennerflamme bringt. Wie bei Natrium kann auch bei Lithium und Kalium die elektrische Leitfähigkeit nachgewiesen werden.

Reaktionen mit Wasser. Mit Wasser reagieren Lithium und Kalium ähnlich wie Natrium. Lithium reagiert schwächer als Natrium, Kalium viel heftiger. Bei der Reaktion entsteht neben Wasserstoff immer auch eine *alkalische Lösung.* Der dem Wasser vor der Reaktion zugefügte Indikator zeigt dies durch seine typische Farbänderung an.

Elementgruppe. Aufgrund ihrer ähnlichen, regelmäßig abgestuften Eigenschaften faßt man diese Metalle in einer Elementgruppe zusammen, den **Alkalimetallen**. Zu diesen gehören auch *Rubidium* und *Caesium*, die noch reaktionsfähiger sind als Kalium und daher zur Aufbewahrung in Glasampullen eingeschmolzen werden müssen (▷ B 1 Mitte und rechts). In der Natur kommen die Alkalimetalle wegen ihrer Reaktionsfreudigkeit nicht elementar, sondern nur in Verbindungen vor.

Elemente mit ähnlichen Eigenschaften bilden eine Elementgruppe.

B 3 Flammenfärbung durch Verbindungen der Alkalimetalle Lithium, Natrium und Kalium (von links nach rechts)

B 2 Eigenschaften der Alkalimetalle im Vergleich. Viele Eigenschaften ändern sich regelmäßig

Name Symbol	Atom-masse (u)	Schmelz-temp. (°C)	Dichte (g/cm³)	Härte	Heftigkeit der Reaktion mit Wasser	Flammen-färbung
Lithium Li	6,9	180	0,53	nimmt ab ↓	nimmt zu ↓	karminrot
Natrium Na	23,0	98	0,97			gelb
Kalium K	39,1	63	0,86			violett
Rubidium Rb	85,5	39	1,53			dunkelrot (lat. ruber)
Caesium Cs	132,9	28	1,87			blau (lat. caesius)

9.4 Chlor, das bekannteste Halogen

Auch Nichtmetalle können aufgrund ihrer ähnlichen Eigenschaften zu Elementgruppen zusammengefaßt werden. So bilden die Elemente *Fluor, Chlor, Brom* und *Iod* die Elementgruppe der Halogene. Wir werden zunächst das Element Chlor näher kennenlernen.

Das Element Chlor. Das bekannteste Element unter den Halogenen ist Chlor, ein gelbgrünes und giftiges Gas (von griech. chloros, gelbgrün) von stechendem Geruch. Diesen Geruch kennt man von „gechlortem" Wasser im Schwimmbad. Chlor wirkt desinfizierend und tötet Bakterien und Krankheitskeime ab. (▷ B 1).

Chlor ist fast 2,5mal so schwer wie Luft (Dichte 3,2 g/l) und löst sich nur mäßig in Wasser. Bei Zimmertemperatur sind es 2,3 Liter Chlor pro Liter Wasser. Diese Lösung nennt man Chlorwasser.

Beim Umgang mit Chlor sind wegen seiner Giftigkeit besondere Schutz- und Vorsichtsmaßnahmen erforderlich. Schon weniger als ein Prozent Chlor in der Luft können beim Menschen rasch zum Tode führen, da es Luftwege und Lungenbläschen verätzt.

Am Arbeitsplatz darf die Konzentration 1,5 ml Chlor pro 1 m^3 Luft nicht überschreiten. Dies ist die maximale Schadstoffkonzentration von Chlor, der ein gesunder Arbeitnehmer ohne Gesundheitsrisiko ausgesetzt sein darf. Deshalb wird dieser Wert **m**aximale **A**rbeitsplatz**k**onzentration genannt (MAK-Wert).

Reaktionsfähigkeit von Chlor. Chlor ist eines der reaktionsfähigsten Nichtmetalle. Blatt- und Blütenfarbstoffe von Pflanzen werden von ihm zerstört (▷ B 2, ▷ V 2). Das Gas zeigt gegenüber Farbstoffen eine bleichende Wirkung.
Chlor reagiert schon bei Zimmertemperatur mit den meisten Elementen unter Wärmeabgabe. Dabei kann es wie Sauerstoff die Verbrennung fördern und unterhalten. So entsteht bei der Reaktion von Chlor mit Kupfer (Folie) unter Aufglühen ein bräunlicher Rauch. Gemische aus Chlor und Wasserstoff (Chlorknallgas) explodieren bei Zufuhr von Wärme und Licht (z.B. Sonnenlicht) unter Bildung von Chlorwasserstoff, einem stechend riechenden Gas.

Verwendung von Chlor. Chlor wird zur Herstellung von Farben, Medikamenten und Lösungsmitteln, zur Gewinnung von Kunststoffen (PVC) sowie zur Synthese verschiedener Chlorverbindungen verwendet. Es dient zum Desinfizieren von Trinkwasser (Chlorung) sowie zum Bleichen von Textilien und zum Teil noch von Papier. Im Labor gewinnt man Chlor meist aus Salzsäure und einem Oxidationsmittel (z. B. Calciumhypochlorit) (▷ B 3, ▷ V 1).

B 1 Chloranlage in einem Schwimmbad. Das Gas wird zur Desinfektion im Wasser gelöst

V 1 In einem Gasentwicklungsgerät läßt man halbkonzentrierte Salzsäure auf Calciumhypochlorit (oder Kaliumpermanganat) tropfen. Das entstehende Chlor leitet man in Standzylinder, die sofort mit Glasplatten verschlossen werden. Überschüssiges Chlor wird mit Aktivkohle adsorbiert. (Abzug!) ⚠

V 2 In je einen mit Chlor gefüllten Standzylinder gibt man eine farbige Blüte (z.B. blaues Stiefmütterchen) oder einen farbigen Stoffrest. (Abzug!) ⚠

A 1 Beim Öffnen einer Flasche mit Chlorwasser nimmt man einen stechenden Geruch wahr.
Deute diese Beobachtung!

B 2 Bleichende Wirkung von Chlor

B 3 Herstellung von Chlor aus Calciumhypochlorit

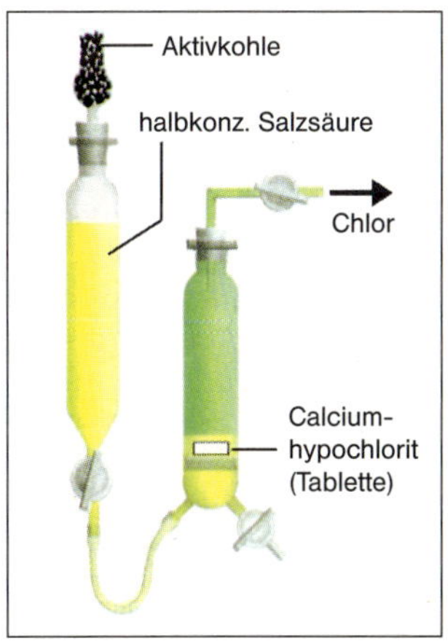

9.5 Praktikum: Fotografie

1727 kam der deutsche Medizinprofessor HEINRICH SCHULZE rein zufällig einem chemischen Vorgang auf die Spur, auf dem die Entwicklungen des Films und der Fotopapiere beruhen. Er hatte entdeckt, daß sich eine Silbernitrat-Kreide-Mischung unter Sonnenlicht verfärbt. In kleinen Versuchsschritten soll mit dieser „Entdeckung" auf selbst hergestelltem Fotopapier ein Bild „gefertigt" werden.

Geräte/Materialien

Schutzbrille, Gasbrenner, 3 Petrischalen, Meßzylinder, Glasplatte, Bechergläser, Schere, Reagenzgläser, Spatel, Pinzette (Tiegelzange), schwarzer Karton, Filterpapier, Pappschachtel, Lampe

Chemikalien

Natriumchlorid (oder Kaliumbromid), Natriumthiosulfat, Gelatine, Silbernitrat

Versuchsanleitung

Achtung! Silbernitrat darf nicht auf die Haut und ins Auge gelangen!

1 Löse in einem Reagenzglas unter leichtem Erwärmen etwa 1/2 Spatellöffel Gelatine in 10 ml Wasser. Gib zu dieser Lösung 1/4 Spatellöffel Natriumchlorid (oder Kaliumbromid) und schüttle, bis sich das Salz gelöst hat. Gib die frisch hergestellte Lösung in die Petrischale 1.

2 Stelle in einem Reagenzglas eine Lösung von 1/4 Spatellöffel Silbernitrat in 10 ml Wasser her. Gib die Lösung in eine weitere Petrischale 2.

3 Lege in Petrischale 1 ein Filterpapier, bis es vollständig durchtränkt ist (etwa 2 Minuten). Entferne das Papier mit einer Pinzette (oder Tiegelzange), laß die überschüssige Lösung abtropfen und lege es mit der gleichen Schichtseite ca. 2 Minuten in die 2. Petrischale. Bringe das Papier mit der „beschichteten" Seite nach oben auf eine Glasplatte und lasse es in einem verdunkelten Raum (oder einer Pappschachtel oder einem Trockenschrank) trocknen.

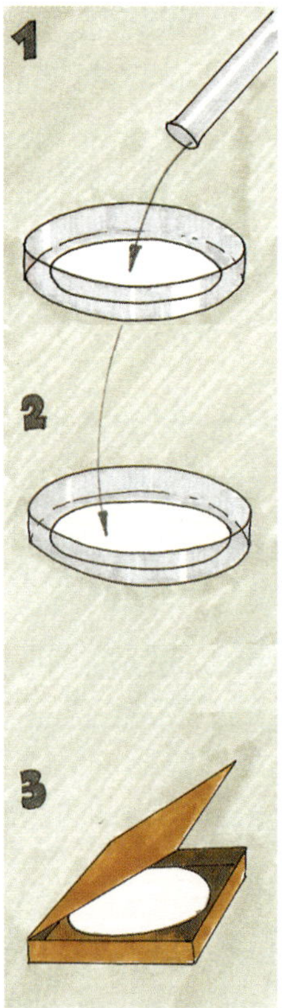

4 Falte einen schwarzen Karton und schneide in eine Seite eine Figur (z.B. einen Pfeil).

5 Schiebe in diese Schablone das selbst hergestellte Fotopapier mit der Schichtseite nach oben und belichte mit einer möglichst hellen Lampe, bis sich das Papier schwärzt.

6 Stelle eine Natriumthiosulfatlösung her (etwa 1 Spatellöffel Natriumthiosulfat in 15 ml Wasser), fülle damit eine 3. Petrischale und tauche das belichtete Fotopapier in die Lösung.

7 Spüle das fertige Bild gut unter fließendem Wasser ab und hänge es anschließend zum Trocknen auf.

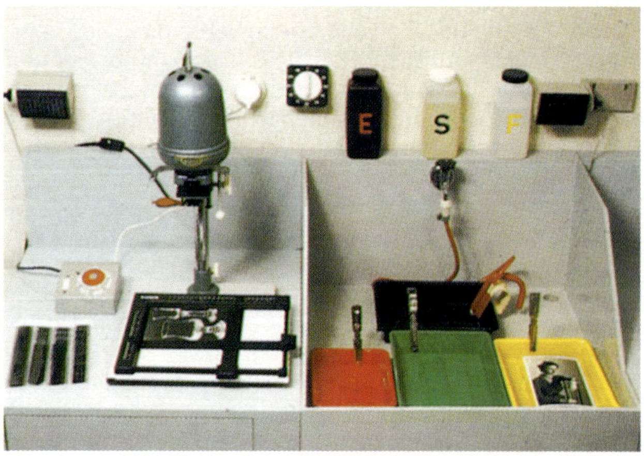

9.6 Silbersalze und Fotografie

Fotografie. Die Fotografie (das „Zeichnen mit Licht") beruht auf der Lichtempfindlichkeit von Silbersalzen. *Die lichtempfindliche Schicht von Filmen und Fotopapieren* enthält eine in Gelatine eingebettete Suspension von fein gekörntem Silberbromid und Silberchlorid. Beim Fotografieren (Belichten) werden je nach Menge des auftreffenden Lichts an den entsprechenden Stellen des Films in den Silbersalzkörnern einige Silberhalogenide in Silber und Halogen gespalten. Man bezeichnet diese Silberatome in den Salzkörnern auch als **Silberkeime**.

Die Stellen der lichtempfindlichen Schicht, auf die viel Licht gefallen ist (z. B. von hellen Gegenständen), enthalten viele Silberkeime, dunklere Gegenstände erzeugen nur wenige oder gar keine Silberkeime. Die durch die Belichtung entstandenen Halogene werden durch die Gelatineschicht gebunden. Da die in den Silbersalzkörnern entstandene Silbermenge in Form von Silberkeimen zu klein ist, um sichtbar zu sein, sieht ein belichteter Film zunächst aus wie ein unbelichteter. Er enthält ein (verborgenes) **latentes Bild**.

Entwickeln. Beim Entwickeln werden die Silbersalzkörner mit den Silberkeimen durch den Entwickler vollständig in Silber umgewandelt. Dabei wirken die bereits vorhandenen Silberkeime als Katalysatoren.

Da stark belichtete Stellen viele Silberkeime enthalten, entstehen beim Entwickeln auch viele Silberatome (dunkle Stellen). Wenig belichtete Stelle enthalten wenig Silberkeime, sie bleiben deshalb hell. Das nach dem Entwickeln entstandene Bild ist ein **Negativ**, bei dem helle und dunkle Stellen vertauscht sind.

Fixieren. Ehe das Negativ ans Licht gebracht wird, müssen die vom Licht *nicht* umgewandelten Silbersalzkörner herausgelöst werden, da sonst auf dem ganzen Film durch Lichteinwirkung überall Silberkeime entstehen und der Film dann ganz geschwärzt würde. Das Herauslösen der nicht belichteten Silbersalze bezeichnet man als **Fixieren**. Erst das fixierte Bild darf dem *Tageslicht* ausgesetzt werden.

Positivbilder. Schickt man durch das Negativ Lichtstrahlen auf ein beschichtetes Fotopapier, so dringt durch die stärker belichteten Stellen (auf dem Negativ dunkel) weniger Licht als durch die schwach belichteten Stellen (auf dem Negativ hell). Es entsteht auf diese Weise ein *Negativ vom Negativ*, d. h. ein **Positiv**.
Auch das Fotopapier enthält nach dem Belichten zunächst ein latentes Bild, das erst durch den Entwicklungsprozeß sichtbar wird. Um es lichtfest zu machen, muß es ebenfalls fixiert werden.

B 1 Stadien der Bildentstehung auf einem Negativfilm

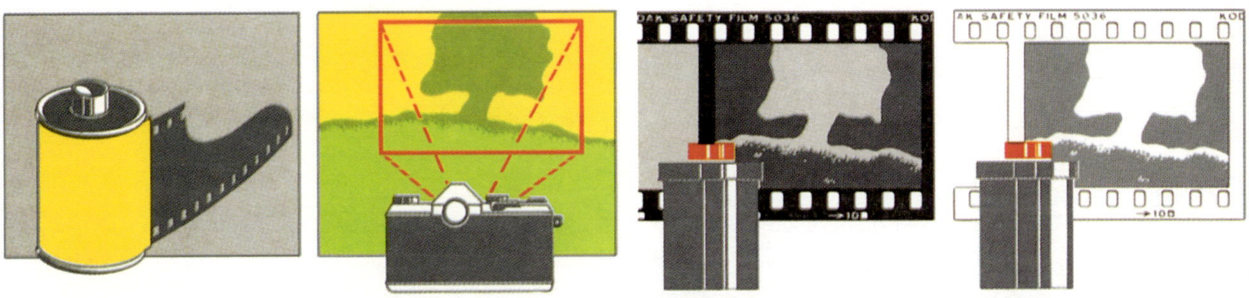

Die *lichtempfindliche Schicht* des Films enthält fein gekörntes Silberbromid.

Beim *Belichten* wird in den vom Licht getroffenen Körnern Silberbromid teilweise in Silber und Brom umgewandelt. Es entsteht ein verborgenes, *latentes Bild*.

Beim *Entwickeln* werden die belichteten Silberbromidkörner vollständig in Silber umgewandelt. Das Bild wird als Negativ *sichtbar*. Es ist noch nicht lichtbeständig.

Durch das *Fixieren* werden die nicht belichteten Silberbromidkörner herausgelöst. Das Negativ kann jetzt dem Licht ausgesetzt und zur Herstellung positiver Bilder verwendet werden.

9.7 Halogene, eine Elementgruppe

B 1 Halogene Chlor, Brom, Iod (von links) und ihre Farben im gasförmigen Zustand

V 1 Man hält eine Kupferfolie (Blattmetall) in je einen Standzylinder mit Chlor-, Brom- und Ioddampf (Abzug!). Zur Beschleunigung der Reaktion kann man die Kupferfolie mit etwas Wasser bespritzen.
Vergleiche die Reaktionsheftigkeit.

V 2 Man verreibt 3 g Zinkpulver mit 1 g Iod und läßt auf das Gemisch etwas Wasser als Katalysator tropfen (Abzug!). Nach der Reaktion gibt man mehr Wasser dazu und filtriert. Die Zinkiodidlösung wird für weitere Versuche aufbewahrt.

V 3 Man verreibt ca. 1 g Magnesiumpulver mit ca. 2 g Iod und bildet daraus einen flachen Kegel. Auf das Gemisch tropft man etwas Wasser. (Abzug!)

B 2 Reaktion von Halogenen mit Kupfer. Die Reaktionsfähigkeit nimmt von Chlor (links) über Brom zu Iod ab

Fluor ist das reaktionsfähigste Halogen. Das schwach gelbliche Gas besitzt einen durchdringenden, chlorähnlichen Geruch. Beim Einatmen ruft es schwere Entzündungen der Atemwege hervor und verursacht bei der Berührung mit der Haut starke Verätzungen. Seine außergewöhnliche Reaktionsfähigkeit erfordert größte Vorsicht beim Umgang mit ihm. Es läßt Holz und Gummi entflammen und reagiert mit Wasserstoff noch bei −252 °C explosionsartig. Da Fluor auch Glas zerstört, wird es z. B. in Kupfer- oder Nickelgefäßen aufbewahrt. Mit beiden Metallen reagiert es zu einer „Schutzschicht", die bei der Aufbewahrung das Metall vor einer weiteren Reaktion mit Fluor schützt.

Brom, ein weiteres Halogen, ist eine dunkelrotbraune Flüssigkeit, die schon bei Zimmertemperatur unter Bildung von braunen, stechend riechenden Dämpfen verdunstet. Es ist neben Quecksilber das einzige Element, das bei Zimmertemperatur flüssig ist. Brom wirkt auf der Haut stark ätzend und ist sehr giftig. Der unangenehme Geruch gab dem Element seinen Namen (von griech. bromos, übelriechend, Gestank).

Iod ist unter den Halogenen das reaktionsträgste Element. Jedoch ist es noch so reaktionsfähig, daß es z. B. Kork und Gummi zerstört und in der Natur nur in Verbindungen vorkommt. Iod bildet blauschwarze, metallisch glänzende Kristalle. Sie sublimieren bei langsamem Erwärmen zu violettfarbenem Dampf. Das Element erhielt nach der Farbe seines Dampfes (von griech. iodes, veilchenblau) diesen Namen.
Vergleicht man die Elemente Chlor, Brom, Iod in ihren Reaktionen mit Kupfer (▷ V 1, ▷ B 2), so zeigt sich, daß die Reaktionsfreudigkeit deutlich abnimmt. Dampft man die wäßrigen Lösungen der Reaktionsprodukte ein, erhält man jeweils feste, salzartige Rückstände.

B 3 Eigenschaften der Halogene im Vergleich

Name Symbol	Atommasse (u)	Schmelztemp. (°C)	Siedetemp. (°C)	Farbe des Gases	Reaktionsfähigkeit	Giftigkeit
Fluor F	19	−219	−188	schwach gelblich	nimmt ab ↓	sehr giftig
Chlor Cl	35,5	−101	−35	gelbgrün		giftig
Brom Br	80	−7	59	rotbraun		sehr giftig
Iod I	127	113	184	violett		gesundheitsschädlich

Bringt man ein Natriumstück in Chlorgas, so entsteht nach einiger Zeit ein weißer Feststoff, den man als Kochsalz erkennen kann (▷ V 4, ▷ B 4). Die chemische Bezeichnung für Kochsalz ist Natriumchlorid. Das Reaktionsschema und die Reaktionsgleichung für diese Reaktion lauten:

$$\text{Natrium} + \text{Chlor} \longrightarrow \text{Natriumchlorid}$$
$$2\,Na + Cl_2 \longrightarrow 2\,NaCl$$

Ähnlich reagiert Chlor mit anderen Metallen wie z.B. mit Kupfer (▷ V 1). Die Reaktionsprodukte nennt man *Chloride*. Da auch die anderen Halogene mit Metallen salzartige Stoffe in exothermen Reaktionen bilden, bezeichnet man diese Reaktionsprodukte als **Halogenide**. So entstehen mit Brom *Bromide* und mit Iod *Iodide*.

Halogenide besitzen ähnliche Eigenschaften. Sie sind feste, kristalline Stoffe, die sich meist gut in Wasser lösen und hohe Schmelztemperaturen aufweisen. Halogenide sind Salze. Dies erklärt auch die Bezeichnung Halogene: *Salzbildner* (von griech. hals, Salz und griech. gennan, bilden).

Nachweis von Halogeniden. Gibt man zu Lösungen von Chloriden Silbernitratlösung (▷ V 5), fällt jeweils ein weißer „käsiger" Niederschlag aus (▷ B 5). Alle diese Niederschläge bestehen aus Silberchlorid ($AgCl$). Entsprechend erhält man mit Lösungen von Bromiden weißgelbes Silberbromid ($AgBr$) und mit Iodidlösungen hellgelbes Silberiodid (AgI). Läßt man eine Silberbromidlösung einige Zeit im Licht stehen, wird die Lösung dunkel (▷ B 7). Silberbromid wird unter dem Einfluß des Lichtes in Silber und Brom gespalten. Feinverteiltes Silber ruft das Dunkelwerden hervor.
Ähnlich lichtempfindlich reagieren auch Silberchlorid und Silberiodid. Reaktionen dieser Art bezeichnet man als *fotochemische Reaktionen*.

B 4 Bildung von Natriumchlorid aus den Elementen

V 4 In einen mit Chlor gefüllten Standzylinder wird ein frisch entrindetes, kleines Natriumstück gegeben. Der Standzylinder bleibt verschlossen ein bis zwei Tage im Abzug.
Man löst den entstandenen Stoff in Wasser (Vorsicht! Natriumreste können mit Wasser reagieren! Schutzbrille!) und läßt die Lösung an einem ruhigen Ort stehen. Die Kristalle werden mit einer Lupe betrachtet.

V 5 Stelle jeweils eine Lösung von Natriumchlorid, Kaliumchlorid, Calciumchlorid, Natriumbromid, Kaliumbromid, Natriumiodid und Kaliumiodid in dest. Wasser her und gib in jedes Reagenzglas einige Tropfen Silbernitratlösung. Schildere deine Beobachtungen.

B 5 Chloridnachweis. Chloridlösungen bilden mit Silbernitratlösung einen weißen Niederschlag

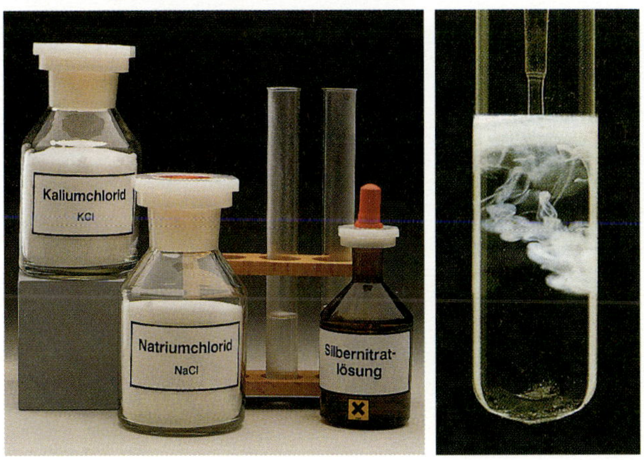

B 6 Film verändert sich im Licht

B 7 Silberbromid verändert sich beim Belichten

9.8 Edelgase

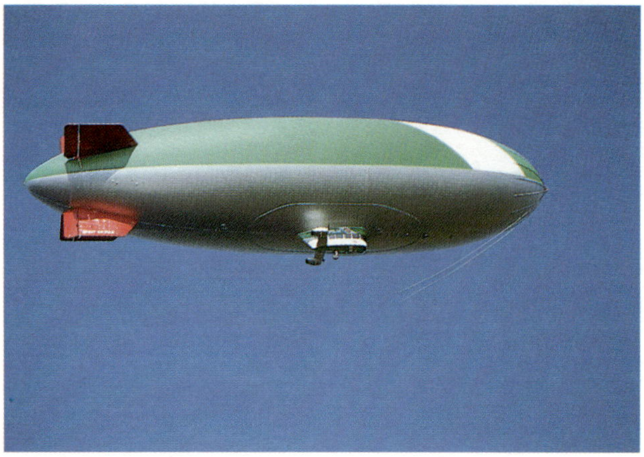

B 1 Helium als Füllgas in Luftschiffen und Ballonen

B 2 Eigenschaften der Edelgase im Vergleich

Name/ Symbol	Siede-temp. (°C)	Dichte (g/l)	1 l Luft enthält (ml)	Verwendung
Helium He	−269	0,17	0,0046	Füllgase für Ballone, Taucherluft
Neon Ne	−246	0,84	0,016	Kältemittel, Leuchtröhren, Glühlampen
Argon Ar	−186	1,66	9,3	Schutzgas beim Schweißen
Krypton Kr	−152	3,48	0,0011	Füllgas für Glühlampen
Xenon Xe	−107	5,49	0,00008	in Elektronen-blitzgeräten

Eine weitere Gruppe nichtmetallischer Elemente, die **Edelgase**, haben wir bereits als Bestandteile der Luft kennengelernt. Sie sind dort nur in geringen Mengen enthalten und wurden deshalb erst viel später als Sauerstoff und Stickstoff entdeckt. Da man sie anfänglich für völlig reaktionsunfähig hielt, gab man ihnen den Namen „Edelgase“.

Eigenschaften und Verwendung. Von *Helium, Neon* und *Argon* kennt man bis heute keine Verbindungen, von *Krypton* und *Xenon* nur sehr wenige. Wegen ihrer außerordentlichen *Reaktionsträgheit* verbinden sich Edelgase auch untereinander nicht, ihre kleinsten Teilchen sind *Einzelatome*.

Die *Dichte* der Edelgase nimmt von Helium zu Xenon hin zu (▷ B 2). Helium z. B. hat eine sehr viel geringere Dichte als Luft und wird deshalb zur Füllung von Ballonen und Luftschiffen verwendet (▷ B 1).

In der Technik dienen Edelgase aufgrund ihrer Reaktionsträgheit vor allem als *Schutzgase*. So hält Argon beim *Schutzgasschweißen* (▷ B 3) den Sauerstoff von der Schweißstelle ab und schützt so das Metall vor der Verbrennung. Auf diese Weise kann man sogar Aluminium schweißen.

Ein Gemisch aus Argon, Krypton und dem reaktionsträgen Stickstoff verhindert das Durchbrennen und Verdampfen der Glühdrähte in *Glühlampen*. Durch Verwendung von Krypton kann die Temperatur der Glühdrähte auf etwa 2 500 °C gesteigert und damit die Lichtausbeute noch erhöht werden (▷ B 4).

Mit Neon, Krypton und anderen Edelgasen gefüllte *Leuchtstoffröhren* spenden unterschiedlich farbiges Licht (▷ B 5).

B 3 Schutzgasschweißen. Das Edelgas Argon verhindert den Luftzutritt

B 4 Glühlampen mit Kryptonfüllung

B 5 Neon als Füllgas in einer Leuchtstoffröhre

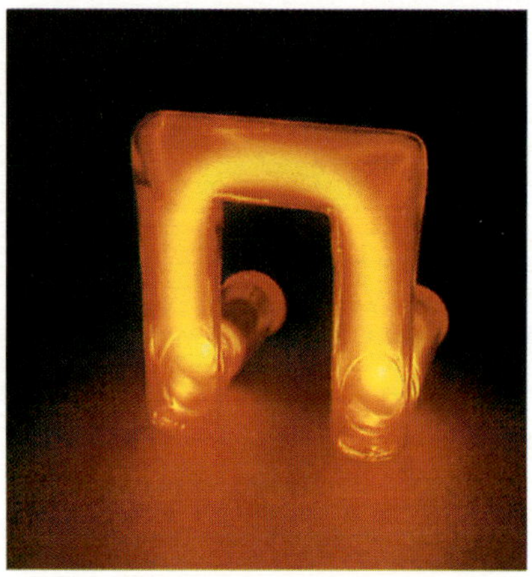

9.9 Das Periodensystem der Elemente

Von den Elementgruppen zum Periodensystem. In den vorangegangenen Kapiteln haben wir erfahren, daß Elemente mit ähnlichen Eigenschaften zu *Elementgruppen* zusammengefaßt werden können. Versuche zeigten, daß sich innerhalb einer Elementgruppe manche Eigenschaften mit steigender Atommasse *regelmäßig* ändern.

Solche Ähnlichkeiten haben im vergangenen Jahrhundert Wissenschaftler angeregt, daraus ein *Ordnungsprinzip für die Elemente* abzuleiten. Im Jahre 1817 versuchte DÖBEREINER als erster, einen Zusammenhang zwischen den Eigenschaften einiger Elemente und ihrer *Atommasse* herzustellen. Zu dieser Zeit waren DALTONS Atombegriff und seine „Atomgewichtstabelle" knapp zehn Jahre alt. Die ersten „Atomgewichte" waren ungenau, zum Teil auch falsch. Auch kannte man bis dahin erst ungefähr dreißig Elemente.

Im Jahre 1869 gelang MENDELEJEW und MEYER der eigentliche Durchbruch. Sie ordneten unabhängig voneinander die nunmehr 56 bekannten Elemente nach zunehmender Atommasse so an, daß ähnliche Elemente in Gruppen nebeneinander zu stehen kamen. Sie erhielten ein Ordnungssystem, das sie als **Periodensystem der Elemente** bezeichneten, da in ihm *verwandte Elemente* in *periodisch wiederkehrender Folge* angeordnet waren. Da damals jedoch viele Elemente noch nicht entdeckt waren, mußte das System zwangsläufig unvollkommen bleiben. MENDELEJEW war jedoch von dessen Richtigkeit so überzeugt, daß er an bestimmten Stellen *Lücken* für noch nicht entdeckte Elemente ließ (▷ B 3) und sogar deren Eigenschaften anhand ihrer Stellung im System teilweise mit erstaunlicher Genauigkeit voraussagte.

Die erste glänzende Bestätigung MENDELEJEWS lieferte der französische Chemiker LECOQ DE BOISBAUDRAN, als er 1876 das auf Aluminium folgende Element entdeckte, das er zu Ehren seines Vaterlandes *Gallium* nannte. MENDELEJEW hatte unter anderem vorhergesagt, daß es bereits in der Hand schmelzen (▷ B 4) und eine Dichte von etwa 6 g/cm^3 haben müsse. LECOQ fand zuerst nur eine Dichte von 4,7 g/cm^3, wiederholte jedoch auf einen Brief MENDELEJEWS hin seine Untersuchungen und bestätigte mit einem Wert von 5,9 g/cm^3 dessen Voraussage.

Einen weiteren Beweis für die „Periodizität der Eigenschaften" lieferte im Jahre 1886 der deutsche Chemiker WINKLER. Ihm gelang ebenfalls auf Voraussage MENDELEJEWS hin die Entdeckung des auf Silicium folgenden Elements, das er *Germanium* nannte (▷ B 5).

B 1 DIMITRI MENDELEJEW (1834 - 1907)

B 2 LOTHAR MEYER (1830 - 1895)

B 3 Erstes Periodensystem von MENDELEJEW (Ausschnitt)

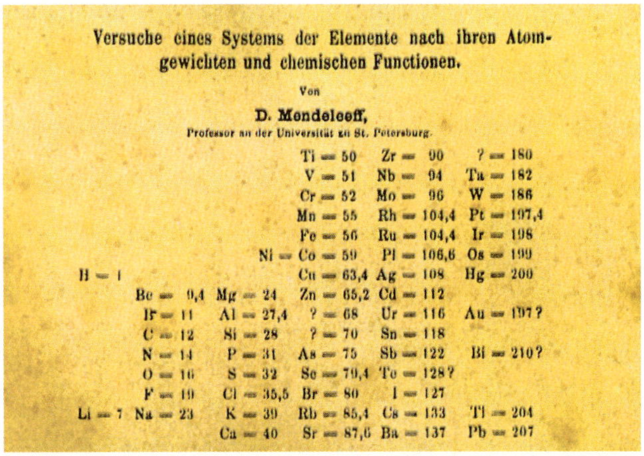

Versuche eines Systems der Elemente nach ihren Atomgewichten und chemischen Functionen.

Von

D. Mendeleeff,

Professor an der Universität zu St. Petersburg.

			Ti = 50	Zr = 90	? = 180
			V = 51	Nb = 94	Ta = 182
			Cr = 52	Mo = 96	W = 186
			Mn = 55	Rh = 104,4	Pt = 197,4
			Fe = 56	Ru = 104,4	Ir = 198
			Ni = Co = 59	Pl = 106,6	Os = 199
H = 1			Cu = 63,4	Ag = 108	Hg = 200
	Be = 9,4	Mg = 24	Zn = 65,2	Cd = 112	
	B = 11	Al = 27,4	? = 68	Ur = 116	Au = 197?
	C = 12	Si = 28	? = 70	Sn = 118	
	N = 14	P = 31	As = 75	Sb = 122	Bi = 210?
	O = 16	S = 32	Se = 79,4	Te = 128?	
	F = 19	Cl = 35,5	Br = 80	I = 127	
Li = 7	Na = 23	K = 39	Rb = 85,4	Cs = 133	Tl = 204
		Ca = 40	Sr = 87,6	Ba = 137	Pb = 207

B 4 Gallium schmilzt wie vorhergesagt in der Hand

B 5 Vorausgesagte und gefundene Eigenschaften von Germanium

	vorausgesagt	festgestellt
Atommasse (u)	ca. 70	72,59
Schmelztemp. (°C)	hoch	937
Diohte (g/cm^3)	5,5	5,32
Oxid	XO_2	GeO_2
Dichte (g/cm^3)	4,7	4,7
Chlorid	XCl_4	$GeCl_4$
Siedetemp. (°C)	< 100	83

Periodensystem heute. Unser heutiges Periodensystem leitet sich im Prinzip aus dem von MENDELEJEW und MEYER ab. Die zu einer **Gruppe** gehörenden verwandten Elemente stehen untereinander in *senkrechten Spalten*, oben die Elemente mit geringerer Atommasse, darunter die mit der größeren Atommasse. Weil in jeder *waagrechten* Zeile Elemente mit ähnlichen Eigenschaften *periodisch* wiederkehren, bezeichnet man diese Zeilen als **Perioden**.

▷ B 6 zeigt eine *gekürzte Form* des Periodensystems, in der nur die sogenannten **Hauptgruppenelemente** aufgeführt sind. Die Zahlen links oben an den Elementsymbolen geben jeweils die Atommasse an, die Zahlen links unten die fortlaufende Nummer des betreffenden Elements im vollständigen Periodensystem (↗ Anhang)

Die Elementgruppen sind mit *römischen Ziffern* gekennzeichnet. Die beiden ersten Gruppen sind die *Alkali-* und *Erdalkalimetalle*. Die VII. Gruppe wird von den *Halogenen* gebildet, die VIII. Gruppe von den *Edelgasen*, auch die VI. Gruppe enthält schon Nichtmetalle wie Sauerstoff und Schwefel. Dies ist bereits ein Hinweis darauf, daß Metalle und Nichtmetalle im Periodensystem in bestimmten Bereichen angeordnet sind.

Zahlreiche weitere Eigenschaften ergeben sich aus der Lage ganzer Gruppen im Periodensystem.

Die Stellung eines Elementes im Periodensystem erlaubt wichtige Rückschlüsse auf seine Eigenschaften.

B 6 Gekürztes Periodensystem der Elemente. Die Hauptgruppen (senkrecht) sind mit römischen, die Perioden (waagrecht) mit arabischen Ziffern bezeichnet

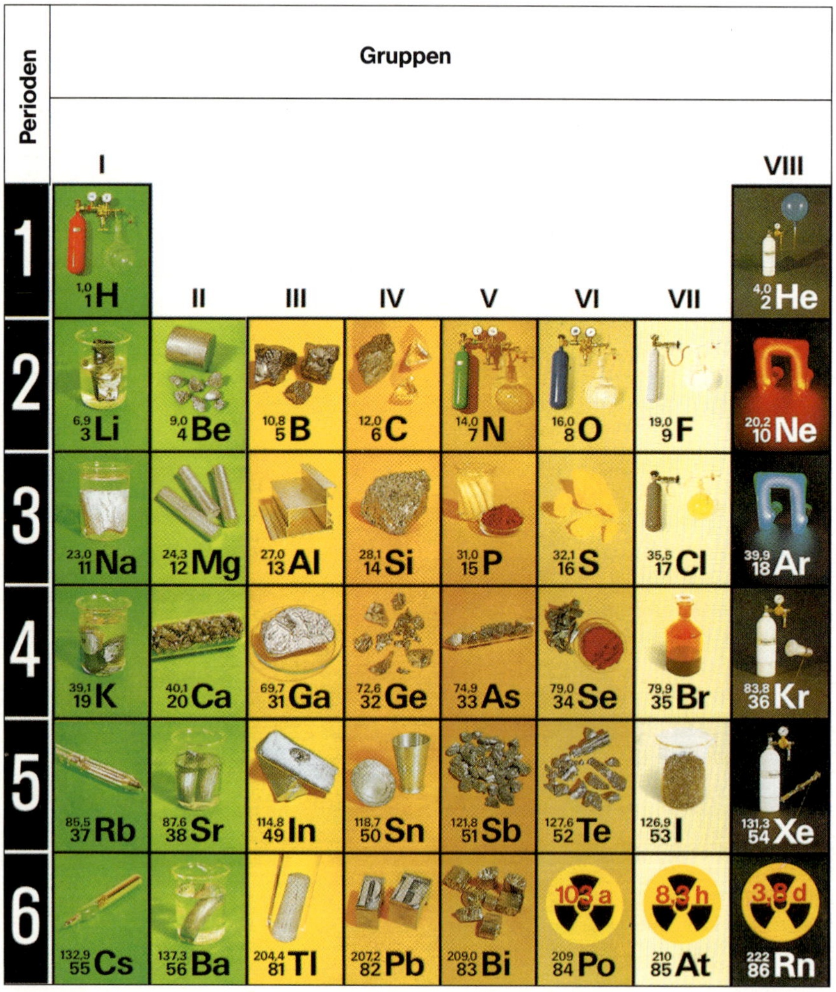

A 1 a) Stelle einen Papierstreifen mit 17 quadratischen Kästchen von je 1 cm Seitenlänge her und trage in diese folgende Elementsymbole, geordnet nach steigender Atommasse (↗Tabelle S. 343) ein:

Al, Ar, B, Be, C, Cl, F, He, Li, Mg, N, Na, Ne, O, P, S, Si. Kennzeichne Vertreter von Elementfamilien jeweils mit gleicher Farbe.

b) Klebe den Papierstreifen schraubenförmig um eine Papierrolle mit 8 cm Umfang. Achte dabei darauf, daß verwandte Elemente untereinander stehen.
Überlege anhand von ▷ B 6, an welcher Stelle die Rolle durchgeschnitten werden muß, um zu einer periodischen Anordnung zu kommen.

A 2 Suche aus dem Periodensystem im Anhang Abweichungen von der Anordnung nach steigender Atommasse heraus.

A 3 Ordne die in ▷ A 1 a) aufgeführten Elemente in Metalle und Nichtmetalle. Gib an, wo sich die metallischen und nichtmetallischen Elemente im PSE befinden.

9.10 Zweierlei Ladungen in den Teilchen

Aus dem Alltag ist bekannt, daß sich viele Gegenstände elektrisch aufladen können. Beim Kämmen von trockenen, frisch gewaschenen Haaren wird z. B. ein Kunststoffkamm so aufgeladen, daß die Haare von ihm angezogen werden. Kleidungsstücke aus Kunstfasern laden sich beim Aus- und Anziehen so stark auf, daß man ein Knistern hört und im Dunkeln kleinste Funken beobachten kann, mit denen sich die elektrische Ladung entlädt.

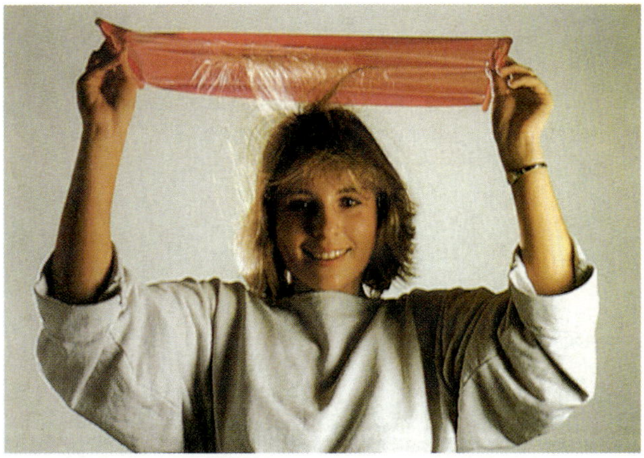

B 1 Elektrische Aufladung durch Reibung

Wirkung geladener Körper aufeinander. Reibt man einen Hartgummistab mit einem Tierfell und berührt dann mit ihm eine geerdete Glimmlampe, leuchtet diese an einem Pol auf. Dies deutet darauf hin, daß der Stab beim Reiben elektrisch geladen wurde. Der Vergleich mit dem Minuspol einer Gleichspannungsquelle zeigt, daß der Hartgummistab *negativ* geladen ist (▷ B 2).
Wiederholt man diesen Versuch mit einem Glasstab, der mit einem Tuch aus Chemiefasern (z. B. Dralon) gerieben wurde, so leuchtet die Glimmlampe am anderen Pol auf. Der Glasstab zeigt die gleiche Ladung wie der Pluspol der Gleichspannungsquelle, er ist *positiv* geladen.

Nähert man zwei mit einem Fell geriebene Hartgummistäbe einander, von denen einer frei beweglich auf einer Spitze gelagert ist (▷ B 3), so weicht der bewegliche Stab aus. Die beiden negativ geladenen Stäbe stoßen sich ab. Die gleiche Beobachtung macht man bei aufgeladenen Plastikstreifen. Nähert man dem frei beweglichen Hartgummistab einen geriebenen Glasstab, so ziehen sich beide Stäbe an.

B 2 Nachweis positiver und negativer Ladung

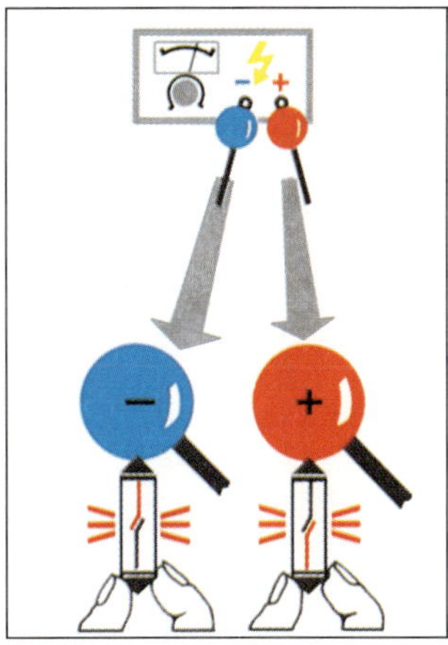

B 3 Wirkung geladener Körper aufeinander

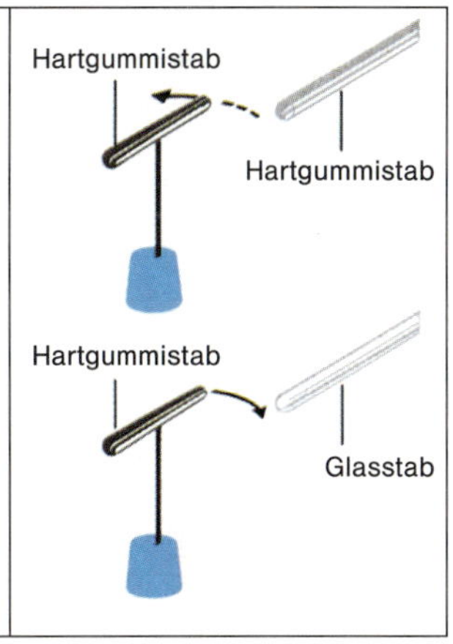

> Gleichartig geladene Körper stoßen sich ab, ungleichartig geladene ziehen sich an.

Stoffe enthalten elektrische Ladungen. Die Versuchsergebnisse lassen sich mit der Annahme erklären, daß die Gegenstände *zwei Arten elektrischer Ladungen* enthalten: die *positive* (+, in Worten: plus) und die *negative* (–, in Worten: minus) Ladung. Man kann jedoch die Anwesenheit positiver und negativer Ladung normalerweise in den Stoffen nicht feststellen, da beide Ladungsarten in gleicher Menge vorhanden sind und sich ihre Wirkung gegenseitig aufhebt. Die Stoffe sind deshalb ungeladen.

B 4 Ableitung von Reibungselektrizität. Brennbare Flüssigkeiten müssen beim Abfüllen durch Erdung vor Entzündung geschützt werden.

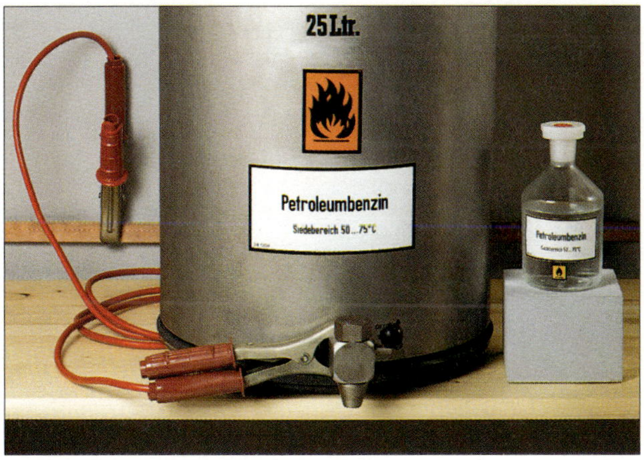

Reibt man einen Hartgummistab mit einem Fell, so werden die Ladungen getrennt. Negative Ladungen gehen auf den Hartgummistab über, die positiven bleiben auf dem Fell zurück. Gegenstände, die einen Überschuß an positiver Ladung enthalten, sind *positiv geladen*. Gegenstände, die einen Überschuß an negativer Ladung haben, sind *negativ geladen*.

9.11 Neue Erkenntnisse erfordern ein neues Atommodell

B 1 Wilhelm Conrad Röntgen (1845 – 1923)

B 2 Henri Becquerel (1852 – 1908)

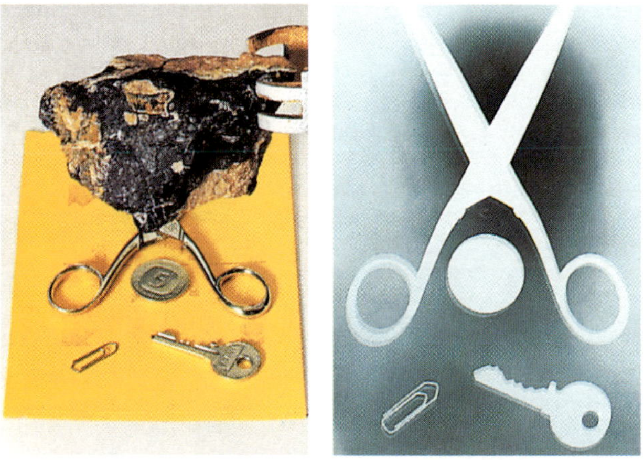

B 3 Becquerel-Versuch. Durch Auflegen der Pechblende werden metallische Gegenstände auf dem Film abgebildet

Die *elektrischen* Eigenschaften von Stoffen können wir mit dem Atommodell von DALTON nicht erklären. Verschiedene Experimente führten Ende des 19. Jahrhunderts zur Entwicklung neuer Atommodelle.
Im Jahre 1895 entdeckte RÖNTGEN die Röntgenstrahlen, die phosphoreszierende Stoffe zum Leuchten bringen und den menschlichen Körper durchdringen.
HENRI BECQUEREL (▷ B 2) untersuchte 1896 Uransalze. Er legte sie anschließend auf eine in lichtundurchlässiges Papier eingewickelte Fotoplatte. Nach dem Entwickeln zeigte sich der Umriß des Uransalzbrockens. BECQUEREL erkannte, daß diese Strahlen, die vom Uranerz ausgingen, den Röntgenstrahlen in den Eigenschaften ähnlich sein mußten. Sie konnten ebenso feste Körper durchdringen, Fotoplatten schwärzen (▷ B 3) und waren unsichtbar.

Entdeckung der Radioaktivität. MARIE CURIE (▷ B 4) arbeitete an der Aufklärung der von BECQUEREL entdeckten Strahlung. Zusammen mit ihrem Ehemann PIERRE CURIE untersuchte sie ungeheure Mengen uranhaltiger Pechblende in der Hoffnung, die unbekannte *Strahlenquelle* zu finden. Nach zwei Jahren hatten sie ein neues Element mit starker Strahlung entdeckt. Diesem Element gaben sie den Namen *Radium*, das Strahlende (▷ B 5).
Die Eigenschaft dieses Elementes, ohne äußere Einwirkung Strahlen auszusenden, bezeichneten sie als *Radioaktivität*. Es bedurfte jedoch weiterer Forschung, bis ein geeignetes Gerät entwickelt wurde, um die Strahlung *sichtbar* zu machen (▷ B 6). Schließlich konnten in einem elektromagnetischen Feld drei verschiedene Strahlenarten durch Ablenkung nachgewiesen werden: Alpha-Strahlen (α-Strahlen), deren Teilchen eine Masse von 4 u haben, Beta-Strahlen (β-Strahlen), die sich wie sehr schnelle Elektronen verhalten, und Gamma-Strahlen (γ-Strahlen), die sich nicht ablenken lassen.

B 4 Marie Curie erhielt 2 Nobelpreise

B 5 Das Element Radium

B 6 Nebelkammeraufnahme der Spuren von Alpha-Strahlen

B 7 Ernest Rutherford (1871 – 1937)

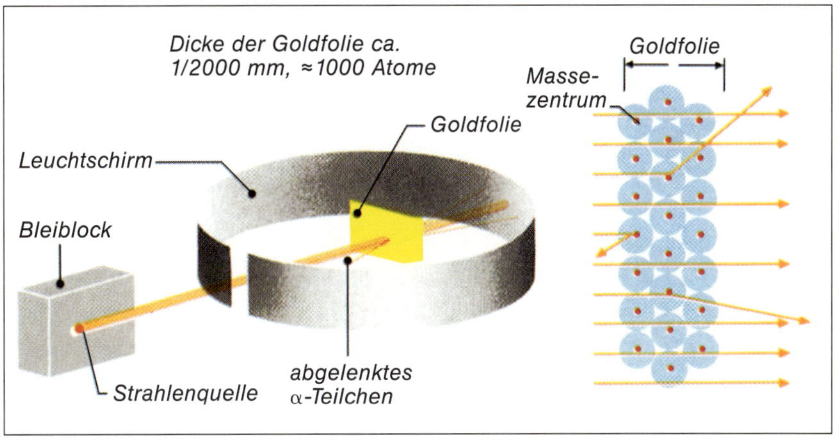

B 8 Streuversuch von Rutherford. Die meisten α-Teilchen durchdringen ungehindert die Goldfolie, nur wenige werden abgelenkt

Der englische Physiker Ernest Rutherford (▷ B 7) war Anfang dieses Jahrhunderts nach der Entdeckung der Radioaktivität auf der Suche nach einer Klärung des Atombaus. Dazu führte er im Jahre 1911 den nach ihm benannten *Streuversuch* durch.

Der Streuversuch von Rutherford. Rutherford bestrahlte eine dünne Goldfolie mit α-Teilchen (▷ B 8). Er verwandte dazu ein Radiumpräparat, das in einem Bleiblock eingeschlossen war. Der Bleiblock hatte eine kleine Öffnung und diente als Strahlenquelle. Bereits Becquerel hatte nachgewiesen, daß die von Radium ausgesendeten Strahlen positiv geladen waren und eine Masse von 4 u aufwiesen. Diese unsichtbaren α-Strahlen (auch α-Teilchen genannt) erzeugen beim Auftreffen auf einen Leuchtschirm einen Lichtblitz. Diese Lichtblitze wurden mit einem Mikroskop beobachtet und mühsam ausgezählt.

Die Dicke der Goldfolie (1/2 000 mm) entsprach etwa 1 000 Schichten nebeneinanderliegender Atome. Nach der bisherigen Atomvorstellung mußte man erwarten, daß die α-Teilchen an dieser Wand aus Goldatomen abprallen würden. Stattdessen wurde von 100 000 dieser kleinen Geschosse nur eines abgelenkt, die anderen flogen ungehindert hindurch.

Rutherford schloß aus diesen Beobachtungen, daß die *Atome* der Goldfolie zum größten Teil aus *leerem Raum* bestehen. Das Ablenken oder Zurückprallen einiger weniger Teilchen führte er darauf zurück, daß in einem winzigen Zentrum *fast die gesamte Masse* beinhaltet sein muß und daß dieses Zentrum eine *positive Ladung* aufweist. Dieses Zentrum des Atoms wird **Atomkern** genannt. Sein Durchmesser ist bis zu 100 000mal kleiner als der des ganzen Atoms, dessen Durchmesser beträgt etwa ein zehnmillionstel Millimeter. Wäre der Atomkern so groß wie ein Stecknadelkopf von 2 mm Durchmesser, so würde der Durchmesser der Atomhülle 200 m betragen (▷ B 9). Untersuchungen mit Folien anderer Metalle führten zu ähnlichen Ergebnissen.

Durch seine Untersuchungen kam Rutherford zu einer *neuen Modellvorstellung* vom Bau der Atome. Danach enthalten *alle Atome* einen *positiv geladenen Atomkern*, der nahezu die gesamte Masse des Atoms besitzt, und eine *fast massenfreie Hülle*. Da das Atom nach außen hin keine Ladung aufweist, also neutral ist, muß diese Hülle *negativ geladen* sein.

A 1 Erläutere die Unterschiede zwischen dem Atommodell von Dalton und der Rutherfordschen Modellvorstellung.

A 2 Welche Experimente und Gesetze lassen sich mit dem Dalton-Atommodell deuten? Welche Experimente lassen sich nicht mit diesem Modell erklären?

A 3 Welchen Durchmesser hätte ein Atom, wenn der Durchmesser des Atomkerns 1 m betragen würde?

B 9 Größenverhältnisse im Atom (Veranschaulichung)

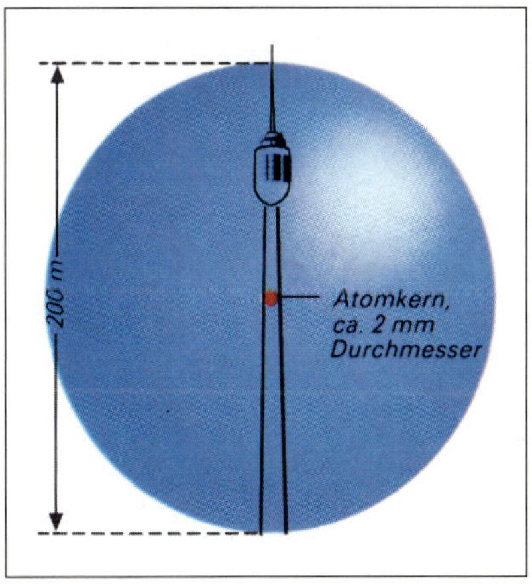

9.12 Das Kern-Hülle-Modell vom Aufbau des Atoms

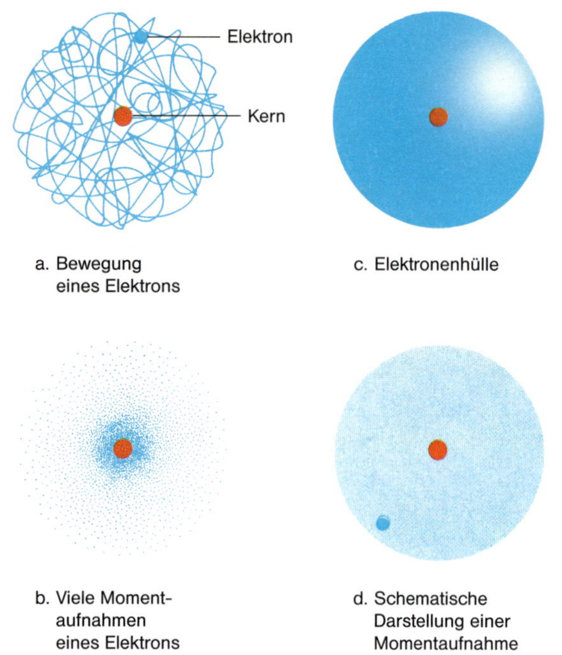

B 1 Kern-Hülle-Modell des Wasserstoffatoms

A 1 Ein Atom eines Elements hat die Ordnungszahl 9 und die Atommasse 19 u.
a) Wie viele Protonen, Neutronen und Elektronen weist es auf?
b) Um welches Element handelt es sich?

A 2 Was läßt sich aus der Angabe $^{7}_{3}$Li entnehmen?

B 2 Bauteilchen der Atome. Die Elementarteilchen unterscheiden sich in ihrer Masse und Ladung.

	Elektron	Proton	Neutron
Zeichen	e^-	p^+	n
Masse in u	0,0005	1,0073	1,0087
Ladung in Elementarladungen	−1	+1	0

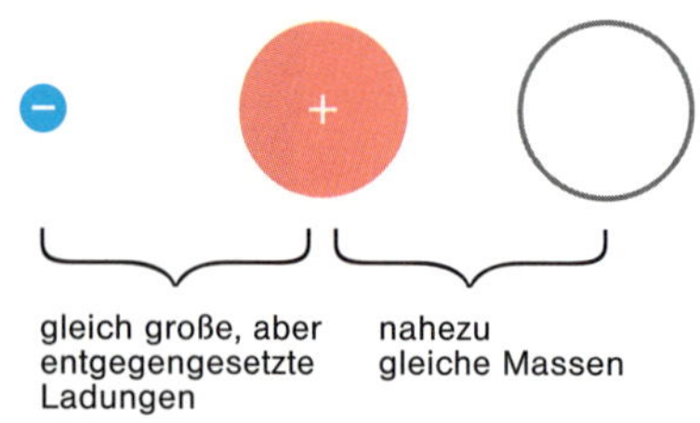

Auf der Grundlage des RUTHERFORDschen Streuversuches werden wir im folgenden eine verfeinerte Modellvorstellung vom Bau der Atome kennenlernen.

Bau des Wasserstoffatoms. Das Atom mit dem einfachsten Aufbau ist das Wasserstoffatom. Sein Kern besteht aus einem einzigen, positiv geladenen Teilchen, dem **Proton**. Ein Proton hat eine Masse von etwa 1 u. Alle Protonen haben eine gleich große positive elektrische Ladung. Diese ist die kleinste positive Ladungsportion überhaupt, man nennt sie deshalb *positive Elementarladung*.

Im Raum um das Proton befindet sich ein entgegengesetzt geladenes Teilchen, das **Elektron**. Es hat eine *negative Elementarladung*. Die Masse eines Elektrons beträgt nur 1/1 832 u, sie kann deshalb bei der Ermittlung der Gesamtmasse des Wasserstoffatoms vernachlässigt werden.

Obwohl Elektron und Atomkern sich aufgrund ihrer gegensätzlichen Ladung anziehen, fällt das Elektron nicht auf den Kern. Es bewegt sich nämlich bei dieser Modellvorstellung mit sehr hoher Geschwindigkeit im Raum um den Kern, der **Elektronenhülle** (▷ B 1a). Das Elektron kann überall in der Hülle angetroffen werden. Könnte man Momentaufnahmen des Atoms machen, befände sich das Elektron zu jedem Zeitpunkt an einer anderen Stelle (▷ B 1b). Je dichter die Punkte erscheinen, desto häufiger ist das Elektron in diesem Bereich zu finden. Die negative Ladung ist also über die Elektronenhülle verteilt (▷ B 1c).

Zur Darstellung des Wasserstoffatoms begnügt man sich meist mit einem Schnittbild (▷ B 1d), das nur einer Momentaufnahme entspricht. Das Elektron befindet sich darin an einer beliebigen Stelle der Elektronenhülle.

Neutronen. Auf Wasserstoff folgt im Periodensystem Helium. Ein Heliumatom hat zwei Protonen und zwei Elektronen. Der Atomkern ist also zweifach positiv geladen, die Elektronenhülle zweifach negativ. Vergleicht man die Masse des Heliumatoms (4 u) mit der Masse der in seinem Kern enthaltenen Protonen (2 u), so ergibt sich daraus, daß im Heliumatom noch andere Teilchen enthalten sein müssen, die zwar eine Masse, jedoch keine Ladung besitzen. Man bezeichnet diese Teilchen deshalb als **Neutronen**. Sie haben wie die Protonen eine Masse von etwa 1 u.

Neutronen sind außer im Wasserstoffatom in den Atomen aller übrigen Elemente enthalten und bilden zusammen mit den Protonen den Atomkern. Elektronen, Protonen und Neutronen sind *Bauteilchen der Atome*. Man nennt sie **Elementarteilchen**. Die Elementarteilchen unterscheiden sich in Masse und Ladung voneinander (▷ B 2).

Protonen kennzeichnen ein Element. Der Kern eines Heliumatoms besteht aus zwei Protonen und zwei Neutronen. Besitzt ein Atom in seinem Kern drei Protonen, so gehört es zu dem im Periodensystem auf Helium folgenden Element Lithium. Ein Lithiumatom hat etwa die Atommasse 7 u. Da drei Kernteilchen Protonen sind, müssen die übrigen vier Kernteilchen Neutronen sein. Man kann die Neutronenzahl errechnen, indem man die Protonenzahl von der Massenzahl (Zahlenwert der Atommasse) subtrahiert.

Atomkerne mit vier Protonen gehören zum Element Beryllium. Sie enthalten bei einer Atommasse von 9 u fünf Neutronen. Die Zahl der Protonen nimmt im Periodensystem von Element zu Element um 1 zu (▷ B 3).

Die Anzahl der Protonen im Kern bestimmt die Zugehörigkeit eines Atoms zu einem bestimmten Element: Alle Atome eines Elements haben die gleiche Anzahl von Protonen.

Protonenzahl und Ordnungszahl. Die Anordnung der Elemente im Periodensystem hängt mit dem Bau der Atome zusammen. Die Protonenzahl entscheidet über die Zugehörigkeit des Atoms zu einem bestimmten Element. Die Protonenzahl wird zum Ordnen der Elemente verwendet, sie stimmt mit der Ordnungszahl überein. Da die Protonenzahl gleich der Elektronenzahl ist, gibt die Ordnungszahl zugleich an, wie viele Elektronen die Hülle des neutralen Atoms bilden.

Um den Aufbau des Atomkerns übersichtlich wiederzugeben, hat man eine besondere Schreibweise eingeführt (▷ B 5). Vor das Elementsymbol wird oben links die Massenzahl und unten links die Ordnungszahl geschrieben.

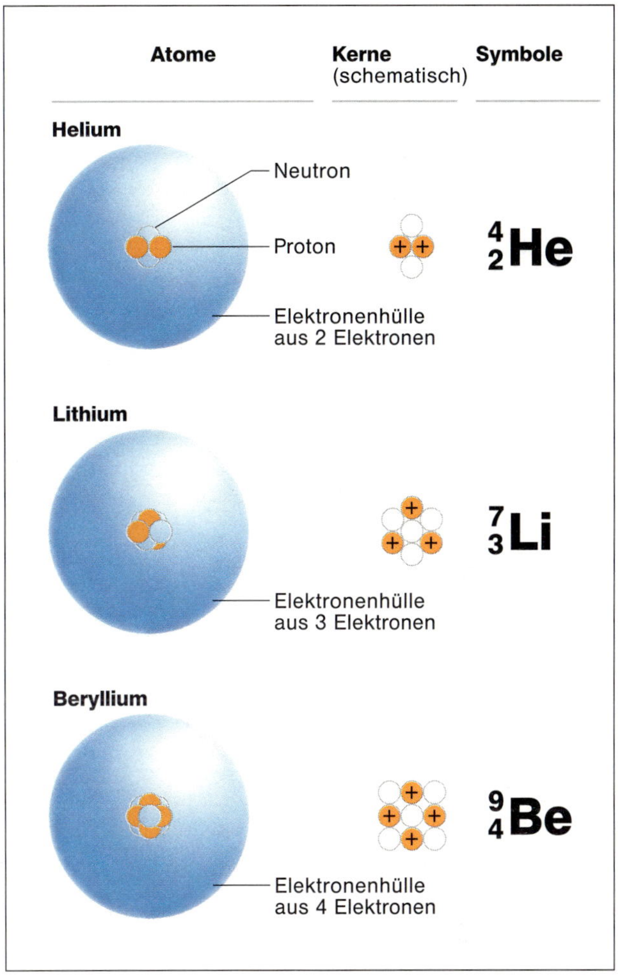

B 3 Bau des Helium-, Lithium- und Berylliumatoms. Die Kerne enthalten außer Protonen noch Neutronen.

B 4 Aufbau von Atomkern und Elektronenhülle der ersten 11 Elemente

Element, Symbol		Kern: Zahl der Protonen	Kern: Zahl der Neutronen	Hülle: Zahl der Elektronen
Wasserstoff	H	1	–	1
Helium	He	2	2	2
Lithium	Li	3	4	3
Beryllium	Be	4	5	4
Bor	B	5	6	5
Kohlenstoff	C	6	6	6
Stickstoff	N	7	7	7
Sauerstoff	O	8	8	8
Fluor	F	9	10	9
Neon	Ne	10	10	10
Natrium	Na	11	12	11

B 5 Kennzeichnung eines Atoms und seines Kerns

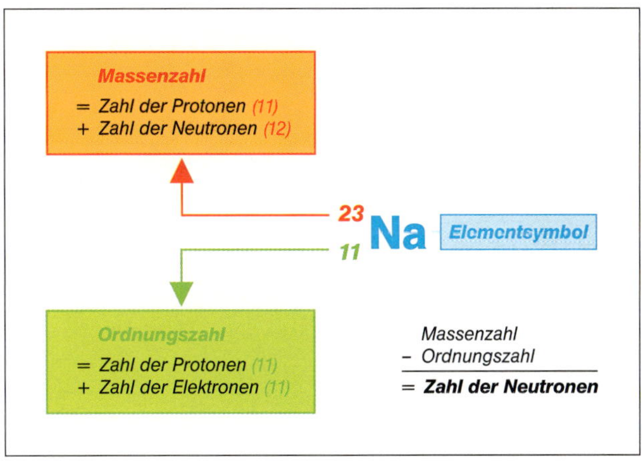

9.13 Der Feinbau der Elektronenhülle – das Schalenmodell

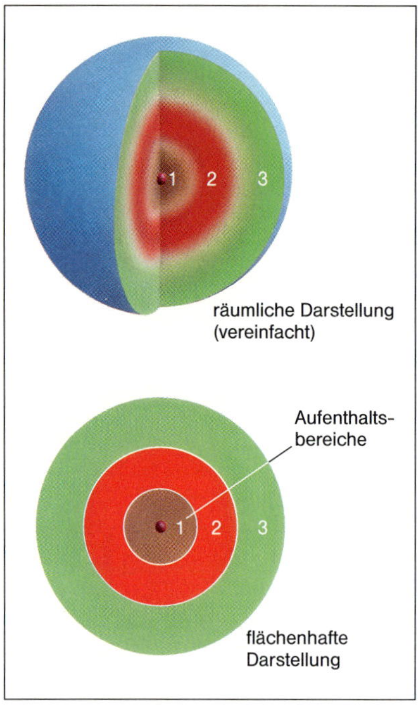

B 1 Elektronenhülle im Modell

Das Kern-Hülle-Modell von Rutherford kann den grundsätzlichen Aufbau eines Atoms erklären, aber nicht die Zugehörigkeit zu einer bestimmten Elementgruppe. Dies gelingt mit dem Modell vom Feinbau der Elektronenhülle, das der dänische Physiker NIELS BOHR entwickelte. Hierfür erhielt er 1922 den Nobelpreis für Physik.

Nach dieser Vorstellung bewegen sich die Elektronen in der Elektronenhülle, die den Atomkern kugelförmig umgibt. Mit wachsender Zahl der Elektronen kann man die Elektronenhülle in schalenähnliche Aufenthaltsbereiche unterteilen. So kommt z. B. zum ersten Aufenthaltsbereich, der für die Elektronen des Wasserstoff- und Heliumatoms gilt, beim Lithiumatom für das dritte Elektron ein zweiter kugelförmiger Aufenthaltsbereich – kurz: eine zweite Schale – hinzu. Diese wird bis zum Element Neon auf acht Elektronen aufgefüllt. Erst beim Natriumatom wird die dritte Schale mit einem Elektron begonnen. Diese Modellvorstellung nennt man **Schalenmodell**.

Elektronenhülle und Periodensystem. In ▷ B 2 entspricht die Anordnung der Atommodelle der Anordnung der Elemente im Periodensystem. Wir erkennen, daß die Atome in den waagerechten Zeilen, den *Perioden*, jeweils die *gleiche Anzahl von Schalen* besitzen. Beim Übergang von einem Edelgasatom zum nachfolgenden Alkalimetallatom wird eine neue Schale aufgebaut. In den senkrechten Spalten, den *Gruppen*, unterscheiden sich die Atome zwar in der Anzahl der Schalen, sie besitzen jedoch in der *äußeren Schale die gleiche Anzahl von Elektronen*. Nur das Heliumatom weicht davon ab.

B 2 Elektronenhülle und Periodensystem. Die Atome der Hauptgruppenelemente füllen ihre äußerste Schale mit fortschreitender Ordnungszahl bis zur Schale eines Edelgasatoms auf. Das Atom des folgenden Alkalimetalls beginnt wieder mit einer neuen Schale.

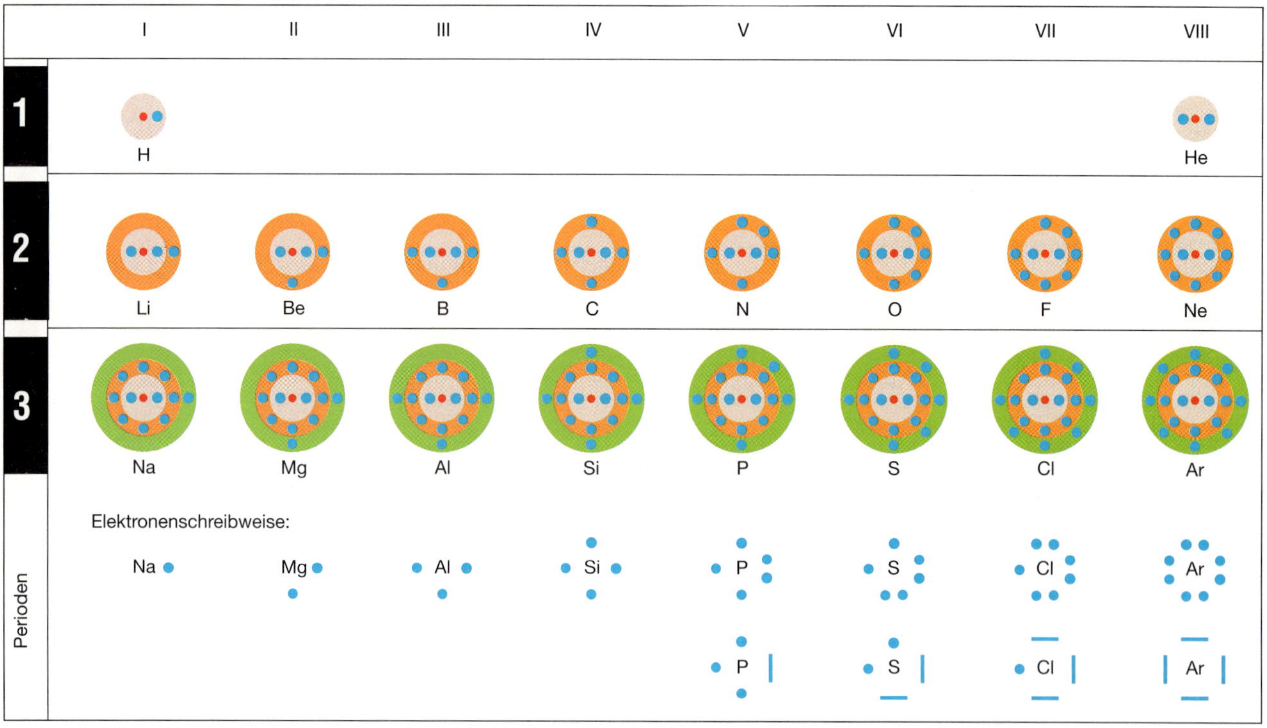

Der Feinbau der Elektronenhülle – das Schalenmodell

Die Nummer der Periode, in der ein Element steht, stimmt mit der Anzahl der Schalen seiner Atome überein (▷ B 3). Die Nummer der Hauptgruppe entspricht der Anzahl der Elektronen auf der äußeren Schale. Diese Elektronen nennt man **Außenelektronen**.

> Die Hauptgruppennummer eines Atoms gibt die Zahl der Außenelektronen des Atoms an. Die Periodennummer gibt die Zahl der Schalen an.

Atombau und Elementgruppe. Die Ähnlichkeit von Elementen derselben Hauptgruppe beruht auf einer Gemeinsamkeit im Aufbau ihrer Atome. Es fällt auf, daß z. B. bei den Alkalimetallen die äußere Schale nur mit einem Elektron besetzt ist oder bei den Erdalkalimetallen mit zwei. Auch bei den Atomen der übrigen Elementgruppen umfaßt die äußere Schale jeweils gleiche Elektronenzahlen. Diese *Außenelektronen* bestimmen die *Eigenschaften der Elemente.*

Deshalb genügt es meist, für ein Atom nur die Außenelektronen anzugeben und die Elektronen der inneren Schalen mit dem Atomkern als **Atomrumpf** zusammenzufassen. Die Außenelektronen können vereinfacht durch Punkte um das Elementsymbol dargestellt werden (▷ B 3). Bei mehr als vier Außenelektronen bildet jedes hinzukommende Elektron mit einem schon vorhandenen ein **Elektronenpaar**. Ein Elektronenpaar kann durch einen Strich wiedergegeben werden (▷ B 3, B 4).

Besonders auffällig ist es, daß die Atome der reaktionsfreudigen Halogene mit sieben Außenelektronen nur ein Elektron weniger besitzen als die Atome der reaktionsträgen Edelgase in der gleichen Periode. Offenbar hat die *Besetzung* der *Außenschale* mit *acht Elektronen* eine besondere Bedeutung im Hinblick auf die Reaktionsfreudigkeit der Elemente. Ausnahme ist das Heliumatom in der ersten Periode, das bereits mit zwei Elektronen die größtmögliche Zahl von Außenelektronen in der ersten Schale besitzt.

Atombau und Wertigkeit. Das Wasserstoffatom ist in seinen Verbindungen einwertig. Die Atome des Natriums, ebenfalls ein Element der I. Hauptgruppe, sind auch einwertig. Magnesiumatome, Atome eines Elements der II. Hauptgruppe, sind zweiwertig, Aluminiumatome dreiwertig. Die Wertigkeit entspricht in diesen Fällen der Zahl der Außenelektronen der Atome.

Das Chloratom ist in der Verbindung Chlorwasserstoff (HCl) einwertig. Es weist 7 Elektronen auf der Außenschale auf, 3 Elektronenpaare und ein einzelnes Elektron. Es gibt also einen Zusammenhang zwischen der Wertigkeit der Atome und dem Aufbau der Außenschale. Die Wertigkeit entspricht der Anzahl der einzelnen Außenelektronen.

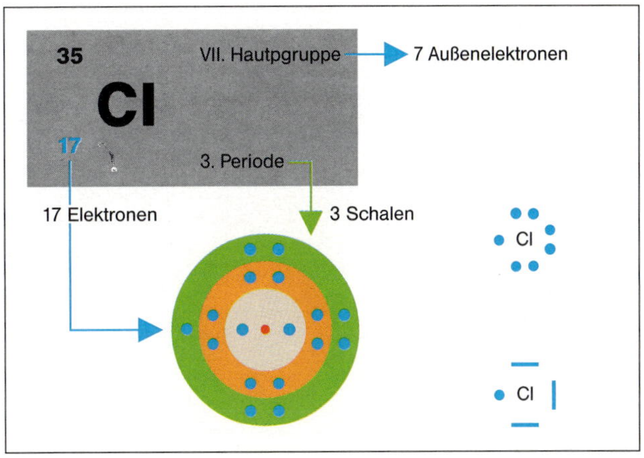

B3 Ableitung der Elektronenhülle eines Atoms aus Ordnungszahl, Hauptgruppennummer und Nummer der Periode

A 1 Was haben die Atome der Elemente einer Periode und die einer Hauptgruppe gemeinsam?

A 2 Zeichne das Schalenmodell (flächenhafte Darstellung) a) eines Kaliumatoms und b) eines Schwefelatoms. Gib die jeweilige Elektronenverteilung auf den Schalen an.

A 3 Ein Sauerstoffatom ist meist zweiwertig. Begründe diese Wertigkeit mit dem Aufbau der Elektronenhülle.

A 4 Ein Stickstoffatom hat fünf Außenelektronen. Gib seine Wertigkeit an und beschreibe seine Stellung im Periodensystem.

B4 Schreibweise für die Außenelektronen der Atome aller Hauptgruppenelemente

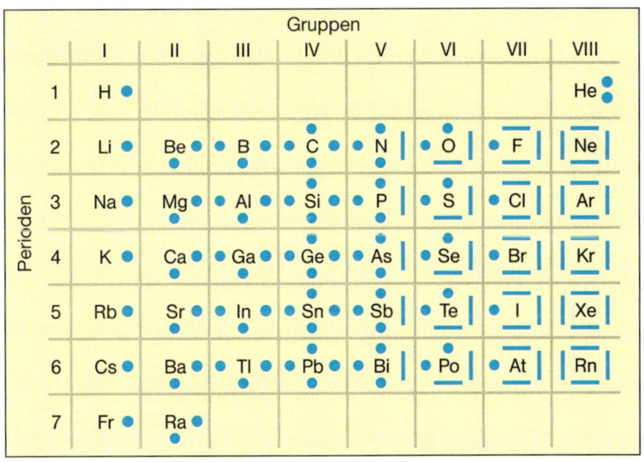

9.14 Radioaktivität und Strahlenschutz

B 1 Strahlungsmessung mit einem Geiger-Müller-Zähler

B 2 Ablenkbarkeit (oben) und Abschirmung der Strahlenarten(Mitte), Halbwertszeit von Cs 137 (unten)

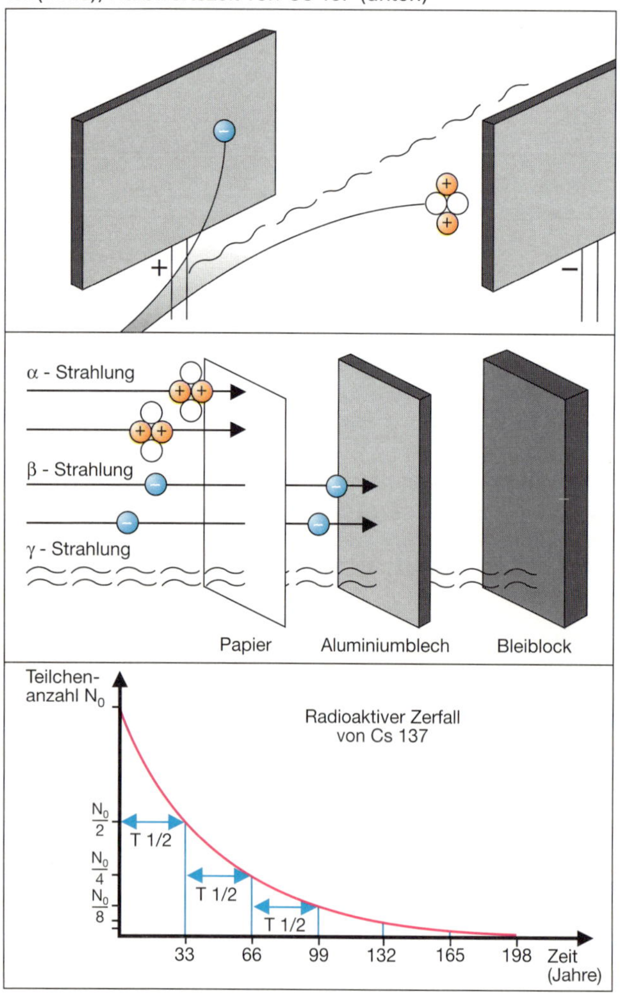

Durch eine Explosion in einem Reaktorblock im Kernkraftwerk von Tschernobyl traten 1986 große Mengen radioaktiver Stoffe aus. Sie wurden mit Luftströmungen über Europa verteilt und gelangten mit Niederschlägen zur Erde. Da der Mensch kein Sinnesorgan für radioaktive Strahlung besitzt, benötigt man besondere Meßgeräte. Beim *Geiger-Müller-Zähler* (▷ B 1) nutzt man die Eigenschaft der Strahlung aus, Gase elektrisch leitend zu machen.

Radioaktivität entsteht beim Zerfall von Atomen. Die von radioaktiven Stoffen ausgehende Strahlung läßt sich nach ihrem Verhalten im elektrischen Feld unterscheiden (▷ B 2 oben). α-Strahlen werden zur negativ geladenen Platte, β-Strahlen zur positiv geladenen Platte hin *abgelenkt*. γ-Strahlen ändern ihre Richtung nicht. *α-Strahlen* sind positiv geladene Teilchen mit einer Masse von 4 u. Sie haben in Luft nur eine Reichweite von wenigen Zentimetern und werden durch ein Blatt Papier *abgeschirmt*. *β-Strahlen* sind sehr schnelle Elektronen, die im Kern bei der Umwandlung eines Neutrons in ein Proton gebildet werden. Sie lassen sich durch 4 bis 5 mm dicke Aluminiumbleche abschirmen. *γ-Strahlen* haben ein starkes Durchdringungsvermögen. Sie lassen sich durch dicke Bleiplatten nur abschwächen. (▷ B 2 Mitte).

Halbwertszeit. Eine wichtige Rolle bei der Einschätzung von Radioaktivität spielt die Halbwertszeit. Beim Zerfall von Radiumatomen entstehen α-Strahlen. In 1600 Jahren ist die Hälfte der Atomkerne einer Radiumprobe zerfallen. Diese Zeit wird deshalb als *Halbwertszeit* von Radium bezeichnet (▷ B 2 unten). Bei dem Reaktorunfall wurden große Mengen von Cäsium 137 frei, das eine Halbwertszeit von 33 Jahren besitzt.

Strahlenschäden und Strahlenschutz. Das Beispiel von Tschernobyl zeigt, daß radioaktive Strahlung die Gesundheit gefährden kann. Spätfolgen werden heute noch zu behandeln versucht. Am häufigsten gelangen radioaktive Stoffe mit der Nahrung und mit der Atemluft in den menschlichen Körper. So nehmen wir z. B. radioaktives Iod über die Nahrungskette *Weide-Kuh-Milch* auf, radioaktives Cäsium außer über die Milch vor allem noch über *Pilze und Fische*. Die Meßwerte lagen bei Milch zum Zeitpunkt des Reaktorunfalls 800 mal höher als zuvor. In unmittelbarer Nähe einer Strahlenquelle kann es zu Veränderungen des Blutbildes kommen. Weniger Blutkörperchen, Hautrötung, Erbrechen, Durchfall und Haarausfall sind Symptome einer akuten Strahlenerkrankung. Spätere Schädigungen zeigen sich in Leukämie, verschiedensten Krebserkrankungen sowie Mißbildungen bei ungeborenem Leben. Um eine Gesundheitsgefährdung weitgehend ausschließen zu können, muß die zeitliche Strahlenbelastung so gering wie möglich gehalten werden. Außerdem sind am Arbeitsplatz *Schutzmaßnahmen* zu beachten. Neben einer entsprechenden Schutzkleidung sollte der direkte Kontakt mit radioaktiven Stoffen vermieden werden.

9.15 Isotope – Anwendung in Medizin und Technik

Zum Aufbau des Schilddrüsenhormons werden im Körper des Menschen Iodverbindungen benötigt. Vermutete der Arzt eine Schilddrüsenerkrankung, so wurde früher eine *radioaktive Iodverbindung* verabreicht. Die *radioaktive Iodverbindung* sammelt sich in der Schilddrüse, mit empfindlichen Meßgeräten kann ein Abbild der Schilddrüse (Szintigramm) hergestellt werden (▷ B 1). Inzwischen wird für diese Untersuchung eine radioaktive Technetiumverbindung benutzt.

Isotope. Die Atome des radioaktiven Iods haben die gleiche Protonen- und Elektronenzahl wie die nichtradioaktiven Iodatome, unterscheiden sich jedoch in der Neutronenzahl und damit in der Atommasse. Solche Atome des gleichen Elementes werden **Isotope** genannt.
Da die Elektronenhüllen von Isotopen *eines* Elementes übereinstimmen, unterscheiden sie sich nicht in ihrem chemischen Verhalten. Man verwendet deshalb für Isotope dasselbe Elementsymbol.

Die meisten in der Natur vorkommenden Elemente sind Gemische aus Isotopen. So gibt es von *Wasserstoff* drei Isotope: 99,985 % sind Atome ohne Neutron mit der Masse 1 u. 0,015 % der Atome haben 1 Neutron und die Masse 2 u (Deuterium), und in verschwindend geringem Maße gibt es auch Wasserstoffatome mit 2 Neutronen und der Masse 3 u (▷ B 2). Das schwerste Wasserstoffisotop heißt Tritium (von griech. tritos, der Dritte), es ist radioaktiv. Behälter mit radioakiven Isotopen (Radioisotope) werden mit dem Strahlenschutz-Warnsymbol (▷ B 1) gekennzeichnet.

Radioisotope finden nicht nur in der Medizin, sondern auch in der Technik Verwendung. Sie werden z. B. zur Überprüfung von Schweißnähten auf deren gleichmäßige Ausführung eingesetzt. Das Werkstück befindet sich zwischen einer Strahlungsquelle und einem Meßgerät. Durch die Intensität der durchtretenden Strahlung können Rückschlüsse auf die Materialbeschaffenheit gezogen werden.

Eine Methode, die nicht unumstritten ist, dient der *radioaktiven Bestrahlung von Lebensmitteln*, um diese für Lagerung und Transport über einen längeren Zeitraum haltbar zu machen (▷ B 3).

Radioaktive Elemente sind durch ihre Halbwertszeiten gekennzeichnet, eine Zeit, in der die Hälfte der Stoffe zerfällt und dabei Strahlung abgibt. Bei der Altersbestimmung von Fossilien spielt ein radioaktives Isotop des Kohlenstoffes mit der Masse 14 u (C 14) eine wichtige Rolle (▷ B 4). Die Halbwertszeit dieses radioaktiven Kohlenstoffisotops beträgt 5 730 Jahre. Wegen dieser für Altersbestimmungen relativ kurzen Zeitspanne ist die C 14-Methode nur innerhalb der letzten 70 000 Jahre anwendbar. Aus gemessenen Werten wird eine „Rückrechnung“ auf das entsprechende Alter gefundener Fossilien mit recht hoher Genauigkeit möglich. Die Messung selbst dauert etwa drei Wochen.

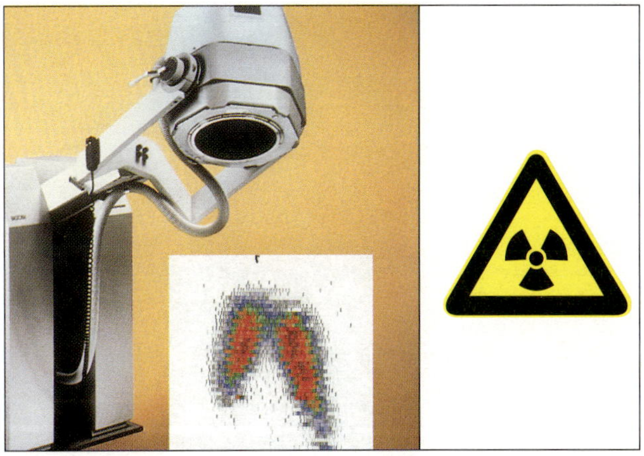

B 1 Gerät zur Schilddrüsenuntersuchung und Szintigramm (links), Strahlenschutz-Warnsymbol (rechts)

B 2 Die Atomkerne der Isotope von Wasserstoff.

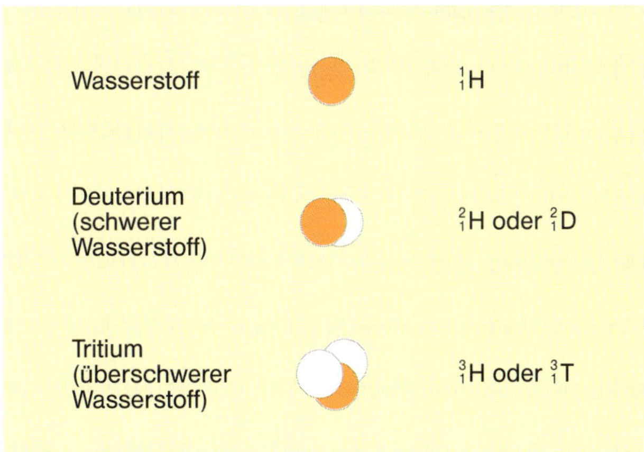

B 3 Gerät zur radioaktiven Bestrahlung von Lebensmitteln

B 4 Altersbestimmung von Fossilien (oben: Probenvorbereitung, unten: Meßgerät)

B 1 Zu Aufgabe 1

B 2 Zu Aufgabe 2

1 **Erdalkalimetalle** besitzen ähnliche Eigenschaften wie Alkalimetalle und bilden ebenfalls eine *Elementgruppe* (▷ B 1).

a) Schreibe die Elemente der Erdalkalimetalle so auf, wie sie im Periodensystem der Elemente angeordnet sind, füge die Elementsymbole und die Atommasse in u hinzu. Ergänze die entstehende Tabelle durch Angaben zur Dichte, zu Schmelz- und Siedetemperatur in °C.
b) Erdalkalimetalle sind *Leichtmetalle*. Notiere einige Legierungen von Erdalkalimetallen.

2 Verbindungen von Erdalkalimetallen färben die Flamme charakteristisch: Calcium ziegelrot, Strontium zinnoberrot und Barium hellgrün. Deshalb werden sie in Feuerwerkskörpern verwendet und sorgen beim **Feuerwerk** für Farben (▷ B 2).

a) Durch welche Erdalkalimetalle können einige Farben des Feuerwerks aus ▷ B 2 hervorgerufen werden?
b) Ein sehr reaktionsfähiges Erdalkalimetall zeigt bei der Verbrennung ein gleißend helles Licht. Notiere das Metall und begründe deine Entscheidung.

B 3 Zu Aufgabe 3

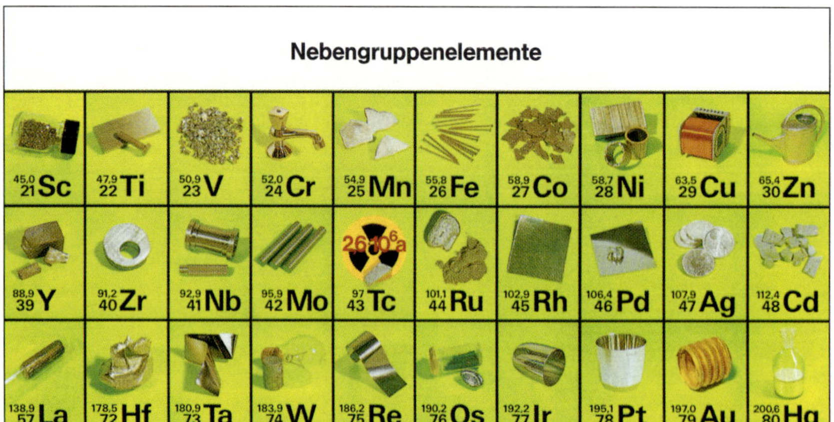

3 **Nebengruppenelemente.** Im Periodensystem (↗ Seite 124) folgt auf Calcium mit der Ordnungszahl 20 Gallium mit der Ordnungszahl 31. Solche Sprünge findet man auch in den nachfolgenden Perioden. Das vereinfachte Hauptgruppensystem erfaßt nur Elemente, deren äußerste Elektronenhülle mit fortschreitender Ordnungszahl auf 8 aufgefüllt wird. Es berücksichtigt nicht, daß bereits die dritte Schale mehr als 8 Elektronen aufnehmen kann. Die Atome der **Nebengruppenelemente** (▷ B 3) haben auf ihrer äußersten Schale meist 2 Elektronen. Die bei ihnen hinzukommenden Elektronen füllen innere Schalen über 8 Elektronen hinaus auf.

a) Zähle die Elemente auf, bei denen im Hauptgruppensystem (↗ Seite 124) Sprünge in der Ordnungszahl festzustellen sind.

b) Suche die Stellung bekannter Edelmetalle im Periodensystem. Wo sind dagegen die reaktionsfähigsten, unedlen Metalle zu finden?

c) Ermittle anhand der gerundeten Atommasse von Eisen, wie viele Protonen, Neutronen und Elektronen ein Eisenatom hat.

d) Welches Nebengruppenelement ist bei Zimmertemperatur flüssig?

Stoffeigenschaften und chemische Bindung

Bei der Behandlung des Atombaus haben wir einzelne, voneinander getrennte Atome betrachtet. Einzelatome kommen jedoch bei Zimmertemperatur nur selten vor, im wesentlichen nur bei den Edelgasen. Die meisten Elemente und alle Verbindungen enthalten verbundene Atome.

Eine wichtige Stoffgruppe sind salzartige Verbindungen. Viele von ihnen findet man in der Natur. Das bekannteste Salz ist das Kochsalz. Wir werden erfahren, wie Salzkristalle aufgebaut sind und welche Kräfte zwischen den Teilchen eines Salzes wirken. Aus der Anordnung der Teilchen in großen Verbänden lassen sich wichtige Eigenschaften der Salze verstehen.

Die meisten bei Zimmertemperatur gasförmigen und flüssigen Stoffe bestehen aus Molekülen, die nur aus wenigen Atomen aufgebaut sind. Wir werden der Frage nachgehen, wie die Atome in einem Molekül zusammenhalten und warum manche Moleküle aus zwei, andere aus drei Atomen bestehen. Auch die ungewöhnlichen Eigenschaften des Wassers lassen sich erklären, wenn wir den Aufbau der Moleküle näher kennenlernen.

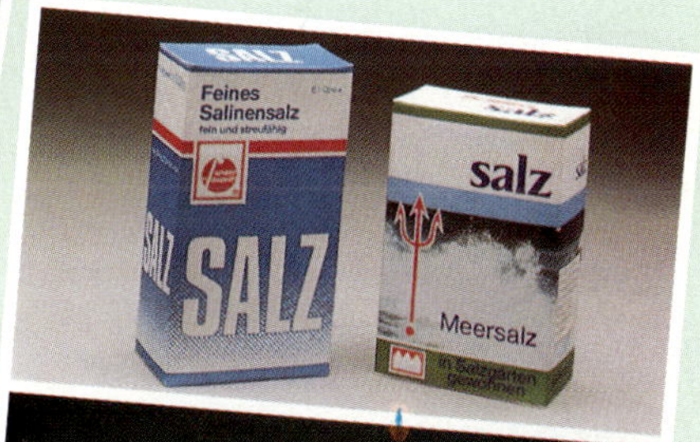

1 Salz macht Geschmack

Kochsalz wird in der Küche zur Verbesserung des Geschmacks von Speisen verwendet. Übermäßiger Salzkonsum kann jedoch auch schädlich sein.

a) Welche Lebensmittel enthalten viel Kochsalz?

b) Verstecktes Kochsalz ist vor allem in industriell verarbeiteten Produkten zu finden. Nenne Beispiele dafür.

c) Weniger Salzen ist nach Empfehlung von Ärzten gesünder. Kennst du Gründe dafür? Welche Zutaten kann man zum Würzen von Speisen anstelle von Salz verwenden?

2 Salz macht haltbar

Kochsalz ist das älteste Konservierungsmittel. Es wurde schon in der Frühzeit der Menschheit angewandt, um Speisen vor dem Verderb zu schützen. Salz bindet Wasser in den Lebensmitteln und entzieht damit den Mikroorganismen, die den Verderb der Nahrung verursachen, ihre Lebensgrundlage.

a) Für welche Lebensmittel wird heute noch Kochsalz zur Konservierung eingesetzt?

b) Zum Pökeln von Fleisch und Wurstwaren wird Pökelsalz verwendet, das neben Kochsalz noch andere Salze enthält. Informiere dich über Art und Wirkung dieser Salze. Studiere dazu die Angaben auf Lebensmittelverpackungen.

3 Salz macht Leben möglich

Kochsalz ist für den menschlichen Organismus lebensnotwendig, denn der Wasserhaushalt des Körpers ist von der Zufuhr von Kochsalz abhängig. Es regelt den Wasserfluß zwischen den Zellen und ihrer Umgebung. Kochsalz beeinflußt die Erregungsleitung in den Nerven und spielt eine wichtige Rolle für die Bildung der Magensäure. Der Mensch benötigt täglich 2 bis 3 Gramm Kochsalz.

a) Physiologische Kochsalzlösung enthält in einem Liter Wasser 9 Gramm Natriumchlorid gelöst. Dieser Salzgehalt entspricht etwa dem des Blutes. In welchen Situationen wird physiologische Kochsalzlösung benötigt? Begründe.

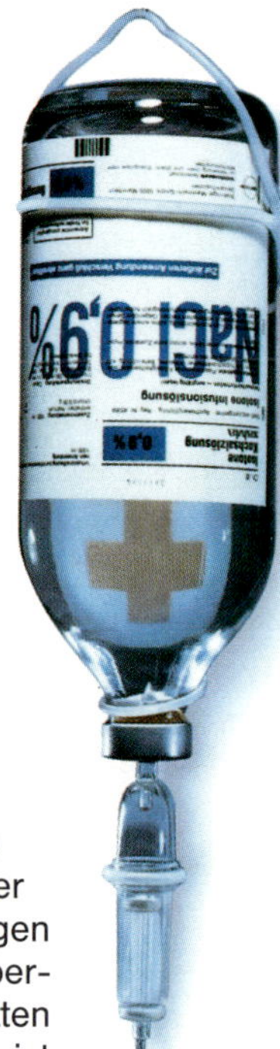

b) Außer Blut gibt es noch weitere salzhaltige Körperflüssigkeiten. Nenne Beispiele dafür. Betrachte die Bilder unten auf der Seite.

c) Während Langstreckenrennen, Fahrradrennen oder sonstigen anstrengenden Sportarten, die mehr als eine Stunde dauern, nehmen die Sportler Getränke zu sich, die meist Zucker und Salz enthalten. Wie ist das zu erklären? Informiere dich über die Inhaltsstoffe dieser Getränke im einzelnen und mache dir Notizen.

d) Bergsteiger, Wüstenfahrer und Gletscherskiläufer, die in extremen Situationen starker körperlicher Belastung ausgesetzt sind, benötigen zur Aufrechterhaltung ihrer Körperfunktionen oft zusätzlich Salztabletten oder salzhaltige Getränke. Warum ist der Salzbedarf in solchen Situationen erhöht?

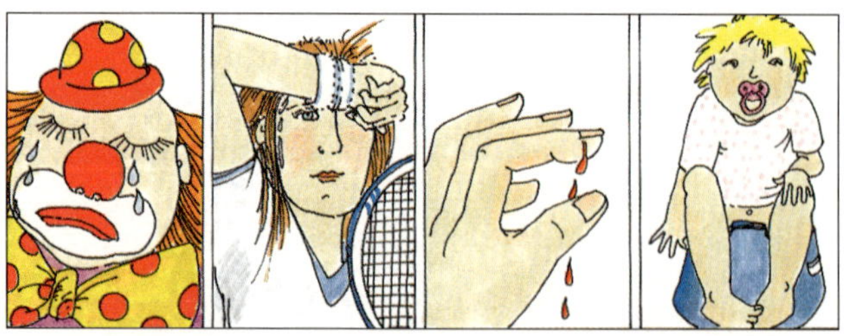

4 Pro und Contra Salz im Winterdienst

Im Winter wird Kochsalz als Streusalz zum Auftauen vereister Straßen benutzt. Zur Unterscheidung von Speisesalz ist es meist eingefärbt.

a) Durch übermäßigen Streusalzeinsatz wird unsere Umwelt erheblich geschädigt. Nenne Gründe dafür. Informationen dazu findest du unten in dem Zeitungsartikel.

b) Kann man auf Streusalz verzichten? Diskutiere Alternativen und notiere diese.

c) Um zu verstehen, warum die Straßen mit Streusalz auch noch bei etwas tieferen Temperaturen eisfrei bleiben, kannst du zu Hause einen einfachen Versuch durchführen:

Stelle einen Plastikbecher mit gesättigter Kochsalzlösung (ohne Bodensatz) und zum Vergleich einen mit Leitungswasser in die Tiefkühltruhe oder in das Gefrierfach des Kühlschranks. Kontrolliere in Abständen von 30 Minuten, ob die Flüssigkeiten gefroren sind. Deute deine Beobachtungen.

Kein Streusalz mehr auf Stuttgarts Gehwegen

Stuttgart. Splitt statt Streusalz auf den Gehwegen der Landeshauptstadt – das ist die Devise für die kommende Winterzeit. Die Polizeiverordnung über das Reinigen, Räumen und Bestreuen von Gehwegen wurde jetzt in diesem Sinne geändert. Das Stadtreinigungsamt schätzt, daß auf diese Weise allein auf den rund 180 Kilometern in städtischer Regie stehenden Gehwegen pro Winter etwa 1000 Tonnen Streusalz eingespart werden. Alles in allem hofft man, den Streusalzverbrauch von bisher etwa 7000 Tonnen pro Jahr auf 5200 Tonnen verringern zu können. Streusalz wird für die verheerenden Schäden an den Straßenbäumen verantwortlich gemacht. Von den 24500 Bäumen der Landeshauptstadt sind 60 Prozent bereits geschädigt, 30 Prozent davon stark. 500 abgestorbene Bäume mußten im vergangenen Jahr gefällt werden. Das Salzwasser belastet Bäche, Flüsse und Grundwasser und beeinträchtigt die Funktion von Kläranlagen. Es fördert die Korrosion von Metallen und schädigt den Beton an Bauwerken.

5 Iodsalz

Erstes Iodsalz mit Fluor.

Das erste deutsche Iodsalz mit Fluor ist in Bad Reichenhall vorgestellt worden. Es diene sowohl der Vorbeugung von Karies als auch von Kropf, erklärte der Deutsche Arbeitskreis für Zahnheilkunde in Bad Reichenhall. Das neue Kombinationssalz enthält 250 Milligramm Fluorid und 15 bis 25 Milligramm Iod pro Kilogramm Salz und entspricht den Vorschriften der deutschen Iodsalzverordnung.

In Deutschland gibt es seit vielen Jahren iodiertes Speisesalz. Iod ist als Spurenelement lebenswichtig. Es ist am Aufbau des Schilddrüsenhormons Thyroxin beteiligt.

a) Welche chemischen Stoffe werden im Zeitungsartikel nicht korrekt wiedergegeben?

b) Meerwasser weist einen viel höheren Iodidgehalt auf als Süßwasser. Welche Lebensmittel enthalten demnach Iodverbindungen?

6 Salz für Tiere

Das Bild zeigt eine Verwendungsmöglichkeit von Kochsalz.

Beschreibe und begründe.

Für welche Tiere werden solche Lecksteine ausgelegt?

7 Salz im Rhein

Bei der Gewinnung von Kochsalz in Salzlagerstätten fallen riesige Mengen an Salzrückständen an. Ein Teil davon gelangt in die Flüsse, weil dafür keine Verwendung besteht.

a) Schau im Atlas nach, wo es in Deutschland Salzlagerstätten gibt. Welche Flüsse fließen durch diese Gebiete?

b) Berechne und vergleiche, welche Chloridfracht täglich den Rhein bei Basel und Koblenz passiert.

c) Warum kann das salzhaltige Flußwasser nur zum Teil als Trinkwasser verwendet werden?

10.2 Kochsalz – Entstehung und Gewinnung

B 1 Salzgärten zur Gewinnung von Meersalz durch Verdunstung von Meerwasser

B 2 Entstehung einer Salzlagerstätte

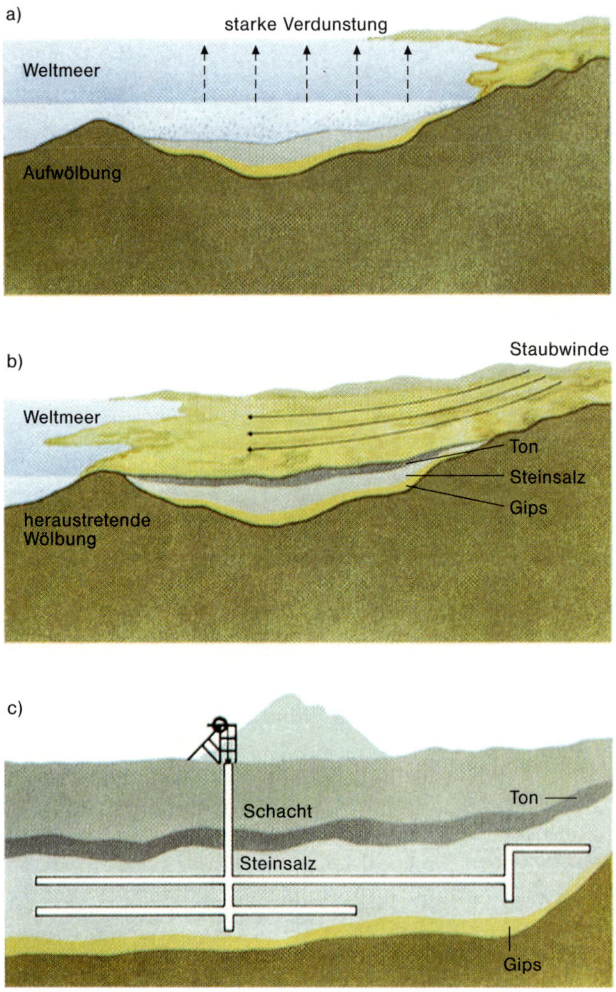

In heißen Küstenregionen kann man heute noch eine uralte Methode zur Salzgewinnung sehen. Dort läßt man in beetartigen Feldern, den Salzgärten, Meerwasser langsam an der Sonne verdunsten. Es kristallisiert schneeweißes Meersalz aus, das fast reines Kochsalz ist (▷ B 1) und vor allem als Speisesalz verwendet wird. Auf ähnliche Weise sind auch die großen Salzlagerstätten entstanden, aus denen bei uns heute Kochsalz in riesigen Mengen gewonnen wird.

Entstehung von Kochsalz. Vor über 200 Millionen Jahren waren große Teile unseres Landes von Meeren bedeckt. Durch Aufwölbung am Meeresgrund wurden flache Meeresbecken abgetrennt. Infolge des heißen Klimas verdunstete dort das Wasser ziemlich rasch, und neues Meerwasser konnte nachströmen. Der Salzgehalt in den Becken nahm ständig zu. Schließlich wurde er so groß, daß sich Salze am Meeresboden absetzten (▷ B 2a). Zuerst kristallisierten die schwerlöslichen Salze aus, dann die besser wasserlöslichen. Deshalb finden sich in Salzlagerstätten über der oft viele hundert Meter dicken Steinsalzschicht noch andere Salze, meist Kalium- und Magnesiumverbindungen.

Nachdem die Becken völlig abgetrennt waren, trockneten sie aus. Staub- und Sandschichten bedeckten die entstandenen Salzschichten und schützten sie vor Witterungseinflüssen (▷ B 2b).

Im Laufe von Jahrmillionen senkten sich die Salzschichten ab und wurden von Gesteinsschichten überdeckt (▷ B 2c). Solche Salzlager gibt es in Mitteleuropa an vielen Stellen, aber meist in recht großer Tiefe. Deshalb war die Gewinnung von Kochsalz in Bergwerken früher sehr aufwendig und schwierig. Kochsalz war ein kostbarer Stoff.

A 1 Früher setzte man das Wasser stark salzhaltiger Quellen und die Sole vor dem Eindampfen dem Einfluß von Wind und Sonne aus, indem man die Flüssigkeit über hohe, aus Reisig bestehende Wände (Gradierwerke) fließen ließ. Welchen Zweck hatten diese Gradierwerke? Informiere dich, ob in deinem Bundesland noch solche Gradierwerke in Betrieb sind.

A 2 Wo befinden sich die deinem Heimatort am nächsten gelegenen Salzlagerstätten?

A 3 Schreibe Städtenamen auf, deren Ortsbezeichnung auf alte Stätten der Salzgewinnung hinweisen.

A 4 Warum lagern über den Steinsalzschichten in der Regel Kaliumsalze?

Kochsalz – Entstehung und Gewinnung

Wo Kochsalz nicht in Bergwerken abgebaut werden konnte, mußte es über weite Entfernungen herantransportiert werden. Es gab in Europa regelrechte Salzstraßen, Handelswege für das kostbare Salz (▷ B 3). Der Handel mit Salz brachte Reichtum, Salz war Tauschobjekt und galt bis ins Mittelalter sogar als Zahlungsmittel. Deshalb war die Salzgewinnung eine wichtige Einnahmequelle (▷ B 4). Ortsnamen mit den Silben -salz, -sulz, -sol oder -hall weisen noch heute auf alte Stätten der Salzgewinnung hin (▷ B 5). In manchen dieser Städte sind auch heute noch alte Bräuche aus dieser Zeit zu sehen, so. z. B. das Fest der Salzsieder in Halle, das Hallorenfest.

Gewinnung von Kochsalz. Die Arbeit im Salzbergwerk war früher hart und anstrengend, da es noch keine Förderkörbe, kein elektrisches Licht, keine Bohrmaschinen gab. Nur mit Menschenkraft wurde abgebaut (▷ B 7), zum Transport und zur Bewegung von Aufzügen gab es Grubenpferde. Salzstöcke haben den Vorteil, daß auf eine Abstützung der freigelegten Hohlräume in der Regel verzichtet werden kann, da Salz fest und dicht ist. Die Stabilität der Salzstöcke ermöglicht heute den Abbau mit sehr großen Maschinen (▷ B 6).
Das in Bergwerken gewonnene Steinsalz muß je nach Verwendungszweck noch gereinigt werden. Hierzu wird es gelöst, die Salzlösung (Sole) filtriert und eingedampft. Oft löst man das Salz schon unter Tage aus dem Gestein und pumpt die Sole zur Weiterverarbeitung nach oben.

Verwendung von Kochsalz. Kochsalz findet als Gewerbe- und Industriesalz vielseitige Verwendung, z. B. in Gerbereien beim Verarbeiten von Tierhäuten, in der Textilindustrie als Zusatz beim Färben von Stoffen oder in Haushalt und Gewerbe zum Enthärten von Wasser. In der chemischen Industrie dient es als Rohstoff zur Herstellung von Salzsäure, Chlor und Natronlauge.

B 3 Mittelalterlicher Salzmarkt

B 4 Aus einem alten Buch über Salz

„Daß ein gesegnetes Salzwerk für einen Staat von großem Wert sey, darf nicht erst weitläufig erwiesen werden. Ein solcher Staat erspahrt nicht nur sein eigen Geld; sondern er gewinnt wohl gar fremdes. Beydes macht ihn reich..."
(1773)

B 5 Salzgewinnung in Schwäbisch Hall um 1715.

B 6 Moderner Abbau von Steinsalz unter Tage

B 7 Abbau von Steinsalz im 17. Jahrhundert

10.3 Der elektrische Strom läßt die Teilchen der Salze wandern

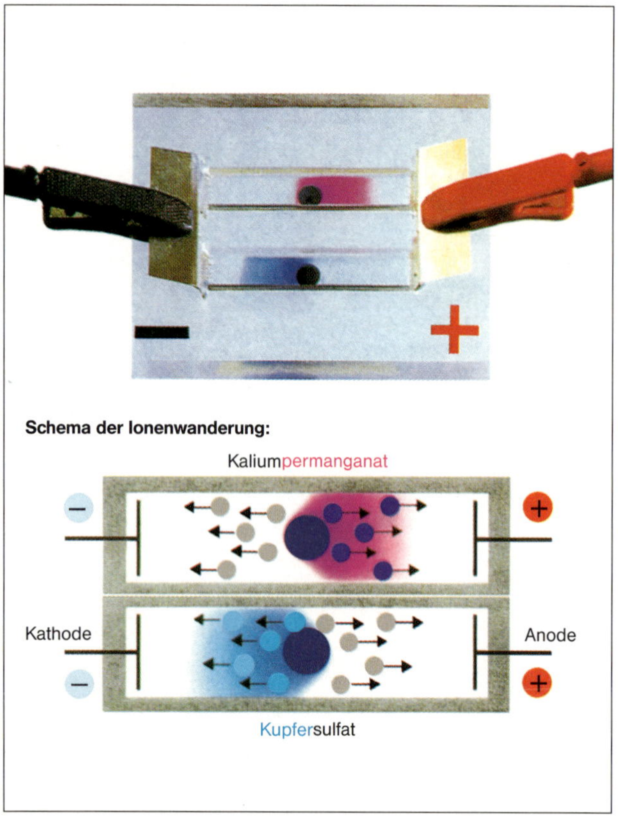

B 1 Wanderung der Teilchen farbiger Salze

V 1 In die Ionenwanderungszelle nach ▷ B 1 werden Nickelblechelektroden gesteckt und die Bleche mit Krokodilklemmen und Verbindungsschnüren mit einer Gleichspannungsquelle verbunden. Die Versuchsanordnung wird zur besseren Beobachtung auf einen Tageslichtprojektor gestellt. In die Rinnen der Zelle füllt man etwa 3 mm hoch Kaliumnitratlösung.
a) Mit einer Pinzette wird ein Kaliumpermanganatkristall in die Mitte der Rinne gegeben. Man beobachtet einige Zeit ohne angelegte Spannung. Dann wird die Gleichspannung (25 V) angelegt. Ist die Wanderung deutlich zu sehen, wird umgepolt.
b) Man wiederholt den Versuch mit einem Kupfersulfatkristall. Für diesen Versuch muß die Kaliumnitratlösung mit etwas Ammoniak versetzt werden.

A 1 Versuche mit Hilfe des Schemas der Ionenwanderung in ▷ B 1 zu erklären, welche Metallionen bei Kaliumpermanganat zum Minuspol wandern. Wie könnte der violette Bestandteil heißen, der zum Pluspol wandert? Beschreibe ebenso den Vorgang bei Kupfersulfat.

Bei Reibungsversuchen zeigt sich, daß alle Stoffe positive und negative Ladungen enthalten müssen. Weitere Hinweise dafür können uns Versuche zur Leitfähigkeit von Salzlösungen liefern. Sie zeigen, daß Lösungen von Salzen in Wasser den elektrischen Strom leiten. Dabei kann man Veränderungen an den Elektroden feststellen. Um diese Vorgänge besser beobachten und verstehen zu können, führen wir ein Experiment mit farbigen Salzen durch.

Wanderungen der Teilchen farbiger Salze. Gibt man einen Kaliumpermanganatkristall mitten in eine farblose Salzlösung in einer Plexiglaszelle, so breitet sich die violette Farbe durch Diffusion gleichmäßig nach allen Seiten aus. Legt man anschließend an die Metallelektroden der Plexiglaszelle (▷ B 1) Gleichspannung an, so wandert die violette Farbfront immer in Richtung Pluspol. Mit Kupfersulfat bildet sich eine blaue Farbfront, die jedoch zum Minuspol wandert.

Die Versuche zeigen, daß die *Teilchen der Farbfronten* elektrisch geladen sein müssen. Bei Kaliumpermanganat muß es sich um negativ geladene Teilchen handeln, da sie vom Pluspol angezogen werden, bei Kupfersulfat um positiv geladene, die vom Minuspol angezogen werden.

Das Schema in ▷ B 1 unten zeigt, daß in den farbigen Salzlösungen jeweils noch Teilchen vorhanden sind, die die entgegengesetzte Ladung haben und deshalb auch entgegengesetzt wandern. Da sie aber farblos sind, können wir sie nicht beobachten. Solche *elektrisch geladenen Teilchen*, wie sie in allen Salzlösungen vorliegen, werden **Ionen** (von griech. ion, Wanderer) genannt.

Ionen sind Teilchen, die elektrisch positiv oder negativ geladen sind.

Aus welchen Teilchen bestehen Salze? Leitet man elektrischen Strom durch Salzlösungen, so kann man aus den an den Elektroden entstehenden Elementen schließen, aus welchen Teilchen das Salz besteht. Entsteht beispielsweise bei der Untersuchung von Zinkiodid am Minuspol Zink und am Pluspol Iod, so enthielt das Salz positiv geladene Zinkionen und negativ geladene Iodidionen. Vergleicht man das Verhalten der Ionen miteinander, so kann man eine allgemeine Gesetzmäßigkeit finden. *Metallionen* wandern stets zum *Minuspol*, sie sind *positiv geladen*. Die *Ionen* der *Nichtmetalle* wandern zum *Pluspol*, sie sind daher immer *negativ geladen*.

Salze sind aus positiv und negativ geladenen Ionen aufgebaut.

10.4 Praktikum: Salzlösungen und elektrischer Strom

Um mehr über die Ladungen in den Stoffen zu erfahren, wollen wir Salzlösungen mit Hilfe von Gleichspannung untersuchen.

Geräte/Materialien

Schutzbrille, Reagenzglasständer, 5 Reagenzgläser, Leitfähigkeitsprüfer, Glühlampe mit Fassung (2,4 W), Gleichspannungsquelle (regelbar), 3 Experimentierkabel, Spatel, Pinzette, Schere, 2 Kohleelektroden, 2 Gummistopfen mit Bohrung, Stativ, Doppelmuffe, Universalklemme, Petrischale, 2 Blei- oder Zinkelektrodenbleche, 2 Krokodilklemmen

Chemikalien

Natriumchlorid, Kaliumiodid, Zinkchlorid, Kaliumpermanganat, Kupfersulfat, Zucker, dest. Wasser, Zinkiodidlösung, (ca. 2 g Zinkiodid in 100 ml dest. Wasser, zur Wiederverwendung über Zinkperlen aufbewahrt), Kaliumnitratlösung

Versuchsanleitungen

Versuch 1 Elektrische Leitfähigkeit verschiedener Lösungen

Gib in je ein Reagenzglas eine Spatelspitze Natriumchlorid, Kaliumiodid, Zinkchlorid und Zucker und löse die Stoffe in dest. Wasser. Gib in das letzte Reagenzglas nur dest. Wasser. Verbinde den Leitfähigkeitsprüfer und die Glühlampe entsprechend der Skizze mit der Spannungsquelle. Prüfe die Leitfähigkeit der Flüssigkeiten. Der Leitfähigkeitsprüfer muß nach jedem Versuch abgespült werden.

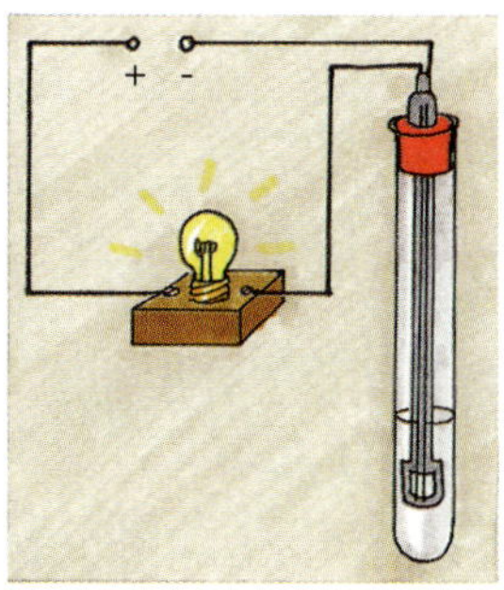

Auswertung

Beschreibe deine Beobachtungen beim Leitfähigkeitsversuch und fasse das Ergebnis in einem Merksatz zusammen.

Versuch 2 Leitfähigkeit einer Zinkiodidlösung

Baue den Versuch entsprechend der Skizze auf. Fülle die Zinkiodidlösung in das U-Rohr und stecke die Stopfen mit Kohleelektroden in die Schenkel. Verbinde die Elektroden mit der Gleichspannungsquelle und schalte die Glühlampe in den Stromkreis. Erhöhe langsam die Spannung, bis das Lämpchen leuchtet. Schalte nach einigen Minuten den Strom ab. Reinige die Elektroden nach Versuchsende gründlich und gib die Zinkiodidlösung zurück in das Aufbewahrungsgefäß. Die Lösung wird durch die Zinkperlen wieder regeneriert.

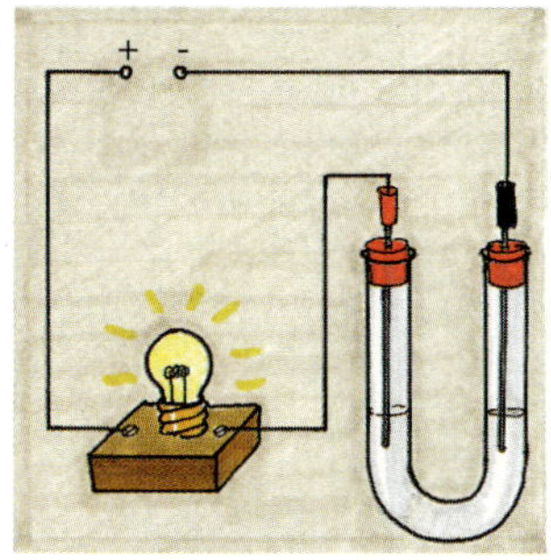

Auswertung

In der Zinkiodidlösung laufen sehr deutliche Veränderungen ab. Beschreibe deine Beobachtungen und gib an, um welche Stoffe es sich handeln könnte, die durch den elektrischen Strom aus dem Zinkiodid gebildet wurden.

Versuch 3 Verhalten farbiger Salze im Stromkreis

Schneide ein Rundfilterpapier an den Seiten so zu, daß es in die Petrischale gelegt und mit den Bleiblechelektroden an Wand und Boden gedrückt werden kann. Befestige die Elektroden mit den Krokodilklemmen am Rand der Petrischale (Skizze) und verbinde sie mit der Spannungsquelle. Tränke das Filterpapier mit der Kaliumnitratlösung. Gib mit der Pinzette auf die Mittellinie des Filters nebeneinander einzelne Kristalle von Kaliumpermanganat und Kupfersulfat. Lege eine Spannung von 20 bis 25 V an und beobachte.

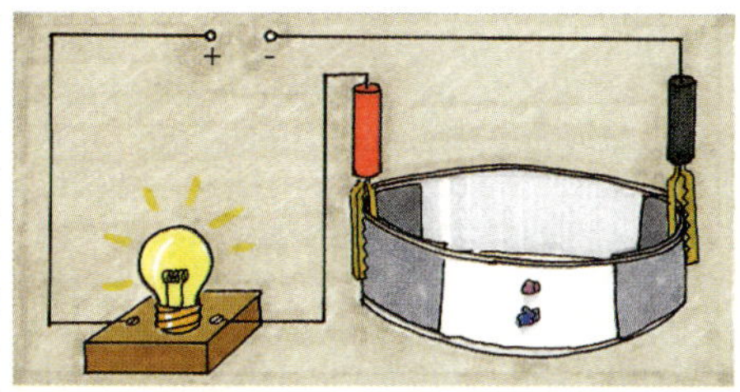

Auswertung

Beschreibe deine Beobachtungen und erkläre mit Hilfe der Anziehung geladener Teilchen, welche Ladung die Teilchen haben müssen.

10.5 Praktikum: Wir züchten Kristalle

Aus Salzlösungen kristallisieren häufig Kristalle, die durch ihre regelmäßigen Formen, ihren Glanz und ihre leuchtenden Farben beeindrucken. Sehr schöne Kristalle entstehen meist nur, wenn sie zu ihrem Wachstum lange Zeiträume zur Verfügung haben. Das Züchten von Kristallen gelingt nur mit Geduld und Ausdauer. Willst du klare, farblose Kristalle züchten, die wie Diamanten schimmern, führe die Versuchsanleitung mit Kalialaun durch. Mit Kupfersulfat erhältst du leuchtend blaue Kristalle.

Geräte/Materialien
Schutzbrille, Gasbrenner, Dreifuß, Keramikdrahtnetz, Thermometer, Glasstab, Pinzette, Experimentiertablett, Erlenmeyerkolben (250 ml), Becherglas (250 ml), Petrischale, Kristallisierschale, Trichter, Rundfilter, Papierhandtuch, Schnappdeckelglas, Vorratsgefäß (2 l mit Schraubdeckel oder Kunststoffstopfen)

Chemikalien
Kalialaun (Kaliumaluminiumsulfat), blaues Kupfersulfat

Versuchsanleitungen

Versuch 1 Herstellen einer gesättigten Lösung

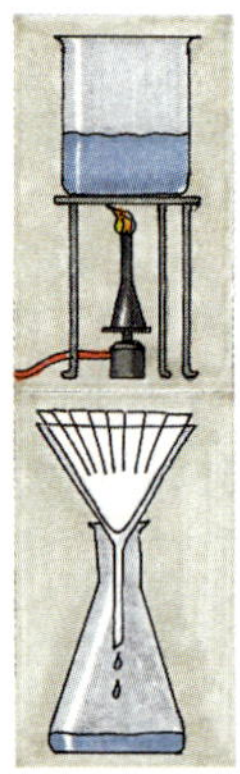

Gib im Becherglas zu ca. 150 ml Wasser unter ständigem Rühren mit dem Glasstab portionsweise Kalialaun (oder blaues Kupfersulfat), bis sich ein Bodensatz bildet. Erwärme die Lösung unter Umrühren auf höchstens 50 °C. Kontrolliere die Temperatur mit dem Thermometer. Füge weiter portionsweise Salz hinzu, bis ein Bodensatz sichtbar bleibt. Zur Sicherheit kannst du etwas mehr Salz zugeben, als notwendig ist. Laß die Lösung abkühlen und filtriere sie in einen Erlenmeyerkolben. Das Filtrat muß klar und ohne Bodensatz sein.
Sammle die Salzreste und die nicht benötigte Salzlösung in einem großen Vorratsgefäß. Die Vorratslösung muß zum Schluß nochmal erwärmt werden. Nach dem Abkühlen sollte ein Bodensatz vorhanden sein. Bewahre die Lösung für das Weiterzüchten der Kristalle auf.

Versuch 2 Herstellen von Keimkristallen

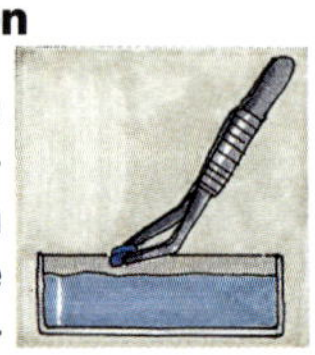

Gieße etwas von der klaren, gesättigten Salzlösung aus Versuch 1 in eine Petrischale. Laß sie einen Tag stehen, bis sich am Boden der Petrischale größere Kristalle gebildet haben. Nimm zwei oder drei Kristalle zum Weiterzüchten heraus, bevor sie mit anderen Kristallen zusammenwachsen, und trockne sie mit einem weichen, saugfähigen Papier ab. Bewahre die anderen Kristalle in einem kleinen Schnappdeckelglas auf. Gieße die restliche Salzlösung in das Vorratsgefäß.

Versuch 3 Züchten von Kristallen

Filtriere 100 bis 150 ml Salzlösung aus dem Vorratsgefäß in eine Kristallisierschale und lege zwei oder drei der ausgewählten Keimkristalle mit einer Pinzette auf den Boden des Gefäßes. Decke die Schale mit einem Rundfilterpapier ab, auf das du deinen Namen schreiben kannst, und stelle sie an einen ruhigen, gleichmäßig temperierten Ort.

Was man beim Kristallzüchten beachten muß

1. Decke die Kristallisierschale zum Schutz vor Staub immer mit Filterpapier ab.
2. Schütze deine Zuchtkristalle vor zu großer Temperaturschwankung. Bei zu hohen Temperaturen können sich die Kristalle wieder auflösen; also die Lösung nicht in die Sonne stellen.
3. Die Kristallflächen sind gegenüber Feuchtigkeit der Finger sehr empfindlich. Nimm die Kristalle immer mit der Pinzette aus der Lösung.
4. Bilden sich am Boden der Kristallisierschale zusätzlich kleine Kristalle, mußt du diese entfernen, weil sie den Hauptkristall am Wachsen hindern.
5. Kontrolliere die Salzlösungen im Zuchtgefäß mindestens einmal in der Woche. Wenn auf der Oberfläche Kristalle schwimmen oder an den Gefäßwänden Salzablagerungen zu sehen sind, nimm den Zuchtkristall heraus, filtriere die Lösung, reinige das Gefäß und setze den Kristall wieder ein.
6. Wende deine Zuchtkristalle in der Lösung häufiger, damit sie regelmäßig wachsen.

10.6 Aus Metallen und Nichtmetallen entstehen Salze

Reaktion von Halogenen mit Metallen. Hält man ein brennendes Magnesiumband in Chlor (▷ V 1), so entsteht ein weißer spröder Stoff, der sich leicht in Wasser löst. Läßt man das Wasser langsam verdunsten, bilden sich regelmäßige Kristalle (▷ B 1). Das Reaktionsprodukt Magnesiumchlorid ist ein salzartiger Stoff mit hoher Schmelztemperatur. Die Bildung aus den Elementen verläuft stark exotherm.
Ähnlich heftig reagieren die Halogene Chlor, Brom und Iod auch mit anderen Metallen (▷ V 2). Aluminium z. B. reagiert mit Brom stark exotherm unter Bildung von Aluminiumbromid (▷ B 2, ▷ V 3).
Alle Metallhalogenide sind kristalline Feststoffe, sie haben ähnliche Eigenschaften wie Kochsalz. Die Reaktionsprodukte aus Halogenen und Metallen zählt man deshalb auch zu den Salzen.

Oxide. Neben Halogenen reagieren auch andere Nichtmetalle mit Metallen stark exotherm. Magnesium verbrennt in Sauerstoff unter Bildung des weißen spröden Magnesiumoxids. Calcium entzündet sich an der Luft und verbrennt mit greller Flamme (▷ B 3). Es bildet sich ein weißer Feststoff, das Calciumoxid. Die Metalloxide zählen wie auch die Metallsulfide zu den Salzen.

Verbindungen aus Metallen und Nichtmetallen gehören zur Stoffgruppe der Salze.

Viele Salze, die in der Natur vorkommen, sind von technischer Bedeutung. Ein Beispiel ist Korund, ein Aluminiumoxid, das wegen seiner großen Härte als Schleif- und Poliermittel Verwendung findet (▷ B 4). Gut ausgebildete und durch Spuren anderer Oxide gefärbte Korundkristalle sind als Edelsteine sehr geschätzt, z. B. der rote Rubin, der blaue Saphir oder der grüne Smaragd.

B 1 Magnesium reagiert mit Chlor unter Bildung von kristallinem Magnesiumchlorid (133,3 fach vergrößert)

V 1 Man entzündet ein Stück Magnesiumband und hält es in einen Standzylinder mit Chlor. (Abzug!) Das weiße Pulver wird mit möglichst wenig Wasser herausgelöst und anschließend eingedampft.

V 2 In einen mit Chlor gefüllten Standzylinder, dessen Boden eine Sandschicht bedeckt, wird erhitzte Eisenwolle (Kupferblech) getaucht. (Abzug!)

V 3 In ein Reagenzglas füllt man ca. 1 cm hoch Brom (Abzug! Schutzhandschuhe! Schutzbrille!) und stellt es in Sand. Hierzu gibt man leicht zusammengedrückte Aluminiumfolie. Abzug schließen!

A 1 Aufgrund welcher Eigenschaften zählen Halogenide, Sulfide und Oxide zur Stoffklasse der Salze?

B 2 Reaktion von Aluminium mit Brom

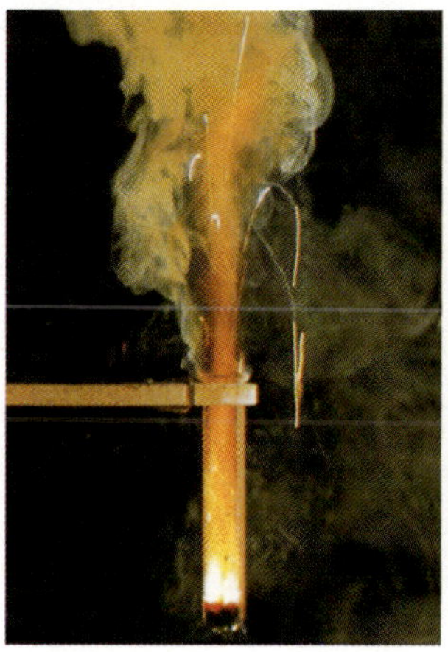

B 3 Calcium verbrennt an der Luft

B 4 Rubinkristalle und Korund (rechts unten 180 fach vergrößert) bestehen hauptsächlich aus Aluminiumoxid

10.7 Salze sind aus Ionen aufgebaut

B 1 Natrium reagiert heftig mit Chlor unter Bildung von Natriumchlorid

B 2 Ionenbildung am Beispiel von Natriumchlorid

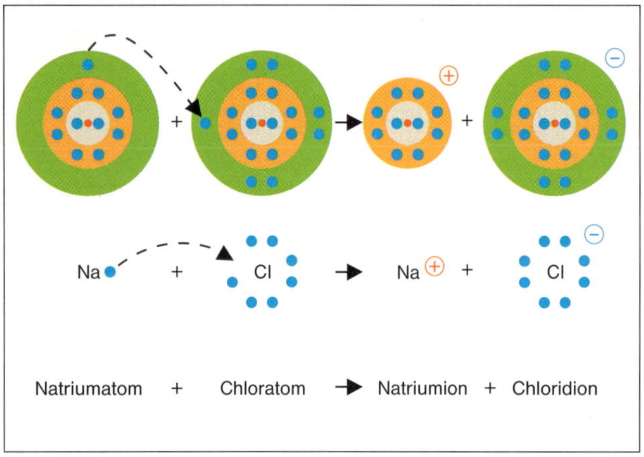

Wir wissen, daß die elektrische Leitfähigkeit von Salzschmelzen und Salzlösungen auf dem Vorhandensein beweglicher Ionen beruht. Am Beispiel der Bildung von Natriumchlorid aus den Elementen (▷ V 1, ▷ B 1) läßt sich die Ionenbildung besonders anschaulich erklären.

Bildung von Ionen. Die Natriumionen entstehen, indem Natriumatome jeweils ihr Elektron der äußeren Schale abgeben. Dadurch wird die positive Ladung des Kerns durch die negative Ladung der Elektronenhülle nicht mehr ausgeglichen. Aus dem Natriumatom wird ein **Natriumion** mit der Ladung 1+, das Symbol für dieses Ion ist Na^+.

$$Na \longrightarrow Na^+ + 1\,e^-$$

Das Elektron wird von einem Chloratom in seine Außenschale aufgenommen. Es entsteht ein einfach negativ geladenes **Chloridion**, das Symbol für dieses Ion ist Cl^- (▷ B 2).

$$Cl + 1\,e^- \longrightarrow Cl^-$$

Nicht nur Natrium und Chlor, sondern viele Metalle und Nichtmetalle bilden Ionenverbindungen. Dabei geben die *Metallatome immer Elektronen ab*, die von den *Nichtmetallatomen aufgenommen werden*.

Reagiert beispielsweise Magnesium mit Sauerstoff, so entsteht Magnesiumoxid. Das Magnesiumatom gibt also bei der Reaktion zwei Elektronen ab, die beide von einem Sauerstoffatom aufgenommen werden (▷ B 3). Aus einem Magnesiumatom wird dabei ein **Magnesiumion** mit der Ladung 2+ (Mg^{2+}). Aus dem Sauerstoffatom wird ein **Oxidion** mit der Ladung 2– (O^{2-}).

Metallatome geben Elektronen ab, dabei entstehen positiv geladene Ionen. Nichtmetallatome nehmen Elektronen auf, sie bilden negativ geladene Ionen.

V 1 In ein Reagenzglas mit Loch wird ein entkrustetes, erbsengroßes Stück Natrium gegeben und erhitzt. Kurz bevor sich das Natrium entzündet, wird das Reagenzglas in einen Klemmhalter mit Abdeckplatte gespannt und auf den Standzylinder mit Chlor aufgesetzt (Abzug! Schutzbrille!). Der entstandene weiße Stoff wird mit wenig Wasser herausgelöst. Einen Tropfen der Lösung gibt man auf einen Objektträger und betrachtet den Rückstand unter dem Mikroskop.

A 1 Lithiumchlorid ist eine Ionenverbindung. Erläutere die Ionenbildung wie in ▷ B 2 für diese Verbindung.

A 2 Erläutere am Beispiel des Sauerstoffatoms und des Oxidions den Zusammenhang zwischen Wertigkeit und Ionenladung.

B 3 Ionenbildung am Beispiel von Magnesiumoxid

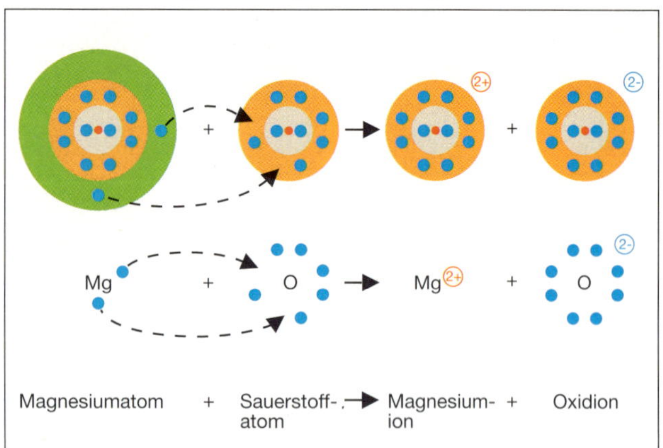

Ionenladung und Edelgasschale. Die Besonderheit der Edelgase ist ihre Reaktionsträgheit. Die Edelgase weisen mit Ausnahme von Helium acht Elektronen auf der Außenschale auf. Diese Elektronenanordnung wird bei der Ionenbildung bevorzugt. Bei der Reaktion eines Alkalimetalls mit einem Halogen entstehen immer einfach positiv geladene Metallionen und einfach negativ geladene Halogenidionen. Ein Natriumatom gibt sein einzelnes Außenelektron ab. Danach weist das so entstandene Natriumion die gleiche Elektronenzahl und -verteilung auf wie ein Atom des im Periodensystem vor ihm stehenden Edelgases Neon. Ein Chloratom erhält durch die Aufnahme eines Elektrons die Elektronenhülle eines Atoms des Edelgases Argon. Das so entstandene Chloridion besitzt nun ebenfalls eine Außenschale mit acht Elektronen, wie ein Edelgas (▷ B 4).

Reagieren Erdalkalimetalle zu Ionenverbindungen, entstehen aus den Metallatomen durch Abgabe der beiden Außenelektronen zweifach positiv geladene Ionen. Diese haben dieselbe Elektronenhülle wie ein Edelgasatom.

Bei der Ionenbildung aus Atomen wird innerhalb des Periodensystems immer der kürzeste Weg zum nächstliegenden Edelgas eingeschlagen.

Edelgasschale und Oktettregel. Bei chemischen Reaktionen zeigen die Elemente das Bestreben, die Elektronenanordnung der Edelgasatome durch Abgabe oder Aufnahme von Elektronen zu erreichen. Da die gebildeten Ionen ebenfalls *acht Elektronen auf der Außenschale* aufweisen, spricht man von der **Oktettregel** (Oktett = Achtergruppe). Diese Regel gilt nicht für die ersten fünf Elemente des Periodensystems, die wie Helium zwei Elektronen auf der Außenschale erreichen.

Bei vielen chemischen Reaktionen erreichen die Atome durch Abgabe bzw. Aufnahme von Elektronen die Elektronenanordnung der Edelgasatome.

Die Zahl der Elektronen, die von einem Atom bei der Ionenbildung abgegeben bzw. aufgenommen werden, stimmt mit der Wertigkeit dieser Atome überein. Die *Wertigkeit* entspricht damit der *Ionenladung*.

Natriumchloridbildung und Energie. Die Reaktion von Natrium mit Chlor erfolgt unter Aussendung von Licht und Wärme, sie ist stark exotherm. Um isolierte Natriumatome aus dem Atomverband des festen Natriums zu erhalten, ist jedoch die Zufuhr von Energie erforderlich (▷ B 5), ebenso zur Spaltung von Chlormolekülen in Chloratome. Auch für die Bildung der Ionen aus den Atomen muß insgesamt Energie aufgebracht werden.
Bei der Bildung des Ionenverbands aus einzelnen Ionen wird aber mehr Energie frei. Diese Energie ist die Ursache dafür, daß die Reaktion von Natrium und Chlor insgesamt exotherm verläuft.

Atom	Außenelektronen des Atoms	Ion	Außenelektronen des Ions	erreichte Edelgasschale
Li	1	Li^{+}	2	He
Al	3	Al^{3+}	8	Ne
Na	1	Na^{+}	8	Ne
O	6	O^{2-}	8	Ne
Ca	2	Ca^{2+}	8	Ar
Cl	7	Cl^{-}	8	Ar
S	6	S^{2-}	8	Ar
Br	7	Br^{-}	8	Kr

B 4 Die Elektronenhülle von Ionen enthält so viele Elektronen wie die Atome der entsprechenden Edelgase

B 5 Bildung von Natriumchlorid aus den Elementen (Schema)

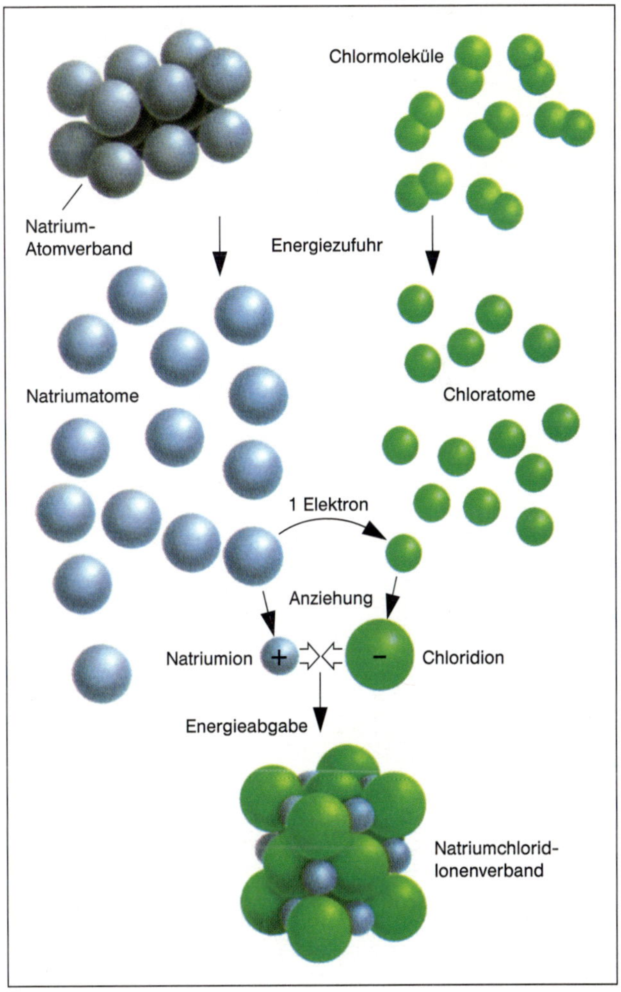

10.8 Ionen bestimmen die Eigenschaften der Salze

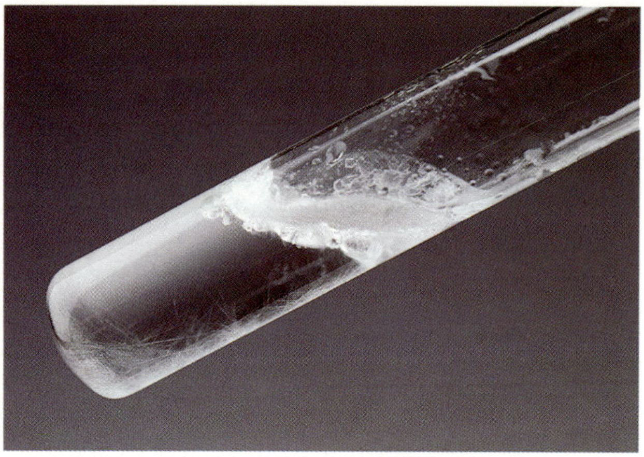

B 1 Kristallbildung aus einer Salzschmelze

Aus Salzlösungen und Salzschmelzen kristallisieren häufig Kristalle (▷ B 1). Einem Fachmann verraten die Farben und der regelmäßige Aufbau der Kristalle viel über ihre Entstehung und ihre Zusammensetzung. In der Natur können sich Kristalle über sehr lange Zeiträume ausbilden. Sie wachsen ganz langsam aus glutflüssigen Gesteinsschmelzen oder aus Lösungen, bei denen allmählich das Wasser verdunstet. Ihre regelmäßigen Formen (▷ B 2) sind das Ergebnis der regelmäßigen Anordnung der Ionen. Zwischen dem Aufbau der Salze aus Ionen und ihren Eigenschaften bestehen vielfältige Zusammenhänge.

Das Natriumchloridgitter. Ein Natriumion und ein Chloridion ziehen sich gegenseitig an. Da Ladungen nach allen Richtungen im Raum wirken, können von einem positiv geladenen Natriumion mehrere negativ geladene Chloridionen angezogen werden. Ionen mit gleichnamiger Ladung stoßen sich dagegen gegenseitig ab.

Bei der Reaktion von Natrium mit Chlor entsteht eine riesige Anzahl von Natrium- und Chloridionen. Diese gruppieren sich so, daß sich eine größtmögliche Anziehung ergibt. Es entsteht ein *Ionenverband*; ▷ B 3 zeigt einen Schnitt durch den Ionenverband aus Natrium- und Chloridionen. Insgesamt ist die Anzahl der Natriumionen in einem großen Ionenverband gleich der Anzahl der Chloridionen, die Verhältnisformel ist Na_1Cl_1, vereinfacht NaCl.

Die regelmäßige Anordnung der Ionen in einem Ionenverband nennt man **Ionengitter**. Die zwischen den Ionen wirksame Anziehungskraft bezeichnet man als **Ionenbindung**. Das *Gittermodell* (▷ B 4) läßt erkennen, daß die Ionen an den Ecken von Würfeln sitzen. Es gibt viele Ionenverbindungen, bei denen die Ionen so angeordnet sind wie im festen Natriumchlorid.

V 1 Lege einen größeren Kochsalzkristall auf eine unzerbrechliche Unterlage, decke ihn mit Papier ab, und schlage mit einem Hammer darauf.

V 2 Fülle ein Reagenzglas zu etwa einem Fünftel mit Natriumchlorid. Versuche, das Salz zu schmelzen. Wiederhole den Versuch mit Bleichlorid. Vergleiche!

V 3 a) Füge Ringmagnete zu einer Stange zusammen. Färbe alle Oberseiten rot, die Unterseiten grün. Lege nun die Hälfte der Magnete mit der roten, die anderen mit der grünen Seite nach oben auf den Tisch und schiebe sie aufeinander zu.
b) Baue aus Styroporkugeln (oder Knetmasse) und Zahnstochern ein Gittermodell des Natriumchlorids.

B 2 Natriumchloridkristalle

B 3 Schnitt durch einen Ionenverband aus Natrium- und Chloridionen

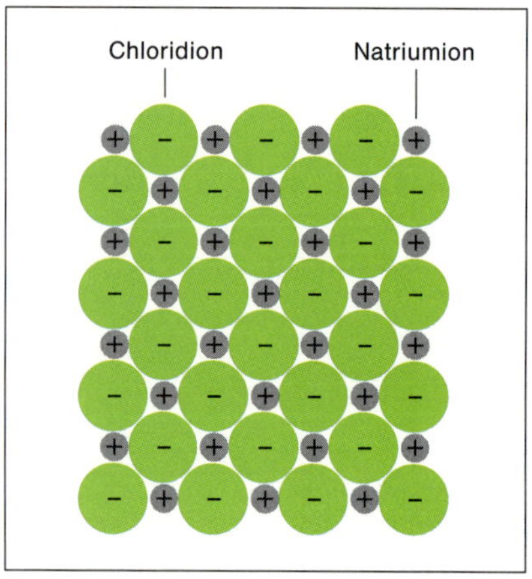

B 4 Gittermodell des Ionengitters von Natriumchlorid

Eigenschaften der Salze. Kochsalzkristalle lassen sich nicht verformen, sondern zerspringen in viele kleine Kristalle, wenn man mit dem Hammer auf sie schlägt (▷ V 1) oder sie fallen läßt. *Salze* sind meist *hart* und *spröde*. Dies kann dadurch erklärt werden, daß bei Verschiebung der Schichten um den Durchmesser eines Ions die Abstoßungskräfte überwiegen. Ionen gleicher Ladung, die sich gegenseitig abstoßen, müssen aneinander vorbeigleiten: das Natriumchloridgitter bricht (▷ B 5).

Natriumchlorid hat eine Schmelztemperatur von 801 °C. Andere Salze, vor allem Oxide, schmelzen erst weit über 1 000 °C (▷ B 6). Bleichlorid dagegen ist eines der Salze, das sich noch im Reagenzglas bei niedriger Temperatur schmelzen läßt (▷ V 2).

Die *hohe Schmelztemperatur* der Salze ist dadurch zu erklären, daß die einzelnen Ionen im Ionengitter durch die *Anziehungskräfte* der sie *umgebenden Ionen sehr stark gebunden* sind.

Salze sind spröde und haben häufig eine hohe Schmelztemperatur

Salze weisen im festen Zustand keine elektrische Leitfähigkeit auf, da die Ionen aufgrund der Ionenbindung auf ihren Plätzen im Gitter festgehalten werden. Erst durch Wärmezufuhr schwingen die Ionen immer stärker. Bei hohen Temperaturen verlassen sie ihre Plätze, das Gitter bricht zusammen, das Salz schmilzt. Die *Schmelze* enthält *freibewegliche Ionen*, die den *elektrischen Strom leiten* können (▷ B 7). Auch beim Lösen eines Salzes in Wasser erhält man freibewegliche Ionen. Diese sind von Wassermolekülen umhüllt.

Formeln von Ionenverbindungen. Haben positiv und negativ geladene Ionen die gleiche Ladungszahl, dann verbinden sie sich im Verhältnis 1 : 1. Dadurch ergeben sich z. B. folgende Verhältnisformeln:

NaCl mit den Ionen Na^+ und Cl^-
KCl mit den Ionen K^+ und Cl^-
MgO mit den Ionen Mg^{2+} und O^{2-}
PbS mit den Ionen Pb^{2+} und S^{2-}

Bei der Kombination von Ionen mit verschiedener Ladungszahl muß man darauf achten, daß die Verbindung nach außen elektrisch neutral ist. Daher muß die Anzahl der positiven Ladungen mit der Anzahl der negativen Ladungen immer übereinstimmen. Bei der Kombination von einfach und zweifach geladenen Ionen erhält man dann z. B. folgende Verhältnisformeln:

Li_2O mit zwei Ionen Li^+ und einem Ion O^{2-}
$MgCl_2$ mit einem Ion Mg^{2+} und zwei Ionen Cl^-.

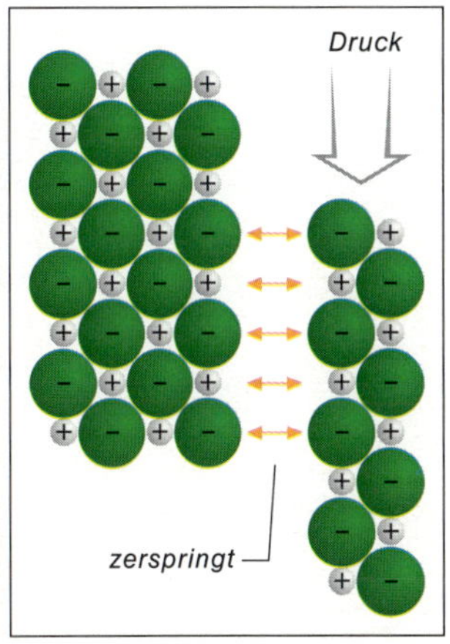

B 5 Spaltung eines Kochsalzkristalls. Gleichartig geladene Ionen stoßen sich beim Vorbeigleiten ab.

B 6 Schmelztemperaturen einiger Salze

Name des Salzes	Verhältnisformel	Schmelztemperatur (°C)
Bleibromid	$PbBr_2$	373
Bleichlorid	$PbCl_2$	501
Kupferchlorid	$CuCl_2$	620
Kaliumchlorid	KCl	770
Natriumchlorid	NaCl	801
Bleisulfid	PbS	1 114
Kupferoxid	CuO	1 336
Aluminiumoxid	Al_2O_3	2 045
Calciumoxid	CaO	2 570
Magnesiumoxid	MgO	2 802

B 7 Prüfung der elektrischen Leitfähigkeit einer Salzlösung und einer Salzschmelze

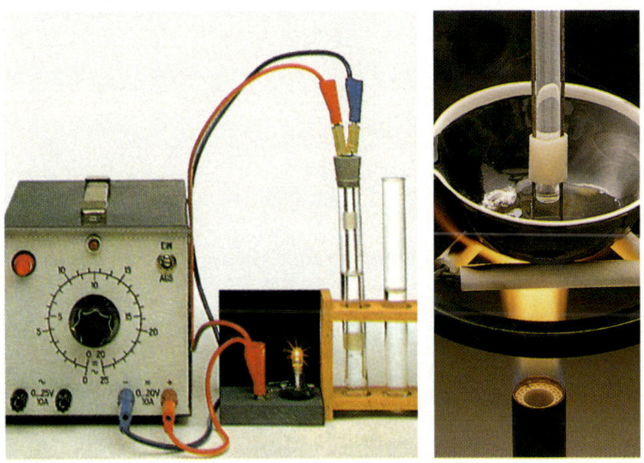

10.9 Elektrolyse

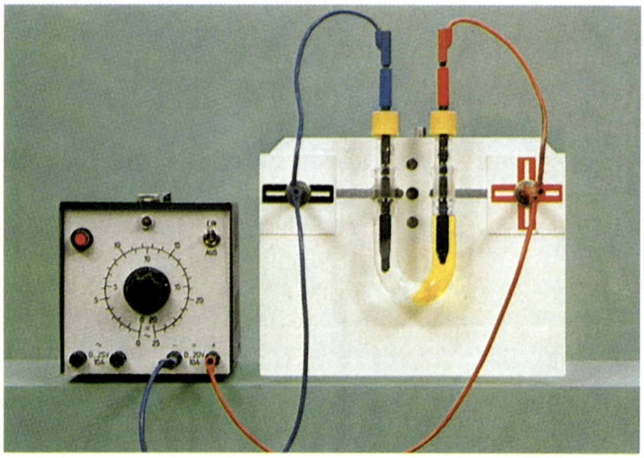

B 1 Eine Zinkiodidlösung leitet den elektrischen Strom. Dabei scheiden sich an den Elektroden Zink und Iod ab

V 1 Fülle in ein U-Rohr mit Tonfritte eine Zinkiodidlösung. Verschließe die beiden Schenkel mit je einem Stopfen, in dem eine Graphitelektrode steckt. Verbinde die Elektroden mit den Polen einer Gleichspannungsquelle und schalte eine Glühlampe (0,1 A) oder ein Stromstärkemeßgerät in den Stromkreis. Erhöhe die Spannung langsam, bis das Lämpchen leuchtet (oder die Anzeige etwa 0,1 A zeigt). Schalte nach einigen Minuten den Strom ab. Schildere und deute die Beobachtungen in den Schenkeln des U-Rohres und an den Elektroden. (Die Zinkiodidlösung kannst du in das Vorratsgefäß zurückschütten.)

A 1 Finde eine Begründung dafür, daß es sich bei der Elektrolyse in ▷ V 1 um eine chemische Reaktion handelt.

B 2 Schema der Vorgänge bei einer Elektrolyse

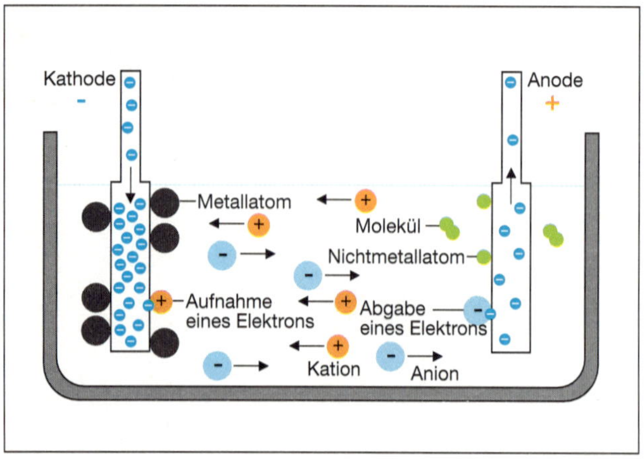

Wird die Leitfähigkeit einer Zinkiodidlösung geprüft, stellt man fest, daß sich an der Elektrode, die mit dem Minuspol verbunden ist, metallisches Zink und an der Elektrode, die mit dem Pluspol verbunden ist, Iod abscheidet (▷ B 1). Zinkiodid wurde demnach in die Elemente zerlegt. Dies kann dadurch erklärt werden, daß Salze in ihren Lösungen bzw. Schmelzen als *Ionen* vorliegen und diese den elektrischen Strom leiten. Die in den Lösungen bzw. Schmelzen ablaufenden Vorgänge sowie der Einfluß des elektrischen Stroms werden anschließend genauer betrachtet.

Elektrolyse – Zerlegung durch elektrischen Strom. In die Zinkiodidlösung tauchen zwei Elektroden. Eine davon ist mit dem *Minuspol* leitend verbunden, sie ist dadurch **negativ** geladen. Diese Elektrode wird **Kathode** genannt. Sie hat *Elektronenüberschuß* und zieht deshalb positiv geladene Ionen an. Diese Ionen bezeichnet man als **Kationen**, im Beispiel sind es Zn^{2+}-Ionen. Aus der Abscheidung von Zink an der **Kathode** kann man schließen, daß die Zinkionen an der Kathode 2 Elektronen aufnehmen und zu Zinkatomen werden.

$$\underset{\text{Zinkion}}{Zn^{2+} + 2\,e^-} \longrightarrow \underset{\text{Zinkatom}}{Zn}$$

Die mit dem *Pluspol* verbundene Elektrode wird **Anode** genannt, sie ist **positiv** geladen. Sie hat *Elektronenmangel* und zieht negativ geladene Ionen an. Diese Ionen werden **Anionen** genannt. Im Beispiel sind es I^--Ionen (Iodid-Ionen). An der Anode geben diese je 1 Elektron ab und werden zu Iodatomen, die sich zu zweiatomigen Molekülen verbinden. An der Anode zeigt sich deshalb die bräunliche Farbe von Iod.

$$\underset{\text{Iodid-Ionen}}{2\,I^-} \longrightarrow \underset{\text{Iodatome}}{2\,I + 2\,e^-}$$

$$2\,I \longrightarrow I_2$$

Durch den elektrischen Strom wird das Salz Zinkiodid in die am Aufbau beteiligten Elemente zerlegt. Die Zerlegung einer Verbindung mit Hilfe des elektrischen Stroms bezeichnet man als **Elektrolyse**. An der Kathode werden dabei genau so viele Elektronen abgegeben, wie an der Anode aufgenommen werden. Die Gleichstromquelle muß der Kathode ständig ebenso viele Elektronen nachliefern, wie sie der Anode entzieht. Sie hat demnach die Wirkung einer *Elektronenpumpe* (▷ B 2).

Bei der Elektrolyse werden positiv geladene Ionen (Kationen) von der Kathode (Minuspol) angezogen und nehmen dort Elektronen auf. Negativ geladene Ionen (Anionen) geben an der Anode (Pluspol) Elektronen ab.

10.10 Aluminiumgewinnung durch Elektrolyse

Zur Gewinnung unedler Metalle, die mit Wasser reagieren, führt man eine **Schmelzflußelektrolyse** durch. Das Salz wird bei diesem Prozeß nicht gelöst, sondern durch Erhitzen geschmolzen.

Aluminiumgewinnung. Für die Schmelzflußelektrolyse des unedlen Metalls Aluminium benötigt man eine Ionenverbindung. Es wird *Aluminiumoxid* (Al_2O_3) eingesetzt. Das Oxid wird aus *Bauxit* gewonnen, einem Gemisch von wasserhaltigem Aluminiumoxid mit Eisenoxid und Sand.

Reines Aluminiumoxid hat eine sehr hohe Schmelztemperatur von 2045 °C. Um die Schwierigkeiten einer Elektrolyse bei so hohen Temperaturen zu umgehen, wird das Aluminiumoxid mit Kryolith (Natrium-Aluminium-Fluorid) gemischt. Dieses Gemisch hat eine Schmelztemperatur von 950 °C.

Der Elektrolyseofen ist mit *Graphitsteinen* ausgekleidet, die als Kathode geschaltet sind (▷ B 2). An ihr scheidet sich das Metall Aluminium ab. Es sammelt sich auf dem Boden der Graphitwanne und ist so durch die Schmelze vor Rückoxidation geschützt. Von Zeit zu Zeit wird das flüssige Reinaluminium abgesaugt.

$$\text{Kathode: } 2\,Al^{3+} + 2 \cdot 3\,e^- \longrightarrow 2\,Al$$

Die *Anode* besteht ebenfalls aus *Graphitblöcken*, die laufend mit dem entstehenden atomaren Sauerstoff reagieren und dadurch verbraucht werden. Es bilden sich Kohlenstoffmonooxid und Kohlenstoffdioxid.

$$\text{Anode: } 3\,O^{2-} \longrightarrow 3\,O + 3 \cdot 2\,e^-$$
$$3\,O + 2\,C \longrightarrow CO + CO_2$$

Die Elektrolyse erfolgt mit einer Spannung von 5 V bis 6 V und einer Stromstärke von bis zu 200 000 A. Um 1 t Aluminium zu gewinnen, werden etwa 1,9 t Aluminiumoxid, 50 kg Kryolith und 0,5 t Anodenkohle benötigt. Dabei wird so viel Strom verbraucht, daß man damit ein Einfamilienhaus 5 Jahre lang versorgen könnte (15 000 kWh). Um Energie und Rohstoffe zu sparen, sollten Aluminiumabfälle deshalb recycelt werden.

Aluminium ist zwar ein sehr unedles Metall, dennoch braucht es keinen Korrosionsschutz. Es ist wegen seiner 2/10 000 mm dicken Oxidschicht ausreichend korrosionsbeständig und somit ein wertvolles Gebrauchsmetall (▷ B 3).

Eloxalverfahren (**El**ektrolytische **Ox**idation von **Al**uminium). Die Oxidschicht von Aluminium kann elektrolytisch verstärkt werden. Dazu wird Aluminium bei der Elektrolyse einer Säure, die Sauerstoff abspalten kann, als Anode geschaltet. Der an der Anode atomar entstehende Sauerstoff oxidiert das Aluminium sofort. Es entsteht eine etwa 2/100 mm dicke, sehr harte Oxidschicht, die sich leicht einfärben läßt.

B 1 Elektrolyseofen in einer Aluminiumhütte

B 2 Schema eines Elektrolyseofens zur Gewinnung von Aluminium aus Aluminiumoxid

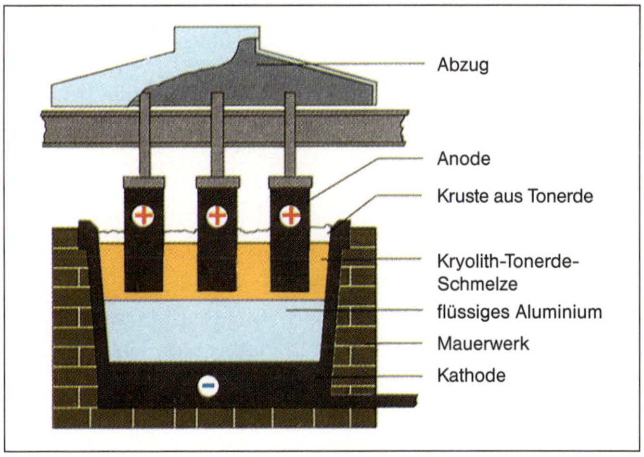

B 3 Verwendung von Aluminium in Deutschland

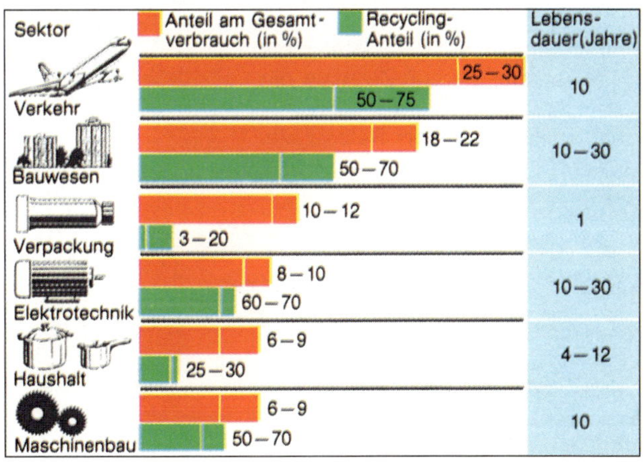

10.11 Praktikum: Salze und Molekülverbindungen

Viele Feststoffe sind Salze, die wir als Ionenverbindungen kennengelernt haben. Aber auch Paraffin ist ein Feststoff. Es wird zu Kerzen, Bohnerwachs oder ähnlichen Produkten verarbeitet. Paraffin ist ein Gemisch und zählt zu den Molekülverbindungen. Schon nach Prüfung einiger weniger Eigenschaften kannst du erkennen, daß sich Salze und Molekülverbindungen wesentlich voneinander unterscheiden.

Geräte/Materialien

Schutzbrille, 6 Reagenzgläser, Gasbrenner, 3 Bechergläser (100 ml, niedrige Form), Lupe, 2 Reibschalen mit Pistill, schwarze Pappe, 3 Porzellanschalen, Hammer, Experimentierkabel, unzerbrechliche Unterlage, Elektrodenhalter mit Lampenfassung, Dreifuß, Glühlämpchen, Keramikdrahtnetz, 2 Kohleelektroden, Gleichspannungsquelle oder Batterie mit Krokodilklemmen, Reagenzglasgestell, Reagenzglashalter.

Chemikalien

Natriumchlorid (Kristalle), Paraffin (fest), Calciumchlorid (Kristalle), dest. Wasser.

Versuchsanleitungen

Versuch 1 Aussehen unter der Lupe

Betrachte die drei Feststoffe auf einer schwarzen Pappe unter der Lupe. Beschreibe oder zeichne das Aussehen der Stoffe.

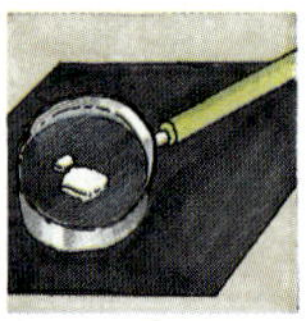

Versuch 2 Verformbarkeit

Lege jeweils eine kleine Probe der drei Feststoffe auf eine unzerbrechliche Unterlage, bedecke sie mit Papier und schlage vorsichtig mit dem Hammer darauf. Zerreibe die Stoffe, die leicht zerspringen, mit dem Pistill in einer Reibschale. Bewahre die Proben für Versuch 3 auf.

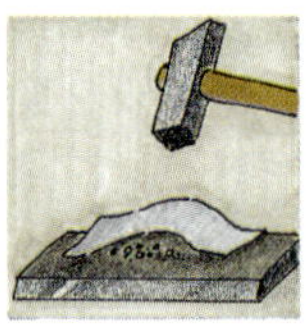

Versuch 3 Verhalten beim Erhitzen

Gib jeweils eine kleine Probe der Feststoffe in ein Reagenzglas. Erhitze mit der nichtleuchtenden Brennerflamme und versuche, die Stoffe zu schmelzen.

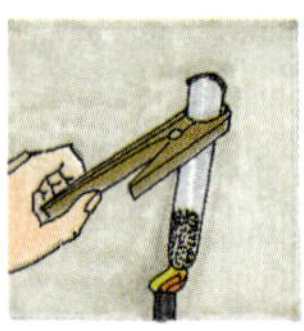

Versuch 4 Verhalten in Wasser

Gib jeweils eine kleine Probe der Feststoffe in ein Reagenzglas, füge destilliertes Wasser zu und schüttle. Wenn sich die Stoffe nicht in Wasser lösen, erwärme vorsichtig mit dem Gasbrenner unter Schütteln.

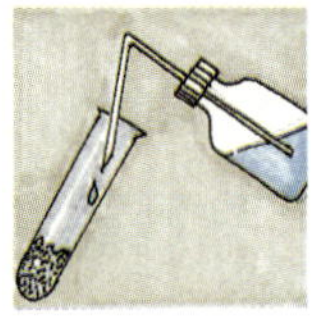

Versuch 5 Prüfung der elektrischen Leitfähigkeit

Baue einen Stromkreis auf wie in der Abbildung und prüfe die Lösungen der Feststoffe auf ihre elektrische Leitfähigkeit. Löst sich einer der Stoffe nicht in Wasser, versuche ihn in einer Porzellanschale zu schmelzen und prüfe die elektrische Leitfähigkeit der Schmelze.
Spüle die Kohleelektroden nach jedem Vorgang mit destilliertem Wasser ab!

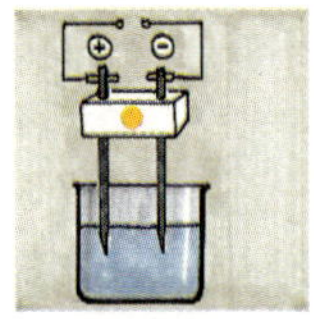

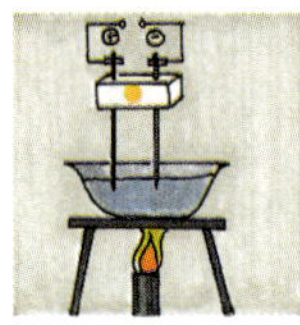

Auswertung/Aufgaben

1. Übertrage die untenstehende Tabelle in dein Heft und trage die Versuchsergebnisse ein.

Stoffe / Eigenschaften	Natrium-chlorid	Calcium-chlorid	Paraffin (fest)
Aussehen unter der Lupe			
Verformbarkeit			
Verhalten beim Erhitzen			
Verhalten in Wasser			
elektrische Leitfähigkeit in flüssigem Zustand			
elektrische Leitfähigkeit in gelöstem Zustand			

2. Suche im Buch nach den Schmelztemperaturen der untersuchten Salze und notiere sie. Vergleiche sie mit der Schmelztemperatur einer Molekülverbindung (z.B. Wasser). Versuche eine Erklärung für die unterschiedlich hohen Schmelztemperaturen zu finden.

3. Welche Eigenschaftskombination kennzeichnet Salze im Vergleich zu Molekülverbindungen?

4. Wodurch unterscheiden sich die beiden Stoffgruppen?

5. Versuche die unterschiedlichen Eigenschaften mit dem Aufbau der Stoffe zu erklären.

10.12 Moleküle und Modelle

Die Teilchen vieler gasförmiger und flüssiger Stoffe sind Moleküle, die aus zwei oder mehr Atomen zusammengesetzt sind. Um den Aufbau der Moleküle räumlich darstellen zu können, verwendet man Molekülmodelle.

Molekülmodelle. Im Handel werden unterschiedliche Molekülbaukästen angeboten (▷B1). Sie enthalten unterschiedlich große und verschieden gefärbte Kugeln, die bestimmte Atome symbolisieren. Beim Bau von Molekülmodellen können die Kugeln an den dafür vorgesehenen Stellen durch Stäbe, Federn oder Druckknöpfe miteinander verknüpft werden.

Die Anzahl der Verbindungsstücke, die von einer Kugel ausgehen, geben einen Hinweis auf die Wertigkeit des Atoms. Das Wasserstoffatom ist **ein**wertig. Im Wasserstoffmolekülmodell sind die beiden Wasserstoffatome durch **ein** Verbindungsstück miteinander verbunden. Im Sauerstoffmolekül sind die beiden **zwei**wertigen Sauerstoffatome **doppelt** gebunden (▷B2).
Auch die Teilchen vieler gasförmiger und flüssiger Verbindungen (z. B. Kohlenstoffdioxid, Schwefeldioxid und Wasser) sind Moleküle, die man mit Molekülmodellen bauen kann. Im Wassermolekülmodell bindet ein zweiwertiges Sauerstoffatom über jeweils ein Verbindungsstück zwei einwertige Wasserstoffatome (▷B3). Im Kohlenstoffdioxidmolekül sind die beiden Sauerstoffatome jeweils doppelt an das vierwertige Kohlenstoffatom gebunden (▷B4).

Modell und Formel. Die Formel der Moleküle, die die Anzahl der Atome in der Summe wiedergibt, nennt man auch **Summenformel**. Im Vergleich dazu verdeutlicht die **Strukturformel** den Bau eines Moleküls. Die Atome werden dabei mit ihren Elementsymbolen geschrieben. Die Bindungsstriche zwischen den Symbolen zeigen, daß die Atome miteinander verbunden sind.

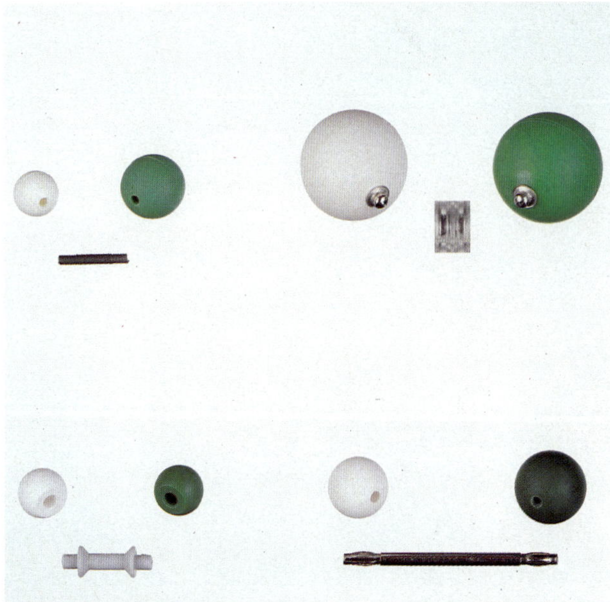

B1 Verschiedene Modelle zum Bau von Molekülen

A 1 Baue mit Molekülmodellen a) 2 Wasserstoffmoleküle, b) 2 Sauerstoffmoleküle, c) 1 Stickstoffmolekül. Zeichne die Modelle und gib die Formelschreibweise an.

A 2 Die Molekülbaukästen enthalten schwarze Kugeln, die Kohlenstoffatome darstellen.
a) Wie kannst du an den Kugeln die Wertigkeit des Kohlenstoffatoms erkennen?
b) Baue das Modell eines Kohlenstoffdioxidmoleküls. Wie viele Sauerstoffatome werden gebunden?

B2 Wasserstoff- und Sauerstoffmolekül in Modell- und Formeldarstellung

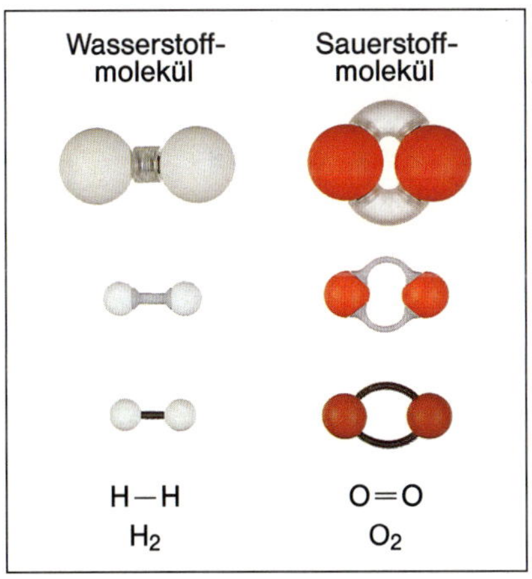

B3 Wassermolekül in Modell und Formel

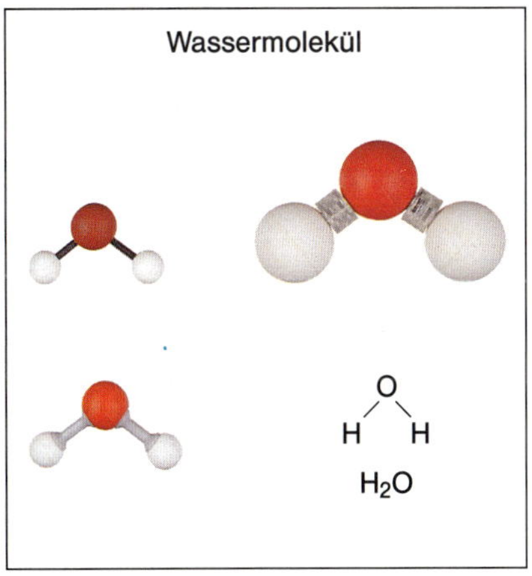

B4 Kohlenstoffdioxidmolekül in Modell und Formel

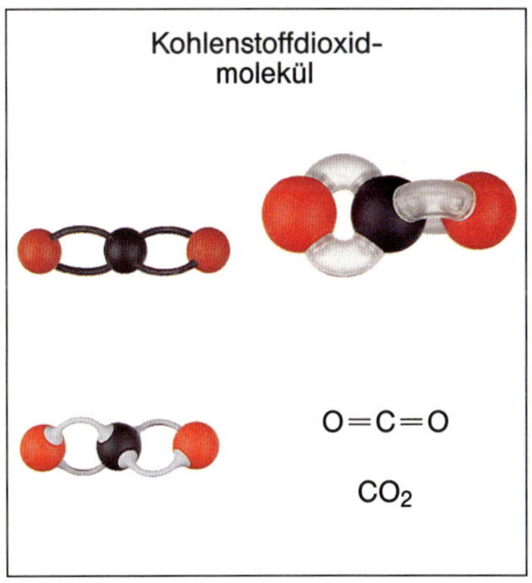

10.13 Moleküle und Atombindung

B1 Wasserstoff ist aus zweiatomigen Molekülen aufgebaut

A 1 In welchem Aggregatzustand tritt ein großer Teil der Molekülverbindungen bei Zimmertemperatur auf?

A 2 Erläutere die Bildung eines Chlormoleküls aus den Atomen entsprechend ▷B3.

B2 Bildung eines Wasserstoffmoleküls aus Wasserstoffatomen in Modell und Elektronenschreibweise

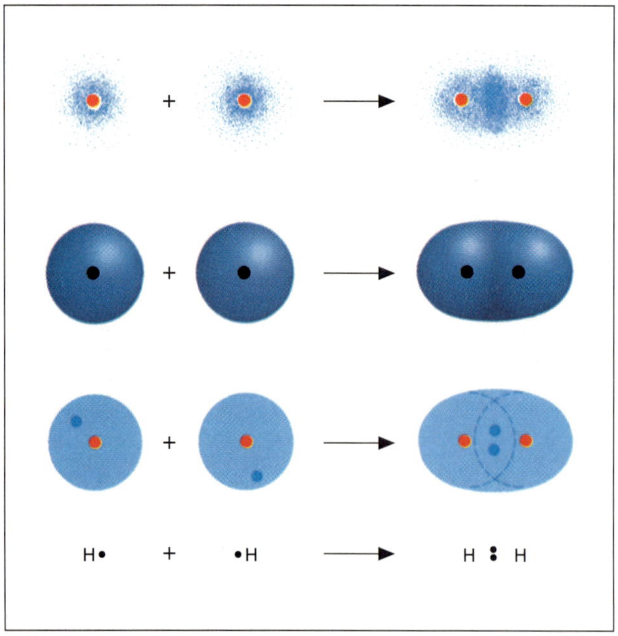

Die meisten Gase und Flüssigkeiten, mit Ausnahme der Edelgase und Quecksilber, sind aus Molekülen aufgebaut. Auch manche Feststoffe, die schon bei geringer Wärmezufuhr schmelzen oder sublimieren, bestehen aus Molekülen. Dies ist ein Hinweis darauf, daß *zwischen den Molekülen* nur geringe Kräfte wirken. Die Moleküle bleiben aber auch im Gaszustand erhalten. Die Atome *innerhalb der Moleküle* werden offenbar durch starke Kräfte zusammengehalten.

Wir werden nun der Frage nachgehen, wie neutrale Atome in einem Molekül zusammenhalten.

Das Wasserstoffmolekül. Wir betrachten zunächst das einfachste Molekül, das Wasserstoffmolekül. In einem nicht gebundenen Wasserstoffatom bewegt sich das Elektron sehr schnell um den Atomkern. Die negative Ladung ist über den ganzen kugelförmigen Raumbereich der Elektronenhülle verteilt.

Zwei Wasserstoffatome können so zusammentreffen, daß sich die Elektronenhüllen durchdringen. Damit bewegen sich die Elektronen im Anziehungsbereich beider Kerne. Die Elektronen bilden eine gemeinsame Elektronenhülle um beide Kerne. Die negative Ladung dieser Hülle hält die beiden Atome zusammen (▷ B 2).

Zwischen beiden Atomen besteht also eine **Bindung**. Die beiden Elektronen, die diese Bindung bewirken, bezeichnet man als **bindendes Elektronenpaar.**
Vereinfacht wird das bindende Elektronenpaar durch zwei Punkte oder einen Strich zwischen den Symbolen der Atome angegeben:

H · · H oder H — H

Die so beschriebene Bindung zwischen den beiden Nichtmetallatomen nennt man **Atombindung**. Da sie durch das *gemeinsame Elektronenpaar* zustande kommt, heißt sie auch **Elektronenpaarbindung**.

Das bindende Elektronenpaar wird von beiden Atomkernen angezogen. Formal besitzt jedes Wasserstoffatom in einem Wasserstoffmolekül zwei Elektronen.
So wie durch einen gemeinsamen Zaun jeder von zwei Nachbarn seinen „eigenen" Zaun hat, erreicht jedes der beiden Wasserstoffatome durch das gemeinsame Elektronenpaar die Elektronenanordnung des Edelgases Helium.

Elektronenanordnung der Edelgase. Die Hülle eines Heliumatoms enthält nur ein Elektron mehr als die eines Wasserstoffatoms. Trotz dieses scheinbar geringen Unterschiedes bilden Heliumatome keine Moleküle. Dies gilt auch für die anderen Edelgasatome, die acht Elektronen auf der Außenschale aufweisen.

Moleküle und Atombindung

Oktettregel bei Molekülen. Wie Wasserstoff bilden auch andere Nichtmetalle Moleküle, in denen die Atome durch Elektronenpaarbindungen zusammenhalten. Diese Moleküle enthalten jedoch neben den Bindungselektronen noch weitere Elektronen auf der Außenschale.
Von den sieben Außenelektronen eines Halogenatoms, z. B. eines Chloratoms (▷ B 3), beteiligt sich jeweils nur das Einzelelektron an der Bildung eines *bindenden Elektronenpaars*. Die übrigen Außenelektronen bilden *freie (nichtbindende) Elektronenpaare*.

In den Halogenmolekülen befinden sich in der äußeren Schale eines gebundenen Halogenatoms acht Elektronen wie bei Edelgasatomen. Die Zahl **Acht** ergibt sich, wenn man das bindende Elektronenpaar jeweils beiden gebundenen Atomen zuordnet. Für viele weitere Moleküle gilt, daß die Zahl der Elektronen eines gebundenen Atoms **acht** beträgt. Abweichend von der Oktett-Regel enthält die Hülle eines gebundenen Wasserstoffatoms **zwei** Elektronen wie ein Heliumatom.

Die Atome werden in den Molekülen durch die Elektronenpaarbindung zusammengehalten. Durch die Bildung gemeinsamer Elektronenpaare erhält jedes Atom acht bzw. das Wasserstoffatom zwei Elektronen auf der Außenschale.

Mehrfachbindungen. Zwischen bestimmten Atomen kann die Bindung auch durch *zwei* oder *drei Elektronenpaare* erfolgen. Man spricht dann von einer **Doppel-** oder **Dreifachbindung**. Unter Berücksichtigung der Einzelelektronen und der Oktett-Regel ergeben sich z. B. für das Sauerstoffmolekül zwei bindende Elektronenpaare, für das Stickstoffmolekül dagegen drei bindende Elektronenpaare. Für Moleküle mit Atomen, die mehr als zwei Elektronenschalen besitzen, gilt die Oktettregel nicht immer.

Formelschreibweise. Die Molekülformeln geben an, wie viele Atome des jeweiligen Elements am Aufbau eines Moleküls beteiligt sind.
Durch Strukturformeln lassen sich die Bindungsverhältnisse und damit der Bau des Moleküls verdeutlichen. In Strukturformeln werden häufig nur die bindenden Elektronenpaare berücksichtigt.
In Kugel-Stab-Modellen können Moleküle z. B. durch Verknüpfen der Kugeln, die Atome symbolisieren, mit Stäben, Druckknöpfen oder Federn gebaut werden. Ein Verbindungsstück stellt jeweils ein Elektronenpaar dar. Kalottenmodelle veranschaulichen die gegenseitige Durchdringung der Elektronenhülle durch die Bindung; außerdem geben die Modelle die Größenverhältnisse der Atome wieder.

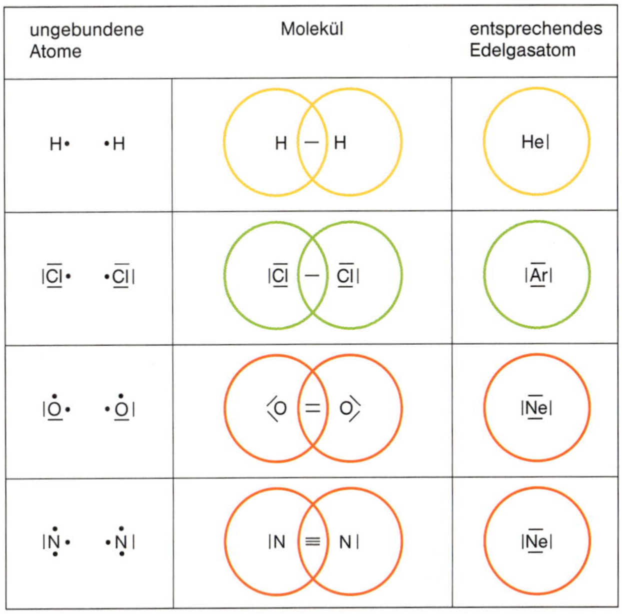

B3 Edelgasregel bei Molekülen. Eine Elektronenpaarbindung entsteht durch die Bildung eines gemeinsamen Elektronenpaars aus zwei Einzelelektronen. Dadurch hat jedes Atom so viele Elektronen auf der Außenschale wie ein Edelgasatom.

A 3 Wie viele Elektronenpaarbindungen kann ein Sauerstoffatom eingehen? Begründe und baue das Molekülmodell.

A 4 Schreibe für das Stickstoffmolekül und für das Chlorwasserstoffmolekül die Molekül- und Strukturformel auf. Baue die Molekülmodelle.

B4 Unterschiedliche Darstellung von Molekülen

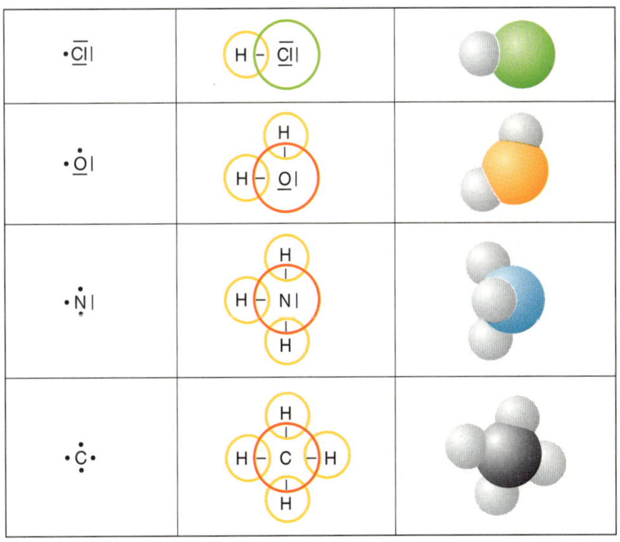

10.14 Diamant und Graphit – Riesenmoleküle aus gleichen Atomen

B 1 Verbrennung eines Diamanten durch Lavoisier auf dem Marktplatz von Paris im Jahre 1775

V 1 Untersuche die elektrische Leitfähigkeit von Graphit im Vergleich zu Metallen wie Kupfer und Eisen.

A 1 Wie kann man nachweisen, daß Diamant und Graphit nur aus Kohlenstoffatomen bestehen?

A 2 Um einen besonders hellen und heißen Lichtbogen zu erzeugen, verwendet man Graphitstäbe als Elektroden. Warum ist Graphit dafür eher geeignet als ein Metall?

A 3 Ein Brillant ist ein sehr reiner, mit besonderem Schliff versehener Diamant. Durch welche Eigenschaft kann man ihn von einem gleich geschliffenen Glasstück unterscheiden?

B 2 Verwendung von Graphit als Schmiermittel

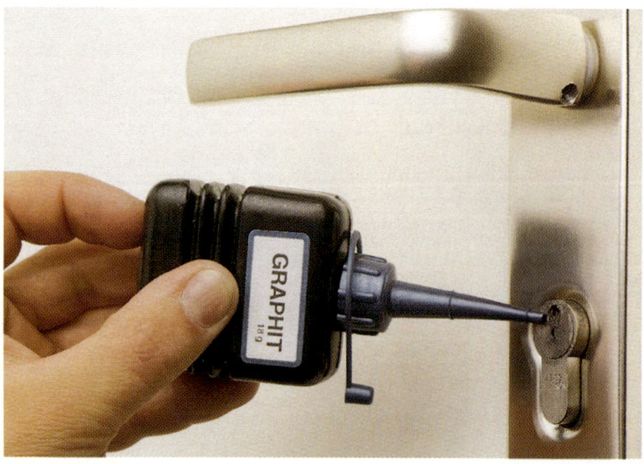

Der durchsichtige *Diamant* und der schwarze *Graphit* unterscheiden sich außerordentlich stark in ihren Eigenschaften. Beiden ist jedoch gemeinsam: Sowohl Diamant als auch Graphit sind *brennbar*. Diese erstaunliche Entdeckung machte 1775 der französische Chemiker LAVOISIER, der mit einer Apparatur aus zwei großen Brennspiegeln auf dem Marktplatz von Paris öffentlich Diamanten verbrannte (▷ B 1). Da bei der Verbrennung von Diamant und Graphit nur Kohlenstoffdioxid entsteht, können die beiden Stoffe nur aus Kohlenstoffatomen aufgebaut sein. Graphit und Diamant sind verschiedene *Erscheinungsformen* des Elements Kohlenstoff.

Verschiedene Erscheinungsformen eines Elements bezeichnet man als Modifikationen.

Diamant (von griech. adamas, unbezwingbar) ist der *härteste* aller Stoffe. Auf einer Härteskala (nach MOHS), die durch Ritzversuche ermittelt wird, nimmt er den Härtegrad 10 ein. Die Leitfähigkeitsprüfung zeigt, daß Diamant ein Nichtleiter ist. In reinem Sauerstoff verbrennt er bei Temperaturen über 800 °C, an der Luft erst bei etwa 3 000 °C. Reiner Diamant ist ein völlig farbloser, stark lichtbrechender Stoff.

Geschliffene Naturdiamanten nennt man *Brillanten*. Sie sind wegen ihres lebhaften Farbenspiels und ihres Glanzes kostbare Schmucksteine. Ihre Masse wird in Karat angegeben, ein Karat ist 0,2 Gramm. Für die Herstellung von Brillanten eignen sich jedoch nur etwa 5 Prozent der Rohdiamanten. Die übrigen finden als *Industriediamanten* zum Schleifen, Schneiden und Bohren Verwendung.

Im Jahre 1955 ist es erstmals gelungen, *künstliche Diamanten* aus Graphit unter hohem Druck (ca. 100 000 bar) und hoher Temperatur (3 000 °C) in Gegenwart eines Katalysators herzustellen. Sie werden ausschließlich als Industriediamanten verwendet, da sie den natürlichen Diamanten an Härte, Größe und Reinheit unterlegen sind.

Graphit. Im Gegensatz zu Diamant ist Graphit ein weicher Stoff (Härtegrad 1 nach MOHS), der sich fettig anfühlt. Da sich beim Reiben auf Papier kleine Graphitblättchen abspalten, kann Graphit in Bleistiftminen verwendet werden. Aus dieser Anwendung ist der Name abgeleitet (von griech. graphein, schreiben). Auch Ruß besteht aus winzigen Graphitkristallen.

Graphit schmilzt erst bei ca. 3 700 °C. Er wird deshalb zur Herstellung von Schmelztiegeln und als Schmiermittel (▷ B 2) für Maschinenteile verwendet, die hohen Temperaturen ausgesetzt sind. Die elektrische Leitfähigkeit wird bei der Herstellung von Elektroden aus Graphit ausgenutzt. Die Dichte von Graphit ist geringer als die von Diamant.

Diamant und Graphit – Riesenmoleküle aus gleichen Atomen

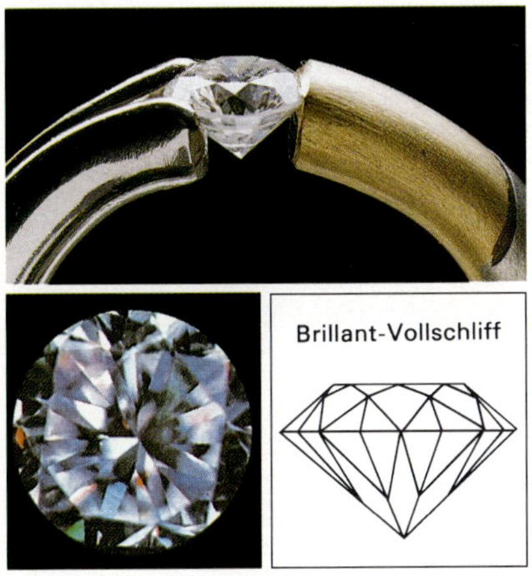

B3 Diamantschmuck funkelt durch Lichtbrechung farbenprächtig

Eigenschaft	Diamant
Aussehen	farblos, durchsichtig, stark lichtbrechend
Härte	sehr hart
Spaltbarkeit	schwer spaltbar
elektrische Leitfähigkeit	keine
Dichte	3,5 g/cm^3
Schmelztemperatur	schmilzt nicht (Umwandlung in Graphit)
Verwendung: in Bohr-, Schleif- und Schneidewerkzeug; als Schmuckstein	

B4 Eigenschaften von Diamant im Überblick

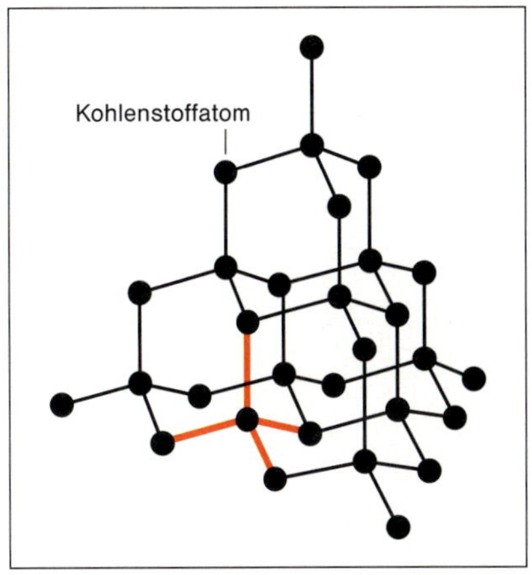

B5 Aufbau von Diamant. Alle Atome sind durch Atombindungen verbunden

Aufbau von Diamant. Im Diamant ist jedes Kohlenstoffatom mit vier weiteren Kohlenstoffatomen über gleichlange Atombindungen verbunden. Dadurch ergibt sich eine sehr regelmäßige, stabile Anordnung (▷ B 5). Die große Härte des Diamants beruht darauf, daß bei der Spaltung eines Kristalls immer Atombindungen getrennt werden müssen. Da alle vier Außenelektronen eines Kohlenstoffatoms an Elektronenpaarbindungen beteiligt sind, ist der Diamant ein Nichtleiter.

Aufbau von Graphit. Im Graphit sind die Kohlenstoffatome in Schichten stockwerkartig angeordnet (▷ B 8). Jedes einzelne Kohlenstoffatom ist nur mit drei weiteren Kohlenstoffatomen verbunden und benötigt deshalb nur drei seiner Außenelektronen zur Bindung. Jeweils ein Elektron kann sich über die ganze Schicht bewegen. Dies erklärt die gute elektrische Leitfähigkeit und den metallischen Glanz des Graphits. In einer Schicht sind die Kohlenstoffatome in regelmäßigen Sechsecken angeordnet, vergleichbar mit der Struktur von Bienenwaben. Der Abstand der einzelnen Schichten ist etwa zweieinhalbmal so groß wie die Bindungslänge innerhalb einer Schicht. Daher ist die Dichte des Graphits geringer als die des Diamants. Da zwischen den Schichten nur schwache Anziehungskräfte wirken, lassen sich diese leicht gegeneinander verschieben. Dies erklärt die Schmierwirkung und geringe Härte des Graphits.
Die unterschiedlichen Eigenschaften von Diamant und Graphit beruhen also auf der unterschiedlichen Anordnung der Kohlenstoffatome.

B6 Bleistiftmine. Beim Reiben spalten sich Graphitblättchen ab

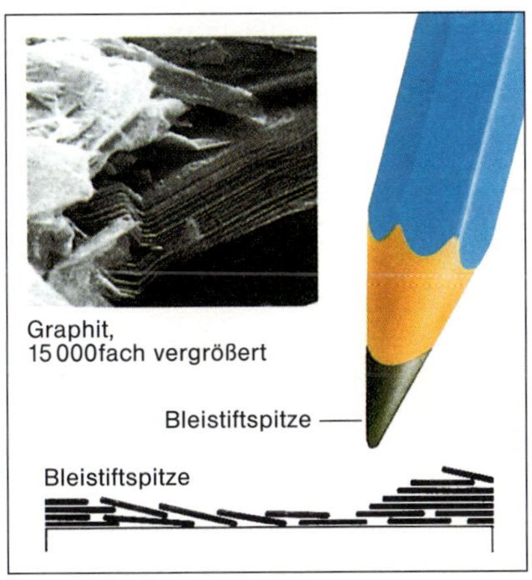

B7 Eigenschaften von Graphit im Überblick

Eigenschaft	Graphit
Aussehen	schwarz, glänzend
Härte	sehr weich
Spaltbarkeit	leicht spaltbar
elektrische Leitfähigkeit	gut
Dichte	2,3 g/cm^3
Schmelztemperatur	ca. 3700 °C
Verwendung: zur Herstellung von Elektroden, Schmelzgefäßen, Bleistiftminen (zusammen mit Ton); als Schmiermittel	

B8 Aufbau von Graphit aus stockwerkartig angeordneten Schichten

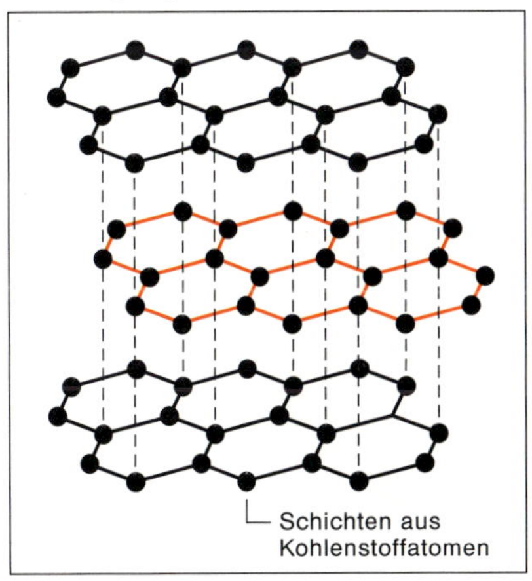

10.15 Das Wassermolekül – ein Dipol

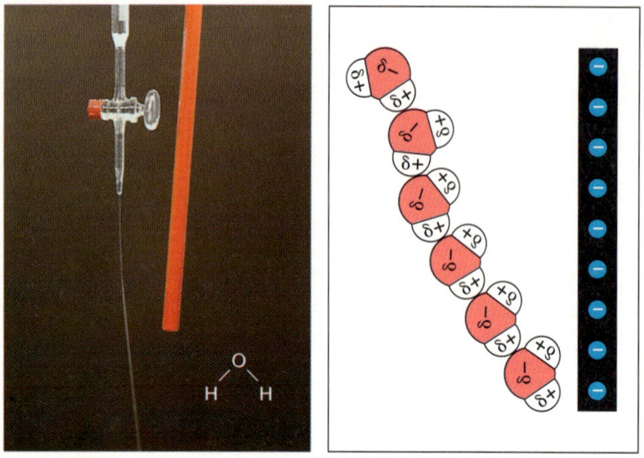

B 1 Ablenkung eines Wasserstrahls durch einen geladenen Stab im Experiment (links) und im Modell (rechts)

A 1 Warum ist das Wasserstoffmolekül kein Dipolmolekül?

A 2 In ▷ B 1 (rechts) ist die Ablenkung eines Wasserstrahls im Modell dargestellt. Dabei ist der Stab negativ aufgeladen. Ist der Stab jedoch positiv geladen, orientieren sich die Wassermoleküle so, daß die negative Ladung zum Stab zeigt. Es überwiegt wieder die Anziehungskraft. Zeichne und erkläre die Ablenkung des Wasserstrahls im Modell, wenn der Stab positiv aufgeladen ist.

A 3 Warum hat Wasser eine höhere Siedetemperatur als Kohlenstoffdioxid? In welchem Aggregatzustand liegen die beiden Stoffe bei Zimmertemperatur vor?

B 2 Das Wassermolekül, ein Dipol. Das negative Ende liegt am Sauerstoffatom, das positive zwischen den beiden Wasserstoffatomen

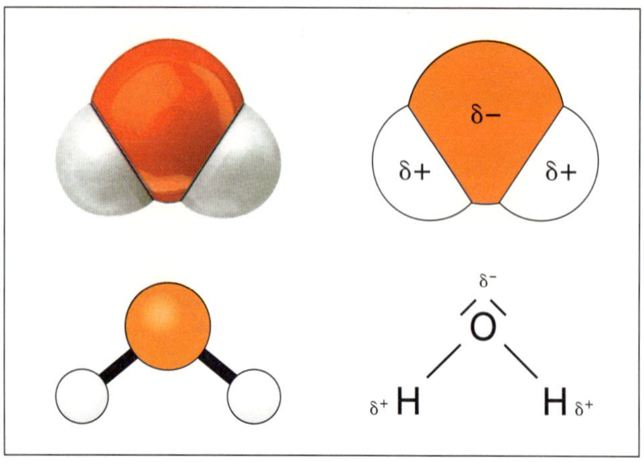

Wasser (H_2O) ist bei Zimmertemperatur flüssig, Kohlenstoffdioxid (CO_2) dagegen gasförmig. Dies deutet darauf hin, daß zwischen den Wassermolekülen stärkere Anziehungskräfte wirken als zwischen Kohlenstoffdioxidmolekülen. Einen Hinweis auf den besonderen Aufbau gibt ein Experiment. Ein Wasserstrahl wird durch einen elektrisch aufgeladenen Stab abgelenkt (▷ B 1 links). Daraus kann man schließen, daß im Wassermolekül positiv und negativ geladene Bereiche vorhanden sein müssen.

Die polare Atombindung. Im Wassermolekül ist das Sauerstoffatom über Atombindungen mit zwei Wasserstoffatomen verbunden. Die bindenden Elektronenpaare sind jedoch nicht gleichmäßig verteilt, sie werden vom Kern des Sauerstoffatoms viel stärker angezogen als von den kleinen Wasserstoffkernen. Dadurch besitzt das Sauerstoffatom einen Überschuß an negativer Ladung, die Wasserstoffatome dagegen sind schwach positiv geladen (▷ B 2). Diese Teilladungen werden im Molekül mit δ^+ und δ^- gekennzeichnet. Solche Moleküle nennt man **Dipolmoleküle** (Zweipolmoleküle). Die Bindung zwischen den unterschiedlichen Atomen bezeichnet man als polare Atombindung.

Wasserstoffbrücken. Die Siedetemperatur von Wasser ist im Vergleich zu Kohlenstoffdioxid unverhältnismäßig hoch. Es müssen zwischen den Wassermolekülen starke Anziehungskräfte herrschen. Zwischen der positiven Teilladung des Wasserstoffatoms eines Moleküls und der negativen Teilladung des Sauerstoffatoms eines anderen Moleküls besteht eine Anziehungskraft. Diese zwischenmolekularen Kräfte nennt man **Wasserstoffbrücken** (▷ B 3). Sie bewirken, daß die Siedetemperatur von Wasser im Vergleich zu anderen Molekülverbindungen hoch ist.

B 3 Wasserstoffbrücken zwischen Wassermolekülen in Formel- und Modelldarstellung

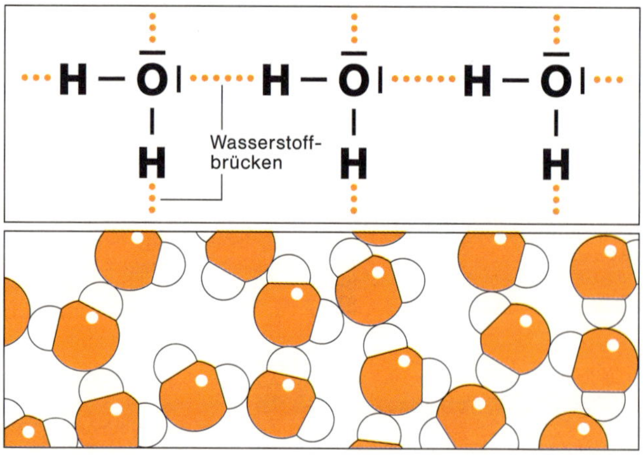

10.16 Eis

Im Winter gefriert Wasser in den Rissen des Straßenbelages. Das Eis nimmt aber ein größeres Volumen ein als das Wasser. Die Risse werden geweitet. Die Straße kann im Frühjahr Spalten und Löcher aufweisen. Worauf beruht die Volumenzunahme beim Übergang von Wasser zu Eis?

Das Molekülgitter von Eis. Eis- und Schneekristalle bilden regelmäßige sechseckige Muster (▷ B 1). Dies ist ein Hinweis auf die regelmäßige Anordnung der Wassermoleküle. Im Gitter von Eis ist jedes Sauerstoffatom von vier Wasserstoffatomen umgeben. Zu zwei Wasserstoffatomen führt je eine Wasserstoffbrücke. Diese Anordnung ergibt ein weitmaschiges Gitter mit durchgängigen Hohlräumen von sechseckigem Querschnitt (▷ B 4). Wegen dieser weiträumigen Anordnung der Moleküle besitzen z. B. 100 Gramm Eis ein größeres Volumen als 100 Gramm Wasser. Eis hat deshalb eine kleinere Dichte als Wasser von 0 °C und schwimmt (▷ B 2). Im Gegensatz dazu haben die meisten Stoffe im festen Zustand eine größere Dichte als im flüssigen.

Schmilzt Eis, bricht das Gitter zusammen. Die Moleküle können enger zusammenrücken. Die Hohlräume werden kleiner. Es bilden sich Gruppen von Molekülen, die durch Wasserstoffbrücken zusammenhalten. Mit steigender Temperatur werden die Bruchstücke immer kleiner, die Moleküle können noch enger zusammenrücken. Dadurch nimmt das Volumen des Wassers bis 4 °C ab und die Dichte zu. Bei weiterer Temperaturerhöhung vergrößern sich die Abstände zwischen den Molekülen, Wasser dehnt sich wie die meisten Flüssigkeiten aus. Die Dichte nimmt dann wieder ab. Da kälteres Wasser eine geringere Dichte hat als Wasser von 4 °C, gefrieren Gewässer von der Oberfläche her zu (▷ B 3).

B 3 Wasser hat bei +4 °C seine größte Dichte, da das Volumen bei dieser Temperatur am geringsten ist. Das Wasser mit der größten Dichte ist am Grund eines Teiches

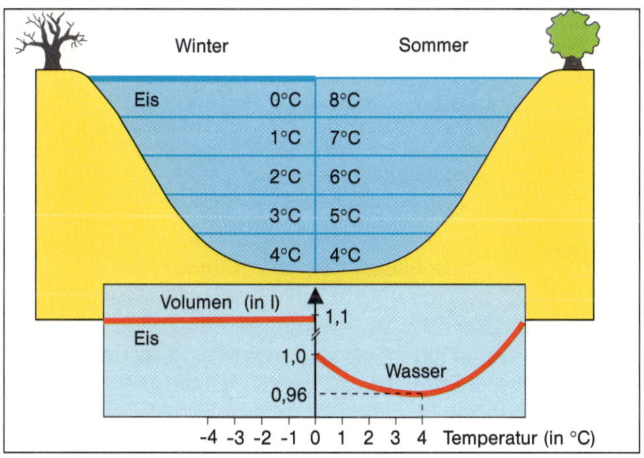

B 1 Ein Eiskristall hat einen sechseckigen Querschnitt

B 2 Eisberg. Ein Zwölftel davon ragt aus dem Wasser

A 1 Warum nimmt die Dichte des Wassers von 0 °C bis +4 °C zu?

A 2 In einem ruhigen See beträgt die Wassertemperatur am Grund im Sommer wie im Winter +4 °C. Begründe, warum sich wärmeres oder kälteres Wasser sowie Eis immer darüber befinden. Welche Bedeutung hat letzteres für die Überwinterung der Wassertiere?

A 3 Eine Flasche mit Limonade wurde in das Eisfach eines Kühlschranks gelegt. Als sie nach längerer Zeit herausgeholt werden sollte, war sie geplatzt. Erkläre.

A 4 Warum muß man Wasserleitungen, die einfrieren können, im Winter entleeren?

B 4 Molekülgitter von Eis. Durch die Anordnung der Wassermoleküle entstehen große Hohlräume

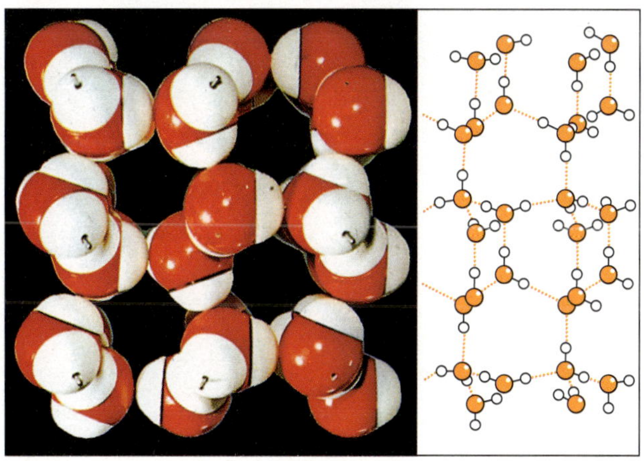

10.17 Wasser als Lösungsmittel für Salze

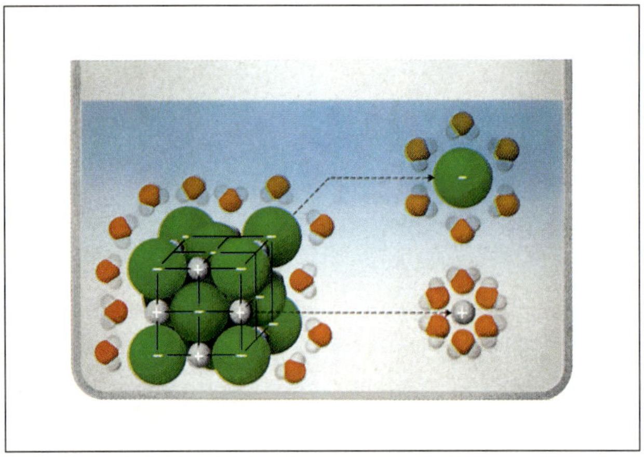

B 1 Zerteilung eines Ionengitters durch Wassermoleküle. Die Ionen werden von Dipolmolekülen umhüllt

V 1 Fülle in je ein Reagenzglas etwa 0,5 cm hoch a) Calciumchlorid, b) Kaliumchlorid c) Natriumchlorid. Gib in jedes Reagenzglas etwa 3 cm hoch Wasser, dessen Temperatur zuvor bestimmt wurde. Schüttle und bestimme die Temperaturänderung.

V 2 a) Tränke zwei Streifen Filterpapier mit Cobaltchloridlösung. Lege diese bei 40 °C in den Trockenschrank. Gib auf einen getrockneten Streifen einen Tropfen Wasser. Laß den zweiten Streifen einige Zeit liegen.
b) Nimm als „Tinte" verdünnte Cobaltchloridlösung und schreibe mit einer Feder auf rosafarbenem Papier. Trockne es anschließend mit einem Fön. Besprühe das Papier nach dem Abkühlen mit einem Wasserzerstäuber.

B 2 Volkstümlicher Wetteranzeiger. Der Farbwechsel beruht auf der Aufnahme und Abgabe von Kristallwasser

Im Ionengitter eines Salzes ziehen sich die entgegengesetzt geladenen Ionen stark an, trotzdem lösen sich viele Salze gut in Wasser.

Der Lösungsvorgang. Da Wassermoleküle Dipole sind, werden sie von den Ionen des Salzes angezogen und lagern sich an der Oberfläche des Ionengitters an (▷ B 1). Dadurch lockert sich an diesen Stellen der Ionenverband. Einzelne Ionen lösen sich aus dem Gitter, dabei werden sie vollständig von Wassermolekülen umhüllt. Dieser Vorgang kann sich bis zum völligen Abbau des Gitters wiederholen. In der Lösung besitzen alle Ionen eine *Hülle* von *Wassermolekülen*, die **Hydrathülle**.

Die Bildung einer Hydrathülle nennt man **Hydratation**. Die Hydrathüllen der negativen und positiven Ionen verhindern, daß sich die Ionen einander soweit nähern können, daß die Anziehungskräfte wieder wirksam werden.

Hydratation und Gitterkräfte. Löst man Salze in Wasser, so beobachtet man häufig eine Temperaturänderung. Bei der Bildung der Hydrathülle wird Energie frei. Zum Herauslösen der Ionen aus dem Gitter muß dagegen Energie aufgewendet werden. Wird beim Lösen eines Salzes mehr Energie frei, als zum Abbau des Gitters benötigt wird, erwärmt sich die Lösung (▷ V 1a). Ist dagegen zum Herauslösen der Ionen mehr Energie nötig, als bei der Hydratation frei wird, wird dem Lösungsmittel Wärme entzogen, die Lösung kühlt sich ab (▷ V 1b). Nur wenn die Energieaufnahme etwa gleich groß ist wie die Energieabgabe, bemerkt man beim Lösen des Salzes kaum eine Temperaturänderung (▷ V 1c), da die Energiebilanz insgesamt ausgeglichen ist.

Salzhydrate. Bei vielen Salzen sind die Anziehungskräfte zwischen den Ionen und den Wassermolekülen ihrer Hydrathüllen so stark, daß beim Verdampfen oder Verdunsten des Lösungsmittels die Ionen ihre Hydrathülle behalten. Es kristallisiert ein Salz aus, das *hydratisierte Ionen als Gitterbausteine* enthält. Das im Kristall gebundene Wasser nennt man **Hydratwasser** oder **Kristallwasser**. In der Formel eines solchen Salzes werden die gebundenen Wassermoleküle ebenfalls angegeben, z. B.

Kupferchlorid-Hydrat	$CuCl_2 \cdot 2\,H_2O$	(lies: $CuCl_2$ mit 2 H_2O)
Calciumchlorid-Hydrat	$CaCl_2 \cdot 6\,H_2O$	
Cobaltchlorid-Hydrat	$CoCl_2 \cdot 6\,H_2O$	

Salze, die Hydrate bilden können, nehmen meist Wasser aus der Luft auf, sie sind **hygroskopisch**. Dabei werden Wassermoleküle in das Ionengitter eingebaut. Calciumchlorid wird deshalb als *Trockenmittel* eingesetzt. Wasserfreies Cobaltchlorid ist blaßblau, Cobaltchlorid-Hydrat dagegen rot. Der Farbwechsel wird beim Wassernachweis (▷ V 2) und bei Wetteranzeigern (▷ B 2) genutzt.

10.18 Metallbindung

Metalle sind leicht verformbar und gute Wärmeleiter. Sie glänzen an glatter Oberfläche und zeigen eine gute Leitfähigkeit für elektrischen Strom. Wegen ihrer hohen Festigkeit und gleichzeitig guten Verformbarkeit sind sie als Werkstoffe weit verbreitet. Man kann sie zu dünnen Folien walzen, in Formen schmieden oder zu Drähten ausziehen. Die typischen Metalleigenschaften lassen sich auf die Bindung zwischen den Metallatomen zurückführen.

Aufbau der Metalle. In Metallen sind die Atome regelmäßig angeordnet, ähnlich wie bei einem Ionengitter der Salze. Man spricht daher von einem **Metallgitter** (▷ B 2). Da die Metallatome eines Elements gleich groß sind, können sie sich meist viel dichter zusammenlagern als die verschieden großen Ionen in einem Ionengitter.

Die Anzahl der Außenelektronen ist bei Metallatomen meist gering. Diese Elektronen bleiben nicht im Anziehungsbereich eines Kerns, sondern können sich im ganzen Metallgitter bewegen, ähnlich wie die Teilchen eines Gases. Die Gitterplätze werden von den positiv geladenen Atomrümpfen der Metallatome besetzt. Das "Elektronengas" aus den frei beweglichen Elektronen hält die positiv geladenen Atomrümpfe zusammen.

Metalleigenschaften und Metallgitter. Durch äußeren Druck können die Schichten eines Metallgitters gegeneinander verschoben werden, ohne daß das Gitter bricht. Wird ein Metall bearbeitet oder verformt, geht der Zusammenhalt im Gitter nicht verloren (▷ B 3). Die im Gitter leicht verschiebbaren Elektronen sind die Ursache für die elektrische Leitfähigkeit der Metalle. Beim Anlegen einer elektrischen Spannung können Elektronen durch ein Metallstück fließen (▷ B 4).

B 1 Metallbruchfläche

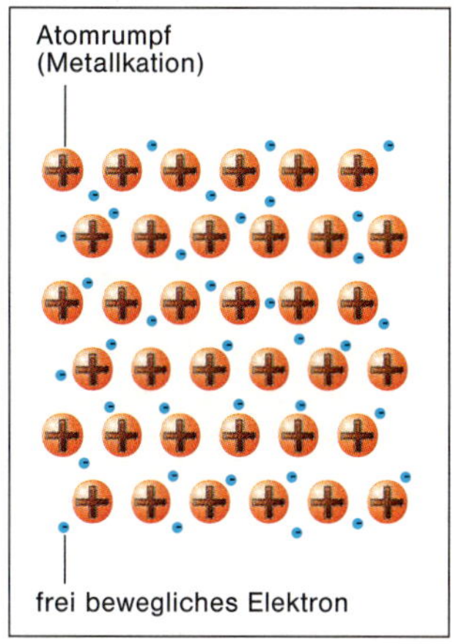

B 2 Modell eines Metallgitters

A 1 In welchen Hauptgruppen des Periodensystems sind Metalle zu finden? Gib jeweils die Anzahl ihrer Außenelektronen an.

A 2 Metalle lassen sich leicht verformen, Salzkristalle dagegen zerspringen unter Druck. Worauf ist dieses unterschiedliche Verhalten zurückzuführen?

A 3 Vergleiche den Aufbau der Metalle mit dem der Salze und gib jeweils die Eigenschaften der Stoffe an.

A 4 Metalle sind in festem Zustand und in der Schmelze elektrisch leitfähig. Wie ist dies zu erklären? Salzkristalle sind Nichtleiter im Gegensatz zu Salzschmelzen und Salzlösungen. Begründe!

B 3 Bei der Verformung eines Metallstücks paßt sich das Elektronengas an und hält die Atomrümpfe zusammen

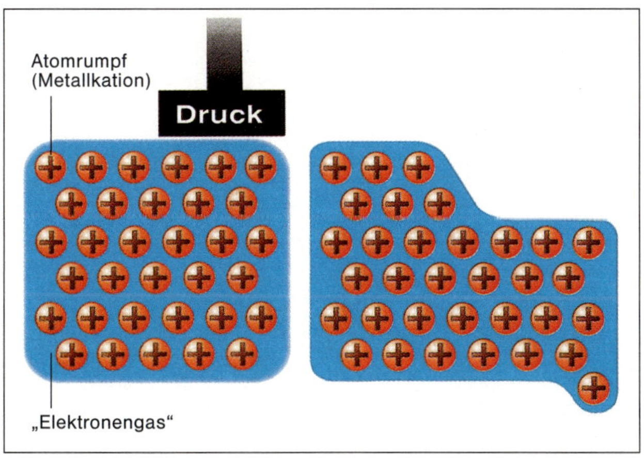

B 4 Die gute elektrische Leitfähigkeit der Metalle beruht auf den frei beweglichen Elektronen des Elektronengases

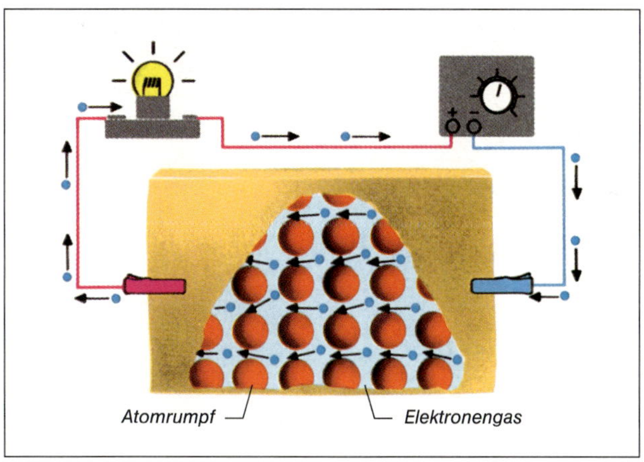

10.19 Anwendung und Vertiefung

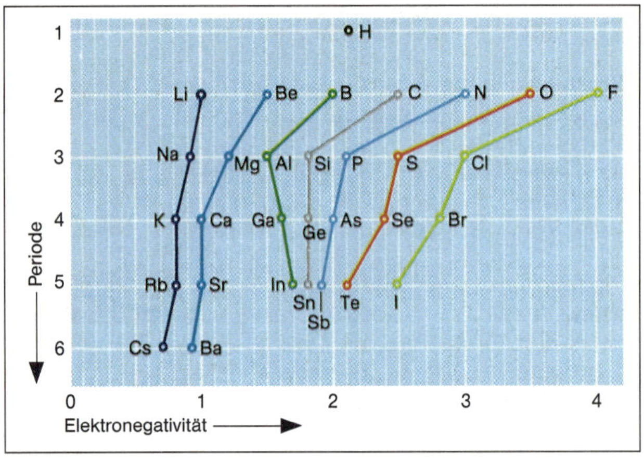

B 1 Zu Aufgabe 1

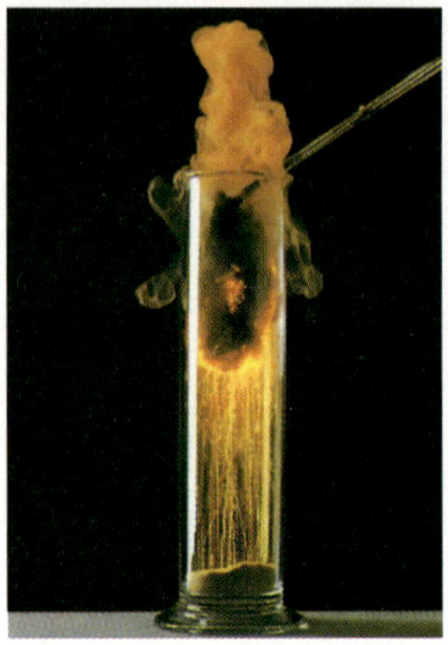

B 2 Zu Aufgabe 2

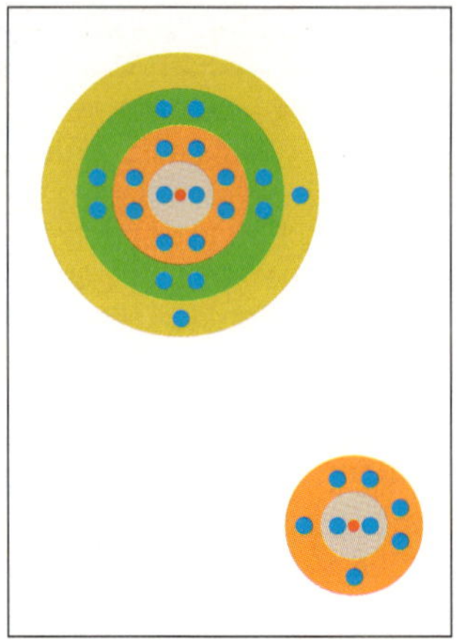

B 3 Zu Aufgabe 3

1 Elektronegativität. Die meisten Moleküle sind aus verschiedenartigen Atomen zusammengesetzt. Um die Fähigkeit eines Atoms, Bindungselektronen anziehen zu können, mit anderen Atomen vergleichen zu können, hat man die **Elektronegativität** (kurz: **EN**) eingeführt. Sie wird durch eine Zahl angegeben.

Da von allen Atomen das Fluoratom die Elektronen einer Elektronenpaarbindung am stärksten anzuziehen vermag, wurde ihm der größte Elektronegativitätswert 4 zugeordnet (▷ B 1). Sind zwei verschiedene Atome miteinander verbunden, so besitzt das Atom mit der größeren Elektronegativität die negative Teilladung.

a) Welche Aussagen lassen sich aus einem Vergleich der Elektronegativitätswerte der Atome einer Gruppe bzw. einer Periode machen? Informationen dazu findest du in ▷ B 1.

b) Welches Atom weist im Chlorwasserstoffmolekül (HCl) die negative Teilladung auf?

c) Warum ist das Sauerstoffmolekül kein Dipolmolekül?

d) Warum hat Wasser eine höhere Siedetemperatur als Chlor?

2 Eisenwolle reagiert mit Chlor (▷ B 2). Benenne das Reaktionsprodukt und die zugehörige Stoffgruppe.

3 Bei der Oxidation von Calcium entsteht Calciumoxid, eine Ionenverbindung. Erläutere die Ionenbildung mit dem Schalenmodell (▷ B 3).

4 Flußspat findet man in der Natur in Form schöner Kristalle (▷ B 4). Flußspat ist ein Salz mit der Bezeichnung Calciumfluorid. Aus welchen Ionen ist dieses Salz aufgebaut? Zeichne und begründe.

B 4 Zu Aufgabe 4

5 Im Jahre 1985 wurden Stoffe mit kugelförmigen Kohlenstoffmolekülen entdeckt, die (nach dem amerikanischen Architekten RICHARD BUCKMINSTER-FULLER) Buckminster-Fullerene oder kurz **Fullerene** genannt werden. Eines ist ein Molekül mit 60 Kohlenstoffatomen, die wie bei einem Fußball regelmäßig in Fünf- und Sechsecken über die Oberfläche einer Kugel verteilt sind (▷ B 5).

Die Fullerene sind eine dritte Modifikation des Elements Kohlenstoff. Benenne Modifikationen des Kohlenstoffs und beschreibe ihren Aufbau.

B 5 Zu Aufgabe 5

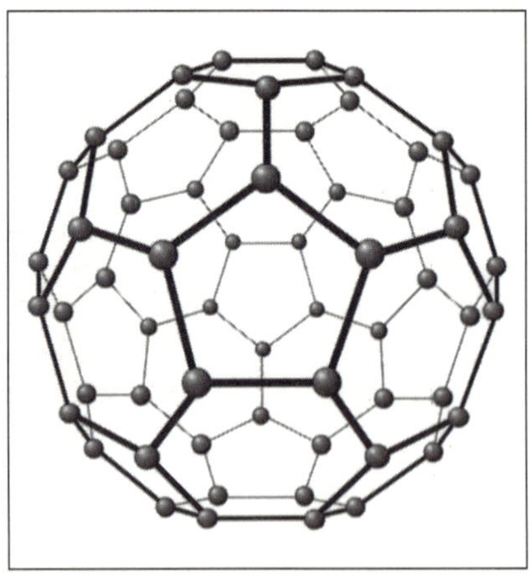

Chemie und elektrischer Strom

Heute ist es selbstverständlich geworden, Taschenlampen, Walkmen, Quarzuhren oder Kameras zu verwenden, zu deren Betrieb eine ortsunabhängige elektrische Energieversorgung erforderlich ist. Batterien und Akkus dienen als Energielieferanten. Die Stromerzeugung beruht auf chemischen Reaktionen.

Umgekehrt kann der elektrische Gleichstrom auch dazu eingesetzt werden, um chemische Vorgänge zu bewirken. Dies haben wir bereits bei der Zerlegung von Wasser erfahren.

Wir werden in diesem Kapitel Vorgänge betrachten, bei denen der elektrische Strom zur Gewinnung von Elementen verwendet wird. Außerdem erfahren wir, wie man Metallüberzüge herstellen und wie man auf einfache Weise elektrischen Strom erzeugen kann. Besonders wichtig ist aber in diesem Zusammenhang auch, was mit Batterien und Akkus geschieht, wenn sie „verbraucht" sind. Kann man sie wiederverwenden, kann man sie recyceln?

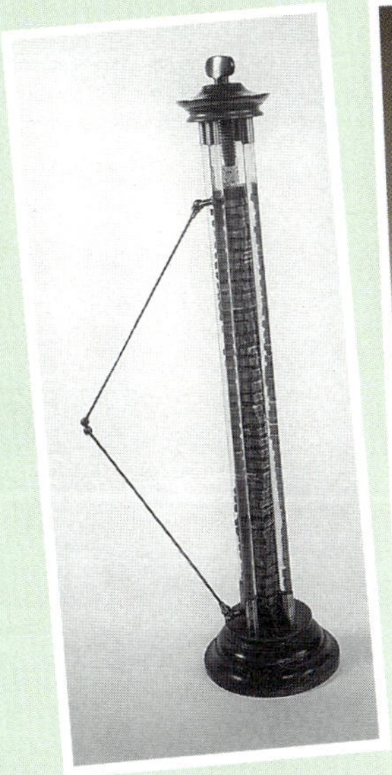

11.1 Batterien und Akkus – Wir diskutieren Fragen aus Alltag und Umwelt

1 Rund um die Batterie

Im Bild sind Batterien unterschiedlicher Größe zusammengestellt.

a) Schreibe dir auf, welche Spannungswerte auf den einzelnen Batterien aufgedruckt sind.

b) Finde für jeden abgebildeten Batterietyp einen Verwendungsbereich, ein passendes Gerät aus dem Alltag.

c) Für ein Taschenradio benötigst du meistens vier Mignon- oder Babyzellen. Sieh nach, wie du sie einsetzen mußt und frage nach dem Zweck der Anordnung.

d) Auf einigen Batterien stehen Angaben zu Inhaltsstoffen, die häufig auch in der Bezeichnung der Batterie auftreten. Notiere dir einige Inhaltsstoffe.

2 Rund um den Auto-Akku

In manchen Großstädten verkehren im öffentlichen Nahverkehr sogenannte DUO-Busse. Neben der Energieversorgung über Stromabnahme können diese Omnibusse auch durch Akkus angetrieben werden.

a) Finde heraus, warum ein Akku besonders schwer ist und fast der ganze Raum unter den Fahrgastsitzen mit Akkus ausgestattet werden muß.

b) Welche Möglichkeit des „Tankens" gibt es für DUO-Busse?

c) Im Bild oben ist ein mit Akkus ausgestattetes Fahrzeug zu sehen. Warum ist es anders gebaut als benzinbetriebene Autos und warum sind solche Fahrzeuge ausschließlich in der Nähe von Städten einsetzbar?

3 Rund um das Solarmobil

In Fahrzeugen wie den Solar-Mobilen wird die Energie der Sonne genutzt. Es erfolgt eine Umwandlung von Strahlungsenergie in elektrische Energie.

a) Solarstrommobile werden aus Werkstoffen mit geringer Dichte hergestellt. Finde dafür eine Begründung.

b) Das abgebildete Raumfahrzeug besitzt Sonnenpaddel. Warum reicht die Paddelfläche nicht zum Antrieb?

4 Rund um die Entsorgung von Batterien und Akkus

Batterien und Akkus müssen wie Wertstoffe gesammelt werden und dürfen nicht in den Hausmüll gelangen.

a) Warum dürfen Batterien nicht einfach in den Müll geworfen werden? Nenne Sammelstellen an deinem Heimatort.

b) Auto-Akkus werden bis zu 98 % wiederverwertet. Welche Vorteile hat das Recycling deiner Meinung nach?

11.2 Praktikum: Wir verkupfern und vergolden Gegenstände

Metallüberzüge können Gebrauchsgegenstände gegen Umwelteinflüsse schützen. Sie verleihen den Gegenständen häufig auch ein schönes Aussehen. Ein Eisennagel, der in eine Kupfersalzlösung getaucht wird, erhält einen Überzug aus Kupfer, der sich aber leicht abwischen läßt. Haltbare und glänzende Überzüge kann man bekommen, wenn man einer Kupfersalzlösung beim Verkupfern weitere Stoffe zusetzt und mit Gleichstrom Kupferionen auf dem Gegenstand abscheidet.

Geräte/Materialien
Schutzbrille, 2 Experimentierkabel, Gleichspannungsquelle (ca. 4 V), Glasstab, 2 Bechergläser (250 ml), 3 Bechergläser (100 ml), Kupferblechstreifen, Edelstahlblechstreifen, alter Schlüssel, Münze, Waage, Pinzette, Stativ, 2 Doppelmuffen, 2 Universalklemmen, 2 Krokodilklemmen, Spatel, Meßzylinder, Kupferdraht (ø 0,5 mm), Edelstahldraht, Schmirgelpapier, Woll- oder Papierhandtuch

Chemikalien
Kupfersulfat, Goldsalzlösung (ungiftig), verdünnte Salzsäure, verdünnte Schwefelsäure, Propanon (Aceton), dest. Wasser, Ethanol (Brennspiritus), konz. Salzsäure (verwendet nur die Lehrerin / der Lehrer!)

Versuchsanleitungen

Versuch 1 Verkupfern eines Schlüssels

1. Reinige den Schlüssel, den du verkupfern willst, indem du ihn kurz in verdünnte Salzsäure tauchst. (Sollte der Schlüssel stark verschmutzt sein, muß er zuerst geschmirgelt werden. Dein Lehrer hält ihn dann in konzentrierte Salzsäure.) Fasse den Schlüssel mit der Pinzette, tauche ihn in dest. Wasser und schwenke ihn in Propanon, um eventuell anhaftende Fettreste zu entfernen.

2. Löse 25 g Kupfersulfat und 10 ml Ethanol in 200 ml verdünnter Schwefelsäure in einem großen Becherglas.

3. Tauche in die Lösung einen Kupferblechstreifen und verbinde diesen mit dem Pluspol einer Gleichspannungsquelle.

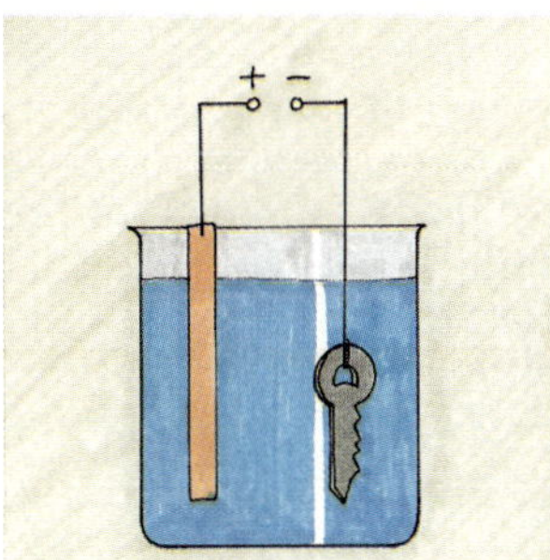

4. Befestige den Schlüssel an einem Kupferdraht und hänge ihn auch in die Kupfersalzlösung. Verbinde den Kupferdraht mit dem Minuspol (Skizze).

5. Lege eine Gleichspannung von ca. 4 V an und lasse den Strom einige Minuten fließen. Hinweis: Die Gasentwicklung, besonders am Schlüssel, stört die Verkupferung nicht.

6. Schalte ab, nimm den Schlüssel aus der Lösung und spüle ihn gründlich mit dest. Wasser ab. Trockne ihn anschließend und poliere seine Oberfläche mit einem Wolltuch oder einem Papierhandtuch.

Versuch 2 Vergolden einer Münze

In diesem Versuch kannst du mit einer Goldsalzlösung eine Münze vergolden. Beim ersten Versuch hast du erfahren, daß die Oberfläche des Überzugs besonders schön wird, wenn du den Untergrund sehr sorgfältig vorbereitest. Unebenheiten bleiben auch nach der Veredelung der Oberfläche noch sichtbar.

1. Fülle die Goldsalzlösung in ein großes Becherglas, hänge die Münze an einem Kupferdraht in die Lösung und tauche einen Edelstahlblechstreifen in das Glas. Verbinde das freie Ende des Kupferdrahtes mit dem Minuspol und das des Edelstahlbleches mit dem Pluspol einer Gleichspannungsquelle (siehe Skizze).

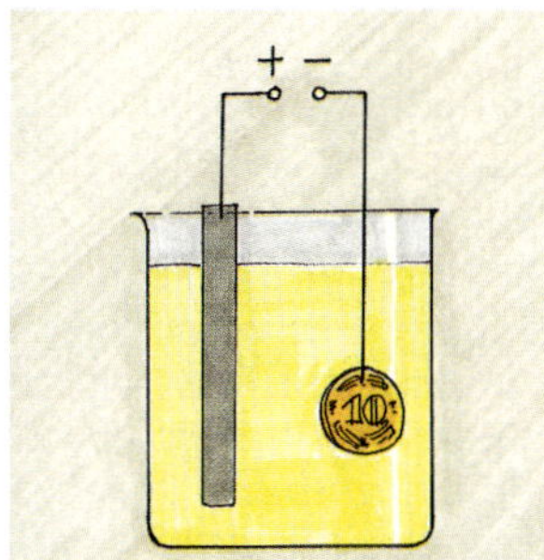

2. Lege eine Gleichspannung von ca. 4 V an und lasse den Strom kurze Zeit fließen. Bereits nach einer halben Minute kannst du eine deutliche Veränderung der Münzoberfläche erkennen.

3. Nach dem Abschalten kannst du wie beim ersten Versuch verfahren. (Die Goldsalzlösung bewahrt deine Lehrerin / dein Lehrer auf!)

11.3 Elektrische Energie aus Batterien

B 1 Elektrische Energie aus einem „Apfelkraftwerk“

V 1 Stecke ein schmales Kupferblech und einen gleichgroßen Zinkblechstreifen in einen Apfel (oder eine Kartoffel, Zitrone). Verbinde beide Metalle über ein Stromstärkemeßgerät. Wiederhole den Versuch mit einem Eisenblechstreifen und einem Silberblech. Anschließend kannst du weitere Metallpaare (z. B. Kupfer und Eisen, Eisen und Zink, Kupfer und Silber) durchprüfen und die entsprechenden Meßwerte in einer Tabelle festhalten.

V 2 Hänge einen blanken, entfetteten Eisennagel in eine Kupfersulfatlösung und ein Kupferblech in eine Silbernitratlösung.
Deute die Beobachtungen, die du nach kurzer Zeit gemacht hast.

B 2 Eisennagel, in Kupfersulfatlösung

B 3 Kupferblech, in Silbernitratlösung

Steckt man je einen schmalen Streifen eines Kupfer- und eines Zinkbleches in einen Apfel und verbindet beide Metalle leitend mit einem Stromstärkemeßgerät, kann man eine Stromstärke messen (▷ V 1). Bei der in B 1 abgebildeten Apfeluhr entsteht zwischen den beiden Metallen und der sauren Flüssigkeit des Apfels ein kleiner Strom, der ausreicht, die Uhr oder einen kleinen Motor anzutreiben.
Die beiden Metalle und die saure Flüssigkeit des Apfels bilden zusammen eine Gleichspannungsquelle. Dabei fließen Elektronen von einem Metallstreifen über den „Verbraucher“ zum anderen Metall. Über weitere Versuche kann man herausfinden, welches der beiden Metalle Elektronen liefert.

Elektronenübergänge. Taucht man einen Eisennagel in eine Kupfersulfatlösung (▷ V 2, ▷ B 2), überzieht sich der Nagel mit einer dünnen Kupferschicht. Auf einem Kupferblech, das man in eine Silbernitratlösung stellt (▷ V 2, ▷ B 3), bildet sich eine Schicht feinverteilten Silbers. Die richtige Wahl von Metall und Salzlösung beweist, daß zwischen den Ionen der Salzlösung und dem Metall, das in die Lösung taucht, ein Vorgang abläuft, an dem *Elektronen* beteiligt sind.
Befindet sich Eisen in einer Lösung mit Kupferionen, nehmen die Kupferionen Elektronen auf und werden zu Kupferatomen. Die erforderlichen Elektronen werden hier nicht von einer Gleichspannungsquelle geliefert. Sie stammen vom unedleren Metall Eisen, dessen Eisenatome als Eisenionen in Lösung gehen. Die dabei freiwerdenden Elektronen werden an die Kupferionen der Lösung abgegeben.

$$Fe \longrightarrow Fe^{2+} + 2\,e^-$$
$$Cu^{2+} + 2\,e^- \longrightarrow Cu$$

In einer Silbersalzlösung geben Kupfer*atome* Elektronen ab, die von Silber*ionen* der Lösung aufgenommen werden. Es entstehen Silber*atome* und Kupfer*ionen*.

$$Cu \longrightarrow Cu^{2+} + 2\,e^-$$
$$2\,Ag^+ + 2\,e^- \longrightarrow 2\,Ag$$

Das *unedlere* Metall geht in Lösung, das *edlere* Metall wird abgeschieden. Zwischen den *Atomen* und den *Ionen* fand ein **Elektronenübergang** statt, von den *Atomen* des *unedleren* Metalls zu den *Ionen* des *edleren* Metalls.
Taucht man dagegen ein Silberblech in eine Kupfersulfatlösung, das edlere Metall in eine Lösung mit den Ionen des unedleren Metalls, so zeigt sich keine Veränderung.
Die bisher verwendeten Metalle und Salzlösungen lassen eine Reihenfolge erkennen, in der die Bereitschaft zur Elektronenabgabe abnimmt:

Eisen ——— Kupfer ——— Silber ⟶

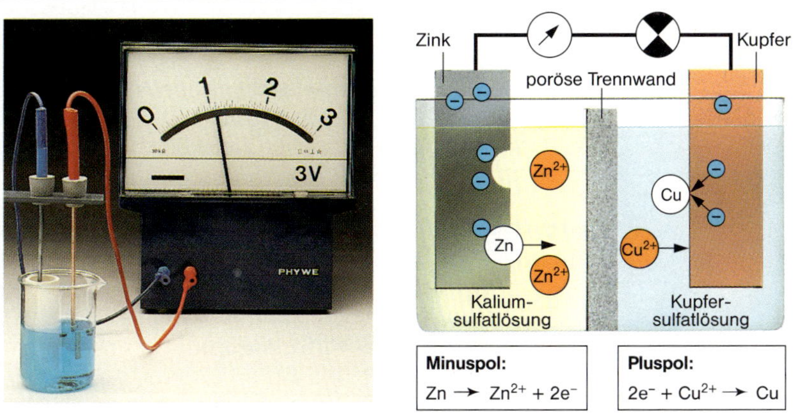

B 4 Stromfluß durch Elektronenübergang. Zinkatome geben Elektronen ab, Kupferionen nehmen Elektronen auf

Ein Zinkblech taucht in eine Kaliumsulfatlösung (▷ B 4). In dieser Lösung steht ein Tonzylinder, gefüllt mit einer Kupfersulfatlösung, in der ein Kupferblech ist. Die beiden Metalle sind über ein Spannungsmeßgerät (oder einen kleinen Motor) miteinander verbunden. Eine Spannung von ca. 1 Volt wird gemessen. Ein kleiner Motor dreht sich, also muß Strom fließen.

Galvanische Zelle. Zink, das *unedlere* Metall, bildet Ionen, und dabei werden *Elektronen frei*. Das Zinkblech hat *Elektronenüberschuß* und bildet den **Minuspol**. Die Kupferionen in der Lösung werden am Kupferblech durch *Elektronenaufnahme* zu Kupferatomen. Das Kupferblech hat *Elektronenmangel*, es bildet den **Pluspol**. Das Zinkblech nimmt ab, es *geht in Lösung*. Kupfer lagert sich auf dem Kupferblech ab. Die Salzlösungen enthalten Ionen, sie leiten den elektrischen Strom. Man nennt diese Lösungen *Elektrolytlösungen*, kurz: **Elektrolyt**.

Der Versuchsaufbau stellt eine *Gleichspannungsquelle* dar, die den Elektronen im Verbindungsdraht den *Antrieb* gibt. Der Stromfluß vom Zinkblech zum Kupferblech kann durch ein Stromstärkemeßgerät nachgewiesen oder zum Betrieb eines kleinen Motors verwendet werden. Im Versuch sorgt die Tonzelle dafür, daß zwischen der Kupfersulfatlösung und der Lösung um das Zinkblech ein Ladungsausgleich zwischen positiv und negativ geladenen Ionen stattfinden kann.
Eine solche Anordnung, bei der eine elektrische Gleichspannung erzeugt wird, nennt man **galvanische Zelle**. Galvanische Zellen werden in Alltag und Technik in Form von *Batterien* vielfältig genutzt.

Halbzellen. Von der Wahl der beiden Metalle hängt es ab, welche Spannung zwischen beiden Metallen gemessen werden kann. Dies kann in einer Versuchsreihe mit *Vertikal-Halbzellen* (▷ B 5) untersucht werden. Kombiniert man nacheinander *verschiedene* Metall*paare* miteinander und mißt jeweils die Spannung, erhält man unterschiedliche Werte. Dabei ergibt sich eine vergleichsweise höhere Spannung, wenn ein Zink- und ein Silberblech die Pole der Gleichspannungsquelle bilden. Im Vergleich zu Silber ist Zink sehr *unedel* und hat daher ein hohes Bestreben zur *Elektronenabgabe*. In der *Reihenfolge der Metalle* müßte es demnach vor Eisen und Kupfer eingeordnet werden.

V 3 Stelle eine Tonzelle mit Kupfersulfatlösung in ein Becherglas mit Kaliumsulfatlösung. Tauche ein Zinkblech in die Kaliumsulfatlösung und einen Kupferblechstreifen in die Kupfersulfatlösung. Verbinde die Metallbleche mit einem Spannungsmeßgerät oder einem empfindlichen Niedervoltmotor.

V 4 Bringe zwei Vertikal-Halbzellen, mit einem Reagenzglasgestell gehaltert, in eine Kaliumnitratlösung in einer flachen Wanne. Fülle die eine Halbzelle mit einer Zinksulfatlösung, die andere mit Kupfersulfatlösung, und bringe ein Zink- bzw. Kupferblech in die entsprechende Salzlösung. Verbinde beide Metalle mit einem Spannungsmeßgerät. Notiere den Meßwert in einer Tabelle. Wiederhole den Versuch mit einem Silberblech in Silbersalzlösung (Bleiblech in Bleisalzlösung) und miß jeweils die Spannung mit Zink bzw. mit Kupfer. Trage die Meßwerte in deine Tabelle ein.

A 1 Ordne die Werte der Tabelle aus ▷ V 4 so, daß du eine Spannungsreihe erhältst.
Was kannst du aus der Stellung der Metalle in der Spannungsreihe ablesen?

B 5 Vertikal-Halbzellen bilden galvanische Elemente

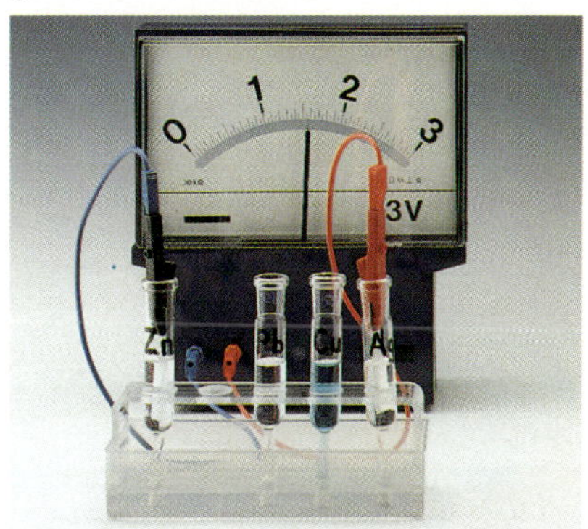

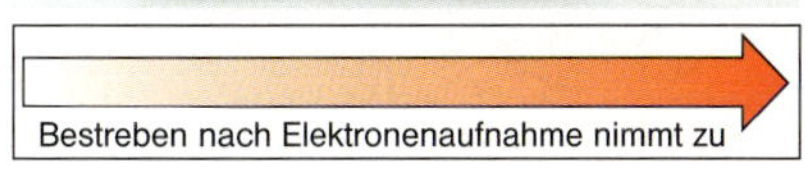

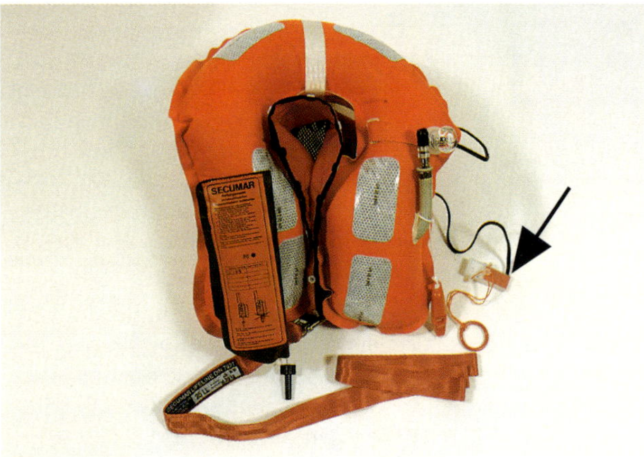

B 6 Schwimmweste mit Seenotbatterie

In handelsüblichen Batterien wird häufig *Zink* als *Minuspol* verwendet, jedoch mit unterschiedlichen Reaktionspartnern.

Batterietypen. Als *Taschenlampenbatterie* bekannt und gebräuchlich ist die *Zink-Kohle-Batterie* (▷ V 5, ▷ B 7). Beim Zerlegen der Batterie findet man einen Zinkbecher, der den Minuspol bildet. Ein Kohlestift, der den Pluspol bildet, steckt in einem Braunstein-Ruß-Gemisch. Damit der Stromkreis geschlossen ist, muß ein Elektrolyt verwendet werden. Bei Stromentnahme geht das Zink in Lösung, der Zinkbecher nimmt ab. Bei geschlossenem Stromkreis leitet der Kohlestift die Elektronen zu dem Braunstein-Ruß-Gemisch, so daß sie von Braunstein aufgenommen werden.

Wegen ihrer geringen Größe finden *Knopfzellen* z.B. in Quarzuhren (▷ B 8) oder Hörgeräten Verwendung. In der sehr verbreiteten *Zink-Quecksilberoxid*-Batterie (▷ B 9) wird aus Quecksilberoxid durch *Elektronenaufnahme* metallisches Quecksilber. Kalilauge dient als Elektrolyt. Weil Quecksilber ein starkes Umweltgift ist, müssen verbrauchte Quecksilberoxid-Batterien von der Industrie zurückgenommen und wiederverwertet werden. Der Vorteil dieser Batterie ist ihre konstante Spannung über eine lange Gebrauchszeit und ihre sehr lange Lebensdauer.
Als umweltfreundliche Alternative zur Quecksilberoxid-Batterie bietet sich die *Zink-Luft-Knopfzelle* (▷ V 6, ▷ B 9 unten) an. Bei dieser Batterie nimmt der Sauerstoff der Luft die Elektronen auf.

Alle bisher vorgestellten Batterien sind nach ihrer Entladung unbrauchbar. Da sie *umweltschädliche* Chemikalien enthalten, sollte ihr Verbrauch möglichst gering gehalten werden. Außerdem sollten verbrauchte Batterien einer *Wiederverwertung* zugeführt oder durch Verwendung von Akkus ersetzt werden.

V 5 Vermische 1 g Zinkchlorid, 1 g Ammoniumchlorid und 2 g Mangandioxid mit etwas Wasser und Sägemehl zu einem Brei. Stecke einen Kohlestab und ein Zinkblech in den Brei und miß die Spannung zwischen den beiden Elektroden.

V 6 Tauche ein Zinkblech und einen Kohlestab in ein Becherglas mit Kalilauge und miß die Spannung.

V 7 Zerlege eine verbrauchte Flachbatterie in ihre Teile, notiere alle Einzelteile und vergleiche mit ▷ B 7.

A 2 In ▷ V 5 hast du eine Spannung von etwa 1,5 Volt erhalten. Eine Flachbatterie stellt eine Spannung von 4,5 Volt zur Verfügung. Wie kannst du diese Spannung im Versuch herstellen?

B 7 Aufbau einer Zink-Kohle-Batterie

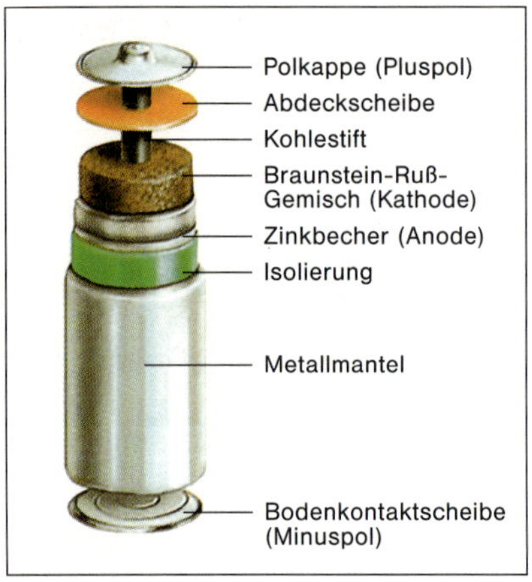

B 8 Knopfzelle in einer Quarzuhr

B 9 Aufbau von Knopfzellen

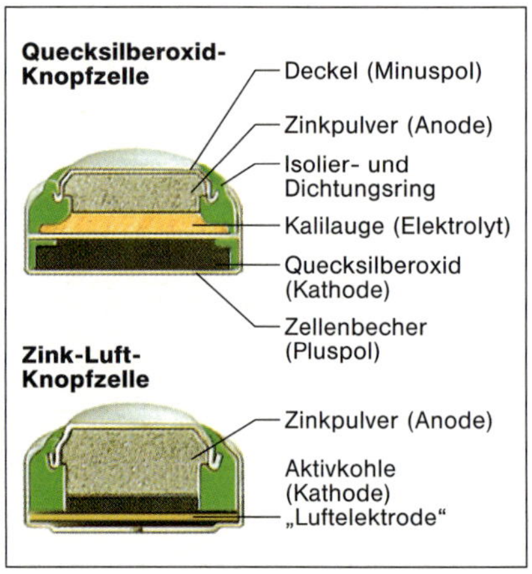

Akkumulatoren. Verwendet man spezielle Elektroden und Elektrolyte, lassen sich galvanische Zellen herstellen, die *wiederaufladbar* sind. Bei diesen verläuft während des *Ladevorgangs* der Strom genau entgegengesetzt zur *Entladung*. Diese wiederaufladbaren Batterien werden **Akkumulatoren** genannt. Der bekannteste Akku ist die Autobatterie, der *Blei-Akku*.

Funktion eines Bleiakkumulators. Die Elektroden des Bleiakkus bestehen aus einer größeren Anzahl von Bleiplatten und Blei(IV)-oxid-Platten. Diese sind eng nebeneinander angeordnet und verfügen über eine große Oberfläche (▷B 10). Schwefelsäure dient als Elektrolyt, in den die Platten eintauchen. Die zur Verfügung stehende Spannung beträgt etwa 2 Volt. In der Regel werden sechs Einzelelemente in Reihe geschaltet, so daß eine Autobatterie über eine Spannung von 12 Volt verfügt.
Bei der Strom*entnahme* laufen folgende Reaktionen ab:

Minuspol: $Pb \longrightarrow Pb^{2+} + 2\,e^-$
Pluspol: $Pb^{4+} + 2\,e^- \longrightarrow Pb^{2+}$

Beim *Laden* des Akkus werden die Vorgänge *umgekehrt*:

Minuspol: $Pb^{2+} + 2\,e^- \longrightarrow Pb$
Pluspol: $Pb^{2+} \longrightarrow Pb^{4+} + 2\,e^-$

Da die Vorgänge *umkehrbar* sind, können Akkus sehr viel länger verwendet werden und sind somit weniger umweltbelastend als Einwegbatterien.

Nickel-Cadmium-Akkumulatoren werden in den Größen handelsüblicher Batterien angeboten. Da sie bis zu 1 000 mal geladen werden können, haben sie eine hohe Nutzungsdauer und sind im Vergleich zu normalen Batterien wirtschaftlicher. Sie enthalten *giftige Schwermetalle* und müssen daher besonders entsorgt werden.

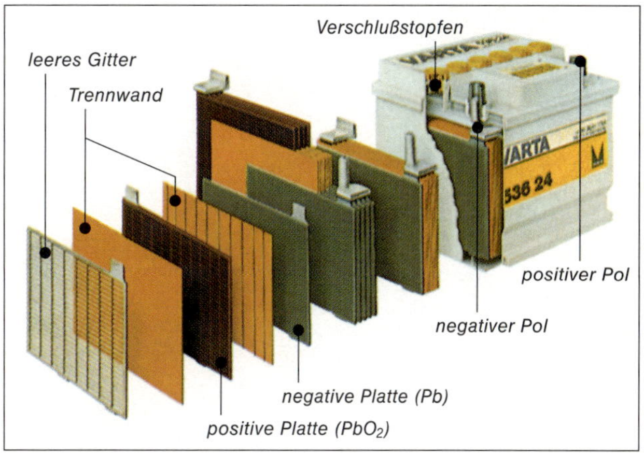

B 10 Aufbau eines Blei-Akkumulators. Die sechs galvanischen Zellen liefern in Reihe geschaltet eine Spannung von etwa 12 Volt

V 8 Man hängt zwei Bleibleche in etwa 20%ige Schwefelsäure in einen Glastrog und verbindet mit einer Gleichspannungsquelle. Die Spannung wird so eingestellt, daß an der Kathode eine schwache Gasentwicklung auftritt. Die Anode überzieht sich dabei mit einer braunen Blei(IV)-oxid-Schicht.
Nach einiger Zeit schaltet man die Spannung ab und verbindet beide Bleielektroden mit einem Spannungsmeßgerät oder einem Niedervoltmotor.
Lade- und Entladungsvorgang werden mehrmals wiederholt. (Vorsicht! Schutzbrille!)

A 3 Ein Blei-Akku kann in der Werkstatt geladen werden. Dabei müssen die Einfüllöffnungen offen sein. Finde dafür eine Begründung.

B 11 Gebräuchliche Batterie- und Akkutypen im Vergleich

Typ Spannung	Zink-Kohle 1,5 V	Zink-Luft 1,5 V	Alkali-Mangan 1,5 V	„Mercury" 1,4 V	„Silver" 1,55 V	„Lithium" 3 V	Bleiakku 2 V	Nickel-Cadmium Akku 1,2 V
Minuspol Pluspol Elektrolyt	Zink Braunstein Ammoniumchlorid	Zink Kohlenstoff Ammoniumchlorid	Zink Braunstein Kalilauge	Zink Quecksilberoxid Kalilauge	Zink Silberoxid Kalilauge	Lithium Braunstein Organ. Stoff	Blei Bleidioxid Schwefelsäure	Cadmium Nickelhydroxid Kalilauge
Merkmale	preiswert, in auslaufsicherer Form (Dry und Superdry) dagegen teuer	lange belastbar bei niedriger Stromstärke	haltbar, auslaufsicher, hohe Leistung (hohe Stromstärke), teuer	konst. Spannung über lange Gebrauchszeit, langlebig, umweltbelastend	konst. Spannung über lange Gebrauchszeit, sehr lange Lebensdauer, teuer	sehr langlebig (ca. 5 Jahre), geringe Umweltbelastung, teuer	hoch belastbar, selbstentladend, entladen nicht haltbar, schwer, umweltbelastend	ca. 1 000mal wiederaufladbar, geringe Selbstentladung, umweltbelastend
Einsatz	Taschenlampen, Spielzeug	Weidezaun, Warnlampen	Recorder, Blitzgeräte	Fotos, Uhren, Hörgeräte	Rechner, Fotos, Uhren, Hörgeräte	Uhren, Herzschrittmacher	Kfz-Bereich, Schiffsbau	anstelle von Einwegbatterien
Handelsform	alle Größen	große Zellen, Knopfzellen	alle Größen	Knopfzellen, Rundzellen	Knopfzellen, Rundzellen	Knopfzellen	große, vielseitige Akkus	alle Größen

11.4 Recycling von Batterien – Rohstoffe aus Müll

B1 Batterie-Sortieranlage

B2 Recycling eines Altakkus aus Blei (Schema)

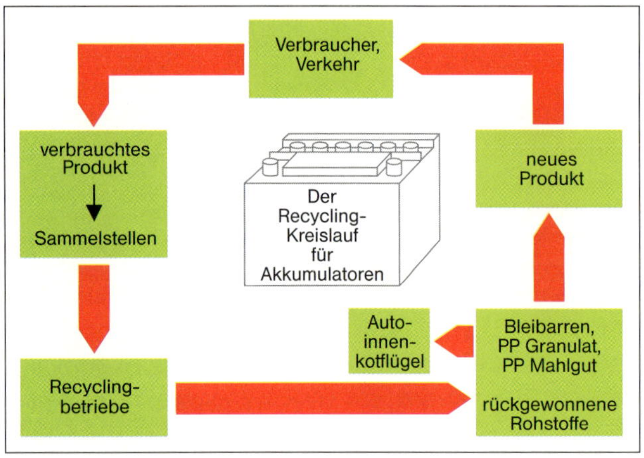

Jahrzehntelang wurden verbrauchte Batterien in den Hausmüll geworfen und gelangten auf Müllhalden. Viele schädliche und zum Teil giftige Stoffe wurden aus den verrottenden Batterien freigesetzt und führten somit zu gefährlichen Umweltbelastungen.

Heute werden z.B. quecksilberhaltige Batterien gesammelt, sortiert (▷ B 1) und wie auch Bleiakkus geeigneten Recycling-Verfahren zugeführt, um die darin enthaltenen wertvollen Rohstoffe zurückzugewinnen.

Recycling von Bleiakkus. Die Altakkus werden in säuredichten Edelstahlcontainern mit recyclingfähiger Kunststoffauskleidung transportiert. Nach der Anlieferung werden sie in einem ausgeklügelten Zerkleinerungs- und Sortierverfahren zerlegt (▷ B 2). Die Batterie-Bleipaste (eine Mischung aus Bleisulfat und Bleioxid) wird entschwefelt und zu Feinblei raffiniert, Pole und Gitterelektroden werden zur Herstellung neuer Hartbleilegierungen verwendet.
Das Kunststoffgehäuse wird zu verkaufsfähigem Granulat verarbeitet, aus dem z.B. Kunststoffteile für Autos und Haushaltsgeräte hergestellt werden können.
Nur etwa 2% eines Altakkus können nicht (oder noch nicht) recycelt werden. Dieser Anteil muß als Sondermüll deponiert werden.

Quecksilberhaltige Knopfzellen werden zerkleinert und in einer Destillationsanlage auf ca. 500 °C erhitzt (▷ B 3). Nach Reinigung und Abkühlung des quecksilberhaltigen Gasgemisches erhält man flüssiges Quecksilber.
Zum Schutz der Umwelt kann man auf quecksilberhaltige Knopfzellen ganz verzichten und stattdessen Zink-Luft-Knopfzellen oder Lithium-Knopfzellen verwenden.

B3 Quecksilber durch Recycling

B4 Die neue Generation Batterien – ohne Cadmium und Quecksilber

11.5 Brennstoffzellen

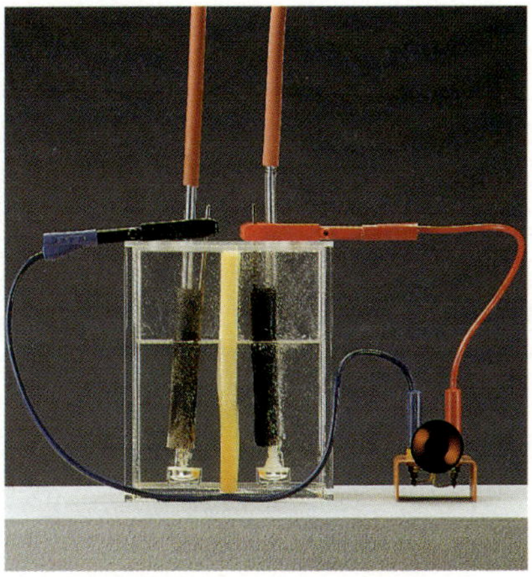

B 1 Modellversuch einer Wasserstoff-Sauerstoff-Brennstoffzelle (Knallgaszelle)

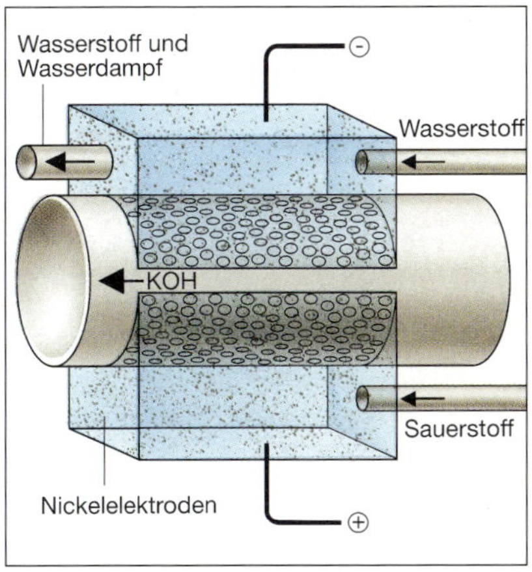

B 2 Eine Brennstoffzelle arbeitet mit gasförmigem Wasserstoff und Sauerstoff (schematische Darstellung)

B 3 Brennstoffzellen zur Energieversorgung einer Apollo-Mondlandefähre

An verschiedenen Batterietypen und Akkumulatoren wurde das Zustandekommen ihrer Spannung untersucht und zum Teil im Versuch erprobt.
Im Alltag weniger gebräuchlich als die besprochenen Batterien und Akkumulatoren sind Stromquellen, die als Brennstoffzellen bezeichnet werden. Ein Typ dieser Brennstoffzellen wird mit Wasserstoff und Sauerstoff betrieben.

Brennstoffzelle. In einer Brennstoffzelle (▷ B 2) ragen zwei mit einem Katalysator belegte Elektroden in eine Elektrolytflüssigkeit (z. B. Kaliumhydroxid). Der einen Elektrode wird ständig Wasserstoff, der anderen Sauerstoff zugeführt. Die Wasserstoffteilchen reagieren zu positiv geladenen Wasserstoffionen, dabei werden Elektronen an die Elektrode abgegeben. Diese wird dadurch negativ aufgeladen und bildet den Minuspol. Die Wasserstoffionen reagieren mit Hydroxidionen des Elektrolyten zu Wasser. An der anderen Elektrode, die den Pluspol bildet, entziehen Sauerstoffteilchen der Elektrode Elektronen und bilden mit Wassermolekülen Hydroxidionen. Die am Minuspol verbrauchten Hydroxidionen werden also am Pluspol wieder nachgebildet. Durch ständiges Umwälzen der Elektrolytflüssigkeit gelangen die Hydroxidionen schnell vom Plus- zum Minuspol. Werden die beiden Elektroden z. B. über einen Motor miteinander verbunden, wandern die Elektronen vom Minuspol zum Pluspol. Es fließt ein elektrischer Strom. Insgesamt reagieren Wasserstoff und Sauerstoff zu Wasser. In einer Brennstoffzelle wird also das Prinzip der elektrolytischen Zerlegung von Wasser in Wasserstoff und Sauerstoff umgekehrt.

Eine erste Anwendung fand die Brennstoffzelle in der Raumfahrt. Bei der Apollo-Mondlandefähre (▷ B 3) trugen Brennstoffzellen neben Solar- und herkömmlichen Zellen zur Stromversorgung bei.

V 1 In eine Kammer, die mit Schaumgummi in zwei Teile getrennt ist, wird Kalilauge ($c_{(KOH)} = 5\,mol/l$, Vorsicht! Stark ätzend!) eingefüllt. Als Elektroden werden palladinierte Nickeldrahtnetze vollständig (!) in die Lösung getaucht. Über Fritten werden Wasserstoff und Sauerstoff behutsam eingeperlt (▷ B 1).

Die Elektroden werden entweder mit einem Stromstärkemeßgerät oder einem Niedervoltmotor verbunden.

Hinweis: Vor der ersten Versuchsdurchführung müssen die Nickeldrahtnetze palladiniert werden. Dazu werden sie aufgerollt und mindestens 1 Stunde in eine Palladium(II)-chlorid-Lösung gestellt.

B 4 Anwendung von Wasserstoff zur Erzeugung elektrischen Stroms. Brennstoffzellen bei Weltraumprojekten

11.6 Metallüberzüge durch Galvanisieren

B 1 Galvanisieren in der Technik

Viele Metalle schützt man durch Überzüge aus edleren Metallen. Wir haben gesehen, daß ein Eisennagel sich in einer Kupfersalzlösung mit Kupfer überzieht. Dieser Überzug ist jedoch sehr locker und porös, denn die Kupferionen können nur zu Kupferatomen werden, weil die Eisenatome des Nagels gleichzeitig in Lösung gehen, d.h. Ionen bilden. Der Eisenkern des Nagels löst sich also auf. Dadurch verliert die Kupferschicht ihren Untergrund. Soll die Überzugsschicht fest haften, so müssen den Ionen des Überzugsmetalles die Elektronen auf anderem Wege bereitgestellt werden.

Galvanisieren. In der Technik wird die Abscheidung von Metallen durch Elektrolyse ihrer Salzlösungen bewirkt. Beim Verkupfern (▷ B 2), Vernickeln (▷ B 3), Verchromen (▷ B 4), Versilbern und Vergolden werden die Gegenstände aus den unedlen Metallen (z.B. der Hebel einer Waschtischarmatur) als *Kathode* geschaltet. Die in der Lösung enthaltenen Ionen des edleren Metalles werden an der Kathode entladen und setzen sich als Metallatome darauf ab. Der sich bildende Metallüberzug ist oft nur wenige hundertstel Millimeter dick. In mehreren Vorgängen werden nacheinander die einzelnen Schichten durch weitere Metalle überzogen. So wird eine Kupferschicht anschließend noch vernickelt und danach verchromt.

Um die Konzentration der Metallionen in der jeweiligen Salzlösung konstant zu halten, kann man eine *Anode* aus dem Überzugsmetall verwenden. An dieser gehen dann genau so viele Metallatome als Ionen in Lösung, wie an der Kathode abgeschieden werden. Auf diese Weise wird nicht die Lösung, sondern die Anode verbraucht.

Das Abscheiden von Metallüberzügen mit Hilfe des elektrischen Stromes nennt man Galvanisieren.

V 1 Man elektrolysiert im U-Rohr eine Kupfersulfatlösung (7 g Kupfersulfat, 7 ml konz. Schwefelsäure und 7 ml Ethanol in 50 ml Wasser) mit einem (in konz. Salzsäure) gereinigten Gegenstand aus Metall als Kathode und einem Kupferblechstreifen als Anode.
Man legt eine Gleichspannung zwischen 2 V und 10 V an und läßt den Strom einige Minuten fließen.

A 1 Ein Eisennagel überzieht sich in einer Kupfersulfatlösung mit Kupfer. Deute die Vorgänge. Warum lassen sich Gegenstände aus Eisen auf diese Weise nicht vor Korrosion schützen?

A 2 Herbstlaubblätter können galvanisch vergoldet werden. Dazu müssen sie zuerst mit Graphit überzogen werden. Begründe.

B 2 Ein Armatur-Hebel wird verkupfert

B 3 Ein verkupferter Armatur-Hebel wird vernickelt

B 4 Ein vernickelter Armatur-Hebel wird abschließend verchromt

11.7 Korrosion

Unter **Korrosion** versteht man die *Zerstörung von Metallen* durch Einwirkung von *Luft, Wasser, sauren Lösungen* und *aggressiven Gasen*. Zum Schutz vor Korrosion werden die Metalle meist mit Stoffen überzogen, die zerstörerische Umwelteinflüsse verhindern sollen. So kann für Eisen eine Schutzschicht aus Lack, Kunststoff oder anderen Metallen verwendet werden. Wird diese Schicht verletzt, können *elektrochemische* Vorgänge stattfinden. Bei einer verzinkten Karosserie aus Eisen, deren Zinkschicht beschädigt ist, gehen *positive* Zinkionen des *unedlen* Metalles Zink in Lösung. Solange Zink vorhanden ist, wird das darunter liegende Eisen nicht korrodiert.

Wird Eisen durch Kupfer geschützt, verläuft die Korrosion anders. Bei einer verkupferten Blumengießkanne aus Eisenblech, deren Oberfläche zerkratzt ist, gehen vom *unedleren* Eisen Ionen in Lösung, das Eisen korrodiert. Kupfer schützt Eisen nur so lange, wie der Überzug aus Kupfer unbeschädigt ist.

Immer wenn sich zwei Metalle in einer leitenden Flüssigkeit berühren, laufen solche elektrochemischen Vorgänge ab (▷ B 2). Dies geschieht um so rascher, je besser leitfähig die umgebende Lösung ist. Daher ist die Korrosion am Auto im Winter, wenn Streusalz verwendet wird, wesentlich stärker als im Sommer. Die Lösung des Streusalzes leitet besser als Regenwasser.

Opferanode. Pipelines, die Rümpfe von großen Schiffen oder Kesselanlagen von Heizungen schützt man vor Korrosion, indem man sie elektrisch leitend mit Magnesium- oder Zinkblöcken verbindet (▷ B 3, ▷ B 4). Das unedle Magnesium oder Zink löst sich allmählich unter Elektronenabgabe auf („Opferanode"), während das edlere Eisen nicht korrodiert.

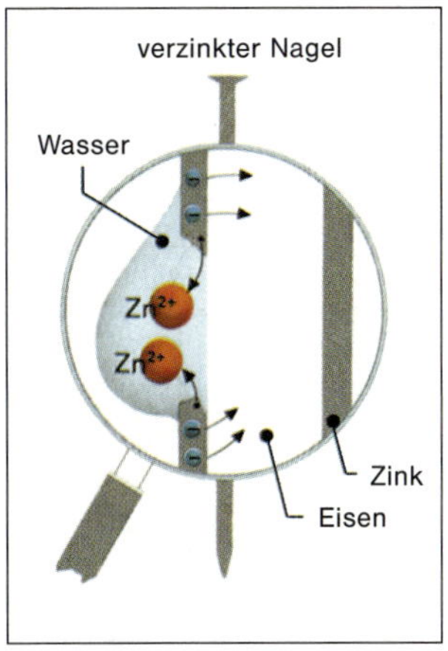

B 1 Korrosion bei verzinktem Eisen

B 2 An der Berührungsstelle entsteht Korrosion

V 1 Umwickle 3 blankgeschmirgelte Eisennägel jeweils in der oberen Hälfte mit Magnesiumband, mit Zinkblech bzw. mit Kupferblech. Lege sie in Wasser, das durch längeres Einleiten mit Sauerstoff gesättigt ist. Vergleiche nach einem Tag. Erkläre deine Beobachtungen.

V 2 Halte einen Streifen Zink- und einen Streifen Kupferblech gleichzeitig in verdünnte Salzsäure. Beobachte, was geschieht, wenn sich die Metalle berühren bzw. wenn sie sich nicht berühren. Verbinde dazu die beiden Bleche mit einem Stromstärkemeßgerät.

A 1 Warum werden bei einigen modernen Autos die Karosserien vor der Lackierung verzinkt?

B 3 Korrosionsverhinderung durch „Opferanoden"

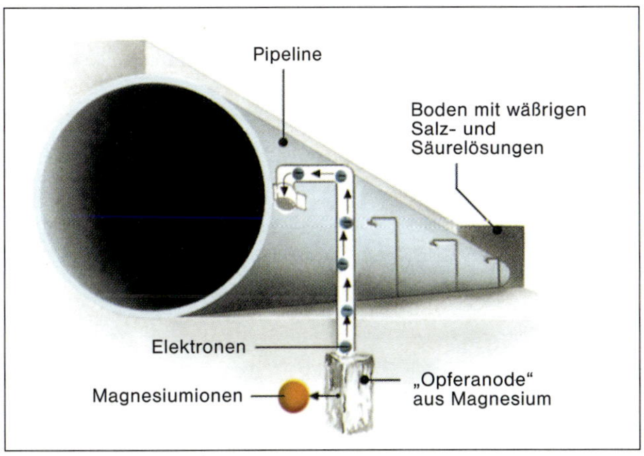

B 4 „Opferanoden" an einer Pipeline

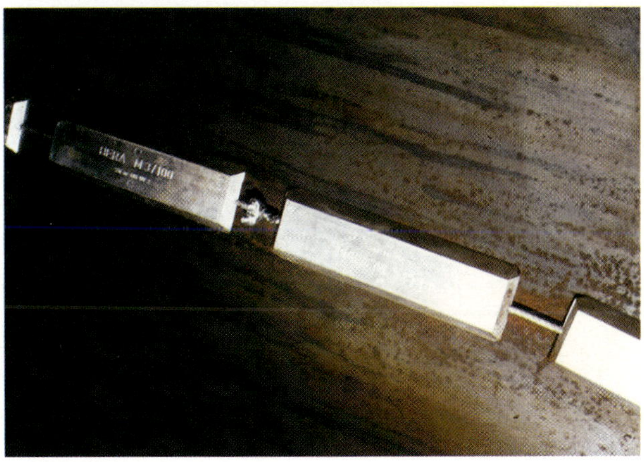

11.8 Anwendung und Vertiefung

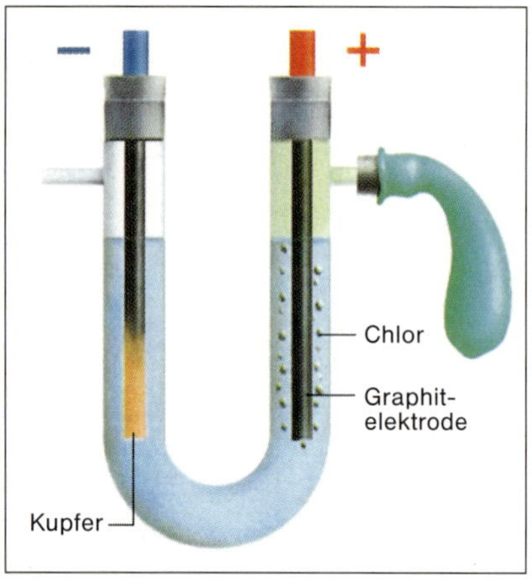

B1 Zu Aufgabe 1

B2 Zu Aufgabe 2

1 In ▷ B1 ist die Elektrolyse einer Kupferchloridlösung dargestellt. Welche Elemente werden an den Elektroden abgeschieden? Formuliere die Reaktionen an Kathode und Anode.

2 Bei der Elektrolyse einer Bleichloridlösung (Formel: $PbCl_2$) bildet sich an einer Elektrode ein Bleibaum (▷ B 2).
a) An welcher Elektrode scheidet sich das Blei ab? Welches Element entsteht an der anderen Elektrode?
b) Begründe und formuliere die Elektrodenreaktionen.

3 In ▷ B3 sind Metalle nach ihrem Bestreben angeordnet, an die Ionen anderer Metalle Elektronen abzugeben. Welches der Metalle könnte in einer galvanischen Zelle nicht als Elektrode in einer wäßrigen Elektrolytlösung benutzt werden? Begründe deine Entscheidung.

4 Elektrochemische Kupferraffination. In der Elektroindustrie benötigt man sehr reines Kupfer, das eine wesentlich bessere Leitfähigkeit als Rohkupfer zeigt. Zur Reinigung von Rohkupfer geht das Metall in einem Elektrolysebad an der *Anode* in Lösung, und gleichzeitig wird es an der *Kathode* wieder abgeschieden. Schon bei niedriger Gleichspannung gehen alle unedleren Metalle im Rohkupfer, wie Eisen und Zink, als Ionen in Lösung.
Die edleren Metalle, wie Silber oder Gold, gehen nicht in Lösung. Sie sinken als Anodenschlamm auf den Boden des Elektrolysegefäßes und werden als wertvolle Nebenprodukte weiterverarbeitet.
An der Kathode nehmen Kupferionen Elektronen auf und werden zu Kupferatomen. Das Kathodenblech überzieht sich dadurch mit einer immer dickeren Schicht von reinem Kupfer. Die Ionen der unedleren Metalle bleiben in Lösung.

a) Beschreibe die Vorgänge an der Anode und an der Kathode

b) Formuliere Reaktionsgleichungen zu allen an den Elektroden im Schema der elektrolytischen Kupferraffination in ▷ B4 dargestellten Reaktionen.

5 Als praktische Anwendung der Elektrochemie ist die elektrolytische Kupferraffination auf ↗ Seite 161 (unten) als großtechnische Anlage abgebildet. Überlege, welche Platten transportiert werden und was mit ihnen geschehen soll.

B3 Zu Aufgabe 3

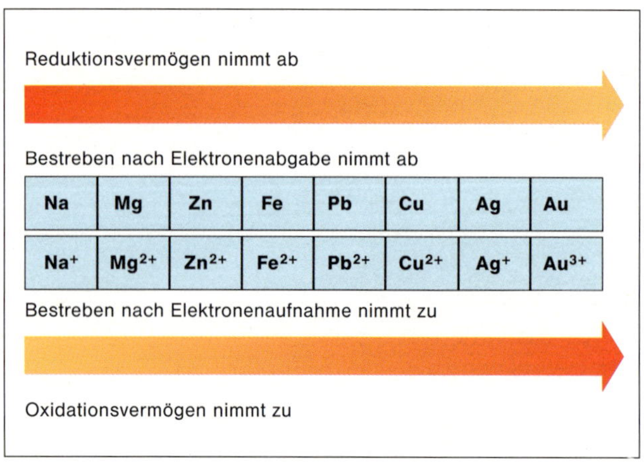

B4 Zu Aufgabe 4

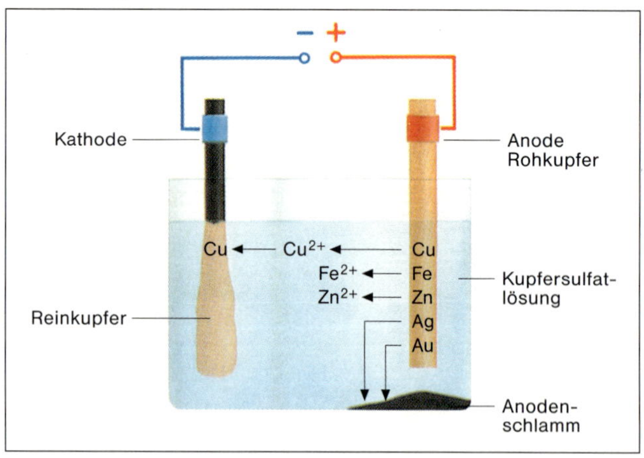

Säuren, Laugen, Neutralisation

Viele Menschen verbinden mit dem Wort Säure etwas Gefährliches. So hört man oft von Unfällen, die durch Säuren hervorgerufen werden. Säuren sind jedoch nicht immer schädlich. Viele Früchte, Getränke und Nahrungsmittel sind wegen ihres sauren Geschmacks sehr beliebt.

Auch in Industrie und Technik finden Säuren Verwendung. In Autobatterien ist verdünnte Schwefelsäure enthalten. Ohne Säuren können keine Metalle veredelt werden. Die chemische Industrie benötigt große Mengen an Säuren; viele wichtige Stoffe wie Waschmittel oder Medikamente werden mit ihrer Hilfe hergestellt.

Säurehaltige Abwässer gefährden das Leben in Gewässern, säurehaltige Niederschläge schädigen Pflanzen und Bodenorganismen. Um die Wirkung von Säuren aufzuheben, werden in der Technik Laugen verwendet. Saure Böden und Gewässer versucht man durch Ausbringen von Kalk zu neutralisieren.

Im folgenden Kapitel werden wir einige wichtige Säuren kennenlernen und erfahren, welche gemeinsamen Eigenschaften sie aufweisen.

12.1 Säuren – Wir diskutieren Fragen aus Alltag und Umwelt

1 Citronensäure, Äpfelsäure und Ascorbinsäure (Vitamin C) sind Bestandteil vieler Früchte. 100 g Zitronen enthalten etwa 5 g Citronensäure. Wegen ihres sauren Geschmacks werden diese Säuren vielen Lebensmitteln zugesetzt. Dies wird durch E-Nummern auf der Verpackung gekennzeichnet: Citronensäure E 330, Äpfelsäure E 296, Milchsäure E 270.

a) Welche Säure wird in Lebensmitteln sehr häufig verwendet? Nenne Beispiele dafür.
b) Welche Säure findet man in Sauermilch und Sauerkraut?

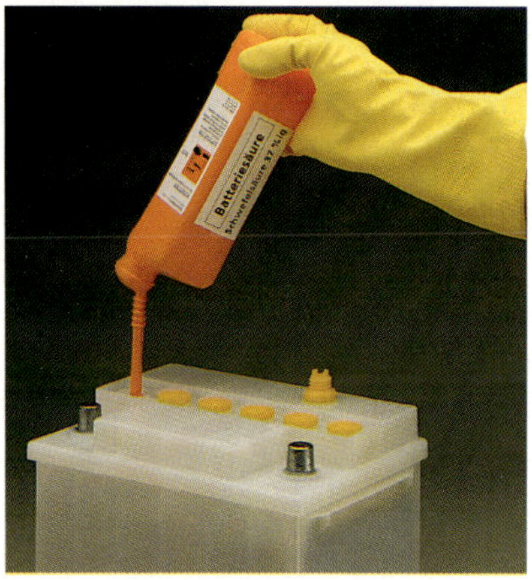

2 Eine Autobatterie funktioniert erst, wenn sie mit Schwefelsäure gefüllt ist. Schwefelsäure ist stark ätzend. Sie zerstört Metalle, Holz, Papier und Textilien. Welche Sicherheitsvorschriften müssen beim Umgang mit dieser Säure beachtet werden?

3 Das Wasser im Schwimmbad sollte einen pH-Wert von 7,2 haben. Ist der pH-Wert höher, empfindet der Badende ein Brennen in den Augen. Geringere pH-Werte schädigen Metallteile der Schwimmbadanlage. Welche Lösungen weisen einen größeren, welche einen kleineren pH-Wert als 7 auf?

4 Der richtige pH-Wert von Gewässern und Böden ist für Tiere und Pflanzen lebenswichtig. Auch für Zierfische im Süßwasseraquarium muß der pH-Wert zwischen 6,5 und 8,5 liegen. Das Aquarienwasser sollte ständig kontrolliert werden.

a) Wie kann beim Einrichten eines Aquariums der pH-Wert des Wassers getestet werden? Erkundige dich im Zoofachgeschäft.

b) Welche Möglichkeiten gibt es, den pH-Wert des Wassers zu verändern?

c) Welche Folgen könnte ein zu hoher oder zu niedriger pH-Wert für Fische oder Pflanzen (Bäume, Beeren) haben?

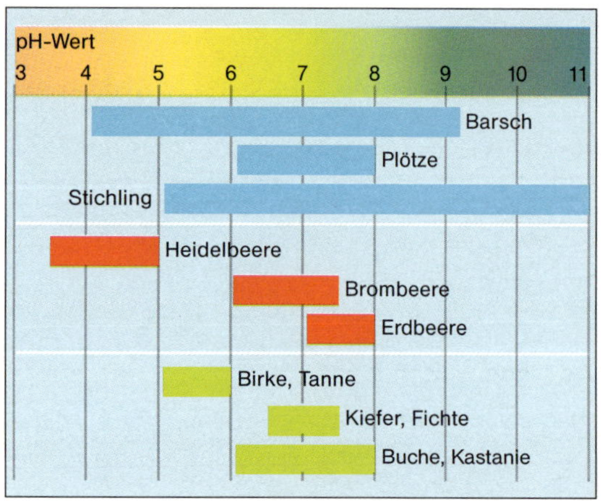

12.2 Universalindikator und pH-Wert

Zitronensaft und Speiseessig schmecken **sauer**. Der Geschmack wird von im Wasser gelösten Säuren hervorgerufen. Seifenlösung fühlt sich glitschig an, brennt in den Augen und reizt empfindliche Haut. Diese Lösung ist **alkalisch**. Flüssigkeiten, die weder sauer noch alkalisch sind, wie z. B. reines Wasser, nennt man **neutral**.

Da die meisten sauren und alkalischen Lösungen stark ätzend sind, darf auf keinen Fall der Geschmack geprüft werden. Gibt es auch Möglichkeiten, saure und alkalische Lösungen auf ungefährliche Weise zu erkennen?

Indikatoren. Um saure und alkalische Lösungen gefahrlos zu unterscheiden, verwendet der Chemiker besondere Nachweismittel. Solche Stoffe sind uns aus dem Alltag bekannt. Gibt man zu schwarzem Tee etwas Zitronensaft, so wird der Tee heller (▷ B 1). Auch die Farbe des Rotkohls verändert sich bei Zugabe von Essig (▷ B 2). Es gibt also Pflanzenfarbstoffe, die je nach Art der Lösung ihre Farbe ändern. Stoffe, die durch Farbumschlag saure oder alkalische Lösungen anzeigen, heißen **Indikatoren** (von lat. indicare, anzeigen).
Außer Indikatoren pflanzlichen Ursprungs verwendet man im Chemielabor meist künstlich hergestellte Nachweismittel. Neben Indikatorlösung wird häufig auch Indikatorpapier benutzt. Es ist durch einen Indikator gefärbt und wird mit der Prüflösung benetzt.

Indikatoren zeigen durch ihre Farbe an, ob Lösungen sauer, alkalisch oder neutral sind.

Ob eine Lösung schwach oder stark sauer ist, kann man mit einem einzigen Indikator meist nicht nachweisen, da er nur *einen* deutlichen Farbumschlag zeigt. Deshalb verwendet man Gemische verschiedener Indikatoren, die beim Übergang von sauren über neutrale bis zu alkalischen Lösungen *mehrere* Farbumschläge aufweisen. Ein solches Indikatorgemisch ist der **Universalindikator** (▷ B 3). Bei schwach bis stark sauren Lösungen beobachtet man mit Universalindikator Farbumschläge von Gelborange bis Tiefrot. Neutrale Lösungen zeigen eine grüne Farbe, alkalische Lösungen eine Abstufung von Grünblau bis Tiefblau.

Der pH-Wert. Zur genauen Kennzeichnung dafür, wie stark sauer oder alkalisch eine Lösung ist, wird der pH-Wert angegeben. Die Magensäure z. B. mit einem pH-Wert zwischen 0,9 und 2 ist stärker sauer als Speiseessig mit einem pH-Wert von etwa 2,8.
Neutrale Lösungen besitzen den pH-Wert 7. Saure Lösungen haben einen pH-Wert, der kleiner als 7 ist. Alkalische Lösungen weisen einen pH-Wert auf, der größer als 7 ist.

Der pH-Wert gibt an, wie stark sauer oder alkalisch eine Lösung ist.

B 1 Schwarzer Tee wird bei Zugabe von Zitronensaft heller

B 2 Rotkohl wird bei Zusatz von Essig intensiver rot

V 1 a) Gib zu schwarzem Tee etwas Zitronensaft.
b) Lutsche ein Zitronenbonbon und gib etwas Speichel auf Universalindikatorpapier.

V 2 Ermittle mit Indikatorlösung die pH-Werte von a) Speiseessig, b) Sauerkraut, c) Zitronensaft.

B 3 Farbskala und pH-Werte von Universalindikator mit Beispielen von einigen häufig vorkommenden Lösungen

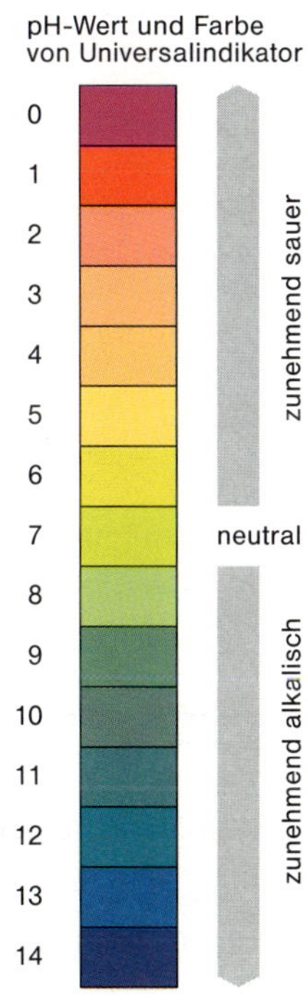

Beispiele	pH-Werte
3,65%ige Salzsäure	etwa 0
Magensaft	0,9 bis 2,0
Zitronensaft	2,3
Speiseessig	2,5 bis 3,0
Wein	etwa 3,0
Urin	4,0 bis 7,4
„reiner" Regen	5,6
Milch	6,4 bis 6,7
reines Wasser	7,0
Blut	7,4
Meerwasser	7,8 bis 8,2
Seifenlösung	8,0 bis 10,0
Kalkwasser	10,5
Salmiakgeist	11,9
4%ige Natronlauge	etwa 14,0

Viele Leute denken an etwas Gefährliches, wenn sie das Wort Säure hören. Es gibt tatsächlich Unfälle, bei denen Säuren schwere Verletzungen verursachen. Säuren sind jedoch nicht immer gefährlich. Viele Getränke und Nahrungsmittel sind wegen ihres sauren Geschmacks sehr beliebt. Geschmacksproben sind aber nur sehr selten im Chemieunterricht zulässig, Säuren müssen sich also auch auf anderem Wege über gemeinsame Eigenschaften und Reaktionen erkennen lassen.

Versuch 1 Untersuchung mit Indikatoren

Geräte/Materialien

Schutzbrille, Reagenzglasgestell, 3 Reagenzgläser, Glasstab, Spatel, Uhrglas, Tropfpipette, Universalindikatorpapier, Papierhandtuch

Chemikalien

Citronensäure, Essig, verd. Salzsäure, Universalindikatorlösung

Versuchsanleitung

1. Fülle ein Reagenzglas zu etwa einem Fünftel mit dest. Wasser, füge eine Spatelspitze Citronensäure zu und schüttle. Fülle die beiden anderen Reagenzgläser jeweils zu etwa einem Fünftel mit Essig bzw. verd. Salzsäure.
2. Lege auf ein Uhrglas drei Stückchen Universalindikatorpapier. Gib mit dem Glasstab einen Tropfen Citronensäurelösung auf eines der Papierstückchen. Führe den Versuch auch mit Essig und verd. Salzsäure durch.
3. Gib anschließend drei bis vier Tropfen Universalindikatorlösung in jedes Reagenzglas mit einer sauren Lösung.

Auswertung

1. Beschreibe deine Beobachtungen.
2. Welche Gemeinsamkeiten der sauren Lösungen lassen sich aus der Versuchsreihe ableiten?

Versuch 2 Einwirkung von sauren Lösungen auf Metalle

Geräte/Materialien

Schutzbrille, Reagenzglas, durchbohrter Stopfen mit Gasableitungsrohr, kleines Reagenzglas (z.B. 10 x 100 mm), Reagenzglasgestell, Gasbrenner

Chemikalien

Magnesiumband, verd. Salzsäure, verd. Essigsäure

Versuchsanleitung

1. Stelle das größere Reagenzglas in den Reagenzglasständer und fülle es zu etwa einem Drittel mit der Essigsäure.

2. Gib zu der Säure ein Stück Magnesiumband.
Verschließe das Reagenzglas mit dem durchbohrten Stopfen mit Ableitungsrohr.
Stülpe über das Ableitungsrohr ein kleines Reagenzglas.
Führe nach einiger Zeit das kleine Reagenzglas mit der Öffnung an die Brennerflamme.

3. Wiederhole den Versuch mit Salzsäure anstelle der Essigsäure.

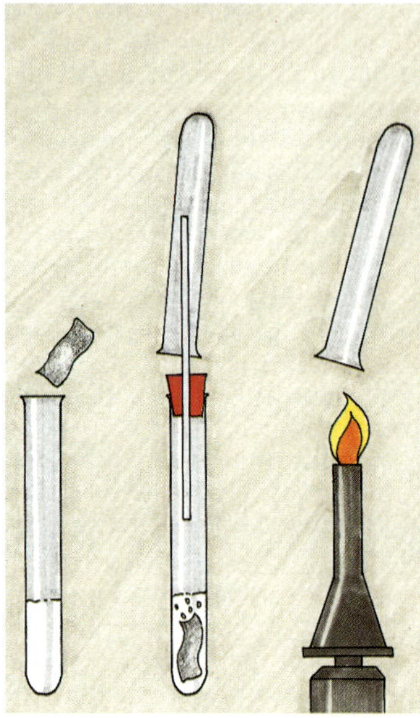

Auswertung

Beschreibe und deute deine Beobachtungen in einem Versuchsprotokoll.

Angeätzte Metallplatte. Metalle werden in der Technik oft mit Säuren angeätzt. Dieses kann im Schulversuch nachvollzogen werden. Dazu beklebt man ein Stück Aluminiumblech mit selbstklebender Buchfolie, in die man vorher ein Muster geschnitten hat. Anschließend taucht man das beklebte Blech etwa eine halbe Stunde in halbkonzentrierte Salzsäure.
1. An welchen Stellen wird das Blech angeätzt?
2. Was bewirkt eine Verlängerung der Ätzzeit?

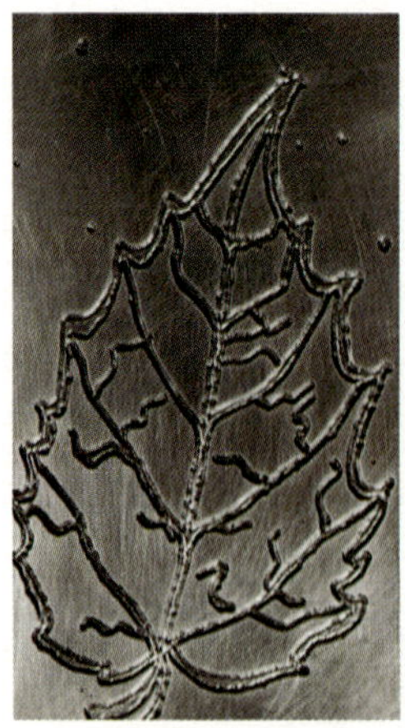

12.4 Säuren haben gemeinsame Eigenschaften

Säuren werden in Alltag und Technik für viele Zwecke verwendet. Dabei nutzt man die unterschiedlichen Eigenschaften dieser Stoffe. Der *Sammelbegriff „Säuren“* läßt jedoch vermuten, daß sie auch *Gemeinsamkeiten* aufweisen. Bevor wir diesen nachgehen, klären wir noch zwei sprachlich ungenaue Begriffe, die häufig durch falschen Gebrauch zu Mißverständnissen führen.

Säuren und saure Lösungen. Im Alltag wird häufig von Säuren geredet, wenn die wäßrigen Lösungen von Säuren gemeint sind. Diese bezeichnet man besser als *saure Lösungen*. Je nach dem Anteil der gelösten Säure spricht man von konzentrierten oder verdünnten Säuren, wobei es keine feste Abgrenzung zwischen diesen gibt. Säuren sind Reinstoffe und Verbindungen.

Gemeinsamkeiten von Säuren und sauren Lösungen. Zitronensaft und Speiseessig *schmecken sauer*. Der saure Geschmack wird durch die gelöste Citronensäure bzw. Essigsäure verursacht. Neben ihrem sauren Geschmack ergeben sie mit *Indikatoren* charakteristisch *gefärbte Lösungen*. In Autobatterien leitet verdünnte Schwefelsäure den elektrischen Strom. Eine Überprüfung verschiedener saurer Lösungen ergibt (▷ V 1a), daß sie alle den elektrischen Strom leiten.

Saure Lösungen leiten den elektrischen Strom.

Saure Lösungen zeigen hier die gleichen Eigenschaften wie Salzlösungen. Da die elektrische Leitfähigkeit von Lösungen nur durch frei bewegliche Ionen verursacht werden kann, müssen in *sauren Lösungen Ionen* vorhanden sein.

Prüft man die elektrische Leitfähigkeit einer Citronensäureschmelze (▷ V 1b), so zeigt sich, daß diese im Gegensatz zu einer Salzschmelze den Strom nicht leitet. Genau wie Säureschmelzen zeigen auch wasserfreie flüssige Säuren meist keine Leitfähigkeit. Sie tritt erst ein, wenn man die Säure mit Wasser versetzt.
Diese Beobachtungen lassen sich so deuten, daß Säuren *Molekülverbindungen* sind. Die Ionen bilden sich erst, wenn eine Säure zu Wasser gegeben wird.

Säuren sind Molekülverbindungen. In sauren Lösungen liegen Ionen vor.

Den sauren Geschmack und die Rotfärbung von Universalindikator weisen alle sauren Lösungen auf, unabhängig davon, welche Säure in der Lösung vorliegt. Dies läßt den Schluß zu, daß diese Lösungen gleiche Ionen enthalten, die diese Eigenschaften hervorrufen. Welche Ionen dies sind, werden wir zunächst am Beispiel der Salzsäure erfahren.

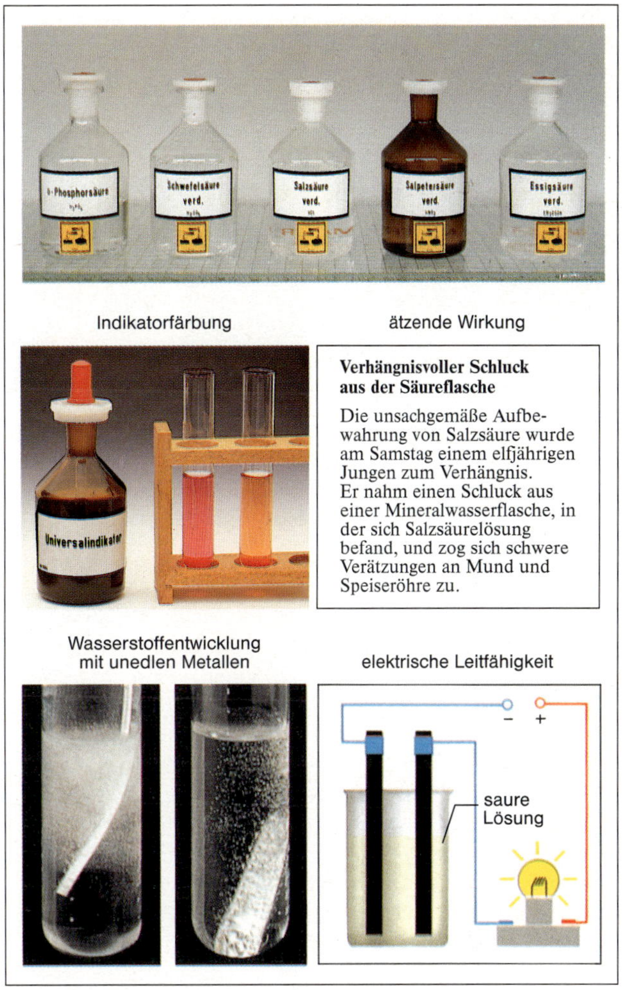

B 1 Gemeinsame Merkmale von sauren Lösungen

V 1 Prüfe die elektrische Leitfähigkeit von a) einer Citronensäurelösung und anderen verdünnten Säuren, b) einer Citronensäureschmelze.

A 1 Gibt man Zinkpulver zu verd. Essigsäure, entweicht ein Gas, mit dem die Knallgasprobe positiv verläuft. Der Reagenzglasinhalt erwärmt sich. Nach einiger Zeit ist das Zinkpulver verschwunden.
a) Findet bei der Zugabe von Zinkpulver zu der sauren Lösung eine chemische Reaktion oder ein Lösungsvorgang statt? Begründe deine Entscheidung.
b) Wie könnte man experimentell prüfen, ob sich das Zink nur gelöst hat?

A 2 Essigsäure leitet den elektrischen Strom nicht, wohl aber eine Essigsäurelösung. Deute diesen Unterschied.

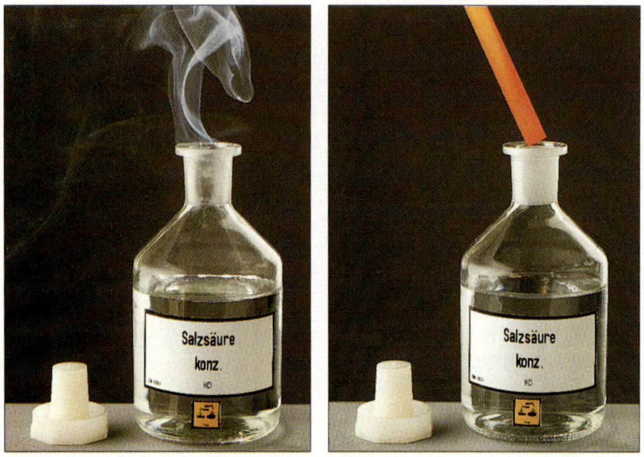

B 1 Aus Salzsäure entweicht ein Gas. Es bildet mit Feuchtigkeit Nebel (links) und färbt Indikatorpapier rot (rechts)

V 1 In die Öffnung einer Flasche mit konz. Salzsäure wird zuerst ein trockenes, dann ein feuchtes Indikatorpapier gehalten. (Abzug!)

V 2 Man stellt Salzsäuregas nach ▷ B 2 her. Der Trichter darf die Wasseroberfläche nicht berühren.

V 3 Man umwickelt die Quecksilberkugel eines Thermometers mit feuchter Watte und führt das Thermometer in einen Kolben mit Salzsäuregas. (Abzug!)

V 4 Man füllt einen trockenen Rundkolben mit Salzsäuregas und verschließt ihn mit einem Stopfen, in dem ein ausgezogenes Glasrohr steckt (Spitze des Glasrohrs anfeuchten!). Anschließend hält man den Kolben in Wasser, das mit Universalindikator versetzt wurde. (Schutzbrille! Schutzscheibe!)

Öffnet man eine Flasche mit konzentrierter Salzsäure, so entweicht ein stechend riechendes Gas, das mit der Luftfeuchtigkeit Nebel bildet und feuchtes Indikatorpapier rot färbt (▷ B 1). Das „Salzsäuregas" bildet mit Wasser eine saure Lösung. „Salzsäuregas" läßt sich auch durch Einwirken von Schwefelsäure auf Kochsalz herstellen (▷ B 2). Das Gas löst sich unter Wärmeentwicklung in Wasser (▷ B 3). Die entstehende Lösung leitet den elektrischen Strom und färbt Universalindikator rot. Diese Lösung bezeichnet man als Salzsäure. Ihr Name leitet sich von der Herstellung aus Kochsalz ab.

„Salzsäuregas" ist sehr gut wasserlöslich. Taucht man einen mit Salzsäuregas gefüllten Kolben in Wasser, so lösen bereits die ersten eindringenden Wassertropfen das gesamte Gas. Es entsteht im Kolben ein Unterdruck, der Wasser nachströmen läßt (▷ B 4).

Was ist Salzsäure? Leitet man Gleichstrom durch verdünnte Salzsäure, so bildet sich am Pluspol Chlor, am Minuspol läßt sich Wasserstoff nachweisen (▷ B 5). Das im Wasser gelöste „Salzsäuregas" müßte demnach eine Verbindung aus Chlor und Wasserstoff sein. Dies überprüfen wir durch die Bildung der Verbindung.

Verbrennt man Wasserstoff in Chlor (▷ B 6), so entsteht ein stechend riechendes Gas, das in Wasser eine saure Lösung bildet (▷ B 7). Dieses Gas heißt **Chlorwasserstoff**.

$$H_2 + Cl_2 \longrightarrow 2\,HCl$$

Chlorwasserstoff ist nichts anderes als „Salzsäuregas". Chlorwasserstoff bildet mit Wasser Salzsäure.

Chlorwasserstoff reagiert mit Wasser zu Salzsäure

B 2 Bildung von Salzsäure aus „Salzsäuregas" und Wasser

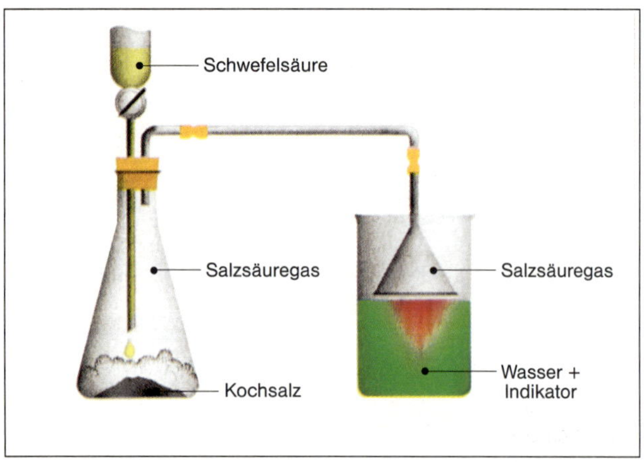

B 3 Salzsäuregas reagiert mit Wasser (Wärmeabgabe)

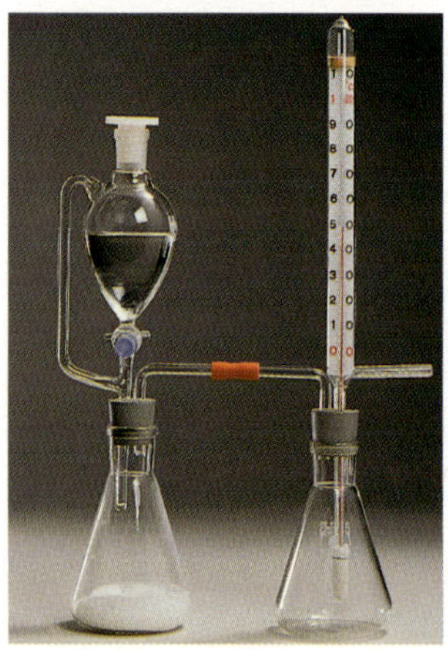

B 4 Salzsäuregas ist sehr gut wasserlöslich

Welche Ionen enthält Salzsäure? Wenn sich bei der Elektrolyse von Salzsäure am Pluspol Chlor bildet, muß die Lösung negativ geladene Chloridionen enthalten. Diese Ionen können nur aus den Chlorwasserstoffmolekülen entstanden sein. Die Chloridionen lassen sich auch nachweisen, wenn man Silbernitratlösung zu Salzsäure tropft. Es entsteht ein weißer Niederschlag aus Silberchlorid.
Da bei der Elektrolyse von Salzsäure am Minuspol Wasserstoff entsteht, müssen in der Lösung außer den Chloridionen noch positiv geladene Wasserstoffionen vorhanden sein. Die Wasserstoffionen bilden mit Wassermolekülen **H_3O^+-Ionen** (**Hydronium-Ionen**; auch als Oxonium- oder Hydroxonium-Ionen bezeichnet). Aus ihnen entsteht bei der Elektrolyse der Wasserstoff. Chlorwasserstoff bildet mit Wasser Ionen:

$$HCl + H_2O \longrightarrow H_3O^+ + Cl^-$$

Welche Ionen bewirken die saure Reaktion? Salzsäure enthält H_3O^+-Ionen und Chloridionen. In einer Kochsalzlösung liegen ebenfalls Chloridionen vor, sie ist aber nicht sauer. Die saure Wirkung der Salzsäure beruht auf den H_3O^+-Ionen. Die negativ geladenen Ionen nennt man **Säurerestionen**. Das Chloridion ist das Säurerestion der Salzsäure.

Alle sauren Lösungen enthalten positiv geladene H_3O^+-Ionen und negativ geladene Säurerestionen.

Bedeutung von Salzsäure. Salzsäure ist die im Labor am häufigsten eingesetzte Säure. Konzentrierte Salzsäure ist 37%ig, das bedeutet, in 1 kg Salzsäure sind 370 g Chlorwasserstoff gelöst. Salzsäure kann zum Reinigen oxidierter Metalle oder zum Entfernen von Kalkbelägen verwendet werden. Stark verdünnte Salzsäure (0,3 % bis 0,5 %) ist Bestandteil unseres Magensafts.

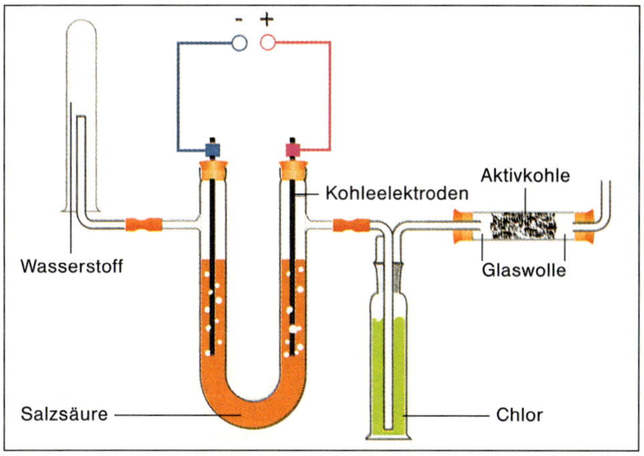

B 5 Elektrolyse von Salzsäure. Am Pluspol bildet sich Chlor, am Minuspol Wasserstoff

B 6 Chlorwasserstoff. Bildung aus den Elementen

B 7 Chlorwasserstoff bildet mit Wasser Salzsäure

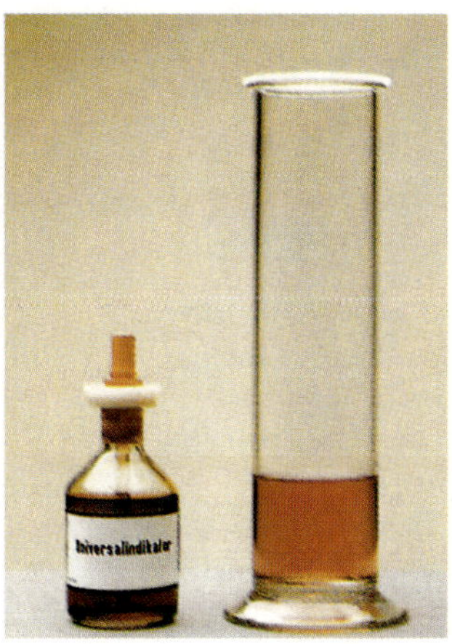

V 5 Man führt die Elektrolyse von verdünnter Salzsäure nach ▷ B 5 durch. Mit dem an der negativ geladenen Elektrode entstehenden Gas führt man die Knallgasprobe durch. Das an der positiv geladenen Elektrode entstehende Gas wird vorsichtig auf Bleichwirkung überprüft. (Abzug! Schutzbrille!)

V 6 Eine Wasserstoffflamme wird langsam in einen Standzylinder mit Chlor getaucht. (Abzug!) Nach Beendigung der Reaktion gibt man etwas Wasser in das Gefäß und schüttelt. Der Inhalt wird für Folgeversuche benötigt.

V 7 Verteile die Chlorwasserstofflösung aus ▷ V 6 auf zwei Reagenzgläser. Tropfe in das erste Reagenzglas Universalindikatorlösung. Gib in das zweite Reagenzglas einige Tropfen Silbernitratlösung. (Schutzbrille!)

V 8 Gib zu verdünnter Salzsäure einige Tropfen Silbernitratlösung. (Schutzbrille!) Deute die Beobachtung.

V 9 Prüfe Kochsalzlösung a) mit Universalindikatorpapier, b) mit Silbernitratlösung. (Schutzbrille!)

A 1 Erläutere den Unterschied zwischen Salzsäure und Chlorwasserstoff.

A 2 Warum muß das Indikatorpapier zum Nachweis von Chlorwasserstoff angefeuchtet werden?

A 3 Beschreibe die Experimente und Ergebnisse, die gezeigt haben, daß Salzsäure die Lösung von Chlorwasserstoff in Wasser ist.

A 4 Warum läßt sich durch Eindampfen von konz. Salzsäure (38%ig) keine 100%ige wasserfreie Salzsäure herstellen?

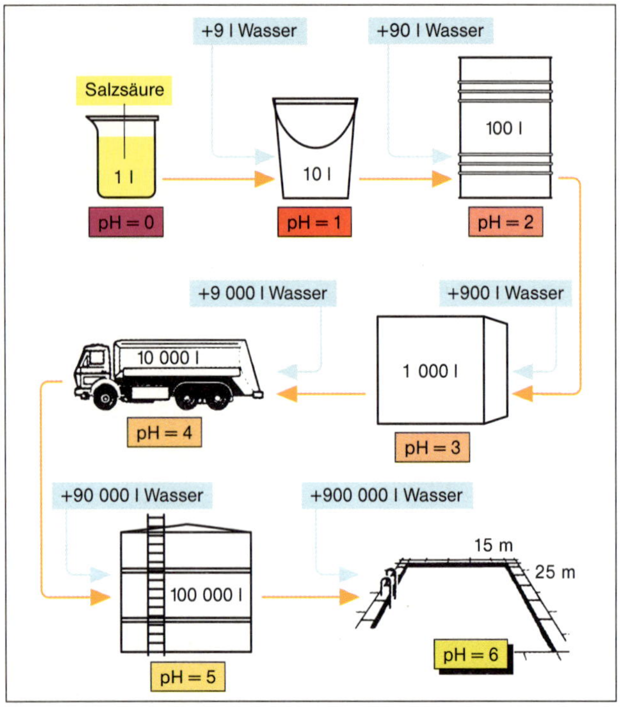

B 1 Verdünnungsreihe. Um 1 Liter Salzsäure von pH 0 auf pH 6 zu verdünnen, sind etwa 1 000 000 Liter Wasser notwendig

A 1 Die menschliche Haut hat einen pH-Wert von etwa 5. Seifenlösungen können die Schutzschicht der Haut aus Fetten und Säuren zerstören. Welche Reinigungsmittel werden für empfindliche Haut empfohlen? Begründe.

Konzentrierte Salzsäure führt zu schweren Verätzungen der Haut, die entweichenden Dämpfe können die Schleimhäute der Atemwege und die Lungen schädigen. Im Schullabor verwendet man deshalb meist verdünnte Salzsäure.

Verdünnungsreihe und pH-Wert. In 3,65%iger Salzsäure liegen nur H_3O^+-Ionen und Chloridionen vor, der pH-Wert der Lösung ist etwa 0. Die Gefährlichkeit beruht jedoch nicht auf den Chloridionen, die ätzende Wirkung geht von den H_3O^+-Ionen aus.
Verdünnt man 1 Liter der 3,65%igen Salzsäure mit 9 Liter Wasser auf ein Zehntel der Ausgangskonzentration, so steigt der pH-Wert auf 1 (▷ B 1). Die Konzentration der H_3O^+-Ionen sinkt dabei auf ein Zehntel. Gibt man zu diesen 10 Litern Salzsäure noch einmal 90 Liter Wasser, steigt der pH-Wert auf 2. Werden diese 100 Liter auf 1 000 Liter verdünnt, so ist der pH-Wert 3. Je verdünnter also eine saure Lösung ist, desto höher ist ihr pH-Wert. Verdünnte Salzsäure mit einem pH-Wert 3 ist nicht mehr ätzend. Um einen einzigen Liter Salzsäure mit dem pH-Wert 0 auf pH 6 zu verdünnen, werden etwa 1 Million Liter Wasser benötigt.

Je mehr H_3O^+-Ionen sich in einer Lösung befinden, desto niedriger ist ihr pH-Wert.

Nicht nur saure Lösungen mit einem sehr niedrigen pH-Wert wirken ätzend, sondern auch alkalische Lösungen mit einem sehr hohen pH-Wert. Eine alkalische Lösung, die sehr häufig im Labor verwendet wird, ist verdünnte Natronlauge (▷ B 2). Um den pH-Wert von 1 Liter Natronlauge von 14 auf 8 zu senken, sind etwa 1 Million Liter Wasser erforderlich.
Schnell und genau kann der pH-Wert elektrisch gemessen werden. Das pH-Meter zeigt direkt den pH-Wert an (▷ B 3).

B 2 Verdünnungsreihen im Experiment

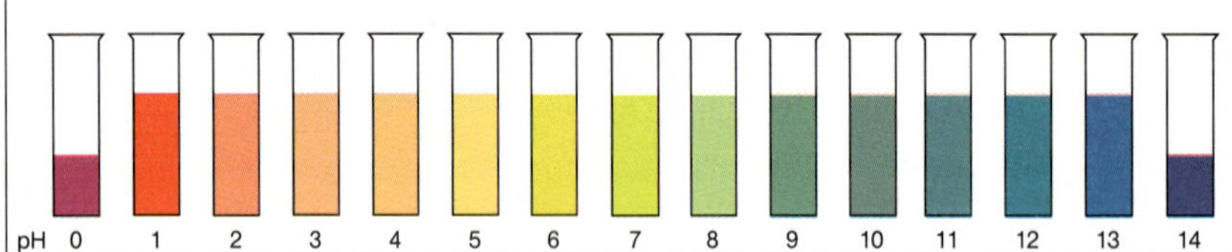

In Küvette 1 sind 5 ml 3,65%ige Salzsäure mit pH 0 und 5 Tropfen Universalindikator. Man füllt zunächst 1 ml Salzsäure aus Küvette 1 in Küvette 2 und fügt 9 ml dest. Wasser mit pH 7 zu. Dann gibt man 1 ml aus Küvette 2 und 9 ml dest. Wasser mit pH 7 in Küvette 3 und verdünnt in derselben Weise bis Küvette 7.

In Küvette 15 sind 5 ml 4%ige Natronlauge mit pH 14 und 5 Tropfen Universalindikator. Man füllt 1 ml Natronlauge aus Küvette 15 in Küvette 14 und fügt 9 ml dest. Wasser mit pH 7 zu. Dann gibt man 1 ml aus Küvette 14 und 9 ml dest. Wasser mit pH 7 in Küvette 13 und verdünnt in gleicher Weise bis Küvette 8.

B 3 pH-Meter, ein Meßgerät zur schnellen Bestimmung des pH-Werts

12.7 Chloride – Salze der Salzsäure

Salzsäure reagiert mit unedlen Metallen. Gibt man Natrium zu konzentrierter Salzsäure, so bildet sich neben Wasserstoff ein weißer Niederschlag (▷ B 1). Gießt man die überstehende Lösung ab, bleibt Natriumchlorid zurück. Nicht immer läßt sich jedoch die Salzbildung direkt beobachten. Häufig liegen die Salze nach der Reaktion gelöst vor. Reagiert z. B. Magnesium mit Salzsäure (▷ V 2), so entsteht eine klare Lösung. Wird diese eingedampft, bleibt ein weißer Feststoff zurück. Da die Lösung dieses Stoffes den elektrischen Strom leitet, muß sie Ionen enthalten. Aus den Magnesiumatomen sind Magnesiumionen entstanden, die mit den Chloridionen der Salzsäure Magnesiumchlorid bilden. Die Salze der Salzsäure heißen Chloride.
Wie Magnesium reagieren auch andere unedle Metalle mit Salzsäure, z. B. Eisen oder Zink. Kupfer und die Edelmetalle dagegen reagieren nicht. Allgemein gilt:

unedles Metall + saure Lösung ⟶ Salz (gelöst) + Wasserstoff

Bei der Reaktion von Salzsäure mit unedlen Metallen entstehen Chloride und Wasserstoff.

Chloride aus Metalloxiden. Salzlösungen bilden sich auch bei der Reaktion von Metalloxiden mit verdünnten Säuren. So reagiert zwar Kupfer nicht mit Salzsäure (▷ B 2), wohl aber Kupferoxid (▷ B 3). Eine Gasentwicklung ist dabei nicht zu beobachten, denn es entsteht kein Wasserstoff, sondern Wasser. Allgemein gilt:

Metalloxid + saure Lösung ⟶ Salz (gelöst) + Wasser

Metalloxide reagieren mit Salzsäure zu Wasser und den entsprechenden Chloridlösungen.

B 3 Kupferoxid reagiert mit Salzsäure. Beim Eindampfen bleibt Kupferchlorid zurück (rechts)

B 1 Reaktion von Natrium mit konz. Salzsäure

B 3 Magnesium reagiert mit Salzsäure, Kupfer nicht

V 1 Man gibt in einen kleinen Standzylinder ein linsengroßes Stück Natrium (Schutzbrille!) auf konz. Salzsäure und fügt nach der Reaktion jeweils ein weiteres Natriumstückchen hinzu. Man gießt die überstehende Lösung ab und gibt das Salz in wenig Wasser. Einen Teil der Lösung dampft man ein. Den anderen Teil der Lösung läßt man auf einem Filterpapier verdunsten und betrachtet die Kristalle unter der Lupe.

V 2 a) Gib in ein Reagenzglas zu verdünnter Salzsäure Magnesiumspäne (Schutzbrille!). Verschließe das Reagenzglas sofort mit einem durchbohrten Stopfen mit Gasableitungsrohr. Stülpe über das Gasableitungsrohr ein kleines Reagenzglas. Führe mit dem Gas die Knallgasprobe durch. Wiederhole den Versuch, bis die Gasentwicklung aufhört.
b) Filtriere das nicht umgesetzte Magnesium ab und dampfe die Lösung in einer Porzellanschale ein. Löse nach dem Erkalten den eingedampften Stoff in wenig Wasser. Prüfe die elektrische Leitfähigkeit der Lösung und gib anschließend einige Tropfen Silbernitratlösung zu.
c) Wiederhole den ersten Teil des Versuchs mit Eisen, Kupfer, Zink, Silber oder Platin.

V 3 a) Gib in ein Reagenzglas etwas schwarzes Kupferoxid und füge verdünnte Salzsäure zu (Schutzbrille!). Erwärme kurz. Filtriere das nicht umgesetzte Kupferoxid ab und dampfe die Lösung in einer Porzellanschale ein.
b) Wiederhole den Versuch mit Magnesiumoxid, Zinkoxid oder Calciumoxid.

A 1 Stelle die Formelgleichung auf für die Reaktion
a) von Salzsäure mit Magnesium (Natrium)
b) von Salzsäure mit Kupfer(II)oxid.

12.8 Kohlensäure und ihre Salze

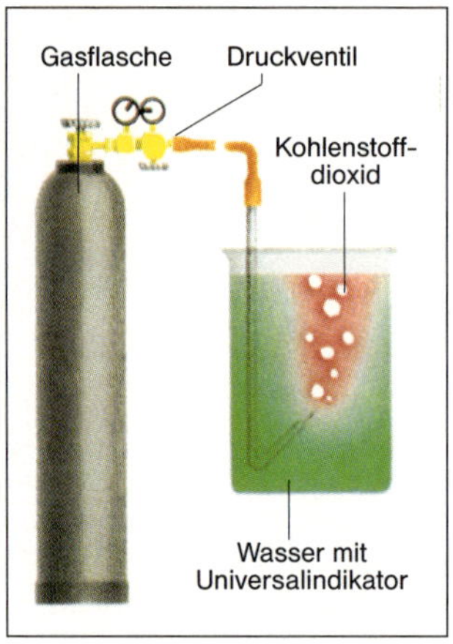

B 1 Aus Sprudel entweicht Kohlenstoffdioxid

B 2 Kohlenstoffdioxid bildet mit Wasser Kohlensäure

V 1 Leite Kohlenstoffdioxid längere Zeit durch kaltes, mit Universalindikator versetztes Wasser.

V 2 Erhitze Sprudel, dem ein Indikator zugefügt wurde, in einem Becherglas bis zum Sieden.

V 3 Tropfe auf Kalkstein bzw. Calciumcarbonat verdünnte Salzsäure. Deute die Beobachtung.

V 4 Mische 1 Teil Natriumhydrogencarbonat mit 2 Teilen Citronensäure. Gib etwas Zucker (Modellversuch Brausepulver) oder Mehl (Modellversuch Backpulver) zu. Die Reaktion tritt erst nach Wasserzugabe ein.

A 1 Welcher Unterschied besteht zwischen Kohlenstoffdioxid und Kohlensäure?

B 3 Sprudel verliert beim Erhitzen seine Säure

B 4 Brausetabletten enthalten Hydrogencarbonat und Säure

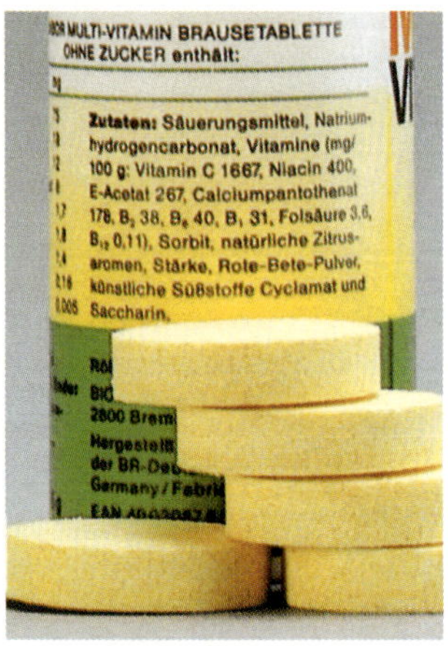

Öffnet man eine Flasche Sprudel, so entweicht ein Gas, das Kohlenstoffdioxid (▷ B 1). Es wird in der Umgangssprache oft als Kohlensäure bezeichnet. Kohlenstoffdioxid kann jedoch keine Säure sein, denn das Gas enthält Moleküle und keine H_3O^+-Ionen. Leitet man Kohlenstoffdioxid in Wasser, so entsteht eine saure Lösung (▷ B 2). Kohlenstoffdioxid reagiert mit Wasser zu Kohlensäure. Diese reagiert sofort mit weiteren Wassermolekülen. Dabei entstehen H_3O^+-Ionen, die die saure Wirkung verursachen.

$$CO_2 + H_2O \longrightarrow H_2CO_3$$
$$H_2CO_3 + H_2O \longrightarrow H_3O^+ + HCO_3^-$$

Kohlensäure ist eine unbeständige Säure. Erwärmt man Sprudel, so zeigt der Indikator nach kurzer Zeit, daß die Flüssigkeit kaum noch sauer ist (▷ B 3). Beim Erwärmen entweicht das gelöste Kohlenstoffdioxid, und die Kohlensäure zerfällt in Kohlenstoffdioxid und Wasser. Die Kohlensäure ist eine unbeständige Säure.

Kohlensäure in unserer Umwelt. Kohlensäure entsteht in der Natur durch Kohlenstoffdioxid-Aufnahme des Regenwassers. Korrosionsvorgänge wie z.B. das Rosten von Eisen werden durch die saure Lösung beschleunigt. Auch *Patina*, der blaugrüne Überzug von Kupferdächern, entsteht durch Einwirkung von Kohlensäure.

Kohlensäure bildet zwei Arten von Salzen. Von Kohlensäure kennt man zwei Säurerestionen. Die Salze mit dem Säurerestion CO_3^{2-} heißen **Carbonate**, solche mit dem Säurerestion HCO_3^- nennt man **Hydrogencarbonate**, da sie noch ein Wasserstoffatom (Hydrogenium) enthalten.

Alle Carbonate kann man durch Auftropfen von Salzsäure nachweisen. Bei der Reaktion beobachtet man ein Aufschäumen, es bildet sich Kohlenstoffdioxid (▷ V 3).

Natriumhydrogencarbonat $NaHCO_3$ wurde früher unter der Bezeichnung *Natron* gegen Sodbrennen eingenommen. Dabei reagiert die Magensäure mit dem Natriumhydrogencarbonat unter Bildung von Kochsalz und Kohlensäure. Letztere zerfällt in Wasser und Kohlenstoffdioxid. Die Eigenschaft des Natriumhydrogencarbonats, mit Säuren Kohlenstoffdioxid zu bilden, macht man sich bei der Herstellung von Brause- und Backpulver zunutze (▷ V 4). Auch in Feuerlöschern findet das Salz Verwendung.

Natriumcarbonat Na_2CO_3 kommt unter der Bezeichnung *Soda* in den Handel und wird bei der Herstellung von Seifen, Glas und Farbstoffen verwendet.

Kaliumcarbonat K_2CO_3 findet ähnliche Verwendung wie Natriumcarbonat. Es wird auch *Pottasche* genannt, da es früher in großen Töpfen (Pötten) aus Holzasche gewonnen wurde.

B 5 Kalksteinbruch auf der Schwäbischen Alb

B 6 Höhle auf der Schwäbischen Alb. An Decke und Boden bilden sich seit Millionen von Jahren Tropfsteine

Der Kalkkreislauf in der Natur. Kalkstein ist in der Natur sehr weit verbreitet. Ganze Gebirgszüge wie z.B. die Schwäbische Alb oder die Kalkalpen bestehen aus diesem Gestein. Weißer Kalkstein ist ein Salz der Kohlensäure, das **Calciumcarbonat** $CaCO_3$. Das Salz löst sich in reinem Wasser nur sehr wenig. Gerade aber im Kalkgestein auf der Schwäbischen Alb findet man viele Höhlen, in denen vom Boden aus und von der Decke herab schöne Tropfsteine wachsen (▷ B 6). Wie ist diese Naturerscheinung zu erklären?

Regenwasser nimmt beim Durchgang durch die Luft und beim Versickern durch den Humus des Bodens Kohlenstoffdioxid auf. So entsteht auf natürliche Weise Kohlensäure. Beim Fließen durch kalkhaltiges Gestein löst das kohlensäurehaltige Wasser den Kalkstein auf. Dabei reagiert Calciumcarbonat mit der Kohlensäure unter Bildung von gut löslichem Calciumhydrogencarbonat. Als Folge davon bilden sich an der Oberfläche von Kalkgebirgen oft tiefe Furchen und Rillen. In den tieferliegenden Kalkschichten können Höhlen entstehen mit hohen Hallen und weitverzweigten Gängen (▷ B 7). Der Prozeß der Höhlenbildung dauert Hunderttausende von Jahren.

Beim Verdunsten einer Calciumhydrogencarbonat-Lösung entweicht Kohlenstoffdioxid. Aus dem leicht löslichen Salz entsteht wieder das schwerlösliche Calciumcarbonat, das als weißer Kalkstein sichtbar wird. Dieser Vorgang läuft sehr langsam auch in der Natur ab, z.B. bei der Bildung von Tropfsteinen in Höhlen oder bei der Entstehung von Kalksinterterrassen, wo beim Herabstürzen des Wassers viel Kohlenstoffdioxid frei wird.
Auch in manchen Bächen kommt es zu Kalkablagerungen, wenn sich das kohlensäurehaltige Wasser erwärmt und verdunstet. Man findet im Kalktuff mit Kalkstein überzogene Blätter, Zweige, Schneckengehäuse u.a..

V 5 Leite in Kalkwasser so lange Kohlenstoffdioxid ein, bis sich der anfänglich gebildete Niederschlag aus Calciumcarbonat wieder auflöst.

A 2 Calciumcarbonat $CaCO_3$ und Calciumhydrogencarbonat $Ca(HCO_3)_2$ unterscheiden sich in ihrer Löslichkeit in Wasser. Beschreibe.

A 3 Formuliere Wort- und Formelgleichungen für die chemischen Reaktionen, die bei folgenden Naturerscheinungen ablaufen: a) Bildung von Kalksteinhöhlen, b) Bildung von Tropfsteinen, c) Bildung von Kalksinterterrassen.

B 7 Kreislauf des Kalks in der Natur

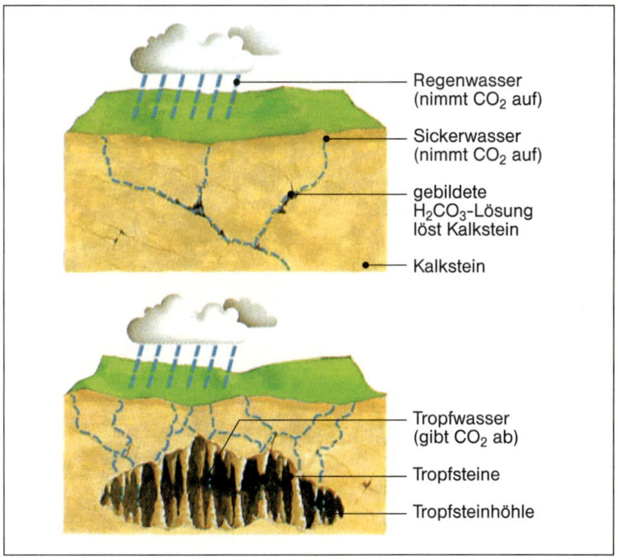

12.9 Praktikum: Wir untersuchen die Wasserhärte

Zur Bestimmung der Wasserhärte gibt es unterschiedliche Verfahren. In den folgenden Versuchen werden wir einige Verfahren kennenlernen.

Versuch 1 Bestimmung der Gesamthärte mit Hilfe genormter Seifenlösungen

Geräte/Materialien
Erlenmeyerkolben (250 ml) mit Stopfen, Meßpipette, Meßzylinder (100 ml)

Chemikalien
Genormte Seifenlösung (nach Pellet oder Boutron-Boudet), Leitungswasser

Versuchsanleitung
Fülle in einen Erlenmeyerkolben 100 ml Leitungswasser und gib mit Hilfe einer Meßpipette portionsweise jeweils 1 ml der Seifenlösung nach Pellet oder 0,5 ml der Seifenlösung nach Boutron-Boudet hinzu. Verschließe jeweils nach Zugabe der Seifenlösung den Erlenmeyerkolben mit einem Stopfen und schüttle kräftig. Die Bestimmung ist beendet, wenn sich ein dauerhafter Schaum bildet. Der Verbrauch von 1 ml Seifenlösung nach Pellet oder 0,5 ml nach Boutron-Boudet entspricht 1 °dH.

Versuch 2 Bestimmung der Gesamthärte mit Teststäbchen oder einem Reagenziensatz

Geräte/Materialien
Teststäbchen (Gesamthärte-Test) oder Reagenziensatz zur Bestimmung der Gesamthärte

Versuchsanleitung
a) Besonders einfach ist die Bestimmung mit Teststäbchen durchzuführen. Halte das Teststäbchen 1 Minute in die Wasserprobe. Vergleiche dann die Farbe der Reaktionszone mit der vorgegebenen Farbskala.
b) Mit einem Reagenziensatz kannst du die Härte genauer ermitteln. Verfahre bei der Durchführung nach der beiliegenden Gebrauchsanweisung.

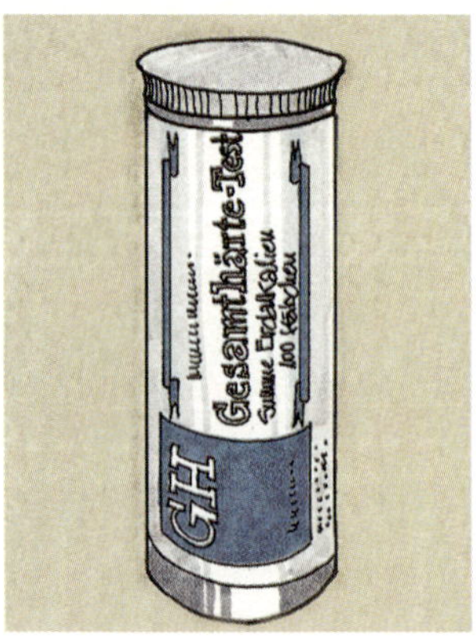

Versuch 3 Hartes Wasser – weiches Wasser

Geräte/Materialien

6 Reagenzgläser, Stopfen, Reagenzglasgestell, Teststäbchen oder Reagenziensatz zur Bestimmung der Gesamthärte

Chemikalien

dest. Wasser, Regenwasser, Leitungswasser, 0,1 %ige wäßrige Lösungen von Magnesiumchlorid, Calciumchlorid und Natriumchlorid (zum Lösen dest. Wasser verwenden)

Versuchsanleitung

Fülle die sechs Reagenzgläser etwa zur Hälfte mit den verschiedenen Wasserproben. Bestimme die Gesamthärten der sechs Proben mit Hilfe von Teststäbchen oder mit Hilfe eines Reagenziensatzes

Auswertung

Welche Ionen sind für die Wasserhärte verantwortlich?

Versuch 4 Vorübergehende und bleibende Härte

Geräte/Materialien

Schutzbrille, 2 Reagenzgläser, Reagenzglashalter, Gasbrenner, Teststäbchen oder Reagenziensatz zur Wasserhärtebestimmung, Siedesteine

Chemikalien

0,1 %ige wäßrige Lösungen von Calciumhydrogencarbonat und Calciumsulfat

Versuchsanleitung

1. Fülle zwei Reagenzgläser je zur Hälfte mit der vorbereiteten Calciumhydrogen- und Calciumsulfatlösung. Bestimme jeweils die Gesamthärte.
2. Erhitze beide Lösungen einige Minuten über der Brennerflamme (Reagenzglashalter und Siedesteine verwenden, Reagenzglas ständig bewegen).
3. Prüfe nach dem Abkühlen erneut den Härtegrad.

Auswertung/Fragen

1. Warum wird die auf Calciumhydrogencarbonat beruhende Härte des Wassers als vorübergehende Härte bezeichnet?
2. Welcher Stoff könnte sich beim Erhitzen aus dem Calciumhydrogencarbonat gebildet haben?
3. Warum wird die auf Calciumsulfat beruhende Härte als bleibende Härte bezeichnet?

12.10 Wasserhärte

Wenn Kaffeemaschinen und Tauchsieder verkalken, sich an Wasserhähnen und Duschköpfen Kalkablagerungen bilden oder Wasserrohre zuwachsen (▷ B 1), sind dafür im Wasser gelöste Salze verantwortlich. Von besonderer Bedeutung sind dabei Calcium- und Magnesiumsalze.

Die Wasserhärte. Wasser, das eine größere Menge gelöster Calcium- und Magnesiumsalze enthält, bezeichnet man als **hartes Wasser**. Für den praktischen Gebrauch wird in Deutschland das Wasser in 4 Härtebereiche eingeteilt (▷ B 2).

Erhitzt man hartes Wasser, das z. B. Calcium- oder Magnesiumhydrogencarbonat in gelöster Form enthält, so zerfallen die Hydrogencarbonate und bilden schwerlösliches Calcium- bzw. Magnesiumcarbonat:

$$Ca(HCO_3)_2 \longrightarrow CaCO_3 + H_2O + CO_2$$

$$Mg(HCO_3)_2 \longrightarrow MgCO_3 + H_2O + CO_2$$

Diese schwerlöslichen Carbonate schaffen im Haushalt viele Probleme, denn sie setzen sich als *Kesselstein* in Wasserkesseln, Töpfen, Boilern und anderen Haushaltsgeräten ab.
Durch die Bildung schwerlöslicher Verbindungen geht jedoch der Anteil an gelösten Calcium- und Magnesiumionen zurück, das Wasser wird daher weicher. Diesen Teil der Wasserhärte, der durch Erhitzen beseitigt wird, bezeichnet man als **vorübergehende Härte**.
Calcium- und Magnesiumsalze, die beim Erhitzen nicht ausfallen (z. B. Calciumchlorid oder Magnesiumsulfat), bilden dagegen die **bleibende Härte**.
Vorübergehende und bleibende Härte bilden zusammen die **Gesamthärte** des Wassers.

Enthärtungsanlagen. Zur Herabsetzung der Wasserhärte werden im Handel unterschiedliche Wasserenthärtungsanlagen angeboten. Viele Enthärteranlagen funktionieren nach dem Prinzip eines **Ionenaustauschers**.
Bei Geschirrspülmaschinen z. B. werden zur Enthärtung kleine Kunstharzkugeln eingesetzt, deren Oberflächen mit Natriumionen bedeckt sind. Fließt an diesen Kugeln hartes Wasser vorbei, dann werden die Calcium- und Magnesiumionen des Wassers gegen Natriumionen ausgetauscht (▷ B 3, links). Natriumionen tragen nicht zur Wasserhärte bei. Die Enthärtung kann aber nur so lange erfolgen, wie genügend Natriumionen zum Austausch bereitstehen. Im anderen Fall muß der Enthärter regeneriert werden. Dazu füllt man in die Spülmaschine Regeneriersalz ein (▷ B 4). Dieses Salz ist hauptsächlich Natriumchlorid (Kochsalz), das für Genußzwecke unbrauchbar gemacht worden ist. Die Natriumionen des Regeneriersalzes besetzen die Oberfläche der Kunstharzkugeln, während die Calcium- und Magnesiumionen wieder abgegeben werden (▷ B 3, rechts). Der Enthärter ist jetzt wieder betriebsbereit.

B 1 Kalkablagerungen in einem Wasserleitungsrohr

Härtebereich	Wasserhärte in °dH
1 weich	0 – 7
2 mittelhart	7 – 14
3 hart	14 – 21
4 sehr hart	über 21

B 2 Härtebereiche des Wassers

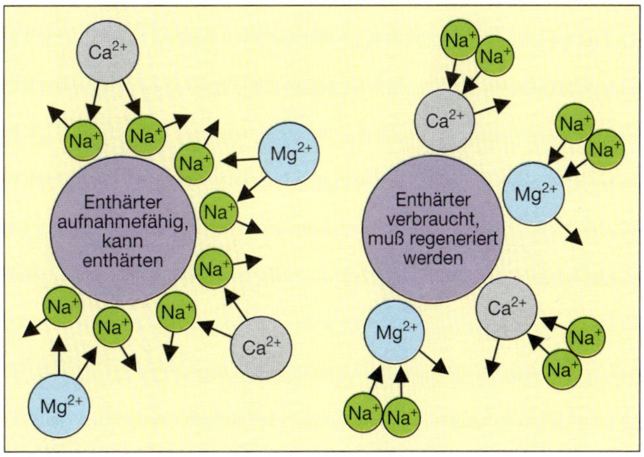

B 3 Wasserenthärtung durch Ionenaustausch. Links: Vorgang des Enthärtens, rechts: Vorgang des Regenerierens

B 4 Regeneriersalz für eine Geschirrspülmaschine

12.11 Eigenschaften und Verwendung der Schwefelsäure

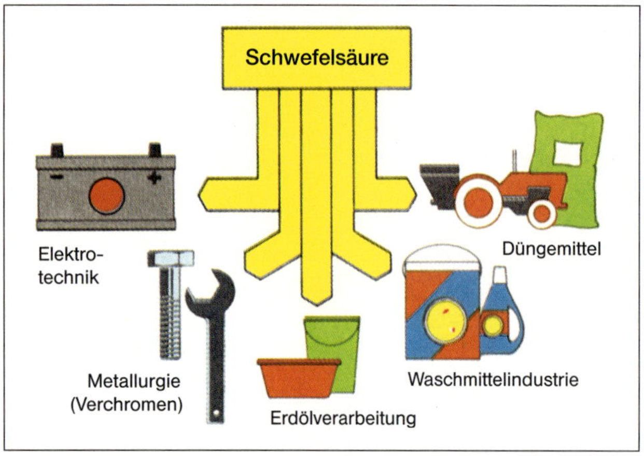

B 1 Verwendung von Schwefelsäure. Schwefelsäure wird zur Herstellung vieler Produkte gebraucht

V 1 Man füllt einen Rundkolben mit einem Schwefeldioxid-Luft-Gemisch (Abzug! Schwefeldioxid aus Natriumsulfit und konz. Schwefelsäure herstellen). Der Kolben wird durch einen Stopfen mit angefügtem Platinheizdraht verschlossen. Der Platindraht wird mit einem Netzgerät vorsichtig auf schwache Rotglut aufgeheizt.

A 1 Entnimm ▷ B 3, wieviel Prozent Schwefeltrioxid bei 500 °C, 600 °C, 750 °C, 800 °C und 900 °C entstehen können.

A 2 Warum ist die Verwendung eines Katalysators bei der Bildung von Schwefeltrioxid von besonderer Bedeutung?

Schwefelsäure ist eine der wichtigsten Industriechemikalien. Sie wird benötigt bei der Herstellung von Düngemitteln, Waschmitteln, Sprengstoffen, Farbstoffen, Kunststoffen und Medikamenten. Außerdem wird sie bei der Veredelung von Metalloberflächen (z. B. Verchromung), in Autobatterien als „Batteriesäure" und für viele andere Zwecke eingesetzt (▷ B 1).

Vom Schwefeldioxid zur Schwefelsäure. Beim Verbrennen von Schwefel in einem rostigen Verbrennungslöffel bildet sich neben dem unsichtbaren Schwefeldioxid ein weißer Rauch. Der Rost (Eisenoxid) des Verbrennungslöffels dient bei dieser Reaktion als Katalysator. Er bewirkt, daß *Schwefeldioxid* weiter oxidiert wird zu einem anderen Oxid des Schwefels, dem *Schwefeltrioxid*:

$$2\,SO_2 + O_2 \longrightarrow 2\,SO_3$$

Wie ▷ B 3 zeigt, hängt die Ausbeute an Schwefeltrioxid von der Temperatur ab. Oberhalb 600 °C zerfällt der größte Teil des Schwefeltrioxids wieder in Schwefeldioxid und Sauerstoff. Den größten Anteil an Schwefeltrioxid erhält man bei niedrigen Temperaturen, jedoch läuft die Reaktion bei niedriger Temperatur zu langsam ab. Will man in kurzer Zeit möglichst viel Schwefeltrioxid erhalten, müssen als Reaktionsbeschleuniger geeignete Katalysatoren eingesetzt werden. Besser als das Eisenoxid des Verbrennungslöffels eignen sich dafür Platinkatalysatoren (▷ B 4).

Schwefeltrioxid reagiert mit Wasser zu **Schwefelsäure**:

$$SO_3 + H_2O \longrightarrow H_2SO_4$$

Die im Handel befindliche konzentrierte Schwefelsäure ist 96 %ig bis 98 %ig.

B 2 Umgang mit Schwefelsäure

B 3 Schwefeltrioxid ist bei höheren Temperaturen nicht beständig

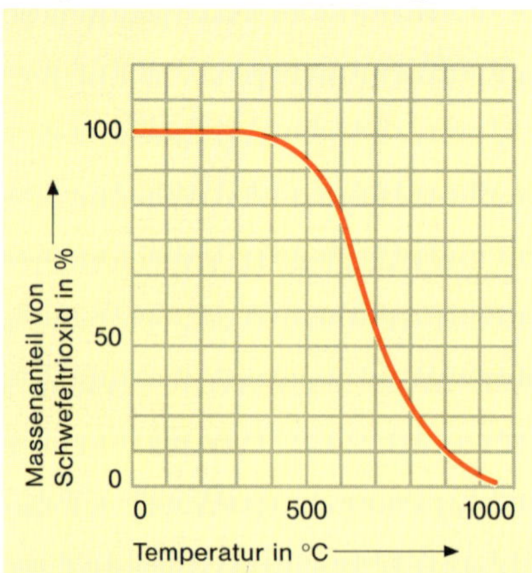

B 4 Bildung von Schwefeltrioxid aus Schwefeldioxid mit Platin als Katalysator

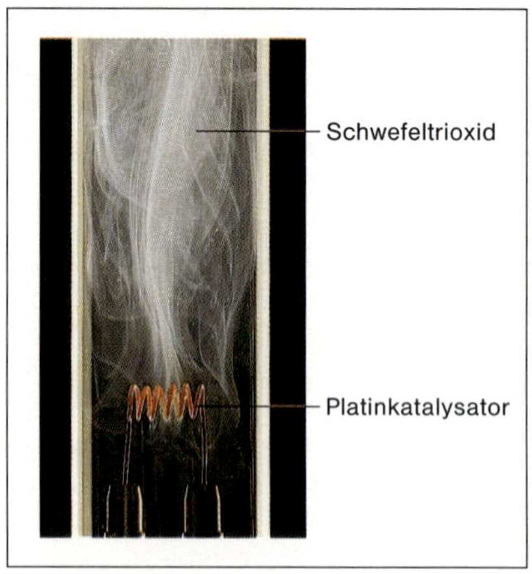

Eigenschaften der Schwefelsäure. Konzentrierte Schwefelsäure ist eine farblose, geruchlose, ölige Flüssigkeit, die bei 338 °C siedet und sich unter Bildung hustenreizender Nebel zersetzt. Ihre Dichte (1,84 g/cm³) ist wesentlich größer als die des Wassers.

Läßt man konzentrierte Schwefelsäure offen an der Luft stehen, stellt man nach kurzer Zeit eine Massenzunahme fest (▷ V 2). Schwefelsäure nimmt Feuchtigkeit aus der Luft auf, sie ist **hygroskopisch**. Wasserhaltiges, rotes Cobaltchlorid wandelt sich daher über konzentrierter Schwefelsäure in das wasserfreie, blaue Cobaltchlorid um. Aufgrund der hygroskopischen Wirkung kann konzentrierte Schwefelsäure als Trocknungsmittel in Exsikkatoren (von lat. exsiccare, austrocknen) verwendet werden (▷ B 5) und in Waschflaschen zur Trocknung von Gasen.

Auf Stoffe wie z. B. Zucker, Holz und Papier wirkt Schwefelsäure verkohlend (▷ V 4, ▷ B 6). Die Moleküle, aus denen Zucker, Holz und Papier aufgebaut sind, bestehen hauptsächlich aus Kohlenstoff-, Wasserstoff- und Sauerstoffatomen. Aus diesen Molekülen spaltet konzentrierte Schwefelsäure Wasserstoff- und Sauerstoffatome in Form von Wassermolekülen ab; zurück bleibt Kohlenstoff.

Auch Kleidungsstücke, Haare und Haut werden zerstört (▷ B 7). Weil konzentrierte Schwefelsäure eine **stark ätzende Säure** ist, müssen beim Umgang mit ihr Schutzbrille, Schutzhandschuhe und Schutzkleidung getragen werden. Durch unvorsichtiges Hantieren mit Schwefelsäure haben sich schon schwere Unfälle ereignet. Besonders vorsichtig muß beim Verdünnen der Schwefelsäure vorgegangen werden.

Verdünnen der Schwefelsäure. Beim Verdünnen von konzentrierter Schwefelsäure mit Wasser wird sehr viel Wärme frei. Die dabei erreichten Temperaturen können deutlich über 100 °C liegen und damit die Siedetemperatur des Wassers überschreiten. Da Wasser aufgrund seiner geringen Dichte auf Schwefelsäure schwimmt, können sich an den Berührungsflächen zwischen Wasser und Schwefelsäure Dampfblasen bilden. Beim Aufsteigen der Dampfblasen kann Säure aus dem Gefäß spritzen. Bei der Herstellung von verdünnter Schwefelsäure darf man deshalb niemals Wasser in konzentrierte Schwefelsäure geben.

Bei Zugabe von Schwefelsäure zu Wasser bilden sich zwei Arten von Säurerestionen:

$$H_2SO_4 + H_2O \longrightarrow H_3O^+ + HSO_4^-$$

$$HSO_4^- + H_2O \longrightarrow H_3O^+ + SO_4^{2-}$$

Die HSO_4^--Ionen heißen **Hydrogensulfationen** und die SO_4^{2-}-Ionen **Sulfationen**.

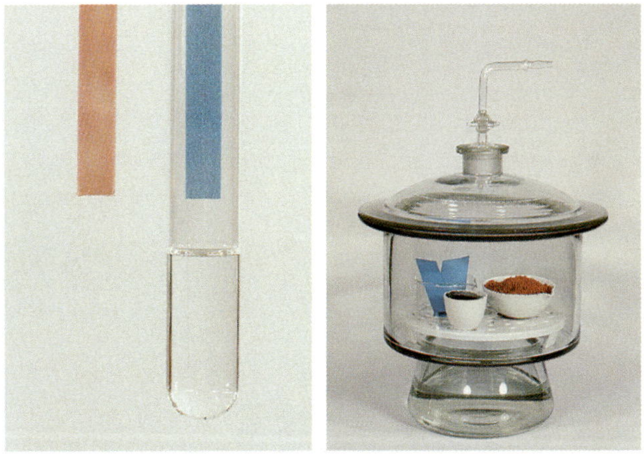

B 5 Konzentrierte Schwefelsäure ist hygroskopisch. Links: Rotes Cobaltchlorid wird blau. Rechts: Trockenmittel im Exsikkator

V 2 Eine Petrischale mit konzentrierter Schwefelsäure wird auf einer Waage austariert. Man beobachtet einige Zeit (Schutzbrille!).

V 3 Man hängt in ein Reagenzglas über etwas konzentrierte Schwefelsäure einen Streifen Filterpapier, der mit Cobaltchloridlösung getränkt wurde (Schutzbrille!).

V 4 a) Ein Holzspan oder ein Stück Baumwollstoff wird in einer Porzellanschale in konzentrierte Schwefelsäure getaucht.
b) In einem Becherglas wird ein dickflüssiger Brei aus Zucker und Wasser hergestellt. Man gibt etwa die gleiche Menge konzentrierte Schwefelsäure zu. (Abzug! Schutzbrille!).

B6 Verkohlung von Zucker durch konz. Schwefelsäure

B 7 Durch Schwefelsäure zerstörtes Baumwollgewebe

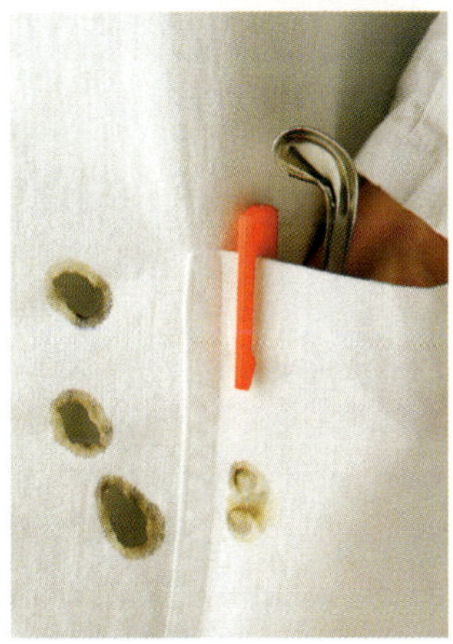

B 1 Kupfer reagiert mit heißer konz. Schwefelsäure

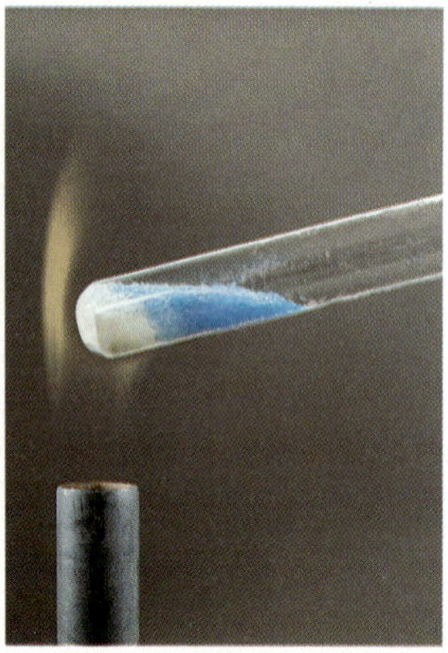

B 2 Blaues Kupfersulfat wird beim Erhitzen weiß

V 1 Gib in ein Reagenzglas mit einigen Stückchen Zinkblech bzw. Magnesiumband verdünnte Schwefelsäure. Wiederhole den Versuch mit reinem und oxidiertem Kupferblech.

⚠ **V 2** Man gibt zu 2 ml heißer konz. Schwefelsäure Zinkpulver und weist die entstehenden Gase mit feuchtem Indikatorpapier bzw. Bleisalzpapier nach. (Schutzbrille! Abzug!)

V 3 Gib zu verdünnter Schwefelsäure bzw. Sulfatlösungen einige Tropfen Bariumchloridlösung.

A 1 Stelle die Reaktionsgleichungen für folgende Reaktionen auf: a) Zink und verdünnte Schwefelsäure, b) Magnesiumoxid und verdünnte Schwefelsäure.

B 3 Schwerspat (links), **Bariumsulfat als Röntgenkontrastmittel** (rechts)

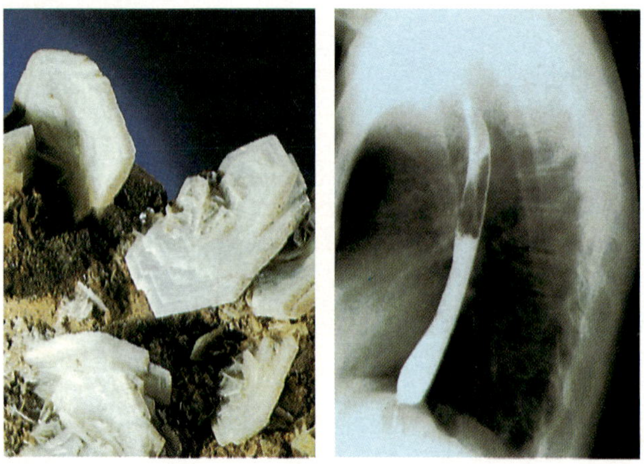

Salze der Schwefelsäure. Da Schwefelsäure zwei Arten von Säurerestionen bildet, können bei der Reaktion mit unedlen Metallen oder Metalloxiden (▷ V 1) auch *zwei Arten von Salzen* entstehen: **Sulfate** und **Hydrogensulfate**.

Verdünnte Schwefelsäure reagiert mit unedlen Metallen unter Bildung von Wasserstoff und gelösten Sulfaten, z. B. mit Magnesium zu Wasserstoff und gelöstem Magnesiumsulfat.

Auch mit Metalloxiden bilden sich die entsprechenden Salzlösungen. So entsteht z. B. mit Kupfer(II)-oxid eine Lösung von blauem Kupfersulfat. Mit halbedlen und edlen Metallen reagiert verdünnte Schwefelsäure nicht.

Beispiel für Reaktionsgleichungen:

$$Mg + H_2SO_4 \longrightarrow MgSO_4 + H_2$$

$$CuO + H_2SO_4 \longrightarrow CuSO_4 + H_2O$$

Konzentrierte Schwefelsäure reagiert ebenfalls mit unedlen Metallen (▷ V 2). Dabei entsteht jedoch kein Wasserstoff, sondern ein Gemisch aus Schwefel, Schwefeldioxid und einem weiteren Gas, das nach faulen Eiern riecht und Bleisalzpapier schwarz färbt: *Schwefelwasserstoff*. Die Metalle werden bei der Reaktion mit konzentrierter Schwefelsäure zu Metalloxiden *oxidiert*. Mit *heißer* konzentrierter Schwefelsäure reagieren sogar halbedle Metalle wie Kupfer (▷ B 1).

Nachweis von Sulfationen. Gibt man Bariumchloridlösung zu Schwefelsäure oder Sulfatlösungen, so fällt ein weißer, feinkristalliner Niederschlag aus. Es bildet sich schwerlösliches Bariumsulfat (▷ V 3).

$$Ba^{2+} + SO_4^{2-} \longrightarrow BaSO_4$$

Bariumionen sind ein Nachweismittel für Sulfationen.

Bariumsulfat. Der Name *Schwerspat* für das in der Natur vorkommende Mineral weist auf die hohe Dichte von 4,5 g/cm^3 hin. Im Gegensatz zu anderen Bariumverbindungen ist Bariumsulfat ($BaSO_4$) wegen seiner äußerst geringen Löslichkeit ungiftig. Es dient als Kontrastmittel bei Röntgenaufnahmen (▷ V 3) und wird als weißes Füllmaterial zur Herstellung von Kunstdruckpapier verwendet.

Kupfersulfat, ein wasserhaltiges Salz. Erhitzt man blaues Kupfersulfat, so entweicht Wasserdampf, und das Salz wird weiß (▷ B 2). Bei Zugabe von Wasser bildet sich unter Erwärmung wieder das blaue Salz (▷ V 4).

Dieser Vorgang beruht darauf, daß blaues Kupfersulfat *Kristallwasser (Hydratwasser)* enthält, d.h., daß Wassermoleküle in einem bestimmten Verhältnis in das Ionengitter des Salzes eingebaut sind. Da der Kristallwasseranteil für bestimmte Salze typisch ist, wird er auch in der Formel angegeben. So lautet die Formel von blauem Kupfersulfat $CuSO_4 \cdot 5\,H_2O$ (lies $CuSO_4$ mit $5\,H_2O$). Kupfersulfat wird im Obst- und Weinbau zur Bekämpfung von Pilzkrankheiten eingesetzt. Es dient ferner zur Herstellung von Kunstseide und galvanischen Bädern (Verkupfern).

Calciumsulfat ($CaSO_4 \cdot 2\,H_2O$) kommt als *Gips* in der Natur häufig vor und bildet oft schöne Kristalle (▷ B 4), ist aber auch in durchsichtigen Plättchen („Marienglas") anzutreffen. Durch Erhitzen auf ca. 130 °C erhält man gebrannten Gips oder Stuckgips. Er besitzt nur noch ein Viertel seines ursprünglichen Kristallwassers. Wird er mit Wasser angerührt, so erhärtet der Brei innerhalb kurzer Zeit (▷ V 5). Man sagt, der Gips *„bindet ab"*. In einer exothermen Reaktion entstehen durch Kristallwasseraufnahme feine nadelförmige Kristalle, die ineinander verfilzt sind. Das Volumen vergrößert sich dabei um 1 %. Gebrannten Gips verwendet man zur Herstellung von Innenputz, Gipsverbänden und Gipsabdrücken (▷ B 5).

Natriumsulfat (Glaubersalz, $Na_2SO_4 \cdot 10\,H_2O$) und **Magnesiumsulfat** (Bittersalz, $MgSO_4 \cdot 7\,H_2O$) sind gelöst in Mineralwässern und Heilquellen enthalten. Glaubersalz findet besonders bei der Glasherstellung und in der Färberei Verwendung, Bittersalz bei der Herstellung von Düngern und Feuerlöschmitteln.

Kaliumhydrogensulfat, ein saures Salz. Nicht nur Säurelösungen, sondern auch manche Salzlösungen, wie z. B. die wäßrige Lösung von Kaliumhydrogensulfat $KHSO_4$ (▷ V 6), besitzen saure Eigenschaften. In wäßriger Lösung liefern Hydrogensulfationen die für eine saure Lösung verantwortlichen H_3O^+-Ionen:

$$HSO_4^- + H_2O \longrightarrow H_3O^+ + SO_4^{2-}$$

Das feste Kaliumhydrogensulfat ersetzt die ehemals in WC-Reinigern verwendete Salzsäure. Kaliumsulfatlösung besitzt dagegen keine sauren Eigenschaften.

V 4 Erhitze in einem waagerecht gehaltenen Reagenzglas einige Kupfersulfatkristalle. Beobachte den kälteren Teil des Reagenzglases und die Farbänderung des Salzes. Laß das Glas in waagerechter Stellung erkalten und gib dann einige Tropfen Wasser hinzu. Prüfe die Temperaturänderung. (Schutzbrille!)

V 5 Rühre gebrannten Gips mit Wasser an und gib ihn in eine Form (Streichholzschachtel). Drücke eine mit Öl bestrichene Münze in die Masse und entferne sie nach ca. 20 min wieder.

V 6 Löse etwas Kaliumhydrogensulfat in Wasser und prüfe einen Teil der Lösung mit einem Indikator. Gib zum anderen Teil ein Stückchen Magnesiumband. Wiederhole den Versuch mit Kaliumsulfatlösung. (Schutzbrille!)

A 2 Warum wird die Oberfläche von blauem Kupfersulfat weiß, wenn man konzentrierte Schwefelsäure hinzugibt?

A 3 Warum kann man Gips zum Fixieren von Wandhaken verwenden?

B 4 Gipskristalle mit Schwalbenschwanzzwillingen

B 5 Gipsabdrücke geben die Form originalgetreu wieder

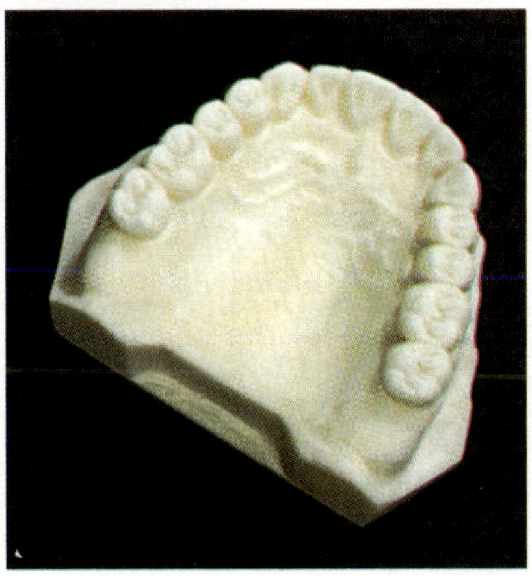

B 6 Gipsbruch in Süddeutschland

12.13 Technische Herstellung der Schwefelsäure

Land	Schwefelsäure-Produktion in Mio. t
USA	30
ehemalige Sowjetunion	24
Volksrepublik China	8
Japan	7
Deutschland	5
Frankreich	4
Kanada	3
Welt	ca. 120

B 1 Produktion von Schwefelsäure pro Jahr

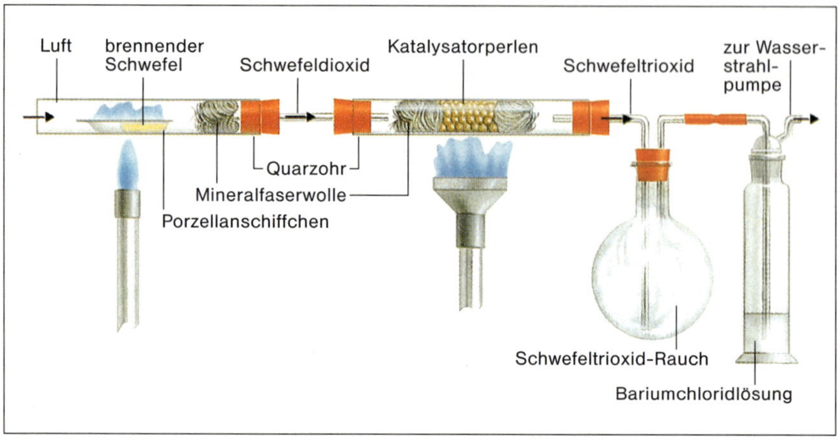

B 2 Versuch zum Kontaktverfahren. Die Bildung von Schwefelsäure wird mit Bariumchloridlösung nachgewiesen

Das Kontaktverfahren. Schwefelsäure ist die wichtigste Schwefelverbindung in Industrie und Technik. Aufgrund der vielen Verwendungsbereiche werden allein in Deutschland jährlich etwa 5 Millionen Tonnen Schwefelsäure erzeugt (▷ B 1). Daneben gewinnt heute die Wiederaufbereitung (Recycling) von Abfallschwefelsäure immer mehr an Bedeutung.

Die großtechnische Herstellung von Schwefelsäure läßt sich im *Laborversuch* nachvollziehen (▷ B 2). Zunächst wird Schwefel unter Luftzufuhr erhitzt. Das entstehende Schwefeldioxid-Luft-Gemisch wird über eine Katalysatorschicht geleitet. Erst beim Erwärmen bildet sich an den Katalysatorperlen ein weißer Rauch von Schwefeltrioxid. Aus diesem entsteht durch Reaktion mit Wasser Schwefelsäure. Die in der Lösung vorhandenen Sulfationen kann man mit Bariumchloridlösung nachweisen.
Ähnlich wie im Versuch benötigt man auch in der Technik einen Katalysator oder *„Kontakt“* (technische Bezeichnung für Katalysator). Man spricht daher vom **Kontaktverfahren**. Der Produktionsprozeß nach dem Kontaktverfahren läßt sich in *drei Schritte* gliedern.

B 3 Anlage zur großtechnischen Herstellung von Schwefelsäure nach dem Doppelkontaktverfahren

1. Schritt: Gewinnung von Schwefeldioxid. Ausgangsstoff für die Schwefelsäureherstellung ist heute meist *elementarer Schwefel*, der in großen Mengen bei der Aufbereitung von Kohle, Erdgas und Rohölprodukten anfällt oder in Schwefellagern abgebaut wird. Flüssiger Schwefel wird in einem besonderen Ofen mit Luft zerstäubt und zu Schwefeldioxid verbrannt. Schwefeldioxid erhält man auch als Nebenprodukt in großen Mengen bei der Metallgewinnung aus *sulfidischen Erzen*. Vor der Weiterverarbeitung muß das heiße Gas in Abhitzkesseln gekühlt und von Verunreinigungen befreit werden, da diese die Wirksamkeit des Katalysators herabsetzen könnten.

2. Schritt: Katalytische Oxidation von Schwefeldioxid. Das getrocknete Schwefeldioxid-Luft-Gemisch wird in einen Kontaktofen über mehrere, übereinander angeordnete Schichten von Vanadium(V)-oxid geleitet und im Kontakt mit dem Katalysator zu Schwefeltrioxid oxidiert. Da Schwefeltrioxid bei Temperaturen über 600 °C wieder in Schwefeldioxid und Sauerstoff zerfällt, muß man bei niedrigeren Temperaturen (ca. 450 °C) arbeiten. Bei der Bildung von Schwefeltrioxid wird jedoch Wärme frei. Das heiße Gasgemisch muß deshalb nach dem Durchströmen jeder Kontaktschicht in Wärmeaustauschern wieder gekühlt werden.

3. Schritt: Vom Schwefeltrioxid zur Schwefelsäure. Das gekühlte Schwefeltrioxid wird von unten in Absorptionstürme geleitet. Dort wird das Gas von konzentrierter Schwefelsäure aufgenommen (absorbiert), da es sich darin besser löst als in Wasser. Schwefeltrioxid reagiert dabei mit dem in der Säure enthaltenen Wasser zu Schwefelsäure. Durch fortwährende Wasserzufuhr wird die Konzentration der Säure nach der Absorption auf 98 % gehalten. In modernen Anlagen wird das nicht umgesetzte Schwefeldioxid im Kontaktofen über eine weitere Katalysatorschicht geleitet. Durch dieses **Doppelkontaktverfahren** wird die Ausbeute an Schwefeltrioxid erhöht und vor allem die Umweltbelastung durch entweichendes Schwefeldioxid erheblich verringert.

V 1 Versuchsaufbau siehe ▷B 2. Das am Katalysator entstandene Schwefeltrioxid wird durch einen Rundkolben und eine Waschflasche mit Bariumchloridlösung gesaugt. Die in der Waschflasche entstehende Schwefelsäure wird durch den Niederschlag von Bariumsulfat nachgewiesen.

A 1 Welche Vorteile hat das Doppelkontaktverfahren?

A 2 Bei der technischen Schwefeltrioxidherstellung muß das Gasgemisch immer nach Durchströmen einer Kontaktschicht über Wärmeaustauscher geleitet werden. Erkläre!

A 3 Aus sulfidischen Erzen entstehen durch „Abrösten" (Erhitzen unter Luftzufuhr) die entsprechenden Metalloxide, die im Verhüttungsprozeß zur Metallgewinnung eingesetzt werden können. Welches Nebenprodukt fällt dabei in großen Mengen an? Formuliere das Reaktionsschema für das Abrösten von Eisensulfid.

B 4 Vereinfachtes Schema der technischen Schwefelsäureherstellung nach dem Doppelkontaktverfahren

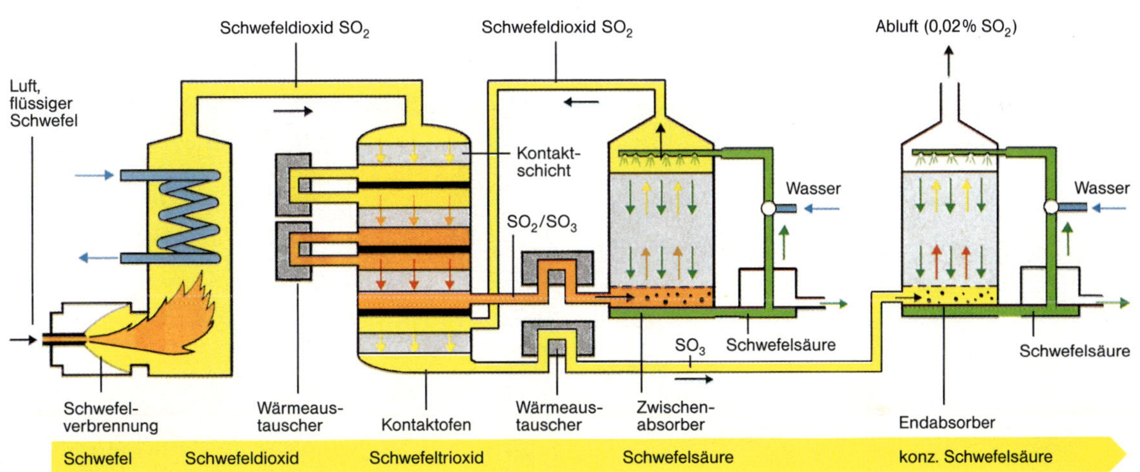

12.14 Natronlauge – die bekannteste Lauge

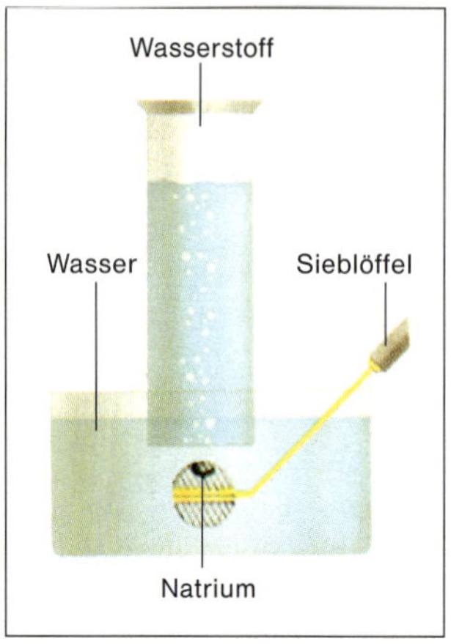

B 1 Bei der Reaktion von Natrium mit Wasser entstehen Natronlauge und Wasserstoff

⚠ **V 1** a) Man läßt ein kleines, krustenfreies Natriumstückchen in einer pneumatischen Wanne mit Wasser reagieren, dem man Universalindikator zugefügt hat.
b) In einem trockenen Sieblöffel wird ein linsengroßes, entkrustetes Stückchen Natrium unter Wasser gehalten (▷ B 1 rechts) und das entstehende Gas in einem kleinen Standzylinder aufgefangen. Das Gas wird auf Brennbarkeit hin untersucht. (Vorsicht! Schutzbrille! Schutzscheibe!)

⚠ **V 2** In einer schwarzen Porzellanschale wird eine kleine Probe aus ▷ V 1 a eingedampft. Den erhaltenen Feststoff löst man anschließend in Wasser, dem man einige Tropfen Universalindikator zugefügt hat.

Vom Natrium zur Natronlauge. Bei der Reaktion von Natrium mit Wasser entstehen Wasserstoff und ein Stoff, der sich unter Schlierenbildung im Wasser auflöst. Der zugefügte Universalindikator wird blaugefärbt, es bildet sich eine *alkalische Lösung* (▷ V 1, ▷ B 1).
Dampft man die Lösung ein (▷ B 2), so bleibt ein *salzartiger, weißer Feststoff* zurück, das **Natriumhydroxid** NaOH.

$$2\,Na + 2\,H_2O \longrightarrow 2\,NaOH + H_2$$

Natrium reagiert mit Wasser zu Natriumhydroxid und Wasserstoff.

Die Prüfung der elektrischen Leitfähigkeit von Natronlauge läßt erkennen, daß in der Lösung Ionen enthalten sind.
Natriumhydroxid ist ein salzartiger Stoff, da es nicht nur in wäßriger Lösung, sondern auch in geschmolzenem Zustand den elektrischen Strom leitet. Natriumhydroxid kommt meistens in Plätzchenform in den Handel. Es ist *hygroskopisch*, d.h. es nimmt aus der Luft Feuchtigkeit auf (▷ V 3, ▷ B 3). Löst man Natriumhydroxid in Wasser, so bildet sich Natronlauge (▷ V 4).

Natronlauge ist die wäßrige Lösung von Natriumhydroxid.

Enthält die Lösung einen großen Anteil an gelöstem Natriumhydroxid, liegt *konzentrierte Natronlauge* vor. Sowohl Natriumhydroxid als auch konzentrierte Natronlauge können starke *Verätzungen* auf der Haut verursachen.
Besonders gefährdet sind Schleimhäute und Augen. Laugenspritzer können die Hornhaut des Auges so stark schädigen, daß der Verletzte erblindet. Beim Umgang mit Natriumhydroxid und Natronlauge muß deshalb eine Schutzbrille getragen werden.

B 2 Ein Feststoff bleibt beim Eindampfen der alkalischen Lösung aus der Reaktion von Natrium mit Wasser zurück

B 3 Festes Natriumhydroxid zerfließt an der Luft durch Aufnahme von Wasser

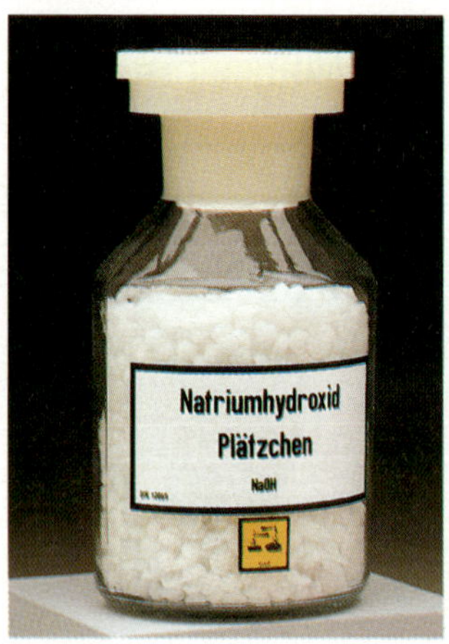

Einen Hinweis auf die ätzende Wirkung des Natriumhydroxids finden wir in der Bezeichnung *Ätznatron*. Die im Haushalt verwendeten Abflußreiniger enthalten Natriumhydroxid (▷ B 4), da die mit Wasser entstehende Natronlauge mit vielen organischen Stoffen wie z. B. Fetten und Ölen zu löslichen Produkten reagiert.

Gelangt Natronlauge auf die Haut, fühlt sich diese glitschig an, da die Hautoberfläche sofort angegriffen wird. Die Natronlauge muß mit viel Wasser abgespült werden.

Hydroxidionen bewirken die alkalische Reaktion. Beim Lösen von Natriumhydroxid in Wasser entstehen frei bewegliche Na^+- und OH^--Ionen (▷ V 5). Man bezeichnet die OH^--Ionen als **Hydroxidionen**. Während die H_3O^+-Ionen die Gemeinsamkeiten aller Säuren bewirken, sind dies bei den alkalischen Lösungen die Hydroxidionen.

Verwendung von Natronlauge. Große Mengen Natronlauge werden bei der Herstellung von Textilien, Aluminium, Papier, Kunststoffen, Farben und Seife eingesetzt. Im Haushalt kann sie zum Abbeizen alter Ölfarben verwendet werden.

> Alle alkalischen Lösungen (Laugen) enthalten Hydroxidionen (OH^--Ionen). Diese bewirken die charakteristischen Eigenschaften der Laugen.

Laugenbrezeln werden vor dem Backen kurz in ca. 3%ige Natronlauge getaucht (▷ B 5). Durch den Backvorgang reagiert die Natronlauge zu ungefährlichen Stoffen.

V 3 Auf ein Uhrglas gibt man etwa 30 Natriumhydroxid-Plätzchen, stellt es unbedeckt auf eine Waage und bestimmt die Masse. Die Natriumhydroxid-Plätzchen läßt man auf der Waage stehen und bestimmt nach einiger Zeit erneut die Masse. Man vergleicht das Aussehen der Plätzchen mit denen aus der Vorratsflasche.

V 4 Löse ein Natriumhydroxidplätzchen im Reagenzglas in dest. Wasser und gib anschließend zur Lösung einen Indikator. (Schutzbrille!)

V 5 Prüfe die Lösung von ▷ V 4 auf elektrische Leitfähigkeit.

V 6 Drücke angefeuchtetes Indikatorpapier auf ein Laugengebäck. Erkläre deine Beobachtung.

A 1 Erläutere den Unterschied zwischen Natriumhydroxid und Natronlauge.

A 2 Warum wird Natriumhydroxid auch Ätznatron genannt?

A 3 Erkläre, warum eine Flasche mit Natriumhydroxid nach der Entnahme einiger Plätzchen sofort sorgfältig verschlossen werden muß.

A 4 Warum muß man beim Arbeiten mit einem Abbeizmittel Schutzhandschuhe und eine Schutzbrille tragen?

A 5 Beim Umgang mit Abflußreinigern, die Natriumhydroxid enthalten, muß man größte Vorsicht walten lassen. Begründe!

A 6 Natronlauge ist oft ein wichtiger Bestandteil von Reinigungsmitteln für Backöfen. Was soll die Natronlauge beim Reinigen des Backofens bewirken?

B4 Manche Abflußreiniger enthalten Natriumhydroxid. Beim Lösen in Wasser entsteht unter Wärmeabgabe Natronlauge

B5 Brezellauge. Laugenbrezeln werden vor dem Backen kurz in verdünnte Natronlauge getaucht

12.15 Wichtige Hydroxide und Laugen

B 1 Herstellung von Calciumlauge. Calciumhydroxidlösung wird filtriert

Calciumlauge und Calciumhydroxid. Nicht nur Alkalimetalle bilden mit Wasser Laugen. Auch bei der Reaktion des Erdalkalimetalls Calcium mit Wasser entsteht neben Wasserstoff eine Lauge:

$$Ca + 2\,H_2O \longrightarrow Ca(OH)_2 + H_2$$

Im Unterschied zu den Alkalihydroxiden ist das entstehende **Calciumhydroxid** $Ca(OH)_2$ ein *schwerlösliches* Salz. Es bildet daher mit Wasser eine *Suspension*. Nur ein geringer Teil löst sich, die entstehende Lösung heißt **Calciumlauge**.

Calciumhydroxid wird auch als *Ätzkalk* oder *Löschkalk* bezeichnet. Die Suspension von Calciumhydroxid, *Kalkmilch* genannt, dient zum Streichen (Kalken) von Kellerräumen und Ställen. Häufig werden auch Baumstämme zur Schädlingsbekämpfung mit Kalkmilch bestrichen.

In der Industrie findet Calciumhydroxidsuspension als billige Lauge z. B. bei der Zuckerherstellung Verwendung. Das klare Filtrat der Suspension (Kalkwasser) dient als *Nachweismittel für Kohlenstoffdioxid.* Wird Löschkalk mit Wasser und Sand angerührt, so erhält man *Kalkmörtel.*

V 1 Rühre Calciumhydroxid in Wasser und filtriere die Suspension anschließend. Gib zum Filtrat einige Tropfen Universalindikator.

V 2 Prüfe entsprechend ▷ B 2 die elektrische Leitfähigkeit von verschiedenen stark verdünnten Hydroxidlösungen. Füge zu jeder Lösung einige Tropfen Universalindikator hinzu.

A 1 Benenne die in ▷ B 4 aufgezählten Metallionen und gib ihre jeweilige Ladung an.

Hydroxidionen. Löst man Hydroxide von Alkali- und Erdalkalimetallen in Wasser, entstehen alkalische Lösungen. Diese *Hydroxidlösungen* werden auch als *Laugen* bezeichnet. Sie leiten den elektrischen Strom (▷ B 2, ▷ V 2) und müssen wie die Lösungen von Salzen und Säuren *Ionen* enthalten.

Beim Lösen von Natriumhydroxid in Wasser haben wir bereits erfahren, daß frei bewegliche Na^+- und OH^--Ionen entstehen. In gleicher Weise enthalten auch andere Laugen *Hydroxidionen* und die entsprechenden Metallionen. Da in den Laugen unterschiedliche Metallionen gelöst sein können, müssen die *gemeinsamen Eigenschaften* der Laugen auf die *Hydroxidionen* (▷ B 3) zurückgeführt werden.

Anders als bei Säuren leiten die *Schmelzen* der Hydroxide den elektrischen Strom. Sie enthalten demnach Ionen. Alkali- und Erdalkalimetallhydroxide zeigen ähnliche Eigenschaften wie die uns bisher bekannten Salze. Sie bilden im festen Zustand ebenfalls *Ionengitter*. Sie bestehen aus *positiv geladenen* Metallionen und *negativ geladenen* Hydroxidionen.

B 2 Alkalische Lösungen leiten den elektrischen Strom

B 3 Hydroxidion in Formel und Modell

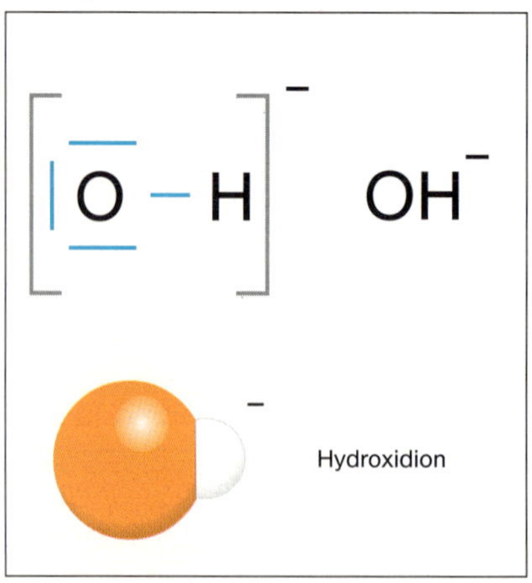

B 4 Die wichtigsten Hydroxide und Laugen im Überblick

Stoff	Formel (Ionen)	wäßrige Lösung
Natrium-hydroxid	Na^+OH^-	Natronlauge
Kalium-hydroxid	K^+OH^-	Kalilauge
Calcium-hydroxid	$Ca^{2+}(OH^-)_2$	Calciumlauge (Kalkwasser)
Barium-hydroxid	$Ba^{2+}(OH^-)_2$	Bariumlauge (Barytwasser)
Magnesium-hydroxid	$Mg^{2+}(OH^-)_2$	Magnesium-lauge

12.16 Ammoniak

Beim Öffnen von Behältern mit salmiakhaltigen Reinigungsmitteln (▷ B 1) ist meist ein stechender Geruch wahrnehmbar. Er wird durch **Ammoniak** verursacht, ein farbloses, stechend riechendes Gas mit der Formel NH_3. Es ist sehr gut wasserlöslich, wie der Springbrunnenversuch (▷ V 1, ▷ B 2) eindrucksvoll zeigt. Die Lösung von Ammoniak in Wasser bezeichnet man als **Ammoniakwasser** oder Salmiakgeist.

Ammoniakwasser zeigt alkalische Reaktion. Gibt man zu Ammoniakwasser einen Indikator, so stellt man eine alkalische Reaktion fest (▷ V 2). Ammoniakwasser muß also Hydroxidionen enthalten. Diese können nur beim Lösen von Ammoniak in Wasser entstanden sein, da Ammoniak selbst keine Hydroxidionen enthält. Tatsächlich reagieren Ammoniak- und Wassermoleküle nach folgender Gleichung miteinander:

$$NH_3 + H_2O \longrightarrow NH_4OH$$

Es entsteht **Ammoniumhydroxid** NH_4OH, das in wäßriger Lösung in Form von Ammoniumionen (NH_4^+-Ionen) und Hydroxidionen (OH^--Ionen) vorliegt. Wie bei den anderen Laugen sind hier die OH^--Ionen für die alkalische Reaktion der Lösung verantwortlich.

Beim Lösen von Ammoniak in Wasser reagieren jedoch nur wenige Ammoniakmoleküle mit Wassermolekülen zu Ammoniumhydroxid. Der größte Teil des Ammoniaks ist in Wasser nur *gelöst* und entweicht daraus schon bei Zimmertemperatur. Dies ist auch der Grund, warum Ammoniakwasser und ammoniakhaltige Putzmittel nach Ammoniak riechen.

Ammoniumsalze. Läßt man die Gase *Ammoniak* und *Chlorwasserstoff* miteinander reagieren (▷ V 3), so bildet sich ein *weißer Rauch*, der sich als Pulver absetzt. Löst man einen Teil dieses Stoffes in Wasser, so lassen sich in der Lösung Chloridionen nachweisen. Es hat sich also ein Salz der Salzsäure, ein *Chlorid*, gebildet:

$$NH_3 + HCl \longrightarrow NH_4Cl$$

Als Reaktionsprodukt entsteht **Ammoniumchlorid** NH_4Cl. Dieses Salz enthält als positive Ionen Ammoniumionen. Sie können in Salzen die Stelle von Metallionen einnehmen, z. B. in Ammoniumsulfat $(NH_4)_2SO_4$ und Ammoniumcarbonat $(NH_4)_2CO_3$.

Die Bildung von Ammoniumchlorid-Rauch aus Ammoniak und Chlorwasserstoff dient auch zum *Nachweis* dieser Gase. Bereits eine geringe Menge von einem der beiden Gase bildet mit dem anderen Gas einen gut sichtbaren Rauch aus Ammoniumchlorid (▷ B 3).

B 1 Salmiakgeist als Bestandteil eines Putzmittels

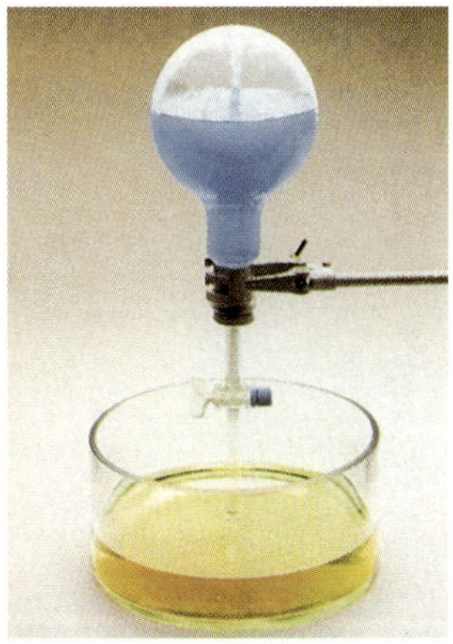

B 2 Löslichkeit von Ammoniak in Wasser

V 1 Man füllt einen trockenen Rundkolben mit Ammoniak und verschließt ihn mit einem Stopfen, in dem ein ausgezogenes Glasrohr steckt. Anschließend hält man das Ende des Glasrohres in Wasser. (Schutzbrille!)

V 2 a) Gib zu Ammoniakwasser in einem Reagenzglas etwas Indikatorlösung. b) Halte über eine Ammoniaklösung einen feuchten und einen trockenen Streifen Universalindikatorpapier. Vergleiche und erkläre!

V 3 Man gibt je einen mit konzentrierter Salzsäure bzw. konzentrierter Ammoniaklösung getränkten Wattebausch in ein Becherglas. Einen Teil des entstandenen weißen Stoffes löst man in Wasser und prüft auf Chloridionen. (Abzug!)

B 3 Reaktion von Ammoniak mit Chlorwasserstoff.
Es bildet sich ein weißer Rauch aus Ammoniumchlorid

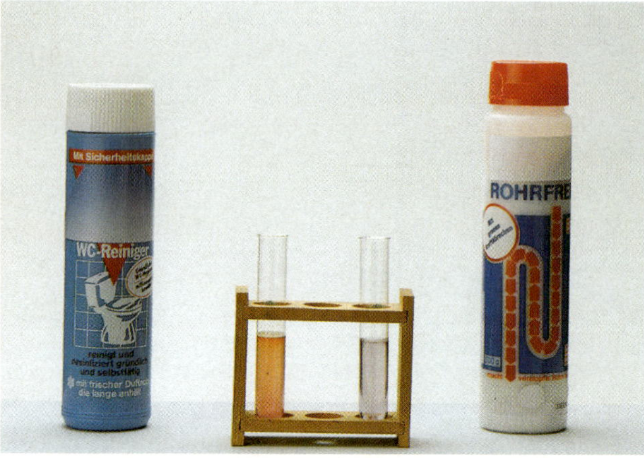

B1 WC-Reiniger (links) **und Rohrreiniger** (rechts) bilden stark saure bzw. alkalische Lösungen

A 1 Heute enthalten die sauren Reiniger meist Citronensäure. Sie hat andere Säuren wie z.B. Salzsäure oder Ameisensäure verdrängt. Gib dafür eine Begründung.

A 2 Bei vielen Rohrreinigern wird mit einem „Wirbeleffekt" geworben. a) Worauf beruht dieser Effekt? b) Was soll der „Wirbeleffekt" bewirken?

A 3 Welche Folgen hat der Einsatz von sauren WC-Reinigern und Rohrreinigern für Klärwerke und Wasser?

A 4 Verstopfungen können auch mit einer Saugglocke beseitigt werden. Erkläre, wie eine solche Saugglocke funktioniert und welche Vorteile sich aus ihrem Einsatz ergeben.

B2 Abflußreinigen mit der Saugglocke. Mit Druck und Unterdruck wird die Verstopfung beseitigt

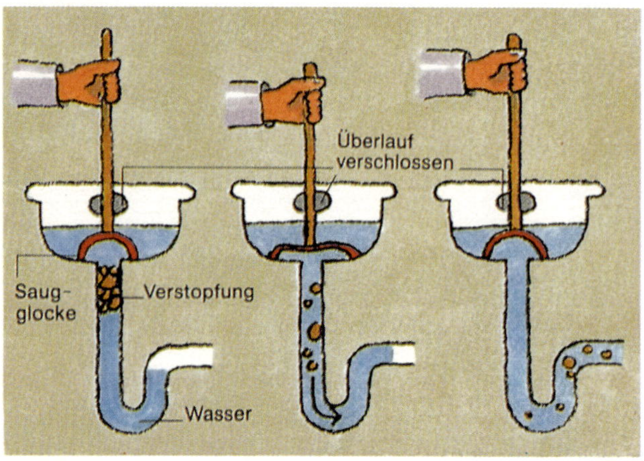

Die Werbung verspricht häufig, daß selbst hartnäckige Verschmutzungen mit den angepriesenen Reinigern schnell und ohne viel Arbeit beseitigt werden. Großer Wert wird auf Sauberkeit und Hygiene in Bad und WC gelegt.

Saure Reiniger. Im Sanitärbereich fallen Urin- und Kalkstein als typische Verschmutzungen an. Diese können mit sauren Reinigern beseitigt werden. Die *sauren Reiniger* enthalten meist *feste Säuren* oder *Verbindungen*, die mit *Wasser* eine *saure Lösung* bilden und mit dem Kalk zu einem löslichen Salz und Kohlenstoffdioxid reagieren. Damit die Ablagerungen besser benetzt werden können, ist den *sauren Reinigern* meist noch ein *seifenähnlicher Stoff*, ein Tensid, zugesetzt. Der Verbraucher möchte die Wirkung des gekauften Produktes möglichst sofort sehen. Der Reiniger enthält deshalb noch Natron oder Soda, das mit der Säure im Wasser unter Bildung von Kohlenstoffdioxid reagiert, dieses macht sich als Sprudeln bemerkbar. Das Gas unterstützt natürlich auch die Schmutzablösung. Zur Verbreitung eines angenehmen Geruchs ist in den sauren WC-Reinigern meist ein *Duftstoff*.
Flüssige WC-Reiniger enthalten die gleichen Stoffe. Als Säuren wurden in ihnen früher häufig Salzsäure oder Ameisensäure eingesetzt. Diese WC-Reiniger waren stark sauer. Heute wird meist die schonendere Citronensäure eingesetzt.

Alkalische Rohrreiniger. *Rohr-* oder *Abflußreiniger* sollen Verstopfungen in Abflußrohren beseitigen. Diese Verstopfungen bestehen meist aus Fett, Haaren, Speiseresten usw., die sich in stark alkalischen Lösungen zersetzen. Die *Rohrreiniger* enthalten deshalb *Natriumhydroxid* als Hauptwirkungskomponente. Wird Natriumhydroxid in Wasser gelöst, bildet sich heiße Natronlauge, die besonders heftig reagiert. Zusätzlich können die Rohrreiniger noch Zink- oder Aluminiumkörner enthalten, die mit Natronlauge unter Bildung von Wasserstoff reagieren. Die Gasbildung fördert die Lockerung des Schmutzes.
Wegen der Explosionsgefahr, die von Wasserstoff-Luft-Gemischen ausgeht, werden den Gemischen zusätzlich Nitrate beigegeben. Diese reagieren sofort mit dem Wasserstoff zu Ammoniakgas, das aufgrund seines Geruchs wahrgenommen werden kann.

Folgen des Einsatzes von WC- und Rohrreinigern. Die Anwendung der Reiniger belastet die Klärwerke und Flüsse zusätzlich. Durch die stark sauren bzw. alkalischen Lösungen werden Kleinstlebewesen abgetötet. Enthalten die Reiniger zusätzlich Phosphate und Nitrate, trägt dieses zur Überdüngung der Gewässer bei. Es gibt auch immer mehr „bioaktive" Abflußreiniger, die Biokatalysatoren, Enzyme, enthalten, die fett-, eiweiß- und stärkehaltige Ablagerungen spalten. Diese Reiniger sollen die Umwelt nicht so stark belasten.

12.18 Praktikum: Wir untersuchen WC- und Rohrreiniger

Im folgenden soll die Wirkungsweise eines sauren WC-Reinigers und eines Rohrreinigers untersucht werden. Wie schon aus der Gebrauchsanweisung und den Gefahrenhinweisen hervorgeht, müssen beim Umgang mit den Reinigern die Sicherheitsmaßnahmen sorgfältig beachtet werden.

Vorsicht! WC-Reiniger wirkt ätzend! (sauer, enthält Natriumbisulfat). Berührung mit Augen, Haut und Kleidung vermeiden. Für Kinder unzugänglich aufbewahren. Dose verschlossen halten.

Vorsicht! Rohrrein verursacht schwere Verätzungen! Bei Berührung mit den Augen gründlich mit Wasser abspülen und Arzt konsultieren. Geeignete Schutzhandschuhe und Schutzbrille tragen. Beschmutzte Kleidung sofort ausziehen.

Versuch 1 Wie wirkt ein saurer WC-Reiniger?

Geräte/Materialien

Schutzbrille, Reagenzglasgestell, 6 Reagenzgläser, Stopfen, Reagenzglashalter, Spatel, Uhr

Chemikalien

Natriumhydrogensulfat (Natriumbisulfat), verd. Ameisensäure, verd. Essigsäure, Citronensäure, saurer WC-Reiniger, Calciumcarbonat (Kalk)

Versuchsanleitung

1. Fülle ein Reagenzglas zu etwa einem Drittel mit dest. Wasser und gib einen Spatel Natriumhydrogensulfat zu. Schüttle und warte, bis sich der Stoff gelöst hat. Gib dann eine Spatelspitze Calciumcarbonat zu, warte kurze Zeit und schüttle dann.
2. Wiederhole den Versuch mit verd. Ameisensäure bzw. Essigsäure anstelle der Lösung aus dem dest. Wasser und dem Natriumhydrogensulfat.
3. Fülle ein viertes Reagenzglas zu etwa einem Drittel mit dest. Wasser, gib zwei Spatelspitzen Citronensäure in das Wasser. Warte, bis sich die Säure gelöst hat. Füge dann eine Spatelspitze Calciumcarbonat zu, warte kurze Zeit und schüttle dann.
4. Fülle ein Reagenzglas zu etwa einem Drittel mit dest. Wasser, gib eine Spatelspitze Calciumcarbonat und zwei bis drei Spatelspitzen sauren WC-Reiniger zu, warte und schüttle dann.

Auswertung

Beschreibe deine Beobachtungen und vergleiche die Heftigkeit, mit der die Lösungen mit Calciumcarbonat reagieren.

Versuch 2 Wirkung eines Rohrreinigers

Geräte/Materialien

Schutzbrille, Schutzhandschuhe, Petrischale, 3 Reagenzgläser, Reagenzglasgestell, Reagenzglashalter, Thermometer, Zahnstocher, Pinzette, Spatel, Schere, Glasstab, Universalindikatorpapier, Uhrglas, Baumwollfaden, Haare, Olivenöl, Rohrreiniger

Versuchsanleitung

1. Fülle ein Reagenzglas zu etwa einem Drittel mit dest. Wasser. Miß die Temperatur. Gib zwei Spatel Rohrreiniger zu. (Achtung, nicht zu viel nehmen, Überschäumen möglich!) Beobachte die Temperatur.
2. Entnimm nach der Temperaturmessung mit dem Thermometer einen Tropfen und gib diesen auf ein Stück Indikatorpapier auf einem Uhrglas.
3. Fülle ein Reagenzglas wiederum zu etwa einem Drittel mit dest. Wasser und füge zwei Spatel Rohrreiniger zu.
Gib dann einige Haare, den Baumwollfaden und etwas Olivenöl in das Reagenzglas.
Beobachte etwa 10 Minuten. Halte in die Öffnung des Reagenzglases ein angefeuchtetes Indikatorpapier. Prüfe vorsichtig den Geruch durch Zufächeln.
4. Schütte ein wenig Rohrreiniger in die Petrischale und sortiere mit dem Zahnstocher die Bestandteile des Gemisches. Lasse die Bestandteile einige Zeit liegen und achte auf Veränderungen.

Auswertung

1. Beschreibe und deute deine Beobachtungen.
2. Warum muß die Verschlußkappe des Rohreinigerbehältnisses nach Gebrauch sofort wieder fest zugeschraubt werden?

12.19 Salzsäure reagiert mit Natronlauge, Neutralisation

Kalk gegen sauren Regen?

Freiburg. Das durch sauren Regen und andere Schadstoffe ausgelöste Waldsterben ist noch immer nicht zum Stillstand gekommen. Am ehesten kann der Wald dort durchhalten, wo er auf kalkhaltigem Boden steht. Aus diesem Grunde wird immer wieder empfohlen, den Waldboden mit Kalkstaub zu besprühen. Damit soll die Übersäuerung des Bodens teilweise neutralisiert und zugleich der Nährstoffmangel ausgeglichen werden. Wie eine Freiburger Langzeituntersuchung jetzt zeigt, ist die Wirkung jedoch umstritten. Oberflächenkalkungen im Schwarzwald konnten bisher das Waldsterben nicht aufhalten. Deshalb ist die rasche Verminderung der Luftverschmutzung nach wie vor dringend geboten.

Säuren und Laugen sind ätzende Stoffe, die nicht ohne Nachbehandlung in die Umwelt gelangen dürfen. Gibt es eine Möglichkeit, die saure und alkalische Wirkung abzuschwächen oder gar ganz aufzuheben? Was geschieht, wenn Säurelösungen und Laugen zusammengebracht werden?

Natronlauge reagiert mit Salzsäure. Gibt man zu verdünnter Natronlauge, der Universalindikator zugesetzt wurde, tropfenweise verdünnte Salzsäure (▷ V 1 a), so nimmt die Blaufärbung ab und geht langsam in Gelbgrün über. Es ist damit eine Lösung entstanden, die *weder sauer noch alkalisch* ist. Sie ist **neutral**. Ihr pH-Wert ist 7. Metalle würden von dieser Lösung nicht angegriffen, sie zeigt keine ätzende Wirkung mehr. Außerdem ist eine *Temperaturerhöhung* meßbar (▷ B 1). Damit ist bewiesen, daß zwischen Natronlauge und Salzsäure eine Reaktion stattgefunden hat.

Dampft man die entstandene Lösung ein (▷ V 1 b), so bleibt ein *weißer, salzartiger Stoff* zurück (▷ B 2). Die Form der Kristalle deutet auf Natriumchlorid hin. Die Natronlauge muß mit der Salzsäure reagiert haben. Die Reaktion in Ionenschreibweise lautet:

$$\underbrace{Na^+ + OH^-}_{\text{Natronlauge}} + \underbrace{H_3O^+ + Cl^-}_{\text{Salzsäure}} \longrightarrow \underbrace{Na^+ + Cl^-}_{\text{Natriumchlorid}} + \underbrace{2\,H_2O}_{\text{Wasser}}$$

Die Reaktionsgleichung zeigt, daß an der Reaktion nicht alle Ionen beteiligt sind. Die Metallionen der Natronlauge und die Chloridionen der Salzsäure liegen auch in der neutralen Lösung unverändert vor.

Die eigentliche Reaktion besteht darin, daß sich aus den OH^--Ionen der Lauge und den H_3O^+-Ionen der Säure Wassermoleküle gebildet haben.

B 1 Neutralisation von Natronlauge mit Salzsäure. Der Indikator zeigt den Neutralpunkt an. Die Reaktion ist exotherm

B 2 Eindampfen der neutralisierten Lösung. Kochsalz bleibt zurück

Neutralisation. Nicht nur Salzsäure und Natronlauge, sondern auch andere Säuren und Laugen können miteinander zu neutralen Lösungen reagieren. Als Reaktionsprodukte bilden sich jeweils Salze und Wasser. Dabei wird stets Wärme frei.

Säure + Lauge ⟶ Salz + Wasser |exotherm

All diesen Reaktionen ist gemeinsam, daß die *H_3O^+-Ionen der sauren Lösungen* und die *OH^--Ionen der Laugen* unter Bildung von Wärme zu *Wassermolekülen* reagieren (▷B3). Man kann deshalb die folgende *allgemeine Reaktionsgleichung* formulieren:

$$H_3O^+ + OH^- \longrightarrow 2\,H_2O \quad |\text{exotherm}$$

Man bezeichnet Reaktionen zwischen Säuren und Laugen allgemein als **Neutralisation**, die entstehende Wärme als **Neutralisationswärme**.

Bei einer Neutralisation reagieren H_3O^+-Ionen und OH^--Ionen zu Wassermolekülen.

Anwendung der Neutralisation. Bei vielen industriellen Prozessen entstehen Säuren und Laugen. Um zu verhindern, daß diese in die Gewässer gelangen und dort zur Schädigung von Pflanzen und Fischen führen, müssen saure und alkalische Abwässer weitgehend neutralisiert werden. Die Kläranlagen von Industriebetrieben, in denen solche Abwässer anfallen, sind deshalb mit *Neutralisationsanlagen* (▷B4) ausgestattet.

Da Neutralisationsmittel in großen Mengen eingesetzt werden, müssen sie billig sein. Auch dürfen die Salze die Gewässer nur wenig belasten.

V 1 a) Gib in ein Reagenzglas zu verdünnter Natronlauge, der Universalindikator zugesetzt ist, tropfenweise (mit Bürette oder Tropfpipette) verdünnte Salzsäure, bis der Indikator nach Gelbgrün umschlägt. (Schutzbrille!) Miß die Temperatur der Natronlauge, der Salzsäure und der entstandenen Lösung.
b) Schüttle die Lösung zur Entfernung des Indikators mit Aktivkohle und filtriere. Laß die Flüssigkeit des Filtrats verdunsten und betrachte den Rückstand unter der Lupe.

V 2 Man gibt in ein Becherglas konz. Natronlauge und setzt langsam tropfenweise konz. Salzsäure zu. (Vorsicht, starke Wärmeentwicklung! Schutzbrille! Schutzscheibe!) Die Bildung von Natriumchlorid läßt sich direkt beobachten.

A 1 Stelle die Formelgleichungen für die Reaktionen von a) Kalilauge und Schwefelsäure und b) Kalkwasser (Calciumlauge) und Salzsäure auf.

A 2 Eine farblose Lösung eines Salzes färbt die Flamme intensiv gelb.
a) Welches Metallion wird damit nachgewiesen?
b) Wie kann man nachweisen, ob die Säurerestionen in der Lösung Chloridionen, Sulfationen, Carbonationen oder Hydroxidionen sind?

A 3 a) Welche Säure muß man mit welcher Lauge neutralisieren, um das Salz Calciumsulfat zu erhalten?
b) Aus welchen Ionen ist dieses Salz aufgebaut?
c) Wie lautet die Formelgleichung für diese Reaktion?

B3 Neutralisation im Modell. H_3O^+-Ionen und OH^--Ionen verbinden sich zu Wassermolekülen

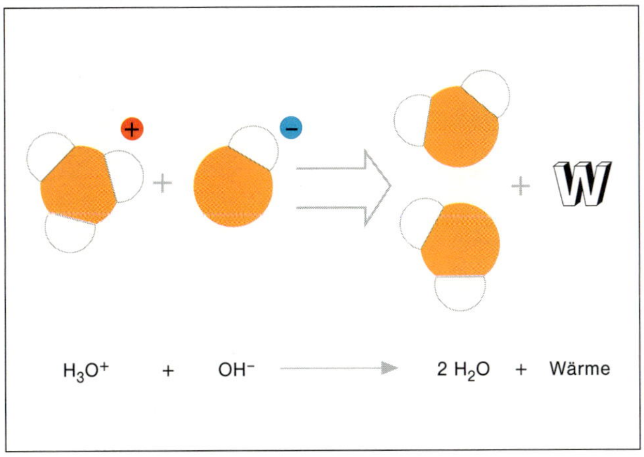

B4 Schema einer Neutralisationsanlage zur Neutralisation saurer und alkalischer Abwässer

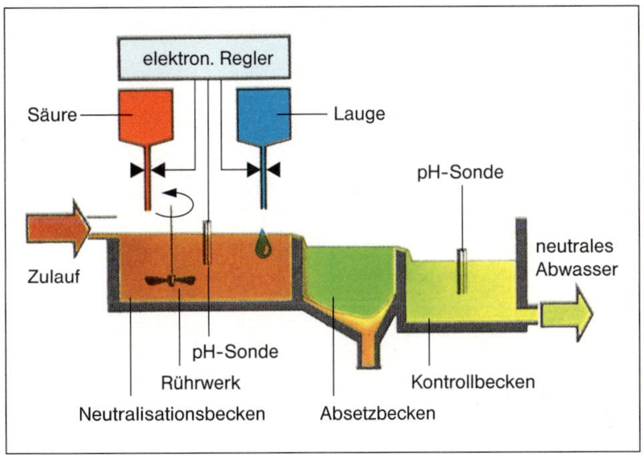

12.20 Anwendung und Vertiefung

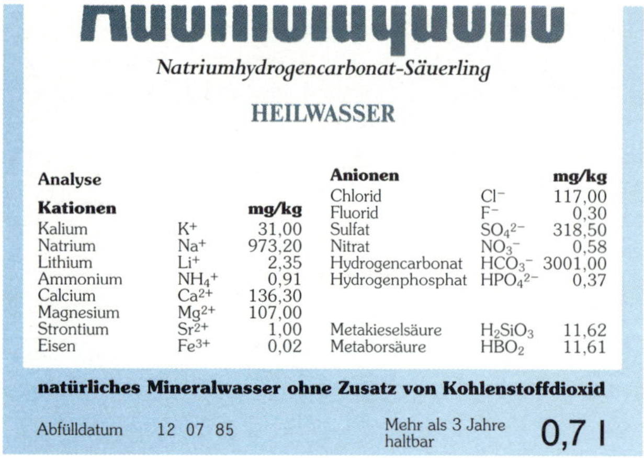

Natriumhydrogencarbonat-Säuerling

HEILWASSER

Analyse

Kationen		**mg/kg**
Kalium	K^+	31,00
Natrium	Na^+	973,20
Lithium	Li^+	2,35
Ammonium	NH_4^+	0,91
Calcium	Ca^{2+}	136,30
Magnesium	Mg^{2+}	107,00
Strontium	Sr^{2+}	1,00
Eisen	Fe^{3+}	0,02

Anionen		**mg/kg**
Chlorid	Cl^-	117,00
Fluorid	F^-	0,30
Sulfat	SO_4^{2-}	318,50
Nitrat	NO_3^-	0,58
Hydrogencarbonat	HCO_3^-	3001,00
Hydrogenphosphat	HPO_4^{2-}	0,37
Metakieselsäure	H_2SiO_3	11,62
Metaborsäure	HBO_2	11,61

natürliches Mineralwasser ohne Zusatz von Kohlenstoffdioxid

Abfülldatum 12 07 85

Mehr als 3 Jahre haltbar

0,7 l

B1 Zu Aufgabe 1

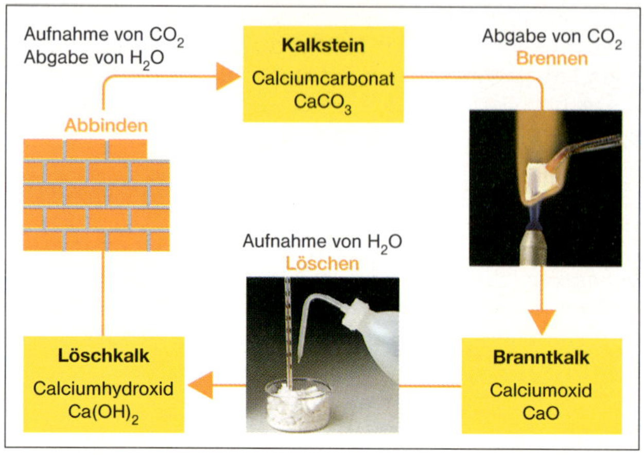

B2 Zu Aufgabe 2

1 Auf dem Etikett eines natürlichen Mineralwassers findest du den Begriff Säuerling (▷ B 1). Erkläre dies.

2 Vor der Erfindung des Zements war *Kalkmörtel* einer der wichtigsten Baustoffe. Hierzu wurde *Kalkstein* (Calciumcarbonat) durch Brennen bei 1000 °C in *Branntkalk* (Calciumoxid) umgewandelt. Versetzt man Branntkalk mit Wasser, bildet sich *Löschkalk* (Calciumhydroxid). Auf der Baustelle wird Löschkalk mit Sand und Wasser vermischt. Der entstehende *Kalkmörtel* wird an der Luft nach einiger Zeit hart, er bindet ab.

a) Formuliere die Reaktionsgleichung für das Brennen von Kalkstein und das Löschen von Branntkalk (▷ B 2).
b) Beim Abbinden nimmt das Calciumhydroxid des Mörtels aus der Luft Kohlenstoffdioxid auf. Formuliere die Reaktionsgleichung.
c) Warum entspricht die Reaktion beim Abbinden einer Neutralisation?

3 In ▷ B 3 werden mit einem Metallspachtel mehrere Schichten eines Farbanstriches von einer Holzoberfläche abgehoben. Welche Eigenschaften muß die zum Lösen der Farben verwendete Lauge besitzen?

4 Eine teilweise oxidierte Metalloberfläche (restliche Stellen abgedeckt) wird vorsichtig eine gewisse Zeit in eine Säurelösung getaucht (▷ B 4). Nach dem Abspülen kann man auf der Oberfläche angeätzte Stellen sehen. Überlege, wodurch dieses Metallätzen erfolgt.

5 Kalksinterterrassen (▷ B 5) bilden sich in der Natur, wo beim Herabstürzen des Wassers viel Kohlenstoffdioxid frei wird. Erkläre die dabei ablaufenden Vorgänge.

6 Woraus besteht Kesselstein? Wie kann man ihn entfernen?

B3 Zu Aufgabe 3

B4 Zu Aufgabe 4

B5 Zu Aufgabe 5

Saurer Regen und Waldsterben

Zu Beginn der siebziger Jahre sprach man erstmals vom Waldsterben. Anfänglich waren nur Nadelbäume erkrankt. Sie warfen die meisten Nadeln ab, die Folge waren dürre Wipfel und abgestorbene Äste. Die Anfälligkeit gegenüber Schädlingen, gegen Trockenheit, Frost und Sturm wuchs.
Seit Mitte der achtziger Jahre erkrankten vermehrt auch Laubbäume. Lichte Kronen, vorzeitige Vergilbung der Blätter und Wuchsschäden wurden beobachtet. Inzwischen sind auch Kulturpflanzen, Weinreben und Obstbäume betroffen.

Die Hauptursache für das Waldsterben wird im Sauren Regen gesehen. Schwefeldioxid, Stickstoffoxide und andere Gase verbinden sich mit dem Niederschlagswasser zu aggressiven sauren Lösungen. Als Folge der Rauchgas-Entschwefelung in Kraftwerken und Industrieanlagen ist der Schwefeldioxidausstoß in den letzten Jahren zwar zurückgegangen, andere Schadstoffe in der Luft haben jedoch zugenommen. Vor allem die aus dem Autoverkehr stammenden Stickstoffoxide, die auch an der Bildung des giftigen Ozons beteiligt sind, zählen heute zu den wichtigsten Ursachen für das Waldsterben.

Nicht nur der Wald stirbt langsam an der Luftverschmutzung, sogar harter Stein, der Jahrhunderte überdauerte, wird allmählich zerfressen. Die Fotos zeigen eine Figur an der Esslinger Frauenkirche um 1900 und im heutigen Zustand. Dabei wird deutlich, wie aggressiv der Saure Regen wertvolle Kulturdenkmäler unaufhaltsam zerstört.

13.1 Waldsterben – Wir diskutieren Fragen aus Alltag und Umwelt

Kahle Äste in Stuttgart
Das Waldsterben hat die Landeshauptstadt erreicht

Der Todeskampf der Bäume

Saurer Regen über Deutschland

Der Wald stirbt

Der Waldboden ist genauso sauer wie Essig

Gibt es eine Zukunft für den Wald?

Auch im Schönbuch schlägt der Baumtod zu

Stirbt der Wald, dann stirbt auch der Boden

Fichten und Forchen sterben den Schwefeltod

Tannensterben durch Luftvergiftung

Waldsterben alarmiert eine Region

Im Nordschwarzwald sind fast zwei Drittel des Baumbestands krank

Sind die Wälder noch zu retten?

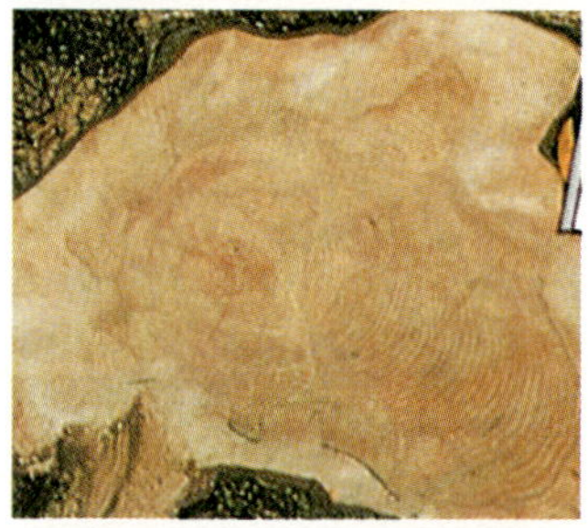

1 Sammle Zeitungsberichte zum Thema Waldsterben. Beschreibe, was dem Wald schadet.

2 Überlege, was du persönlich dazu beitragen kannst, um die Schadstoffe in der Luft zu verringern.

3 Führe in Absprache mit dem Förster eine Waldbegehung durch und fertige ein Protokoll an.

4 a) Wie verändert sich das Aussehen kranker Bäume im Vergleich zu gesunden?

b) Bäume benötigen zum Leben gesunde Blätter oder Nadeln in ausreichender Anzahl. Nenne Gründe dafür.

c) Holz kann man beurteilen, wenn man Stammquerschnitte geschlagener Bäume untersucht. Vergleiche die abgebildeten Stammquerschnitte. Beschreibe die „Lebensgeschichte" der Bäume.

5 Dringt Saurer Regen in den Boden ein, wirkt sich das negativ auf die Bodenorganismen und das Wurzelwerk der Bäume aus. Welche Folgen könnte dies für die Bäume haben?

6 Die Indianer Nordamerikas sollen vor Ankunft der weißen Siedler in ihrem Land in Einklang mit der Natur gelebt haben. Diskutiere Vor- und Nachteile unterschiedlicher Lebensweisen.

13.2 Praktikum: Auswirkungen des Sauren Regens

Um die schädigende Wirkung des Sauren Regens zu überprüfen, wollen wir untersuchen, wie er auf Pflanzen, Metalle und Kalkstein wirkt.

Versuch 1 Auswirkung des Sauren Regens auf Pflanzen

Saurer Regen bildet sich hauptsächlich durch Reaktion von Schwefeldioxid und Wasser bildet. Schwefeldioxid läßt sich leicht mit Hilfe einer Natriumhydrogensulfitlösung herstellen, da aus dieser Schwefeldioxid entweicht. Das entweichende Schwefeldioxid kann dann mit der Luftfeuchtigkeit Sauren Regen bilden.

Geräte/Materialien

3 Bechergläser (50 ml), 2 Einmachgläser, Watte, Klebeband, Gartenkresse (samen)

Chemikalien

Verdünnte Natriumhydrogensulfitlösung (etwa 1 %ig), Universalindikatorlösung, Wasser

Versuchsanleitung

1. Fülle ein Becherglas mit verd. Natriumhydrogensulfitlösung, ein weiteres mit Wasser, dem etwas Universalindikatorlösung zugesetzt wurde.

2. Gib beide Bechergläser und etwas Gartenkresse oder Kressesamen auf feuchter Watte auf den umgedrehten Deckel eines Einmachglases.

3. Zur Versuchskontrolle wird ein weiteres Einmachglas, jedoch ohne Natriumhydrogensulfit, vorbereitet.

4. Verschließe beide Einmachgläser und umwickle sie am Deckel mit Klebeband.

5. Beobachte die Veränderungen an der Gartenkresse und/oder den Kressesamen im Abstand von mehreren Tagen. Achte auch auf die Farbe des Indikators. Halte alle Beobachtungen in einer Tabelle fest.

Auswertung

1. Wie läßt sich der Farbumschlag des Indikators erklären?
2. Welche Aussagen kann man aufgrund der Beobachtungen über die Wirkung des Sauren Regens auf Pflanzen machen?

Versuch 2 Auswirkung des Sauren Regens auf Metalle

Geräte/Materialien

Schutzbrille, Einmachglas, Metallstücke aus Eisen (z.B. Blechstücke, Nägel, Schrauben), Watte

Chemikalien

Verdünnte Schwefelsäure (etwa 5 %ig)

Versuchsanleitung

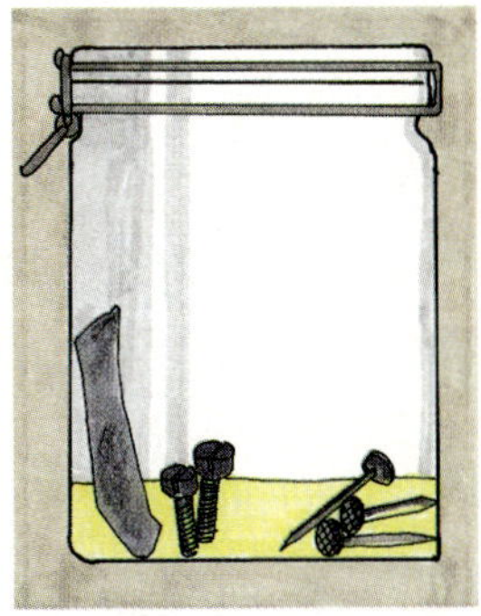

Bedecke den Boden eines Einmachglases mit Watte und befeuchte diese mit verd. Schwefelsäure. Lege jetzt einige Metallteile auf die Watte. Verschließe das Einmachglas und lasse den „Sauren Regen“ (verd. Schwefelsäure) einige Tage auf die Metallstücke einwirken.

Auswertung

1. Beurteile nach Ablauf des Versuches die Beschaffenheit der Metallstücke.
2. Welche Folgen kann die Auswirkung saurer Niederschläge auf Eisenkonstruktionen, wie z.B. Eisenbahnbrücken, haben?
3. Wie kann man Gegenstände, die hauptsächlich aus Eisen bestehen, vor den Einflüssen saurer Niederschläge schützen?

Versuch 3 Auswirkung des Sauren Regens auf Kalkstein

Geräte/Materialien

Schutzbrille, Erlenmeyerkolben, Becherglas (100 ml), Doppelwinkelrohr, durchbohrter Stopfen, Kalkstein (Marmorstückchen)

Chemikalien

Verdünnte Schwefelsäure (etwa 5 %ig), Kalkwasser

Versuchsanleitung

Gib einige Kalksteinstücke (Marmorstücke) in einen Erlenmeyerkolben und benetze die Stücke mit verd. Schwefelsäure. Verschließe den Kolben mit einem durchbohrten Stopfen und einem Doppelwinkelrohr, das in ein mit Kalkwasser gefülltes Becherglas führt.

Auswertung

Welche Veränderungen sind nach kurzer Zeit zu beobachten?

13.3 Der Saure Regen – Auswirkungen auf die Umwelt

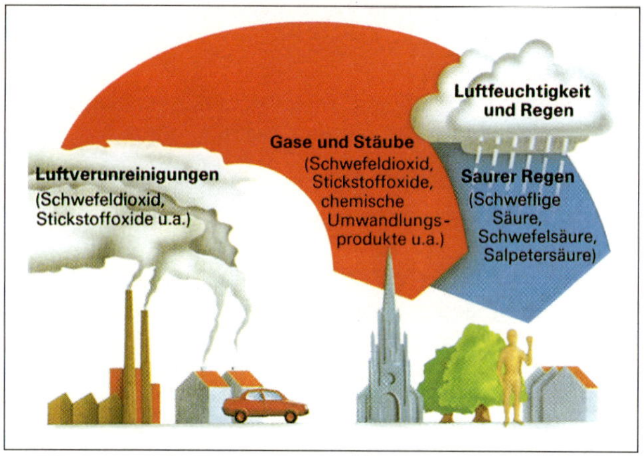

B 1 Entstehung von Saurem Regen

Die natürliche Zusammensetzung der Luft ist in Industrie- und Ballungsgebieten stark beeinträchtigt. Bei der Verbrennung von Kohle, Heizöl und Benzin werden Schadstoffe frei, die sich in der Luft anreichern.

Bildung von Saurem Regen. Gelangen Schwefeldioxid und Stickstoffoxide in die Atmosphäre, reagieren sie mit der Luftfeuchtigkeit zu Säuren, die zusammen mit den Niederschlägen Sauren Regen ergeben (▷ B 1). Schwefeldioxid bildet mit Wasser eine saure Lösung, die Schweflige Säure. Ein Teil der Schwefligen Säure reagiert weiter zu Schwefelsäure, wobei Staub und feinverteilte Schwebeteilchen in der Luft (Aerosole) als Katalysator dienen. Stickstoffoxide reagieren mit Luftfeuchtigkeit zu Salpetersäure. Auch unbelasteter Regen ist leicht sauer, da das Regenwasser mit dem in der Luft enthaltenen Kohlenstoffdioxid reagiert und Kohlensäure bildet. Erst bei einem pH-Wert unter 5,6 kann man deshalb von Saurem Regen sprechen (▷ B 4).

V 1 Eine rote Nelke oder Rose wird unter dem Abzug in einen mit Schwefeldioxid gefüllten Standzylinder gegeben. Anschließend wird der Standzylinder mit einer Glasplatte abgedeckt und stehengelassen. Beobachte einige Minuten und erkläre.

V 2 Man leitet in ein Einmachglas mit Kressekeimlingen Schwefeldioxid ein und deckt es ab.

A 1 Warum nimmt während der kalten Jahreszeit der Säuregehalt des Regens zu?

A 2 Welche Folgen könnte ein großflächiges Waldsterben haben? Informiere dich in deinem Biologiebuch über die Bedeutung des Waldes.

Saurer Regen und Waldsterben. Der Saure Regen gilt als Hauptverursacher des Waldsterbens. Nach heutigen Erkenntnissen ist jedoch die Gesamtheit der Luftverschmutzung für das Waldsterben verantwortlich. Als mögliche Auslöser und Verstärker werden auch Schwermetalle, Ozon und Fotooxidantien genannt. Letztere entstehen aus Stickstoffoxiden und Kohlenwasserstoffen unter Einfluß des Sonnenlichts.
Insgesamt kennt man etwa 3000 Verbindungen, die zur Luftverschmutzung beitragen. Über die genauen Zusammenhänge von Waldsterben und Luftverschmutzung gibt es verschiedene Theorien. Sicher ist heute, daß beim Waldsterben verschiedene Faktoren zusammenwirken, z.B. Luftschadstoffe, Bodenversauerung, Nährstoffmangel, tierische Schädlinge (z.B. Borkenkäfer) und Mikroorganismen.

B 2 Waldsterben durch Sauren Regen

B 3 Entfärbung von Blüten durch Schwefeldioxid

B 4 pH-Werte von Saurem Regen im Vergleich

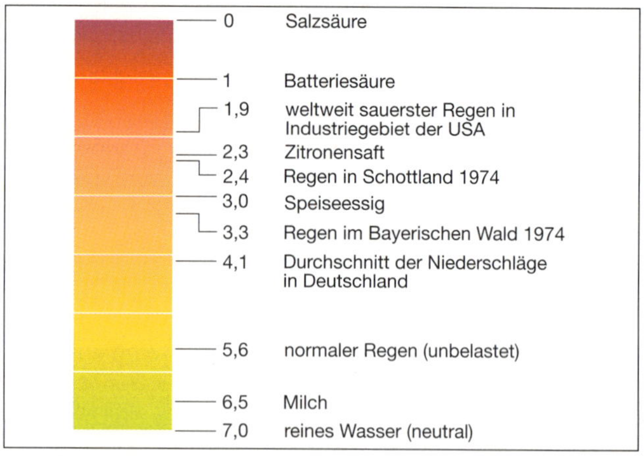

Die Wirkung von Luftschadstoffen. Gasförmige Schadstoffe können auch direkt auf Nadeln und Blätter der Bäume einwirken. So kann über die Spaltöffnungen Schwefeldioxid in das Blattinnere eindringen und sich dort mit Wasser zu Schwefliger Säure verbinden. Diese zerstört den für die Fotosynthese wichtigen Pflanzenfarbstoff Chlorophyll und die Zellen. Kleinere Schwefeldioxidmengen kann ein gesunder Baum durch Umwandlung in ungiftige Stoffe schnell unschädlich machen. Dazu werden aber Calcium- und Magnesiumionen benötigt, die ständig aus dem Boden aufgenommen werden müssen.

Die Wirkung von Saurem Regen. Durch Sauren Regen wird der Waldboden übersäuert. Dies führt zum Auswaschen wichtiger Nährsalze wie Magnesium-, Calcium- und Kaliumverbindungen. Die Bäume werden deutlich schlechter mit Nährsalzen und Wasser versorgt. Ohne Magnesiumsalze kann aber der grüne Blattfarbstoff Chlorophyll nicht hergestellt werden, die Fotosynthese ist gestört. Der Nährsalzmangel in den Blättern verringert zudem die Fähigkeit der Bäume, das schädliche Schwefeldioxid aus der Luft abzubauen.

In der sauren Umgebung der Baumwurzeln sterben nützliche Bodenbakterien und Pilze ab, die durch ihre Tätigkeit wichtige Mineralstoffe für die Bäume liefern. Gleichzeitig werden durch die Säuren giftige Aluminiumionen im Boden freigesetzt, die normalerweise in Form schwerlöslicher und damit unschädlicher Verbindungen im Boden enthalten sind.

Als Folge dieser Veränderungen sterben die Feinwurzeln der Bäume ab, und es kommt zu Störungen im Wasser- und Nährsalzhaushalt. Die Widerstandskraft der Bäume wird geschwächt, sie werden anfällig für Krankheiten. Natürliche Belastungen wie Trockenperioden, Frost, Sturm und Schädlingsbefall wirken sich nun erheblich stärker aus. Äußerlich sind diese Schädigungen an Blatt- und Nadelabwurf, dann an Wipfeldürre und Kronenverlichtung zu erkennen. Schließlich sterben die Bäume ab (▷ B 5).

Für den Fortbestand der Wälder ist es wichtig, daß junge Bäume nachwachsen, die später den Platz der Altbäume einnehmen können. Durch den Sauren Regen versagt jedoch zunehmend die Naturverjüngung. Bei einem Säuregrad des Bodens von pH 4 und weniger haben die meisten Baumkeimlinge keine Überlebenschance.

Luftverschmutzung, ein internationales Problem. Ein Großteil der für die Luftverschmutzung verantwortlichen Schadstoffe stammt aus unseren Nachbarländern. Umgekehrt werden durch großräumige Luftbewegungen vergleichbare Mengen an Schadstoffen wieder in diese Länder „exportiert“ (▷ B 6). Selbst eine vollkommene Abgasreinigung in unserem Land würde deshalb nur eine teilweise Verminderung der Luftverschmutzung mit sich bringen. Eine befriedigende Lösung läßt sich daher nur auf internationaler Ebene erreichen.

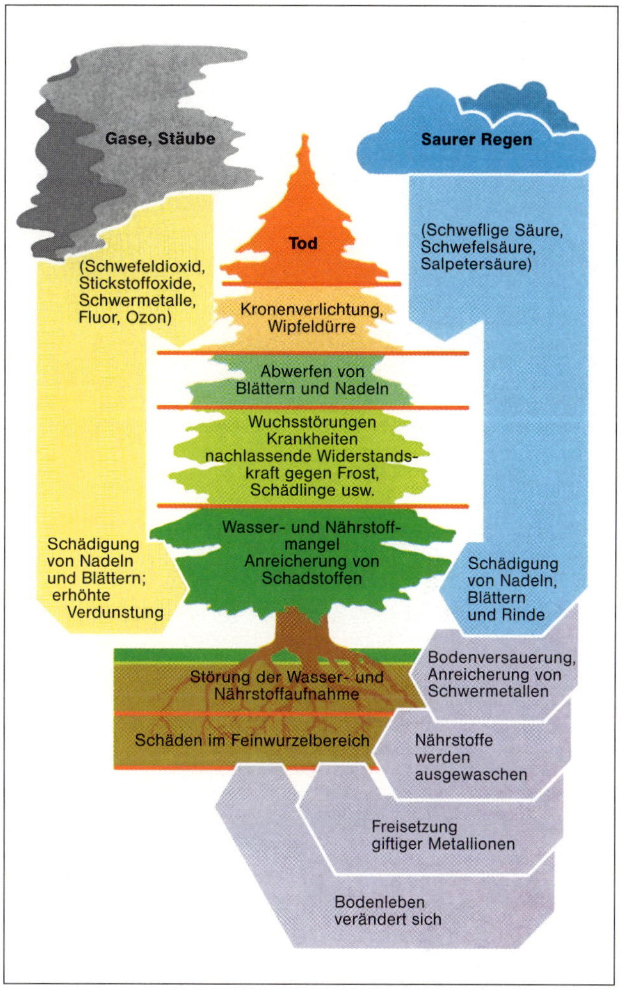

B 5 Wirkung verschiedener Schadstoffe auf Bäume

B 6 Schwefeldioxid-Austausch mit Nachbarländern. Wir importieren und exportieren Schadstoffe (in 1 000 t Schwefel/Jahr)

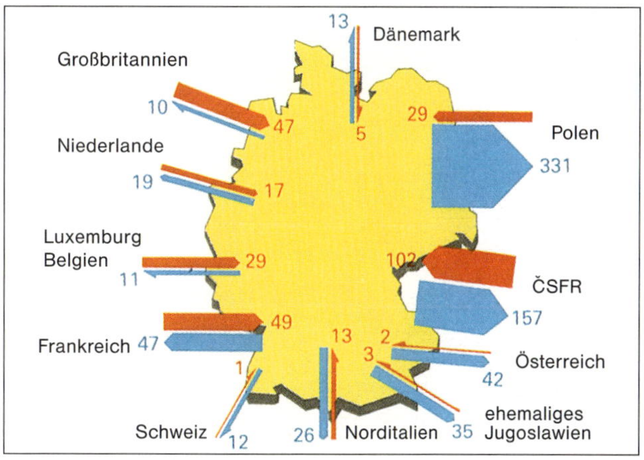

13.4 Smog als Folge der Luftverschmutzung

B 1 Blick auf Stuttgart

B 2 Stuttgart bei Smogwetterlage

B 3 Meldungen aus einer Tageszeitung

Schadstoffwerte Tübingen/Reutlingen

Schadstoffe, gemessen nachmittags um 15 Uhr in Tübingen und Reutlingen

Schadstoff	Grenzwert	Tübingen	Reutlingen
Ozon (O_3)	0,120	0,032	0,037
Schwefeldioxid (SO_2)	1,000	0,002	0,002
Stickstoffdioxid (NO_2)	0,200	0,021	0,014
Stickstoffmonoxid (NO)	1,000	0,007	0,008
Kohlenmonoxid (CO)	50,000	0,4	0,2
Staub	—	0,020	0,010

Schadstoffangaben in mg/m^3. Grenzwerte nach VDI 2310 • Grenzwert ist überschritten

B 4 Smogbildung durch Inversionswetterlage

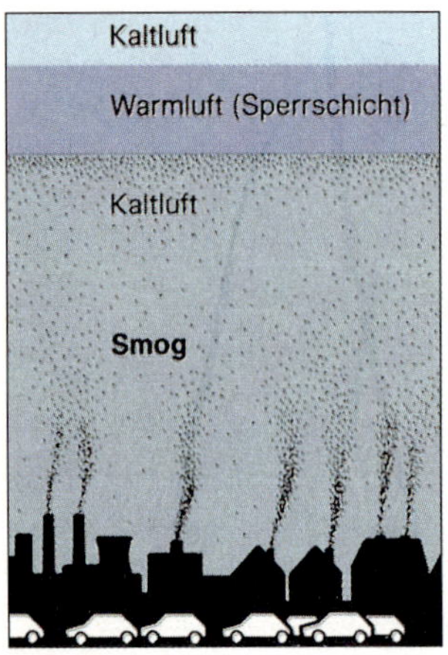

B 5 Erklärung wichtiger Begriffe

Emission: Abgabe von Schadstoffen an die Luft

Immission: Eindringen von Schadstoffen in den unmittelbaren Lebensbereich

MIK-Wert (Maximale Immissions-Konzentration): Höchster Schadstoffgehalt, der noch als gesundheitlich unbedenklich gilt

An manchen Wintertagen liegt über Großstädten und Ballungsgebieten eine beißende Dunstschicht aus Rauch, Abgasen und Nebel (▷ B 2). In automatisch arbeitenden Meßstationen wird der Anteil verschiedener Schadstoffe in der Luft ständig gemessen. Werden die gesetzlich festgelegten Grenzwerte für den Schadstoffausstoß überschritten, gelten Fahrverbote für den privaten Autoverkehr, bestimmte Feuerungsanlagen der Industrie müssen ihren Betrieb einstellen oder stark drosseln. Wie kommt es zu einer solchen Situation?

Smogbildung. In Industrie- und Belastungsgebieten (z. B. Ruhrgebiet, Rhein-Main-Raum, Neckarraum) entstehen bei Verbrennungsvorgängen in Kraftwerken, Industrieanlagen und Kraftfahrzeugmotoren große Mengen gasförmiger und fester Verbrennungsprodukte. Giftiges Kohlenstoffmonooxid, Schwefeldioxid und Stickstoffoxide sowie Ruß und Stäube gelangen in die Luft. Die Abgabe von Schadstoffen in die Atmosphäre nennt man **Emission**. Meist können die Schadstoffe mit der bodennahen Warmluft in die oberen, kühleren Luftschichten aufsteigen, da erwärmte Luft eine geringere Dichte als Kaltluft besitzt.
Bei ungünstigen Wetterlagen werden die Schadstoffe jedoch nicht durch Luftbewegungen wegtransportiert und verteilt, sondern können sich in gefährlichen Mengen in der Atemluft ansammeln. Dies ist besonders bei Nebel und Inversionswetterlagen (▷ B 4) der Fall. Bei Inversion lagert über bodennaher Kaltluft eine warme Luftschicht. Da die kalte Luft nicht aufsteigen kann, bildet sich eine Glocke aus Dunst, Staub und Abgasen. Die austauscharme Luftschichtung kann bis 1 000 Meter hoch sein und zu extrem hohen Schadstoffanteilen in Bodennähe führen. Diese besonders starke Luftverunreinigung bezeichnet man als **Smog** (von engl. smoke, Rauch; fog, Nebel).

Smog gefährdet die Gesundheit. Vom 5. bis 9. Dezember 1952 starben in London täglich fast viermal so viele Menschen wie an den Tagen zuvor und danach. Ursache war eine längere Inversionswetterlage, die zum gefürchteten „Londoner Smog“ geführt hatte. Bei Smog können die Schadstoffe also schnell ein gesundheitsgefährdendes Ausmaß erreichen. Besonders bedroht sind Kleinkinder und Menschen, die an Erkrankungen von Herz und Kreislauf oder der Atmungsorgane leiden.

Neben den gasförmigen Luftschadstoffen bilden auch **Feinstäube** eine Gefahr für die Gesundheit des Menschen. Da ihre Teilchendurchmesser unter 0,005 mm liegen, können die Stäube durch die Lungenbläschen ins Blut gelangen. Dies ist besonders gefährlich, weil die Stäube auch Verbindungen giftiger Schwermetalle (Blei, Zink, Cadmium) enthalten können.

Für den Anteil der Schadstoffe in der Atemluft wurden bestimmte Grenzwerte oder **MIK**-Werte (**M**aximale **I**mmissions-**K**onzentration) festgelegt, die noch als gesundheitlich unbedenklich gelten. **Immission** ist die Einwirkung von Schadstoffen auf Menschen, Tiere und Pflanzen sowie auf die unbelebte Natur.

Smogalarm. Um die Gesundheit der Menschen nicht zu gefährden, wird beim Überschreiten bestimmter Grenzwerte (meist von Schwefeldioxid und Kohlenstoffmonooxid) Smogalarm ausgelöst. Er ermöglicht, abgestuft nach dem Grad der Verschmutzung, die sofortige Einleitung geeigneter Maßnahmen zur Verminderung der Luftverunreinigung (▷ B 6).

Wichtiger aber sind vorbeugende Maßnahmen, um den Schadstoffausstoß in die Luft einzuschränken. Die Verminderung der Schadstoffe in der Luft ist eines der wichtigsten Probleme aller industrialisierten Länder.

Schadstoffe	Alarmstufen und Grenzwerte (mg/m^3)		
	Vorwarnstufe	Alarmstufe 1	Alarmstufe 2
Schwefeldioxid	0,6	1,2	1,8
Stickstoffoxid	0,6	1,0	1,4
Kohlenstoffmonooxid	30	45	60

Einzuleitende Maßnahmen:

Bei der **Vorwarnstufe** ist alles zu unterlassen, was unnötig zur Luftverunreinigung beiträgt, wie z. B. Verbrennen von Abfällen, Betrieb offener Kamine, Beheizen von Schwimmbädern. Möglichst wenig mit dem Auto fahren.

Bei **Alarmstufe 1** müssen Industrie und Gewerbe schwefelarme Brennstoffe verwenden. Es besteht ein Fahrverbot für Kraftfahrzeuge in Verkehrssperrgebieten von 6 bis 10 Uhr und von 15 bis 20 Uhr.

Bei **Alarmstufe 2** müssen bestimmte Industrieanlagen den Betrieb einstellen. In den Verkehrssperrgebieten besteht ein ganztägiges Fahrverbot für Kraftfahrzeuge mit Ausnahme von Polizei- und Rettungsfahrzeugen.

B 6 Smogalarm. Die Pläne sehen z. B. die Einschränkung des Straßenverkehrs vor

B 7 Modellversuch zur Demonstration der Smogwetterlage

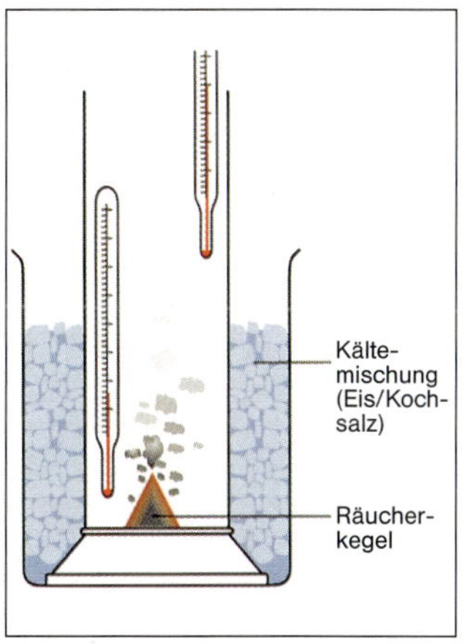

Stelle einen Standzylinder in ein großes Becherglas, das mit einer Kältemischung aus Eis und Kochsalz gefüllt ist. Miß im Standzylinder nach einigen Minuten die Temperaturen in der Nähe der Öffnung und am Boden. Gib anschließend in den Zylinder einen brennenden Räucherkegel und beobachte den aufsteigenden Rauch. Wiederhole den Versuch mit heißem Wasser anstelle der Kältemischung.

B 8 Ausmaß der Luftverschmutzung in Deutschland

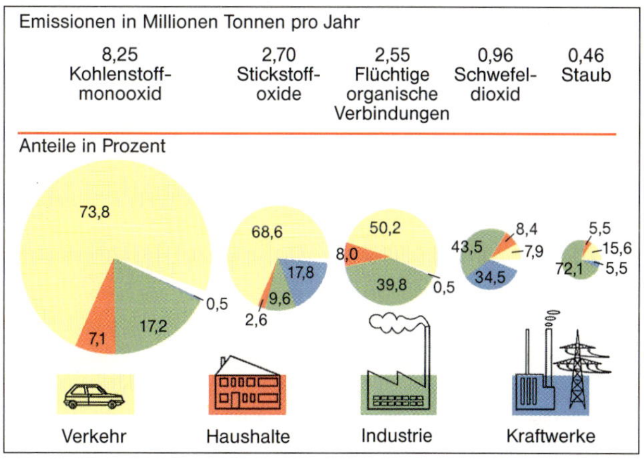

13.5 Maßnahmen zur Minderung der Luftverschmutzung

B 1 Heizkraftwerk Neckar/Altbach Block V

V 1 Schwefeldioxid leitet man in Iod-Kaliumiodid-Lösung (LUGOLS-Lösung), verschließt das Gefäß und schüttelt gut durch. (Abzug!)

V 2 Man baut eine Versuchsapparatur nach ▷ B 3 auf. Das im Reaktionsrohr entstehende Rauchgas leitet man zunächst durch den Rundkolben. Die im Rundkolben enthaltene Mineralfaserwolle dient als Rußabscheider. Mit einem SO_2-Prüfröhrchen prüft man den Schwefeldioxid-Anteil im Rauchgas, weist Schwefeldioxid mit LUGOLS-Lösung nach und leitet das Gas durch Kalkwasser. In einer anschließenden Waschflasche befindet sich LUGOLS-Lösung zur Kontrolle der Schwefeldioxid-Verminderung. Mit einem weiteren Prüfröhrchen wird die Höhe der Reduzierung ermittelt und mit dem Anfangswert verglichen.

In Kohlekraftwerken wird *Braun-* oder *Steinkohle* zur Wärmeerzeugung verbrannt. Diese *fossilen Brennstoffe* (von lat. fossilis, ausgegraben) weisen einen Kohlenstoffanteil zwischen 65 % und 85 % auf. Am Aufbau der Verbindungen der Brennstoffe sind die Elemente Sauerstoff und Wasserstoff sowie Schwefel, Stickstoff und in geringem Maße Chlor und Fluor beteiligt.

Bei der Verbrennung der staubfein gemahlenen Kohle im Feuerraum des Dampferzeugers unter dosierter Luftzufuhr fallen in der Stunde 10 Tonnen feste Rückstände in Form von *Asche* an. Außerdem entstehen gasförmige Verbindungen wie z.B *Wasserdampf*, *Kohlenstoffmonooxid*, *Kohlenstoffdioxid*, *Stickstoffoxide* und *Schwefeldioxid*, die als **Rauchgas** entweichen und zur Luftverschmutzung beitragen.

Rauchgasentschwefelung im Experiment. Eine Maßnahme zur Minderung von Schwefeldioxid im Rauchgas läßt sich im Laborversuch nachvollziehen. Zunächst erhitzt man zerkleinerte Braunkohle bis zum Glühen und prüft das entstehende *Rauchgas* auf Schwefeldioxid. Dazu wird es durch LUGOLS-Lösung geleitet (▷ B 2). Die Farbänderung der Lösung weist auf Schwefeldioxid hin. Im weiteren Verlauf durchströmt das Rauchgas Kalkwasser. In diesem tritt milchige Trübung auf (▷ B 3). Schwefeldioxid wird absorbiert, Calciumsulfit (ein Salz der Schwefligen Säure) fällt aus.

$$SO_2 + Ca(OH)_2 + H_2O \longrightarrow CaSO_3 + 2\,H_2O$$

Prüft man das Rauchgas erneut auf Schwefeldioxid, wird die Lösung farblich nicht mehr verändert.
Weitere Luftzufuhr oxidiert Calciumsulfit zu Calciumsulfat, das auch als **Gips** bekannt ist.

B 2 Nachweis für Schwefeldioxid mit LUGOLS-Lösung

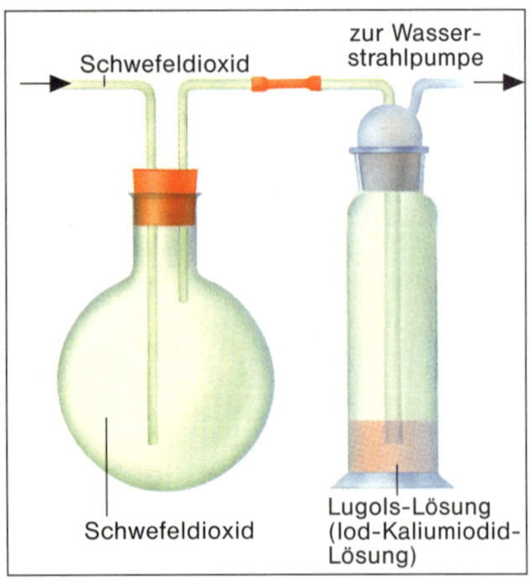

B 3 Rauchgasentschwefelung im Versuch

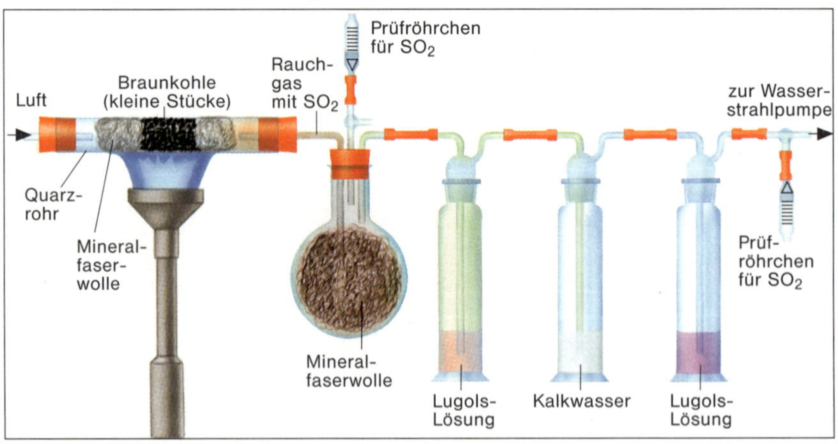

Kohlekraftwerke sind großtechnische Anlagen. In einem modernen Steinkohlekraftwerk mit einer elektrischen Leistung von 550 Megawatt werden pro Tag im 24-Stunden-Betrieb etwa 3800 Tonnen Steinkohle verbrannt. Das sind in einer Stunde mehr als sechs Güterwagen zu je 25 Tonnen. Entsprechend groß ist die entstehende Menge von schadstoffhaltigem *Rauchgas*.

Grenzwerte. Um die Belastung der Luft so gering wie möglich zu halten, wurden im Jahre 1983 in der Großfeuerungsanlagenverordnung Grenzwerte für die *Emission* von Schadstoffen vorgeschrieben. Für Kohlekraftwerke über 300 Megawatt gilt für Schwefeldioxid ein Grenzwert von 400 mg/m^3 Rauchgas, für Stickstoffoxide 200 mg/m^3. Damit diese Grenzwerte eingehalten werden können, werden Stickstoffoxide in einer *Stickstoffoxidminderungsanlage* (DENOX-Verfahren) katalytisch zu Stickstoff und Wasser umgewandelt. Ein Großteil des Schwefeldioxids wird ähnlich wie im Experiment durch eine chemische Reaktion aus dem Rauchgas *ausgewaschen*.

Rauchgasentschwefelung in der Technik. In einem Waschturm (Absorberturm, ▷ B 5), der etwa 40 Meter hoch und 15 Meter im Querschnitt ist, wird das schwefeldioxidhaltige Rauchgas auf ca. 50 °C gekühlt. Die Waschflüssigkeit ist eine Suspension aus Wasser und feingemahlenem Kalkstein. Auf mehreren Düsenebenen wird die Waschsuspension in das Rauchgas gesprüht. Das gasförmige Schwefeldioxid reagiert zu Calciumsulfit. Durch Einblasen von Luft wird die Flüssigkeit mit Sauerstoff angereichert und das Calciumsulfit zu Calciumsulfat (Gips) oxidiert. Dieser **Gips** wird zu Gips*pellets* (▷ B 7) gepreßt oder nach Entzug des Wassers in rieselfähiger Form gelagert. Ein Teil dieser Gipsproduktion wird in der Baustoffindustrie verwertet. Durch dieses Verfahren wird der Schwefeldioxidausstoß im Rauchgas um mehr als 85 % reduziert.

B4 Absorberturm, in dem das Schwefeldioxid aus dem Rauchgas ausgewaschen wird

A 1 Für **REA-Gips** aus den **R**auchgas-**E**ntschwefelungs-**A**nlagen gibt es sehr unterschiedliche Verwendungsmöglichkeiten.
Erkundige dich in Baubedarfsgeschäften.

B5 Rauchgasentschwefelungsanlage im Schema

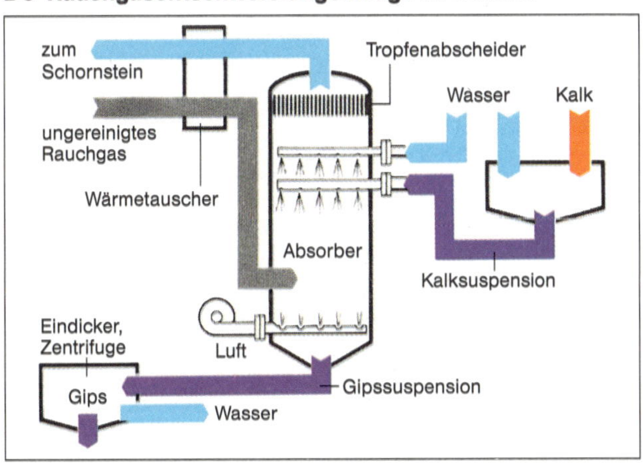

B6 Vakuumtrommelfilter

B7 Gipspellets

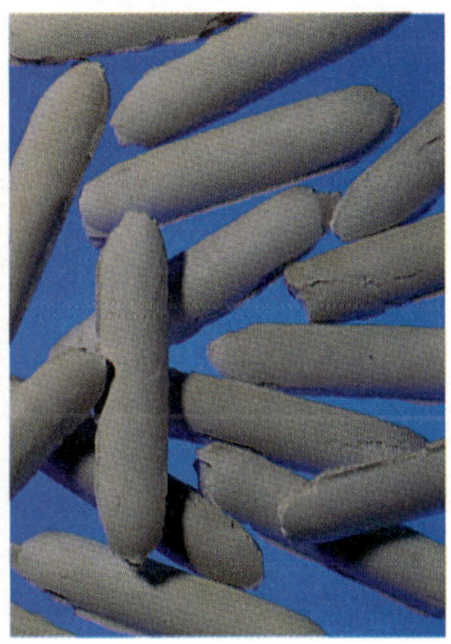

13.6 Anwendung und Vertiefung

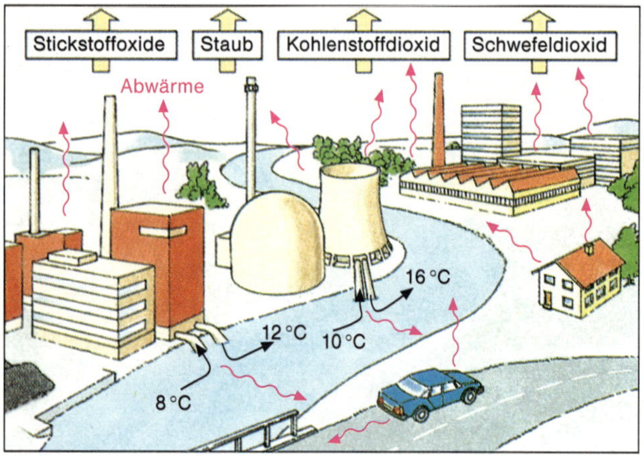

B1 Zu Aufgabe 1

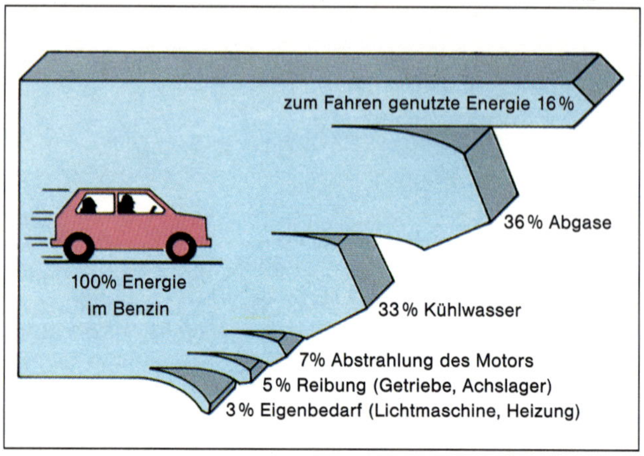

B2 Zu Aufgabe 2

1 a) Ordne den in ▷ B 1 angezeigten Luftschadstoffen die entsprechenden Verursacher zu.
b) Langfristig gesehen kann die Abwärme, die bei den in ▷ B 1 erfaßten Energieumwandlungen entsteht, zu Klimaveränderungen führen. Wie kann diese Situation verlangsamt werden?

2 ▷ B 2 zeigt, wie schlecht die Energie beim Auto genutzt wird. Da rund fünf Sechstel ungenutzt verloren gehen, sagt man, das Auto hat einen schlechten Wirkungsgrad. *Wirkungsgrad* ist der Quotient aus *nutzbarer Energie* durch *eingesetzte Energie*.

a) Stelle die Grafik in einem Prozentkreis dar und färbe alle Bereiche, in denen Wärme als Verlustenergie auftritt, mit roter Farbe.

b) Ein Kraftwerk hat einen Wirkungsgrad von etwa 35 %. Wie wird dieser Wirkungsgrad erreicht?

3 In ▷ B 3 sind einige Geräte bzw. Maschinen aufgelistet, bei denen der Wirkungsgrad über 80 % liegt. Suche diese Beispiele heraus und überlege jeweils, welche Maßnahmen ergriffen werden müssen, um diesen hohen Wirkungsgrad zu ermöglichen.

4 Du kennst eine Reihe von Gründen, warum ein Berghang in einem Gebirgs-Hochtal so einen trostlosen Anblick wie in ▷ B 4 bietet. Zähle Beispiele auf, die zivilisatorisch bedingt sind und zu Veränderungen einer Bergregion geführt haben.

5 Im Zeitungsartikel in ▷ B 5 findest du Folgeerscheinungen größten Ausmaßes, wenn der Schutzwald in den Alpentälern gestorben ist. Warum können großangelegte Aufforstungsprogramme über Jahrzehnte dieses Problem nicht lösen?

B3 Zu Aufgabe 3

Ausgangsenergie	Energiewandler	Wirkungsgrad
mechanische Energie	Generator	bis 96 %
	Wasserturbine	bis 90 %
chemische Energie	Dampfmaschine	bis 15 %
	Auto (gesamt)	bis 16 %
	Dampfturbine	bis 28 %
	Kohleofen	bis 85 %
	Ölheizung	bis 84 %
elektrische Energie	Kochplatte	bis 90 %
	Glühlampe	bis 7 %
	Leuchtstoffröhre	bis 15 %
	Elektromotor	bis 96 %

B4 Zu Aufgabe 4

B5 Zu Aufgabe 5

Auf großen Flächen ist der Schutzwald in den Alpentälern gestorben, nichts bremst mehr das nach einem Regen zu Tal schießende Wasser. Überschwemmungen und Erosion des Bodens machen Schlagzeilen. Im Herbst 1993 spülte der Regen in Frankreich, Italien und der Schweiz gigantische Erdmassen in die Täler. Straßen wurden zerstört, Bahnverbindungen zugeschüttet, einige Dörfer waren tagelang abgeschnitten. Hier hilft auch kein Aufforstungsprogramm: Wo der Wald an den steilen Hängen einmal verlorengegangen ist, kann er in absehbarer Zeit nicht mehr Wurzeln schlagen.

Düngemittel und Pflanzenschutz

Schon vor Jahrhunderten erkannten die Menschen, daß Böden durch landwirtschaftliche Nutzung zunehmend verarmen und an Fruchtbarkeit abnehmen. Man versuchte mit Pflanzenabfällen, Stallmist oder Jauche den Boden zu verbessern, ohne zunächst zu wissen, welche darin enthaltenen Stoffe das Pflanzenwachstum begünstigen.

Erst Justus von Liebig erkannte im Jahre 1843, daß die Pflanzen für ihr Wachstum Mineralstoffe in einem ganz bestimmten Verhältnis benötigen. Seither konnten durch gezielten Einsatz von Mineraldüngern die Ernteerträge erheblich gesteigert werden. Eine verstärkte Mineraldüngung kann jedoch den Boden und das Grundwasser belasten. Es gibt deshalb auch Landwirte, die auf den Einsatz von Mineraldüngern verzichten.

Schädlinge, Krankheiten und Wildkräuter können die Ernteerträge gefährden. Diesem Problem widmet sich der Pflanzenschutz. Neben chemischen Mitteln gegen Pilze, Wildkräuter und Insekten werden im Pflanzenschutz zunehmend biologische Verfahren eingesetzt.

Wird auf den Einsatz von Mineraldüngern und chemischen Pflanzenschutzmitteln verzichtet, spricht man vom ökologischen oder biologisch-dynamischen Landbau.

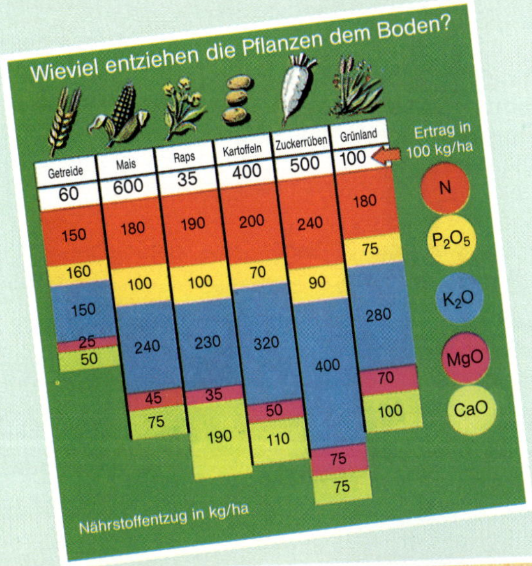

„Als Prinzip des Ackerbaus muß angesehen werden, daß der Boden in vollem Maße wieder erhält, was ihm genommen wurde."

Justus von Liebig
1803–1873

14.1 Düngemittel – Wir diskutieren Fragen aus Alltag und Umwelt

1 In der Natur regeln sich viele Wachstumsvorgänge in Kreisläufen. So wirft der abgebildete Baum im Herbst Laub ab. Dieses Laub und andere abgestorbene Pflanzenteile werden von Regenwürmern, Asseln, Milben und weiteren Bodenorganismen zu Humus und dann von Bakterien und Pilzen zu Mineralstoffen abgebaut.

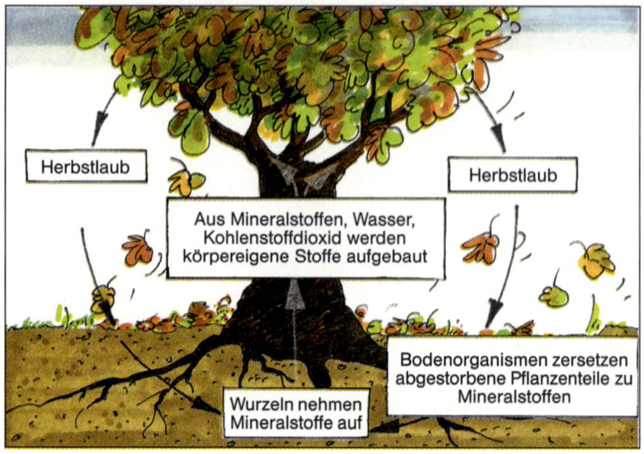

a) Beschreibe die weiteren Stationen des natürlichen Kreislaufs.

b) Steht der Baum in einem Garten, dann wird der Kreislauf häufig durch den Menschen unterbrochen. An welcher Stelle des Kreislaufes geschieht dies?

c) Welche Maßnahmen müssen getroffen werden, damit der Baum auch im Garten ungestört wachsen kann?

Gehalte an wertbest. Bestandteilen:

10 % N – Stickstoff gesamt
5 % P_2O_5 – Phosphat neutral ammoncitrat- und wasserlöslich
7 % K_2O – Kaliumoxid wasserlöslich

Zum Düngen aller Zimmer- und Balkonpflanzen.
Stäbchen zwischen Topfrand und Pflanzenstiel vollständig in die Blumenerde stecken und gießen.
Aufwandmenge: ca. alle 6 Wochen

Topfduchmesser	Stäbchenzahl
9 cm	1/2
12 cm	1
15 cm	2

Trocken unbegrenzt lagerfähig.
Für Kinder unerreichbar aufbewahren!
Verpackungseinheit: 30 Stück

2 Für Zimmer- und Balkonpflanzen werden im Fachhandel oft Düngestäbchen angeboten.

a) Entnimm der abgebildeten Rückseite der Düngestäbchen-Packung, welche für das Pflanzenwachstum wichtigen Elemente mit dem Dünger zugeführt werden.

b) Worauf deutet die Bezeichnung „Universal-Düngestäbchen" hin?

c) Warum soll die Packung für Kinder unerreichbar aufbewahrt werden?

d) Welche Vor- und Nachteile haben Düngestäbchen im Vergleich zu anderen Düngemethoden (z. B. Flüssigdünger)?

3 Die Hydrokultur (übersetzt „Wasserkultur") macht sich die Tatsache zunutze, daß für das Aufwachsen von Pflanzen 5 Bedingungen notwendig sind: Licht, Luft, Wasser, Wärme und Nährstoffe. Die Erde gehört nicht zu diesen Bedingungen. Bei der Hydrokultur wird die Erde durch ein braunes Tongranulat ersetzt.

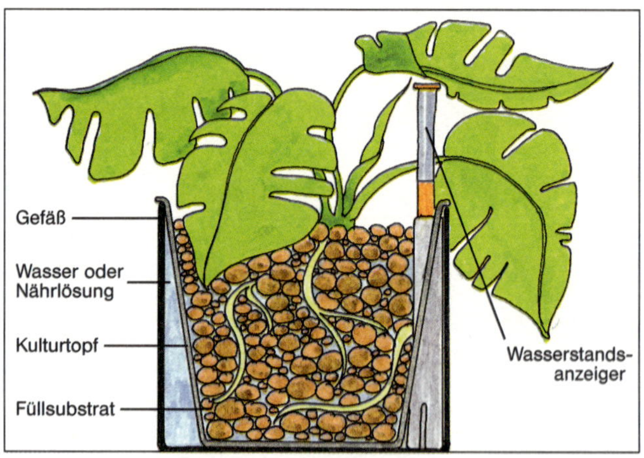

a) Erkläre anhand der Schnittzeichnung, wie ein Hydrokultur-System aufgebaut ist und wie es funktioniert.

b) Welche andersartigen Eigenschaften gegenüber der Erde besitzt das Tongranulat?

c) Welche Vorteile geben die Anbieter von Hydrokulturen für ihr Verfahren an?

d) In der Urlaubszeit genießen die Besitzer von Hydrokulturen besondere Vorteile. Welche sind das?

e) Besonders häufig trifft man Hydrokulturen in Krankenhäusern an. Begründe.

14.2 Wovon lebt die Pflanze?

Der Einsatz von Düngemitteln und der Pflanzenschutz haben in den letzten 100 Jahren in den Industrieländern zu großen Ertragssteigerungen in der Landwirtschaft geführt. So konnte sich der Ernteertrag je Flächeneinheit in dieser Zeit auf das Dreifache erhöhen. Für den richtigen Einsatz von Düngemitteln ist es wichtig, die Grundlagen des Pflanzenwachstums zu kennen.

Grundlagen des Pflanzenwachstums. Pflanzen benötigen zum Wachsen und Gedeihen neben Licht und Wärme eine Vielzahl von Stoffen (▷ B 1). Für die Fotosynthese wird Kohlenstoffdioxid benötigt, das der Luft entnommen wird. Alle übrigen Stoffe – Wasser und Mineralstoffe – stammen aus dem Boden. Die Mineralstoffe liegen dort als Salze (Mineralsalze bzw. Nährsalze) vor und werden in gelöstem Zustand über die Wurzeln der Pflanzen aufgenommen. Neben *Stickstoffverbindungen* benötigt die Pflanze vor allem *Phosphate, Sulfate, Kalium-, Calcium- und Magnesiumsalze* sowie Spuren einiger Schwermetallverbindungen. Fehlt einer dieser lebenswichtigen Mineralstoffe, so treten Mangelerscheinungen auf, die Pflanzen verkümmern oder sterben vorzeitig ab.

Warum gedüngt werden muß. Mineralstoffe durchlaufen in der unberührten Natur (Urwälder, Steppen, Moore) einen Kreislauf: Da die abgestorbenen Pflanzenteile an Ort und Stelle verrotten, gelangen die aufgenommenen Mineralstoffe wieder in den Boden zurück. Der Mineralstoffgehalt solcher Böden bleibt dadurch erhalten.
Werden auf landwirtschaftlich genutzten Böden die Pflanzen jedoch abgeerntet und damit dem natürlichen Kreislauf entzogen, so werden die lebenswichtigen Mineralsalze nicht mehr in den Boden zurückgeführt. Die Folge ist eine Verarmung des Bodens an Nährsalzen, die Ernteerträge gehen zurück. Um dieses zu verhindern, führen die Landwirte dem Boden die verlorengegangenen Salze in Form von Dünger wieder zu. Hierzu wird organischer **Wirtschaftsdünger** (Mist, Gülle, Kompost) oder **Mineraldünger** verwendet.

Das Minimumgesetz von Liebig. Bereits vor über 100 Jahren entdeckte Justus von Liebig, daß die für das Wachstum der Pflanzen notwendigen Nährsalze in einem ganz bestimmten Verhältnis vorliegen müssen. Der in der geringsten Menge (*im Minimum*) vorhandene Stoff begrenzt die Entwicklung und das Wachstum der Pflanzen (▷ B 2). Ist ein Mineralsalz in zu geringem Anteil vorhanden, so kann es nicht durch einen Überschuß eines anderen Salzes ersetzt werden. Dieser Zusammenhang wird als **Gesetz vom Wachstumsminimum** bezeichnet und bildet die Grundlage des Mineraldüngens. Da ein Mangel an Phosphaten z. B. nicht durch eine erhöhte Zufuhr an Nitraten ausgeglichen werden kann, muß die Zusammensetzung des Düngers genau darauf abgestimmt werden, welche Mineralstoffe dem betreffenden Boden fehlen.

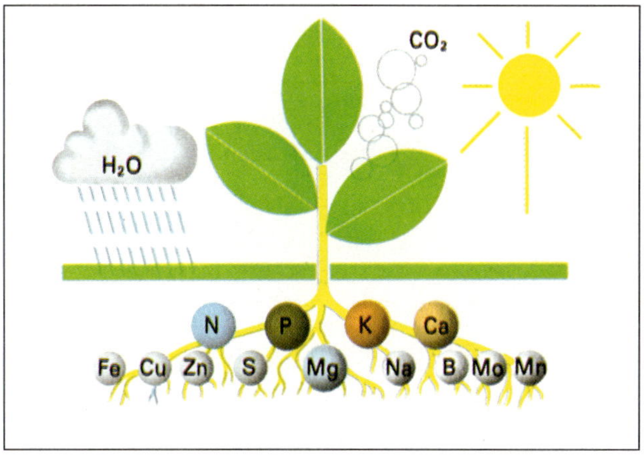

B 1 Lebensgrundlage der Pflanze. Neben Licht, Wärme, Wasser und Kohlenstoffdioxid benötigt sie noch Mineralstoffe

V 1 Löse einige Körnchen eines Mineraldüngers in Wasser. Lasse einige Tropfen der Lösung auf einem Objektträger verdunsten. Betrachte den Rückstand unter der Lupe oder unter dem Mikroskop.

A 1 Warum kann es nicht sinnvoll sein, einen an Magnesiumsalzen armen Boden mit zusätzlichen Calciumsalzen zu düngen?

A 2 Erkläre anhand der Zeichnung in ▷ B 2 das Gesetz vom Wachstumsminimum.

A 3 Ein bekannter Dünger wird unter der Bezeichnung „Nitrophoska" angeboten. Welche Bestandteile sind in diesem Dünger enthalten?

B 2 Minimumtonne zur Erklärung des Wachstumsgesetzes von Liebig

14.3 Der Kreislauf des Stickstoffs

B1 Knöllchenbakterien an Lupinenwurzeln zur Bindung von Luftstickstoff

Pflanzen benötigen für ihr Wachstum Nährsalze. Besonders wichtige Nährsalze sind Stickstoffverbindungen. Sie sind unentbehrlich für den Aufbau von Eiweiß, Blattgrün (Chlorophyll) und Enzymen. Bei Stickstoffmangel sind Wachstum und Ernteertrag stark verringert.

Der natürliche Stickstoffkreislauf. Die meisten Pflanzen nehmen Stickstoffverbindungen mit den Wurzeln in Form von gelösten Salzen, den Nitraten, auf. Nur wenige Pflanzen, die Schmetterlingsblütler (z.B. Lupinen, Klee) können mit Hilfe von Bakterien in ihren Wurzeln (Knöllchenbakterien) Stickstoff aus der Luft binden (▷ B 1). Viele Landwirte bauen deshalb Schmetterlingsblütler an, die nach einiger Zeit untergepflügt werden.

Abgestorbene Pflanzen, Ausscheidungen oder Reste von Tieren werden im Boden durch Bakterien zersetzt. Dabei bilden sich unter anderem wieder Nitrate. Damit ist der Kreislauf geschlossen.

Auch der Stickstoff aus der Luft ist an dem Kreislauf beteiligt. Bei Gewittern entstehen durch Entladungen sehr hohe Temperaturen. Dadurch kann Luftstickstoff mit Sauerstoff zu Stickstoffoxiden reagieren. Diese bilden mit Wasser Salpetersäure. Mit dem Regen gelangt Salpetersäure, und damit der in der Säure gebundene Stickstoff, in den Boden. Andererseits bauen aber auch Bakterien im Boden Nitrate zu Stickstoff ab. Dadurch gelangt Stickstoff aus dem Boden in die Atmosphäre zurück.

A 1 Durch welche Vorgänge gelangen bei Gewittern Stickstoffverbindungen in den Boden? Durch welchen Vorgang gelangt aus dem Boden Stickstoff in die Atmosphäre?

A 2 An welcher Stelle wird der natürliche Kreislauf des Stickstoffs durch den Menschen unterbrochen?

A 3 Welche Probleme ergeben sich aus dem hohen Energieaufwand für Düngemittel vor allem für Länder der Dritten Welt?

Stickstoffkreislauf und Landwirtschaft. Der natürliche Stickstoffkreislauf wird durch die landwirtschaftliche Nutzung gestört, da ein großer Teil der Stickstoffverbindungen mit der Ernte abgeführt wird. Dadurch wird dem Boden mehr Stickstoff entzogen, als ihm über natürliche Vorgänge zugeführt wird. Um den Verlust an Stickstoffverbindungen wieder auszugleichen, müssen dem Boden Stickstoffdünger zugeführt werden. Hierzu diente früher die *Wirtschaftsdüngung* (Stallmist, Jauche, Gülle) (▷ B 2). Seit den Untersuchungen LIEBIGS gewann die *Mineraldüngung* immer mehr an Bedeutung. Die Herstellung von Düngemitteln ist jedoch mit einem hohen Energieaufwand verbunden. Etwa die Hälfte der für die Pflanzenproduktion benötigten Energie wird allein für die Düngemittelherstellung aufgewendet.

B2 Wirtschaftsdüngung

B3 Stickstoffkreislauf

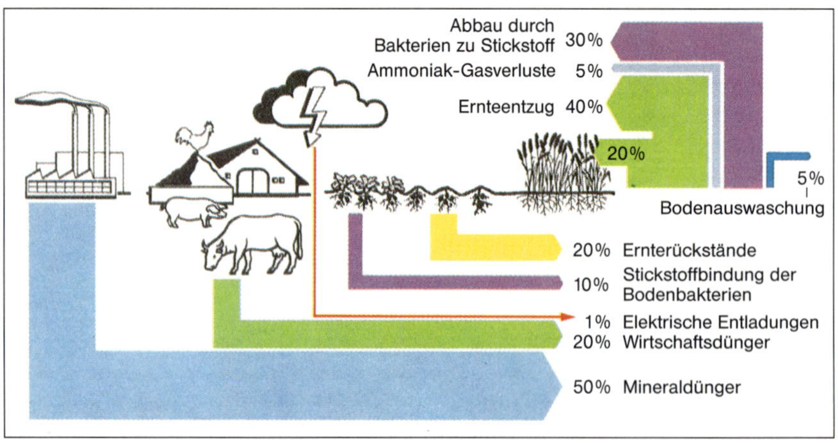

14.4 Praktikum: Wir prüfen Lebensmittel auf Nitrate

Einen Teil des Nitrats, das als Düngemittel auf Felder und Gartenbeete ausgebracht wird, speichern die Pflanzen in ihren Zellen. Mit der Nahrung nehmen wir daher auch Nitrate zu uns. Damit die Nitrataufnahme nicht zu Gesundheitsschäden führt, hat die Weltgesundheitsorganisation (WHO) für die tägliche Nitrataufnahme einen Richtwert von 3,3 mg/kg Körpergewicht festgelegt. In den folgenden Versuchen wollen wir die Nitratbelastung einiger Lebensmittel untersuchen.

Versuch 1 Nitrate im Kopfsalat

Geräte/Materialien

Waage, Meßzylinder, Mörser mit Pistill, Messer, Trichter, Filterpapier, Becherglas (100 ml), dest. Wasser, Nitrat-Teststäbchen (0 – 500 ppm), 2 Kopfsalate

Versuchsanleitung

1. Wasche einen Kopfsalat gründlich unter fließendem Wasser ab. Der zweite Kopfsalat bleibt ungewaschen.

2. Wiege je 10 g von den in der Tabelle angegebenen Bestandteilen des Kopfsalates ab.

3. Gib jede Probe mit 40 ml dest. Wasser in einen Mörser. Zerreibe die Probe, bis ein homogenes Gemisch entstanden ist.

4. Filtriere das Gemisch und bestimme den Nitratgehalt des Filtrats mit Nitrat-Teststäbchen.

Auswertung

1. Da die Probe auf das Fünffache verdünnt wurde, muß das Testergebnis auch mit 5 multipliziert werden. Das Ergebnis der Berechnung ist der Nitratgehalt in mg pro kg Gemüse. Übertrage die angegebene Tabelle in dein Heft, und trage die ermittelten Werte ein.

2. Welche Mengen der untersuchten Salatteile dürfen von einem Erwachsenen mit 70 kg Körpergewicht pro Tag aufgenommen werden, unter der Voraussetzung, daß keine anderen nitrathaltigen Lebensmittel zugeführt werden?

Pflanzenteile	Nitratgehalt in mg/kg
Äußere Blätter, ganz, ungewaschen	
Äußere Blätter, ohne Mittelrippe, ungewaschen	
Äußere Blätter, ohne Mittelrippe, gewaschen	
Innere Blätter, ganz, ungewaschen	
Innere Blätter, ohne Mittelrippe, ungewaschen	
Innere Blätter, ohne Mittelrippe, gewaschen	

Versuch 2 Düngung und Nahrungsmittelqualität

Am Beispiel der Kartoffel läßt sich nachweisen, wie die Qualität eines Nahrungsmittels durch Düngung beeinflußt werden kann. Bei übermäßiger Verwendung von Nitratdünger wird die Kartoffel zunehmend wäßriger, die Haltbarkeit geringer und der Geschmack schlechter.

Geräte/Materialien

Messer, Uhr, Nitrat-Teststäbchen (0 – 500 ppm), Ascorbinsäure-Teststäbchen (50 – 2 000 ppm) zum Vitamin-C-Nachweis, 1 Kartoffel aus herkömmlichem Anbau (unter Verwendung von Mineraldünger), 1 Kartoffel aus ökologischem Anbau

Versuchsanleitung

Zerschneide die Kartoffeln und drücke etwa 3 Sekunden lang je ein Nitrat-Teststäbchen und ein Ascorbinsäure-Teststäbchen auf die frische Schnittfläche. Achte darauf,. daß die Testzone gut und vollständig benetzt ist. Vergleiche nach 2 Minuten mit der vorgegebenen Farbskala.

Auswertung/Fragen

1. Übertrage die Tabelle in dein Heft, und trage die Meßergebnisse ein.

Probe	Nitratgehalt (mg/kg)	Ascorbinsäuregehalt (mg/kg)
Kartoffel aus Anbau mit Mineraldünger		
Kartoffel aus Anbau ohne Mineraldünger		

2. Welcher Zusammenhang besteht zwischen landwirtschaftlicher Anbauweise und dem Nitratgehalt der Kartoffeln?
3. Welcher Zusammenhang besteht zwischen landwirtschaftlicher Anbauweise und dem Vitamin-C-Gehalt (Ascorbinsäuregehalt)?
4. In Deutschland beträgt der Höchstwert für den Nitratgehalt in Kartoffeln 300 mg/kg, ein Wert von 100 mg/kg soll angestrebt werden. Bewerte die vorliegenden Proben.

14.5 Salpetersäure und Nitrate

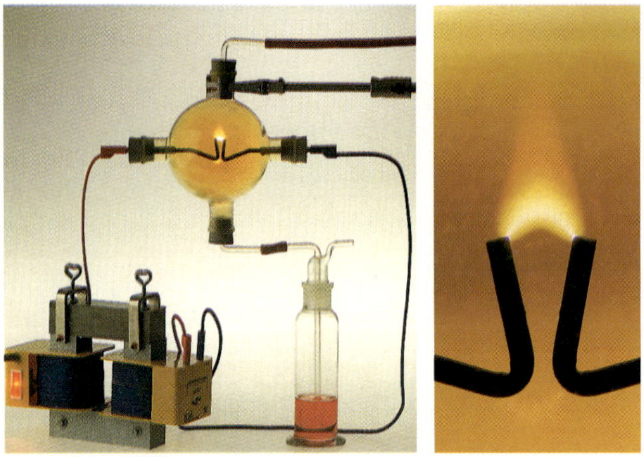

B 1 Luftverbrennung. Stickstoff reagiert mit Sauerstoff im elektrischen Lichtbogen

V 1 Man baut eine Apparatur nach ▷ B 1 zusammen. In der Waschflasche befindet sich Wasser, versetzt mit einigen Tropfen Universalindikatorlösung. Die Kupferelektroden in der Reaktionskugel (Abstand 0,5 cm) verbindet man mit den Polen eines Hochspannungstransformators (Vorsicht! Hochspannung! 5000 bis 6000 Volt!) und erzeugt eine kräftige Funkenstrecke. Sobald die Bildung von gelbbraunem Gas in der Kugel sichtbar ist, wird durch das obere Glasrohr ein schwacher Luftstrom gedrückt, so daß das entstandene Gas durch die Universalindikatorlösung perlt.

A 1 Salpetersäure ist ein Halbfertigprodukt, das zu unterschiedlichen Produkten weiterverarbeitet werden kann. Welche Produkte gehören dazu?

Salpetersäure wurde früher aus Salpeter (von lat. sal petrae, Felsensalz) und Schwefelsäure hergestellt. Von dieser Art der Herstellung leitet sich der Name ab. Heute dient der in der Luft vorhandene Stickstoff zur Herstellung von Salpetersäure. Zu den wichtigsten Stickstoffdüngern gehören heute die *Nitrate*, sie sind die *Salze* der *Salpetersäure*.

Luftverbrennung. Stickstoff wird bei hoher Temperatur im elektrischen Lichtbogen (über 3000 °C) zu Stickstoffoxiden (▷ B 1, ▷ V 1) oxidiert. Diese Gase bilden mit Wasser Salpetersäure. Wegen des hohen Energiebedarfs wird jedoch heute Salpetersäure nicht mehr durch Luftverbrennung hergestellt. Als Ausgangsprodukt dient heute Ammoniak, das durch die Ammoniak-Synthese in großen Mengen erzeugt werden kann.

Die Ammoniak-Synthese. Die Ausgangsstoffe für die Ammoniak-Synthese, Wasserstoff und Stickstoff, kommen praktisch unbegrenzt vor. Stickstoff ist ein Bestandteil der Luft, und Wasserstoff liegt gebunden im Wasser vor. Wird ein Gemisch aus Wasserstoff und Stickstoff bei etwa 500 °C über einen geeigneten Katalysator geleitet, dann reagieren die beiden Gase unter Bildung von Ammoniak NH_3. Ein wirtschaftliches Verfahren zur Ammoniaksynthese wurde zwischen 1905 und 1913 von dem deutschen Chemiker F. HABER und dem Ingenieur C. BOSCH entwickelt (**Haber-Bosch-Verfahren**).

Vom Ammoniak zur Salpetersäure. Wird Ammoniak an einem Platinnetz als Katalysator verbrannt, entsteht farbloses Stickstoffmonooxid NO. Stickstoffmonooxid reagiert sofort mit weiterem Sauerstoff zu braunem Stickstoffdioxid NO_2. Leitet man dieses Gas zusammen mit Sauerstoff in Wasser ein, bildet sich Salpetersäure HNO_3. Auf der Grundlage dieser Vorgänge wurde von W. OSTWALD (1853 – 1932) ein technisches Verfahren entwickelt, das nach ihm benannt ist (▷ B 3).

B 2 Vom Ammoniak zur Salpetersäure

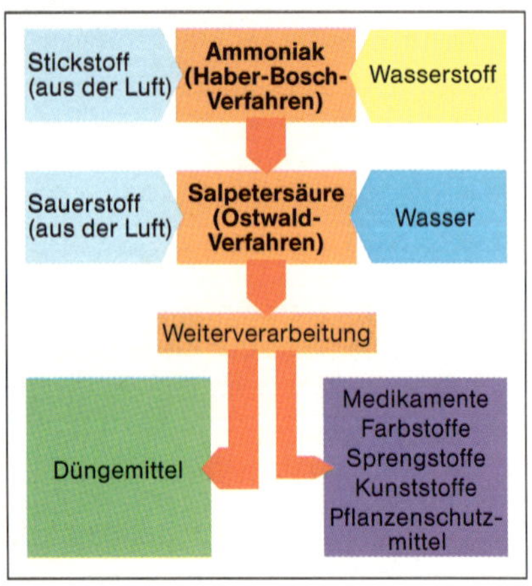

B 3 Verbrennungsofen einer Anlage zur Oxidation von Ammoniak nach dem Ostwald-Verfahren. Rechts: Schnitt durch einen der Reaktoröfen

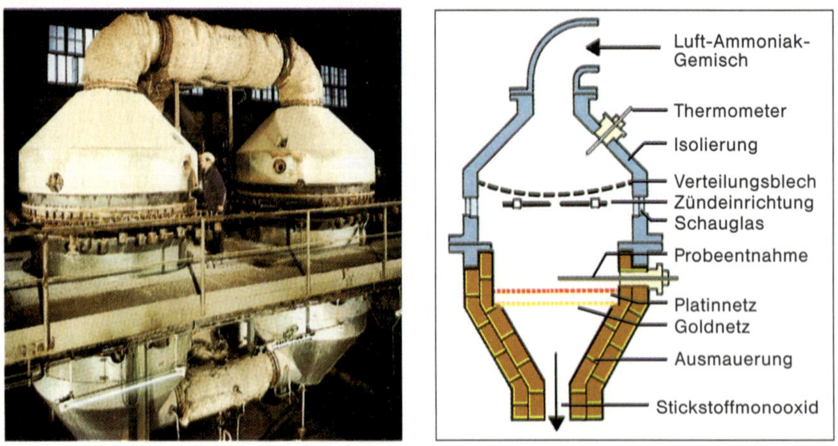

Eigenschaften der Salpetersäure. Konzentrierte Salpetersäure reagiert mit vielen Metallen und Nichtmetallen sehr heftig (▷ V 2). Dabei entstehen giftige nitrose Gase (Stickstoffmonooxid und Stickstoffdioxid). Auch bei der Zersetzung von konzentrierter Salpetersäure durch Lichteinwirkung entstehen nitrose Gase. Deshalb muß Salpetersäure in braunen Flaschen aufbewahrt werden (▷ B 4).

Verdünnte Salpetersäure reagiert mit unedlen Metallen unter Bildung von Wasserstoff (▷ V 3). Die entstehenden Salze heißen **Nitrate**, sie enthalten das Säurerestion NO_3^-.

Scheidewasser und Königswasser. Konzentrierte Salpetersäure reagiert mit Silber, jedoch nicht mit Gold und Platin. Man nutzt diese Eigenschaft, um bei Schmuckstücken zu prüfen, ob sie aus Gold oder aus einer gleichfarbigen Legierung bestehen (▷ B 5). Da man mit Salpetersäure Gold und Silber trennen (scheiden) kann, wird die Säure auch als *Scheidewasser* bezeichnet. Ein Gemisch aus Salpetersäure und Salzsäure kann sogar mit Gold und Platin reagieren. Da Gold als „König der Metalle" gilt, nennt man dieses Säuregemisch auch *Königswasser*.

Wichtige Nitrate. Kaliumnitrat KNO_3 (Salpeter), Natriumnitrat $NaNO_3$ (Chilesalpeter) und Ammoniumnitrat NH_4NO_3 dienen als Stickstoffdünger. Nitrate werden in der chemischen Industrie auch zur Herstellung von Farbstoffen, Kunstfasern und Sprengstoffen benötigt. Kaliumnitrat diente bereits vor Jahrhunderten zur Herstellung von Schwarzpulver. Silbernitrat wurde früher in der Medizin u.a. als „Höllenstein" zur Entfernung von Warzen verwendet. Strontium- und Bariumnitrat werden vor allem bei der Herstellung von Feuerwerkskörpern eingesetzt.

Nitrate in Lebensmitteln und Trinkwasser. Nimmt eine Pflanze mehr Nitrat auf, als sie für ihr Wachstum benötigt, dann werden die Nitrate in der Pflanze gespeichert. Mit den pflanzlichen Nahrungsmitteln nehmen auch wir Nitrate zu uns. Dadurch kann unsere Gesundheit gefährdet werden, denn Nitrat wird im Körper zu giftigem Nitrit umgewandelt. Nitrite beeinträchtigen die Sauerstoffaufnahme in den roten Blutkörperchen. Besonders gefährdet sind Säuglinge. Bei ihnen kann der Sauerstoffmangel dazu führen, daß sie im Gesicht blau anlaufen („Blausucht"). Eine weitere Gefahr besteht darin, daß sich aus Nitraten im Körper Nitrosamine bilden können. Nitrosamine gehören zu den gefährlichsten Krebserzeugern.

Durch Überdüngung können Nitrate ins Grundwasser gelangen und zu Umweltbelastungen führen. Ein Überangebot an Mineralsalzen mindert bei Pflanzen auch den Ernteertrag (▷ B 6). Deshalb ist es wichtig, regelmäßig durch Pflanzenanalysen und Bodenuntersuchungen den Düngerbedarf zu ermitteln.

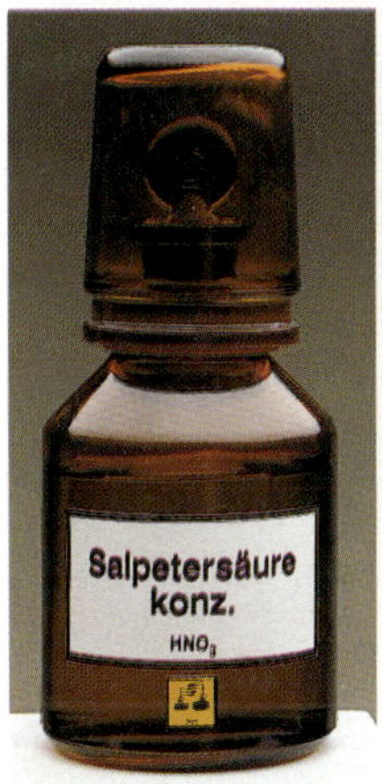

B 4 Konzentrierte Salpetersäure

B 5 Salpetersäure als Prüfsäure

V 2 Man gibt zu einem Stück Magnesiumband im Reagenzglas ca. 15%ige Schwefel- bzw. Salpetersäure und vergleicht die Gasentwicklung (Schutzbrille! Abzug!). ⚠

V 3 Gib in Reagenzgläsern zu Magnesiumband verdünnte Schwefelsäure und verdünnte Salpetersäure (5%ig). Vergleiche die Gasentwicklung.

V 4 Man schmilzt in einem Reagenzglas Kaliumnitrat und gibt glimmende Holzkohle dazu (Schutzbrille! Abzug!). ⚠

A 2 Durch welche Maßnahmen kann verhindert werden, daß das Grundwasser mit Nitrat belastet wird?

A 3 Warum ist die Aufnahme von Nitrat gerade für Kleinkinder besonders gefährlich?

B 6 Ernteertrag in Abhängigkeit von der zugeführten Stickstoffmenge

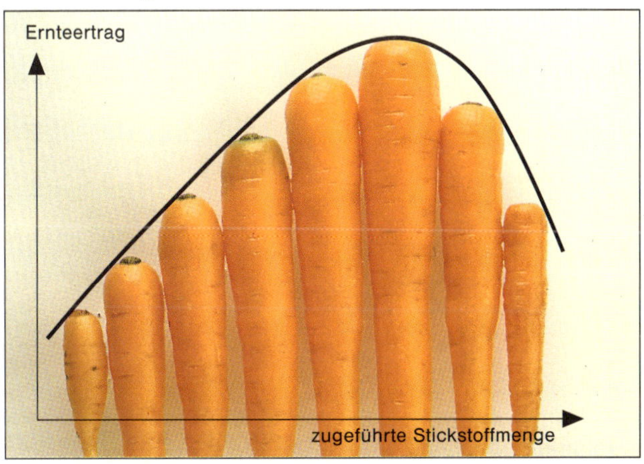

14.6 Phosphorsäure und Phosphate

B1 Entdeckung des Phosphors durch den Alchemisten HENNING BRAND

V 1 Man löst weißes pulverförmiges Phosphor(V)-oxid in Wasser und prüft die Lösung mit einem Indikator.

V 2 Streiche auf ein rostiges Eisenblech Phosphorsäure dünn auf und trockne durch Erwärmen.

V 3 Prüfe ein colahaltiges Erfrischungsgetränk mit Hilfe einer Ammoniummolybdatlösung auf das Vorhandensein von Phosphat (Herstellung: Zu einer wäßrigen Ammoniummolybdatlösung wird so lange verdünnte Salpetersäure gegeben, bis der anfänglich auftretende Niederschlag sich auflöst. Schutzhandschuhe!) Das colahaltige Getränk muß mit dest. Wasser so lange verdünnt werden, bis die Eigenfarbe fast verschwunden ist. Gib einige Tropfen des Getränkes in die Nachweislösung.

B2 „Superphosphat", ein wichtiger Mineraldünger

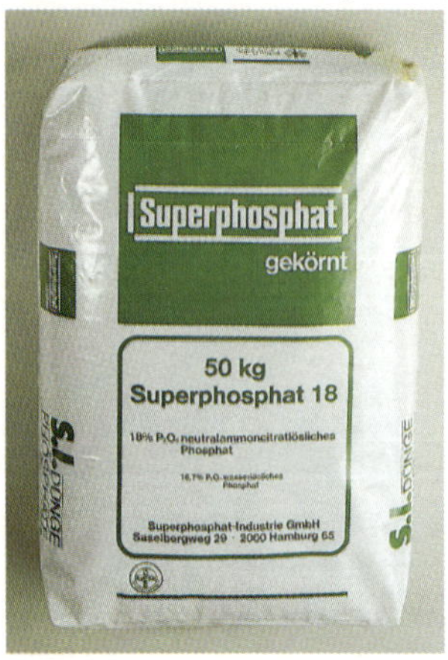

B3 Rostumwandlung durch Phosphorsäure

Phosphate, die *Salze* der *Phosphorsäure*, sind für das Pflanzenwachstum und damit als Bestandteil vieler Mineraldünger unersetzlich. Phosphorsäure ist daher ein wichtiger Grundstoff für die Düngemittelindustrie. Phosphorsäure bildet sich, wenn man ein Oxid des Phosphors in Wasser löst. Das Element Phosphor wurde 1669 von dem Alchemisten HENNING BRAND beim Eindampfen von Harn (▷B 1) entdeckt. BRAND fand dabei eine merkwürdige Eigenschaft des Rückstands: Beim Erhitzen unter Luftabschluß leuchtete er in der Dunkelheit von selbst. Der Stoff wurde deshalb als Phosphorus (von griech. phosphoros, Lichtträger) bezeichnet.

Vom Phosphor zur Phosphorsäure. Beim Verbrennen von Phosphor entsteht ein Phosphoroxid, das mit Wasser eine Säure bildet: die *Phosphorsäure* (▷V 1). Die im Labor verwendete 85%ige Phosphorsäure ist eine farblose, ölige Flüssigkeit mit der Formel H_3PO_4.

Phosphorsäure dient vor allem zur Herstellung von Düngemitteln (▷B 2) und Rostumwandlern (▷V 2, ▷B 3). Wegen ihrer Ungiftigkeit wird sie auch Erfrischungsgetränken zugesetzt, um diesen einen sauren Geschmack zu verleihen.

Phosphate. Phosphationen sind für alle Organismen lebenswichtig. So enthalten z.B. Knochen und Pflanzen einen hohen Anteil von Calciumphosphat. Mit der Nahrung nimmt der Mensch täglich bis zu 300 mg Phosphat auf. Vielen Lebensmitteln wie Würsten, Schokolade, Schmelzkäse und colahaltigen Getränken wird Phosphat zugesetzt. Der Zusatz von Phosphat wird durch die E-Nummern 338 bis 343 und 450a bis 450c angegeben.
Phosphate lassen sich mit Ammoniummolybdatlösung nachweisen, wobei sich ein gelber Niederschlag bildet (▷V 3).

Umweltgefährdung durch Phosphate. Gelangen durch häusliche Abwässer und Auswaschungen überdüngter Ackerflächen Phosphate in die Gewässer, dann dienen sie den Pflanzen im Wasser als Nährsalze. Ein überhöhtes Angebot an Nährsalzen führt jedoch zu einem übermäßigen Pflanzen- und Algenwachstum. Die Pflanzen nehmen sich gegenseitig den Lebensraum weg, sterben dadurch ab und sinken zu Boden. Dort werden sie durch Kleinstlebewesen zersetzt. Dabei wird der im Wasser gelöste Sauerstoff verbraucht, der für Fische und andere Wasserlebewesen lebensnotwendig ist. Man sagt: das Gewässer „kippt um".
Früher wurden Phosphate in großen Mengen als Enthärter in Waschmitteln eingesetzt. Um die Phosphatbelastung der Gewässer zu verringern, sind heute phosphatfreie Waschmittel im Handel. Als Enthärter verwendet man darin andere Verbindungen, z.B. Sasil® (Natrium-Aluminium-Silicat). Ferner können chemische Reinigungsstufen in den Kläranlagen den Phosphatgehalt der Gewässer senken.

Organische Chemie

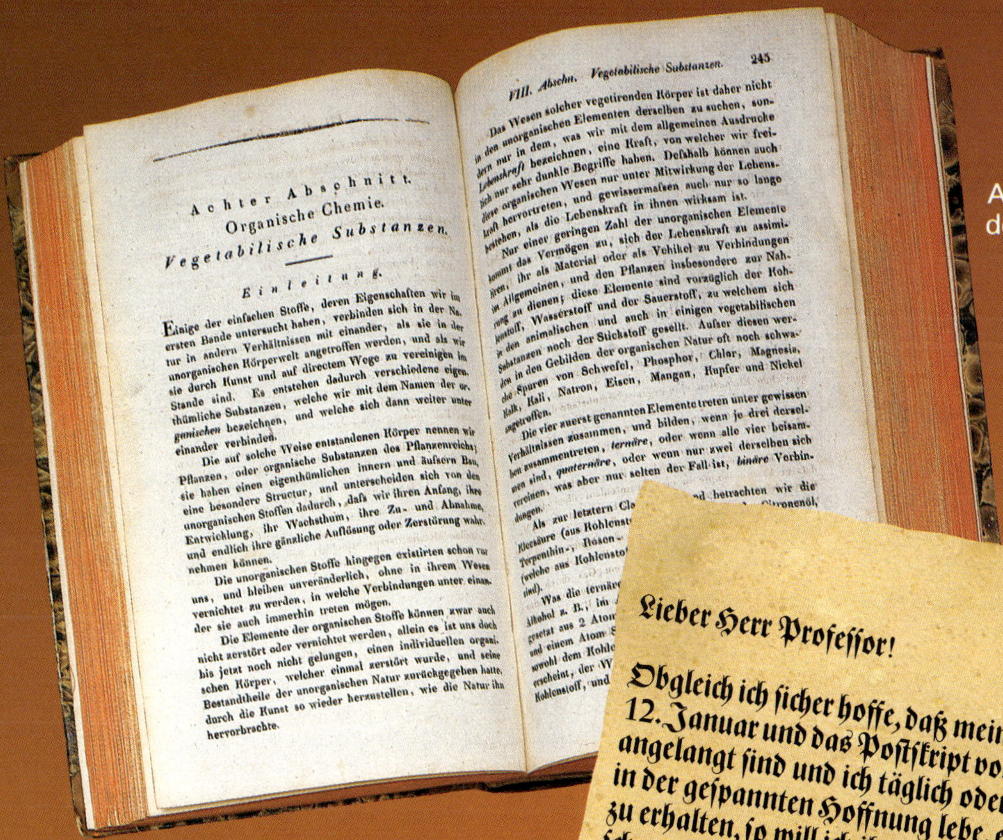

245

VIII. Abschn. Vegetabilische Substanzen.

Achter Abschnitt.
Organische Chemie.
Vegetabilische Substanzen.

Einleitung.

Einige der einfachen Stoffe, deren Eigenschaften wir im ersten Bande untersucht haben, verbinden sich in der Natur in andern Verhältnissen mit einander, als sie in der unorganischen Körperwelt angetroffen werden, und als wir sie durch Kunst und auf directem Wege zu vereinigen im Stande sind. Es entstehen dadurch verschiedene eigenthümliche Substanzen, welche wir mit dem Namen der *organischen* bezeichnen, und welche sich dann weiter unter einander verbinden.

Die auf solche Weise entstandenen Körper nennen wir Pflanzen, oder organische Substanzen des Pflanzenreichs; sie haben einen eigenthümlichen innern und äuſsern Bau, eine besondere Structur, und unterscheiden sich von den unorganischen Stoffen dadurch, daſs wir ihren Anfang, ihre Entwicklung, ihr Wachsthum, ihre Zu- und Abnahme, und endlich ihre gänzliche Auflösung oder Zerstörung wahrnehmen können.

Die unorganischen Stoffe hingegen existirten schon vor uns, und bleiben unveränderlich, ohne in ihrem Wesen vernichtet zu werden, in welche Verbindungen unter einander sie auch immerhin treten mögen.

Die Elemente der organischen Stoffe können zwar auch nicht zerstört oder vernichtet werden, allein es ist uns doch bis jetzt noch nicht gelungen, einen individuellen organischen Körper, welcher einmal zerstört wurde, und seine Bestandtheile der unorganischen Natur zurückgegeben hatte, durch die Kunst so wieder herzustellen, wie die Natur ihn hervorbrachte.

Das Wesen solcher vegetirenden Körper ist daher nicht in den unorganischen Elementen derselben zu suchen, sondern nur in dem, was wir mit dem allgemeinen Ausdrucke *Lebenskraft* bezeichnen, eine Kraft, von welcher wir freilich nur sehr dunkle Begriffe haben. Deſshalb können auch diese organischen Wesen nur unter Mitwirkung der Lebenskraft hervortreten, und gewissermaſsen auch nur so lange bestehen, als die Lebenskraft in ihnen wirksam ist.

Nur einer geringen Zahl der unorganischen Elemente kommt das Vermögen zu, sich der Lebenskraft zu assimiliren, ihr als Material oder als Vehikel zu Verbindungen im Allgemeinen, und den Pflanzen insbesondere zur Nahrung zu dienen; diese Elemente sind vorzüglich der Kohlenstoff, Wasserstoff und der Sauerstoff, zu welchem sich in den animalischen und auch in einigen vegetabilischen Substanzen noch der Stickstoff gesellt. Auſser diesen werden in den Gebilden der organischen Natur oft noch schwache Spuren von Schwefel, Phosphor, Chlor, Magnesia, Kalk, Kali, Natron, Eisen, Mangan, Kupfer und Nickel angetroffen.

Die vier zuerst genannten Elemente treten unter gewissen Verhältnissen zusammen, und bilden, wenn je drei derselben zusammentreten, *ternäre*, oder wenn alle vier beisammen sind, *quaternäre*, oder wenn nur zwei derselben sich vereinen, was aber nur selten der Fall ist, *binäre* Verbindungen.

Aus einem Lehrbuch der Chemie von 1826

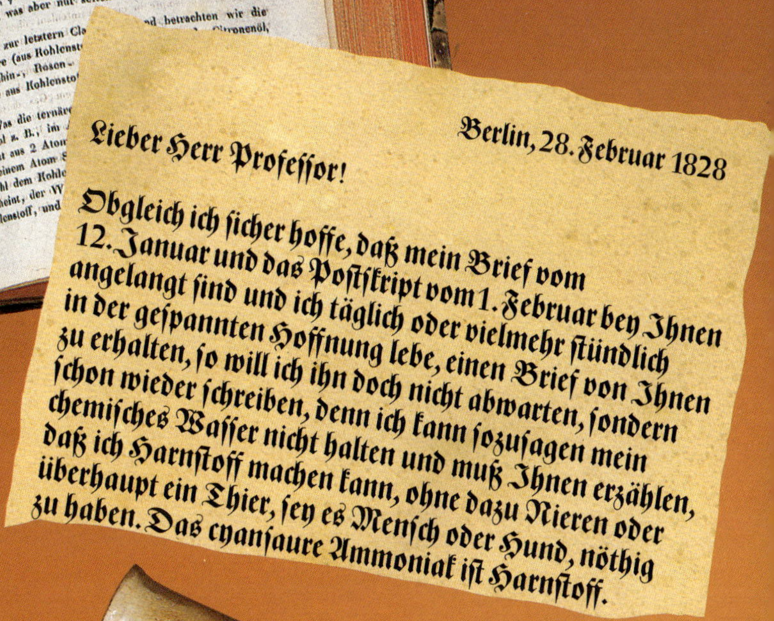

Berlin, 28. Februar 1828

Lieber Herr Profeſſor!

Obgleich ich ſicher hoffe, daß mein Brief vom 12. Januar und das Poſtſkript vom 1. Februar bey Ihnen angelangt ſind und ich täglich oder vielmehr ſtündlich in der geſpannten Hoffnung lebe, einen Brief von Ihnen zu erhalten, ſo will ich ihn doch nicht abwarten, ſondern ſchon wieder ſchreiben, denn ich kann ſozuſagen mein chemiſches Waſſer nicht halten und muß Ihnen erzählen, daß ich Harnſtoff machen kann, ohne dazu Nieren oder überhaupt ein Thier, ſey es Menſch oder Hund, nöthig zu haben. Das cyanſaure Ammoniak iſt Harnſtoff.

Brief von Wöhler an Berzelius (Auszug)

Friedrich Wöhler
1800–1882

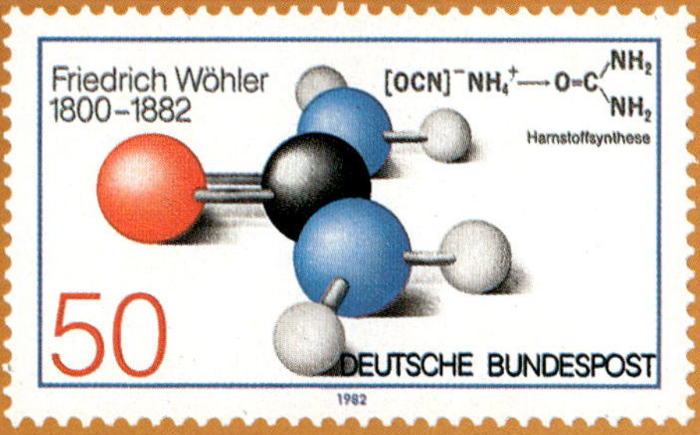

Organische und anorganische Stoffe

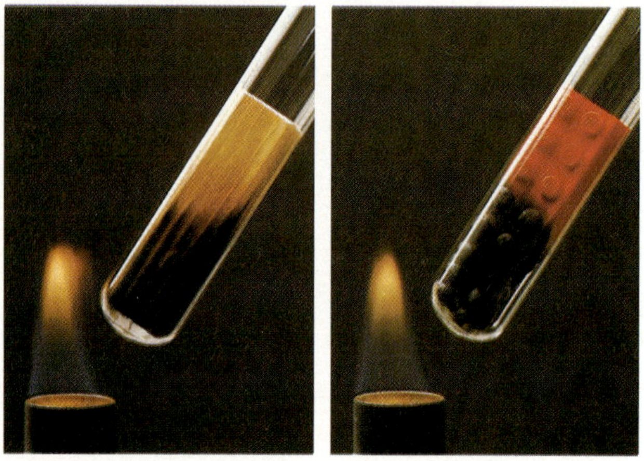

B 1 Kohlenstoffnachweis durch Verkohlen. Links: Naturstoff (Holz). Rechts: Synthetischer Stoff (Kunststoff)

V 1 Erhitze jeweils kräftig im Reagenzglas (Abzug!) a) Kochsalz, b) Kreide, c) Zucker, d) Mehl, e) eine Kunststoffprobe. Vergleiche.

V 2 Verbrenne eine Kerze unter einem Trichter und sauge die Verbrennungsgase durch ein gekühltes U-Rohr und durch eine Waschflasche mit Kalkwasser (▷ B 2). Welche Stoffe sind nachweisbar?

V 3 Erhitze ein Stück Käse oder Ei im Reagenzglas (Abzug!). Prüfe die entstehenden Gase a) mit Indikatorpapier auf Ammoniak, b) mit Bleisalzpapier auf Schwefelwasserstoff. Welche Elemente müssen in Verbindungen von Käse oder Ei enthalten sein, wenn sich Ammoniak und Schwefelwasserstoff nachweisen lassen?

B 2 Nachweis von Kohlenstoffdioxid und Wasser als Verbrennungsprodukte organischer Verbindungen

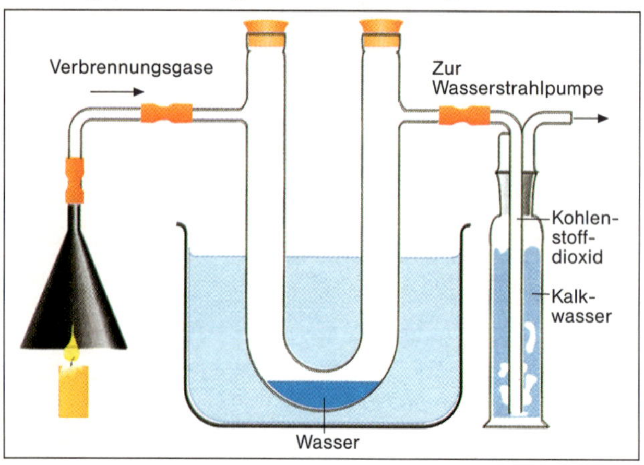

Salze, Mineralien, Erze und Gesteine unterscheiden sich in ihrem chemischen Verhalten und ihrem Aufbau wesentlich von Stoffen, die von Pflanzen oder im Körper von Tieren und Menschen gebildet werden. Dies zeigt sich z.B. sehr deutlich beim Erhitzen von Kochsalz, Kreide, Zucker und Mehl im Reagenzglas (▷ V 1).

Berzelius bezeichnete deshalb um 1807 solche Stoffe, die von **lebenden Organismen** gebildet werden, als **organische** Stoffe, alle anderen als **anorganische** Stoffe. Man war damals davon überzeugt, daß solche „organischen" Stoffe nur im lebenden Organismus und niemals im Labor hergestellt werden können. Wie man in Lehrbüchern aus dem 19. Jahrhundert nachlesen kann, glaubte man, daß organische Stoffe nur durch eine besondere „Lebenskraft" in den Lebewesen entstehen.

Im Jahre 1828 gelang dem deutschen Chemiker Friedrich Wöhler erstmals die Synthese einer organischen Substanz aus anorganischen Stoffen. Er schrieb am 22. Februar in einem Brief an Berzelius: „... muß ich Ihnen erzählen, daß ich Harnstoff machen kann, ohne dazu Nieren oder überhaupt ein Tier, sei es Mensch oder Hund, nötig zu haben. Das cyansaure Ammoniak ist Harnstoff."

Damit war erstmals gezeigt, daß die organischen Stoffe den gleichen Gesetzmäßigkeiten unterliegen wie die anorganischen und im Labor hergestellt werden können. Die historische Einteilung aber wurde beibehalten, weil man bei der Untersuchung von organischen Stoffen ein gemeinsames Merkmal fand. Beim Erhitzen werden sie meist schwarz, sie verkohlen (▷ B 1, ▷ V 1), beim Verbrennen entsteht Kohlenstoffdioxid, häufig auch Ruß (▷ B 2, ▷ V 2). Alle organischen Stoffe sind also Verbindungen des Elementes Kohlenstoff.

Die Organische Chemie ist die Chemie der Kohlenstoffverbindungen.

Außer Kohlenstoff können in organischen Verbindungen meist Wasserstoff, oft auch die Elemente Sauerstoff, Stickstoff und Schwefel nachgewiesen werden (▷ V 3). Auch Halogene, Phosphor, Eisen und Magnesium spielen in manchen organischen Verbindungen eine Rolle.

Heute werden viele wichtige organische Stoffe wie Arzneimittel, Farbstoffe, Kunststoffe, Kosmetika oder Klebstoffe vollsynthetisch hergestellt und in den Forschungslabors immer weitere entwickelt. Auffallend ist, daß nur wenige Elemente über 10 Millionen organische Verbindungen bilden, während man von allen übrigen Elementen nur einige Hunderttausend anorganische Verbindungen kennt. Daß dies eine Besonderheit des Elementes Kohlenstoff ist, werden die folgenden Kapitel zeigen.

Fossile Energieträger und Rohstoffe

Unsere wichtigsten Energieträger Kohle, Erdöl und Erdgas sind vor Jahrmillionen entstanden. Aus riesigen Sumpfwäldern bildete sich unter Luftabschluß und Druck allmählich Kohle, aus Plankton Erdöl und Erdgas. Diese fossilen Bodenschätze werden vor allem zur Energieerzeugung verbrannt, sie enthalten aber auch wertvolle Rohstoffe. Die chemische Industrie benötigt die Kohlenstoffverbindungen des Erdgases und des Erdöls zur Herstellung von Kunststoffen, Farben, Arzneimitteln, Ölen und vielen anderen Verbrauchsgütern.

Die Vorräte in den Förderländern sind jedoch begrenzt. Was wir verheizen, zur Stromerzeugung in Kraftwerken verbrennen oder im Verkehr verwenden, steht als Rohstoff nicht mehr zur Verfügung.

Hinzu kommt ein besonders drängendes Problem: Die fossilen Energieträger gefährden unsere Umwelt und belasten Luft und Wasser.

15.1 Vom Energieträger zum Verbraucher

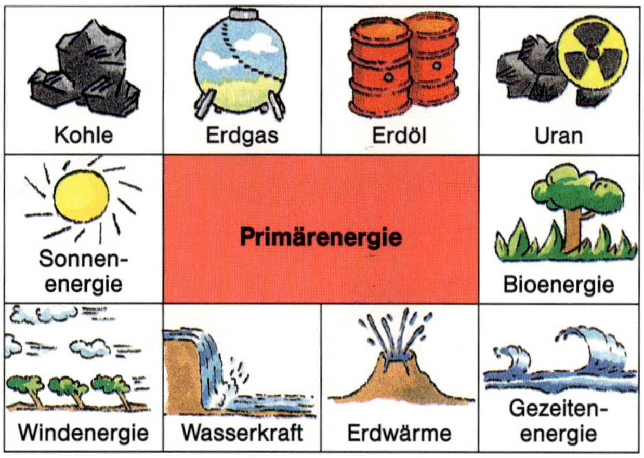

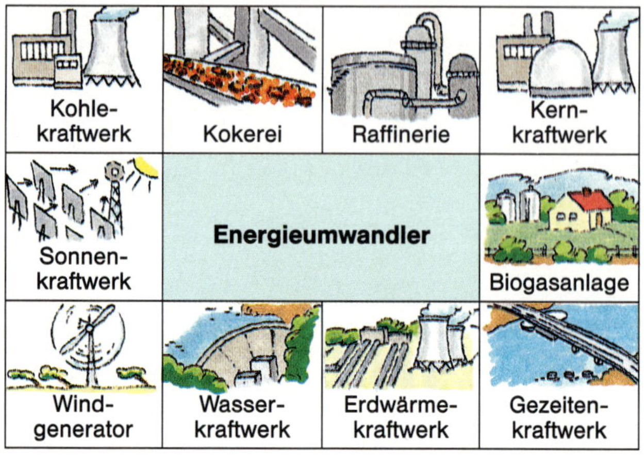

Beim Betrieb von Haushaltsgeräten sprechen wir oft von Energieverbrauch. Genaugenommen gibt es keinen Energieverbrauch. Eine Energieform wird nur in eine andere umgewandelt. Primärenergie wird der Natur entnommen. In Kraftwerken und Raffinerien wird sie in Sekundärenergie umgewandelt. Die Energie, die zum Heizen, zum Antrieb von Motoren und Maschinen oder für die Beleuchtung genutzt wird, nennt man Nutzenergie. Formen der Nutzenergie sind z. B. Wärme, Licht und Elektrizität.

Bei fast allen Energieumwandlungen wird Wärme frei („Verlustenergie"), nur etwa ein Viertel der Primärenergie kann wirklich genutzt werden.

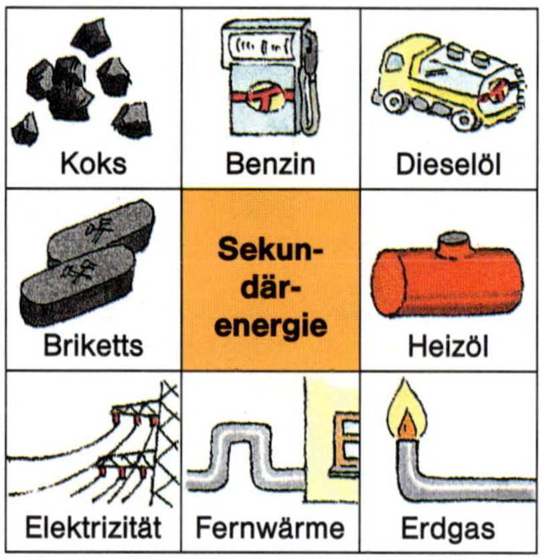

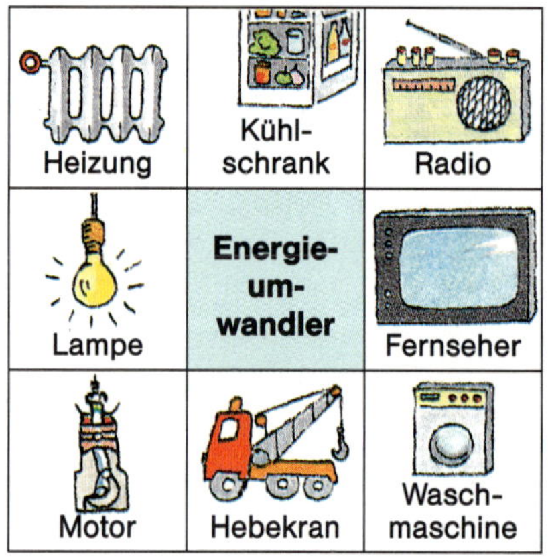

1 Welche Energiequellen haben die Menschen früher genutzt, welche sind heute von großer Bedeutung?

2 Kohle wird in Kohlekraftwerken verbrannt zur Gewinnung von Elektrizität. Mit elektrischem Strom wird ein Fön betrieben, der Warmluft erzeugt. Beschreibe anhand der Bilder weitere Energieumwandlungsketten von der Primärenergie zur Nutzenergie.

3 Welche Primärenergiequellen stehen unbegrenzt zur Verfügung?

4 Warum ist für die Zukunft die Erschließung neuer Energiequellen wichtig?

5 Woher kommt die elektrische Energie für die Elektrogeräte im Haushalt?

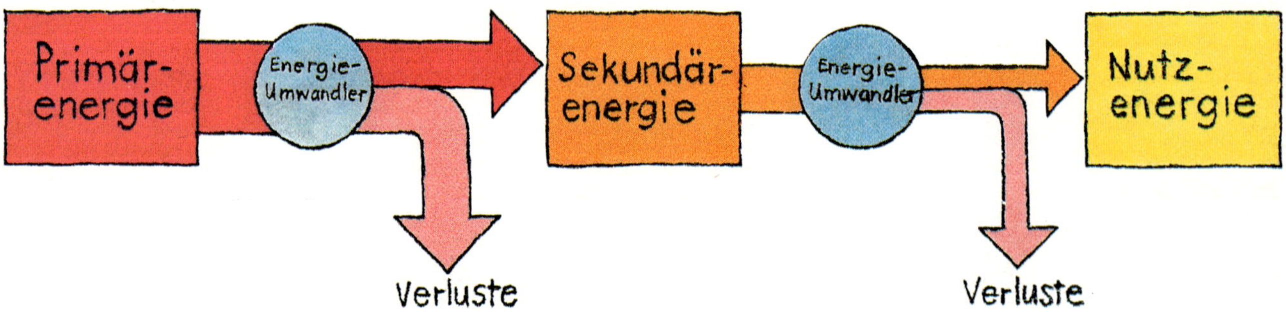

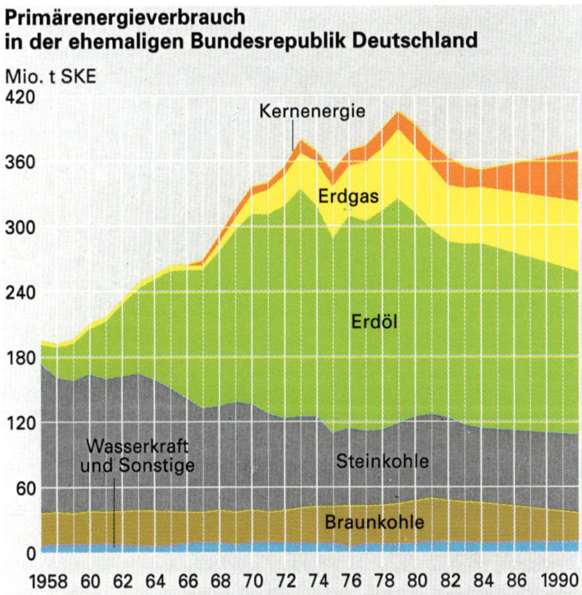

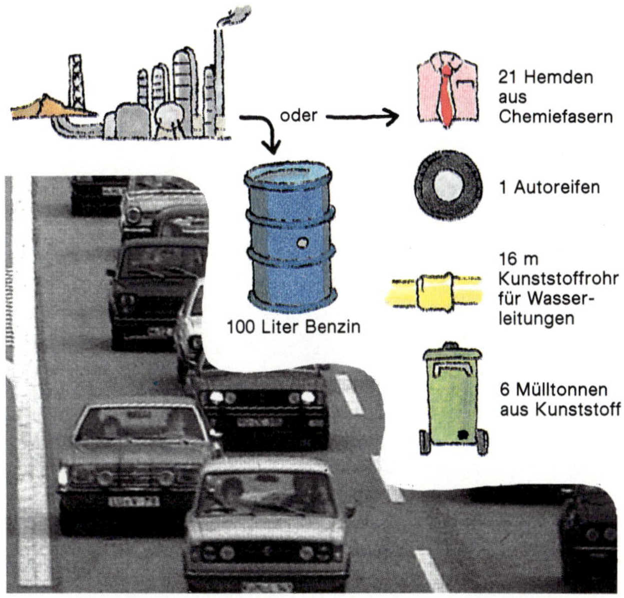

6 Betrachte die Entwicklung des Energieverbrauchs. Welche Energieträger werden zur Deckung unseres Energiebedarfs verwendet? Wie hoch ist jeweils ihr Anteil?

7 Vergleiche den Energieverbrauch von 1968 und 1988. Worauf ist der zunehmende Energiebedarf zurückzuführen?

8 Wasserkraft und andere erneuerbare Energiequellen sind umweltfreundlich. Warum ist ihr Anteil am Gesamtenergieverbrauch noch so gering?

9 Betrachte das Bild und diskutiere die beiden Verwendungsmöglichkeiten von Erdöl:
100 Liter Benzin gewinnen und im Auto verfahren oder Produkte für den alltäglichen Gebrauch herstellen?

10 Stelle fest, wieviel Benzin (Diesel) und Heizöl (Heizgas) in deiner Familie pro Jahr verbraucht wird.

11 Welche Erdölprodukte kennst du? Welche davon werden zur Energiegewinnung eingesetzt?

12 Sonnenenergie, Wasserkraft und Windenergie sind erneuerbare Energiequellen, die umweltfreundlich genutzt werden können.

a) Das Foto zeigt ein Sonnenkraftwerk in Spanien. Die Spiegel reflektieren Licht und Wärme der Sonnenstrahlen auf einen Wasserdampferzeuger. Warum gibt es in Deutschland kaum Sonnenkraftwerke?

b) In Solarzellen wird die Sonnenenergie direkt in elektrischen Strom umgewandelt. Welche Geräte können heute auch mit Solarzellen betrieben werden?

15.2 Fraktionierte Destillation von Erdöl

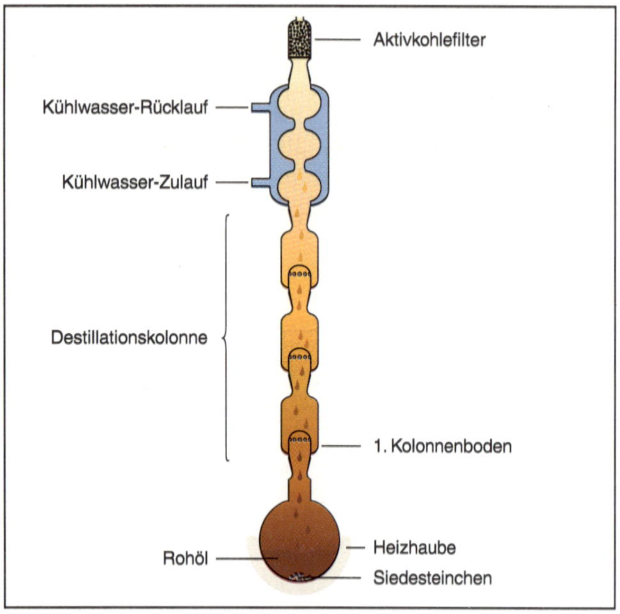

B 1 Fraktionierte Destillation von Rohöl im Versuch

V 1 In einer Apparatur nach ▷ B 1 wird Rohöl erhitzt. Mit einem Kontaktthermometer werden an den Kolonnenböden die Temperaturbereiche ermittelt, diese in einer Tabelle festgehalten und mit den Angaben in ▷ B 3 verglichen. (Abzug!)

V 2 Prüfe die Destillate aus ▷ V 1 auf Entflammbarkeit. Entzünde dazu einige Tropfen der Destillate auf einem Blech mit einem brennenden Holzspan (Abzug!). Vergleiche die Flammenfarben.

B 2 Destillationstürme einer Raffinerie

Das geförderte Rohöl ist meist hellbraun bis pechschwarz, dünn- oder zähflüssig. Es kann nicht unmittelbar verwendet werden. Erst durch Verarbeitung gewinnt man Benzin und Heizöl.
Der wichtigste Verarbeitungsprozeß wird in Raffinerien durchgeführt. Die dabei ablaufenden Vorgänge lassen sich im Experiment beobachten.

Destillation von Rohöl. Erhitzt man Rohöl in einer Destillationsapparatur (▷ B 1, ▷ V 1), steigen Dämpfe auf. Diese erwärmen die Destillationskolonne, die aus aufeinandergesetzten Rohrstücken mit Glasböden (*Kolonnenböden*) besteht. Die Dämpfe kondensieren auf dem ersten Kolonnenboden. Dadurch bildet sich eine Flüssigkeitsschicht. Nachströmende, heiße Dämpfe treten durch die Öffnungen der Glasböden, durchperlen das Kondensat und mischen sich mit diesem. Die niedrigsiedenden Bestandteile verdampfen, steigen weiter nach oben und kondensieren auf dem nächsthöhergelegenen Kolonnenboden. Höhersiedende Teile des aufsteigenden Dampfes werden zurückgehalten und sammeln sich auf dem Boden als Flüssigkeit. Von unten nach oben nimmt die Temperatur in der Destillationskolonne ab.
Die Temperatur des Rohöls dagegen steigt stetig bis über 200 °C an. Dies ist ein Hinweis dafür, daß Rohöl ein *Gemisch verschiedener Stoffe* mit unterschiedlichen Siedetemperaturen ist. Da die Siedetemperaturen der Gemischbestandteile nahe beieinanderliegen, erhält man bei der Destillation keine einzelnen Reinstoffe, sondern Gemische mit einem Siedebereich. Solche Destillate nennt man *Fraktionen*.
Am oberen Ende der Apparatur entweichen leichtflüchtige, niedrigsiedende Stoffe, die nach Reinigungsbenzin riechen. Diese Gase können vom Aktivkohlefilter zurückgehalten werden. Ebenfalls niedrigsiedende Stoffe kondensieren im oberen Bereich der Kolonne und bilden farblose Flüssigkeiten. Je höher siedend die Rohölbestandteile sind, desto weiter unten kondensieren sie.

Fraktionierte Destillation in der Raffinerie. Da große Mengen Rohöl verarbeitet werden müssen, wird in den Raffinerien das Rohöl in einem Röhrenofen sofort auf 360 °C bis 400 °C erhitzt, wobei es zu einem großen Teil verdampft. Das Dampf/Flüssigkeits-Gemisch wird von unten in bis zu 50 Meter hohe Destillationstürme (▷ B 2) geleitet und trennt sich dort wie im Experiment bei atmosphärischem Druck durch stufenweise Abkühlung auf.
Die entstehenden Fraktionen sammeln sich auf *Glockenböden*, die mit zahlreichen überdeckten Öffnungen (Glokken) versehen sind. Um die Auftrennung zu verbessern, wird ein Teil der Flüssigkeit auf den nächsttieferen Glokkenboden zurückgeleitet.

Rohölfraktionen. Die niedrigsiedenden, also gasförmigen Bestandteile durchströmen den Destillationsturm und werden oben als **Raffineriegas** aufgefangen. Es wird zu Heizzwecken in der Raffinerie verbrannt oder zu *Flaschengas* weiterverarbeitet; ein Teil wird abgefackelt. Die Fackel ist eine unbedingt notwendige *Sicherheitseinrichtung* der Raffinerie, um bei möglichem Überdruck entstehende Gase kontrolliert zu verbrennen.
Auch **Benzine** sammeln sich auf den höheren Böden des Fraktionsturms. Im Mittelteil kondensieren die **Mitteldestillate**, die von den entsprechenden Glockenböden in Vorratstanks abgeleitet werden. Die nicht verdampften Anteile des Rohöls fließen zum Boden des Turms und werden dort abgezogen. Dieser **Rückstand** wird als schweres Heizöl verwendet oder weiterverarbeitet.

Vakuumdestillation. Der Rückstand der atmosphärischen Destillation ist ein Gemisch von Stoffen, deren Siedetemperaturen über 360 °C liegen. Da sich diese Bestandteile bei noch höheren Temperaturen zersetzen würden, leitet man den Rückstand in einen zweiten Destillationsturm, der unter *vermindertem Druck* (50 hPa) steht. Dadurch werden die Siedetemperaturen der Gemischbestandteile um bis zu 150 °C gesenkt, so daß der Rückstand schon bei *niedrigerer Temperatur* fraktioniert werden kann. Bei dieser **Vakuumdestillation** gewinnt man **Schmieröle**. Die Schmierölfraktionen enthalten auch *Feststoffe*, die sog. *Paraffine*. Sie werden abgetrennt und zu Bohnerwachs, Kerzen u. a. verarbeitet. Der nicht verdampfte Rest, das *Bitumen*, wird für Isolieranstriche, Straßenbeläge und Dachpappe verwendet.

B 3 Fraktionierte Destillation von Rohöl (schematische Darstellung). Durch atmosphärische Destillation (links) und Vakuum-Destillation (rechts) entstehen Fraktionen mit unterschiedlichen Siedetemperaturbereichen

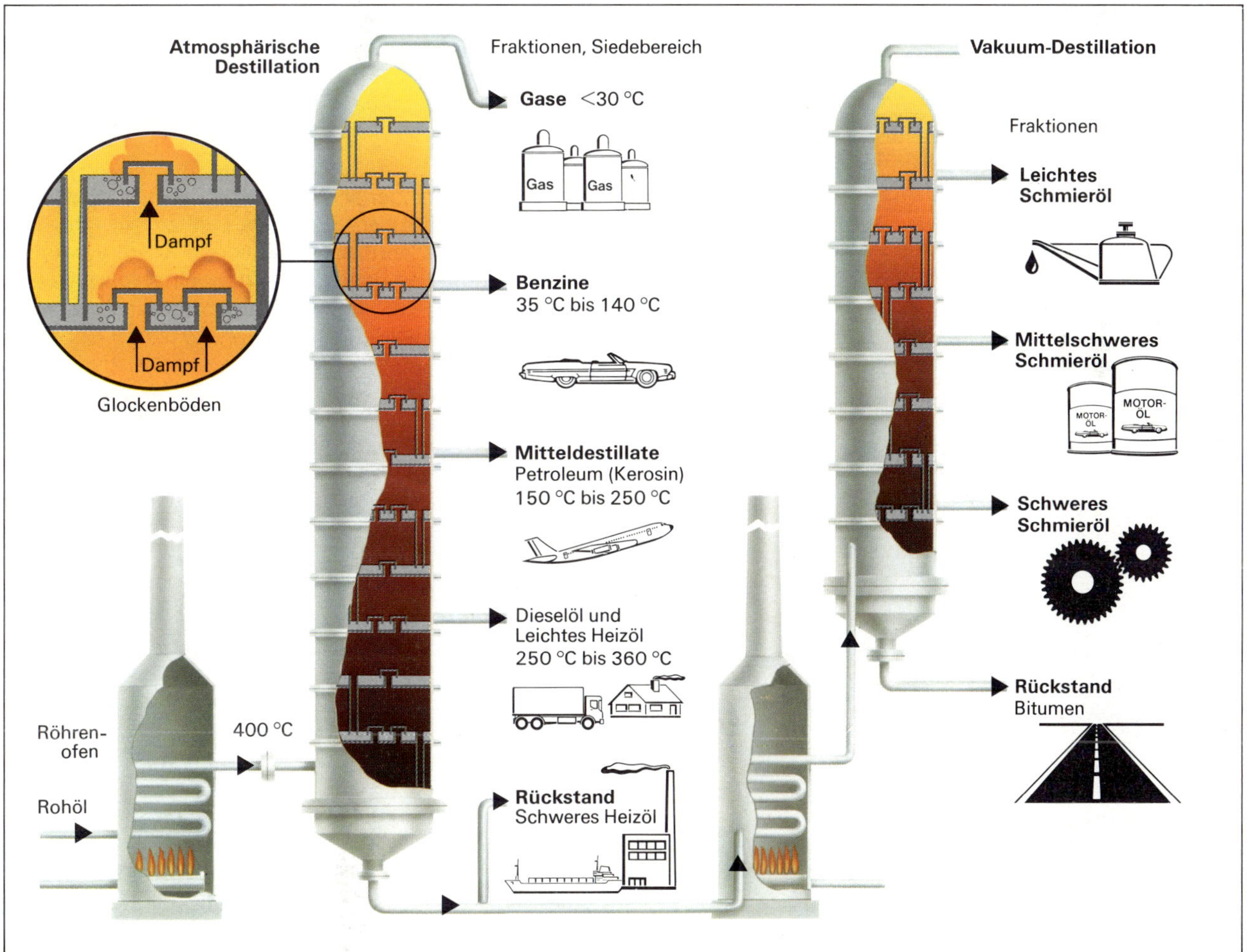

15.3 Methan, Bestandteil von Erdgas und Biogas

B 1 Erdgas im Haushalt

B 2 Methangewinnung durch bakterielle Zersetzung von Biomüll. Biogas hat einen hohen Heizwert

Strom und Wärme aus Mist

Liebenau, Bodenseekreis. Bei der Großviehhaltung auf Bauernhöfen entsteht eine ganze Menge Mist. Eine einzige Kuh erzeugt pro Tag 10 bis 20 kg organische Biomasse. Im Musterhof Liebenau, wo mit staatlicher Förderung neue Energie- und Verfahrenstechniken in der landwirtschaftlichen Praxis erprobt werden, gewinnt man daraus Energie. In großen, heizbaren Gärbehältern (Bild) wird Rinder- und Schweinegülle unter Luftabschluß durch Einwirkung von Methanbakterien zersetzt. Dabei bildet sich Biogas, das aus etwa 60 % Methan und 40% Kohlenstoffdioxid besteht. Es dient als Brennstoff für das hofeigene Heizkraftwerk. Dort wird von Verbrennungsmotoren mit angekoppelten Generatoren Strom erzeugt. Die Abwärme der Motoren wird für Heizzwecke genutzt. Der Dung einer Kuh liefert auf diese Weise pro Jahr so viel Energie wie 300 Liter Heizöl. Das ausgefaulte Substrat wird gesammelt. Es ist praktisch geruchsfrei und als aufgewerteter Naturdünger verwendbar.

Blick auf die Biogasanlage. Das Gas wird in drei verschiedenen Reaktoren (Hintergrund rechts) erzeugt und in einem gemeinsamen Speicherballon bei Atmosphärendruck gesammelt. Ist dieser gefüllt, springt automatisch ein Verdichter an und pumpt das Gas mit einem Druck von 15 bar in einen der Stahltanks im Vordergrund.

Neben Rohölprodukten wird auch Erdgas zur Energiegewinnung eingesetzt. Im Haushalt z. B. nutzt man es zum Kochen oder zur Beheizung von Wohnungen (▷ B 1). Erdgas ist ein Gemisch brennbarer Gase, Hauptbestandteil ist Methan.

Vorkommen von Methan. Dieses brennbare Gas entsteht in Sümpfen und am Grund verschmutzter Gewässer, wenn Pflanzen- und Tierreste (organische Stoffe) unter Luftabschluß faulen. Das sich dort bildende **Sumpfgas** ist ein Gemisch aus Methan und Kohlenstoffdioxid.

Heute wird die bakterielle Zersetzung organischer Stoffe zunehmend wirtschaftlich genutzt, indem man aus Mist, Klärschlamm oder Müll **Biogas** gewinnt (▷ B 2), das einen hohen Heizwert hat. Biogas besteht vorwiegend aus Methan (ca. 60 %) und Kohlenstoffdioxid (ca. 40 %), daneben enthält es noch Wasserstoff, Stickstoff und das nach faulen Eiern riechende Gas Schwefelwasserstoff. Die Verwertung von Biomüll zur Herstellung von Biogas kann dazu beitragen, daß die Umweltbelastung von Feldern und Gewässern vermindert wird. Außerdem können wertvolle Energieträger eingespart werden.

Eigenschaften von Methan. Während Erdgas und Biogas aufgrund verschiedener Begleitstoffe einen typischen Eigengeruch aufweisen, ist reines Methan ein *farb-* und *geruchloses* Gas. Wird eine brennende Kerze von unten in einen mit Methan gefüllten Zylinder eingeführt, so entzündet sich das Gas am Rand und brennt mit schwach blauer Flamme, ohne zu rußen (▷ V 1). Methan ist brennbar, unterhält jedoch die Verbrennung nicht. Ähnlich wie Wasserstoff besitzt es eine *geringere Dichte* als Luft und bildet mit Sauerstoff *hochexplosive Gemische* (▷ V 2, ▷ B 3 links). So kommt es immer wieder durch unbemerktes Ausströmen von Erdgas zu folgenschweren Gasexplosionen. Auch für die gefürchteten Grubengasexplosionen in Kohlebergwerken sind Methan/Luft-Gemische verantwortlich (▷ B 3 rechts).

Zusammensetzung von Methan. Beim Verbrennen von Methan lassen sich Kohlenstoffdioxid und Wasser als Verbrennungsprodukte nachweisen (▷ V 3). Dies ist ein Hinweis dafür, daß in den kleinsten Teilchen dieses Gases, den Methanmolekülen, Kohlenstoff- und Wasserstoffatome gebunden sind.

Mit Modellen können Moleküle zusammengebaut werden (▷ B 5). Da das Kohlenstoffatom vierwertig ist, benötigt man vier einwertige Wasserstoffatome, um ein Methanmolekül aufzubauen. Die Formel lautet CH_4. Da diese Formel die Anzahl der Atome im Molekül als Summe angibt, wird sie auch als **Summenformel** bezeichnet.

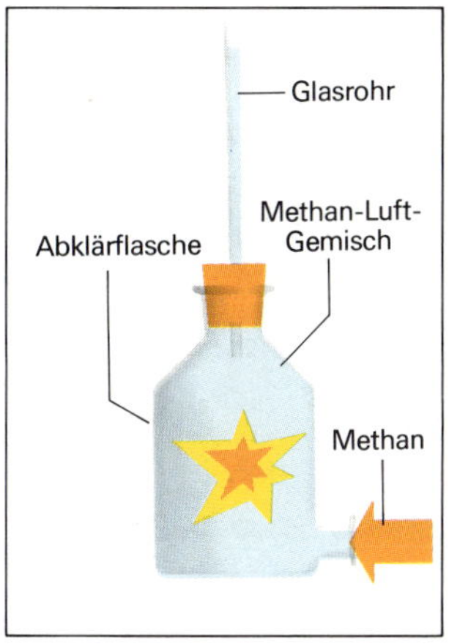

Schweres Grubenunglück in Frankreich

PARIS. Eine Schlagwetterexplosion, die sich am Freitag in 710 m Tiefe in einer Kohlengrube der französischen Bergarbeiterstadt Lievin ereignete, hat 36 Menschenleben gefordert.
Die Kumpel waren nach fünftägiger Feierschicht erstmals wieder eingefahren. Es wird vermutet, daß sich während dieser Zeit in den Schächten Grubengas angesammelt hat und das hochexplosive Methan-Luft-Gemisch infolge eines Kurzschlusses in einer elektrischen Leitung gezündet wurde.

B 3 Methan/Luft-Gemische sind explosiv. Links: Demonstrationsversuch. Rechts: Zeitungsmeldung

B 4 Mit Biogas betriebener Motor in einem Deponie-Kraftwerk

Einfache Darstellung eines Molekülmodells. Will man den Bau des Methanmoleküls und die räumliche Anordnung der vier Wasserstoffatome um das Kohlenstoffatom darstellen, müßte man eigentlich mit großem Aufwand das Molekülmodell abzeichnen.

Eine anschauliche Vereinfachung ergibt sich, wenn man das Molekülmodell in der Schattenprojektion betrachtet (▷ B 6). Das Schattenbild entspricht etwa der **Strukturformel**, die der Chemiker zur Darstellung solcher Moleküle benutzt. In dieser vereinfachten Schreibweise werden alle Atome mit ihren Elementsymbolen angegeben. Die Bindungsstriche zwischen den Symbolen zeigen, wie die Atome miteinander verbunden sind. Das vierwertige Kohlenstoffatom ist im Methanmolekül mit vier einwertigen Wasserstoffatomen verbunden.

V 1 Man führt in einen mit Erdgas (Methan) gefüllten, mit der Öffnung nach unten eingespannten Zylinder rasch eine brennende Kerze ein und zieht sie wieder heraus. (Schutzbrille! Schutzscheibe!)

V 2 Man leitet nach ▷ B 3 (links) in eine dickwandige Abklärflasche Erdgas (Methan) ein und entzündet es nach negativer Knallgasprobe am Glasrohrende. Nach kurzer Zeit wird die Gaszufuhr unterbrochen, das Gaseinleitungsrohr entfernt.
(Schutzbrille! Schutzscheibe!)

V 3 Man leitet die Verbrennungsgase von Erdgas durch ein gekühltes U-Rohr und durch eine Waschflasche mit Kalkwasser (↗ S. 220). Mit der kondensierten Flüssigkeit führt man den Wassernachweis durch.

B 5 Modell eines Methanmoleküls. Das Kohlenstoffatom bildet die Mitte eines Tetraeders

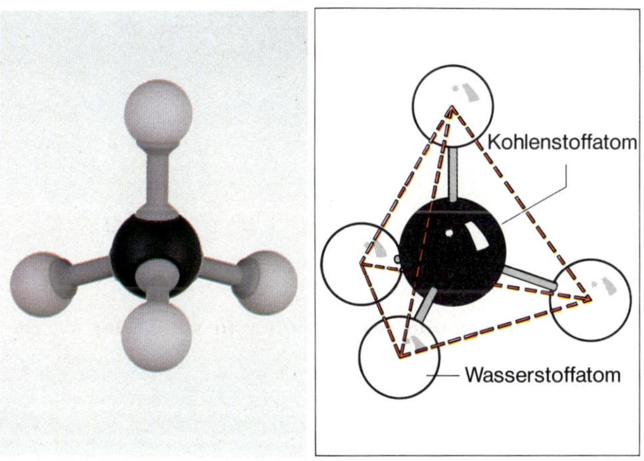

B 6 Ableitung der Strukturformel von Methan aus der Schattenprojektion des Molekülmodells

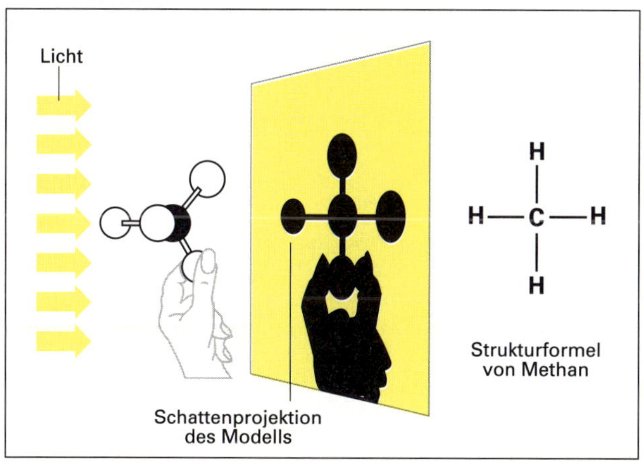

15.4 Alkane, Bestandteil von Erdgas und Erdöl

B 1 Produkte aus Erdgas und Erdöl

V 1 Prüfe die Löslichkeit von Wundbenzin (bzw. Heptan) in Wasser.

V 2 a) Man füllt in eine Apparatur nach ▷ B 2 verschiedene Rohölfraktionen (flüssige Alkane) und vergleicht ihre Viskosität durch Absinkenlassen gleicher Kugeln. b) Man mißt die Auslaufzeiten von je 50 ml verschiedener Rohölfraktionen aus einer Bürette.

V 3 a) Man versucht in verschiedenen Schalen kleine Portionen Wundbenzin, Petroleum, Heiz- und Schmieröl mit einem brennenden Holzspan zu entzünden. Gelingt dies nicht, muß in einem Thermoblock erwärmt werden. b) Man verbrennt einige gasförmige und flüssige Alkane. Vergleiche Leuchtkraft und Rußen der Flammen.

Aus Erdgas und Raffineriegas lassen sich neben Methan noch weitere Gase gewinnen, die wegen ihres hohen Heizwertes im Alltag Verwendung finden. So enthalten z. B. Feuerzeuge und Kartuschen als Hauptbestandteil *Butan* (▷ B 1), die grauen Campingstahlflaschen dagegen *Propan*. Ein weiterer gasförmiger Bestandteil des Erdgases, das *Ethan*, wird hauptsächlich in der chemischen Industrie verarbeitet.
Bei der fraktionierten Destillation von Rohöl entstehen neben den Raffineriegasen aber hauptsächlich Flüssigkeiten und wachsartige Feststoffe, die zu unterschiedlichen Produkten weiterverarbeitet werden (▷ B 1).

Eigenschaften der Rohölprodukte. Benzin und Ölverunreinigungen schwimmen auf Wasser, ihre **Dichte** ist demnach geringer als die von Wasser. Vergleicht man die Dichte einiger Rohölprodukte, so stellt man fest, daß sie von den leichtflüchtigen Benzinen über Heizöl und Schmieröl zu den wachsartigen Produkten zunimmt.

Zum Schmieren von Kraftfahrzeugmotoren, Lagern oder Getrieben werden Schmieröle verwendet mit unterschiedlicher **Zähigkeit** oder **Viskosität**. Die Viskosität von Flüssigkeiten läßt sich vergleichen, wenn man die Auslaufzeiten gleicher Volumina mißt (▷ V 2) oder in parallelen Röhren, die mit der jeweiligen Flüssigkeit gefüllt sind, gleich große Kugeln abrollen läßt (▷ B 2, ▷ V 2). Auf diese Weise kann man feststellen, daß mit steigendem Siedebereich der Fraktionen auch die Viskosität zunimmt.

Wegen ihrer **Brennbarkeit** ist beim Umgang mit Rohölprodukten Vorsicht geboten. Benzine lassen sich leicht entflammen, da sie bereits bei Zimmertemperatur stark verdunsten. Höhersiedende Fraktionen wie Heizöl oder Schmieröl sind mit einem brennenden Holzspan nicht entflammbar. Die Rußbildung bei der Verbrennung nimmt von Methan zum Paraffinöl zu (▷ B 3, ▷ V 3).

B 2 Viskositätsvergleich von Benzin (1), Petroleum (2), Heizöl (3), Fahrradöl (4) und Motorenöl (5)

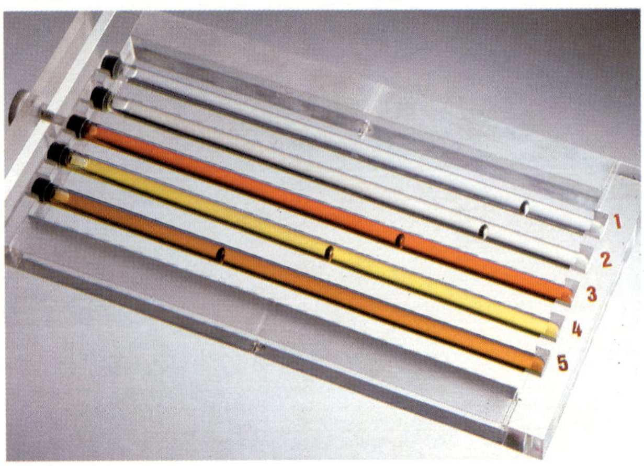

B 3 Flammenvergleich. Von links: Methan, Butan, Benzin, Paraffinöl

Erdgas und Rohöl enthalten Kohlenstoffverbindungen. Erdgas, Raffineriegas und Rohölfraktionen (z. B. Benzin, Heizöl, Paraffinöl) verbrennen unter Bildung von Kohlenstoffdioxid und Wasser. Sie müssen daher Verbindungen enthalten, die ähnlich zusammengesetzt sind wie das Methanmolekül. Es sind Kohlenstoffverbindungen, ihre Moleküle sind aus Kohlenstoff- und Wasserstoffatomen aufgebaut.

Verbindungen, die nur aus Kohlenstoff- und Wasserstoffatomen aufgebaut sind, nennt man Kohlenwasserstoffe.

Kohlenwasserstoffe bilden eine Reihe. Die aus Erdgas und Rohöl gewonnenen Fraktionen enthalten Gemische von Kohlenwasserstoffen mit unterschiedlichen Eigenschaften. Beim Bau von Molekülmodellen erkennt man, wie die Moleküle der Verbindungen aufgebaut sind. Nehmen wir mehrere Kohlenstoff- und Wasserstoffatome, so können wir Ketten bilden mit zwei, drei, vier oder mehr Kohlenstoffatomen (▷ B 4). Die Fähigkeit der Kohlenstoffatome zur Kettenbildung ist die eigentliche Ursache für die Vielzahl der Kohlenstoffverbindungen. Die Reihe der ähnlich aufgebauten, kettenförmigen Kohlenwasserstoffe von Methan, Ethan, Propan, Butan usw. bildet die Stoffgruppe der **Alkane**. Als Kennzeichen im Namen der Verbindungen dient die Endsilbe -an. Ab fünf Kohlenstoffatomen im Molekül leiten sich ihre Namen von griechischen Zahlwörtern ab (Pentan, Hexan usw.). Eine solche Reihe von Verbindungen, bei denen sich die Moleküle aufeinanderfolgender Glieder jeweils um eine CH_2-Gruppe unterscheiden, nennt man eine **homologe Reihe**.

Eigenschaften der Alkane. In der Reihe der Alkane sind die ersten vier Glieder, von Methan bis Butan, gasförmig. Die mittleren Alkane von Pentan bis Nonan sind dünnflüssig. Alkane mit längeren Kohlenstoffketten werden ölig und schließlich zähflüssig. Ihre Viskosität nimmt zu (▷ B 6). Ab Heptadecan mit der Formel $C_{17}H_{36}$ sind sie fest. Alle Alkane sind brennbar. Je länger jedoch ihre Molekülketten sind, desto stärker rußen und leuchten die Flammen dieser Verbindungen, da sie zunehmend unvollständiger verbrennen.
Alkane sind in Wasser kaum löslich, sie schwimmen darauf. Ihre Dichte ist geringer als die von Wasser.

Vorkommen der Alkane. Wie wir bereits wissen, gewinnt man gasförmige Alkane aus Erdgas oder Raffineriegas. Die flüssigen und festen Alkane haben in ihren Eigenschaften große Ähnlichkeiten mit den Rohölprodukten. Gemische von Pentan bis Nonan bilden die Leicht- und Mittelbenzine, Schwerbenzine enthalten Alkane mit 9 bis 12 Kohlenstoffatomen. In Petroleum, Dieselöl und Heizöl werden Kohlenwasserstoffe mit 12 bis 20 Kohlenstoffatomen gefunden. Gemische von festen Alkanen nennt man Paraffin.

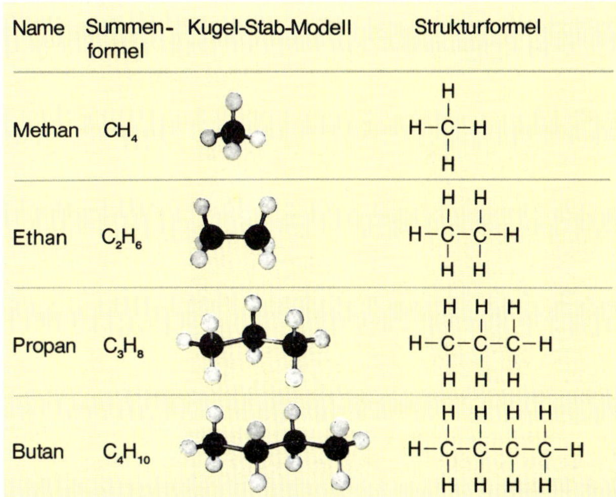

B 4 Die ersten Glieder der Reihe der Alkane in Modell- und Formeldarstellung

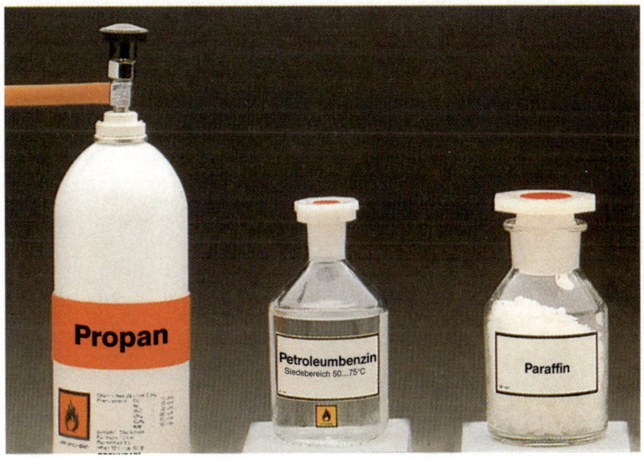

B 5 Beispiele für gasförmige, flüssige und feste Alkane, wie sie im Labor verwendet werden

B 6 Eigenschaften der Alkane im Vergleich

Name	Formel	Schmelztemp. (°C)	Siedetemp. (°C)	Dichte (g/cm³)	Viskosität
Methan	CH_4	− 183	− 162	* 0,466	nimmt zu ↓
Ethan	C_2H_6	− 172	− 89	* 0,572	
Propan	C_3H_8	− 190	− 42	* 0,585	
Butan	C_4H_{10}	− 138	− 1	* 0,601	
Pentan	C_5H_{12}	− 130	36	0,626	
Hexan	C_6H_{14}	− 95	69	0,660	
Heptan	C_7H_{16}	− 91	98	0,684	
Octan	C_8H_{18}	− 57	126	0,703	
Nonan	C_9H_{20}	− 54	151	0,717	
Decan	$C_{10}H_{22}$	− 30	174	0,730	
⋮	⋮				
Hexadecan	$C_{16}H_{34}$	18	287	0,773	
Heptadecan	$C_{17}H_{36}$	22	302	0,778	

* im flüssigen Zustand (nahe der Siedetemperatur)

15.5 Durch Cracken kann man den Benzinbedarf decken

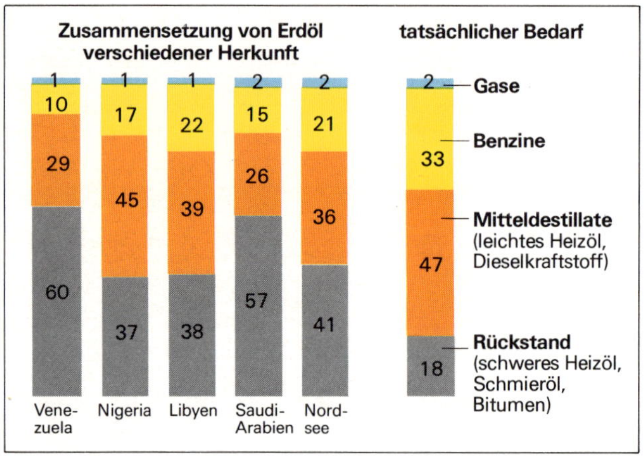

B 1 Bedarf an Erdölbestandteilen und deren Vorkommen (in Prozent)

Der Benzinanteil im Erdöl ist wesentlich niedriger als der tatsächliche Bedarf (▷ B 1). Dagegen ist der Anteil an Schmierölen viel höher als der Verbrauch. In den Raffinerien werden daher hochsiedende, zähflüssige Fraktionen in Benzin oder Heizöl umgewandelt.

Das Cracken. Das Prinzip der Benzingewinnung aus langkettigen Molekülen von Kohlenwasserstoffen läßt sich im *Experiment* (▷ V 1) nachvollziehen. Erhitzt man Paraffinöl und leitet die Dämpfe über einen Katalysator, so bilden sich ein *brennbares* Gas und eine *Flüssigkeit* (▷ B 2), die nach Benzin riecht und leicht entflammbar ist. Die langkettigen Moleküle der Kohlenwasserstoffe werden in kleine Bruchstücke *aufgespalten* (▷ B 3).
Diesen Vorgang nennt man **Cracken** (von engl. to crack, aufbrechen), dabei entsteht ein Gemisch von Kohlenwasserstoffmolekülen mit unterschiedlicher Kettenlänge.

Thermisches und katalytisches Cracken. In der Technik werden verschiedene Crackverfahren angewendet. Beim **thermischen Cracken** werden hochsiedende Fraktionen (schweres Heizöl, Bitumen) unter Druck auf ca. 600 °C erhitzt. Dabei geraten die langen Kohlenwasserstoffmoleküle in so starke Schwingungen, daß die Kohlenstoffketten brechen und kurzkettige Moleküle entstehen. Das Verfahren benötigt viel Wärmeenergie. Beim **katalytischen Cracken** erfolgt die Aufspaltung bereits bei niedriger Temperatur. Hierdurch erhöhen sich Menge und Qualität des Crackbenzins bei geringerem Energieaufwand. Wie im Experiment zeigt der Katalysator auch in der Technik an seiner Oberfläche eine Schwarzfärbung durch Kohlenstoff. Dieser wird im Luftsauerstoffstrom oxidiert und der Katalysator dadurch regeneriert.

Beim Cracken werden langkettige Kohlenwasserstoffmoleküle in kurzkettige aufgespalten.

V 1 Man erhitzt in einer Apparatur nach ▷ B 2 zunächst den Katalysator und bringt dann das Paraffinöl zum Sieden.
a) Die entweichenden Dämpfe werden durch angesäuerte Kaliumpermanganatlösung geleitet und nach der Knallgasprobe an einer Glasspitze entzündet.
b) In der gekühlten Vorlage sammelt sich eine Flüssigkeit. Prüfe Entflammbarkeit, Viskosität und Geruch. Vergleiche mit Wundbenzin und Paraffinöl.
c) Man gibt zu der entstandenen Flüssigkeit etwas angesäuerte Kaliumpermanganatlösung und vergleicht mit Heptan und Paraffinöl.

A 1 Welches Reaktionsprodukt des Crackprozesses in ▷ V 1 hat den Katalysator schwarz gefärbt?

B 2 Cracken von Paraffinöl unter Verwendung eines Katalysators

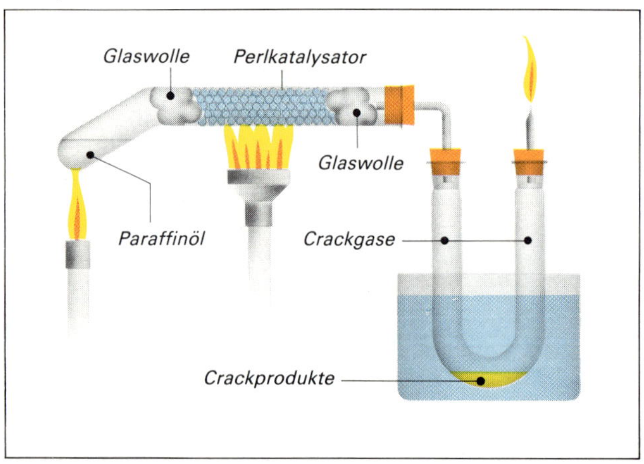

B 3 Cracken schematisch. Langkettige Alkane werden in kurzkettig Alkane und Alkene gespalten

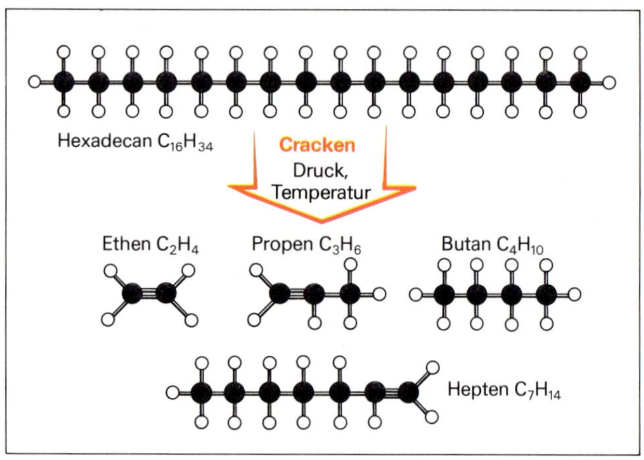

15.6 Alkene bilden eine Reihe

Crackprodukte enthalten neben Alkanen noch weitere Kohlenwasserstoffe, die andere Eigenschaften aufweisen.

Ethen. Beim Cracken kann z.B. das Gas **Ethen** entstehen. Ein Ethenmolekül ist nur aus Kohlenstoff- und Wasserstoffatomen aufgebaut. Mit angesäuerter Kaliumpermanganatlösung zeigt Ethen rasche Entfärbung (▷ B 1). Im Vergleich zu Ethan ist es reaktionsfreudiger als dieses. Die Formel von Ethen lautet C_2H_4. Im *Ethenmolekül* besteht zwischen den beiden Kohlenstoffatomen eine *Doppelbindung*. Dieses ist der Grund dafür, daß Ethen ein besonders reaktionsfreudiger Kohlenwasserstoff ist.
Das Ethenmolekül ist das einfachste Kohlenwasserstoffmolekül mit einer Doppelbindung. Wie bei den Alkanen gibt es auch eine Reihe von kettenförmigen Verbindungen mit jeweils einer Doppelbindungen im Molekül, die *homologe Reihe* der **Alkene**. Ihre Namen leiten sich von den Namen der entsprechenden Alkane ab, erhalten aber zur Kennzeichnung der Doppelbindung die Endsilbe -en (z.B. Propen, Buten usw.) (▷ B 2).

Ethen – eine ungesättigte Verbindung. Die Alkene zählt man zu den *ungesättigten Kohlenwasserstoffen*, da ihre Moleküle Doppelbindungen enthalten. Diese Verbindungen können mit der *Bayerschen Probe* (Entfärbung von Kaliumpermanganatlösung) nachgewiesen werden. Ethenmoleküle können aufgrund der Doppelbindung andere Atome binden. Man spricht von **Additionsreaktionen**. Ethen reagiert z.B. mit Brom in einer Additionsreaktion zu 1,2-Dibromethan. Durch Addition von Wasserstoff (*Hydrieren*) kann Ethen in Ethan (▷ B 3) umgewandelt werden. Aufgrund seiner Doppelbindung ist Ethen ein reaktionsfreudiger Kohlenwasserstoff und damit einer der wichtigsten Ausgangsstoffe für viele organische Verbindungen.

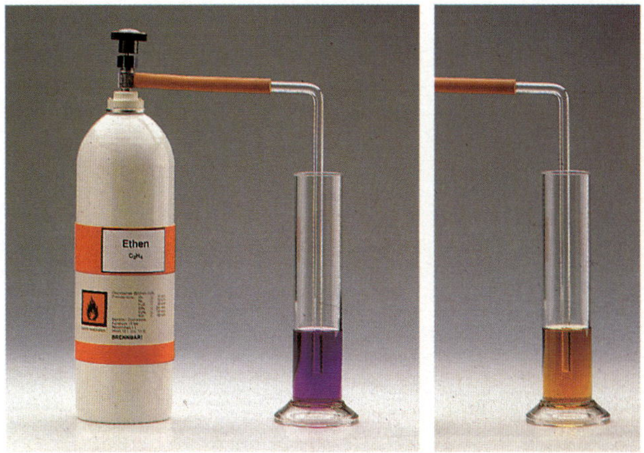

B 1 Ethen und Kaliumpermanganatlösung

V 1 Man leitet Ethen aus einer Druckgasflasche in einen Standzylinder, in dem eine schwefelsaure, stark verdünnte Kaliumpermanganatlösung ist.

V 2 Man wiederholt ▷ V 1 mit Ethan.

A 1 Vergleiche das Verhalten von Ethen und Ethan gegenüber Kaliumpermanganatlösung und schließe auf die Reaktionsfähigkeit beider Gase.

A 2 Baue mit Molekülmodellen ein Ethen- und ein Ethanmolekül. Vergleiche die Bindungen zwischen den Kohlenstoffatomen beider Moleküle miteinander.

B 2 Alkene bilden eine Reihe

Name	Summenformel	Modell	Strukturformel
Ethen	C_2H_4	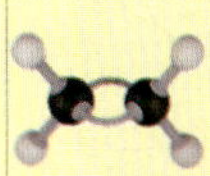	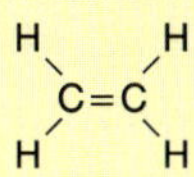
Propen	C_3H_6	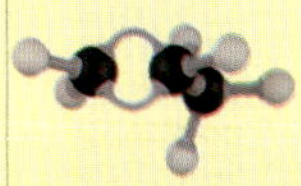	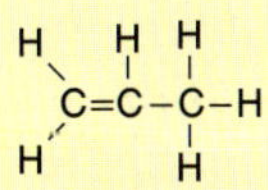
Buten	C_4H_8	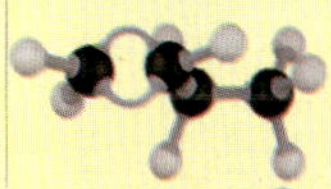	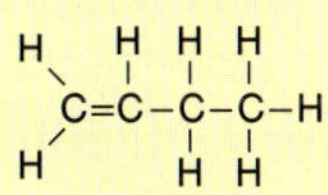
Penten	C_5H_{10}	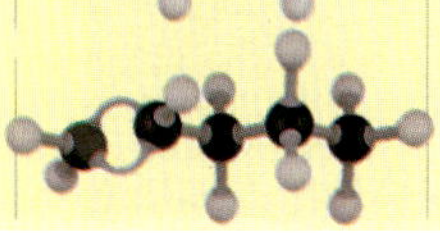	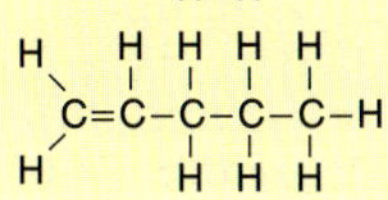

B 3 Additionsreaktionen

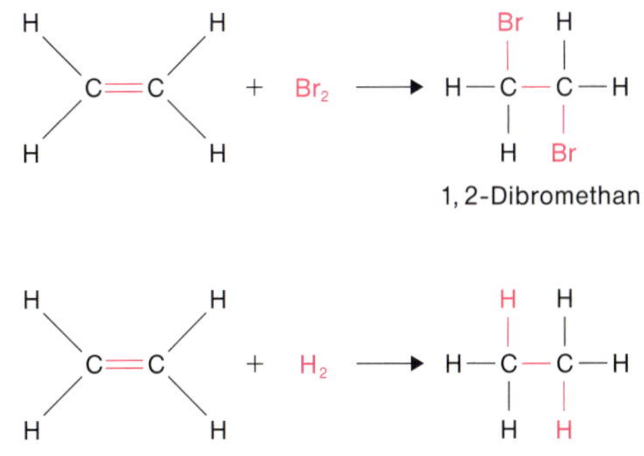

15.7 Anwendung und Vertiefung

B1 Zu Aufgabe 1

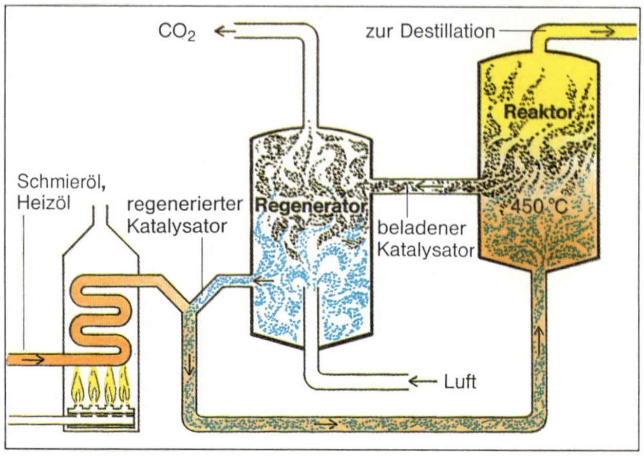

B2 Zu Aufgabe 2

1 Auf der Suche nach neuen Ölquellen dringt man in immer unwegsamere Gebiete und größere Tiefen vor. Besonders aufwendig ist die Erschließung und Förderung von Erdöl- und Erdgasvorkommen unter dem Meeresspiegel (▷ B 1).
a) Welche Länder Europas verfügen über solche Vorkommen?
b) Welche Gefahren können von der Erschließung und Förderung dieser Vorkommen ausgehen?

2 Zum katalytischen Cracken von Kohlenwasserstoffen wird der Katalysator meist in Form eines feinen Pulvers eingesetzt. Dieses Pulver kann wie eine Flüssigkeit fließen und gefördert werden (▷ B 2).
a) Wie heißt das Gefäß, in dem der Crackprozeß stattfindet?
b) Welcher Stoff entsteht bei der Regeneration des Katalysators?
c) Beschreibe den Kreisprozeß, den der Katalysator durchläuft.

3 Beim Transport von Erdöl über die Weltmeere kann es zu Unfällen kommen mit schwerwiegenden Folgen für die Umwelt (▷ B 3).
Welche Maßnahmen können bei Ölkatastrophen ergriffen werden?

4 Das wichtigste Schweißgas ist Acetylen, weil bei seiner Verbrennung so hohe Temperaturen entstehen, daß Eisen und Stahl schmelzen (▷ B 4). Acetylen wird auch **Ethin** genannt. Aufgrund der Dreifachbindung zwischen den Kohlenstoffatomen zählt Ethin zu den ungesättigten Kohlenwasserstoffen. Ethin ist das erste Glied der homologen Reihe der **Alkine**.
a) Mit welcher Reaktion könnte nachgewiesen werden, daß Ethin zu den ungesättigten Kohlenwasserstoffen gehört?
b) Beschreibe und vergleiche den Molekülaufbau von Ethan, Ethen und Ethin.

B3 Zu Aufgabe 3

B4 Zu Aufgabe 4

Chemie und Automobil

Im Jahre 1886 ging mit der Erfindung des Automobils ein Wunschtraum in Erfüllung. Erstmals konnte der Mensch mit einer „Benzinkutsche" schnell, bequem, unabhängig und sicher von einem Ort zum anderen gelangen.

Inzwischen ist das Auto zum unentbehrlichen Begleiter im Alltag geworden. Millionen Fahrzeuge bewegen sich z. B. in der Reisezeit über breit angelegte Straßen und Autobahnen, oft nur noch im Schritt-Tempo. Im Feierabendverkehr ist in den Großstädten fast kein Durchkommen mehr. Die Autoabgase gefährden nicht nur die Umwelt, sie beeinträchtigen auch die Gesundheit des Menschen. Steigende Treibstoffpreise und teure technische Zusatzeinrichtungen zur Minderung der Schadstoffe in den Autoabgasen zeigen, daß der Mensch die Probleme des Autos für die Umwelt erkannt hat.

Mit neuen Entwicklungen und Ideen im Bereich des Verkehrs- und Transportwesens könnten in Zukunft die Umweltprobleme weiter eingeschränkt werden.

16.1 Chemie und Automobil

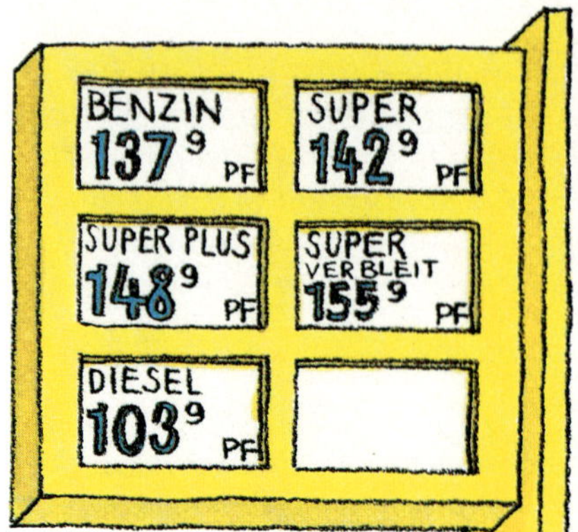

1 Erkundige dich, was sich hinter der Bezeichnung „Ottokraftstoff" verbirgt.

2 Um Menschen nicht zu gefährden, gibt es für das Verhalten an Tankstellen und für die Verwendung von Kraftstoffen Sicherheitsvorschriften.

a) Warum darf man an Tankstellen z. B. nicht rauchen?

b) Warum soll Ottokraftstoff nie zu Reinigungszwecken für die Hände verwendet werden?

3 An einigen Zapfsäulen sind die Zapfpistolen schon mit einem Saugrüssel ausgestattet. Informiere dich über Vorteile dieser Ausführung.

4 Fahrzeuge mit Otto-Motoren tragen auf den Nummernschildern Plaketten.

a) Was wird mit der TÜV-Plakette bestätigt und in welchem Zeitraum muß diese Plakette neu erworben werden?

b) Was bedeutet die Abkürzung AU? Wie oft muß die AU-Plakette erneuert werden?

5 G-Kat-Aufkleber an der Frontscheibe bestätigen, daß ein Fahrzeug mit besonderen technischen Einrichtungen ausgestattet ist. In welchen Situationen ist es wichtig, daß ein Fahrzeug diese Plakette hat?

6 a) Warum ist es unbedingt wichtig, daß Altöl-Sammelstellen eingerichtet werden?

b) Wer kann diese Sammelstellen aufsuchen?

7 Frage nach, welche Fahrzeuge SUPER VERBLEIT tanken müssen.

8 DIESEL ist ein Kraftstoff, den nur bestimmte Motoren verbrennen können. Informiere dich über Merkmale von Dieselmotoren.

9 Vergleiche an einer Tankstelle die Kraftstoffpreise. Berechne jeweils eine Tankfüllung von 50 Liter.

Autofahren mit Köpfchen
Teststrecke: 28 km

	Fahrer 1	Fahrer 2
Fahrzeit in min	39	32
Ampelstops	7	20
Bremsvorgänge	15	40
Schaltvorgänge	55	120
Spurwechsel	0	50
Kraftstoffverbrauch: l/28 km	2	3

10 Zwei Fahrer sind mit ihren Autos auf einer 28 km langen Teststrecke unterwegs. Die Tabelle zeigt das unterschiedliche Fahrverhalten der beiden.

a) Welcher Fahrer ist deiner Meinung nach mit „Köpfchen" unterwegs gewesen? Vergleiche und entscheide!

b) Fahrer 2 war 7 Minuten früher am Ziel. Mit welchen Maßnahmen konnte er dies erreichen? Warum ist dies nicht zu empfehlen?

c) Wie kann man beim Fahren mit „Köpfchen" Kraftstoff und Reifen sparen?

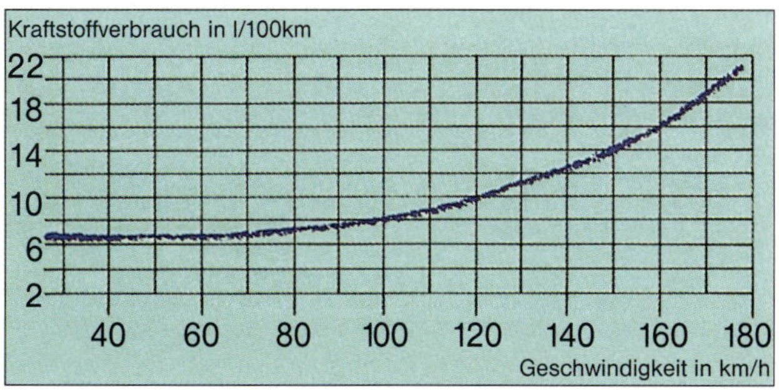

11 In der Grafik ist der Kraftstoffverbrauch in Abhängigkeit von der Geschwindigkeit dargestellt.
a) Lies ab, wieviel Liter Kraftstoff pro 100 km bei den angegebenen Geschwindigkeiten verbraucht werden. Trage die abgelesenen Werte in eine Tabelle ein.
b) Ab welcher Geschwindigkeit nimmt der Kraftstoffverbrauch sehr stark zu? Welches Fahrverhalten ist deshalb zu empfehlen?

Höchste Gesundheitsbehörde: Erhebliche Gefahr durch Benzol

Zu hohes Krebsrisiko in Ballungsgebieten – Benzolwert muß sinken

Die hohen Werte an krebserregendem Benzol in stark befahrenen Straßen erfordern nach Ansicht des baden-württembergischen Sozialministeriums „Maßnahmen zur Abwehr von Gesundheitsgefahren". Bei dem landesweiten Benzol-Meßprogramm des Umweltministeriums waren in der Hauptstätter- und Neckarstraße in Stuttgart mit 46 und 42 Mikrogramm die höchsten Jahresmittelwerte gemessen worden. An 71 von 90 Meßstellen lagen die Werte höher als der vom Bundesumweltministerium vorgesehene Wert von 15 Mikrogramm.

12 Benzol wird dem Benzin als billiges Antiklopfmittel zugesetzt. Derzeit dürfen noch bis zu 5% Benzol enthalten sein. Es entweicht aus den Auspuffrohren und beim Tanken am Zapfhahn. In stark befahrenen Straßen mißt man erhebliche Überschreitungen der empfohlenen 15 Mikrogramm in einem Kubikmeter Luft, im Blut von Großstädtern kann man deshalb auch höhere Benzolkonzentrationen nachweisen. Benzol ist eindeutig krebserregend, kleinste Konzentrationen können bereits zu Leukämie führen.

a) Weshalb reichen die offiziellen Meßwerte, die meist in 3 m bis 5 m Höhe ermittelt werden, zum Schutz von Kleinkindern nicht aus?

b) Welche Maßnahmen gibt es zur Verringerung der Benzolbelastung?

Rücknahme von Altautos

Bonn. Altautos müssen in Zukunft nach der Stillegung von den Herstellern zurückgenommen, demontiert und wiederverwertet werden. Jährlich werden etwa 2,6 Millionen Fahrzeuge verschrottet. Erfolgt die Altteileverwertung nur bei etwa 10% der Altautos, so bleiben 450 000 Tonnen Rückstände übrig mit zum Teil hohem Schadstoffgehalt, die auf den Deponien landen.

16.2 Gefährdung des Wassers durch Erdölprodukte

B 1 Unfall eines Tankzugs. Benzin, Diesel oder Heizöl gefährden Böden und Gewässer

Wasserverseuchung nach Tankzugunfall.

Schlimmer als zunächst erwartet sind die Folgen des Tankzugunfalls auf der Bundesstraße 27, bei dem mindestens 5000 Liter Diesel und Benzin ausgelaufen waren. Inzwischen sind am Ufer der Aich etwa sieben Zentner verendeter Regenbogenforellen, Schleien und andere Fischarten angeschwemmt worden. Der Fluß ist auf rund 20 Kilometer Länge tot, sämtliche Kleinlebewesen sind abgestorben. Gegenwärtig wird untersucht, ob der ausgelaufene Treibstoff bis ins Grundwasser durchgesickert ist. Örtliche Trinkwasserbrunnen werden vorsorglich nicht benutzt. Nach wie vor wird auf der Aich mit Ölsperren nachsickernder Treibstoff aufgefangen. Das verseuchte Erdreich neben der Unfallstelle wurde ausgebaggert. Noch im Erdreich vorhandener Treibstoff wird in einem tiefen Graben aufgefangen und abgepumpt.

B 2 Meldung aus einer Tageszeitung am 22. August 1992

B 3 Gefahrguttransporte müssen gekennzeichnet sein

Erste Ziffer: Hauptgefahr
2 Entweichen von Gas
3 Entzündbarkeit von Flüssigkeiten oder Gasen
4 Entzündbarkeit fester Stoffe
5 brandfördernde (oxidierende) Wirkung
6 Giftigkeit
8 Ätzwirkung

Zweite Ziffer: Zusätzliche Gefahren
0 ohne Bedeutung
1 Explosion
2 Entweichen von Gas
3 Entzündbarkeit von Flüssigkeiten oder Gasen
4 Entzündbarkeit fester Stoffe
5 brandfördernde (oxidierende) Wirkung
6 Giftigkeit
8 Ätzwirkung
9 Gefahr einer heftigen Reaktion

33 – **Nummer zur Kennzeichnung der Gefahr**

1203 – **Nummer zur Kennzeichnung des Stoffes**

Auszug aus dem Gefahrgut-Schlüssel

Nummer	Stoff
0080	Dynamit
1017	Chlor
1073	Sauerstoff, flüssig
1114	Benzol
1170	Ethanol (Alkohol)
1202	Heizöl, Dieselkraftstoff
1203	Benzin
1418	Magnesiumpulver
1869	Magnesiumspäne oder -band
1944	Zündhölzer

Nicht nur die Förderung und der Transport von Kohle, Erdöl und Erdgas gefährden unsere Umwelt, vor allem ihre Verbrennung zur Energiegewinnung und die aus ihnen hergestellten Produkte belasten Wasser, Boden und Luft.

Gefährdung des Wassers durch Rohölprodukte. Gelangen Benzine oder Mineralöle in die Umwelt, so kann es zur Gefährdung von Flüssen, Seen, Grundwasser und Böden kommen. Meldungen von Unfällen mit Tankzügen führen uns die Gefahren deutlich vor Augen (▷ B 2). Ein Liter Benzin oder Mineralöl macht eine Million Liter Wasser ungenießbar.
Zur Schadensbegrenzung ist rasche Hilfe erforderlich. Deshalb müssen Gefahrguttransporte mit Warnschildern gekennzeichnet sein (▷ B 3). Aus der oberen Zahl kann man die Gefahren ablesen, die von dem Stoff ausgehen, z. B. Giftigkeit, Explosionsgefahr u. a.
Die untere Zahl ist die Kennziffer des Gefahrstoffes. Alle Chemikalien, die mit Lastkraftwagen oder mit der Bahn transportiert werden, haben eine eigene Nummer, die im Notfall von der Feuerwehr im Gefahrgutschlüssel nachgeschlagen werden kann.

Aber auch aus undichten Heizöltanks, aus Lecks in Ölleitungen und Motoren oder durch unerlaubtes Wegschütten von Altöl können Benzin und Öle in die Umwelt gelangen.

Mineralölverseuchtes Wasser kann man mit Ölbinder behandeln. Das ölhaltige Bindemittel muß entsorgt, z. B. verbrannt oder dem Sondermüll zugeführt werden.
Mineralölverseuchter Boden, den man als Altlast leider erst bei Aushubarbeiten entdeckt, muß ebenfalls aufwendig behandelt werden, um Gefahren für das Grundwasser auszuschließen.

16.3 Sommersmog – Ozon am Boden

Sind die Sommermonate heiß und sonnig, werden in unseren Großstädten und Ballungsgebieten erhöhte Ozonwerte gemessen (▷ B 1). Vor allem zwischen den Mittags- und Abendstunden können Rekordwerte erreicht werden. Von anstrengenden körperlichen Tätigkeiten im Freien wird abgeraten. Diese Art Sommersmog mit erhöhter Ozonbelastung wurde erstmals in Los Angeles beobachtet, einer heißen Wüstenstadt in Kalifornien.

Bildung von Ozon am Boden. Ozon ist ein giftiges Gas mit typischem Geruch. Seine Moleküle enthalten drei Sauerstoffatome, die Formel lautet O_3. Ozon entsteht in den Dunstglocken der Städte und Industriegebiete, wenn die Luft viele Schadstoffe enthält. Besonders Stickstoffoxide und Kohlenwasserstoffe aus den Auspuffgasen der Autos tragen bei intensivem Sonnenlicht zur Ozonbelastung bei (▷ B 3). Schadstoffe und Ozon werden durch den Wind weiträumig verteilt.

Bei Nacht wird das Ozon unter Mitwirkung der Luftschadstoffe wieder zersetzt. In Reinluftgebieten, wo weniger Schadstoffe vorhanden sind, baut sich das Ozon nur langsam ab. In ländlichen Gebieten können deshalb höhere Ozonwerte gemessen werden.

Auswirkung von bodennahem Ozon. Die erhöhte Ozonbelastung an heißen Sommertagen kann die Gesundheit des Menschen beeinträchtigen. Schon ein geringer Ozonanteil in der Luft kann auch Bäume und Pflanzen schädigen (▷ B 4). Blätter sterben ab, und das Wachstum ist gehemmt; *Ernteverluste* können die Folge sein. Ozon gilt neben dem Sauren Regen auch als Ursache für das *Waldsterben.* Nur wenn über längere Zeit weniger Schadstoffe in die Luft gelangen, wird die Belastung durch bodennahes Ozon geringer.

Als ob Hitze und Sonne den Menschen nicht genug zu schaffen machen. Gestern klagten viele über Augenreizungen, Atembeschwerden, Kopfschmerzen und Kratzen im Hals. Dies sind typische Anzeichen bei zu hoher Ozonbelastung. Um 12 Uhr meldete die Meßstation 231 Mikrogramm Ozon pro Kubikmeter Luft, um 15 Uhr stieg der Wert auf 264 Mikrogramm. Die Weltgesundheitsorganisation (WHO) empfiehlt, daß ein Grenzwert von 100 bis 120 Mikrogramm pro Kubikmeter Luft als Dauerbelastung für den Menschen nicht überschritten werden sollte. Hauptursache für die hohen Ozonwerte im Sommer sind Stickstoffoxide und Kohlenwasserstoffe aus Auspuffrohren der Autos und Schornsteinen der Industrieanlagen. Weniger Verkehr bedeutet weniger Ozon.

B 1 Meldung aus einer Tageszeitung im August 1992

A 1 Unter welchen Bedingungen bildet sich Ozon am Boden (▷ B 3)?

A 2 Mit Hilfe sehr empfindlicher Pflanzen kann in bodennahen Luftschichten das schädigende Ozon nachgewiesen werden. Bei Bohnen- und Tabakpflanzen z. B. bilden sich braune Flecken auf den Blättern. Als Bioindikatoren dienen sie zur Messung von Luftschadstoffen. Warum werden dieses Pflanzen nicht nur an Autobahnen oder in der Nähe von Industrieanlagen aufgestellt, sondern auch in „Reinluft"gebieten?

A 3 Bodennahes Ozon ist ein giftiges Reizgas. Welche Auswirkungen hat es auf den Menschen? Wie kann man sich vor zu hoher Ozonbelastung schützen?

B 2 Ozonbelastung im Jahreslauf. Die höchsten Werte mißt man im Sommer

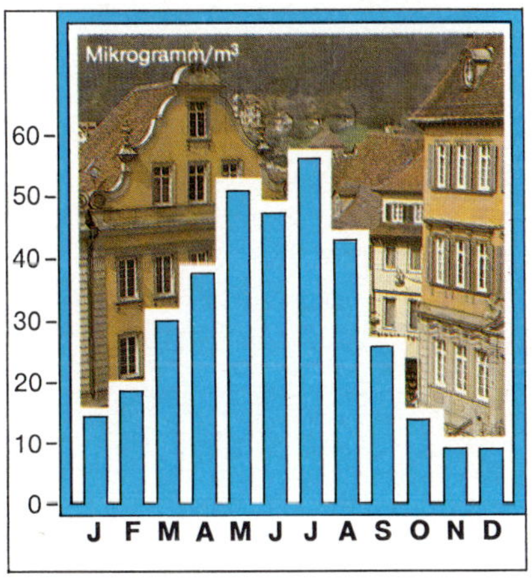

B 3 Bildung von Ozon am Boden unter Einwirkung von Luftschadstoffen

B 4 Schädigung von Pflanzen durch Ozon

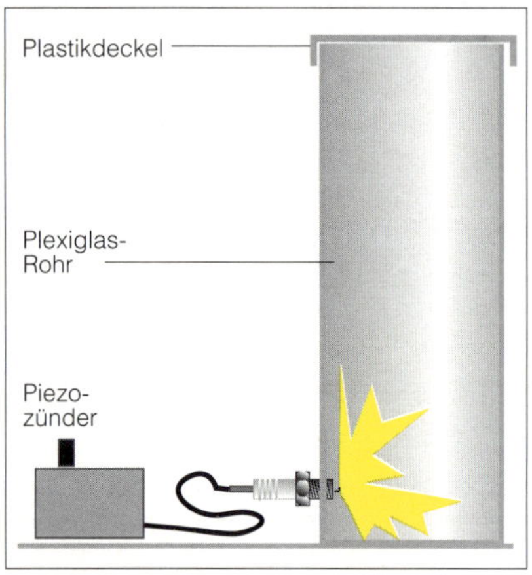

B 1 Zündung eines Benzin/Luft-Gemisches im Motor, im Zündrohr

B 2 Messung von Schadstoffanteilen im Autoabgas

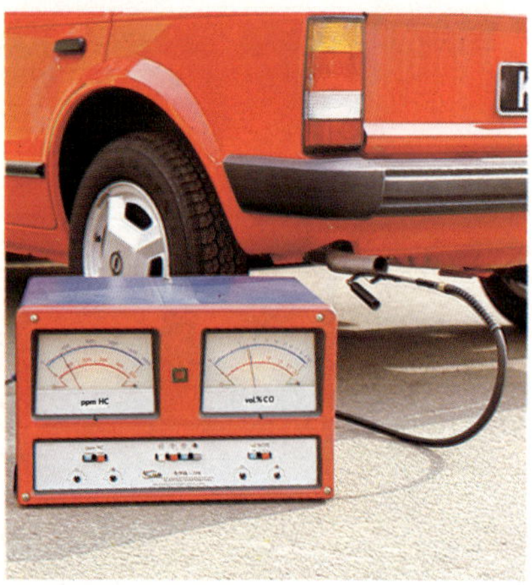

Benzin wird hauptsächlich als Treibstoff für Motoren verwendet. In diesen wird es verbrannt und die dabei freiwerdende Energie in Bewegungsenergie umgewandelt.

Chemische Reaktionen im Otto-Motor. Beim einfachen Otto-Motor (NIKOLAUS OTTO, 1832 - 1891) wird in die Zylinder des Motors ein Gemisch aus Benzin und Luft gesaugt. Dieses wird durch den Kolben *verdichtet* (komprimiert). Dabei erwärmt sich das Gemisch stark und wird durch einen Funken der Zündkerze *gezündet.* Die entstehenden heißen Verbrennungsgase nehmen einen viel größeren Raum ein als das verdichtete Ausgangsgemisch. Der Druck im Zylinder wächst deshalb an und drückt den Kolben weg. Durch eine gleichmäßig fortschreitende Verbrennung steigt der Druck zwar rasch, aber nicht schlagartig an; dadurch bewegt sich der Zylinder relativ weich nach unten.

Das Prinzip der Verbrennung im Zylinder eines Otto-Motors kann mit einem Zündrohr im Experiment nachvollzogen werden. Ein Benzin/Luft-Gemisch wird gezündet (▷ V 1) und die Reaktion im abgedunkelten Raum beobachtet. Das Gemisch verbrennt explosionsartig, im Rohr schießt eine Flammenzone hoch. Der dichtschließende Deckel wird durch die sich rasch ausdehnenden Verbrennungsgase mit lautem Knall weggedrückt.

Beim Verbrennen des Benzins entstehen neben Kohlenstoffdioxid und Wasser noch andere Reaktionsprodukte. So bildet sich durch unvollständige Verbrennung Kohlenstoffmonooxid; ein geringer Teil des Benzins verbrennt nicht, sondern wird zu neuen Kohlenwasserstoffen umgewandelt. Außerdem reagiert bei den hohen Temperaturen im Zylinder ein Teil des Stickstoffs der eingesaugten Luft zu Stickstoffoxiden. Diese Reaktionsprodukte sind gesundheitsschädlich. Deshalb ist es dringend erforderlich, den Anteil dieser Schadstoffe in den Autoabgasen *so gering wie möglich* zu halten. Einmal im Jahr müssen Kraftfahrzeuge mit Otto-Motoren daher bei der *Abgas-Untersuchung* auf die gesetzlich vorgeschriebenen Grenzwerte hin geprüft werden. Die AU-Plakette auf dem vorderen Nummernschild bescheinigt die Einhaltung der Meßwerte.

B 3 Versuch zur Abgasreduzierung mit einem Dreiwegekatalysator

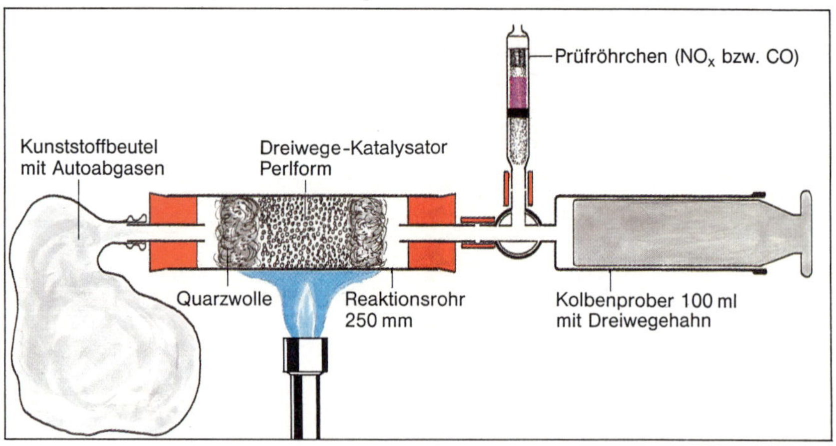

Aufbau und Funktion eines Dreiwegekatalysators. Der Einsatz von Katalysatoren ermöglicht die Verminderung der Schadstoffanteile in den Abgasen der Benzinmotoren. Als sehr wirkungsvoll hat sich die Verwendung eines *geregelten Dreiwegekatalysators* erwiesen. Träger für den Katalysator sind fast ausnahmslos wabenartig aufgebaute Keramikzylinder mit kreisrundem bzw. ovalem Querschnitt. Dieser Keramikkörper zeichnet sich durch äußerst geringe Wärmeausdehnung bei sehr hoher Hitzebeständigkeit aus. Die Wabenstruktur ergibt sich aus einer Vielzahl feiner quadratischer Kanäle, getrennt durch dünne Wände (0,05 mm bis 0,07 mm). Die Beschichtung mit den Katalysatormetallen *Platin*, *Rhodium* und zu geringem Teil *Palladium* wird auf einer Zwischenschicht aus Aluminiumoxid aufgebracht. Der Anteil der Edelmetalle liegt je nach Motorgröße bei etwa 2 g bis 3 g (▷ B 4).

Die Wirkung der Katalysatormetalle beruht auf deren Eigenschaft, die Redoxvorgänge günstig zu beeinflussen. Katalysatormetalle beschleunigen bzw. ermöglichen die Oxidation von Kohlenstoffmonooxid und Kohlenwasserstoffen zu Kohlenstoffdioxid und Wasser. Gleichzeitig werden die Stickstoffoxide weitgehend zu Stickstoff reduziert.

Für eine möglichst hohe Schadstoffminderung sorgt die Lambda-Sonde. Sie ist vor dem Katalysatorblock als Meßfühler eingelassen.
Über eine Steuerautomatik ist diese Sonde mit der Gemischaufbereitung verbunden (▷ B 5). Die Lambda-Sonde gewährleistet eine optimale Zusammensetzung des Luft-Kraftstoff-Gemisches.

Durch diesen geregelten Dreiwegekatalysator können die Schadstoffe in den Abgasen durch Nachbehandlung um ca. 90 % vermindert werden.

V 1 Man tropft mit einer Pipette 4 bis 6 Tropfen Wundbenzin in das Zündrohr, verschließt das Rohr mit einem Kunststoffdeckel möglichst dicht und schüttelt den Inhalt gut durch. Im abgedunkelten Raum wird der Inhalt des Rohres gezündet.

Im Rohr verbliebene Verbrennungsgase werden mit einem Prüfgerät und entsprechenden Röhrchen auf Kohlenstoffmonooxid und Stickstoffoxide hin untersucht.

Anschließend wird das Rohr gut belüftet und der Versuch mit einer anderen Tropfenzahl wiederholt.

V 2 Nach ▷ B 3 wird eine Apparatur zusammengebaut. Mit einem Kunststoffbeutel wird einem mit bleifreiem Benzin betriebenen Motor Abgas entnommen. Die Apparatur wird mit 100 ml Abgas zunächst mehrmals gut gespült und mit dem Kolbenprober das Abgas ins Freie gedrückt.

Über den kalten Katalysator werden anschließend wieder 100 ml Abgas gesaugt und dieses mit einem Kolbenhub durch ein Prüfröhrchen gedrückt. Auf diese Weise werden nacheinander Messungen für Kohlenstoffmonooxid und Stickstoffoxide durchgeführt.

Die Katalysatorperlen werden zum Glühen erhitzt und die Messungen für die genannten Gase mit jeweils neuen Prüfröhrchen wiederholt.

Die Meßergebnisse werden nach dem Versuch verglichen und beurteilt.

B 4 Schemabild eines Abgaskatalysators mit elektronenmikroskopischer Aufnahme des platinbeschichteten Keramikkörpers

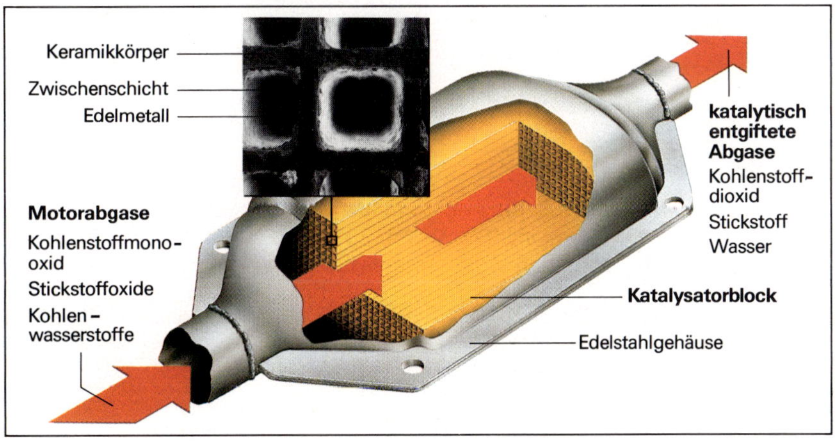

B 5 Dreiwegekatalysator und Lambda-Sonde

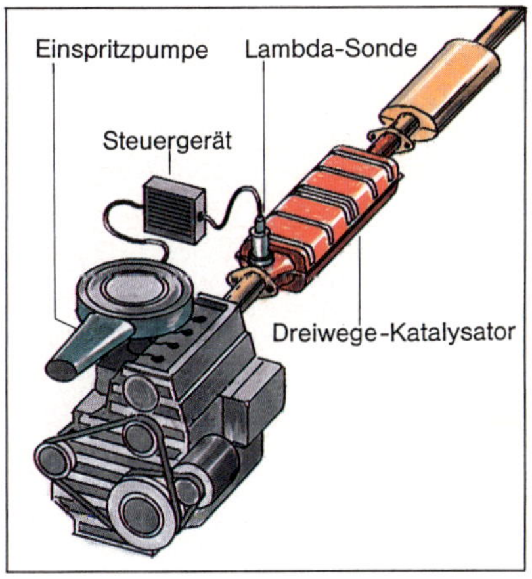

16.5 Benzin und Octanzahl

B 1 Zapfsäule für bleifreies Normal- und Superbenzin

B 2 Verbrennung im Motor. Links: Auslösung durch Zündfunken. Rechts: Vorzeitige Selbstentzündung (Klopfen)

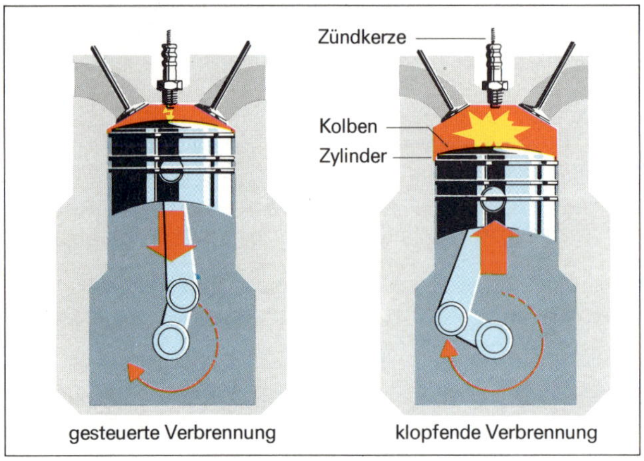

B 3 Octanzahl und Verzweigung. Je mehr Verzweigungen ein Alkanmolekül hat, desto höher ist seine Octanzahl

Stoff	Octanzahl
 n-Heptan	0
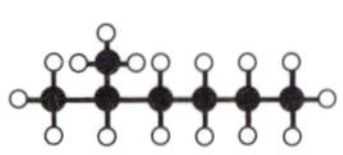 2-Methylhexan	46
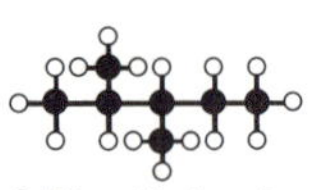 2,3-Dimethylpentan	88

Stoff	Octanzahl
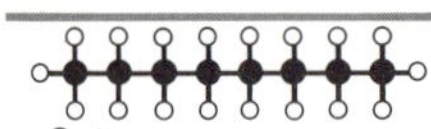 n-Octan	<0
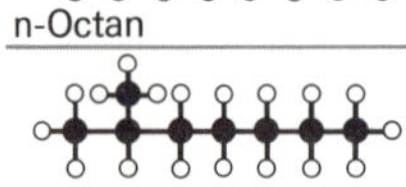 2-Methylheptan	24
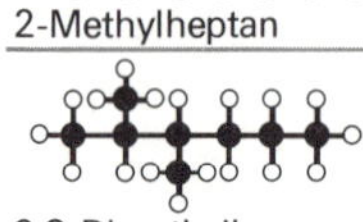 2,3-Dimethylhexan	79
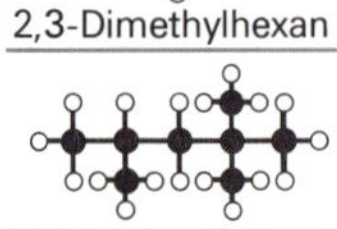 2,2,4-Trimethylpentan	100

An Tankstellen gibt es Super- und Normalbenzin, Super verbleit und Super Plus. Nicht jeder dieser Kraftstoffe ist für jeden Motor geeignet. Was hat es mit der unterschiedlichen Bezeichnung auf sich?

Die klopfende Verbrennung. Beim Verdichten (Zusammendrücken) des Benzin/Luft-Gemisches entsteht Wärme. Sie kann das Gemisch schon vor dem Auslösen des Zündfunkens durch *Selbstentzündung* zur Explosion bringen. Dadurch wird auf den Kolben zu früh ein starker Druck ausgeübt, der die Aufwärtsbewegung des Kolbens hemmt. Solche Drucksteigerungen sind als *Klopfen* hörbar. Dieses Klopfen verringert die Leistungsfähigkeit des Motors und erhöht dessen Verschleiß (▷ B 2).

Motoren mit hoher Verdichtung benötigen Kraftstoffe, die besonders wenig zum Klopfen neigen. Dazu zählt z. B. Superbenzin. Allgemein sind Motorbenzine Mischungen, in denen mehr als 150 verschiedene Kohlenwasserstoffe nachgewiesen werden können.

Von der jeweiligen Zusammensetzung ist es abhängig, wie klopffest sich das Benzin bei der Verbrennung verhält. Besonders klopffreudig sind kettenförmige Alkane, da sie sich bereits bei niedriger Temperatur entzünden. Ihre Kettenlänge beträgt zwischen 5 und 9 Kohlenstoffatomen.

Klopffestigkeit und Octanzahl. Wie der Bau mit Molekülmodellen anschaulich zeigt, können die Kohlenstoffatome eines Alkanmoleküls kettenförmig aneinandergereiht oder zu Ketten mit seitlichen Verzweigungen zusammengesteckt werden.

Aus Untersuchungen weiß man, daß Kohlenwasserstoffe, in deren Molekülen Verzweigungen auftreten, besonders klopffest sind. Dabei ist festzustellen, daß ein Stoff um so klopffester ist, je mehr Verzweigungen in seinen Molekülen auftreten.

Da sich Kohlenwasserstoffe bei der Verbrennung in Otto-Motoren so unterschiedlich verhalten, wurde für die Klopffestigkeit eine Bezugsgröße festgelegt. Als Bezugsstoff dient ein bestimmtes Octan (▷ B 3), das besonders klopffest ist. Dieser Stoff erhält die Zahl 100, Heptan mit kettenförmigen Molekülen die Zahl 0.

Ein Gemisch aus Heptan mit kettenförmigen Molekülen (OZ 0) und dem Vergleichsoctan (OZ 100) hat die Octanzahl 80, wenn 20 % des Heptans mit 80 % des Vergleichsoctans gemischt wurden.

Diese **Octanzahl OZ**, ein Maß für die Klopffestigkeit eines Kraftstoffes, findet man bei der Beurteilung von Tankstellenbenzinen wieder. Normalbenzin z. B. wird in Deutschland mit OZ 90 bis 93 angegeben, Superbenzin mit OZ 96 bis 98.

Butangas kann aus zwei Stoffen bestehen. In den Butanmolekülen mit der Formel C_4H_{10} sind die Kohlenstoffatome unterschiedlich miteinander verknüpft. Es gibt ein kettenförmiges und ein verzweigtes Molekül (▷ B 4). Ein Vergleich der Eigenschaften der beiden Stoffe zeigt, daß sie z. B. unterschiedliche Schmelz- und Siedetemperaturen aufweisen. Diese ergeben sich aus dem unterschiedlichen Molekülaufbau, der Struktur, die durch die Strukturformel wiedergegeben wird.

Stoffe mit gleicher Summenformel, jedoch unterschiedlicher Strukturformel, heißen Isomere.

Weitere *Isomere* treten bei Alkanen mit 5 und mehr Kohlenstoffatomen auf. Ihre Zahl nimmt mit steigender Kettenlänge rasch zu (▷ B 5). Zu ihrer Kennzeichnung ist daher ein genaues Bezeichnungssystem erforderlich.

Namensgebung bei Isomeren. Verzweigte Alkanmoleküle bestehen aus einer sogenannten Hauptkette (längste Kohlenstoffkette) und einer oder mehreren kürzeren Seitenketten (Verzweigungen). Die Hauptkette wird mit dem zugehörigen Alkannamen benannt.

Da alle Seitenketten jeweils ein Wasserstoffatom weniger als die entsprechenden Alkane haben, leitet man ihre Namen aus dem Wortstamm der Alkane ab. Man bezeichnet solche Reste mit der Endsilbe -yl und nennt sie Alkylreste und Alkylgruppen. Von Methan wird so die Methylgruppe $-CH_3$ abgeleitet, von Ethan die Ethylgruppe $-C_2H_5$ usw. (▷ B 6).

Erhöhung der Klopffestigkeit. Benzinfraktionen, die bei der Erdöldestillation gewonnen werden, enthalten überwiegend kettenförmige Alkane mit niedriger Octanzahl. Setzt man diese unter Einwirkung von Platinkatalysatoren Temperaturen von etwa 500 °C aus, werden sie in verzweigte Kohlenwasserstoffe umgewandelt. Dieser Vorgang heißt **Reformieren**.

Da hochverdichtete Otto-Motoren besonders klopffeste Kraftstoffe benötigen, fügt man den reformierten Superbenzinen zum Teil noch immer giftige Bleiverbindungen zu (max. 0,15 Gramm pro Liter), um die Octanzahl zu erhöhen. Normalbenzin dagegen wird seit dem 1. Februar 1988 nur noch bleifrei hergestellt.

Kraftfahrzeuge, die mit einem Abgaskatalysator ausgerüstet sind, dürfen nur mit bleifreiem Benzin betrieben werden, da Bleiverbindungen Katalysatorgifte sind. Bleifreies Benzin wird deshalb durch verbesserte Reformierverfahren und Zusätze wie z. B. Benzol, das krebserregend ist, klopffest gemacht. Auf diese Weise wird z. B. Super Plus hergestellt.

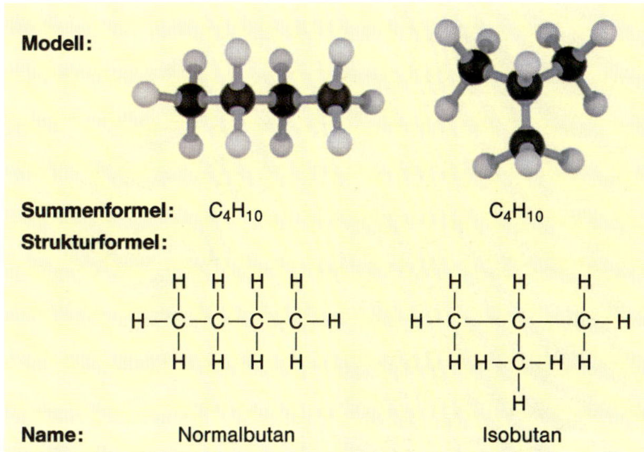

B 4 Isomere Butane. Beide Moleküle haben die gleiche Summenformel, sind aber unterschiedlich gebaut

Anzahl der Kohlenstoffatome	1	2	3	4	5	6	7	8	9	10
Anzahl der Isomeren	–	–	–	2	3	5	9	18	35	75

B 5 Kettenlänge und Isomerie

B 6 Benennung von Isomeren. Die Länge der Hauptkette bestimmt den Grundnamen der Verbindung

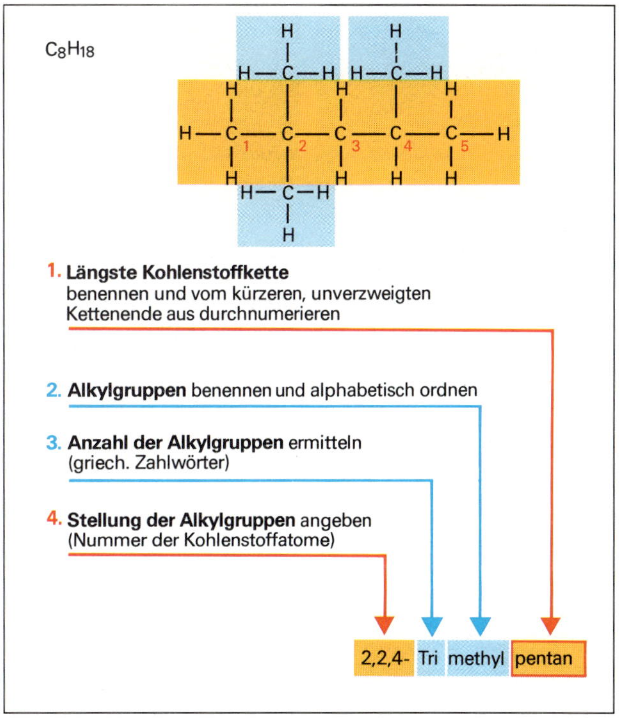

B 1 Ringkohlenwasserstoffe im Modell

B 2 AUGUST KEKULÉ und seine Benzol-Formel

B 3 Gefahrenhinweise an einer Tanksäule

In Rohöl und Treibstoffen findet man Kohlenwasserstoffe, die der Formel nach Alkene sein müßten, ihr chemisches Verhalten entspricht jedoch dem der Alkane.

Ein Bestandteil von Benzin ist z. B. ein Stoff mit der Summenformel C_6H_{12}. Diese entspricht der Summenformel von Hexen. Überraschenderweise entfärbt dieser Stoff angesäuerte Kaliumpermanganatlösung nicht sofort wie die Alkene. Die Moleküle des Stoffes können demnach keine Doppelbindungen enthalten.
Molekülmodelle veranschaulichen den Aufbau dieses Stoffes aus ringförmigen Molekülen (▷B 1). Der Stoff heißt *Cyclohexan* (von lat. cyclus, Ring). Stoffe mit ähnlich aufgebauten, ringförmigen Kohlenwasserstoffmolekülen nennt man **Cycloalkane**.

Wie bei den kettenförmigen Alkenmolekülen gibt es auch Doppelbindungen in ringförmigen Molekülen. Man nennt sie **Cycloalkene**.
Ein Vertreter dieser Gruppe ist *Cyclohexen* mit der Summenformel C_6H_{10}. Der Nachweis für Alkene verläuft bei diesem Stoff positiv.

Im Jahre 1825 entdeckte MICHAEL FARADAY bei der Destillation von Steinkohlenteer im Leuchtgas einen leicht kondensierbaren Kohlenwasserstoff, das *Benzol*. Die Summenformel wird mit C_6H_6 angegeben.
Versucht man mit Modellen die Moleküle des Stoffes aus sechs Kohlenstoffatomen und sechs Wasserstoffatomen aufzubauen, findet man auf Anhieb keine geeignete Lösung. Ähnlich ist es nach der Entdeckung des Stoffes vielen Wissenschaftlern im 19. Jahrhundert ergangen.
Erst 1865 gelang es dem deutschen Chemiker AUGUST KEKULÉ, eine heute noch gebräuchliche Formel aufzustellen. Er beschrieb das Benzolmolekül als regelmäßigen Sechsring, in dem die Kohlenstoffatome abwechselnd durch Einfach- und Doppelbindung verknüpft sind (▷B 2). Daß Benzol dennoch nicht zu den Alkenen gerechnet werden kann, zeigt der Nachweis für Alkene; er verläuft negativ. KEKULÉ versuchte dieses Verhalten damit zu erklären, daß die Bindungen im Molekül ständig wechselten. Heute weiß man, daß die Kohlenstoffatome ein ebenes Sechseck bilden, alle denselben Abstand voneinander haben und dafür eine besondere Molekülstruktur verwendet werden muß.
Benzol wird wegen seiner Klopffestigkeit als Bestandteil von Super- und Normalbenzin noch heute verwendet (▷B 3). Benzol ist jedoch ein giftiger und krebserzeugender Stoff. Beim Tanken sollten daher Sicherheitsvorkehrungen getroffen werden. Seit geraumer Zeit gibt es Zapfpistolen, bei denen durch einen Saugrüssel alle Dämpfe beim Befüllen eines Tankes wieder in den Schlauch zurückgeführt werden. Nur wenige Tankstellen haben bisher diese Einrichtung. Deshalb muß man beim Tanken das Einatmen der Dämpfe ebenso vermeiden wie das Berühren des Kraftstoffes mit den Händen.

Treibhauseffekt und Ozon – globale Umweltprobleme

Aus dem Weltraum bietet unsere Erde einen faszinierenden Anblick, sie erscheint als herrlich blauer Planet. Dies ist zurückzuführen auf die Lufthülle der Erde, die bis in 20 bis 30 km Höhe reicht.

In der untersten Schicht der Atmosphäre, etwa 1 km bis 3 km hoch, erleben wir das Wetter mit Sturm und Regen, Hagel und Schnee. Hier verteilen sich die Abgase aus Autos, Fabriken und Kraftwerken zuerst. Moderne Verkehrsflugzeuge fliegen in 8 km bis 10 km Höhe über den Wolken, um aus dem normalen Wettergeschehen herauszukommen. Ihre Abgase können sich dort oben ausbreiten. Darüber erstreckt sich von etwa 15 km bis 50 km Höhe die Ozonschicht, ein dünner, aber lebenswichtiger Filter für die schädlichen UV-Strahlen der Sonne.

Bis zu Beginn dieses Jahrhunderts war die Atmosphäre weltweit in einem natürlichen Gleichgewicht. Seit Beginn der Industrialisierung, mit dem ungeheuren Wachstum der Erdbevölkerung und ihrem immer größeren Energiebedarf, mit der Motorisierung und immer höherem Lebensstandard, verändern wir nicht nur das Gesicht der Erde, sondern auch immer stärker unsere Umwelt. Ozonloch und Zunahme des Treibhauseffekts sind vom Menschen geschaffene globale Probleme.

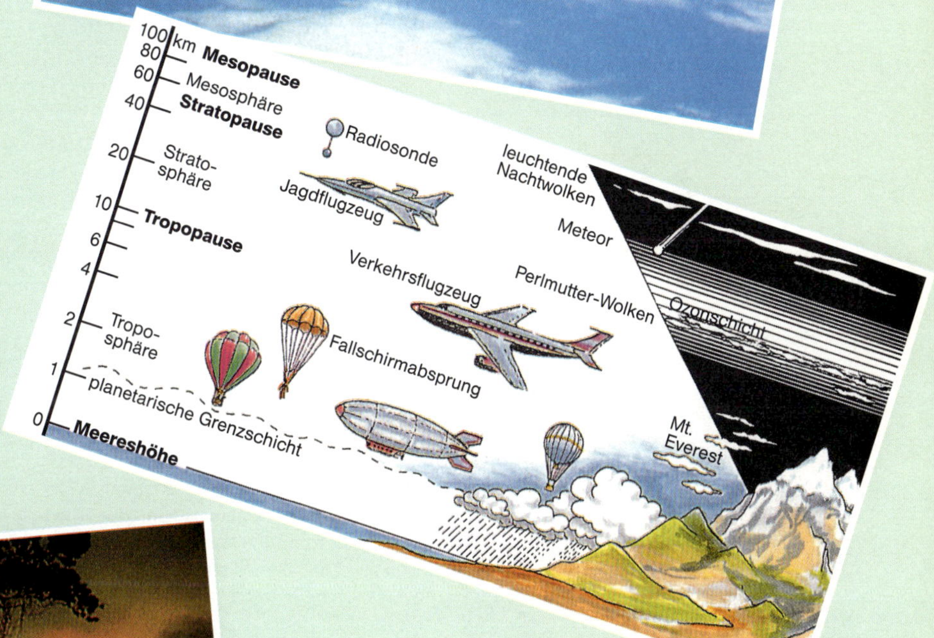

17.1 Halogenkohlenwasserstoffe

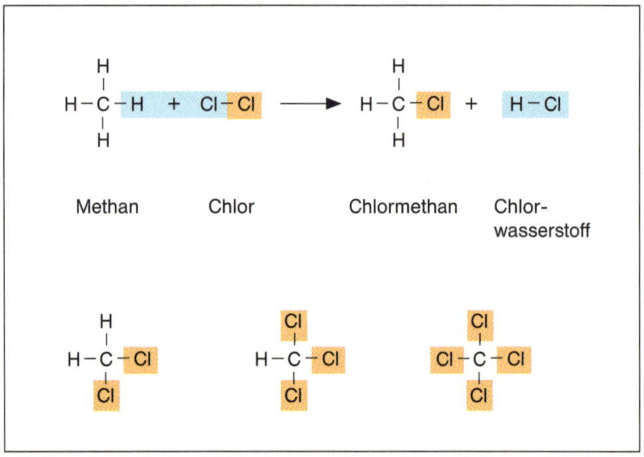

B 1 Substitution von Wasserstoffatomen am Methanmolekül durch Chloratome

B 2 Einige bekannte Halogenkohlenwasserstoffe

Name, Formel	Modell	Eigenschaften, *Verwendung*
Dichlormethan (Methylenchlorid) CH_2Cl_2		flüssig, süßlicher Geruch, nicht brennbar, Dichte 1,32 g/cm³, Siedetemperatur 40 °C *Lösungsmittel für Fette und Öle*
Trichlormethan (Chloroform) $CHCl_3$		flüssig, süßlicher Geruch, betäubend, unbrennbar, vermutlich krebserregend, Dichte 1,49 g/cm³, Siedetemperatur 61 °C *Lösungsmittel für Fette und Öle, früher Narkosemittel*
Dichlordifluormethan (Frigen) CCl_2F_2		gasförmig, geruchlos, ungiftig, unbrennbar, Dichte 1,31 g/cm³, Siedetemperatur -30 °C *Kältemittel, Treibgas in Sprays*
Bromtrifluormethan (Halon) $CBrF_3$		gasförmig, ungiftig, unbrennbar, Dichte 1,54 g/cm³, Siedetemperatur -58 °C *früher Feuerlöschmittel*

Kohlenwasserstoffe können mit den sehr reaktionsfähigen Halogenen reagieren. So entstehen z.B. bei der Reaktion von Methan mit Chlor Chlormethan und Chlorwasserstoff (▷ B 1). In dem Methanmolekül wird dabei ein Wasserstoffatom durch ein Chloratom ersetzt. Eine solche Reaktion, bei der Atome durch andere Atome ersetzt werden, nennt man **Substitutionsreaktion**. In einem Methanmolekül können bis zu vier Wasserstoffatome durch Halogenatome ersetzt werden. Dieses Beispiel zeigt, daß aus Kohlenwasserstoffen und Halogenen eine Vielzahl von **Halogenkohlenwasserstoffen** gebildet werden kann. Diese haben wegen ihrer interessanten Eigenschaften breite Anwendung gefunden (▷ B 2). Stoffe, deren Moleküle neben Kohlenstoff- und Wasserstoffatomen Chlor- und Fluoratome enthalten, gehören zu den Chlorfluorkohlenwasserstoffen, abgekürzt CFKW (häufig noch FCKW genannt).

Verwendung von CFKW, CKW und Umweltprobleme. Gasförmige Chlorfluorkohlenwasserstoffe, wie z.B. das Frigen, lassen sich unter Druck leicht verflüssigen. Da sie nicht feuergefährlich sind, wurden sie als Kältemittel in Kühlschränken, zum Aufschäumen von Kunststoffen und als Treibgas in Sprays verwendet. Inzwischen kann man davon ausgehen, daß Halogenkohlenwasserstoffe zum Abbau von Ozon in der Stratosphäre führen. Deshalb müssen CFKW-haltige Kühlschränke entsorgt (▷ B 3) und für die CFKW Ersatzstoffe gefunden werden.
Chlorkohlenwasserstoffe (CKW) sind gute Lösungsmittel für Fette und Harze. Man verwendete sie zum Entfetten von Metallteilen, zur chemischen Reinigung von Leder und Textilien und zum Extrahieren von pflanzlichen Ölen. Die Chlorkohlenwasserstoffe schaffen besondere Umweltprobleme (▷ B 4), da sie nur schwer abbaubar sind. Lösungsmittelreste müssen deshalb gesammelt, wiederaufbereitet oder ordnungsgemäß beseitigt werden.

B 3 Kühlschränke mit CFKW müssen umweltgerecht entsorgt werden

B 4 Meldung aus einer Tageszeitung

Trinkwasserbrunnen stillgelegt

Ein Trinkwasserbrunnen darf nicht mehr weitersprudeln. Er ist mit chlorierten Kohlenwasserstoffen verseucht. Die Behörden sind mittlerweile auf der Suche nach den Verursachern der Verschmutzung. Die Schadstoffquelle muß im Industriegebiet liegen. Chlorkohlenwasserstoffe werden in großen Mengen als Lösungsmittel zum Entfetten von Metallteilen und Schafwolle verwendet. Sie rufen beim Einatmen Übelkeit hervor. Einige stehen auch im Verdacht, krebserregend zu wirken. Vorsicht ist also angebracht.

B 5 Sammelbehälter für Halogenkohlenwasserstoffe

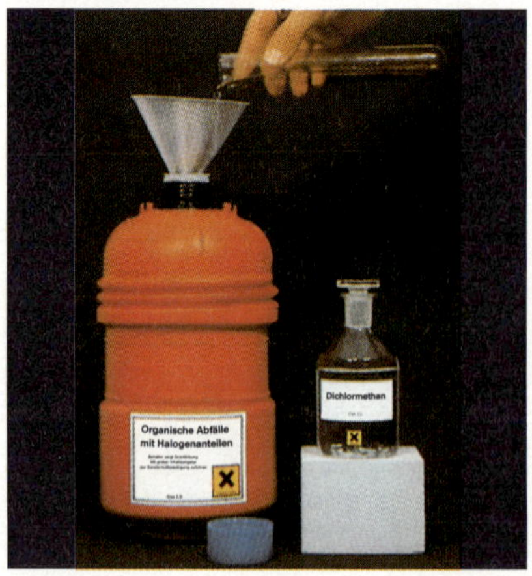

17.2 Die Ozonschicht der Erde ist gefährdet

B 1 Meßballon zur Ermittlung des Ozongehalts in der Stratosphäre

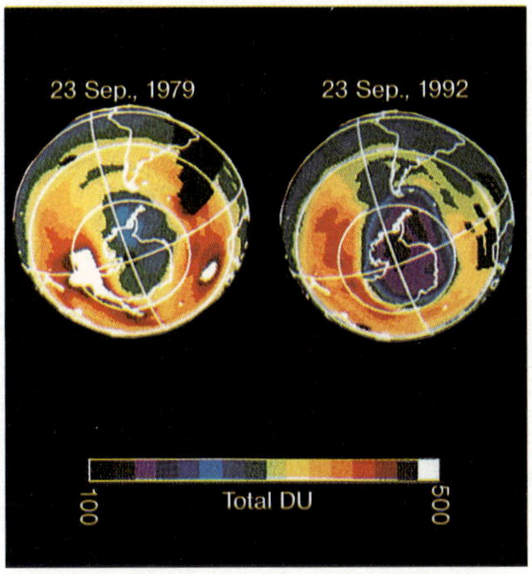

B 2 Ozonloch über der Antarktis. Geringe Ozonkonzentration violett, hohe rot

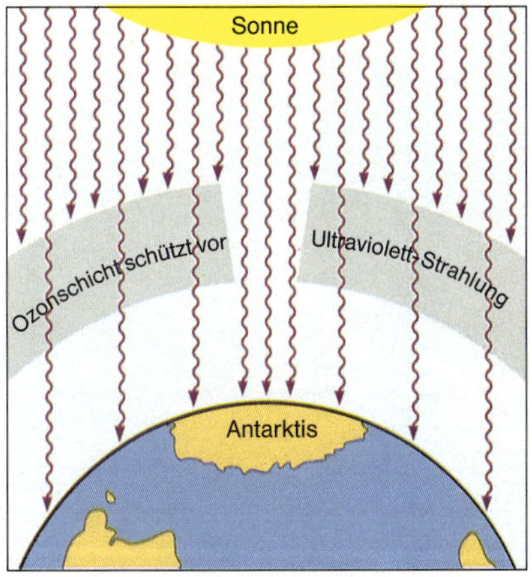

B 3 Loch in der Ozonschicht. Die UV-Strahlung dringt zur Erdoberfläche durch

Die Lufthülle, die unsere Erde umgibt, wird in verschiedene Schichten unterteilt. In der oberen Atmosphäre, in 15 bis 50 Kilometer Höhe, gibt es eine Schicht mit hohem Ozongehalt. Diese Ozonschicht in der Stratosphäre ist lebenswichtig. Sie schützt Menschen, Tiere und Pflanzen vor der gefährlichen ultravioletten Strahlung (UV-Strahlung).

Ozonloch. Schon Mitte der 70er Jahre ließen Messungen in der Antarktis vermuten, daß sich der Ozongehalt in der Stratosphäre verringert. Satellitenaufnahmen bestätigten die starke Abnahme des Ozons (▷ B 2). Das über dem Südpol beobachtete Ozonloch hatte 1987 bereits eine Fläche von der Größe der Vereinigten Staaten erreicht. Bis Ende 1989 hatte sich das Ozonloch bis in bewohnte Gebiete über Australien und Neuseeland ausgedehnt.

Auch auf der Nordhalbkugel der Erde werden geringere Ozonwerte gemessen. Dadurch dringt immer mehr energiereiche UV-Strahlung zur Erdoberfläche durch. Die Folgen sind zunehmende Haut- und Augenschäden beim Menschen, geringere Ernteerträge und Rückgang des Meeresplanktons.

CFKW zerstören die Ozonschicht. Ursache für den Ozonabbau in der Stratosphäre sind Chlorfluorkohlenwasserstoffe, abgekürzt CFKW (häufig noch FCKW genannt). Sie sind ungiftige, farb- und geruchlose Stoffe, die in vielen Bereichen eingesetzt wurden (▷ B 4). Wegen ihrer chemischen Beständigkeit reichern sie sich über Jahrzehnte in der Atmosphäre an und können bis in die Ozonschicht aufsteigen. Dort werden sie durch die energiereiche UV-Strahlung gespalten. Dabei werden Chloratome frei, die in einer Art Kettenreaktion Tausende von Ozonmolekülen zerstören (▷ B 5). Die schützende Ozonschicht der Erde bekommt ein „Loch".

In den Monaten September und Oktober häufen sich Alarmmeldungen über ein immer größer werdendes Ozonloch über der Antarktis und möglicherweise auch über dem Nordpol. Ozon, das die lebensgefährlichen UV-Strahlen aus dem Weltraum abschirmt, verschwindet immer mehr. Einigkeit besteht darüber, daß die CFKW am Abbau der etwa 20 km dicken Ozonschicht in der Atmosphäre wesentlich beteiligt sind. CFKW wurden in großem Umfang als Kühlflüssigkeit in Kühlschränken und Klimaanlagen, zum Ausschäumen von Kunststoffen sowie als Treibgas in Sprays verwendet. 80 Staaten haben nun beschlossen, die CFKW-Verwendung auslaufen zu lassen. Doch auch nach einem völligen Verbot werden die CFKW noch für Jahrzehnte ihre Zerstörungsarbeit fortsetzen.

B 4 Meldung aus einer Tageszeitung

B 5 Ozonabbau in der Stratosphäre. CFKW werden durch UV-Strahlung gespalten

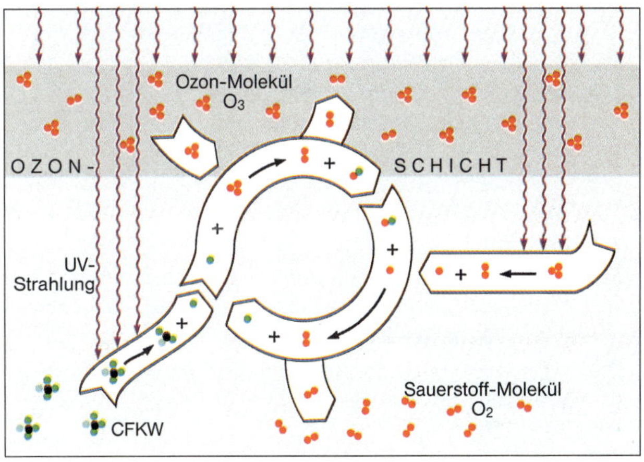

17.3 Kohlenstoffdioxid und Treibhauseffekt

B 1 Treibhauseffekt im Gewächshaus. Das Glas hält die Wärmestrahlung zurück

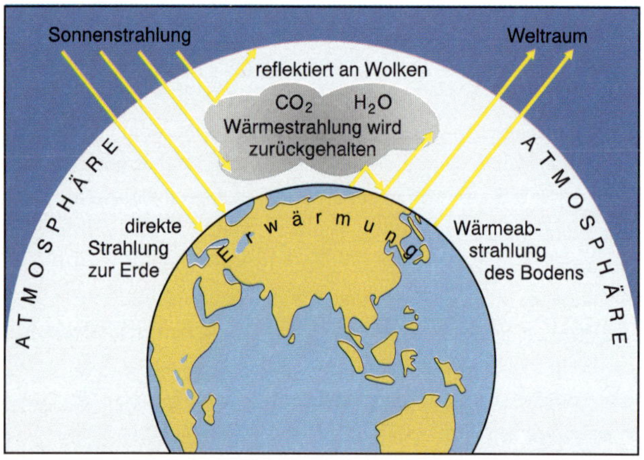

B 2 Treibhauseffekt in der Atmosphäre. Treibhausgase halten die Wärmestrahlung zurück

Jeder hat schon die Beobachtung gemacht, daß sich ein Auto sehr schnell aufheizen kann, wenn es in der prallen Sonne steht. Die Innentemperatur kann bis auf 60 °C steigen, wenn die Fensterflächen groß und schräg sind und die Polster womöglich schwarz.

Der Treibhauseffekt im Gewächshaus. Diese im Auto unerwünschte Erscheinung macht sich der Gärtner zunutze, wenn er Pflanzen im Gewächshaus heranzieht (▷ B 1). Auch hier erwärmt sich das Innere des Treibhauses durch das Sonnenlicht. Glas ist für normales Sonnenlicht durchlässig, durch die Fensterflächen dringt es ungehindert ins Innere. Grüne Pflanzen und dunkle Erde können diese Strahlung der Sonne aufnehmen. Dadurch erwärmen sie sich und strahlen dann Wärme ab. Da Glas für diese Wärmestrahlung undurchlässig ist, heizt sich das Innere des Treibhauses auf.

Der Treibhauseffekt in der Atmosphäre. Die Vorgänge in der Atmosphäre sind mit den Verhältnissen in einem Gewächshaus vergleichbar. Die Atmosphäre ist für das normale Sonnenlicht durchlässig, die einfallende Strahlung dringt bis zur Erdoberfläche durch. Dort wird sie aufgenommen, die Erdoberfläche erwärmt sich. Die von der Erde ausgehende Wärmestrahlung kann von Kohlenstoffdioxidmolekülen aufgenommen werden. Kohlenstoffdioxid wirkt wie eine Glasscheibe als Wärmefilter, es hält die Wärmestrahlung zurück (▷ B 2). Ohne den natürlichen Treibhauseffekt hätte die Erdoberfläche statt +15 °C nur eine mittlere Temperatur von −18 °C.

Modellversuch zum Treibhauseffekt. Die komplizierten Vorgänge in der Atmosphäre lassen sich mit einem Modellversuch veranschaulichen (▷ B 3). Die Lichtstrahlen einer Lampe erwärmen eine schwarze Pappe am Boden eines Aquariums. Die davon ausgehende Wärmestrahlung wird von Kohlenstoffdioxid zurückgehalten.

V 1 In einer Apparatur nach ▷ B 3 wird auf den Boden eines Aquariums zuerst eine mit Aluminiumfolie umwickelte Pappe gelegt. Nach Einleitung von Kohlenstoffdioxid bestrahlt man mit einer Kaltlichtspiegel-Halogenlampe und mißt in dem Aquarium die Temperatur mit einem Thermofühler. Man wiederholt den Versuch mit einer schwarzen Pappe anstelle der Aluminiumfolie.

A 1 Im Vergleich zu 1950 hat sich heute der Ausstoß an Kohlenstoffdioxid nahezu vervierfacht (▷ B 4). Wie ist diese Zunahme zu erklären?

A 2 Der zunehmende Kohlenstoffdioxidgehalt kann zu einer Verstärkung des Treibhauseffektes führen. Welche Gefahren sind damit verbunden?

B 3 Modellversuch zum Treibhauseffekt

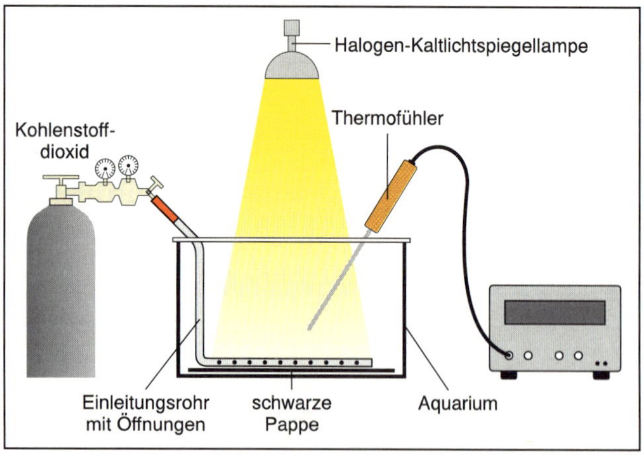

Der natürliche Kohlenstoffdioxidkreislauf. Im natürlichen Kreislauf ist die Abgabe und Aufnahme von Kohlenstoffdioxid ausgeglichen. Durch Fotosynthese der Pflanzen wird Kohlenstoffdioxid gebunden, durch Atmung von Tier, Mensch und beim Abbau organischen Materials durch Mikroorganismen wieder frei. Zwischen der Atmosphäre und den Ozeanen besteht ein ständiger Kohlenstoffdioxidaustausch. Dieses Gleichgewicht wurde in den letzten Jahren erheblich gestört.

Zunahme des Treibhauseffekts. Durch zunehmende Industrialisierung und wachsende Bevölkerung wird der Energiebedarf immer größer, es wird mehr Kohle, Erdgas, Heizöl und Benzin verbrannt. Dadurch nimmt der Kohlenstoffdioxidanteil in der Atmosphäre ständig zu (▷ B 4). Wie Luftmessungen zeigen, werden im Herbst und Winter eines Jahres etwas höhere Werte gemessen als im Frühjahr und Sommer (▷ B 5), da in der kalten Jahreszeit mehr geheizt wird und die Fotosynthesetätigkeit der Pflanzen zurückgeht. Je mehr Kohlenstoffdioxid jedoch in die Atmosphäre gelangt, um so größer ist ihre Erwärmung, um so mehr wird der Treibhauseffekt verstärkt.

Beschleunigt wird die Zunahme des Treibhauseffektes durch die *Brandrodung* der tropischen Regenwälder. Durch die geringere Fotosyntheseleistung wird der natürliche Gasaustausch gestört, weniger Kohlenstoffdioxid wird aus der Atmosphäre entnommen. Durch die Verbrennungsprozesse wird zusätzlich Kohlenstoffdioxid erzeugt.

Außer Kohlenstoffdioxid gibt es noch weitere Gase, die durch Einfluß des Menschen in die Atmosphäre gelangen und den Treibhauseffekt verstärken (▷ B 6). Über die Auswirkungen der weltweiten Temperaturerhöhung ist immer häufiger in der Tagespresse zu lesen (▷ B 7).

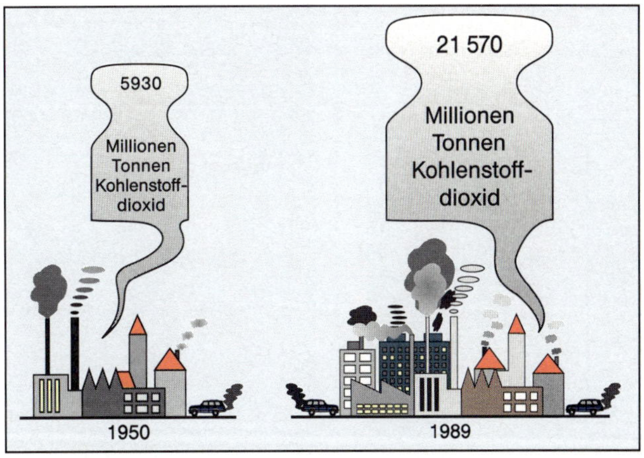

B 4 Weltweite Kohlenstoffdioxidproduktion 1950 und 1989

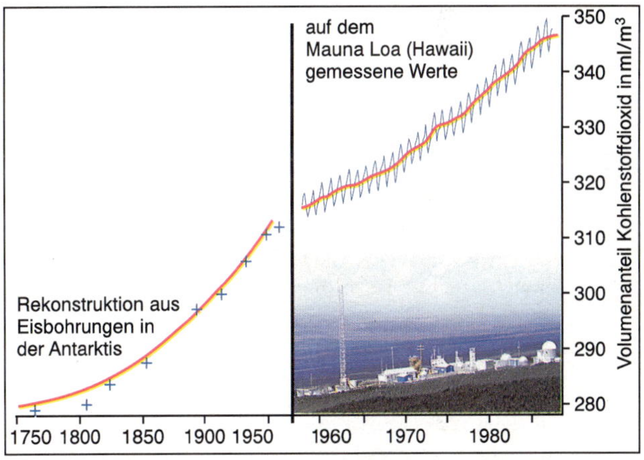

B 5 Kohlenstoffdioxid in der Atmosphäre, gemessen am Mauna Loa auf Hawaii. Rechts unten die Meßstation

B 6 Treibhausgase, die den Treibhauseffekt verstärken

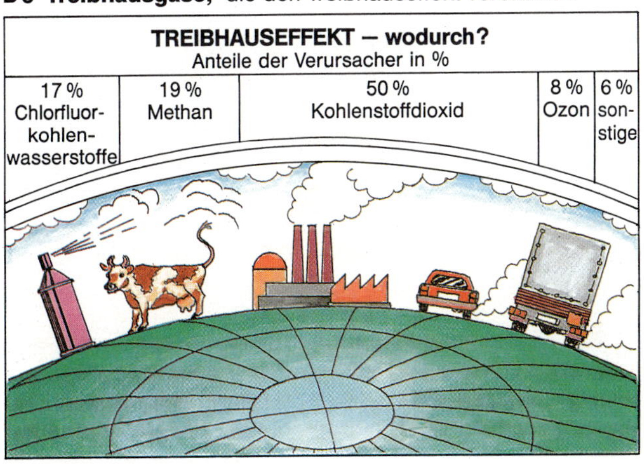

B 7 Meldung aus einer Tageszeitung

1990 wärmstes Jahr seit 100 Jahren

Britische Forscher errechneten, daß die 80er Jahre die wärmsten Jahre seit Beginn der Klimaaufzeichnungen Mitte des vorigen Jahrhunderts waren.
Der Meeresspiegel steigt, weil sich das Meerwasser erwärmt und dabei ausdehnt und Gletscher weltweit abschmelzen. Gleichzeitig verschieben sich Klima- und Vegetationszonen. Während es zu den Polen hin mehr regnet, bleibt der Regen in den Trockenzonen am Äquator immer mehr aus.
Man befürchtet, daß die Jahrestemperaturen durch den Treibhauseffekt weiter ansteigen, ausgelöst durch Luftverschmutzung und erhöhten Kohlenstoffdioxidgehalt in der Atmosphäre.

17.4 Möglichkeiten zur Verringerung des Treibhauseffektes

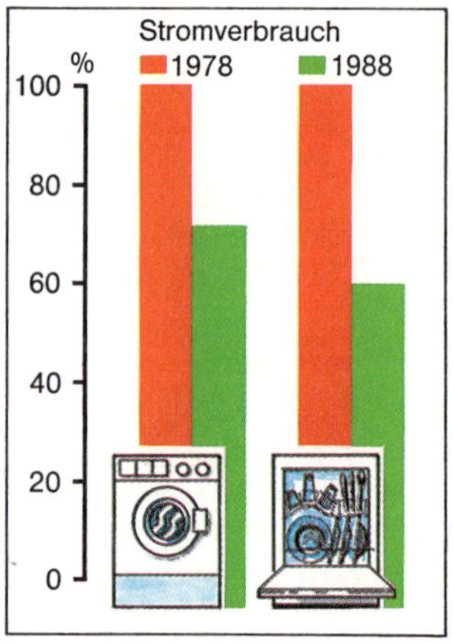

B 1 Moderne Haushaltsgeräte arbeiten stromsparend

B 2 Die Hausisolierung verringert Wärmeverluste

A 1 Im Haushalt wird der größte Teil der Nutzenergie für die Raumheizung verwendet. Welche fossilen Brennstoffe werden dafür eingesetzt? Wie könnte man beim Heizen Energie einsparen?

A 2 Elektrische Energie wird im Haushalt vor allem zum Betrieb von Geräten und zur Beleuchtung eingesetzt. Wie könnte man dabei Strom sparen?

A 3 Wind- und Sonnenenergie werden in Deutschland noch wenig genutzt. Nenne Gründe dafür. Bedenke z. B. folgende Schwierigkeiten: Klima, Standort, Energiespeicherung, Auswirkung auf die Landschaft.

A 4 Welche Maßnahmen tragen dazu bei, die wertvollen Vorräte an fossilen Brennstoffen zu schonen?

Da die Treibhausgase, die wir erzeugen, immer mehr die Lufthülle aufheizen, muß nach Möglichkeiten gesucht werden, der drohenden Klimaveränderung entgegenzuwirken. Aber nicht nur neue technische Errungenschaften können helfen, den Treibhauseffekt zu verringern, auch jeder einzelne kann dazu seinen Beitrag leisten.

Energiesparen. Vermindern wir unseren Energiebedarf, müssen weniger fossile Brennstoffe verbrannt werden; es entweichen weniger Treibhausgase in die Atmosphäre. Moderne Elektrogeräte z. B. arbeiten heute stromsparender als vor dreißig Jahren (▷ B 1). Durch verbesserte Isolierung der Häuser kann der Energiebedarf für die Raumheizung gesenkt werden. Die Aufnahme eines Wohnhauses mit einer wärmeempfindlichen Spezialkamera zeigt, wo am meisten Wärme verlorengeht (rote und gelbe Bereiche in ▷ B 2).

Erhebliche Energiemengen gehen bei der Stromerzeugung als Abwärme verloren. Wird die Abwärme des Kraftwerks gleichzeitig zum Heizen benutzt (Kraft-Wärme-Kopplung) und als Fernwärme an den Verbraucher geliefert, werden die Brennstoffe besser ausgenutzt.

Erneuerbare Energiequellen. Wird Strom in großem Umfang mit den Energiequellen Sonne, Wind und Wasser anstelle der fossilen Brennstoffe erzeugt, ist die Belastung der Atmosphäre wirkungsvoll verringert. Die *Wasserkraft* ist in Deutschland aber fast vollständig ausgenutzt (▷ B 3), ein weiterer Ausbau ist nur begrenzt möglich. Interessante Neuentwicklungen gibt es sowohl bei *Windkraftwerken* (▷ B 4) als auch für die direkte Umwandlung von *Sonnenenergie* in elektrische Energie mit Solarzellen (▷ B 5). Aber Wind- und Sonnenenergie haben noch große Nachteile: Beide können in Mitteleuropa nur unregelmäßig und nicht ausreichend genutzt werden; sie sind nicht speicherbar.

B 3 Wasserkraftwerke nutzen die Energie des fließenden Wassers

B 4 Windkraftanlagen nutzen die Windenergie

B 5 Solarzellen nutzen Sonnenenergie direkt zur Stromerzeugung

Vom Alkohol zur Carbonsäure

Alkohol und Essig sind seit dem Altertum bekannt. Durch Gärung von Traubensaft stellten schon die Griechen Wein her, durch Stehenlassen von Wein erhielt man Essig. Die Moleküle dieser Stoffe enthalten neben Kohlenstoff- und Wasserstoffatomen eine weitere Atomsorte, die charakteristische Eigenschaften bedingt.
Mit dem trinkbaren Alkohol chemisch verwandt sind weitere Alkohole, die eine Reihe bilden. Auch organische Säuren, wie die Essigsäure, begegnen uns in großer Vielfalt in der Natur. An der Bildung von Alkoholen und Säuren sind meist Mikroorganismen beteiligt. Diese kleinsten „biologischen Chemiefabriken" werden heute in der Biotechnologie sehr erfolgreich eingesetzt. Dabei wirken Chemie, Biologie und Technik zusammen.

Carbonsäuren und Alkohole sind am Aufbau von bestimmten Duft- und Aromastoffen, den Estern, beteiligt. Auch Fette und Öle besitzen einen ähnlichen Aufbau. Durch Zerlegung von Fetten mit Lauge erhält man schließlich eine weitere interessante Stoffgruppe, die Seifen.
Worin Gemeinsamkeiten dieser verschiedenen Stoffe bestehen, und welche wichtigen Unterschiede im Aufbau festzustellen sind, erfahren wir in diesem Kapitel.

1 a) Alkohol wird auch in der Medizin verwendet. Beschreibe die Wirkungen des Alkohols auf der Haut des Menschen.

b) Fensterreiniger enthalten neben Tensiden, die fetthaltigen Schmutz entfernen können, meist auch Alkohol. Welche Anforderungen werden an Glasreiniger gestellt? Beschreibe die Eigenschaften des Alkohols, die man sich dabei zunutze macht.

2 Brennspiritus enthält zu 94 Volumenprozent Ethylalkohol (Ethanol). Durch Zusatz von übelriechenden, giftigen Vergällungsmitteln wird der billige Brennspiritus ungenießbar gemacht, damit er nicht mißbräuchlich als Trinkalkohol verwendet wird.

Brennspiritus findet im Alltag für viele Zwecke Verwendung. Gib Beispiele dafür an. Welche Eigenschaft des Alkohols macht man sich beim Fondue zunutze?

3 a) Bei tiefen Temperaturen im Winter muß dem Wasser in der Scheibenwischanlage ein alkoholhaltiges Frostschutzmittel zugesetzt werden. Notiere die auf der Flasche angegebenen Alkohole und beschreibe ihre Eigenschaften.

b) Zur Messung tiefer Temperaturen benutzt man Alkoholthermometer, die mit angefärbtem Ethanol gefüllt sind. Für welchen Temperaturbereich können Alkoholthermometer verwendet werden? Versuche eine Begründung dafür zu finden.

4 Viele Kosmetikprodukte enthalten Alkohol. Haarwasser z.B. wirkt durch seinen Alkoholgehalt erfrischend, entfettend und regt die Durchblutung der Kopfhaut an. After-Shave-Produkte wirken kühlend und lindern die Hautreizung nach der Rasur.

a) Erkundige dich im Fachgeschäft nach alkoholhaltigen Kosmetikpräparaten und deren Wirkung.

b) Für welchen Hauttyp werden Produkte ohne Alkoholzusatz empfohlen?

5 a) In der Werbung werden alkoholische Getränke angepriesen. Mit welchen Bildern und Aussagen wirbt die Alkoholindustrie für ihre Produkte?

Welche Informationen fehlen in der Alkoholwerbung, welche Probleme werden nicht angesprochen?

b) Es gibt Gruppen von Jugendlichen, die regelrechte „Sauftreffs" veranstalten. Warum ist dies eine besonders gefährliche Form des Alkoholkonsums? Nenne Gründe, die zu diesem Verhalten führen.

6 a) Lies einige Tage aufmerksam die Tageszeitung und sammle Verkehrsunfallmeldungen, die auf Alkohol am Steuer zurückzuführen sind.

b) Darf man Alkohol trinken, wenn man mit dem Fahrrad unterwegs ist?

c) Darf ein 15jähriger Schüler im Supermarkt alkoholische Getränke kaufen oder in einer Gaststätte Bier trinken?

Informiere dich darüber im Jugendschutzgesetz!

Der Bundesminister für Verkehr informiert:

Alkohol im Straßenverkehr hat gravierende rechtliche Folgen: Ab 0,3 Promille kann bei einem Unfall oder bei Fahrfehlern der Führerschein zwischen sechs Monaten und fünf Jahren entzogen werden, bei einem Blutalkoholgehalt zwischen 0,8 und 1,09 Promille können auch ohne Unfall bis zu 3000 DM Strafe, Fahrverbot und bis zu sieben Punkte im Flensburger Verkehrszentralregister die Folge sein. Kommt es zu einem Unfall, können Freiheitsstrafe und Schadenersatz, Schmerzensgeld oder eine Rente an das Unfallopfer ein ganzes Leben ruinieren.
Deshalb grundsätzlich: Mit Auto – kein Alkohol.
Sie gefährden nicht nur sich selbst.
Denken Sie daran!

Alkoholanteil im Blut in ‰	Auswirkungen des Alkohols auf die Fahrtüchtigkeit im Straßenverkehr
ab 0,2 ‰	Zunehmende Risikobereitschaft, nachlassende Konzentration und Aufmerksamkeit
ab 0,4 ‰	Verlängerte Reaktionszeit, falsche Einschätzung von Entfernung und Geschwindigkeit, verminderte Sehleistung, nachlassende Anpassung der Augen (Blendgefahr)
ab 0,5 ‰	Eingeengtes Sehfeld („Tunnelblick"), verminderte Wahrnehmung für rotes Licht, geringere Reaktionsfähigkeit und Fahrgeschicklichkeit. Übersehen von Verkehrssignalen
ab 0,8 ‰	Eingeschränkte Fahrtüchtigkeit, zunehmende Enthemmung, Sehstörungen (Doppeltsehen), starke Beeinträchtigung der Nachtsehfähigkeit, fehlende Reaktionsfähigkeit
ab 1,1 ‰	Absolute Fahruntüchtigkeit, Gleichgewichtsstörungen, vollkommene Enthemmung und Euphorie, maßlose Selbstüberschätzung

7 Für Deutschland wurde die Grenze der Fahrtüchtigkeit bei 0.8 ‰ festgelegt. Ein Promille (1 ‰) bedeutet dabei 1 Milliliter reiner Alkohol in 1 000 Milliliter Körperflüssigkeit. Die Körperflüssigkeiten Blut und Lymphe entsprechen etwa zwei Drittel der Körpermasse eines Menschen. Bei einem 75 Kilogramm schweren Mann sind das 50 Kilogramm oder ca. 50 Liter Körperflüssigkeit. Ein Liter Bier (1000 ml) mit 5 %igem Alkoholgehalt enthält 50 ml reinen Alkohol. Der Blutalkoholgehalt in Promille beträgt dann:

$$\frac{\text{Alkoholmenge (ml)}}{\text{Körperflüssigkeit (l)}} = \frac{50\,\text{ml}}{50\,\text{l}} = 1{,}0\,\text{ml/l oder } 1\text{‰}.$$

a) Welcher Alkoholgehalt in Promille läßt sich bei einem 66 kg schweren Mann nach zwei Gläschen Weinbrand (38 Vol.%, je 0.04 l) feststellen?
b) Wie beurteilst du die Fahrtüchtigkeit des Mannes? Welche Wirkungen hat Alkohol auf das Gehirn und das Sehvermögen?

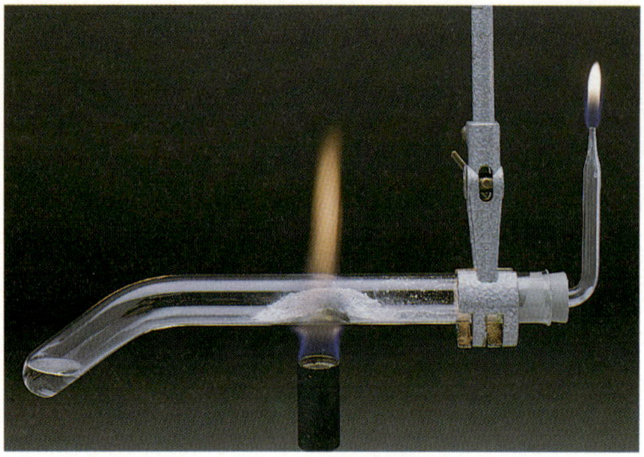

B 1 Ethanoldampf oxidiert Magnesium.

B 2 Denkbare Strukturen des Ethanolmoleküls

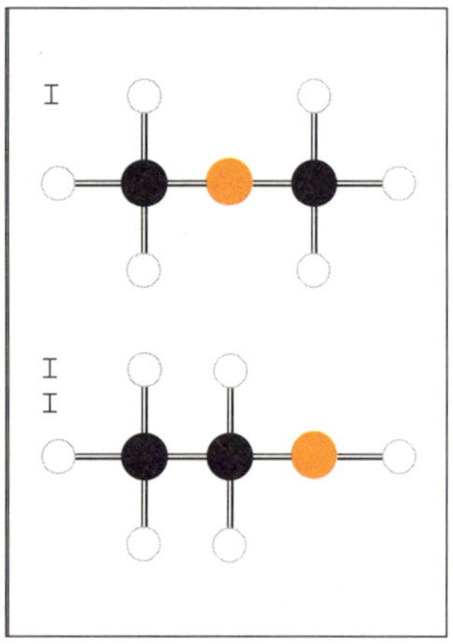

B 3 Ethanol reagiert mit Natrium

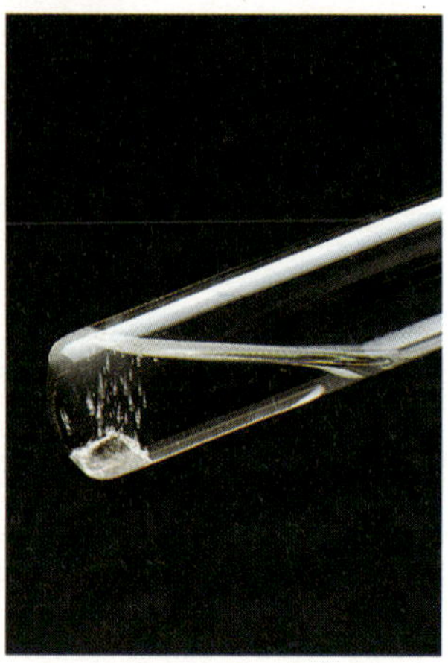

B 4 Ethanolmoleküle sind polar. Ein Ethanolstrahl wird durch einen geladenen Stab abgelenkt (rechts)

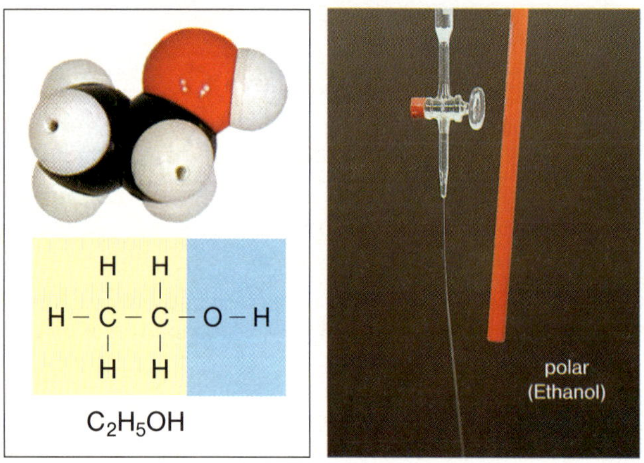

Der in Getränken und Brennspiritus enthaltene Alkohol verbrennt mit bläulicher Flamme zu Kohlenstoffdioxid und Wasser (▷ V 1). Die Verbrennungsprodukte lassen auf die Verbindungsbestandteile Kohlenstoff und Wasserstoff schließen. Aufgrund seiner Wasserlöslichkeit kann der Alkohol jedoch nicht zu den Kohlenwasserstoffen zählen. Tatsächlich läßt sich als weiterer Verbindungsbestandteil noch Sauerstoff nachweisen (▷ B 1, ▷ V 2).
Quantitative Untersuchungen ergeben eine Molekülmasse von 46 u und die Summenformel C_2H_6O.

Ermittlung der Strukturformel. Die Reaktion mit Natrium gibt einen Hinweis darauf, daß Alkoholmoleküle ähnlich aufgebaut sind wie Wassermoleküle. Bei der Reaktion von Wasser mit Natrium wird Wasserstoff frei. Es entsteht eine alkalische Lösung, die elektrisch leitfähig ist. Dies zeigt, daß ein an das Sauerstoffatom gebundenes Wasserstoffatom besonders reaktionsfähig ist.
Auch Alkohol reagiert mit Natrium unter Bildung von Wasserstoff (▷ B 3, ▷ V 3). Die Leitfähigkeitsprüfung des Reaktionsprodukts bestätigt die Ähnlichkeit mit Wasser.
Alkoholmoleküle enthalten ein an das Sauerstoffatom gebundenes reaktionsfähiges Wasserstoffatom. Um die Sonderstellung des Wasserstoffatoms hervorzuheben, schreibt man statt der Summenformel C_2H_6O die Molekülformel C_2H_5OH. Die *OH*-Gruppe wird als **Hydroxylgruppe** bezeichnet. Der Name Ethanol leitet sich von Ethan und der Endung *-ol* für *Alkohol* ab (▷ B 4).

Das Ethanolmolekül ist aus der Ethylgruppe $-C_2H_5$ und der Hydroxylgruppe –OH aufgebaut.

Ethanolmoleküle sind polar. Ein Ethanolstrahl wird wie Wasser durch einen geladenen Stab abgelenkt (▷ B 4, ▷ V 4). Dies deutet darauf hin, daß Ethanolmoleküle ähnlich wie Wassermoleküle polar sind. Das Sauerstoffatom der OH-Gruppe zieht das bindende Elektronenpaar stärker zu sich herüber. Dadurch weist das Sauerstoffatom eine negative Teilladung, das Wasserstoffatom dagegen eine positive Teilladung auf.

Die OH-Gruppe ist polar. Ethanolmoleküle sind Dipolmoleküle.

Wasserstoffbrücken und Siedetemperatur. Ethanol hat eine Siedetemperatur von 78 °C. Sie liegt über 100 °C höher als die von Propan, einem Kohlenwasserstoff mit ähnlicher Molekülmasse und -größe. Zwischen den Ethanolmolekülen müssen starke Anziehungskräfte wirken. Die positive Teilladung des Wasserstoffatoms und die negative Teilladung des Sauerstoffatoms eines anderen Ethanolmoleküls ziehen sich an (▷ B 5). Diese zwischenmolekularen Kräfte bezeichnet man als **Wasserstoffbrücken**. Sie bewirken, daß die Siedetemperatur von Ethanol im Vergleich zu Propan so hoch ist.

Löslichkeitsverhalten. Ethanol ist sowohl in Wasser als auch in Benzin löslich (▷ V 5). Dieses Verhalten ist erstaunlich, da Wasser und Benzin nicht ineinander löslich sind. Der Grund für die Löslichkeit des Ethanols in zwei so unterschiedlichen Lösungsmitteln muß im Aufbau der Ethanolmoleküle zu suchen sein.
Verantwortlich für die Wasserlöslichkeit des Ethanols ist die OH-Gruppe. Sie ist ähnlich polar gebaut wie Wassermoleküle und kann wie diese Wasserstoffbrücken bilden. Sie ist wasserfreundlich, **hydrophil**.
Die Benzinlöslichkeit des Ethanols ist auf die Alkylgruppe zurückzuführen. Ihr Aufbau entspricht dem eines Kohlenwasserstoffmoleküls; sie ist unpolar und wasserabstoßend, **hydrophob** (▷ B 6). Ethanol löst daher auch unpolare Stoffe wie z. B. Benzin und Fette, es ist lipophil (fettfreundlich).

Die Hydroxylgruppe im Ethanolmolekül ist hydrophil, die Alkylgruppe dagegen hydrophob.

Allgemein gilt: „Ähnliches löst sich in Ähnlichem." Das heißt, Stoffe lösen sich in solchen Lösungsmitteln, deren Moleküle ähnlich im Aufbau sind wie der gelöste Stoff.

Funktionelle Gruppe. Die Eigenschaften von Ethanol sind durch die polare Hydroxylgruppe beeinflußt. Solche Molekülgruppen, die Eigenschaften und Reaktionen der Stoffe bestimmen, nennt man funktionelle Gruppen. Im Gegensatz zu Lösungen von Hydroxiden leiten Ethanollösungen den Strom nicht. Ethanol besteht aus Molekülen, die OH-Gruppe ist durch eine Elektronenpaarbindung an ein Kohlenstoffatom im Molekül gebunden. Hydroxide dagegen enthalten OH^--Ionen.

Die Hydroxylgruppe –OH ist die funktionelle Gruppe des Ethanols.

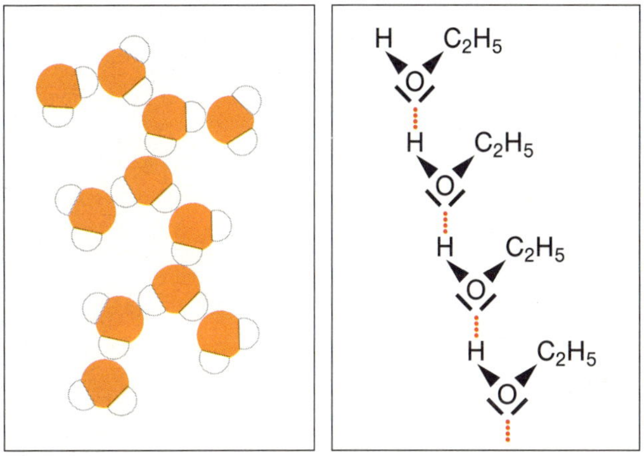

B 5 Wasserstoffbrücken zwischen Wassermolekülen (links) und zwischen Ethanolmolekülen (rechts)

B 6 Löslichkeit und Struktur. Ethanol löst sich aufgrund seiner Molekülstruktur in Wasser und in Benzin

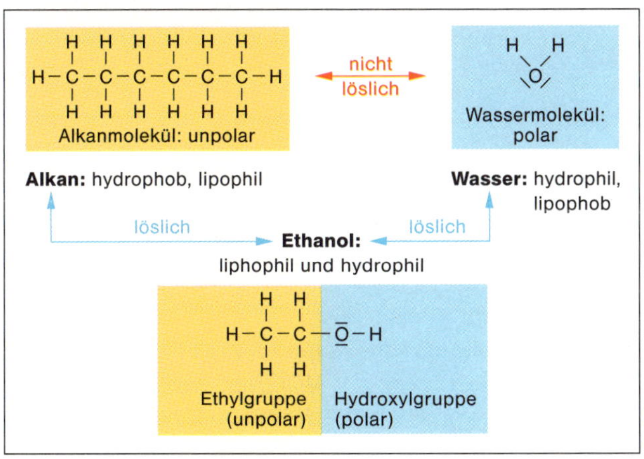

V 1 Verbrenne wenig Ethanol in einer Porzellanschale unter einem Metalltrichter und sauge die Verbrennungsgase durch ein gekühltes U-Rohr und durch eine Waschflasche mit Kalkwasser. Führe mit der kondensierten Flüssigkeit im U-Rohr den Wassernachweis durch.

V 2 Ethanol wird in einer Apparatur nach ▷ B 1 erhitzt, die entweichenden Dämpfe werden entzündet. Dann erhitzt man die Magnesiumspäne, bis eine Reaktion an der Magnesiumoberfläche sichtbar wird (Schutzbrille!).

V 3 In ein Reagenzglas gibt man zu Ethanol ein linsengroßes Natriumstück. Mit dem entstehenden Gas führt man die Knallgasprobe durch. Man prüft die Lösung auf elektrische Leitfähigkeit. (Schutzbrille!)

V 4 Nähere einen geladenen Hartgummistab je einem Strahl Ethanol, Wasser bzw. Benzin (Wundbenzin). Deute die Beobachtungen.

V 5 a) Prüfe die Löslichkeit von Ethanol in Wasser und in Benzin (Wundbenzin).
b) Prüfe die elektrische Leitfähigkeit der Lösungen.

V 6 Zerreibe Brennesselblätter in der Reibschale und übergieße sie mit Ethanol. Beobachte die Farbe der Flüssigkeit. Deute die Beobachtung.

A 1 Stelle in einer Tabelle Siedetemperatur, Molekülmasse, Molekülformel und Strukturformel von Ethanol, Propan und Wasser einander gegenüber. Wie lassen sich die unterschiedlichen Siedetemperaturen der Stoffe erklären?

B 1 Boraxprobe. Unterscheidung von Methanol (links) und Ethanol (rechts) durch die Reaktion mit Borsäure

V 1 Man gibt zu wenig Methanol bzw. Ethanol in einer Porzellanschale eine Spatelspitze Borsäure und entzündet die Proben.

V 2 a) Man gibt zu 10 ml Methanol tropfenweise Benzin aus einer Bürette. Wie viele Milliliter Benzin lösen sich? Wieviel Prozent sind dies?
b) Man wiederholt den Versuch mit gekühlten Flüssigkeiten. Wieviel Benzin (in ml) löst sich in Methanol?

A 1 Welche Stoffe entstehen bei der Verbrennung von Methanol als Treibstoff im Motor? Formuliere die Reaktionsgleichung.

B 2 Methanol in Molekülmodell und Formeln

CH_3OH

B 3 Methanol als Treibstoff

Methanol, ein gefährliches Gift. Methanol unterscheidet sich im Aussehen und Geschmack kaum von Ethanol. Darin liegt für den Menschen eine tödliche Gefahr: Bereits 20 bis 50 Milliliter Methanol sind tödlich. 5 bis 10 Milliliter führen zur Erblindung und Gehirnschädigung. Die Giftwirkung zeigt sich jedoch erst nach 15 bis 20 Stunden. Von besonderer Bedeutung ist die Unterscheidung beider Alkohole durch die Reaktion mit Borsäure (▷ V 1). Methanol brennt nach Zugabe von Borsäure sofort mit leuchtend grüner Flamme, die Ethanolflamme dagegen weist höchstens einen grünen Saum auf (▷ B 1).

Aufbau des Methanolmoleküls. Das Methanolmolekül ist das am einfachsten gebaute Alkoholmolekül. Die beiden Teile im Namen des Stoffes geben einen Hinweis auf den Aufbau seiner Moleküle. Im Methanolmolekül ist die Hydroxylgruppe mit der Methylgruppe verbunden (▷ B 2). Methanol wird daher auch als Methylalkohol bezeichnet.

Eigenschaften und Verwendung. Aufgrund seiner polaren Hydroxylgruppe ist Methanol in Wasser in jedem Verhältnis löslich. Methanol ist hydrophil. Da der Einfluß der kleinen, unpolaren Methylgruppe nur gering ist, löst sich Methanol nur teilweise in Benzin (▷ V 2).

Methanol brennt mit blauer Flamme. Die dabei freiwerdende Energie kann zum Betrieb von Kraftfahrzeugen genutzt werden (▷ B 3). Für vergleichbare Fahrstrecken benötigt man jedoch etwa 40 Prozent mehr Methanol als Benzin, da die Verbrennung von Methanol weniger Energie liefert. Deshalb müssen Methanoltanks entsprechend größer sein als Benzintanks. Die entstehenden Autoabgase sind dagegen weniger schädlich, bei der Verbrennung von Methanol entsteht z. B. kein Schwefeldioxid.

Aus Umweltschutzgründen und um Energie einzusparen werden heute auch Methanol-Benzin-Gemische versuchsweise als Treibstoffe verwendet. Dabei werden dem Benzin jedoch nur bis zu 15 Prozent Methanol beigemischt (M 15). Durch Zusatz von Lösungsvermittlern wird verhindert, daß sich ein solches Treibstoffgemisch in Gegenwart von Feuchtigkeit wieder trennt.

Mischkraftstoffe und reine Alkoholtreibstoffe sind jedoch nicht problemlos einzusetzen, da bestimmte Eigenschaften (z. B. Zündwilligkeit bei niederen Temperaturen, Korrosion von Treibstoffleitungen und Tank) Änderungen an Fahrzeug und Motor erfordern.

Methanol kann aus einer Reihe von Rohstoffen wie Kohle, Erdgas, Holz oder sogar aus Müll gewonnen werden, allerdings nicht in ausreichender Menge und nicht wirtschaftlich genug, um herkömmliche Treibstoffe zu ersetzen.

Weitere Alkohole. Propanol, Butanol und Pentanol sind als Begleitalkohole in alkoholischen Getränken enthalten. Man nennt sie auch Fuselöle. Sie entstehen aus Eiweißverunreinigungen als unerwünschte Nebenprodukte bei der alkoholischen Gärung. Sie sind giftiger als Ethanol und verstärken nach zu reichlichem Alkoholkonsum die „Katerwirkung" wesentlich.

Der erste bei Zimmertemperatur feste Alkohol ist Dodecanol mit der Molekülformel $C_{12}H_{25}OH$. Er wird ebenso wie Hexadecanol (Molekülformel $C_{16}H_{33}OH$) zur Herstellung von Waschmitteln verwendet.

Homologe Reihe der Alkohole. Wie die Alkane, so bilden auch die Alkohole eine *homologe Reihe* (▷ B 4), deren Glieder sich jeweils durch eine CH_2-Gruppe unterscheiden. Die Formel eines Alkoholmoleküls läßt sich von der des entsprechenden Alkanmoleküls ableiten. Im Alkanmolekül wird ein Wasserstoffatom durch eine Hydroxylgruppe ersetzt. Die Reihe der Alkohole wird daher auch als **Alkanole** bezeichnet.

Alkanole bilden eine homologe Reihe mit der allgemeinen Formel $C_nH_{2n+1}OH$. Die funktionelle Gruppe der Alkanole ist die Hydroxylgruppe.

Eigenschaften innerhalb der homologen Reihe. Die Alkohole der homologen Reihe nehmen eine „Zwitterstellung" ein. Kurzkettige Alkohole sind aufgrund ihrer hydrophilen OH-Gruppe wasserlöslich. Da zwischen polaren Hydroxylgruppen Wasserstoffbrücken ausgebildet werden, liegen die Schmelz- und Siedetemperaturen der Alkohole wesentlich höher als die der Alkane. Je länger die Alkylgruppe ist, um so geringer ist der Einfluß der wasserfreundlichen Hydroxylgruppe auf die Eigenschaften des Stoffes. So werden die Alkohole ab Butanol zunehmend wasserunlöslich. Bei längerkettigen Alkoholen bestimmt der hydrophobe Alkylrest das Löslichkeitsverhalten. Sie sind deshalb wasserunlöslich, lösen sich dagegen in jedem Verhältnis in Benzin.

Feste Alkohole sind weich wie die Paraffine und wachsähnlich. Jedoch ist auch bei ihnen noch der Einfluß der Hydroxylgruppe auf die Eigenschaften erkennbar. So ist z. B. Dodecanol bei Zimmertemperatur ein Feststoff. Tridecan, ein Alkan ähnlicher Masse und Größe mit dreizehn Kohlenstoffatomen, ist dagegen noch flüssig. Andererseits ist der Einfluß der unpolaren Alkylgruppe auf die Eigenschaften auch noch bei kurzkettigen Alkoholen wirksam. Ethanol z. B. löst polare und unpolare Stoffe. Alkohole sind wirklich *„Stoffe mit zwei Gesichtern"*.

B 4 Die homologe Reihe der Alkohole läßt einen Zusammenhang zwischen Aufbau der Moleküle und Stoffeigenschaften erkennen

Name (Trivialname)	Molekülformel	Schmelztemp. (°C)	Siedetemp. (°C)	Löslichkeit in Wasser	Löslichkeit in Benzin	Viskosität
Methanol (Methylalkohol)	CH_3OH	−97	65			
Ethanol (Ethylalkohol)	C_2H_5OH	−114	78			
Propanol (Propylalkohol)	C_3H_7OH	−126	97			
Butanol (Butylalkohol)	C_4H_9OH	−90	118	nimmt ab	nimmt zu	nimmt zu
Pentanol (Pentylalkohol)	$C_5H_{11}OH$	−78	138			
Hexanol (Hexylalkohol)	$C_6H_{13}OH$	−47	158			
Dodecanol (Laurylalkohol)	$C_{12}H_{25}OH$	26	256			
Hexadecanol (Cetylalkohol)	$C_{16}H_{33}OH$	50	344			

V 3 Entzünde jeweils kleine Portionen verschiedener Alkohole in Porzellanschalen. Vergleiche die Flammen.

V 4 Gib zu kleinen Portionen verschiedener Alkohole tropfenweise Wasser bzw. Wundbenzin. Erwärme feste Alkohole im Wasserbad.

V 5 Prüfe die Viskosität verschiedener flüssiger Alkohole.

A 2 Erkläre die Zunahme der Siedetemperaturen innerhalb der homologen Reihe der Alkohole.

A 3 Vergleiche die Siedetemperaturen der Alkohole mit denen der Alkane. Erkläre die Unterschiede.

A 4 Begründe, warum innerhalb der homologen Reihe der Alkohole die Löslichkeit in Wasser abnimmt.

18.4 Praktikum: Wir stellen Alkohol biotechnologisch her

Seit Jahrtausenden hat es der Mensch verstanden, durch Gärung zuckerhaltiger Obstsäfte alkoholische Getränke herzustellen. In einfachen Versuchen kannst du die alkoholische Gärung beobachten.

Geräte/Materialien

Schutzbrille, 3 Erlenmeyerkolben (250 ml), 4 Stopfen (einfach durchbohrt), 6 Glasröhrchen (ungleichschenkligrechtwinklig), 3 Gummischlauchstücke, 3 Standzylinder, Becherglas (400 ml), 3 Rundkolben (250 ml), 3 Glasrohre (ca. 80 cm lang), Stativ mit Doppelmuffe und Klemme, Dreibein mit Keramikdrahtnetz, Spatel, Glasstäbe, Waage, Gärröhrchen, Gasbrenner, Holzspan, Siedesteinchen, Back-, Bier- oder Weinhefe

Chemikalien

Traubenzucker, Weintraubenbeeren, Leitungswasser, Kalkwasser

Versuchsanleitungen

Versuch 1 Ansetzen der Gärflüssigkeit aus Saft

Fülle den Saft von ungewaschenen Weintraubenbeeren in einen Erlenmeyerkolben, verschließe diesen mit einem Gärröhrchen oder einem Gasableitungsrohr, dessen offenes Ende in Kalkwasser eintaucht.

Versuch 2 Gäransätze zum Vergleich

Stelle eine Traubenzuckerlösung her (30 g Traubenzucker in 300 ml Wasser), verteile sie auf 2 Erlenmeyerkolben und füge zu einer Lösung noch 1 g Hefe hinzu (gut aufrühren). Verfahre weiter wie in Versuch 1. Vergiß nicht, alle Erlenmeyerkolben zu beschriften.

Versuch 3 Prüfen der Gäransätze auf Alkohol

Führe nach einer Woche mit den Gärflüssigkeiten entsprechend nebenstehender Abbildung den Alkoholnachweis durch Abfackeln durch. Setze den Flüssigkeiten einige Siedesteinchen zu. Erhitze die Flüssigkeit bis zum Sieden und versuche die Dämpfe am Rohrende mit einem brennenden Holzspan zu entzünden.

Auswertung/Aufgaben

1. Stelle die Gäransätze an einen gleichmäßig warmen Platz und beobachte in der ersten Stunde mehrmals. Trage deine Beobachtungen in eine Tabelle ein.

2. Lasse die Gäransätze etwa eine Woche lang stehen. Beobachte in regelmäßigen Abständen und notiere auftretende Veränderungen in deiner Tabelle zu den drei Versuchen. Deute deine Beobachtungen.

3. Finde eine Erklärung dafür, daß in einer der Lösungen keine Gärung stattgefunden hat.

4. Beschreibe die Vorgänge, die bei der alkoholischen Gärung ablaufen. Aus welchen Naturstoffen kann Alkohol gewonnen werden?

5. Welche Funktion hat das Gärröhrchen auf der Flasche mit dem Gäransatz?

6. Wie lassen sich unerwünschte Gärungen verhindern?

18.5 Praktikum: Wir optimieren eine biotechnologische Reaktion

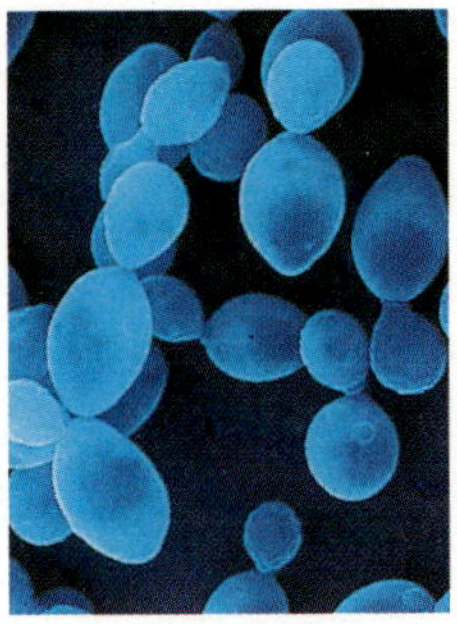

Mikroorganismen wie Hefen bilden bei Gärungsvorgängen Ethanol und Kohlenstoffdioxid. Mit Backtrockenhefen läßt sich leicht untersuchen, wie diese Reaktion beeinflußt werden kann. Um in kurzer Zeit brauchbare Ergebnisse zu erhalten, messen wir nicht das bei der Gärung entstehende Ethanol, sondern das gleichzeitig freiwerdende Kohlenstoffdioxid.

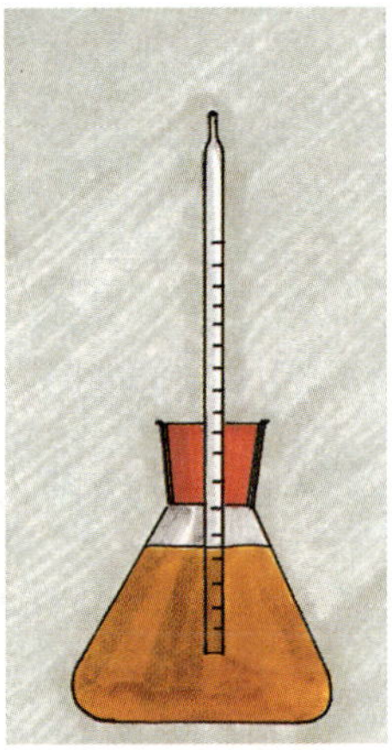

Dazu werden die Versuche in einem Erlenmeyerkolben durchgeführt, der mit einem Stopfen mit Pipette verschlossen wird. Das entstehende Kohlenstoffdioxid drückt die Flüssigkeit in der Pipette nach oben; sein Volumen kann an den Markierungen abgelesen werden.

Zum direkten Vergleich werden pro Versuch immer drei Ansätze unter verschiedenen Bedingungen durchgeführt. Die Gasentwicklung wird jeweils im Abstand von 2 Minuten gemessen und notiert. Jede Gruppe bearbeitet einen der Versuche.

Geräte/Materialien für jeden Versuch
Schutzbrille, 3 Erlenmeyerkolben (50 ml), 3 Stopfen mit einer Bohrung, 3 Meßpipetten (5 ml), Meßzylinder (50 ml), Waage, Spatel, Trockenhefe, Traubenzucker (Glucose)

Versuch 1 Untersuchung der Zuckerart

Chemikalien
Rohrzucker (Saccharose), Weizenstärke

Versuchsanleitung
Gib in drei Erlenmeyerkolben 0,5 g Trockenhefe und 5 g Traubenzucker bzw. 5 g Rohrzucker bzw. 5 g Stärke. Fülle jeweils 50 ml Leitungswasser ein und verschließe die Kolben mit den Stopfen mit Pipette. Beobachte.

Versuch 2 Untersuchung der Temperaturabhängigkeit

Geräte/Materialien
3 Bechergläser (250 ml), Thermometer, heißes Wasser, Eis

Versuchsanleitung
Gib in drei Erlenmeyerkolben jeweils 0,5 g Trockenhefe und 5 g Traubenzucker. Fülle jeweils 50 ml Leitungswasser ein und verschließe die Kolben mit den Stopfen mit Pipette. Stelle die Kolben jeweils in ein Becherglas mit a) ca. 40 °C warmem, b) raumwarmem, c) eisgekühltem Leitungswasser. Beobachte.

Versuch 3 Untersuchung der pH-Abhängigkeit

Chemikalien
verd. Natronlauge, verd. Salzsäure, Universalindikator

Versuchsanleitung
Gib in drei Erlenmeyerkolben jeweils 0,5 g Trockenhefe und 5 g Traubenzucker. Fülle jeweils 50 ml Leitungswasser ein und tropfe drei Tropfen Universalindikator zu. Füge zum zweiten Ansatz 2 ml verd. Salzsäure, zum dritten 2 ml verd. Natronlauge. Verschließe die Kolben mit den Stopfen mit Pipette. Beobachte.

Versuch 4 Einfluß von Nährsalzen

Geräte/Materialien
Pflanzendünger (fest), demin. Wasser

Versuchsanleitung
Gib in drei Erlenmeyerkolben jeweils 0,5 g Trockenhefe und 5 g Traubenzucker. Fülle den ersten und zweiten Kolben mit 50 ml demin. Wasser. Füge im zweiten Kolben noch einige Körnchen Pflanzendünger zu. Fülle den dritten Kolben mit 50 ml Leitungswasser. Verschließe die Kolben mit den Stopfen mit Pipette. Beobachte.

Versuch 5 Einfluß von Schadstoffen

Chemikalien
Haushaltsdesinfektionsmittel, Ethanol

Versuchsanleitung
Gib in drei Erlenmeyerkolben jeweils 0,5 g Trockenhefe und 5 g Traubenzucker. Füge zum zweiten Ansatz 2 ml Desinfektionsmittel zu, zum dritten 2 ml Ethanol. Fülle die Kolben jeweils mit 50 ml Leitungswasser. Verschließe die Gefäße mit den Stopfen mit Pipette. Beobachte.

Auswertung
Fertige für die Versuche 1 und 2 ein Versuchsprotokoll an. Erstelle für die Versuche 3, 4 und 5 eine Tabelle nach dem vorgegebenen Muster und trage auch die Meßwerte der anderen Gruppen ein. Deute die Beobachtungen.

Gäransatz mit Traubenzucker	Meßwerte für Kohlenstoffdioxid in ml nach 2 min	nach 4 min	nach 6 min
Versuch 3 in Leitungswasser + verd. Salzsäure + verd. Natronlauge			
Versuch 4 in Leitungswasser + Pflanzendünger			
Versuch 5 in Leitungswasser + Desinfektionsmittel + Ethanol			

18.6 Biotreibstoffe und Ökobilanz

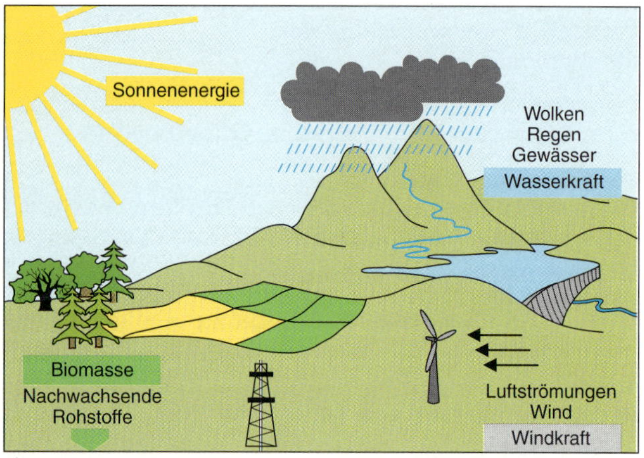

B 1 Sonne – Energiequelle der Erde früher (Kohle, Erdöl, Erdgas) und heute (Biomasse, Wind- und Wasserkraft)

B 2 „Bioethanol"-Tankstelle in Brasilien

B 3 Kohlenstoffdioxidkreislauf nachwachsender Treibstoffe

Wie wir schon bei der Verwendung von Methanol als Benzinersatz gesehen haben, lassen sich brennbare Flüssigkeiten als Treibstoff und Energieträger verwenden. Auch Ethanol kann nicht nur als Lösungsmittel oder zum Erwärmen eines Fondues eingesetzt werden, sondern es eignet sich sehr gut als Benzinersatz. In Brasilien, das nur über geringe Erdölvorkommen verfügt, wird bereits seit Jahren im großen Umfang aus Zuckerrohr Ethanol hergestellt, über drei Millionen Autos fahren dort mit „Bioethanol" (▷ B 2).

Biomasse – nachwachsende Rohstoffe. Bei der Verbrennung der fossilen Energieträger, auf denen ca. 85 % der Weltenergieerzeugung beruht, wird der Kohlenstoffdioxidgehalt der Atmosphäre immer weiter erhöht und dadurch der Treibhauseffekt verstärkt. Dies ist bei der Verwendung nachwachsender Rohstoffe nicht der Fall. Sie bilden ihre Biomasse aus Wasser und dem Kohlenstoffdioxid der Luft mit der Energie des Sonnenlichtes. Mit Hilfe des grünen Pflanzenfarbstoffes Chlorophyll wird aus Kohlenstoffdioxid und Wasser zuerst Traubenzucker (Glucose) gebildet, aus dem die Pflanzen in riesigen Mengen Holz (Cellulose), Stärke und Zucker aufbauen.

Jährlich entstehen bei der Fotosynthese weltweit ca. 150 Milliarden Tonnen Biomasse, davon bilden die Wälder allein 90 %. Der Mensch nutzt bisher lediglich 3 % der Biomasse, überwiegend für die Nahrungsmittelproduktion (Getreide, Zuckerrohr, Kartoffeln usw.).

Da die Glucose der wichtigste pflanzliche Baustein ist, überrascht es nicht, daß sich durch Spaltung von Cellulose, Stärke oder Zucker wieder Glucose gewinnen läßt. Aus Glucose kann dann durch Vergären Ethanol hergestellt werden. Man kann also nicht nur aus dem Zucker von Zuckerrohr und Zuckerrüben Ethanol herstellen, sondern auch durch „Verzuckern" von Holz.

Bilanz für die Umwelt – Ökobilanz. Ob es zur Entlastung unserer Umwelt tatsächlich sinnvoll ist, Ethanol in riesigen Mengen aus Biomasse herzustellen und anstelle von Benzin zu verwenden, ist nicht ohne weiteres zu entscheiden. Als Entscheidungshilfe müssen alle wichtigen Daten gesammelt und in einer Bilanz zusammengestellt werden.

In dieser Ökobilanz wird für die verschiedenen Möglichkeiten Schritt für Schritt der gesamte Produktweg untersucht. Es muß festgestellt werden, welche Rohstoffe für die Herstellung erforderlich sind, wieviel Energie benötigt wird, welcher Aufwand für die Verarbeitung und den Transport entsteht, welche Abfallprodukte anfallen und welche Umweltbelastungen auftreten.

Der erste Schritt zur „Bioethanol"-Herstellung ist der Anbau geeigneter Pflanzen, in Mitteleuropa z. B. Weizen (Stärke) oder Zuckerrüben, da Zuckerrohr bei uns nicht wächst. Dazu muß der Ackerboden mit Maschinen bearbeitet und gedüngt werden. Außerdem erfordert der großflächige Anbau von Pflanzen meist den Einsatz von Pflanzenschutzmitteln, da Monokulturen gegenüber Schädlingsbefall besonders empfindlich sind. Der Energieaufwand (▷ B 4) und die Rohstoffe zur Herstellung dieser Hilfsmittel sind bei der Bilanz zu berücksichtigen.

Zur Weiterverarbeitung müssen die Pflanzen geerntet, in die Fabrik transportiert und zerkleinert werden. Dann werden sie mit speziellen Mikroorganismen, Chemikalien und weiteren Zusatzstoffen zusammengegeben. Die komplizierten biologischen und chemischen Vorgänge bei der Gärung müssen mit großem technischen Aufwand exakt geregelt und überwacht werden. Dieses Zusammenwirken von Biologie, Chemie und Technologie, die sogenannte Biotechnologie, ersetzt inzwischen auch in anderen Bereichen sehr wirkungsvoll rein chemische Produktionsverfahren auf der Basis von Erdöl als Rohstoff.
Die Abtrennung des Ethanols aus dem wäßrigen Gäransatz durch Destillation ist ein besonders energieintensiver Schritt bei der „Bioethanol"-Herstellung.

Umweltbelastungen. Die starke Verdichtung der Ackerböden durch schwere Ackermaschinen schädigt die Böden, das Auswaschen von Dünge- und Pflanzenschutzmitteln gefährdet das Grundwasser, und als Folge der Düngung können treibhauseffektwirksame Gase wie z. B. Lachgas gebildet werden. Bei der Destillation fallen als Nebenprodukt große Mengen Pflanzenreste und Mikroorganismenschlamm an. In Brasilien führen diese Abfälle bereits zu schwerwiegenden Umweltproblemen.

Flächenbedarf. Ein weiterer wichtiger Gesichtspunkt ist die benötigte Ackerfläche. Wollte man in Deutschland Benzin vollständig durch Bioethanol aus Weizenstärke ersetzen, wäre die doppelte Fläche Deutschlands für den Anbau von Weizen erforderlich (▷ B 5).

In Brasilien werden fruchtbare Böden mit Zuckerrohrplantagen bepflanzt. Diese Böden stehen dann nicht mehr für die Nahrungsmittelproduktion zur Verfügung. Deshalb müssen in Brasilien inzwischen verstärkt Nahrungsmittel eingeführt werden.

Abschätzung für „Bioethanol". Selbst ohne exakte Zahlenangaben wird deutlich, daß die Bioethanolproduktion in Deutschland keinen sinnvollen Beitrag zur Verminderung des Treibhauseffektes darstellen kann. Bilanziert man dazu die Kosten, so müßte dieser Treibstoff mit viel Geld subventioniert werden. Deshalb ist zu überlegen, ob nicht die Förderung anderer Maßnahmen wesentlich wirkungsvoller ist, z. B. die Entwicklung treibstoffsparender Motoren.

Schon an diesem Beispiel wird deutlich, wie schwierig es ist, vollständige Ökobilanzen zu erstellen, mit denen der umweltverträglichste Weg gefunden werden kann. Die korrekte Bewertung ist nur möglich, wenn die Daten wirklich vergleichbar sind. Bei der Bewertung sind noch weitere Aspekte zu berücksichtigen wie z. B. Auswirkungen auf die Wirtschaft und die Arbeitsmarktsituation.

Ökobilanzen müssen alle wesentlichen Schritte bei der Herstellung, dem Gebrauch und der Entsorgung eines Produktes *„von der Wiege bis zur Bahre"* erfassen (▷ B 6). Dann können sie wichtige Entscheidungshilfen für künftige Entwicklungen bieten und auch zur Verbesserung bestehender Verfahren führen.

B 4 Energieanteile bei der Pflanzenproduktion in der Landwirtschaft

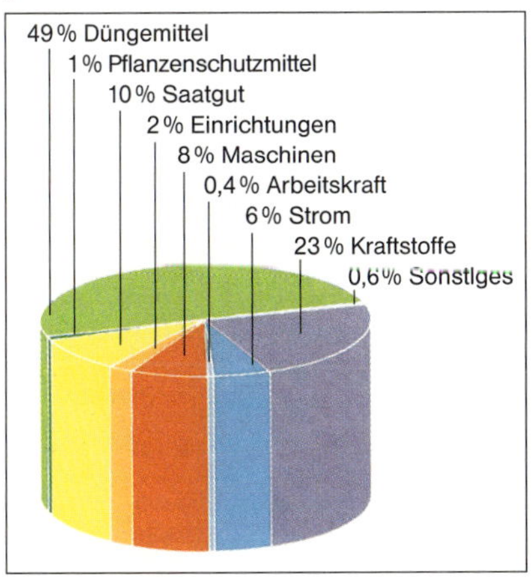

B 5 Ersatz von Benzin durch „Bioethanol" aus Weizen

B 6 In der Ökobilanz müssen alle Faktoren berücksichtigt werden

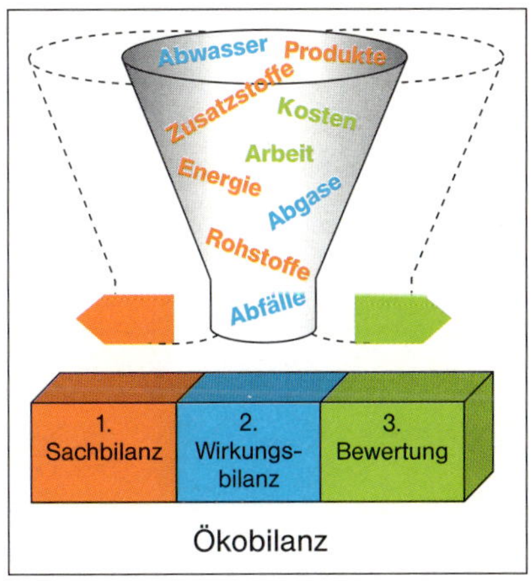

B 7 Rapsöl als Dieselersatz

„Biodiesel". Bei einer Ökobilanz der Treibstoffe ist auch die Möglichkeit zu betrachten, Dieselkraftstoff durch nachwachsende Rohstoffe zu ersetzen. Interessante Versuche gibt es hierzu mit dem Anbau von Raps (▷ B 7). Diese ölhaltige Pflanze wächst in Europa sehr gut und erfordert wenig Düngung.

Reines Rapsöl kann in herkömmlichen Dieselmotoren nicht auf längere Zeit eingesetzt werden. Es muß deshalb chemisch umgewandelt werden in Rapsölmethylester, mit dem bereits zahlreiche Taxis im Langzeitversuch fahren. Diese Veränderung erfordert aber einen erheblichen Energieaufwand. Ein anderer Weg ist deshalb die Entwicklung spezieller Motoren, die normales Rapsöl verwenden können, z.B. der Elsbett-Motor. Auch hierzu gibt es interessante Versuche mit Traktoren. Einen Nachteil hat diese Methode bisher, die Abgase riechen nach Pommes frites.

Nach neueren Untersuchungen im Auftrag des Umweltbundesamtes ist auch für „Biodiesel" aus Rapsöl die Ökobilanz nicht so positiv, daß künftig der Anbau offiziell empfohlen und gefördert wird.

PROJEKTVORSCHLAG: Planspiel Ökobilanz

Info-Quellen

Umweltbundesamt Berlin
Abteilung Öffentlichkeitsarbeit

Umweltministerium
Baden-Württemberg
Abteilung Öffentlichkeitsarbeit

Landratsamt in der Kreisstadt

Gemeindeverwaltung

B U N D, Bund für Umwelt und Naturschutz Deutschland

Greenpeace

Industrieverbände
Industrie- und Handelskammer

Bibliotheken

Wir planen das Projekt Ökobilanz. Umweltbewußtes Verhalten setzt voraus, daß wir richtig informiert sind. Ökobilanzen können hier wichtige Anregungen liefern. Wie wir gesehen haben, erfordert die Beschäftigung mit Ökobilanzen vielfältige Informationen, Kenntnisse und auch einige Zeit. Deshalb ist es als fächerverbindendes Thema besonders für ein Projekt geeignet. Eine interessante Möglichkeit bietet die *Vorbereitung* und *Durchführung* eines Planspiels, bei dem verschiedene Interessenvertreter wie bei einer *Anhörung* (Hearing) in einer Kommission des Bundestages das Thema diskutieren. Folgende Schritte sollen als Anregung dienen:

1. **Themenauswahl** (Klasse mit Lehrerin / Lehrer)
2. **Bildung von Gruppen** (Verbraucher, Experten, Hersteller, Behörden, Bürgerinitiative etc.)
3. **Sammeln von Informationsmaterial** innerhalb der Gruppen
4. **Vorbereitung der Anhörung** innerhalb der Gruppen
5. **Durchführung der Anhörung** (mit Diskussionsleitung)
6. **Präsentation der Ergebnisse** als Ausstellung

Anregung für Ökobilanz-Themen:

– **Tragetaschen** aus Papier, Kunststoff, Baumwolle
– **Getränkeverpackungen** für Milch (Glasflasche, Verbundkarton, Schlauchbeutel), Bier (Pfandflasche, Einwegflasche, Dose), Cola (Mehrweg-Glasflasche, Mehrweg-Kunstoffflasche, Dose)

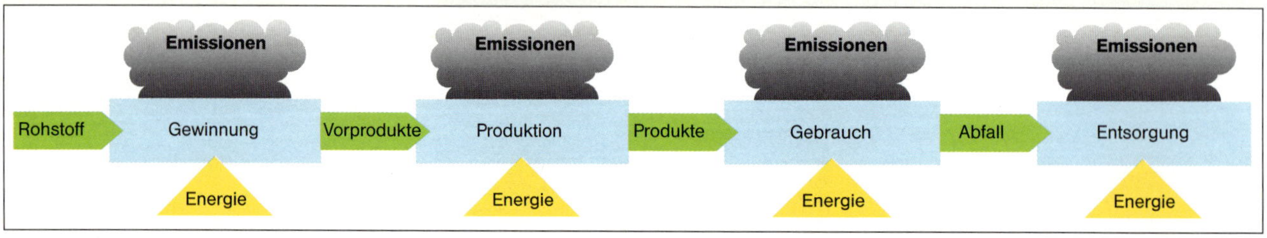

18.7 Glycerin und Glykol – Alkohole mit mehreren OH-Gruppen

Glycerin, Eigenschaften und Aufbau. Glycerin zählt zu den Alkoholen. Es ist eine dickflüssige, ungiftige Flüssigkeit von süßem Geschmack (von griech. glycos, süß). Seine Siedetemperatur beträgt 290 °C, seine Erstarrungstemperatur –17 °C. Es löst sich in Wasser in jedem Verhältnis und ist sehr hygroskopisch, das heißt wasserbindend. In Benzin ist Glycerin vollkommen unlöslich (▷ V 1).

Da die Eigenschaften eines Stoffes von seinen funktionellen Gruppen bestimmt werden, kann man aufgrund des Löslichkeitsverhaltens vermuten, daß Glycerin ein kurzkettiger Alkohol sein muß. Bei diesen überwiegt der Einfluß der hydrophilen OH-Gruppe im Molekül.

Gegenüber Propanol mit einer Siedetemperatur von 97 °C weist Glycerin jedoch eine sehr viel höhere Siedetemperatur auf. Dies ist ein Anzeichen dafür, daß zwischen Glycerinmolekülen eine viel größere Anzahl von Wasserstoffbrücken wirkt als zwischen Propanolmolekülen. Da Wasserstoffbrücken zwischen den polaren Hydroxylgruppen auftreten, müssen im Glycerinmolekül mehrere solcher OH-Gruppen gebunden sein. Auch der süße Geschmack weist auf mehrere Hydroxylgruppen hin.
Eine typische Nachweisreaktion für Stoffe mit mehreren, benachbarten OH-Gruppen im Molekül ist die Bildung einer tiefblauen Kupferverbindung mit alkalischer Kupfersulfatlösung (▷ V 2).

Die Strukturformel des Glycerins läßt sich vom Propanmolekül ableiten. Jedes der drei Kohlenstoffatome im Molekül ist mit einer Hydroxylgruppe verbunden (▷ B 1 links). Vom Bau der Moleküle leitet sich die Bezeichnung **Propantriol** (von griech. tri, dreimal) ab. Glycerin (Propantriol) ist ein Alkohol mit drei OH-Gruppen.

Verwendung von Glycerin. Glycerin ist ein Verbindungsbestandteil der Fette und Öle und kann daraus gewonnen werden. Weil es hygroskopisch ist, wird es zum Feuchthalten von Kosmetika, Zahnpasta, Druck- und Stempelfarben verwendet (▷ B 2). In der chemischen Industrie dient es als Schmiermittel von Kühlanlagen und Textilmaschinen. Es ist Ausgangsstoff für die Herstellung von Sprengstoffen („Nitroglycerin" und Dynamit) und Kunststoffen.

Glykol ist wie Glycerin ein mehrwertiger Alkohol. Es wird als Frostschutzmittel (▷ B 3), in Bremsflüssigkeiten und zur Herstellung von Kunststoffen verwendet. Glykol ist eine ölige, giftige Flüssigkeit mit einer Siedetemperatur von 197 °C und einer Erstarrungstemperatur von – 11,5 °C. Glykol ist gut wasserlöslich, seine Viskosität ist geringer als die von Glycerin (▷ V 3). Seine Moleküle sind ähnlich gebaut wie die des Ethanols, weisen jedoch zwei Hydroxylgruppen auf. Jedes der beiden Kohlenstoffatome ist mit einer OH-Gruppe verbunden (▷ B 1 rechts). Daher lautet die Bezeichnung **Ethandiol**.

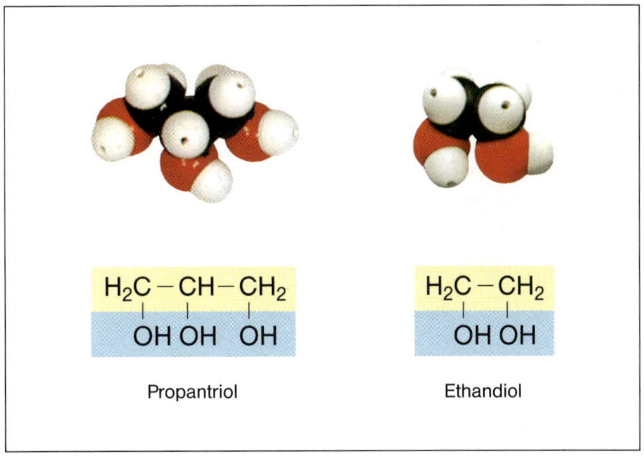

B 1 Alkohole mit mehreren OH-Gruppen. Molekülmodell und Formel von Glycerin (links) und Glykol (rechts)

V 1 a) Prüfe die Löslichkeit von Glycerin in Wasser und in Wundbenzin. Vergleiche mit dem Löslichkeitsverhalten von Propanol.
b) Tariere Glycerin auf einem großen Uhrglas auf der Waage aus und prüfe die Masse nach 30 bis 40 Minuten.
c) Entzünde wenig Glycerin in einer Porzellanschale. Beobachte Entflammbarkeit und Flamme.

V 2 Gib im Reagenzglas zu Glycerin ein wenig stark verdünnte, alkalische Kupfersulfatlösung. Wiederhole den Versuch mit Ethanol. Deute die Beobachtung.

V 3 Laß aus Pipetten (1 ml) gleiche Mengen Propanol, Glycerin und Glykol fließen. Vergleiche die Auslaufdauer mit einer Stoppuhr.

B 2 Glycerin hält Stempelfarben feucht

B 3 Glykol wird in Frostschutzmitteln verwendet

Vom Alkohol zum Aldehyd

B 1 Alcotest. Die Grünfärbung im Röhrchen zeigt Alkohol an

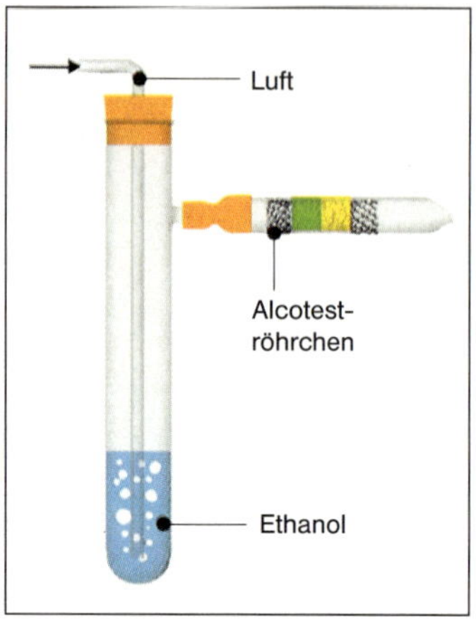

B 2 Modellversuch zum Alcotest

B 3 Oxidation von Ethanol durch Kupfer(II)-oxid

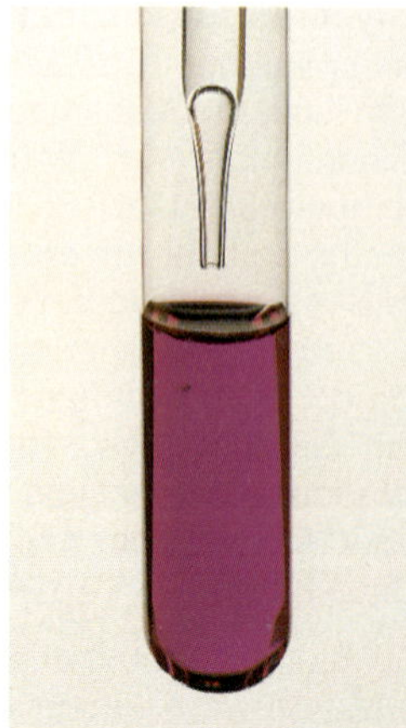

B 4 Aldehydnachweis mit Fuchsinschwefliger Säure

V 1 Gib nach ▷ B 2 in ein Reagenzglas ein wenig verdünntes Ethanol und blase Luft durch die Apparatur. Beobachte das Alcoteströhrchen.

V 2 Man taucht ein erhitztes, oxidiertes Kupferblech mehrmals in ein Becherglas, in dem sich ca. 10 ml Ethanol befinden (Abzug!). Deute die Beobachtung.

V 3 Man gibt zu Ethanal im Reagenzglas einige Tropfen Fuchsinschweflige Säure. (Abzug!)

V 4 Man gibt in einen kleinen Erlenmeyerkolben zu etwas Platinwolle einige Milliliter Ethanol und erwärmt vorsichtig (Abzug!). Man prüft die entstehenden Dämpfe mit Fuchsinschwefliger Säure.

B 5 Oxidation von Ethanol zu Ethanal in Modell- und Formeldarstellung

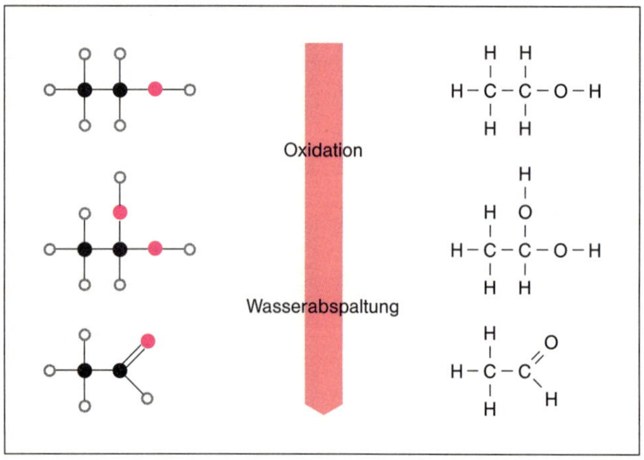

Alcotest. Bei Verdacht auf Alkohol am Steuer wurde früher der Alkoholanteil in der Atemluft mit einem Alcoteströhrchen bestimmt (▷ B 1). Das Glasröhrchen ist mit gelbem Kaliumchromat und Zusätzen gefüllt. Kaliumchromat ist ein Stoff, der leicht Sauerstoff abgeben kann, ein Oxidationsmittel. Durch eingeblasenes Ethanol wird Kaliumchromat zu einer grünen Chromverbindung reduziert (▷ B 2, ▷ V 1). Das Ethanol wird dabei oxidiert. Die Länge der grüngefärbten Zone gibt einen Hinweis auf die Alkoholmenge in der Ausatmungsluft.

Oxidation von Ethanol. Hält man ein heißes, oxidiertes Kupferblech in Ethanol (▷ V 2), so zeigt die Farbänderung, daß schwarzes Kupferoxid zu metallischem Kupfer reduziert wurde (▷ B 3). Ethanol wurde dabei oxidiert. Bei dieser Oxidation müßte im Ethanolmolekül ein weiteres Sauerstoffatom gebunden werden. Dadurch würde eine zweite OH-Gruppe entstehen. Da aber zwei Hydroxylgruppen an demselben Kohlenstoffatom nicht beständig sind, wird ein Wassermolekül abgespalten (▷ B 5). Es entsteht Ethanal, das sich durch Rotfärbung von Fuchsinschwefliger Säure (Schiffs Reagenz) nachweisen läßt (▷ V 3, ▷ B 4).

Aldehyde. *Acetaldehyd (Ethanal)* ist ein Aldehyd. Die Bezeichnung Aldehyd wurde aus „alcoholus dehydrogenatus" gebildet und bedeutet: Alkohol, dem Wasserstoff entzogen worden ist. Ein Vergleich der Molekülformeln zeigt, daß ein Ethanalmolekül zwei Wasserstoffatome weniger aufweist als ein Ethanolmolekül. Ethanal bildet sich daher auch durch Abspaltung von Wasserstoff (Dehydrieren) aus Ethanol (▷ V 4).

Aldehydmoleküle weisen die Aldehydgruppe $-\mathrm{C}{\genfrac{}{}{0pt}{}{=\mathrm{O}}{-\mathrm{H}}}$ (vereinfacht –CHO) als funktionelle Gruppe auf.

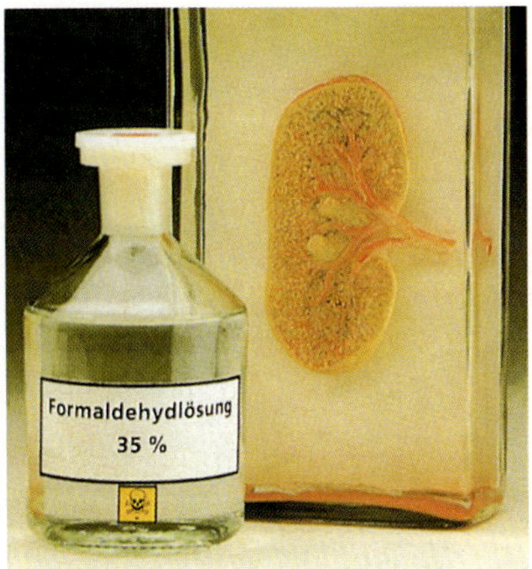

B6 Formaldehydlösung zur Konservierung biologischer Präparate

Giftige Formaldehyddämpfe

STUTTGART. Mehrere städtische Kindergärten mußten geschlossen werden, da in der Raumluft eine zu hohe Formaldehydkonzentration, z. T. weit über dem zulässigen Grenzwert von 0,1 ppm, gemessen wurde. Erzieherinnen und Kinder haben wiederholt über stechenden Geruch, Schwindelgefühl, Kopfschmerz, Augenbrennen und Brechreiz geklagt. Ursache dafür sind Formaldehyddämpfe aus einseitig beschichteten Preßspanplatten von Schränken und Möbeln. Vorsicht ist geboten, da Formaldehyd im Verdacht steht, krebserregend oder krebsfördernd zu wirken.

B7 Meldung aus einer Tageszeitung

Name	Molekülformel	Siedetemperatur (°C)
Methanal	H–CHO	–21
Ethanal	CH_3–CHO	21
Propanal	C_2H_5–CHO	49
Butanal	C_3H_7–CHO	73
Pentanal	C_4H_9–CHO	102
Hexanal	C_5H_{11}–CHO	128
Heptanal	C_6H_{13}–CHO	155

B8 Alkanale

Acetaldehyd (Ethanal) ist eine leicht verdunstende, hochentzündliche Flüssigkeit mit stechendem Geruch. In der chemischen Industrie ist es ein wichtiges Zwischenprodukt und wird zu Essigsäure, Farbstoffen, Arzneimitteln sowie zu synthetischem Kautschuk verarbeitet.
Trinkt man Alkohol, wird das Ethanol in der Leber des Menschen abgebaut. Es entsteht als Zwischenprodukt das giftige Ethanal, das die Leberzellen schädigt.

Formaldehyd (Methanal) kann durch Oxidation aus Methanol hergestellt werden. Methanal ist ein giftiges, stechend riechendes Gas, das in wäßriger Lösung (Formalin) in den Handel kommt. Wegen seiner guten Reaktionsfähigkeit kann es zu einer Vielzahl von Produkten weiterverarbeitet werden. Es dient als Desinfektionsmittel, zur Konservierung biologischer Präparate (▷ B 6) sowie zur Herstellung von Kunststoffen, Lacken und Leim (▷ B 7).

Alkanale. Methanal und Ethanal sind Aldehyde, die durch Oxidation von Methanol bzw. Ethanol hergestellt werden. Alkohole, deren Moleküle die OH-Gruppe am endständigen Kohlenstoffatom aufweisen, nennt man *primäre Alkanole*. Oxidiert man primäre Alkanole, so entstehen Aldehyde, die mit dem systematischen Namen **Alkanale** heißen. Ihre Benennung erfolgt durch Anfügen der Silbe -al an den Namen des entsprechenden Alkans (▷ B 8).

Die reduzierende Wirkung der Alkohole läßt sich auch am Beispiel von Alkoholen mit mehreren OH-Gruppen zeigen. Läßt man Glycerin auf Kaliumpermanganat tropfen, so reagiert es sehr heftig unter Flammenbildung (▷ B 9, ▷ V 5). Glycerin wird oxidiert, es entsteht ein Aldehyd. Auf der reduzierenden Wirkung der Alkohole beruht auch die Silberspiegelprobe (▷ V 6). Aus Silbernitratlösung entsteht z. B. mit Glycerin ein Spiegel aus metallischem Silber (▷ B 10).

V 5 Glycerin wird auf Kaliumpermanganatpulver getropft. (Abzug! Schutzbrille!)

V 6 Man gibt im Reagenzglas zu 5%iger Silbernitratlösung tropfenweise Ammoniaklösung, bis sich der anfangs gebildete Niederschlag wieder auflöst. Man fügt einige Milliliter Glycerin zu, schüttelt und erwärmt vorsichtig.

A 1 Baue das Molekülmodell von Methanal (Ethanal) und gib die Molekül- und Strukturformel an.

A 2 Stelle die Reaktionsgleichung für die Oxidation von Methanol (bzw. Ethanol) mit Kupfer(II)-oxid auf. Benenne die Reaktionsprodukte.

B 9 Glycerin reduziert Kaliumpermanganat

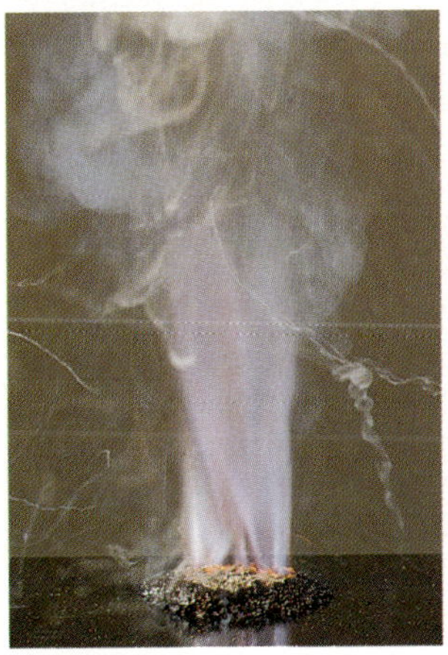

B 10 Silberspiegelprobe. Glycerin wirkt reduzierend

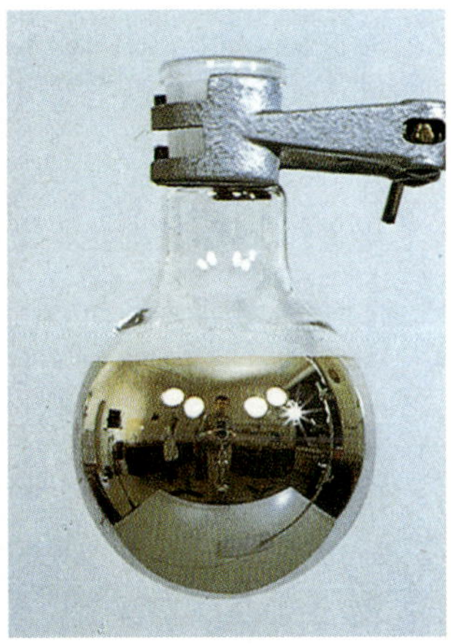

18.9 Vom Alkohol zum Keton

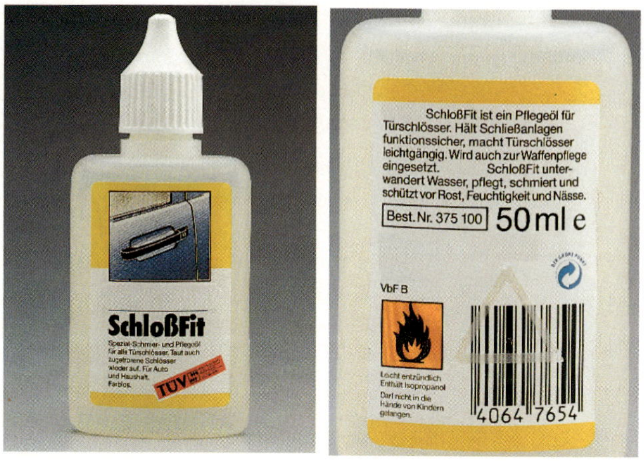

B 1 Isopropylalkohol ist Bestandteil von Türschloßenteisern

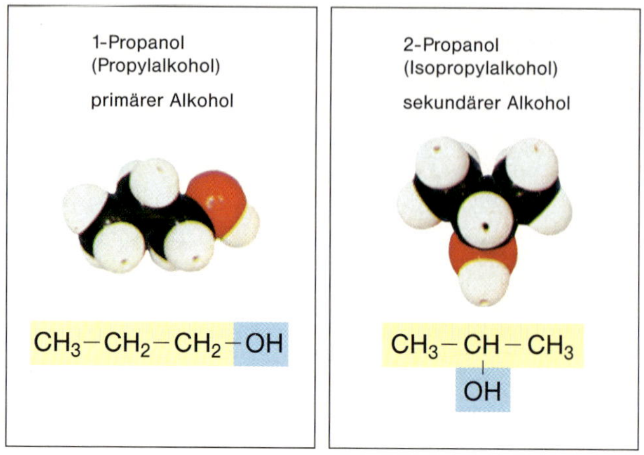

B 2 Isomere Propanole. Das sekundäre Alkoholmolekül ist verzweigt

Oxidiert man primäre Alkanole, so entstehen Aldehyde, die Alkanale genannt werden. Aus 1-Propanol beispielsweise bildet sich durch Oxidation Propanal.

Isomerie bei Alkoholen. Wie bei den Alkanen sind auch bei den Alkoholen isomere Verbindungen bekannt. So gibt es neben 1-Propanol mit einer endständigen OH-Gruppe im Molekül einen isomeren Alkohol, 2-Propanol oder Isopropylalkohol. Im Molekül von 2-Propanol ist die OH-Gruppe an das zweite Kohlenstoffatom gebunden (▷ B 2). Allgemein unterscheidet man je nach Stellung der Hydroxylgruppe zwischen *primären*, *sekundären* und *tertiären* Alkoholen. Ist das Kohlenstoffatom, das die OH-Gruppe aufweist, mit zwei oder drei weiteren Kohlenstoffatomen verbunden, so liegt ein sekundärer bzw. tertiärer Alkohol vor.

Aceton (Propanon). Ähnlich wie primäre Alkohole reagieren auch sekundäre Alkohole mit einem Oxidationsmittel. Dabei entstehen jedoch keine Alkanale. Wird 2-Propanol (z.B. durch schwarzes Kupferoxid) oxidiert, so entsteht *Propanon*, das auch unter dem Namen Aceton bekannt ist. Es gehört zur Stoffgruppe der **Ketone**.

Ketonmoleküle weisen die Ketogruppe $>C=O$ als funktionelle Gruppe auf.

Aceton ist eine leicht brennbare Flüssigkeit, die sowohl in Wasser als auch in hydrophoben Stoffen in jedem Verhältnis löslich ist. Es wird daher in der Industrie und Technik häufig als Lösungsmittel verwendet (▷ B 3). Früher wurde Aceton als Nagellackentferner eingesetzt.

Primäre Alkohole lassen sich zu Aldehyden, sekundäre Alkohole zu Ketonen oxidieren.

V 1 a) Man taucht ein erhitztes Kupferblech (oder Kupferdrahtnetz) in ein Becherglas, in dem sich 1-Propanol befindet. Deute die Beobachtung.
b) Man wiederholt den Versuch mit 2-Propanol (Isopropylalkohol).

V 2 Prüfe die Löslichkeit von Wasser, Wundbenzin, Ethanol und Fett in Aceton (Propanon).

A 1 Stelle die Reaktionsgleichung für die Oxidation von 1-Propanol bzw. 2-Propanol mit Kupfer(II)-oxid auf. Benenne jeweils die Reaktionsprodukte.

A 2 Gib die funktionelle Gruppe der Alkohole, der Aldehyde und der Ketone an und vergleiche.

B 3 Aceton (Propanon) als Lösungsmittel

B 4 Propanonmolekül in Modell und Formel

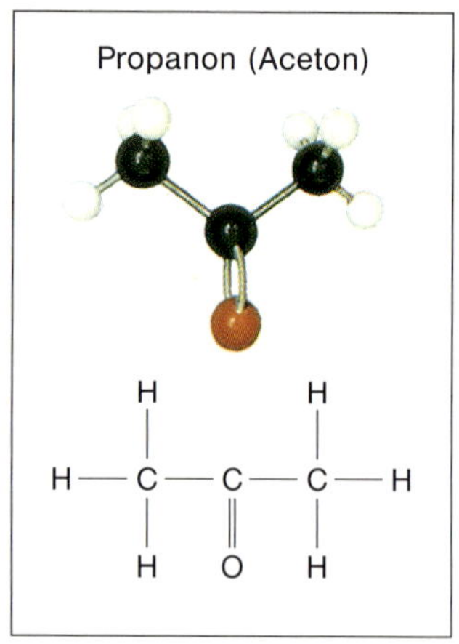

18.10 Essigherstellung – biotechnologisches Verfahren

Läßt man Wein offen an der Luft stehen, so ändern sich Geruch und Geschmack. Der Universalindikator zeigt, daß der Wein sauer geworden ist (▷ B 1). An der Oberfläche bildet sich eine dünne Haut von Essigsäurebakterien.
Die Essigsäurebakterien wurden schon im 19. Jahrhundert von LOUIS PASTEUR (▷ B 3) entdeckt. Er erkannte, daß die Bildung des Essigs aus Alkohol auf der Wirkung von Essigsäurebakterien (▷ B 4) beruht. Ihre Enzyme oxidieren das im Wein enthaltene Ethanol zu Essigsäure.
Auch heute werden bei der Produktion von Essigsäure Bakterien eingesetzt. Als Ausgangsstoffe dienen ethanolhaltige Flüssigkeiten (z.B. Wein, Branntwein). Aus ihnen wird in unterschiedlichen technischen Verfahren Essigsäure hergestellt.

Das Rundpump-Verfahren im Großraumbildner. Ein Verfahren, nach dem heute *Speiseessig* hergestellt wird, erfolgt in großen Bottichen aus Holz oder Kunststoff. Sie enthalten mit Essigsäurebakterien besiedelte Rollspäne aus Buchenholz (▷ B 5). Über die Späne läßt man von oben eine *Maische* aus Wein (oder Branntwein), mit Essig angesäuert, rieseln. Von unten werden die Späne mit *Luftsauerstoff* so lange belüftet, bis Ethanol zu Essigsäure oxidiert ist. Kühlrohre leiten die entstehende Wärme ab. Die gewonnene Essigsäure ist höchstens 15%ig. Durch Destillation erhält man 25%ige Essig*essenz*, durch Verdünnen *Speiseessig*, der etwa 5% bis 6% Essigsäure enthält (▷ B 2).

Das Schnellessigverfahren (Submersverfahren). Bei diesem Verfahren schwimmen Essigsäurebakterien in einer gut belüfteten, mit Luft verschäumten Maische, welche die Bakterien ausreichend mit Sauerstoff versorgt. Die Bakterien vermehren sich rasch und beschleunigen durch intensive Enzymproduktion die Essigbildung. Nach etwa 24 Stunden wird der „fertige" Essig zur Hälfte abgelassen und durch die gleiche Menge frischer Maische ergänzt (▷ B 6).

B 1 Essig aus Wein. Wein wird im offenen Gefäß sauer

B 2 Weinessig enthält 6% Essigsäure

B 3 LOUIS PASTEUR (1822 – 1895)

B 4 Essigsäure-Bakterien

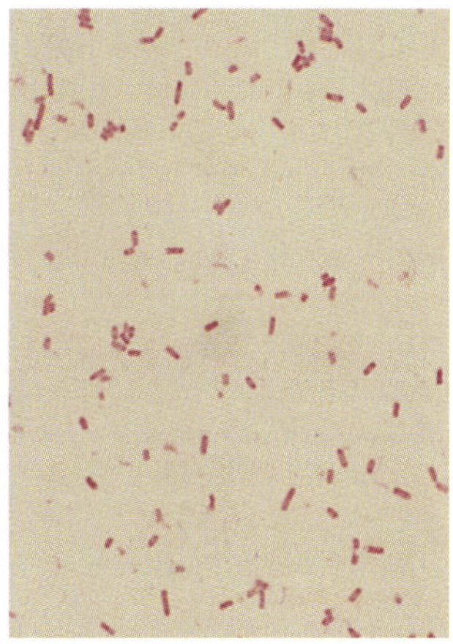

B 5 Industrielle Herstellung von Speiseessig. Ethanol wird durch Essigsäurebakterien auf Buchenholzspänen mit Hilfe von Luftsauerstoff zu Essigsäure oxidiert

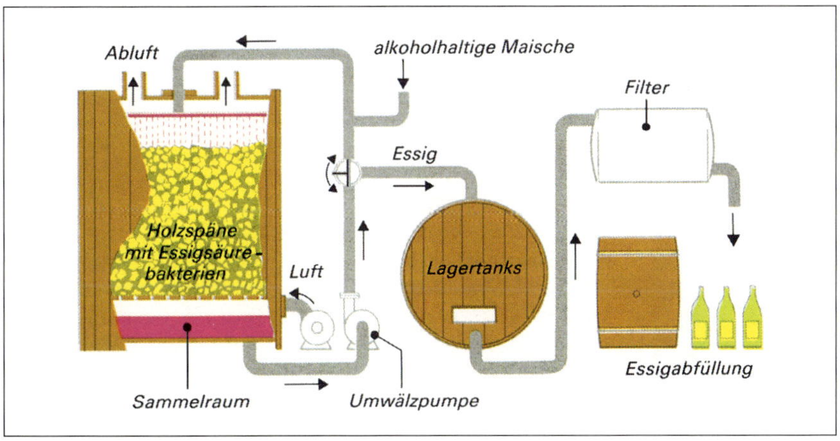

B 6 Schnellessigverfahren

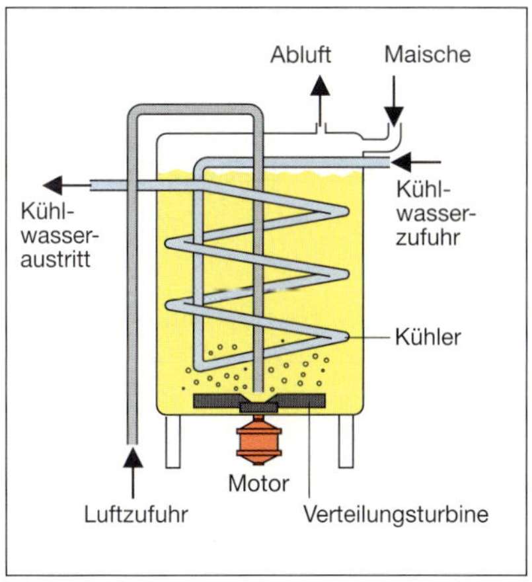

18.11 Essigsäure – Eigenschaften und Verwendung

B 1 Essigsäureherstellung im Experiment

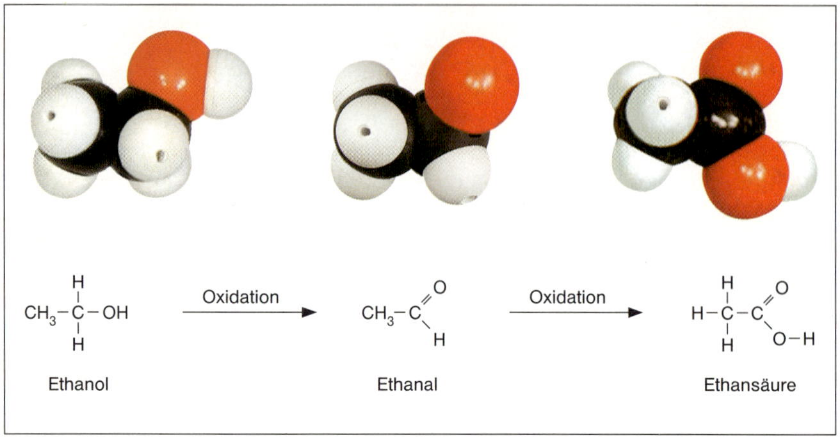

B 2 Ethansäure entsteht durch stufenweise Oxidation aus Ethanol

V 1 Man gibt zu 5 ml Ethanol 8 g Kaliumpermanganat und 40 ml kalte, ca. 20%ige Schwefelsäure (Schutzbrille! Abzug!) und läßt das Gemisch etwa 5 Minuten am Rückflußkühler schwach sieden. Anschließend tauscht man den Rückflußkühler gegen einen Liebigkühler und untersucht das Destillat auf Geruch und pH-Wert.

V 2 Man kühlt 100%ige Essigsäure in einer verschlossenen Petrischale im Kühlschrank. In der Projektion auf dem Arbeitsprojektor zeigen sich bei Zimmertemperatur die schmelzenden Kristalle von Eisessig.

V 3 Gib zu verdünnter Essigsäure in einem Reagenzglas einige Tropfen Universalindikatorlösung.

B 3 Verwendung von Essigsäure

Die chemische Essigsäureherstellung. Essigsäure kann durch Oxidation von Ethanol mit einem Oxidationsmittel gewonnen werden. Erhitzt man Ethanol mit Kaliumpermanganat (▷ B 1, ▷ V 1), so kann man nach der Reaktion eine Flüssigkeit abdestillieren, die deutlich nach Essig riecht und Universalindikator rot färbt. Es hat sich Essigsäure gebildet.

Die dabei ablaufenden chemischen Vorgänge geben Aufschluß über den Aufbau des Essigsäuremoleküls. Ethanol läßt sich stufenweise oxidieren (▷ B 2). Das sich bildende Essigsäuremolekül enthält wie Ethan und Ethanol zwei Kohlenstoffatome. Daher wird Essigsäure auch als **Ethansäure** bezeichnet. Sie enthält als funktionelle Gruppe eine **Carboxylgruppe** (Kurzschreibweise: –COOH). Diese bestimmt im wesentlichen die Eigenschaften und das Reaktionsverhalten der Essigsäure. Die Bezeichnung Carboxylgruppe deutet darauf hin, daß in dieser funktionellen Gruppe sowohl eine *Carbonyl-* als auch eine *Hydroxylgruppe* erkennbar ist. Verbindungen mit der Carboxylgruppe werden allgemein als **Carbonsäuren** bezeichnet.

Die funktionelle Gruppe der Carbonsäuren ist die Carboxylgruppe –COOH.

Verwendung von Essigsäure. Haushaltsessig wird zum *Würzen* von Speisen, aber auch zum *Konservieren* von Nahrungsmitteln, z. B. von Gewürzgurken, verwendet. In 2 bis 3%iger Essigsäure sind krankheitserregende Bakterien nicht mehr lebensfähig. Kalkablagerungen in Kochgefäßen werden materialschonend durch Essigsäure aufgelöst. Der größte Teil der technisch gewonnenen Essigsäure dient jedoch als Ausgangsstoff zur Herstellung von Lösungsmitteln, Kunstseide (Acetatseide), Kunststoffen und Medikamenten, z. B. Aspirin® (▷ B 3).

Eigenschaften der Essigsäure (Ethansäure). 100%ige Essigsäure erstarrt bereits bei 16,6 °C zu eisartigen Kristallen (▷ V 2); sie wird deshalb als *Eisessig* bezeichnet (▷ B 4). Beim Umgang mit konzentrierter Essigsäure ist Vorsicht geboten, da sie stark ätzend wirkt. Im Gegensatz zu Eisessig leitet verdünnte Essigsäure den elektrischen Strom (▷ B 6) und färbt Universalindikator rot. In verdünnter Essigsäure liegen neben H_3O^+ - Ionen, welche die sauren Eigenschaften bewirken, noch die Säurerestionen, die Acetationen (Ethanoationen), vor:

$$CH_3COOH + H_2O \longrightarrow CH_3COO^- + H_3O^+$$

Die stechend riechenden Dämpfe von konzentrierter Essigsäure sind brennbar (▷ B 7, ▷ V 5). Bei der Reaktion von unedlen Metallen mit verdünnter Essigsäure bilden sich Salze und Wasserstoff (▷ B 8, ▷ V 6). Beispiel:

$$2\ CH_3COOH + Mg \longrightarrow 2\ CH_3COO^- + Mg^{2+} + H_2$$

Das entstandene Salz heißt Magnesiumacetat oder Magnesiumethanoat. Das bekannteste Salz der Essigsäure ist *Kupferacetat* oder *Grünspan* (▷ B 9). Es bildet sich zum Beispiel, wenn essigsaure Speisen in Kupfergefäßen an der Luft stehen bleiben. Die Kupferionen bewirken die Giftigkeit des Salzes. *Aluminiumacetat*, bekannt als „essigsaure Tonerde“, wird zu entzündungshemmenden Umschlägen verwendet.
Ermittelt man die Schmelz- und Siedetemperatur von Essigsäure, liegen die Werte höher als bei Alkanolen oder Kohlenwasserstoffen mit vergleichbarer Molekülmasse (▷ V 7). Ethansäure (60 u) siedet erst bei 118 °C, Propanol (60 u) bei 97 °C und Butan (58 u) bereits bei −1 °C. Ursache dafür ist die noch ausgeprägtere Fähigkeit der polaren Essigsäuremoleküle, *Wasserstoffbrücken* zu bilden.

B 8 Magnesium reagiert mit verdünnter Essigsäure

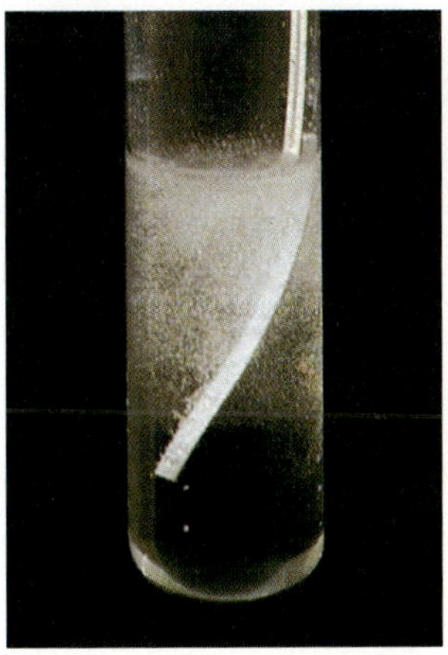

B 9 Grünspan, ein giftiges Salz der Essigsäure

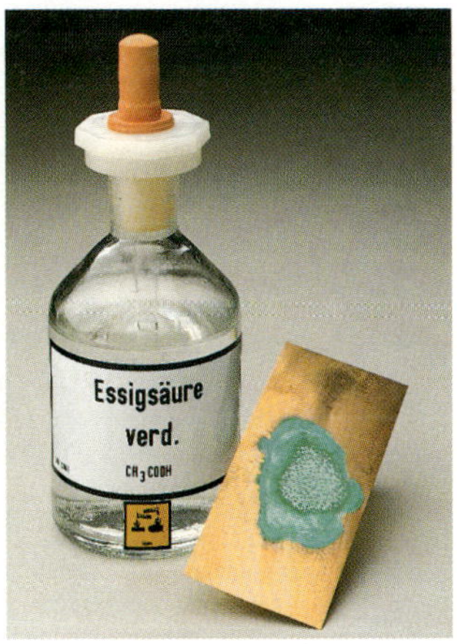

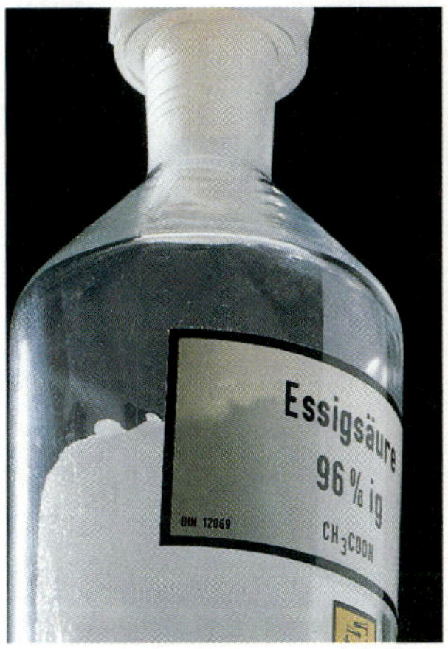

B 4 Eisessig. Reine Essigsäure bildet eisartige Kristalle

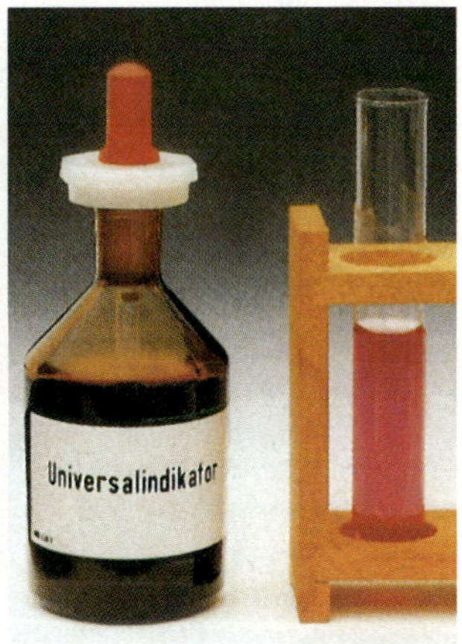

B 5 Verdünnte Essigsäure färbt Universalindikator rot

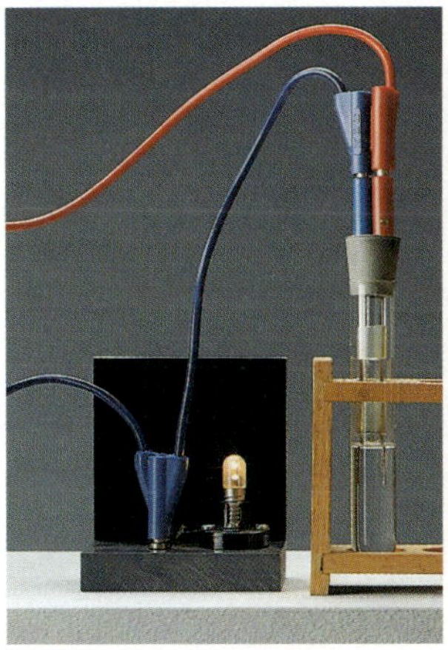

B 6 Verdünnte Essigsäure leitet den elektrischen Strom

B 7 Die Dämpfe von reiner Essigsäure sind brennbar

V 4 In 100%iger Essigsäure prüft man die elektrische Leitfähigkeit und wiederholt den Versuch mit verdünnter Essigsäure.

V 5 Einer Porzellanschale mit einer kleinen Menge 100%iger Essigsäure nähert man einen brennenden Holzspan. (Schutzbrille! Abzug!)

V 6 In der Projektion beobachtet man die Reaktion von einigen Magnesiumspänen in Eisessig und beim Verdünnen. Man wiederholt den Versuch im Reagenzglas und führt mit dem entstehenden Gas die Knallgasprobe durch. (Schutzbrille! Abzug!)

V 7 Man ermittelt die Siedetemperaturen von reiner Essigsäure und Propanol. (Schutzbrille! Abzug!)

18.12 Von der Ameisensäure zu den Fettsäuren

B1 Ameisen produzieren Ameisensäure

B2 Brennessel

V 1 Man verdünnt Ameisensäure und Essigsäure im Verhältnis 1 : 1 mit Wasser und vergleicht den pH-Wert mit Hilfe von Universalindikator und die Wasserstoffentwicklung mit Hilfe eines Magnesiumbandes.

V 2 Man prüft die elektrische Leitfähigkeit von 100%iger Ameisensäure und wiederholt den Versuch mit verdünnter Ameisensäure. (Abzug!)

V 3 Schneide aus einer Kartoffel einen Kegel und gib in die Vertiefung Erde. Setze den Kegel wieder ein, lege die Kartoffel in ein mit Wasser gefülltes Einmachglas, und schließe den Deckel. Nach einigen Tagen erkennt man am Geruch die Bildung von Buttersäure.

A 1 Formuliere die stufenweise Oxidation von Methanol zu Methansäure.

Ameisensäure (Methansäure). Ameisen produzieren in ihren Giftdrüsen eine stark ätzend wirkende Flüssigkeit (▷ B 1), die *Ameisensäure* oder *Methansäure*. Auch die Nesselkapseln mancher Hohltiere (Quallen) sowie die Brennhaare der Brennessel (▷ B 2) enthalten diese Säure. Ameisensäure wird zum *Entkalken* von Warmwasserbereitern, Kochtöpfen u.a. verwendet. Außerdem benutzt man sie zur *Konservierung* von Fruchtsäften und Silofutter.

Ameisensäure HCOOH ist die am einfachsten gebaute Carbonsäure. Ihre wäßrige Lösung reagiert mit unedlen Metallen lebhaft unter Wasserstoffbildung (▷ V 1). Die entstehenden Salze heißen **Formiate** (von lat. formica, Ameise) oder *Methanoate*. Methansäure und Ethansäure sind die ersten Glieder der homologen Reihe der **Alkansäuren**. Sie gehören zu den *Monocarbonsäuren* mit nur einer Carboxylgruppe.

Die funktionelle Gruppe der Alkansäuren ist die Carboxylgruppe –COOH.

Buttersäure (Butansäure) wird beim Ranzigwerden der Butter frei und verursacht den typischen unangenehmen Geruch (▷ B 3). Auch der Schweiß von Säugetieren und vom Menschen enthält Buttersäure. Ihr Geruch wird noch in geringsten Konzentrationen von blutsaugenden Insekten, manchen Wildtieren und Hunden wahrgenommen.

Fettsäuren (höhere Carbonsäuren). Die höheren Carbonsäuren der homologen Reihe sind fest, als Verbindungen sind sie am Aufbau von Fetten beteiligt und werden deshalb auch als *Fettsäuren* bezeichnet (▷ B 4). Es sind dies vor allem Laurinsäure (*Dodecansäure)*, Palmitinsäure (*Hexadecansäure)* und Stearinsäure (*Octadecansäure)*.

B3 Ranzige Butter riecht nach Buttersäure

B4 Eine Kokosnuß enthält Fettsäuren

B5 Einige Monocarbonsäuren mit Strukturformeln und Molekülmodellen

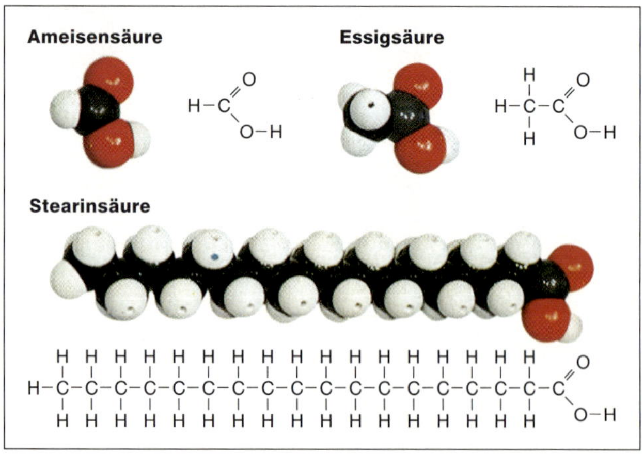

Von der Ameisensäure zu den Fettsäuren

Eigenschaftsänderungen innerhalb der homologen Reihe. Die Eigenschaften von Ameisen- und Essigsäure werden am stärksten von der *polaren* und damit *hydrophilen* Carboxylgruppe bestimmt. Sie sind farblose, stechend riechende Flüssigkeiten, die sich in jedem Verhältnis in Wasser lösen.

Von den mittleren Alkansäuren, den übelriechenden Flüssigkeiten, sind nur Propionsäure und Buttersäure wasserlöslich, da bei *steigender* Kettenlänge der Einfluß der hydrophilen Carboxylgruppe *abnimmt.*
Andererseits bewirkt der *hydrophobe* Kohlenwasserstoffrest der Moleküle die Löslichkeit der Carbonsäuren in Benzin bereits ab Ethansäure (▷ V 4).
Alle höheren Fettsäuren lösen sich daher beim Erwärmen gut in Benzin. Sie sind feste, geruchlose Stoffe, die sich paraffinartig anfühlen.

Die Siedetemperaturen steigen mit zunehmender Kettenlänge und Molekülmasse. Wie bei der Ethansäure liegen alle Siedetemperaturen der Carbonsäuren wegen der Ausbildung von Wasserstoffbrücken *verhältnismäßig* hoch (▷ B 6).

Ungesättigte Fettsäuren. Mit der Stearinsäure (Octadecansäure) verwandt ist eine ölige Flüssigkeit, die *Ölsäure.* Beides sind Carbonsäuren mit 18 Kohlenstoffatomen. Sie unterscheiden sich aber nicht nur in ihren Schmelz- und Siedetemperaturen, sondern auch in ihrer Reaktionsfähigkeit. Mit Stearinsäure zeigt angesäuerte Kaliumpermanganatlösung keine Reaktion; mit Ölsäure dagegen tritt rasche Entfärbung ein. Ölsäure (*Octadecensäure*) mit der Formel $C_{17}H_{33}COOH$ ist eine *ungesättigte* Fettsäure.

Weitere ungesättigte Fettsäuren sind Linolsäure (Octadecadiensäure, $C_{17}H_{31}COOH$) und Linolensäure (Octadecatriensäure, $C_{17}H_{29}COOH$), die häufig am Aufbau flüssiger Fette beteiligt sind.
Sie sind lebensnotwendig (essentiell) und müssen mit der Nahrung aufgenommen werden, da sie im Körper nicht aufgebaut werden können. Ungesättigte Fettsäuren lassen sich durch Addition von Wasserstoff (Hydrieren) in gesättigte Fettsäuren überführen.

Die Salze der Fettsäuren, z. B. Natriumstearat oder Kaliumoleat, erhält man durch Neutralisation mit Laugen. Schüttelt man diese Alkalisalze mit Wasser, so erhält man einen kräftigen Schaum wie bei Seifen.

B 6 Homologe Reihe der Alkansäuren und ihre Salze

Name (Trivialname)	Molekülformel	Schmelztemp. °C	Siedetemp. °C	Löslichkeit in Wasser	Löslichkeit in Benzin	Namen der Salze
Methansäure (Ameisensäure)	$HCOOH$	8	101	nimmt ab ↓	nimmt zu ↓	Methanoate (Formiate)
Ethansäure (Essigsäure)	CH_3COOH	17	118			Ethanoate (Acetate)
Propansäure (Propionsäure)	C_2H_5COOH	–21	141			Propanoate (Propionate)
Butansäure (Buttersäure)	C_3H_7COOH	–5	166			Butanoate (Butyrate)
Dodecansäure (Laurinsäure)	$C_{11}H_{23}COOH$	44	225*			Dodecanoate (Laurate)
Hexadecansäure (Palmitinsäure)	$C_{15}H_{31}COOH$	63	269*			Hexadecanoate (Palmitate)
Octadecansäure (Stearinsäure)	$C_{17}H_{35}COOH$	71	287*			Octadecanoate (Stearate)

* bei 133 mbar

V 4 Prüfe das Löslichkeitsverhalten der homologen Reihe der Monocarbonsäuren
a) in Wasser,
b) in Benzin.

V 5 Gib etwas Palmitin- oder Stearinsäure in Wasser und schüttle. Füge einen Tropfen Universalindikator hinzu. Was kannst du aus der Farbe des Indikators schließen? Vergleiche mit Ameisen- und Essigsäure.

V 6 Man neutralisiert Ölsäure mit konz. Kalilauge (Schutzbrille!) und schüttelt nach Zugabe von Wasser.

A 2 Gib für die Neutralisation von Ameisensäure mit Natronlauge die Reaktionsgleichung an

A 3 Welche Sicherheitsvorschriften sind bei der Verwendung von ameisensäurehaltigen Kalklösern zu beachten?

18.13 Organische Säuren in der Natur

B 1 Sauerklee enthält Oxalsäure

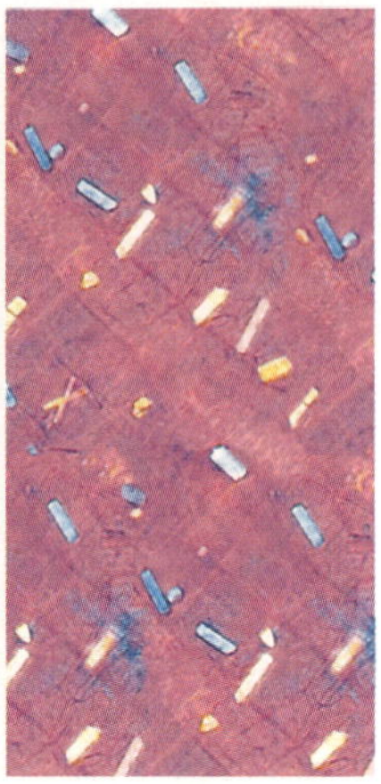

B 2 Calciumoxalatkristalle in einer Zwiebelschale

V 1 Gib in verdünnte Oxalsäurelösung ein Stück Magnesiumband. Beobachte und erkläre die Reaktion.

V 2 Löse je etwas Calciumchlorid und Oxalsäure in Wasser. Gieße die Lösungen zusammen. Deute deine Beobachtungen.

V 3 Gib zu einigen Millilitern Frischmilch etwas Milchsäure. Erkläre deine Beobachtungen.

V 4 Prüfe Lösungen von Weinsäure, Citronensäure und Milchsäure mit Universalindikator.

A 1 a) Welche Säuren zählen zu den Hydroxysäuren? Nenne Beispiel dafür.
b) In welchen Lebensmitteln finden sie Verwendung?

Sauerklee (▷ B 1), Rhabarber und Sauerampfer haben einen sauren Geschmack. Er entsteht durch die Salze der **Oxalsäure**, die Oxalate (▷ B 2). Die Moleküle der Oxalsäure enthalten zwei Carboxylgruppen, man bezeichnet Oxalsäure daher auch als *Ethandisäure*. Oxalsäure ist giftig. 5 g davon können tödlich wirken, da sich mit lebensnotwendigen Calciumionen schwerlösliches Calciumoxalat bildet, das die feinen Nierenkanälchen verstopft.

Milchsäure entsteht bei der Säuregärung von Milchzucker. Sie führt zum Sauerwerden der Milch (▷ V 3, ▷ B 3) und verursacht den sauren Geschmack des Sauerkrauts. Milchsäure spielt auch bei starker körperlicher Anstrengung eine wichtige Rolle. Sie sammelt sich in den Muskeln an, wo sie aus dem Energielieferanten Glykogen infolge Sauerstoffmangels bei einer unvollständigen Oxidation entsteht. In Ruhezeiten wird die überschüssige Milchsäure dann zu Kohlenstoffdioxid und Wasser abgebaut, ein Teil davon wieder zu Glykogen zurückverwandelt.

Weinsäure und Citronensäure sind in vielen Früchten enthalten und werden zur Herstellung von Limonaden und Brausepulver verwendet (▷ B 4). Der Name Weinsäure deutet auf ihr Vorkommen im Wein hin (▷ B 5). Immer häufiger werden heute Weine bevorzugt, deren Weinsäureanteil gering ist.
Milchsäure, Weinsäure und *Citronensäure* enthalten in ihren Molekülen außer Carboxylgruppen noch Hydroxylgruppen und werden daher als *Hydroxysäuren* bezeichnet.

Benzoesäure und Salicylsäure sind weitere Vertreter der Carbonsäuren. *Benzoesäure* kommt in vielen Beeren, vor allem Heidelbeeren, vor und wird zur Konservierung von Lebensmitteln verwendet. *Salicylsäure* kann aus der Rinde von Weiden (von lat. salix, Weide) gewonnen werden und spielt eine wichtige Rolle bei der Herstellung von *Aspirin*®.

B 3 Milchsäure läßt Milch sauer werden

B 4 Citronensäure in Früchten und Limonaden

B 5 Weinsäure kommt in geringem Anteil im Wein vor

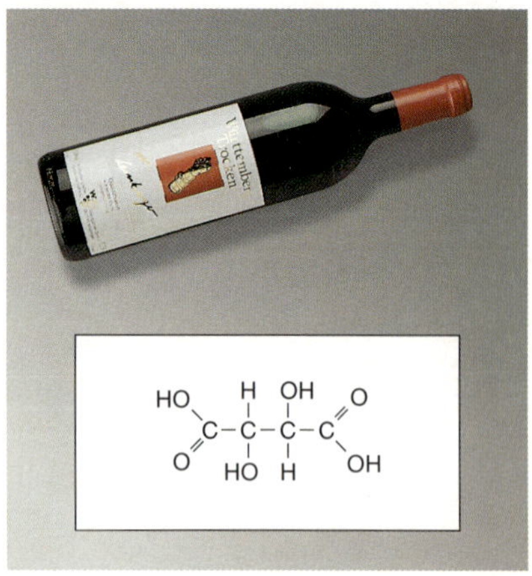

18.14 Biotechnologie – Herstellung organischer Säuren

Lebensmittel und Mikroorganismen. Viele Lebensmittel entwickeln Aussehen, Aroma und Geschmack erst nach längerem Stehen. Sie reifen mit Hilfe von Mikroorganismen, welche bestimmte Ausgangsstoffe für ihr Wachstum benötigen und dabei andere Stoffe freisetzen.

Bei der Herstellung von Käse und Joghurt aus Milch sind Milchsäurebakterien beteiligt, bei der Bildung von Sauerkraut aus Weißkohl ebenfalls. Sauerteig reift durch bestimmte Hefepilze, die aus Stärke und Zucker Kohlenstoffdioxid freisetzen und dadurch den Teig auflockern. Hefepilze sind auch bei der Herstellung von Bier aus Malz und von Wein aus Traubensaft beteiligt, Essigbakterien an der Bildung von Essig aus Wein.

Das Handwerk hierzu beherrschten unsere Vorfahren schon lange; erst seit den Arbeiten von PASTEUR ist bekannt, daß Mikroorganismen dafür die Voraussetzung sind.

B 1 Biotechnologische Citronensäureherstellung in flachen Schalen mit dem Schimmelpilz Aspergillus niger. Oben links: Die Pilzkultur auf der Flüssigkeit im Querschnitt

Citronensäure und Biotechnologie. Mikroorganismen sind kleinste „biologische Chemiefabriken". Ihre erstaunlichen Fähigkeiten nutzt man heute mit modernen chemischen und technischen Methoden zur Herstellung zahlreicher Produkte. So wurde Citronensäure früher aus hochwertigen Citrusfrüchten gewonnen, indem man das Calciumsalz dieser Säure mit Kreide (Calciumcarbonat) aus dem Saft ausfällte, abfiltrierte und daraus mit Schwefelsäure wieder die Citronensäure freisetzte.

Heute werden im Jahr weltweit über 400 000 Tonnen Citronensäure biotechnologisch produziert, die in großen Mengen als Säuerungsmittel in der Lebensmittelindustrie verwendet wird. Der Schimmelpilz *Aspergillus niger* bildet Citronensäure als Stoffwechselprodukt aus Zucker (meist billiger Melasse), wenn die Reaktionsbedingungen genau eingehalten werden (▷ B 1).

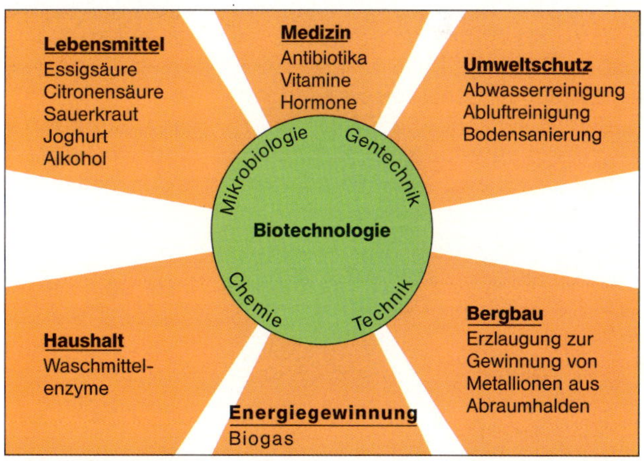

B 2 Biotechnologie – Chemie mit Hilfe von Mikroorganismen (Bakterien und Pilzen)

Vorteile der Biotechnologie. Während chemische Synthesen in der Regel über mehrere Zwischenstufen ablaufen, erhält man das gewünschte Produkt bei biotechnologischen Verfahren meist in einem einzigen Schritt. Dadurch fallen weniger Abfälle an, durch geringere Reaktionstemperaturen wird Energie gespart. Durch die Gentechnologie lassen sich einfache Mikroorganismen so verändern, daß sie ganz bestimmte Stoffe herstellen können. Das bekannteste Beispiel ist das für Zuckerkranke lebenswichtige Hormon Insulin. Mit gentechnologisch veränderten *Escherichia coli*-Bakterien kann das sehr kompliziert aufgebaute Hormon in großen Bioreaktoren hergestellt werden.

Aufgrund ihrer besonderen Vorteile werden laufend neue biotechnologische Verfahren für die verschiedensten Anwendungsbereiche entwickelt (▷ B 2). Die Biotechnologie zählt damit zu den zukunftsorientierten Industriezweigen.

B 3 Moderne Turmbiologieanlage zur Abwasserreinigung

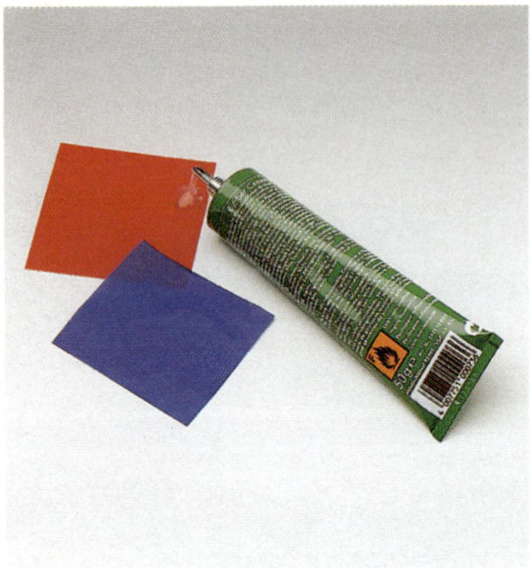

B 1 Lösungsmittel in Klebstoffen

V 1 Man erhitzt ein Gemisch aus 20 ml Eisessig, 20 ml Ethanol und 3 ml konz. Schwefelsäure (oder 10 g Zinkchlorid) am Rückflußkühler ca. 10 Minuten. (Schutzbrille!) Der Geruch wird vor und nach der Reaktion geprüft.

V 2 Prüfe von Essigsäureethylester
a) die elektrische Leitfähigkeit,
b) die Löslichkeit in Wasser und Benzin.

V 3 Untersuche, ob sich Öl, Kokosfett und Kerzenwachs in Essigsäureethylester lösen.

B 2 Herstellung von Essigsäureethylester. Es bilden sich zwei Flüssigkeitsschichten (rechts)

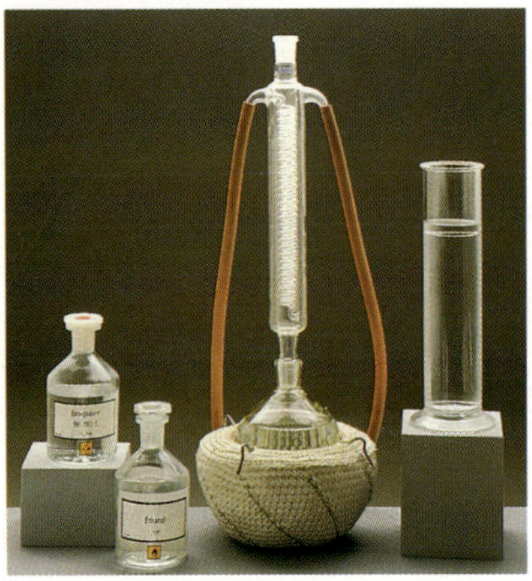

Blumige Düfte von Seifen und Kosmetika oder der fruchtige Geschmack von Süßigkeiten können von darin enthaltenen *Estern* herrühren. Am Beispiel von *Essigsäureethylester*, einem guten Lösungsmittel für Lacke, Fette und Klebstoffe (▷ B 1), kann man wichtige Merkmale der Esterbildung kennenlernen.

Herstellung von Essigsäureethylester (Ethansäureethylester). Erhitzt man Essigsäure mit Ethanol, so entsteht eine Lösung, die nur nach Essigsäure riecht. Eine chemische Reaktion ist nicht nachweisbar. Fügt man diesem Gemisch konzentrierte Schwefelsäure als Katalysator zu und erhitzt (▷ V 1), so bilden sich zwei getrennte Flüssigkeitsschichten. Es entsteht **Essigsäureethylester**, dessen Geruch von Allesklebern bekannt ist. Die Prüfung der elektrischen Leitfähigkeit zeigt, daß Ester im Gegensatz zu den Carbonsäuren *Nichtleiter* sind; sie können also nicht aus Ionen aufgebaut sein. In Wasser sind Ester wenig oder nicht löslich (▷ V 2).

Bei der Reaktion der *Carboxyl*gruppe mit der *Hydroxyl*gruppe spaltet sich ein *Wassermolekül* ab, und es entsteht ein *Ester*molekül. Sowohl Carboxyl- als auch Hydroxylgruppen sind *polar*, Estermoleküle dagegen *unpolar*. Ester erhalten ihre Namen nach dem Namen der Säure und des Alkylrestes des Alkohols. Die Säure wird zuerst genannt.

Eine Reaktion, bei der sich Moleküle unter Abspaltung von Wasser (oder anderen kleinen Molekülen) verbinden, heißt Kondensation. Bei der Kondensation von Säuren mit Alkoholen entstehen Ester.

Eigenschaften von Essigsäureethylester. Durch die Kondensationsreaktion sind im Reaktionsprodukt keine Hydroxylgruppen mehr vorhanden, Estermoleküle bilden untereinander *keine* Wasserstoffbrücken aus. Ethansäureethylester hat deshalb eine niedrige Siedetemperatur, er ist leicht flüchtig. Er löst sich gut in Benzin und ist eine ausgezeichnetes Lösungsmittel für unpolare Stoffe.

Esterspaltung. Setzt man Essigsäureethylester Natronlauge zu, so reagiert der Ester mit Wasser zu den Ausgangsstoffen Essigsäure und Ethanol. Die entstehende Essigsäure wird von der Natronlauge neutralisiert, dadurch verläuft die Reaktion vollständig. Die Aufspaltung eines Esters mit Wasser bezeichnet man als **Hydrolyse**, es handelt sich um die Umkehrung der Kondensationsreaktion:

Ester + Wasser ⟶ Carbonsäure + Alkohol

B 3 Esterbildung. Oben: Bildung von Ethansäureethylester durch Reaktion von Ethansäure und Ethanol. Unten: Allgemeines Schema

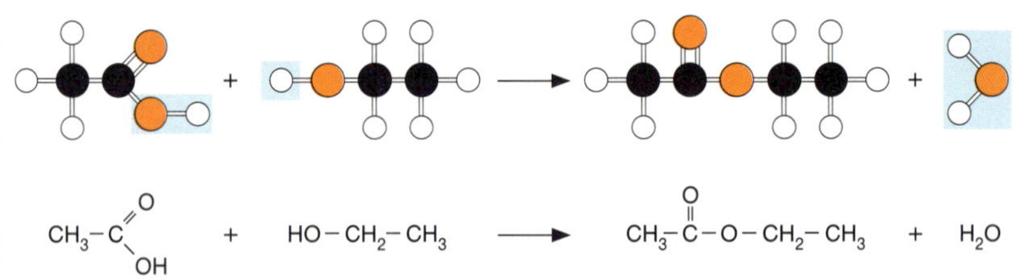

Ethansäure + Ethanol ⟶ Ethansäureethylester + Wasser

Allgemein:

Carbonsäure + Alkohol ⟶ Ester + Wasser

18.16 Praktikum: Wir stellen einen Aromastoff her

Duft- und Aromastoffe haben meist einen angenehmen Geruch, der an Früchte oder Blütenduft erinnert. Die Ausgangsstoffe, die zur Herstellung dieser Ester verwendet werden, riechen jedoch weniger angenehm.

Geräte/Materialien

Schutzbrille, Erlenmeyerkolben (100 ml, weit, mit Stopfen), 2 Gläser mit Schraubverschluß (100 ml), Kunststoffwanne, Reagenzgläser, Reagenzglasgestell, Porzellanschale, Becherglas (100 ml, niedrig), Glasstab, Holzspan

Chemikalien

Essigsäure, Butanol, dest. Wasser, Wundbenzin, stark verdünnte Natronlauge, konz. Schwefelsäure (nur von Lehrerin/Lehrer auszugeben!)

Versuchsanleitungen

Versuch 1 Herstellen eines Aromastoffes

1) In zwei verschlossenen und beschrifteten Gläsern erhältst du 10 ml Essigsäure und 10 ml Butanol. Trage die Gefäße vorsichtig in einer Kunststoffwanne an deinen Arbeitsplatz. Gieße zunächst Essigsäure, dann Butanol in den Erlenmeyerkolben. Schwenke das Gemisch vorsichtig um, und lasse es einige Minuten stehen. Prüfe den Geruch durch Zufächeln.

2) Es müssen noch 2 ml konzentrierter Schwefelsäure in den Erlenmeyerkolben gegeben werden. Aus Sicherheitsgründen wird dies von deiner Lehrerin/deinem Lehrer vorgenommen. Beobachte einige Minuten genau und prüfe den Geruch erneut durch Zufächeln. Halte deine Handfläche einige Male außen an den Erlenmeyerkolben, damit du eine Temperaturänderung bemerken kannst.
(Bewahre das Reaktionsprodukt für weitere Versuche auf, verschließe den Erlenmeyerkolben mit einem Stopfen.)

Versuch 2 Untersuchung der Löslichkeit des Esters

Fülle zwei Reagenzgläser zur Hälfte mit Wasser bzw. Benzin, und stelle sie in ein Reagenzglasgestell. Gieße zu Wasser bzw. Benzin etwas von dem hergestellten Ester aus dem Erlenmeyerkolben. Schüttle beide Reagenzgläser und stelle sie wieder in das Gestell zurück. Beobachte beide Mischungen einige Minuten.

Versuch 3 Überprüfung der Brennbarkeit des Esters

Gieße eine kleine Menge Ester aus dem Erlenmeyerkolben in eine Porzellanschale und nähere der Flüssigkeit einen brennenden Holzspan.

Auswertung/Aufgaben

1. Formuliere für die Esterbildung aus Essigsäure und Butanol das Reaktionsschema und die Reaktionsgleichung.

2. Zwischen Essigsäure und Butanol findet erst eine nachweisbare Reaktion statt, wenn man konzentrierte Schwefelsäure zufügt. Begründe!

3. Übertrage die untenstehende Tabelle in dein Heft und trage die Versuchsergebnisse ein.

Stoffe / Eigenschaften	Essigsäure	Butanol	Ester
Löslichkeit in Wasser			
Löslichkeit in Benzin			
Brennbarkeit			

4. Durch Reaktion mit Wasser können Ester wieder in Alkohol und Säure gespalten werden. Fügt man zu den Ausgangsstoffen Natronlauge zu, so wird die bei der Reaktion entstehende Säure neutralisiert. Die Spaltung des Esters verläuft vollständig.

Formuliere die Reaktionsgleichung für die Reaktion von Essigsäurebutylester und Wasser unter Einwirkung von Natronlauge.

5. Die Spaltung einer Verbindung unter Aufnahme von Wasser nennt man Hydrolyse. Wie nennt man eine Reaktion, bei der sich Moleküle unter Abspaltung von Wasser verbinden?
Nenne Beispiele dafür.

18.17 Anwendung und Vertiefung

B1 Zu Aufgabe 1

Propansäure-butylester (Rumaroma)	$C_2H_5-\overset{\overset{O}{\|}}{C}-O-C_4H_9$
Butansäure-methylester (Ananasaroma)	$C_3H_7-\overset{\overset{O}{\|}}{C}-O-CH_3$
Butansäure-ethylester (Pfirsicharoma)	$C_3H_7-\overset{\overset{O}{\|}}{C}-O-C_2H_5$
Pentansäure-pentylester (Apfelaroma)	$C_4H_9-\overset{\overset{O}{\|}}{C}-O-C_5H_{11}$

B2 Zu Aufgabe 2a

B3 Zu Aufgabe 2b

1 Die Dichte einer Flüssigkeit läßt sich mit einer Senkwaage (Aräometer) bestimmen. Sie besteht aus einem Glasrohr, das mit Bleischrot beschwert ist (▷ B1).

a) Je zuckerreicher ein Most ist, um so weniger tief sinkt das Aräometer in die Flüssigkeit ein. Erreicht die Oberfläche der Flüssigkeit z. B. die Marke 80, so hat der Most 80° Oechsle, d. h., 1 Liter Most wiegt 1080 g.
Was bedeutet 150° Oechsle?
b) Warum kann ein Aräometer auch zur Bestimmung des Alkoholgehalts von alkoholischen Getränken verwendet werden?

2 Ester aus kurzkettigen Carbonsäuren und kurzkettigen Alkoholen haben einen angenehm fruchtigen Geschmack oder blumigen Geruch.

a) Gib für die in ▷ B 2 aufgeführten Fruchtester die Ausgangsstoffe an. Formuliere jeweils die Reaktionsgleichung für die Veresterung.
b) Fruchtester werden als Aroma- und Duftstoffe verwendet (▷ B 3). Welche Eigenschaften der Ester macht man sich dabei zunutze?
c) In welchen Produkten sind künstliche oder naturidentische Aromastoffe enthalten?

3 Hauptbestandteil von Bienenwachs (▷ B 4) ist eine Verbindung, die Palmitinsäure und einen langkettigen Alkohol enthält. Zu welcher Stoffgruppe gehören die Wachse? Begründe!

4 Nitroglycerin ist ein Salpetersäureglycerinester. Reines Nitroglycerin kann schon bei leichten Erschütterungen explodieren. ALFRED NOBEL (▷ B 5) wandte im Jahr 1867 ein Verfahren an, mit dem aus Nitroglycerin durch Aufsaugen in Kieselgur ein handhabungssicherer Sprengstoff hergestellt werden konnte (▷ B 6). Um welchen Sprengstoff handelt es sich dabei?

B4 Zu Aufgabe 3

B5 Zu Aufgabe 4

B6 Zu Aufgabe 4

Nahrungsmittel

Als Nahrungsmittel werden solche Lebensmittel bezeichnet, die einen Nährwert besitzen und somit zur Erhaltung des Lebens, zum Wachstum und zur Fortpflanzung nötig sind. Nahrungsmittel enthalten Nährstoffe wie Fette, Kohlenhydrate und Eiweißstoffe. Aber auch Wasser, Vitamine und Mineralstoffe sind wichtige Nahrungsbestandteile.

Schließlich sind der Geschmack, das Aroma und die Farbe von Bedeutung für eine appetitanregende Mahlzeit. Besonders bei industriell verarbeiteten Lebensmitteln wie Konserven und Fertiggerichten werden häufig Zusatzstoffe zugefügt. Sie sollen die Qualität der Speisen verbessern.

Neben Zusatzstoffen, die aus der Natur gewonnen werden, gibt es auch künstlich hergestellte. Zwischen der echten Vanille aus Vanilleschoten und dem nachgemachten Aromastoff Vanillin schmeckt man keinen Unterschied.

Leider finden sich auch manchmal Schadstoffe in der Nahrung als Rückstände, die bei der Produktion und durch die Verarbeitung in die Nahrungsmittel gelangt sind.

19.1 Nahrungsmittel – Wir diskutieren Fragen aus Alltag und Umwelt

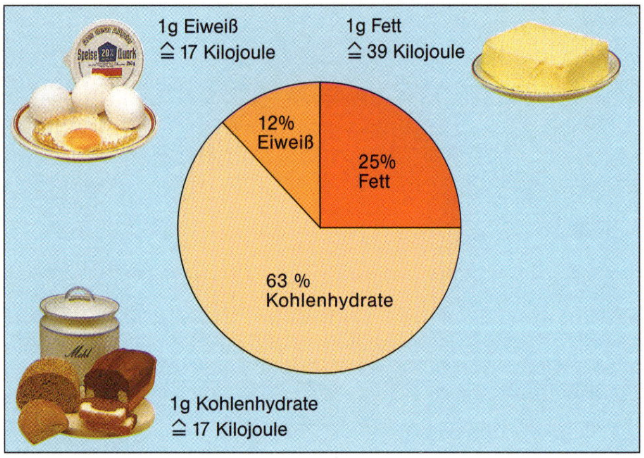

1 In Mitteleuropa gibt es ausreichend zu essen. Die Grundnahrungsmittel sind preiswert, die Lebensmittelqualität ist gut. Wie kommt es trotzdem zu ernährungsbedingten Erkrankungen?

2 Für den Aufbau der Zellen benötigt ein erwachsener Mensch täglich ca. 0,9 g Eiweiß pro Kilogramm Körpergewicht. Warum ist der Eiweißbedarf bei Kindern höher?

3 Ein erwachsener Mensch sollte täglich nicht mehr als 70 g bis 90 g Fett zu sich nehmen. Von den 140 g Fett, die wir im Durchschnitt täglich zu uns nehmen, sind ca. 40 g als versteckte Fette in Wurst, Fleisch, Käse und Milch enthalten. Wie können wir die tägliche Fettaufnahme reduzieren?

4 Warum ist es nicht klug, große Energiemengen mit nur einem Nahrungsmittel (z.B. Plätzchen oder Kartoffelchips) zu sich zu nehmen?

5 Wichtig ist insbesondere für Jugendliche eine ausreichende Versorgung mit Vitamin B. Welche Symptome können sich bei Vitamin B-Mangel einstellen?

6 Ermittle anhand von Zutatenlisten auf Lebensmittelverpackungen, welche Lebensmittelzusatzstoffe vorkommen. Warum werden sie den Lebensmitteln zugesetzt?

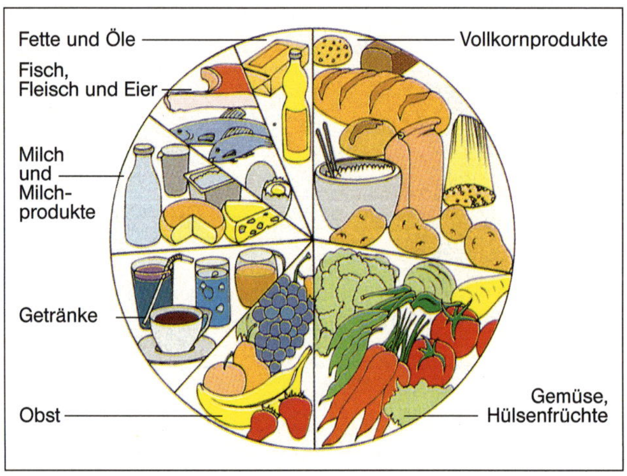

Kinder leiden an „Schnellimbißkrankheit“

Die sogenannte „Schnellimbißkrankheit“ geht um. Gemeint ist damit die überwiegende Ernährung mit Pommes frites, Hamburgern oder heißen Würstchen, wie sie vor allem Kinder mögen. Diese Speisen weisen hohe Energiemengen auf, haben aber so gut wie keine Vitamine. Die Folgen können Schlafstörungen, Herzklopfen, Depressionen, Konzentrationsschwäche und Aggressivität sein. Professor Uwe Blom von der Universität Freiburg fürchtet, daß nur 30 Prozent der Schulkinder ausreichend mit Vitaminen, insbesondere dem wichtigen Vitamin B 1, versorgt sind. Süßigkeiten schlucken noch zusätzliches Vitamin B 1. Frisches Obst, Gemüse, Vollkornbrot, Weizenkeime und vor allem Bierhefe enthalten reichlich Vitamin B 1. sp

7 Schadstoffe in der Nahrung sind meistens Rückstände aus der Produktion und Verarbeitung der Nahrungsmittel.
a) Welche Stoffe kommen als Schadstoffe vor?
b) Wie können sie in die Nahrung gelangt sein?
c) Wie können wir uns vor belasteter Nahrung schützen?

8 Was bedeutet die Bezeichnung „naturbelassen“?

9 Erkundige dich, was mit den Begriffen „Vollwert-Nahrung“, „Diät“, „vegetarisch“ gemeint ist.

10 a) Was bedeutet ausgewogene Ernährung, was muß in der Nahrung ausgewogen sein?
b) Es wird empfohlen, täglich aus jeder Gruppe des Nahrungskreises etwas zu essen. Warum sind die Kreissegmente des Nahrungskreises unterschiedlich groß?

11 Die meisten Waren müssen mit einem Mindesthaltbarkeitsdatum gekennzeichnet werden. Auf abgepacktem Hackfleisch hingegen muß das Datum des „spätesten Verbrauchs“ angegeben sein. Was mag der Grund für diese Ausnahmeregelung sein?

19.2 Praktikum: Milch – ein gesundes Nahrungsmittel

Milch ist ein gesundes Grundnahrungsmittel. Sie kann zwar nicht den gesamten Nährstoffhaushalt des Menschen dekken, jedoch liefert sie Fett, Kohlenhydrate und Eiweiß sowie Vitamine und Mineralstoffe. Weil Milchfett leicht verdaulich ist, stellt sich nach dem Verzehr keine Verdauungsmüdigkeit ein.

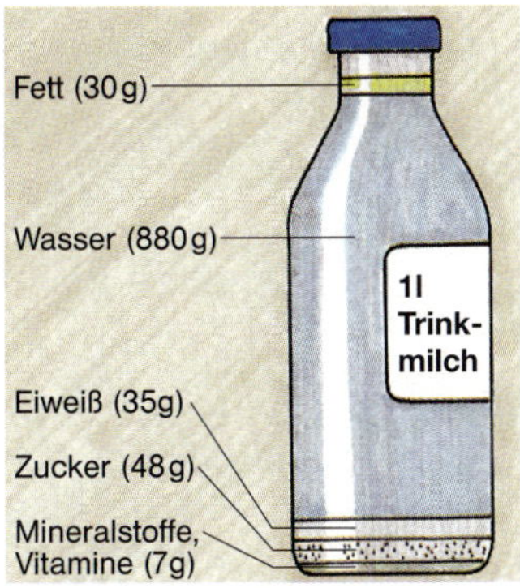

Versuch 1 Nachweis von Eiweißstoffen

Geräte/Materialien
Schutzbrille, 2 Reagenzgläser, Reagenzglasgestell, Reagenzglashalter, Meßzylinder, Eiklar vom Hühnerei, Milch

Chemikalien
verdünnte Natronlauge (10%ig), verdünnte Kupfersulfatlösung (1%ig)

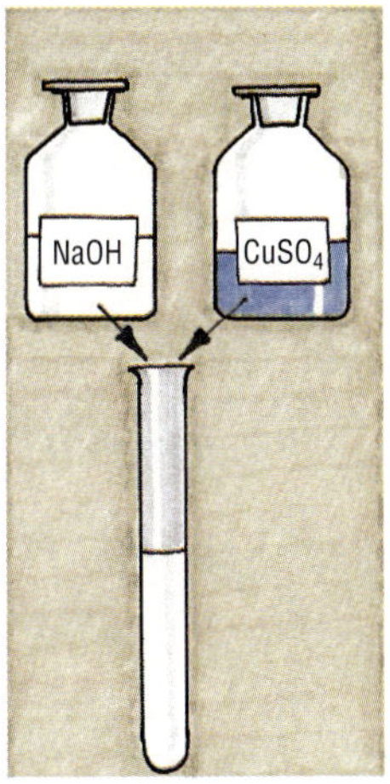

Versuchsanleitung
Fülle 5 ml Eiklar in ein Reagenzglas, in das andere 5 ml Milch. Gib in beide Reagenzgläser je 1 ml Kupfersulfatlösung und Natronlauge und schüttle.

Auswertung
Welche Färbung tritt bei den Versuchen auf? Was kannst du daraus schließen?

Versuch 2 Nachweis von Zucker

Geräte/Materialien
Schutzbrille, Gasbrenner, Dreifuß, Keramik-Drahtnetz, Becherglas (250 ml), 3 Reagenzgläser, Reagenzglasständer, Reagenzglashalter, Meßzylinder, Filterpapier, Trichter, Milch

Chemikalien
verdünnte Essigsäure (25%ig), FEHLING-Lösungen I und II, Traubenzucker

Versuchsanleitung
1. Gewinnung der Molke: Fülle 5 ml Milch in ein Reagenzglas, gib 1 ml Essigsäure hinzu und schüttle. Wenn die Milch verklumpt (das Eiweiß geronnen) ist, filtriere in ein zweites Reagenzglas. Das Filtrat ist Molke.

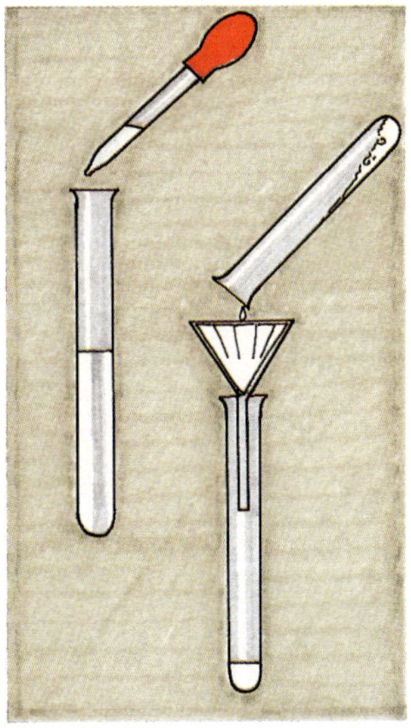

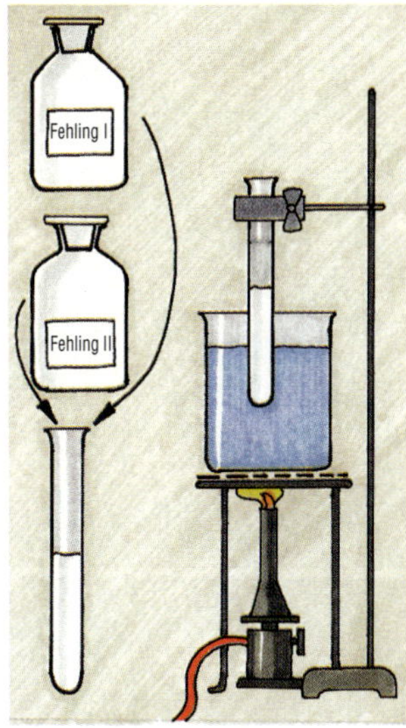

2. Erhitzen eines Wasserbades: Fülle das Becherglas mit ca. 200 ml Wasser und erhitze, bis es zu sieden beginnt. Lösche danach den Brenner.
3. FEHLINGsche Probe: Gib zu der Molke je 2 ml FEHLING-Lösung I und FEHLING-Lösung II. Erhitze das Reagenzglas mit dem Gemisch im Wasserbad. Zum Vergleich erhitze ein Gemisch von je 2 ml der FEHLNG-Lösungen ohne weiteren Zusatz (Blindprobe) und wiederhole die FEHLINGsche Probe mit der Lösung von einer Spatelspitze Traubenzucker in 5 ml Wasser (Vergleichsprobe).

Auswertung
1. Welche Färbungen treten bei der FEHLINGschen Probe auf?
2. Wie nennt man den Zucker, der in der Milch nachgewiesen werden kann?
3. Erkläre die Begriffe „Blindprobe" und „Vergleichsprobe".

Versuch 3 Nachweis von Mineralstoffen

Geräte/Materialien
4 Reagenzgläser, Reagenzglasständer, Reagenzglashalter, Meßzylinder, Filtrierpapier, Trichter, Milch

Chemikalien
Ammoniumoxalatlösung, verd. Essigsäure (25%ig), Calciumchloridlösung, Calciumhydroxidlösung (Kalkwasser)

Versuchsanleitung
Stelle zunächst wie in Versuch 2 die Molke her und gib zu der Probe 1 ml Ammoniumoxalatlösung. Prüfe in zwei weiteren Reagenzgläsern je 3 ml Calciumchloridlösung und Calciumhydroxidlösung mit Ammoniumoxalatlösung (Vergleichsprobe).

Auswertung
Was beobachtet man bei der Zugabe von Ammoniumoxalatlösung? Mit welchen Ionen hat sie reagiert?

19.3 Aufbau der Fette

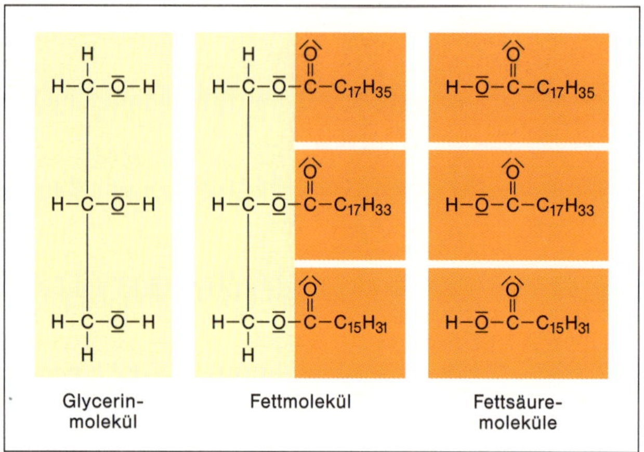

B 1 Aufbauschema eines Fettmoleküls

V 1 Zerkleinere Sonnenblumenkerne (oder Nüsse) in einem Mörser und presse die Bruchstücke in einer Knoblauchpresse. Laß die austretende Flüssigkeit auf ein Uhrglas sowie ein Filtrierpapier tropfen.

V 2 Erhitze Wasser in einem Becherglas auf ca. 50 °C und lösche danach den Brenner. Zermahle Sonnenblumenkerne (oder Nüsse) in einem Mörser und fülle ein Reagenzglas damit ca. 3 cm hoch. Gib ca. 10 ml Petroleumbenzin (Wundbenzin) hinzu und verschließe das Reagenzglas mit einem durchbohrten Stopfen, in dem ein ca. 100 mm langes Glasrohr steckt. Stelle das Reagenzglas ca. 20 Minuten lang in das Wasserbad. Gib einige Tropfen der Lösung auf ein Uhrglas bzw. auf ein Filtrierpapier und lasse das Lösungsmittel verdunsten.

Fette sind Speicherstoffe. Man findet sie in der Natur dort, wo Zeiten ohne Nahrungs- oder Energieaufnahme überbrückt werden müssen. Tiere speichern Fett im Unterhautbindegewebe, um überwintern zu können. In der Milch dient es zur Versorgung des Nachwuchses. Aus demselben Grund wird es bei Pflanzen vor allem in Samen und Früchten angereichert.

Aufbau von Fetten. Butter wird ranzig, wenn man sie ungekühlt offen stehen läßt. Der dabei auftretende unangenehme Geruch weist auf Buttersäure hin. Dem Etikett auf einer Speiseölflasche kann man entnehmen, daß die Öle langkettige Fettsäuren enthalten. Diese Carbonsäuren können aber nicht die einzigen Bestandteile sein. Der Verbindungspartner der Fettsäuren ist Glycerin (▷ B 1).

Die Fette gehören somit zur Gruppe der *Ester*, da Alkohole und Säuren zu Estern kondensieren. Bei der Fettbildung kann sich ein Glycerinmolekül mit drei Fettsäuremolekülen verbinden. Weil die funktionellen Gruppen der beiden Stoffe, also die Hydroxylgruppen des Glycerins und die Carboxylgruppen der Fettsäuren miteinander reagieren, sind die Enden der Fettmoleküle hydrophobe Kohlenwasserstoffketten. Die Wasserunlöslichkeit der Fette beobachtet man an den Fettaugen auf einer Suppe.

Fette sind Ester aus Glycerin und langkettigen Fettsäuren.

Die drei Hydroxylgruppen des Glycerins können im Fettmolekül sowohl mit der gleichen als auch mit verschiedenen Fettsäuren verestert sein. Dieses erklärt die große Vielfalt verschiedener Fette.

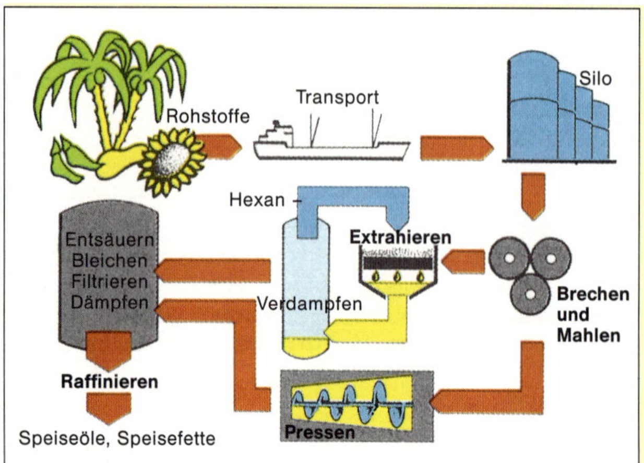

Zur Gewinnung pflanzlicher Fette und Öle gibt es zwei verschiedene Verfahren:
Das **Auspressen** ist ein mechanischer Vorgang: Die Ölsaaten werden zunächst in Brechern zerkleinert und dann zwischen Walzen zerquetscht. Wird die Ölsaat dabei kalt gepreßt, erhält man *kaltgeschlagenes Öl*, das besonders vitaminreich ist.
Beim **Extrahieren** werden die zerkleinerten Ölsaaten mit einem hydrophoben Lösungsmittel, meist Hexan, besprüht. Dieses löst das Öl aus der Ölsaat.
Anschließend werden Öl und Lösungsmittel in einer Vakuumdestillation voneinander getrennt. Die so gewonnenen Öle und Fette müssen noch entsäuert, gefiltert, gebleicht und gedämpft werden, um sie von störenden Geruchs- und Geschmacksstoffen zu befreien.

19.4 Nahrungsfette

Fette dürfen in der Nahrung des Menschen nicht fehlen, denn sie liefern Energie und Bausteine, die für die Herstellung körpereigener Stoffe benötigt werden. Ferner ist der Körper auf fetthaltige Nahrung angewiesen, um die fettlöslichen Vitamine A, D und E aufnehmen zu können.

Butter, Margarine, Schmalz und Pflanzenöl sind wichtige Nahrungsmittel für die Fettzufuhr, allerdings ist Fett auch in vielen anderen Produkten enthalten. Die Hälfte der Fettaufnahme mit der Nahrung entfällt auf sogenannte „versteckte“ Fette in Wurst, Käse, Sahne, Fisch sowie Süßigkeiten und Knabberwaren (▷ B 1). Dadurch wird häufig mehr Fett aufgenommen, als der Körper benötigt. Es wird im Körper gespeichert und führt zu Übergewicht (▷ B 2).

Verschiedene Fettarten. Die in der Natur vorkommenden pflanzlichen und tierischen Fette haben keine exakte Schmelztemperatur, sondern einen Schmelzbereich. Dieses deutet darauf hin, daß Fette keine Reinstoffe, sondern Gemische verschiedener Verbindungen sind. Natürliche Fette enthalten unterschiedliche Fettsäureglycerinester, deren Moleküle nur Fettsäuren mit einer geraden Anzahl an Kohlenstoffatomen (meistens zwischen 12 und 18) aufweisen. Die Kombinationsmöglichkeiten verschiedener gesättigter und ungesättigter Fettsäuren mit einem Glycerinmolekül ergibt eine Vielzahl verschiedener Fettarten.

Fette lassen sich nach ihrem Zustand bei Zimmertemperatur in **feste**, **halbfeste** und **flüssige** Fette einteilen. Ursache dafür ist der unterschiedliche Anteil gesättigter und ungesättigter Fettsäuren im Fettmolekül. Feste Fette enthalten vor allem gesättigte Fettsäuren wie Palmitin- und Stearinsäure. Flüssige Fette haben einen hohen Anteil an einfach oder mehrfach ungesättigten Fettsäuren wie Öl- und Linolsäure. Die reaktionsfähigen C=C-Doppelbindungen in Molekülen können durch die Entfärbung von Kaliumpermanganatlösung nachgewiesen werden (▷ V 1).

> Je höher der Anteil an gesättigten Fettsäuren ist, desto härter ist ein Fett.

Um festzustellen, wie hoch der Anteil ungesättigter Fettsäuren in Nahrungsfetten ist, läßt man das Fett mit Iod reagieren. Bei dieser Reaktion bricht die Doppelbindung auf und die Iodatome werden gebunden. Da die Iodatome zusätzlich an die Fettmoleküle angelagert werden, spricht man von einer Additionsreaktion. Die Iodzahl gibt an, wieviel Gramm Iod von 100 Gramm Fett gebunden werden. Durch Addition von Wasserstoff können ungesättigte Fettsäuren in gesättigte umgewandelt werden (Hydrieren) (▷ B 3).

Da die ungesättigten Fettsäuren für die Stoffwechselvorgänge im menschlichen Körper besonders wichtig sind, bezeichnet man sie als **essentielle Fettsäuren** (essentiell = wesentlich). Sie müssen vom Menschen mit der Nahrung aufgenommen werden. Reich an essentiellen Fettsäuren sind vor allem pflanzliche Öle.

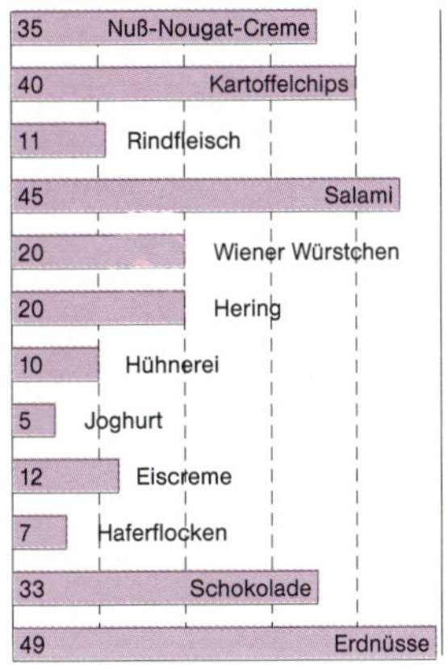

B 1 Versteckte Fette in Nahrungsmitteln (in %)

B 2 Übergewicht

V 1 Gib 5 ml Speiseöl in ein Reagenzglas und füge 2 ml schwefelsaure Kaliumpermanganatlösung hinzu. Verschließe das Reagenzglas mit einem Gummistopfen und schüttle kräftig. Wiederhole den Versuch mit Ölsäure bzw. Hexen.

A 1 Führe einen Tag (oder eine Woche) lang Buch über deinen Fettverzehr. Schreibe auch die Nahrungsmittel mit verstecktem Fett auf. Auf welche Fette könntest du verzichten? Mit welchen Nahrungsmitteln nimmst du auch essentielle Fettsäuren zu dir?

A 2 Flüssige Fette bezeichnet man im Unterschied zu Mineralölen als fette Öle. Wie unterscheiden sich Fahrradöl und Salatöl in ihrem chemischen Aufbau?

B 3 Hydrieren. Durch Addition von Wasserstoff läßt sich Ölsäure in Stearinsäure überführen

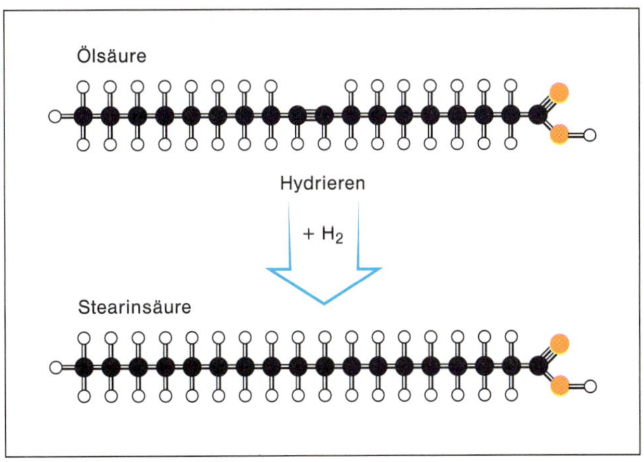

19.5 Praktikum: Margarineherstellung

Im Jahre 1869 beauftragte NAPOLEON III. den französischen Chemiker H. MEGÈ-MOURIÈS, ein billigeres, streichfähiges Nahrungsfett als Ersatz für die teure Butter herzustellen. Zunächst wurde als Ausgangsstoff Rindertalg verwendet, der durch Milchzusatz emulgiert wurde. Wegen seines perligen Schimmers wurde das neue Streichfett Margarine (von griech. margaron, Perle) genannt.

Versuch 1 Margarine, selbst hergestellt

Geräte/Materialien

Schutzbrille, 1 Becherglas (100 ml, hoch), 1 Becherglas (250 ml, weit), Gasbrenner, Dreifuß, Keramik-Drahtnetz, 1 Eßlöffel, 1 Teelöffel, 1 Glasstab (zum Rühren), 15 g Kokosfett, 1 Eßlöffel Olivenöl, 1 Teelöffel fettarme Milch, 1 Teelöffel Eigelb, 1 Prise Salz, Eiswürfel

Versuchsanleitung

Erwärme das Kokosfett im 100 ml-Becherglas vorsichtig über kleiner Flamme, bis es geschmolzen ist. Nimm das Becherglas von der Flamme und gib unter Rühren das Olivenöl zu. Gib in das größere Becherglas Eiswasser und stelle das kleinere Becherglas mit dem Fett hinein. Füge unter ständigem Rühren Milch und Eigelb zu und je nach Geschmack eine Prise Salz. Rühre kräftig, bis die Masse steif ist. Prüfe Streichfähigkeit und Geschmack auf einer Brötchenhälfte.

Versuch 2 Emulgatorwirkung

Geräte/Materialien

3 Reagenzgläser, 3 Gummistopfen, Reagenzglasgestell, Meßzylinder, Speiseöl, Eigelb, Lecithin (käuflicher Emulgator)

Versuchsanleitung

Fülle 3 Reagenzgläser mit je 2 ml Speiseöl und 5 ml Wasser. In ein Reagenzglas gib zusätzlich 1 ml Eigelb, in das zweite 1 ml Lecithin. Verschließe die drei Reagenzgläser mit Gummistopfen und schüttle kräftig. Laß die Proben anschließend ruhig stehen und vergleiche.

Auswertung/Aufgaben

1. Was wird durch Eigelb bzw. Lecithin bewirkt?
2. Eine Mayonnaise ist eine Emulsion aus Speiseöl, Wasser und weiteren Zutaten. Erkundige Dich nach einem Rezept für Mayonnaise. Welchen Stoff verwendet man im Haushalt häufig als Emulgator?

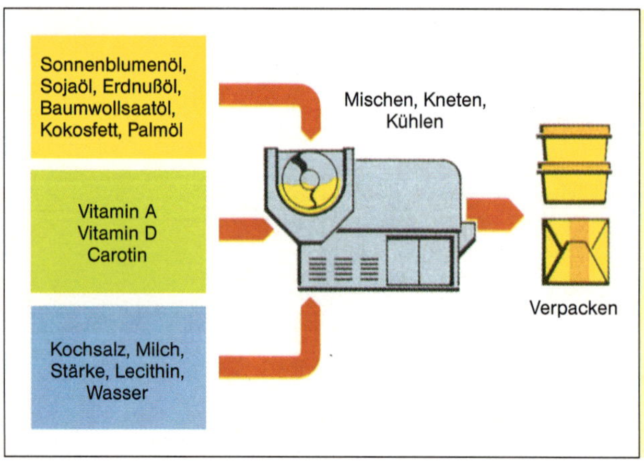

Für die Herstellung von Margarine verwendet man heute fast ausschließlich Pflanzenfette, die aus Früchten und Samen von Ölpflanzen der Tropen und Subtropen gewonnen werden. Die meisten von ihnen sind flüssig. Um aber streichfähige Margarine zu erhalten, wird ein Teil der Pflanzenöle durch Addition von Wasserstoff (Hydrieren) in feste Fette umgewandelt (Fetthärtung). Im Margarinewerk wird eine Emulsion aus mindestens 80 % Fett/Öl und 20 % entrahmter Milch, Molke oder Wasser hergestellt. Lecithin dient als Emulgator für die innige Durchmischung von fett- und wasserlöslichen Anteilen. Die Fettphase enthält gehärtete Fette und Öle in einem genauen Mischungsverhältnis, alle fettlöslichen Bestandteile wie Vitamin A und D, Lecithin und Carotin, das der Margarine ihr zartgelbes Aussehen verleiht. Durch Kühlen und Kneten entsteht das streichfähige Speisefett.

19.6 Kohlenhydrate – Energiespeicher und Gerüststoffe

Eine der wichtigsten chemischen Reaktionen, die auf der Erde stattfindet, ist die **Fotosynthese**. Dabei stellen Pflanzen aus Kohlenstoffdioxid und Wasser mit Hilfe von Sonnenenergie und Chlorophyll energiereiche Kohlenstoffverbindungen her. Die Bedeutung dieser Reaktion liegt vor allem darin, daß Energie von der Sonne auf die Erde geholt wird. Von 1 Kilowatt Sonnenenergie, das auf die Erdoberfläche im Durchschnitt pro Quadratmeter auftrifft, wird ca. ein Tausendstel durch die Fotosynthese gespeichert. Gleichzeitig wirkt die Bindung von Kohlenstoffdioxid der Zunahme des Treibhauseffektes in der Atmosphäre entgegen.

Gespeicherte Sonnenenergie. Die durch Fotosynthese gebildeten Stoffe, z. B. Zucker und Stärke, werden als Reservestoffe in Früchten und Samen, Blättern und Stengeln, Wurzeln und Knollen gespeichert. Diese von den Pflanzen aufgebauten Nährstoffe bilden die grundlegende Energiequelle aller Lebensvorgänge. Die in ihnen gespeicherte Sonnenenergie wird im Körper von Mensch und Tier wieder frei. Aber auch der Gerüststoff der Pflanzen, die Cellulose, ist ein Fotosyntheseprodukt. Alle Pflanzen der Erde bilden pro Jahr 10^{11} Tonnen Cellulose. Sie ist die am häufigsten aufgebaute Verbindung in der Natur.

Was sind Kohlenhydrate? Erhitzt man Zucker im Reagenzglas, so bildet sich ein Beschlag von Wasser, und als schwarzer Rückstand bleibt Kohlenstoff übrig (▷ V 1). Stärke und Cellulose verhalten sich beim Erhitzen ähnlich wie Zucker. Genaue Untersuchungen dieser Stoffe ergeben, daß neben Kohlenstoffatomen auch Wasserstoff- und Sauerstoffatome gebunden sind. Die Wasserstoff- und Sauerstoffatome kommen im gleichen Anzahlenverhältnis wie im Wassermolekül, nämlich 2 : 1 vor. Daher bezeichnet man diese Stoffe als **Kohlenhydrate**. Man nennt sie auch **Zucker** oder **Saccharide** (von lat. saccharum, Zucker).

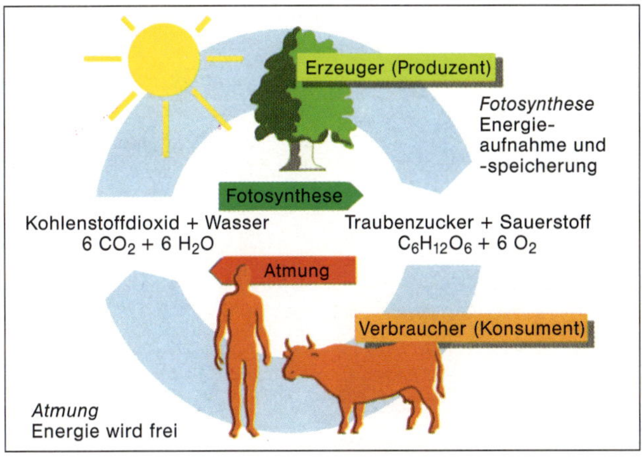

B 1 Kohlenhydrate speichern Sonnenenergie. Sie wird bei ihrem Abbau wieder frei

V 1 Erhitze im Reagenzglas je eine Spatelspitze Traubenzucker oder Fruchtzucker, Rohr- oder Rübenzucker, Stärke und Cellulose (Baumwolle, Papiertaschentücher). Prüfe die Dämpfe mit Watesmopapier. (Abzug!)

V 2 Probiere kleine Mengen von Traubenzucker, Fruchtzucker, Rohr- bzw. Rübenzucker, Malzzucker und Milchzucker. Beurteile ihre Süßkraft. Ordne sie.

A 1 Man sagt, daß in den fossilen Brennstoffen der Sonnenschein vieler Millionen Jahre gespeichert sei. Wie ist das zu verstehen?

A 2 Erkundige dich nach Unterschieden zwischen Zucker, Zuckerersatzstoffen und künstlichen Süßstoffen.

B 2 Einteilung der Kohlenhydrate

Stoffgruppe Summenformel	Vertreter	Alltagsname	Süßkraft (Rohrzucker = 100)
Monosaccharide (Einfachzucker) $C_6H_{12}O_6$	Glucose	Traubenzucker	75
	Fructose	Fruchtzucker	170
Disaccharide (Doppelzucker) $C_{12}H_{22}O_{11}$	Saccharose	Rohrzucker	100
	Maltose	Malzzucker	60
	Lactose	Milchzucker	15
Polysaccharide (Vielfachzucker) $(C_6H_{10}O_5)_n$	Amylose	Stärke	0
	Amylopectin	Stärke	0
	Glykogen	tierische Stärke	0
	Cellulose	Cellulose	0

B 3 Zusammensetzung der Kohlenhydrate. Beim Erhitzen entstehen Wasser (links) und Kohlenstoff (rechts)

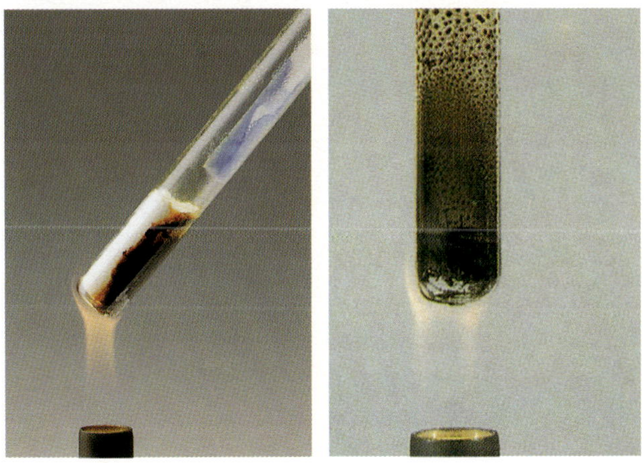

19.7 Zucker

B 1 Glucose spendet rasch Energie

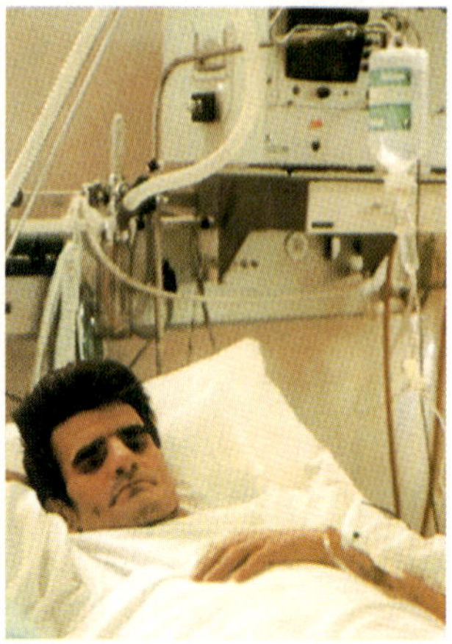

B 2 Glucose-Infusion zur künstlichen Ernährung

V 1 Prüfe Äpfel, Rosinen, Karotten, Honig u.a. mit Glucoseteststreifen auf Traubenzucker (▷ B 4).

V 2 Gib in ein Reagenzglas eine Spatelspitze Traubenzucker, in ein zweites eine Spatelspitze Fruchtzucker. Füge zu beiden Proben je 5 ml verdünnte Salzsäure und eine Spatelspitze Resorcin hinzu. Erhitze unter Schütteln bis zum Sieden (Schutzbrille!) und lasse die Proben dann einige Zeit stehen.

A 1 Baue mit einem Molekülbaukasten das Modell eines Traubenzucker- und eines Fruchtzuckermoleküls.

A 2 Stelle die Unterschiede und Gemeinsamkeiten zwischen Traubenzucker und Fruchtzucker in einer Tabelle zusammen.

Jahrhundertelang war Zucker ein Luxusartikel, ein kostbares Handelsprodukt aus Übersee. In Asien und dem Orient wurde er aus Zuckerrohr gewonnen. Im Jahre 1747 entdeckte der Berliner Chemiker MARKGRAF, daß in der Runkelrübe „wahrer, vollkommener Zucker, dem bekannten aus Zuckerrohr völlig gleich", vorkommt. Durch die Rübenzuckergewinnung wurde Zucker zu einem erschwinglichen Alltagsnahrungsmittel. Neben dem im Haushalt gebräuchlichen gibt es jedoch noch andere Zucker.

Viele Sportler nehmen zur Steigerung ihrer Leistungsfähigkeit **Traubenzucker** (▷ B 1). Er dient im Körper als Brennstoff zur raschen Energiegewinnung. Bei der künstlichen Ernährung von Kranken wird Traubenzuckerlösung direkt ins Blut geleitet (▷ B 2).

Wesentlich süßer als Traubenzucker schmeckt **Fruchtzucker**. Er wird im Körper des Menschen ebenso rasch aufgenommen wie Traubenzucker. Der Blutzuckerspiegel wird durch ihn aber kaum erhöht, weil Fruchtzucker im Blut sehr viel schneller oxidiert wird. Daher kann Fruchtzucker im Gegensatz zu anderen Zuckerarten als Süßmittel für Diabetiker verwendet werden (▷ B 3).

Einfachzucker, *Traubenzucker*, chemisch **Glucose**, ist ein Grundbaustein vieler Kohlenhydrate. Mit der Summenformel $C_6H_{12}O_6$ zählt er zu den *Einfachzuckern* oder **Monosacchariden**. Ein weiterer Einfachzucker ist der *Fruchtzucker*, den Chemiker **Fructose** nennen. Er kommt zusammen mit Traubenzucker in Früchten und im Honig vor. Die Moleküle der beiden Einfachzucker unterscheiden sich in ihrer Form: Die Ringmoleküle des Traubenzuckers sind Sechserringe, die des Fruchtzuckers Fünferringe. Ein typischer Nachweis für Fruchtzucker dient zur Unterscheidung: Eine Fruchtzuckerlösung färbt sich nach Zugabe von Resorcin und Salzsäure rot (▷ B 5, ▷ V 2).

B 3 Fruchtzucker, ein Süßmittel für Diabetiker

B 4 Glucosenachweis mit Glucoseteststreifen

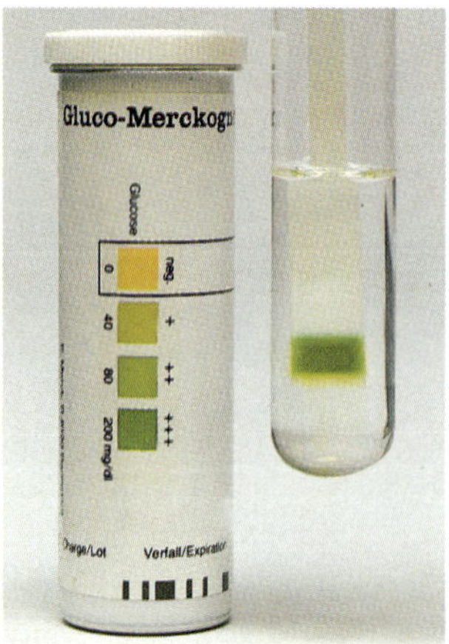

B 5 Fructosenachweis mit Resorcin in salzsaurer Lösung. Die Rotfärbung zeigt Fructose an

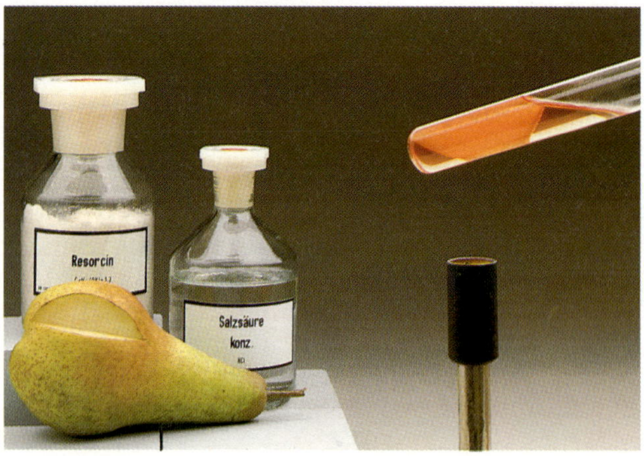

Zuckerrohr und Zuckerrüben (▷ B 6, ▷ B 7) enthalten einen Zucker mit dem chemischen Namen **Saccharose**. In unserem Körper kann die in Saccharose gespeicherte Energie nicht direkt freigesetzt werden. Saccharosemoleküle sind zu groß, um durch die Darmwand zu gelangen. Sie werden daher von Verdauungsenzymen in kleinere Bausteine aufgespalten.

Doppelzucker. Wird *Saccharose* in Gegenwart von Säuren oder Enzymen erwärmt, spaltet sich die Saccharose unter Aufnahme von Wasser (Hydrolyse). Untersucht man diese Spaltprodukte, so zeigt sich, daß Saccharosemoleküle aus je einem Molekül Glucose und Fructose gebildet werden. Bei der Bildung von Saccharose reagieren Hydroxylgruppen der beiden Einfachzucker unter Wasserabspaltung miteinander (Kondensation). Solche Zucker aus zwei Monosacchariden bezeichnet man als *Doppelzucker* oder **Disaccharide**. Sie haben die Formel $C_{12}H_{22}O_{11}$.

Andere Süßungsmittel. Die Geschmacksempfindung „süß" wird nicht nur von Zuckern hervorgerufen. Als Zusatzstoffe zu Nahrungsmitteln sind die synthetischen Süßmittel Saccharin, Cyclamat, Acesulfam-K und Aspartam zugelassen. Verschiedene Aminosäuren, Bausteine der Eiweißmoleküle, schmecken ebenfalls süß. Das Süßmittel Aspartam enthält die beiden Aminosäuren Phenylalanin und Asparaginsäure.

Saccharin und Cyclamat waren in bezug auf mögliche gesundheitsschädliche Wirkungen lange Zeit umstritten. Die Weltgesundheitsorganisation (WHO) empfiehlt daher als Tageshöchstmengen 2,5 mg/kg Körpergewicht für Saccharin und 11 mg/kg Körpergewicht für Cyclamat. Da Süßmittel in vielen zuckerfreien „light"-Produkten ohne Mengenangabe verwendet werden, ist es für den Verbraucher schwer, seine tägliche Aufnahme an Süßstoffen zu kontrollieren.

B 6 Zuckerrohrernte auf Jamaika

B 7 Zuckerrüben, Rohstoff der Zuckerindustrie

V 3 Gib im Reagenzglas zu 6 ml Saccharoselösung einige Tropfen verd. Salzsäure. Erhitze ca. 2 Minuten bis zum Sieden (Schutzbrille!). Prüfe die Lösung mit einem Glucoseteststreifen, gib danach eine Spatelspitze Resorcin hinzu und ggf. weitere 1–2 ml verdünnte Salzsäure. Schüttle. Prüfe zum Vergleich auch die unbehandelte Saccharoselösung.

A 3 Künstliche Süßstoffe werden von vielen Menschen benutzt, obwohl sie keine Diabetiker sind. Welche Gründe haben sie dafür?

A 4 Lies auf der Verpackung eines Diät-Süßmittels nach, wieviel Cylclamat oder Saccharin darin enthalten ist. Ermittle die Menge, die dir bekannte Personen davon verzehren und vergleiche mit den Empfehlungen der WHO.

B 8 Strukturformeln wichtiger Zucker

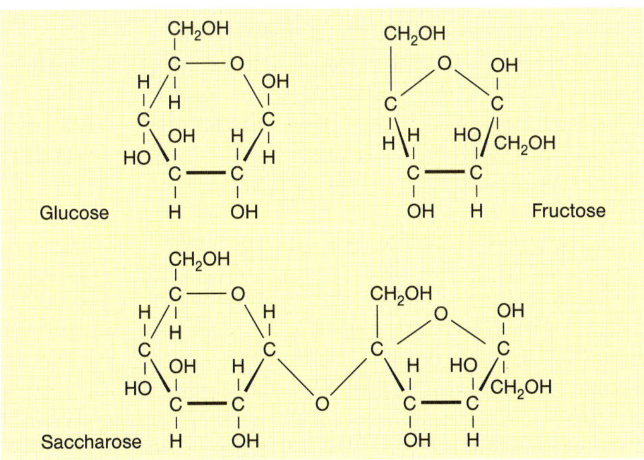

B 9 Handelsformen von Haushaltszucker

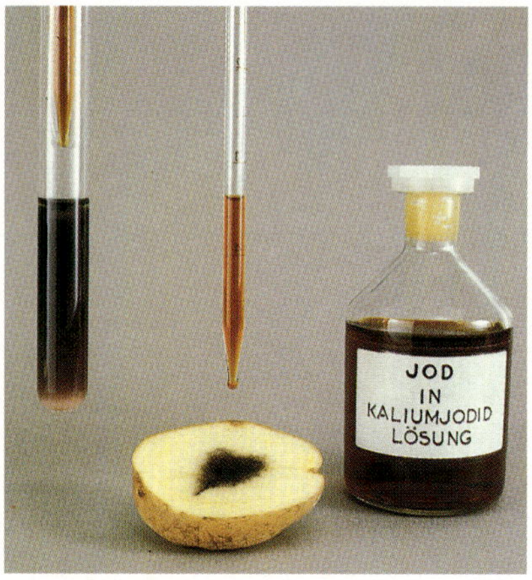

B 1 Stärkenachweis. Stärke gibt mit Iodlösung eine tiefblaue Verfärbung

B 2 Lichtstreuung durch die Makromoleküle der Stärke (rechts)

B 3 Stärkeabbau. Iod weist die stufenweise Spaltung nach

V 1 Prüfe mit Iod-Kaliumiodid-Lösung a) Stärkekleister, b) etwas Brot, Kartoffeln, Teigwaren, Puddingpulver, Margarine, Fleischwurst sowie Körperpuder.

V 2 Versetze in einem Becherglas verd. Stärkekleister mit einigen Tropfen verd. Salzsäure (oder Essigsäure) und erhitze zum Sieden. Entnimm in kurzen Abständen Proben und prüfe sie mit Iodlösung. (Schutzbrille!)

V 3 Betupfe ein Filtrierpapier oder etwas Watte mit einer Iod-Zinkchlorid-Lösung. Beobachte die Farbänderung.

V 4 Man gibt zu gelöstem Eiweiß etwas konz. Salpetersäure und erwärmt. Anschließend wiederholt man den Versuch mit festem Eiweiß. (Schutzbrille!)

B 4 Ausschnitt aus einem Stärkemolekül. Die Kettenmoleküle aus Glucosebausteinen sind spiralig gewunden

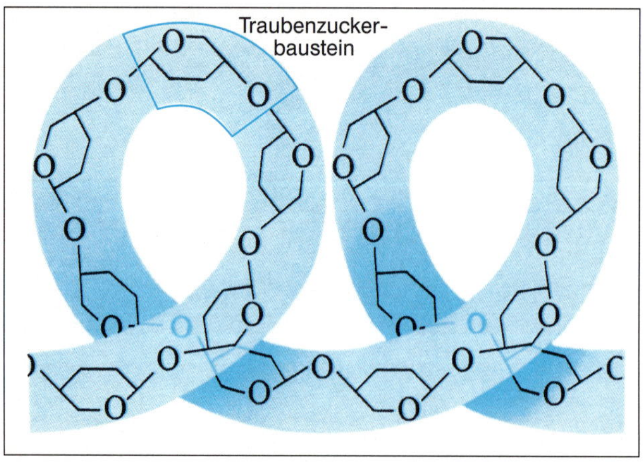

Stärke, ein Produkt der Fotosynthese, wird als Reservestoff in Blättern, Knollen, Samen oder Früchten der Pflanzen gespeichert. Als Nachweis dient die Blaufärbung mit Iod (▷ B 1).
Stärke ist in kaltem Wasser schlecht löslich, erst beim Erwärmen bildet sich Stärkelösung. Nach dem Abkühlen konzentrierter Lösungen erhält man eine trübe, klebrige Masse, den Stärkekleister. Durchleuchtet man eine filtrierte klare Stärkelösung mit einem Lichtstrahl, so beobachtet man im Gegensatz zu Glucoselösung eine Lichtstreuung (▷ B 2). Dies weist darauf hin, daß die Stärkemoleküle sehr groß sind. Stärke besteht aus **Riesenmolekülen, sog. Makromolekülen**.
Beim Erwärmen von Stärke mit Verdauungsenzymen erhält man einen süßschmeckenden Stoff, Stärke läßt sich nicht mehr nachweisen (▷ B 3). Stärke kann mit Enzymen oder Säuren bis zu ihrem Grundbaustein Glucose gespalten werden, aus dem sie unter Wasserabspaltung gebildet wurde. Solche aus Zuckerbausteinen aufgebauten Makromoleküle bezeichnet man als Vielfachzucker oder **Polysaccharide** (von griech. polys, viel).
Stärke besteht zu 20 % bis 30 % aus gewundenen Kettenmolekülen mit einigen hundert Glucoseeinheiten, der Amylose (▷ B 4). Den Hauptbestandteil bildet Amylopektin, das aus einigen tausend Glucoseeinheiten zusammengesetzt ist und dessen Ketten verzweigt sind.

Cellulose ist die Gerüst- und Stützsubstanz der Pflanzen, sie verleiht ihnen Festigkeit und Stabilität. Holz enthält 40 % bis 60 % Cellulose, wobei die Cellulosefasern der Zellwände in Holzbegleitstoffe, z. B. in Lignin, eingelagert sind. In reiner Form kommt Cellulose in Flachs- und Hanffasern sowie in den Samenhaaren der Baumwolle (▷ B 5) vor, die zu Watte und Textilien verarbeitet werden. Cellulose kann mit Iod-Zinkchloridlösung nachgewiesen werden (▷ B 6).

B 5 Reife Baumwollkapsel mit Samenhaaren aus reiner Cellulose

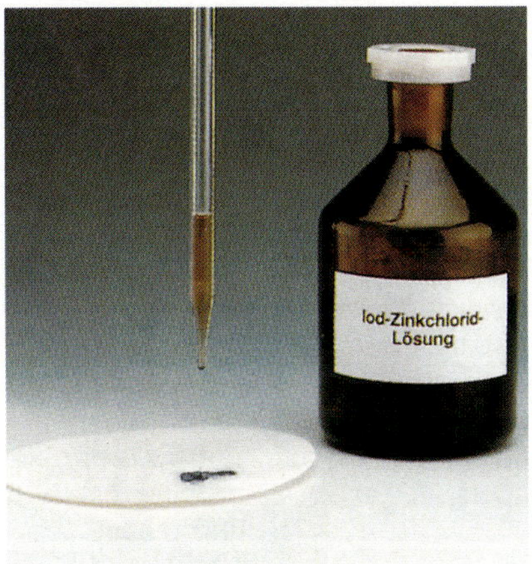

B 6 Cellulosenachweis durch Violettfärbung von Iod-Zinkchlorid-Lösung

B 7 Fasern von Baumwolltextilien aus Cellulosekettenmolekülen

Cellulose ist in Wasser unlöslich. Sie ist wie Stärke aus Glucosemolekülen aufgebaut. Ihre Molekülketten sind jedoch länger als die der Stärke, bis zu 10 000 Glucoseringe sind miteinander verknüpft. Daher zählt auch Cellulose zu den Polysacchariden. Der faserartige Aufbau weist aber auf eine andere Struktur hin. Bei der Cellulose sind die Molekülketten gestreckt und parallel ausgerichtet, da die Glucoseringe anders verknüpft sind. Dies führt zu der für eine Stützsubstanz und Faser notwendigen Stabilität.

Eiweiße (Proteine) sind wichtige Nähr- und Baustoffe. Nur Pflanzen können Eiweiße aus einfachen Verbindungen aufbauen. Mensch und Tier sind dazu nicht in der Lage, sie sind auf die Zufuhr von Eiweiß zur Bildung körpereigener Eiweiße angewiesen (▷ B 8).

In Wasser lösliche Eiweiße zeigen wie Stärkelösung beim Durchleuchten eine Lichtstreuung. Dies ist ein Hinweis auf ihren makromolekularen Aufbau. Die Bausteine der Eiweiße sind die Aminosäuren (▷ B 9). Im Unterschied zu Stärke und Cellulose, deren Makromoleküle nur aus Glucoseringen aufgebaut sind, werden Eiweiße aus bis zu 20 verschiedenen Aminosäuren aufgebaut.

Aus den etwa 20 verschiedenen Aminosäuren lassen sich unter Wasserabspaltung unvorstellbar viele Kettenmoleküle mit Molekülmassen bis zu mehreren Millionen u aufbauen. Von den Enzymen und Hormonen bis zu den Gerüststoffen der Haut, der Haare oder der Nägel reicht die Vielfalt der Eiweiße.
Als Nachweis für Eiweiß kann die Gelbfärbung mit Salpetersäure dienen (Xanthoproteinreaktion, ▷ B 10).

B 8 Eiweißhaltige Nahrungsmittel

B 9 Ausschnitt aus einer Eiweißkette. Aminosäuren sind zu kettenförmigen Makromolekülen verknüpft

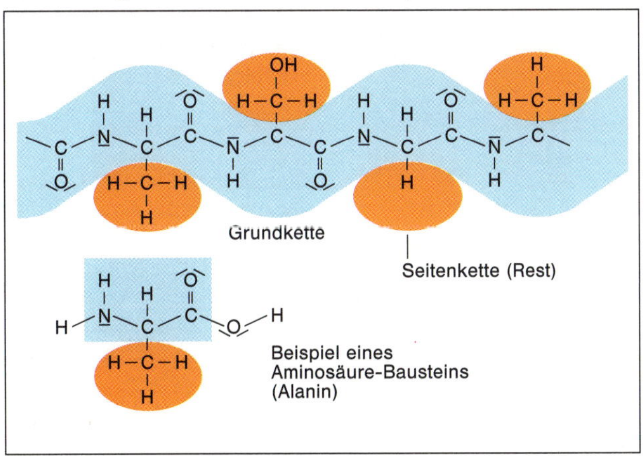

B 10 Xanthoproteinreaktion. Salpetersäure färbt Eiweiß gelb

19.9 Praktikum: Wir stellen Gummibärchen her

Weingummi und insbesondere sein typischer Vertreter, das Gummibärchen, sind bei jung und alt sehr beliebt. Das Rezept zu seiner Herstellung ist kein Geheimnis. Es erfordert ein wenig Zeit, macht aber auch Spaß. Allerdings muß man sich bei den einzelnen Arbeitsschritten genau an die Vorschriften halten. Besonders exakt müssen die Temperaturbedingungen eingehalten werden, denn die verwendeten Stoffe können durch zu starke Erwärmung leicht zersetzt werden.

Versuch **Herstellung von Gummibärchen**

Geräte/Materialien
Heizplatte (oder Heizrührer), 3 Bechergläser (1 x 400 ml, 2 x 200 ml), Waage, Meßzylinder, Glasstab, Thermometer (bis 120 °C), Spatel, kleines Backblech (mit Rand), Backofen oder Trockenschrank, Holzleiste, Mais- oder Weizenstärke als Trennmittel, Pinzette, Muster-Weingummi, kleiner Trichter

Zutaten
Haushaltszucker (Rohr- bzw. Rübenzucker), Weinsäure, Natriumhydrogencarbonat, Gelatine, Äpfelsäure, Fruchtaromen (z. B. Apfelaroma oder Orangenaroma), passende Lebensmittelfarben.

Versuchsanleitung

1. *Vorbereitung des Stärkebettes*: Fülle ein Backblech mit Stärke und trockne sie einige Stunden bei ca. 100 °C im Backofen (oder Trockenschrank). Verteile die Stärke mit Hilfe einer Holzleiste so, daß eine glatte Oberfläche auf der Höhe der Kanten entsteht. Halte ein Gummibärchen oder ein anders geformtes Weingummi von hinten mit einer Pinzette und drücke reihenweise Negativformen in das Stärkebett.

2. *Herstellung von Invertzucker*: Gib 67 g Haushaltszucker mit einer Spatelspitze Weinsäure in ein 200 ml-Becherglas und gieße 33 ml Wasser hinzu. Erhitze unter Rühren auf 70 °C bis 80 °C und halte das Gemisch ca. 30 Minuten auf dieser Temperatur. Danach gib zur Neutralisation eine Spatelspitze Natriumhydrogencarbonat hinzu. Nach dem Aufschäumen ist der Sirup fertig.
Man kann diesen Arbeitsschritt einsparen, wenn man gleich Invertzucker verwendet.

3. *Herstellung der Gießmasse*: Verrühre in dem 400 ml-Becherglas 30 g Gelatine mit 50 ml Wasser und lasse sie 15 Minuten quellen. Mische in dem zweiten 200 ml-Becherglas 80 g Saccharose mit 25 ml Wasser, erhitze das Gemisch auf genau 115 °C, und nimm es dann sofort von der Platte. Schmelze jetzt die Gelatine vorsichtig unter Rühren auf der Heizplatte. Kontrolliere, daß die Temperatur 75 °C nicht überschreitet. Nimm das Becherglas mit Gelatine von der Heizplatte, und gieße den Sirup aus Invertzucker und danach die Zuckerlösung zur Gelatine und verrühre gut. Gib einige Tropfen Fruchtaroma und einige Spatelspitzen Äpfelsäure zu dem Gemisch, um ihm einen fruchtigen Geschmack zu verleihen, und färbe es mit 1 bis 2 Tropfen passendem Lebensmittelfarbstoff.

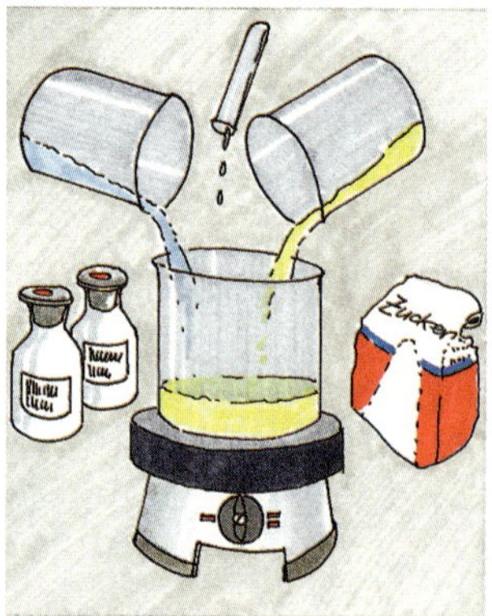

4. *Gießen der Gummibärchen*: Fülle den mit heißem Wasser sauber gespülten Trichter mit der fertigen Gießmasse, während du den Auslauf mit dem Finger verschließt. Halte den gefüllten Trichter über die Formen, öffne den Auslauf und lasse sie volllaufen. Nach einigen Stunden sind die Gummibärchen ausgehärtet.

Waschen und Pflegen

Die Ansichten über gutes Aussehen und Schönheit unterscheiden sich meist schon bei Menschen des gleichen Lebens- und Kulturkreises. Schönheitsmerkmale unterliegen außerdem starken Veränderungen. Waschen und Pflegen gehören aber zu den elementaren Bedürfnissen wohl aller Menschen. Die Seife ist schon seit 5000 Jahren bekannt. Man benutzte sie allerdings zunächst eher zur Schönheitspflege als zum Waschen. Die Ägypter kochten Fette mit Soda, das in Salzseen gefunden wurde und gewannen so eine wenig milde Seife. Vom Mittelalter bis in das 19. Jahrhundert wurde in Europa Seife von Seifensiedern hergestellt. Dazu wurden tierische und pflanzliche Fette mit alkalischen Lösungen zu einem Seifenleim gesiedet. Aus diesem wurden den heutigen Kern- und Schmierseifen ähnliche Produkte gewonnen. Erst durch die industrielle Produktion seit dem 19. Jahrhundert steht Seife allen Bevölkerungsschichten zur Verfügung. Die dadurch ermöglichte Hygiene trug maßgeblich zum Verschwinden von früher weit verbreiteten Seuchen und Krankheiten bei. Heute wird Seife durch eine Vielzahl verschiedenartiger Wasch- und Reinigungsmittel ersetzt.

Schon vor über 3000 Jahren haben sich die Ägypter geschminkt. Sie glaubten dadurch gottähnlicher zu werden. Im 18. Jahrhundert wurden durch Schminken und Parfümieren unreine Haut und unangenehme Körpergerüche überdeckt.

Heute stehen wir einem riesigen Angebot verschiedener Kosmetikprodukte gegenüber. Der Trend zum Selbermachen von Cremes und sanften Seifen verstärkt sich.

20.1 Waschen und Pflegen

Aus einem Büchlein von 1882 für Arbeiterfrauen:

„Die Besorgung der Wäsche ist für jede Hausfrau eine der wichtigsten Arbeiten, aber auch diejenige, welche am meisten zeitraubend ist und selbst ein ruhiges, geordnetes Hauswesen leicht stören kann. Drum fängt die Hausfrau am besten gleich am Montag mit dem Waschen an und läßt jede andere nicht dringende Arbeit an diesem Tage bei Seite.“

(aus: „Das häusliche Glück“, Mönchengladbach u. Leipzig 1882, Reprint München 1975)

Ein Waschtag um 1925:

„Im Keller des Hauses war die Waschküche. Einen ganzen Tag, jede Woche, war Waschtag. Da dampfte es durch das Haus, nicht nur an dem Tag, an dem unsere Mutter die Wäsche rubbelte, kochte, auswrang, mit ihren schmalen Händen an triefnassen Leinentüchern alle Kräfte aufwenden mußte, um die Nässe herauszubekommen. Auch an den Tagen, die von den anderen Hausparteien als Waschtag genutzt wurden, dampfte es durch das Haus.“

(aus: „Mein Elternhaus“, Hrsg. Rudi Pförtner, Econ 1984)

1 a) Informiere dich über die verschiedenen Waschprogramme der häuslichen Waschmaschine.
b) Welche Programmschritte weist das Hauptprogramm einer Waschmaschine auf?
c) Wie lange dauert der Ablauf eines solchen Hauptprogramms mit Kochwäsche (95 °C)?
d) Welche Arbeitsschritte des Wäschewaschens werden in dem Artikel zum „Waschtag um 1925“ beschrieben?
e) Welcher Teil eines Waschprogramms entspricht der schweren Arbeit des Auswringens der Wäsche?
f) Wie lange dauerte das Waschen früher (zu den Zeiten, die in den Artikeln beschrieben werden)?
g) Der Tag des Wäschewaschens war bei den Kindern früher sehr unbeliebt. Warum?
h) Gib eine Stellungnahme ab zu der Behauptung, daß die Erfindungen von Waschmaschine und Waschpulver zur Emanzipation der Frauen ganz erheblich beigetragen haben.

2 a) Ermittle in einem Supermarkt, wie viele Waschmittelsorten (z. B. Vollwaschmittel) und Waschmittelmarken angeboten werden.
b) Notiere die Angaben von Waschmittelpackungen. Teile die Angaben in Werbeaussagen und Informationen ein.

3 Waschen die Deutschen zu viel? Beschreibe Zusammenhänge zwischen Berufstätigkeit und Häufigkeit des Wäschewechselns und damit des Wäschewaschens.

Im November 1990 sind ca. 1000 Männer und 1000 Frauen darüber befragt worden, wie lange sie ein Oberhemd bzw. eine Bluse tragen. 40 % der Männer tragen ihr Oberhemd nur einen Tag, 39 % zwei Tage, 12 % drei Tage und 9 % länger. 1 % gab keine Antwort.

Bei den Frauen wird die Bluse bei 48 % nach einem Tag gewechselt, bei 33 % nach zwei Tagen, bei 14 % nach drei Tagen und bei 4 % nach mehr als drei Tagen. Keine Antwort gaben 1 %.

Wir diskutieren Fragen aus Alltag und Umwelt

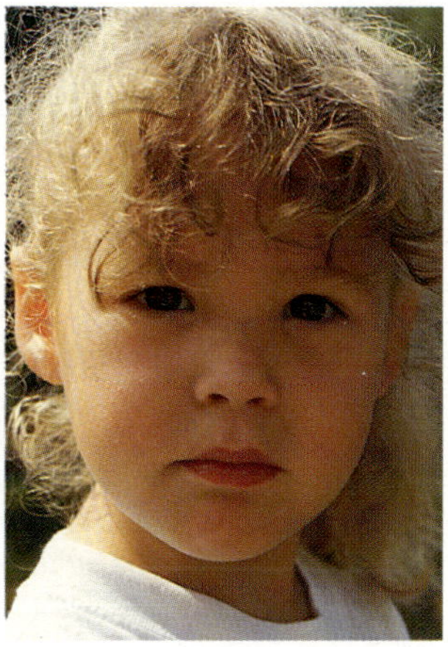

4 Die Haut sagt viel über einen Menschen aus: Sie gibt Hinweise auf sein Alter und seine Lebensweise sowie seine häufigste Mimik.
a) Worin unterscheiden sich junge und alte Haut?
b) Wodurch wird eine Veränderung herbeigeführt?

5 Sammle Sprichwörter, in denen von der Haut die Rede ist. Sind die Aussagen immer zutreffend?

6 Schönheit kommt von innen! – Was bedeutet diese Erkenntnis für unsere Lebensweise?

7 Kosmetik bedeutet Hygiene und Hautpflege. Was kannst du tun, damit deine Haut gesund bleibt?

8 Kosmetik-Werbung macht viele Versprechungen. Mit welchen Inhaltsstoffen sollen laut Werbung die verschiedenen Wirkungen erzielt werden?

9 Die Haut wird geschützt durch die Hydrolipidschicht. Man nennt sie auch Säureschutzmantel. Was bedeutet dieser Begriff?

10 Welche Körperpflege- und Kosmetikprodukte werden in eurer Familie verwendet?

11 Unsere Haut hat verschiedene Aufgaben, von denen einige in der Grafik unten dargestellt sind. Trage möglichst viele Aufgaben der Haut in einer Tabelle zusammen.

Jetzt geht`s Pickeln und Mitessern an die Substanz.

Das neue System gegen vorzeitige Hautalterung

Vitamine + Massage = schöne Haut

Ihr jugendliches Aussehen bleibt jetzt noch länger erhalten.

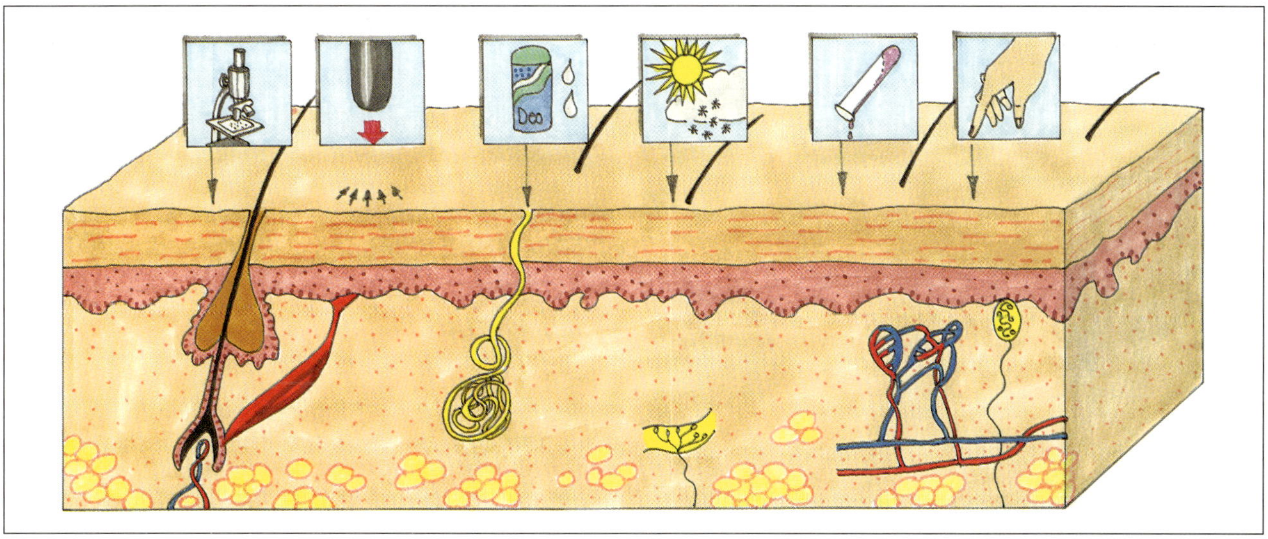

20.2 Vom Fett zur Seife

B 1 Seifensieden in einer Seifenfabrik

V 1 Erwärme in einem Becherglas (400 ml, hohe Form wegen der Spritzgefahr!) 10 g Fett oder Öl und 5 ml dest. Wasser langsam auf ca. 70 °C (Schutzbrille!). Füge langsam 20 ml 20%ige Natronlauge zu. Erwärme dann noch unter ständigem Rühren ca. 20 Minuten bei ca. 70 °C. Ersetze von Zeit zu Zeit verdampftes Wasser („im Leim kochen"). Gieße 50 ml gesättigte Kochsalzlösung langsam zu dem Seifenleim und rühre das Gemisch einige Male um. Laß das Gemisch erkalten und schöpfe nach einiger Zeit die Seife ab. Trockne die Seife zwischen saugfähigem Papier. Fülle ein Reagenzglas zu etwa einem Drittel mit dest. Wasser. Gib eine Probe der getrockneten Seife in das Reagenzglas, verschließe es mit einem Stopfen und schüttle kräftig.

B 2 Schematische Darstellung der Seifenherstellung nach dem Laugen- und Carbonatverfahren

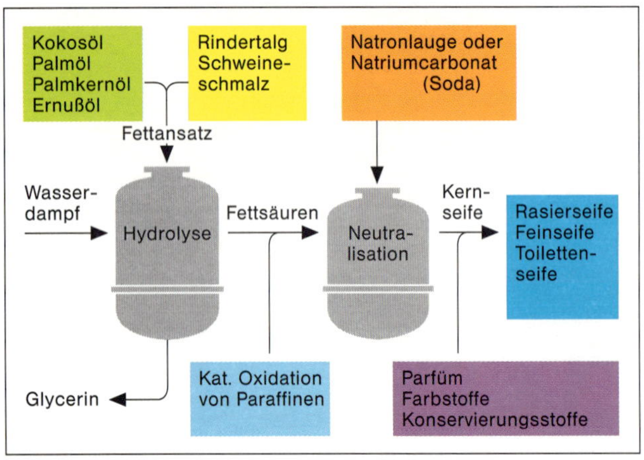

Kocht man *Fett* mit alkalisch reagierenden Salzen wie Pottasche (Kaliumcarbonat) und Soda (Natriumcarbonat), so entstehen Seifen. Seit dem 19. Jahrhundert siedet man Fette auch mit Laugen. Das Prinzip des *„Seifensiedens"* hat sich bis heute nur wenig gewandelt.

Vom Fett zur Seife. Ausgangsstoffe für die Seifenherstellung sind vor allem pflanzliche Fette und Öle, aber auch tierische Abfallfette, die unter Zugabe von Natron- oder Kalilauge stundenlang in Kesseln gekocht werden (▷ B 1). Dabei werden die Fette als natürliche Ester in Glycerin und Fettsäuren gespalten. Von diesem Verfahren stammt der früher gebräuchliche Ausdruck **Verseifung** für die Spaltung der Ester. Die Fettsäuren bilden mit den Laugen sofort die entsprechenden *Natrium-* oder *Kaliumsalze*, die *Seifen* (▷ V 1). Dabei erhält man mit Natronlauge feste Kernseife, mit Kalilauge dagegen Schmierseife:

$$C_{17}H_{33}COOH + KOH \longrightarrow C_{17}H_{33}COOK + H_2O$$

Kaliumoleat (Schmierseife)

$$C_{17}H_{35}COOH + NaOH \longrightarrow C_{17}H_{35}COONa + H_2O$$

Natriumstearat (Kernseife)

Seifen sind Natrium- oder Kaliumsalze der höheren Fettsäuren.

Bei diesem Verfahren muß die wasserlösliche Seife von dem ebenfalls wasserlöslichen Glycerin getrennt werden (▷ V 1). Dies geschieht durch Kochsalzzusatz (*„Aussalzen"*). Durch Kochsalz wird die Löslichkeit der Seife soweit herabgesetzt, daß sich ein fester **Seifenkern** und eine wäßrige **Unterlauge** bildet, die das Glycerin enthält. Der Seifenkern wird getrocknet und nach Zusatz verschiedener Stoffe zu Stücken gepreßt.

Technische Seifenherstellung. In modernen Verfahren wird Seife in *zwei Stufen* hergestellt. Zunächst werden die Fette mit 180 °C heißem *Wasserdampf* in Druckkesseln durch Hydrolyse gespalten. Nach dem Abkühlen lassen sich die unlöslichen Fettsäuren vom löslichen Glycerin leicht abtrennen. In einer zweiten Stufe wandelt man die so gewonnenen Fettsäuren mit Natronlauge *(Laugenverfahren)* oder mit dem billigeren Natriumcarbonat *(Carbonatverfahren)* in Seifen um.

$$2\,C_{17}H_{35}COOH + Na_2CO_3 \longrightarrow 2\,C_{17}H_{35}COONa + H_2CO_3$$

$$H_2CO_3 \longrightarrow CO_2 + H_2O$$

Die durch Spaltung von Fetten gewonnenen Fettsäuren reichen aber nicht aus, um den heutigen Seifenbedarf zu decken. Daher werden zusätzlich langkettige Alkane (Paraffine) durch katalytische Oxidation in Fettsäuren umgewandelt.

20.3 Seife und Waschwirkung

Schmutz kann aus Textilien nur entfernt werden, wenn das Reinigungsmittel in das Gewebe eindringt und es benetzt. Wasser benetzt aber schlecht.

Grenzflächenspannung und Seife. Wasserläufer bewegen sich auf einer Wasseroberfläche wie auf einer Haut, eine Rasierklinge schwimmt auf dem Wasser. Ursache ist die Oberflächenspannung des Wassers. Sie entsteht an der Grenzfläche zu Luft, da zwischen den polaren Wassermolekülen starke Anziehungskräfte wirken, die auch zur Tropfenbildung führen (▷ B 1). Wirken diese Anziehungskräfte gegenüber anderen Grenzflächen wie z. B. Glas, Kunststoff, Fett oder Fasern, so spricht man allgemein von **Grenzflächenspannung.**
Diese Grenzflächenspannung verhindert die Benetzung von hydrophobem, z. B. ölverschmutztem Gewebe (▷ B 2) oder das Aufsteigen von Öl unter Wasser aus einer Enghalsflasche (▷ V 2). Fügt man Seifenlösung zu, so steigt das Öl aus der Enghalsflasche ungehindert nach oben (▷ B 3). Seifenlösung verringert die Grenzflächenspannung zwischen Öl und Wasser. Daher läßt sich hydrophobes Gewebe mit Seifenlösung benetzen.

Stoffe, die die Grenzflächenspannung vermindern, nennt man Tenside. Seife ist ein Tensid.

Warum wirkt Seife als Tensid? In einer Seifenlösung sind Natrium- oder Kaliumkationen und die Anionen der Fettsäuren enthalten. Die benetzende Wirkung muß von den Fettsäureanionen ausgehen, sonst könnte man auch mit einer Kochsalzlösung waschen. Das Seifenanion besteht aus einer langkettigen unpolaren Kohlenwasserstoffkette und der kurzen polaren COO^--Gruppe. Das Seifenanion weist somit ein fettfreundliches (lipophiles) Ende und ein wasserfreundliches (hydrophiles) Ende auf (▷ B 4).

Seifenanionen sind grenzflächenaktiv. Kommt Seifenlösung mit Fett in Berührung, so bohren sich die Seifenanionen mit ihren lipophilen Enden in das Fett, die hydrophilen Enden ragen ins Wasser. Dadurch verringert sich die Grenzflächenspannung. Der gleiche Vorgang spielt sich an der Wasseroberfläche ab. Die Seifenanionen ordnen sich so an, daß die hydrophilen Enden im Wasser sind und die hydrophoben Enden in die Luft ragen. Die Anziehung zwischen den Wassermolekülen wird verringert, die Grenzflächenspannung wird herabgesetzt.

B 1 Wassertropfen auf hydrophobem Gewebe

V 1 a) Lege mit Hilfe eines Löschpapiers Büroklammern oder Rasierklingen auf eine Wasseroberfläche (Löschpapier absinken lassen).
b) Tropfe Wasser auf eine berußte Unterlage und auf hydrophobes, noch nicht gewaschenes Gewebe.
c) Wiederhole die Versuche mit etwas Seifenlösung.

V 2 Färbe Öl mit Sudanrot und fülle damit eine Enghalsflasche. Stelle sie in einen Zylinder mit Wasser. Laß Spülmittel über dem Öl ins Wasser tropfen.

B 2 Ölige Faser in Wasser. Sie wird nicht benetzt

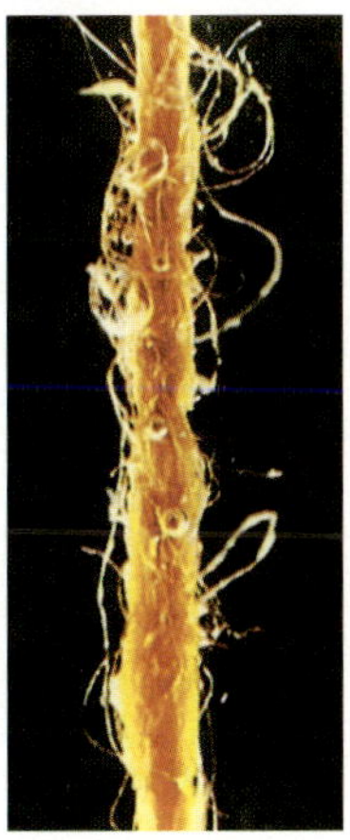

B 3 Seife verringert die Grenzflächenspannung. Das Öl kann so ungehindert ausfließen

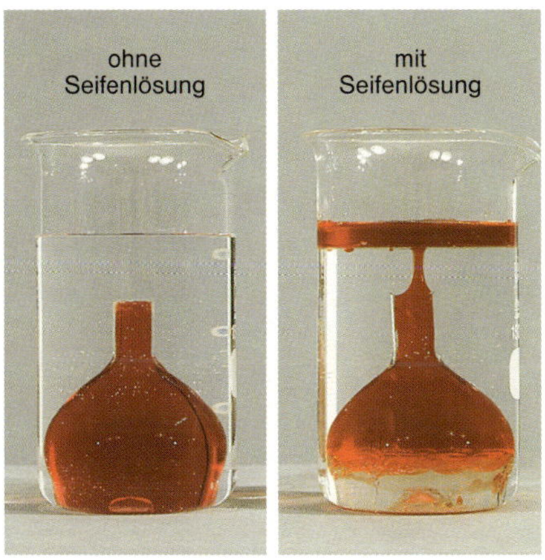

B 4 Struktur der Seifenanionen. Sie bestehen aus einem hydrophilen Teil (blau) und einem lipophilen Teil (gelb)

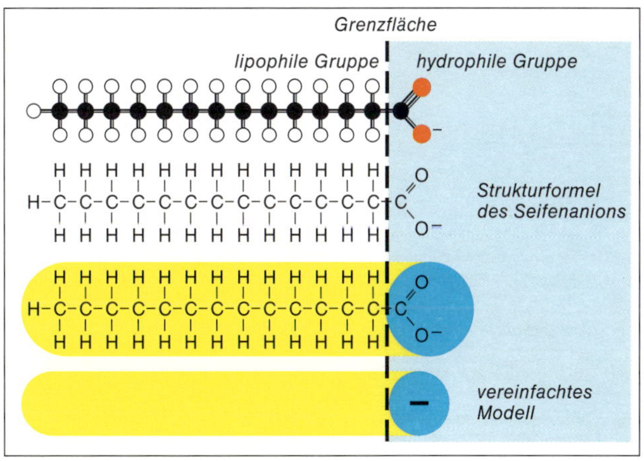

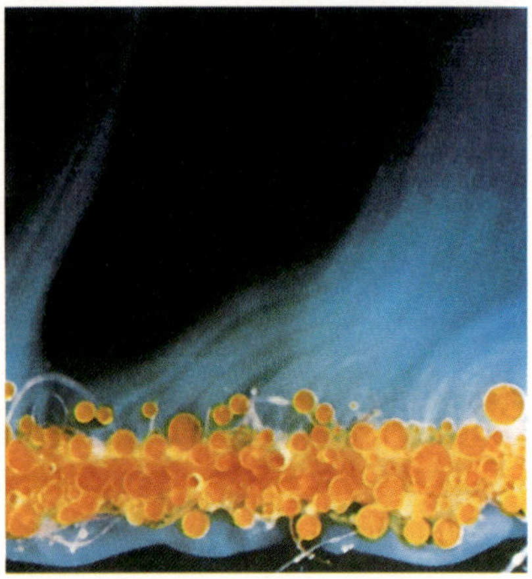

B 1 Schmutzablösung und Emulsionsbildung. Seifenlösung reinigt eine ölverschmutzte Faser

V 1 Gib im Reagenzglas zu Wasser bzw. Seifenlösung jeweils etwas Öl und schüttle kräftig. Vergleiche die Emulsionen.

V 2 Schüttle Holzkohlepulver mit Leitungswasser bzw. Seifenlösung. Vergleiche die Suspensionen nach einigen Minuten. Filtriere die Suspensionen und vergleiche die Filtrate.

A 1 Erläutere mit eigenen Worten die emulgierende und dispergierende Wirkung einer Seifenlösung.

Beim Waschen verschmutzter Hände oder Textilien kommt es darauf an, daß der Schmutz abgelöst, im Waschwasser gehalten und mit ihm fortgeschwemmt wird.

Seife wirkt benetzend und schmutzablösend. Da sich Seifenanionen an der Grenzfläche zwischen hydrophilen und hydrophoben Stoffen anreichern, wirken sie besonders waschaktiv gegenüber fettigen Verschmutzungen (▷ B 1). Sowohl auf der fettigen Grenzfläche als auch auf der wasserabweisenden Faser verteilen sich die Seifenanionen so, daß ihre wasserfreundlichen Enden im Wasser bleiben, während die fettfreundlichen Enden in das Fett eindringen oder sich an die Faser anlagern. Die Anionen bilden eine Klammer zwischen dem Wasser und dem fettigen Schmutz bzw. der hydrophoben Faser. Die Grenzflächenspannung wird dadurch herabgesetzt, Faser und Schmutz können benetzt werden. Fett- und Faseroberfläche sind durch die Seifenanionen negativ geladen. Die dadurch entstehende gegenseitige Abstoßung ermöglicht die *Ablösung* des *Schmutzes* (▷ B 2). Warum aber bleibt der Schmutz im Seifenwasser verteilt?

Seife wirkt emulgierend. Ein Gemisch aus Wasser und Öl trennt sich schon nach kurzer Zeit wieder. Dagegen bildet eine Seifenlösung mit Öl eine *Emulsion*, die über Tage bestehen bleibt (▷ B 3, ▷ V 1). Die feinzerteilten Öltröpfchen werden dabei von Seifenanionen völlig umhüllt, da die fettfreundlichen Enden im Öl stecken. Durch die dem Wasser zugewandten negativ geladenen Enden der Seifenanionen sind die Öltröpfchen negativ geladen, aufgrund der gegenseitigen Abstoßung können die Tröpfchen nicht mehr zusammenfließen. Die Öltropfen schweben gleichmäßig verteilt in der Seifenlösung.

Seife wirkt dispergierend. Auch fester Schmutz (z. B. Ruß, Staub) wird durch die Anlagerung der Seifenanionen negativ aufgeladen und schwebt deshalb *fein zerteilt (dispergiert)* in der Waschlösung (▷ V 2). Da sich abgelöste Öl- oder Schmutzteilchen wegen ihrer gleichgeladenen Seifenhülle gegenseitig abstoßen und nicht mehr auf dem Gewebe absetzen, spricht man vom **Schmutztragevermögen** der Waschlösung. Die Schmutzablösung wird durch Erwärmen oder mechanische Bearbeitung, z. B. Reiben oder Bewegen der Wäsche, unterstützt.

B 2 Schematische Darstellung der Stufen des Waschvorgangs. Links: Benetzen von Schmutz und Faser. Mitte: Ablösen des Schmutzes. Rechts: Schmutzzerteilung

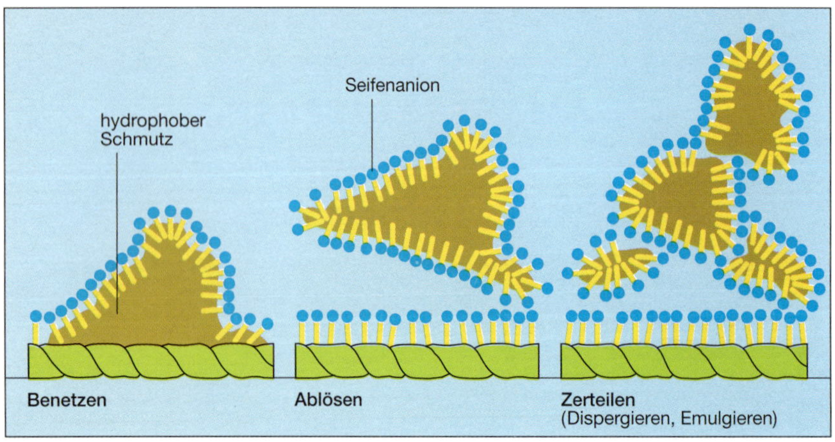

B 3 Emulsionsbildung. Angefärbtes Öl in Wasser (links) und Seifenlösung

20.4 Nachteile der Seife

Obwohl Seifenlösung eine ausgezeichnete Waschwirkung zeigt, gibt es Gründe, die ihre Verwendung als Waschmittel *einschränken*. Seife verfilzt Wolle, brennt in den Augen und reizt empfindliche Haut. Ursache dafür ist die Reaktion von Seife mit Wasser.

Alkalische Reaktion der Seife. Eine *alkoholische* Seifenlösung ist *neutral* (▷ V 1). Setzt man ihr jedoch Wasser zu, so zeigt die Rotfärbung von Phenolphthalein (▷ B 2), daß die wäßrige Lösung alkalisch ist. Phenolphtalein ist ein günstiger Indikator zum Erkennen alkalischer Lösungen. Die sich bildenden Hydroxidionen unterstützen die Waschwirkung der „Seifenlauge" wesentlich, wirken jedoch haut- und faserschädigend.

$$C_{17}H_{35}COO^- + H_2O \longrightarrow C_{17}H_{35}COOH + OH^-$$

Wirkung von Seife in hartem Wasser. Wie kommt es, daß Seifenlösung nicht überall gleich gut schäumt? Ursache dafür kann nicht die Seife sein, sondern das verwendete Wasser. Ein Vergleich in verschiedenen Wasserproben zeigt, daß Seife in weichem Wasser eine wesentlich stärkere Schaumbildung aufweist als in hartem Wasser (▷ V 2). Dies deutet darauf hin, daß Seifenanionen mit den in hartem Wasser enthaltenen *Calcium- und Magnesiumionen* reagieren. Dabei bildet sich ein weißer, flockiger Niederschlag von *„Kalkseife"* (▷ B 3, ▷ B 4), der zu Verkrustungen des Gewebes führt und sich als „Grauschleier" ablagert. Dadurch wird die Wäsche hart und brüchig, sie verliert ihre Saugfähigkeit und vergilbt. Da die gebildete Kalkseife weder grenzflächenaktiv noch emulgierend wirkt, steigt mit der Wasserhärte auch der Seifenverbrauch (▷ V 3).

$$2\, C_{17}H_{35}COO^- + Ca^{2+} \longrightarrow (C_{17}H_{35}COO)_2Ca$$

Calciumstearat (Kalkseife)

Wirkung von Seife in Salz- und Säurelösung. Nicht nur härtebildende Salze, auch geringe Mengen anderer Salze bilden mit Seifenanionen schwerlösliche Niederschläge. Dies spielt in Gegenden eine Rolle, in denen wegen Trinkwassermangel Meerwasser zum Waschen verwendet werden muß.
Aber auch schon die Salzmengen stark verschwitzter Wäsche sowie die im Schweiß enthaltenen Säuren setzen die Waschwirkung der Seifenlösung herab. Ursache für die Säureempfindlichkeit ist die Reaktion der Seifenanionen mit H_3O^+-Ionen der Säurelösung. Die sich bildenden Fettsäuren scheiden sich im Wasser als weiße Flocken ab.

$$C_{17}H_{35}COO^- + H_3O^+ \longrightarrow C_{17}H_{35}COOH + H_2O$$

Seifenlösung ist salz- und säureempfindlich und wirkt alkalisch.

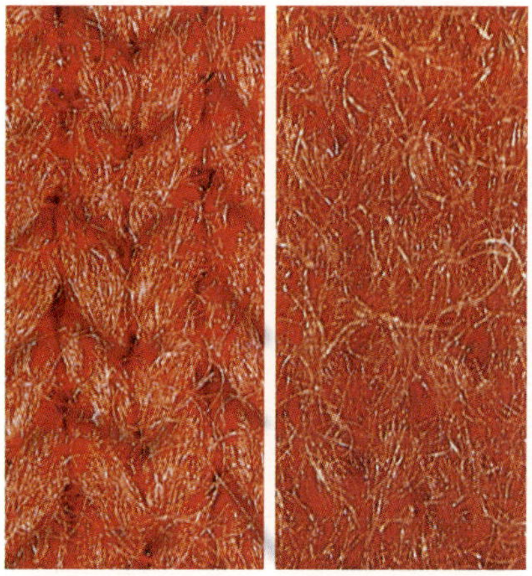

B 1 Seifenlösung verfilzt Wollgewebe. Links: Vor dem Waschen. Rechts: Nachher

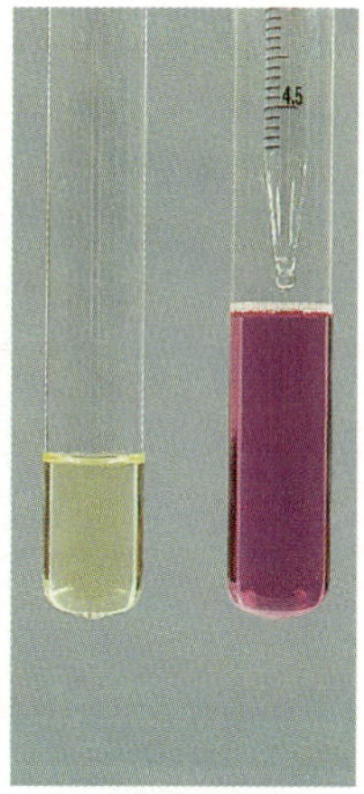

B 2 Alkalische Reaktion von Seifenspiritus in Wasser

V 1 Gib zu Seifenspiritus (Seife gelöst in Ethanol) einen Tropfen Phenolphthaleinlösung. Beobachte. Gib langsam dest. Wasser zu.

V 2 Gib im Reagenzglas zu Seifenspiritus
a) dest. Wasser, b) Leitungswasser, c) Salzlösungen mit Ca^{2+}-, Mg^{2+}- und Fe^{3+}-Ionen.
Vergleiche Trübung und Schaumbildung.

V 3 Gib zu 100 ml Leitungswasser im Erlenmeyerkolben tropfenweise genormte Seifenlösung aus einer Bürette, und schüttle jedesmal kräftig. Die Reaktion ist beendet, wenn sich 5 mm Schaum bilden. Der Verbrauch von 1 ml Seifenlösung nach Pellet (0,5 ml nach Boutron-Boudet) entspricht 1 °dH.

B 3 Ablagerung von Kalkseife (rechts) durch Waschen in hartem Wasser

B 4 Wasserhärte und Seife

20.5 Waschmittel – Inhalt und Wirkung

B 1 Waschmittel reinigen bei verschiedenen Temperaturen jedes Gewebe

V 1 Stelle jeweils vier Lösungen verschiedener Tenside und Waschmittel her.
Gib zu den Lösungen a) Universalindikatorlösung, b) hartes Wasser, c) Kochsalzlösung, d) verdünnte Salzsäure. Schüttle!
Schildere und deute die Beobachtungen.

A 1 a) Was haben ein Alkylsulfat- und ein Seifenanion gemeinsam? Wodurch unterscheiden sie sich?
b) Warum lösen sich auch nichtionische Tenside gut in Wasser?

Es werden sehr viele Waschmittel angeboten. Der Käufer kann wählen zwischen Voll- und Feinwaschmitteln in fester und flüssiger Form. Außerdem gibt es Waschmittelkonzentrate und Spezialwaschmittel. Die Vielfalt der Textilien (▷ B 1) und die unterschiedliche Beschaffenheit des Schmutzes (▷ B 2) stellen hohe Anforderungen an die Waschmittel. Die Hersteller werben z. B. mit mehr Waschkraft, aber auch mit der Umweltverträglichkeit ihrer Produkte. Auf den Waschmittelpackungen tauchen häufig gleiche Angaben auf. Waschmittel sind in der Regel Gemische. Im folgenden betrachten wir die Zusammensetzungen verschiedener Waschmittel, die Aufgaben der Inhaltsstoffe und einige der von ihnen ausgehenden Probleme für die Umwelt und die Gesundheit des Verbrauchers.

Tenside. Ursache für die Nachteile der Seife beim Waschprozeß ist die im Seifenanion gebundene COO^--Gruppe. Daher wurden *synthetische Tenside* oder *waschaktive Stoffe* (**Syndets** oder **WAS**) entwickelt, die den prinzipiell gleichen Aufbau wie die Seifenanionen aufweisen (▷ B 3).
Die Teilchen der Tenside besitzen sowohl ein *wasserfreundliches, polares Ende* als auch einen *fettliebenden, unpolaren Teil*. Dabei bestimmt der polare Teil die Zuordnung zu einer Tensidart. Bei den **anionischen Tensiden** weist die polare Gruppe eine *negative Ladung* auf. Die COO^--Gruppe ist durch eine Sulfatgruppe ($-O-SO_3^-$) oder Sulfonatgruppe ($-SO_3^-$) ersetzt worden. Wäßrige Lösungen dieser Tenside sind fast neutral (▷ V 1), sie schädigen deshalb nicht das Gewebe wie die alkalischen Seifenlösungen. Allerdings sind einige Sulfonate härteempfindlich, da sie schwerlösliche Calciumsalze bilden. Außerdem hatten die zunächst verwendeten anionischen Tenside den Nachteil, daß sie durch die Kleinstlebewesen der Gewässer kaum abgebaut wurden. Schaumberge bedeckten daher weite Flächen unserer Gewässer, bis das **Detergentiengesetz** (Detergentien sind Tenside) ab 1964 nur noch Tenside zuließ, die zu mindestens 80 % biologisch abbaubar sind. Erreicht wurde dieses dadurch, daß verzweigte Kohlenwasserstoffketten des unpolaren Teils des Tensidteilchens durch unverzweigte Kohlenwasserstoffketten ersetzt wurden.

Nichtionische Tenside haben in alkalischer, saurer oder salziger Lösung (z.B. Meerwasser) und bei niedrigen Temperaturen eine gute Reinigungswirkung. Diese Tenside bestehen aus langkettigen Molekülen, die mehrere wasserfreundliche C—O—C-Gruppen aufweisen.

B 2 Wichtige Bestandteile von Wäscheschmutz. Viele von ihnen sind schwer entfernbar

Art	Anteil in %	Beispiele	Entfernbarkeit
Fett	5 - 10	Hauttalg, Speisefett, Wachse, Kosmetika, Mineralöl	wasserunlöslich, daher schwer entfernbar
Pigmentschmutz	25 - 30	Straßenstaub, Ruß, Asche, Pflanzenreste	
farbstoffhaltige Flecken	< 1	Obst, Gemüse, Tee, Rotwein, Gras	
eiweißhaltige Flecken	20 - 25	Hühnereiweiß, Kakao, Bratensoße, Kondensmilch, Blut, Hautschuppen, Bakterien	
Kohlenhydrate	ca. 20	Zucker, Stärke Faserreste	leicht entfernbar
wasserlöslicher Schmutz	15 - 20 5 - 7	Schweißrückstände, Harnstoff	

B 3 Anionische und nichtionische Tenside (Beispiele)

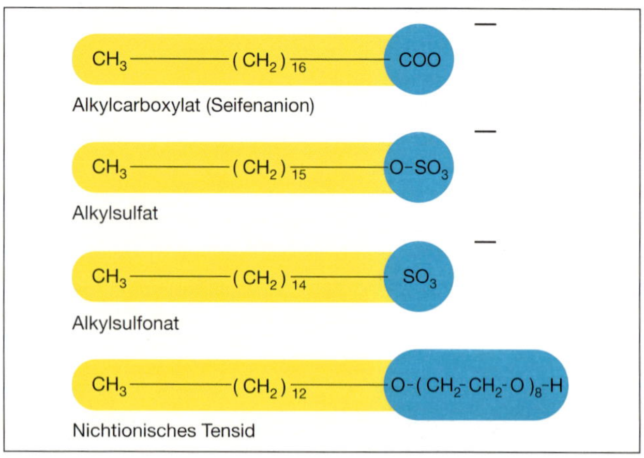

Wasserenthärtungsmittel. Die Wasserhärte behindert auch bei modernen Tensiden den Waschvorgang. Bereits beim Erhitzen bildet hartes Wasser einen feinkristallinen Niederschlag von Calcium- oder Magnesiumcarbonat, der durch seine Scheuerwirkung Gewebe angreift und in der Waschmaschine zu Ablagerungen führt. Daher enthalten viele Waschmittel Stoffe, die die härtebildenden Ca^{2+}- oder Mg^{2+}-Ionen gegen Na^{+}-Ionen austauschen und binden, so daß wasserlösliche Salze entstehen. Diese *Enthärtungsmittel* werden häufig auch als **Builder** bezeichnet.

Ausgezeichnete Enthärtungsmittel sind *Phosphate*, die außerdem noch dispergierend und emulgierend wirken. Dieses verhindert ein Wiederabsetzen des Schmutzes und damit die Vergrauung des Gewebes. Allerdings stören die in großen Mengen in der Waschlösung enthaltenen Phosphate das biologische Gleichgewicht unserer Gewässer. Sie führen zur Überdüngung (▷ B 4) und zuletzt zum Absterben der Pflanzen und Lebewesen in diesen Gewässern. In der Phosphathöchstmengenverordnung wurde 1984 verlangt, daß Waschmittel höchstens 20% Phosphate enthalten dürfen. Heute wird in Deutschland *Zeolith* zusammen mit weiteren Stoffen als Phosphatersatz eingesetzt. Zeolith ist ein aus natürlich vorkommendem Gestein gewonnenes Natrium-Aluminium-Silicat (▷ B 5), das als umweltverträglich gilt. Da es wasserunlöslich ist, muß es sehr fein pulverisiert sein (▷ B 6), damit es wieder ausgewaschen wird.

Eine weitere Maßnahme zum Schutz der Gewässer ist die Pflicht zur Angabe von *Dosierungsempfehlungen* bei Produkten, die Phosphate oder andere wasserenthärtende Mittel enthalten (▷ B 7). Zur besseren Vergleichbarkeit muß auch die *Ergiebigkeit* oder *Reichweite* des Waschmittels angegeben sein.

B 4 Eutrophierter See mit starkem Algenwachstum

V 2 a) Stelle durch Lösen von Calciumchlorid in dest. Wasser „hartes Wasser" her, filtriere die Suspension. Verteile die klare Lösung auf drei Reagenzgläser.
b) Gib in das 1. Reagenzglas einen erbsengroßen Seifenspan, in das 2. eine Spatelspitze Vollwaschmittel und in das 3. eine Spatelspitze Zeolith und einen erbsengroßen Seifenspan.
c) Schüttle die drei Reagenzgläser kräftig.
Schildere und deute die Beobachtungen.

A 2 a) Warum wird im Härtebereich 4 (▷ B 7) mehr Waschmittel benötigt als im Härtebereich 2?
b) Warum ist es sinnvoll, hartes und sehr hartes Wasser vor der Waschmittelzugabe zu enthärten?

B 5 Zeolith-Kristalle, in zehntausendfacher Vergrößerung

B 6 Zeolith ist sehr fein pulverisiert, es bleibt nicht auf der Faser

B 7 Waschmitteldosierung, abgestimmt auf die Wasserhärte

Wasserhärtebereich	normal verschmutzte Wäsche – nur Hauptwäsche –	
	Dosierung	Ergiebigkeit
1 (weich)	240 ml	36 kg
2 (mittel)	260 ml	33 kg
3 (hart)	280 ml	31 kg
4 (sehr hart)	300 ml	29 kg

Ergiebigkeit: 1 kg Waschmittel reicht für die angegebene Menge Trockenwäsche bei einer Beladung von 4,5 kg im Hauptwaschgang.

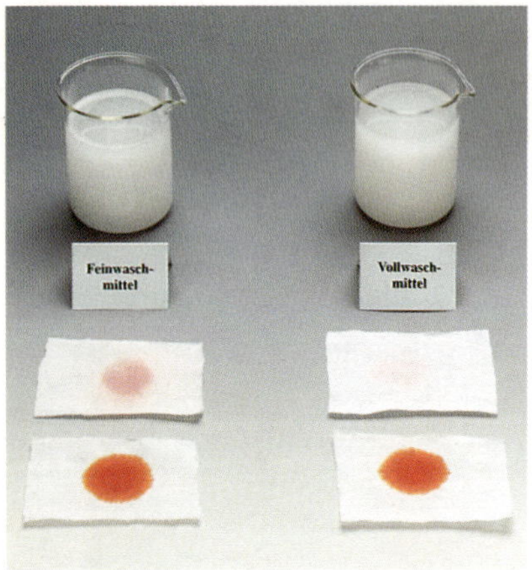

B8 Bleichmittel zerstören Tintenflecke

V 3 Gib in je einem Reagenzglas zu etwa 5 ml Natriumperborat-Lösung bzw. Vollwaschmittel-Lösung a) Eisen(III)-chlorid, b) Kupfer(II)-chlorid. Prüfe das entweichende Gas mit der Glimmspanprobe.

V 4 Gib eine Spatelspitze Voll- bzw. Feinwaschmittel in dest. Wasser in einer Petrischale. Betrachte die Lösungen unter einer UV-Lampe. Hänge je ein Papiertaschentuch in die Lösungen und betrachte unter der UV-Lampe.

Bleichmittel. Nicht nur Fett und Pigmentschmutz müssen aus dem Gewebe entfernt werden, sondern auch farbige Flecken, z.B. von Obst oder Tee. Vollwaschmittel enthalten daher *Oxidationsmittel als Bleichmittel* (z.B. Natriumperborat). Es zerfällt bei über 60 °C, dabei entstehen *Sauerstoffatome (atomarer Sauerstoff)*, die die Flecken oxidieren. Da schon Spuren von Schwermetallionen die Bildung von Sauerstoffatomen aus den Bleichmitteln katalysieren (▷ V 3), werden den Vollwaschmitteln *Stabilisatoren* (z.B. Silicate) zugesetzt, die die störenden Schwermetallionen binden. Soll umgekehrt eine Bleichwirkung bei Waschtemperaturen unter 60 °C eintreten, müssen *Bleichmittelaktivatoren* eingesetzt werden. Feinwaschmittel enthalten keine Bleichmittel.

Enzyme. Fast alle Voll- und Feinwaschmittel enthalten *Biokatalysatoren (Enzyme)*, die *Eiweißflecken* (Blut, Kakao, Eigelb u.a.) zersetzen können (▷ B 9). Da diese Enzyme selbst aus Eiweiß bestehen, werden sie bei hohen Temperaturen und durch hohe Konzentrationen an Bleichmittel zerstört. Enzymhaltige Waschmittel eignen sich daher besonders zum Einweichen, für die Vor- und Hauptwäsche bis 60 °C. Die Enzyme werden hauptsächlich aus Bakterienkulturen gewonnen und in verkapselter Form (Enzymprills) dem Waschmittel beigemischt (▷ B 10). Dadurch wird eine mögliche Gesundheitsschädigung durch Einatmen von enzymhaltigem Staub vermieden.

Optische Aufheller. Weiße Wäsche erhält nach häufigem Waschen einen Gelbstich. Dieser beruht darauf, daß ein Teil des auf die Wäsche fallenden Tageslichtes nicht zurückgeworfen (reflektiert) wird. Aus dem Spektrum des sichtbaren Lichtes wird ein Teil des blauen Lichtes verschluckt (absorbiert). Die optischen **Aufheller** oder **Weißtöner** sind *Farbstoffe*, die auf die Faser aufziehen und unsichtbare UV-Strahlung des Tageslichtes in blaues Licht umwandeln. Die Wäsche bekommt dadurch oft ein bläulich-weißes Aussehen (▷ B 11), das vom Auge als besonders weiß empfunden wird. Da die optischen Aufheller direkt auf die Faser aufziehen, kommt die Haut beim Tragen der Wäsche in direkten Kontakt mit ihnen. Bei empfindlichen Personen können Allergien ausgelöst werden. Der Einsatz optischer Aufheller ist bei Verbandsmaterial verboten, da sie nachweislich die Wundheilung verzögern.

B9 Entfernung von Eigelb durch enzymhaltige Waschmittellösung

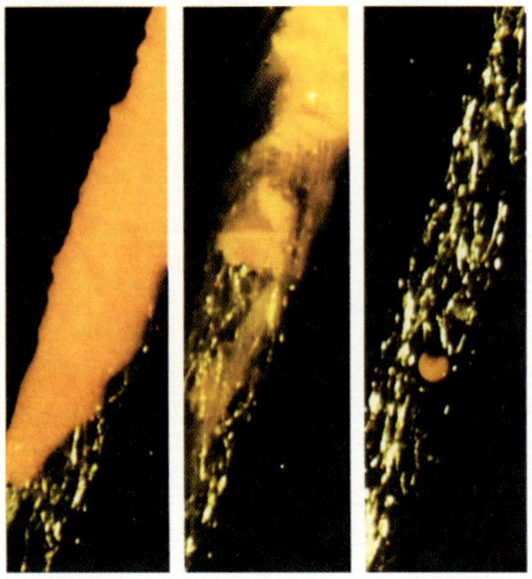

B10 Enzyme sind in verkapselter Form (Enzymprills) in Waschmitteln

B11 Gewebe mit optischem Aufheller in ultraviolettem Licht

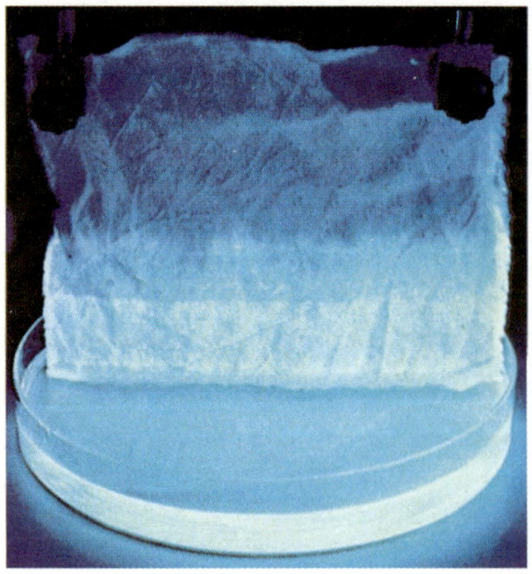

Einige Stoffe in Waschmitteln sind wichtig für das Waschen in Trommelwaschmaschinen. So werden zum Schutz der Metallteile der Waschmaschine **Korrosionsinhibitoren** („Rostverhinderer") zugesetzt. Zur **Schaumregulierung** („gebremster Schaum") enthalten Waschmittel **Seifen**, deren Anionen über 20 Kohlenstoffatome aufweisen. In pulverförmigen Voll- und Feinwaschmitteln sind **Füllstoffe** (Natriumsulfat), die die Rieselfähigkeit des Waschpulvers erhöhen sollen. Bei Feinwaschmitteln beträgt ihr Massenanteil bis zu 50%. Hier besteht der Nachteil, daß der Verbraucher mit einem scheinbar billigen Waschmittel viel für den Waschprozeß unwirksame Substanz kauft. Das Natriumsulfat belastet zusätzlich das Abwasser. **Kompaktwaschmittel** enthalten keine Füllstoffe. **Duftstoffe** (Parfümöle) überdecken den unangenehmen Geruch der Waschlauge und einiger Waschmittelinhaltsstoffe, außerdem sollen sie der Wäsche einen angenehmen Duft verleihen.

Flüssige Waschmittel weisen in der Regel einen höheren Tensidanteil auf, der über 30% betragen kann. Sie sind daher besonders gut wirksam bei öligen und fettigen Verschmutzungen im Temperaturbereich zwischen 30°C und 60°C. Dagegen fehlt in Flüssigwaschmitteln das Bleichmittel.

Color-Waschmittel. Durch den gestiegenen Anteil an Buntwäsche (▷ B 12) ist der Wunsch nach Waschmitteln mit großer Waschkraft bei gleichzeitigem **Farbschutz** gestiegen. Werden unterschiedlich gefärbte Textilien gemeinsam gewaschen, können sich Farbstoffe von den Fasern ablösen, in der Waschlauge verteilen und an unerwünschten Stellen erneut auf die Faser aufziehen. Color-Waschmittel enthalten Stoffe, die die abgelösten Farbstoffe umhüllen und damit in der Waschlauge gelöst halten. Außerdem werden die Farbstoffe der Textilien geschont, da diese Waschmittel keine Bleichmittel und optischen Aufheller enthalten.

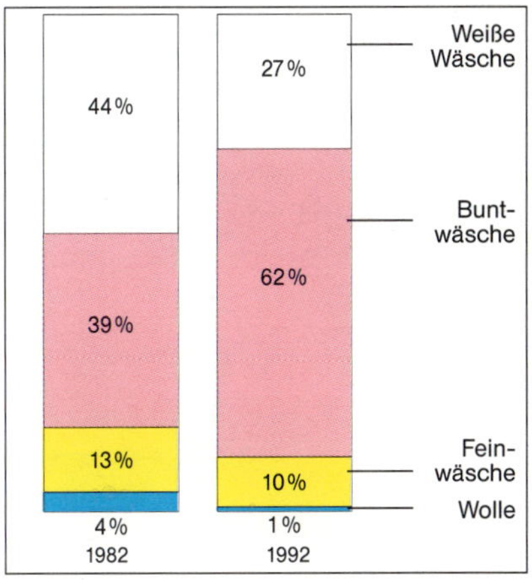

B 12 Der Anteil an Buntwäsche nimmt zu

A 3 Welche Inhaltsstoffe enthält ein Feinwaschmittel-Pulver nicht?

A 4 Warum enthalten „Color-Waschmittel" keine Bleichmittel?

A 5 Warum sind flüssige Waschmittel besonders gut bei öligen und fettigen Verschmutzungen wirksam?

B 13 Zusammensetzung von Waschmitteln. Die Menge und der Anteil der einzelnen Inhaltsstoffe richten sich sich nach dem Verwendungszweck des Waschmittels

Inhaltsstoffe	Wirkung	Massenanteil in % Vollwaschmittel Herkömmliches Pulver	Kompakt-Waschmittel	Feinwaschmittel (Pulver)
Anionische und nichtionische Tenside	lösen den Schmutz von allen Fasern und verhindern seine Wiederablagerung	10 – 20	10 – 20	10 – 25
Enthärter (Gerüststoffe/Builder)	beseitigen die Wasserhärte, schützen vor Kalkablagerungen auf Wäsche und Waschmaschinenteilen. Einige, wie die Phosphate, unterstützen die Waschwirkung	20 – 35	10 – 20	20 – 35
Bleichmittel (und Aktivator)	entfernen Flecken von Tee, Rotwein, Obst, Saft usw. Perborat wirkt am besten bei 90°C. Durch die Aktivatoren wirkt es schon im Energiesparbereich von 30°C bis 60°C	10 – 25	10 – 20	–
Alkalien (Natriumcarbonat)	verstärken die Abstoßungskräfte zwischen Faser und Schmutz und unterstützen dadurch die Waschkraft	5 – 15	15 – 20	0 – 10
Silicate	unterstützen die Waschwirkung, binden die Schwermetalle und schützen die Waschmaschine vor Korrosion	2 – 6	2 – 6	0 – 20
Optische Aufheller	wandeln unsichtbares UV-Licht in sichtbares Licht um. Dadurch werden der Weißeffekt und die Leuchtkraft farbiger Gewebe erhöht	0,1 – 0,3	0,1 – 0,3	–
Enzyme	lösen eiweißhaltige Flecken wie Ei, Soßen und Blut	0,3 – 0,8	0,5 – 1,5	0 – 1
Cellulose-verbindungen	halten den Schmutz in der Schwebe (Schmutzträger) und verhindern allmähliches Vergrauen	0 – 1	0 – 1	0 – 3
Schauminhibitoren	verhindern das Überschäumen der Waschmaschine, werden auch häufig als Schaumregulatoren oder Schaumhemmer bezeichnet	0,1 – 4	0,1 – 2	1 – 5
Parfümöle	geben der Wäsche frischen Duft	0,1 – 0,2	0,1 – 0,2	1 – 5
Füllstoffe	verbessern die Rieselfähigkeit und verhindern die Bildung von Klumpen	0 – 20	–	0 – 50

20.6 Moderne Waschmittel und Umwelt

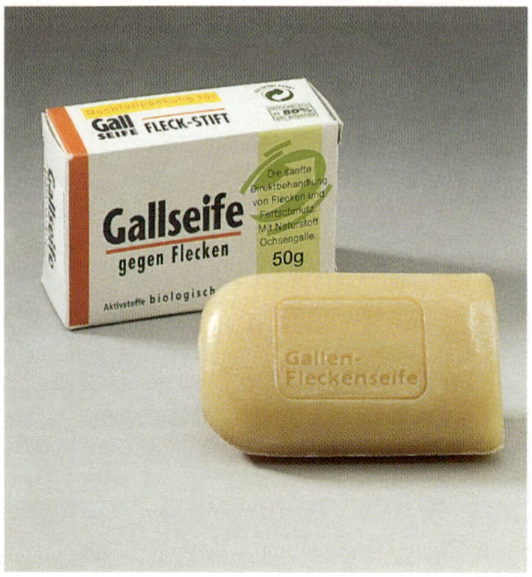

B 1 Spezialseifen entfernen hartnäckige Flecken

B 2 Ölpflanzen sind nachwachsende Rohstoffe für Tenside

B 3 Nachfüllpackungen verringern den Abfall

V 1 Schütte in einen Meßzylinder jeweils genau 10 ml herkömmliches Vollwaschmittel bzw. Kompaktwaschmittel. Bestimme anschließend die Massen der beiden Waschmittelportionen. Woher rührt der Name „Kompaktwaschmittel"?

A 1 Vergleiche die Vorzüge und Nachteile eines Vollwaschmittels mit denen des Baukastensystems in Hinsicht auf den Einsatz, den Arbeitsaufwand und die Umweltbelastungen.

A 2 Waschmittelpackungen tragen zum Anwachsen der Müllberge bei. Welche Möglichkeiten zur Müllvermeidung hat der Verbraucher beim Kauf und Einsatz von Waschmitteln?

B 4 Mit Baukastensystemen können Waschmittelmischungen nach Bedarf zusammengestellt werden

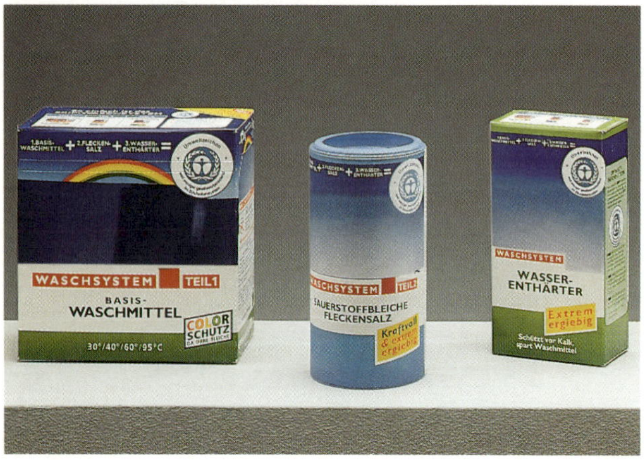

Da niemand auf Reinigung, Pflege und Hygiene verzichten will und soll, muß auch weiterhin nach Wegen gesucht werden, die Umweltprobleme zu vermindern.

Tenside aus nachwachsenden Rohstoffen. Immer mehr Menschen bevorzugen wieder die „gute alte Seife". Seifen werden in der Kläranlage vergleichsweise gut abgebaut. Mit Gallseife (▷ B 1), einem Gemisch aus 80 % Kernseife und 20 % Ochsengalle, können auch starke Verschmutzungen entfernt werden. Die Ochsengalle unterstützt die emulgierende und benetzende Wirkung der Seife. *Seifen* können aus *nachwachsenden* Rohstoffen (Ölpflanzen) gewonnen werden (▷ B 2). Auch ein Teil der Tenside von Waschmitteln wird auf dieser Basis hergestellt. So wird zwar der Rohstoff Erdöl eingespart, es werden aber landwirtschaftliche Flächen benötigt, die insbesondere in tropischen Ländern der Erzeugung von Nahrungsmitteln verlorengehen; außerdem fehlt den Bauern meist das Kapital zur Anlage von Plantagen für öl- und fettliefernde Pflanzen.

Kompaktwaschmittel. In den letzten Jahren ist es der Industrie gelungen, eine stärkere *Verdichtung* des *Waschpulvers* zu erzielen. Eine 2-kg-Packung Kompaktwaschmittel entspricht in etwa einer 3-kg-Packung eines herkömmlichen Pulvervollwaschmittels (▷ V 1). Dadurch wird auch eine deutliche Einsparung an Verpackungsmaterial sowie an Transport- und Lagerraum erreicht.

Nachfüllsysteme (▷ B 3) verringern das Abfallaufkommen.

Baukastensystem. Beim Baukastensystem mischt sich der Verbraucher aus verschiedenen Bausteinen eine für ihn sinnvolle Waschmittelkombination. Ein häufig im Handel erhältliches System besteht aus drei Bausteinen: Seife oder Tensid als Grundwaschmittel, Wasserenthärter auf Zeolith-Basis und dem Bleichmittel (▷ B 4).

20.7 Praktikum: Wir untersuchen Waschmittel

Ein Waschmittel enthält viele Inhaltsstoffe. Im folgenden lernst du zwei davon kennen.

Versuch 1 Nachweis und Wirkung von Bleichmittel

Geräte/Materialien

Schutzbrille, Gasbrenner, Dreifuß, Keramik-Drahtnetz, Reagenzglasklammer, 5 Reagenzgläser, Reagenzglasständer, 5 Bechergläser (100 ml), Spatel, Glasstab, Gewebeproben mit angetrockneten Tintenflecken (Obst-, Gras-, Marmeladeflecken)

Chemikalien

3%ige Wasserstoffperoxid-Lösung, stark verdünnte, angesäuerte Kaliumpermanganat-Lösung, Natriumperborat, Vollwaschmittel, Feinwaschmittel

Versuchsanleitung

Während der Versuchsdurchführung muß die Schutzbrille getragen werden!

1. Fülle vier Reagenzgläser jeweils zu etwa einem Drittel mit der Kaliumpermanganat-Lösung, und gib in das erste Reagenzglas etwa 1 ml 3%ige Wasserstoffperoxid-Lösung, in das zweite eine Spatelspitze Natriumperborat, in das dritte eine Spatelspitze Vollwaschmittel, in das vierte eine Spatelspitze Feinwaschmittel. Erhitze die Lösungen kurz mit der nichtleuchtenden Flamme.

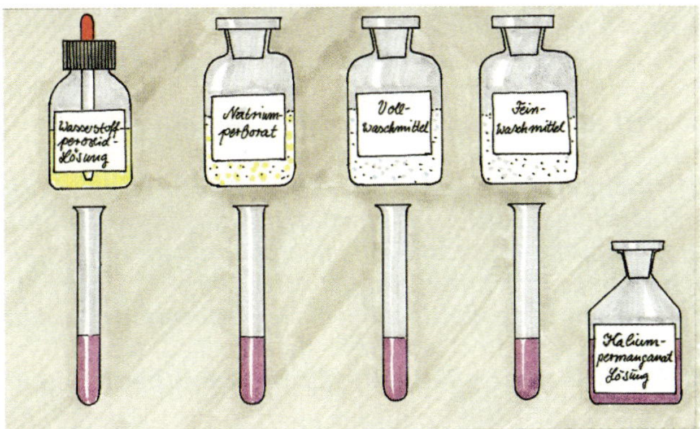

2. Erhitze und bewege mit dem Glasstab Gewebeproben mit angetrockneten Tintenflecken (Obst-, Gras-, Marmeladeflecken) in a) 3%iger Wasserstoffperoxid-Lösung, b) Natriumperboratlösung (1 Spatelspitze Natriumperborat in ca. 50 ml Wasser), c) Vollwaschmittel-Lösung (1 Spatel Vollwaschmittel in ca. 50 ml Wasser), d) Feinwaschmittel-Lösung (1 Spatel in ca. 50 ml Wasser) und e) zum Vergleich in Leitungswasser.

Auswertung/Aufgaben

1. Welches Waschmittel enthält kein Bleichmittel?
2. Worauf beruht die Wirkung des Bleichmittels?

Versuch 2 Nachweis und Wirkung von Enzymen

Geräte/Materialien

Schutzbrille, Gasbrenner, Dreifuß, Keramik-Drahtnetz, 6 Bechergläser (100 ml), 3 Bechergläser (300 ml), Meßzylinder (100 ml), Spatel, Glasstab, Thermometer, 6 kleine Gewebestücke mit Kakaoflecken

Chemikalien

Enzymprills, Wollwaschmittel, Vollwaschmittel

Versuchsanleitung

1. Stelle zunächst die folgenden Lösungen her:
a) eine Spatelspitze der Enzymprills in 80 ml dest. Wasser, b) einen Spatel Wollwaschmittel in 80 ml dest. Wasser, c) einen Spatel Vollwaschmittel in 80 ml dest. Wasser.

2. Verteile die Lösungen des Enzyms und der Waschmittel auf jeweils zwei kleine Bechergläser. Erwärme die erste Hälfte der Lösungen im Wasserbad auf höchstens 40 °C, und drücke mit dem Glasstab jeweils ein Gewebestück mit Kakaoflecken in die Lösung. Hole die Gewebestücke nach ca. 15 Minuten aus den Lösungen, spüle sie aus und betrachte die Flecken.

3. Wiederhole diesen Versuch mit der zweiten Hälfte der Lösungen, nachdem die Lösungen kurz „aufgekocht" worden sind.

Auswertung/Aufgaben

1. Schildere und deute die Beobachtungen.
2. Welches Waschmittel enthält keine Enzyme?

20.8 Waschmittel für Haut und für Haare

B 1 Waschemulsionen werden häufig anstelle von Seife eingesetzt

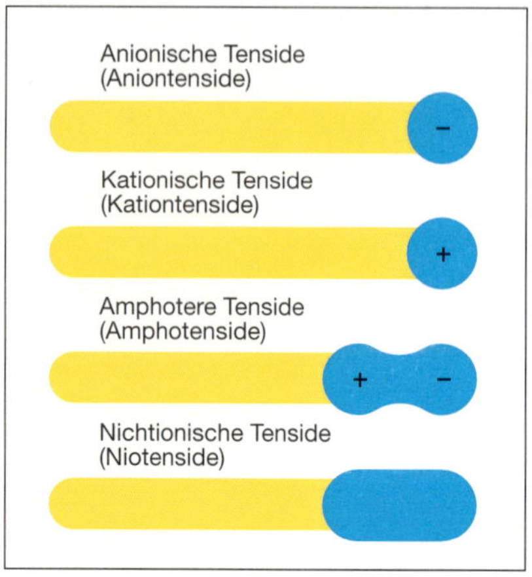

B 2 Tensidklassen. Die Bezeichnungen richten sich nach der Ladung der Teilchen

B 3 Nichtionische und anionische Tenside müssen mindestens zu 80 % biologisch abbaubar sein

A 1 Warum wird die Seife zur Gruppe der anionischen Tenside gezählt?

A 2 Es gibt Shampoos, Waschemulsionen und auch Seifen, die Rückfetter enthalten. Was sollen diese Rückfetter bewirken?

B 4 Die Selbstreinigungsprozesse eines Flusses werden simuliert

Eine Seifenlösung hat einen pH-Wert zwischen 8 und 10, deshalb verändert sie den pH-Wert der Haut, der zwischen 5 und 6 liegt. Normale Haut kann durch hauteigene Stoffe den richtigen pH-Wert kurze Zeit nach dem Waschen wiederherstellen. Bei geschädigter oder sehr empfindlicher Haut kann es aber z.B. zu Austrocknungserscheinungen kommen. Sich mit Seife die Haare zu waschen, hat einige Nachteile. Seifenlösung brennt in den Augen. Mit den Calciumionen des Wassers bildet sich Kalkseife, die zu Belägen auf der Kopfhaut und den Haaren führt. Das Haar wirkt stumpf.

Syndets. 1933 kam das erste *seifenfreie Shampoo* auf den Markt. Seifen werden immer mehr durch Waschemulsionen (▷ B 1) ersetzt. Waschemulsionen und Shampoos enthalten **synthetische Tenside**, die auch als **Syndets** bezeichnet werden. Wie die Seifen setzen sie die Grenzflächenspannung herab und bilden ein Bindeglied zwischen Fett und Wasser. Die Teilchen dieser Tenside weisen deshalb auch einen *fettfreundlichen, unpolaren Teil* und einen *wasserfreundlichen, polaren Teil* auf (▷ B 2).

Die größte Bedeutung haben *anionische* und *nichtionische Tenside*. Für die Auswahl eines Tensids sind Reinigungskraft, Unempfindlichkeit gegen Wasserhärte, Hautverträglichkeit, biologische Abbaubarkeit, Preis und technische Verarbeitbarkeit entscheidend. Da ein Tensid meist nur einen Teil dieser Forderungen erfüllt, werden in der Regel Tensidgemische eingesetzt. Eine Waschemulsion oder ein Shampoo kann bis zu 30 verschiedene Stoffe enthalten, die z.B. die Haltbarkeit, die Hautverträglichkeit und die Viskosität (Zähflüssigkeit) beeinflussen.

Biologische Abbaubarkeit von Tensiden. Tenside lösen Fette beim Waschvorgang von der Unterlage. Diese nützliche Eigenschaft wirkt sich auf Fische und andere Wasserorganismen schädlich aus. Tenside greifen z.B. die empfindlichen Kiemen der Fische an. Deshalb ist es gesetzlich vorgeschrieben, daß die in Waschmitteln verwendeten *anionischen* und *nichtionischen Tenside mindestens zu 80 % biologisch abbaubar sein* müssen (▷ B 3). Mindestens 80 % der Teilchen einer Tensidprobe müssen durch Kleinstlebewesen in der Kläranlage so zerstört werden, daß die Abbauprodukte nicht mehr die Oberflächenspannung des Wassers herabsetzen. Diese biologische Abbaubarkeit wird mit verschiedenen Testverfahren überprüft.

20.9 Praktikum: Wir stellen eine Waschemulsion her

Waschemulsionen und Shampoos kann man selbst herstellen. Wichtig ist es, daß alle Geräte sorgfältig gereinigt worden sind. Die Waschemulsion und das Shampoo sind nach der Herstellung 6 bis 8 Wochen ohne Konservierungsstoffe haltbar.

Geräte

Schutzbrille, Becherglas (150 ml), Gasbrenner, Dreifuß, Keramik-Drahtnetz, Spatel, Glasstab, Meßzylinder (100 ml), Meßzylinder (10 ml), Polyethylenflasche (100 ml), 2 Tropfpipetten, Waage, Thermometer

Versuch 1 **Waschemulsion für normale Haut**

Materialien

Rewoderm HT, Sanfteen, Kollagentensid HT (Lamepon S), Glycintensid, Parfüm (und/oder ätherisches Öl), Zitronensaft (Konzentrat), Papierhandtücher, heißes Wasser

Versuchsanleitung (Fertige Waschemulsion ca. 100 ml)

Erhitze im Becherglas 55 ml dest. Wasser zum Sieden, lasse es auf ca. 50 °C abkühlen und rühre in das warme Wasser 3 g bis 4 g (bzw. 3 ml bis 4 ml) Rewoderm HT (sehr zäh!) und 2 g bis 3 g Sanfteen (bzw. 2 ml bis 3 ml) (sehr zäh!). Füge anschließend unter gleichmäßigem Weiterrühren 20 ml Kollagentensid und 20 ml Glycintensid zu. Tropfe 5 bis 20 Tropfen Parfüm (und/oder ätherisches Öl) zu und rühre weiter. Füge zum Schluß noch 5 Tropfen Zitronenkonzentrat zu und rühre noch einige Minuten. Gieße die Waschemulsion in die Polyethylenflasche.

Versuch 2 **Shampoo für normales Haar**

Materialien

Rewoderm HT, Sanfteen, Kollagentensid HT (Lamepon S), Zetesol HT, Haarquat, Parfüm (und/oder ätherisches Öl), Nutrilan, Zitronensaft (Konzentrat), Papierhandtücher, heißes Wasser

Versuchsanleitung (Fertiges Shampoo ca. 100 ml)

Erhitze im Becherglas 55 ml dest. Wasser zum Sieden, lasse es abkühlen auf ca. 50 °C, und rühre in das warme Wasser 4 g (oder 4 ml) Rewoderm HT (sehr zäh!) und 2 g bis 3 g (oder 2 ml bis 3 ml) Sanfteen (sehr zäh!). Füge anschließend 35 ml Kollagentensid und 10 ml Zetesol zu und rühre, bis die beiden Stoffe sich gleichmäßig verteilt haben. Gib dann die folgenden Stoffportionen zu: 4 ml Haarquat, 5 bis 20 Tropfen Parfüm (und/oder ätherisches Öl), 30 Tropfen Nutrilan und 5 Tropfen Zitronenkonzentrat. Nach jeder Zugabe wird der Stoff zunächst in das vorliegende Gemisch eingerührt. Gieße das Shampoo in die Polyethylenflasche.

Unsere Waschemulsion und unser Shampoo sind Gemische, ihre Bestandteile erfüllen unterschiedliche Aufgaben.

Wasser und Verdickungsmittel. Dest. Wasser ist Lösungs- und Verdünnungsmittel. Eine Waschemulsion oder ein Shampoo darf nicht so viskos (zähflüssig) sein, daß es kaum aus der Flasche fließt und sich schlecht auf Haut oder Haar verteilen läßt. Es darf aber auch nicht so dünnflüssig sein, daß es aus der Hand oder vom Kopf sofort herabläuft. Unsere Waschemulsion und unser Shampoo werden deshalb mit dem Verdickungsmittel Rewoderm HT auf die gewünschte Viskosität eingestellt.

Waschmittel. Kollagentensid HT (Lamepon S) und Zetesol HT sind anionische Tenside, Sanfteen ist ein nichtionisches Tensid und Glycintensid weist ein positiv und ein negativ geladenes Ende auf (amphoteres Tensid). Die Tenside dienen zur Entfernung des fettigen Schmutzes, sie sind die eigentlichen Waschmittel.

Fülliges Haar. Anionische Tenside führen zur elektrostatischen Aufladung der Haare, wodurch diese sich gegenseitig abstoßen. Die Haare stehen zu Berge. Kationische Tenside heben die elektrostatische Ladung auf, indem sie auf das Haar aufziehen; dadurch wirkt das Haar auch dicker und fülliger. Haarquat ist ein kationisches Tensid.

Haar- und Hautschutz. Nutrilan ist ein Zusatzmittel, das auf das Haar oder auch die Haut aufzieht und diese schützt.

Angenehmer Duft. Parfüm oder ätherische Öle verleihen der Waschemulsion oder dem Shampoo einen angenehmen Duft, sie überdecken auch häufig den unangenehmen Eigengeruch einiger Bestandteile der Waschemulsionen oder des Shampoos.

Einige Tropfen Zitronensaft führen zur **Senkung des pH-Wertes**, so daß dieser dem der Haut entspricht.

20.10 Dekorative Kosmetik

B 1 Das Angebot an dekorativen Kosmetik-Produkten ist sehr groß

V 1 Herstellung von farbigem Lidschatten-Puder: Vermische 10 g Talkum, 5 g Kartoffelstärke und 2 g Magnesiumstearat in einem verschlossenen Glas durch kräftiges Schütteln. Gib dann 7 g Jojobaöl in einen Mörser und rühre nach und nach die Pudermischung hinein, bis eine gleichmäßige Paste entstanden ist. Nimm kleine Mengen von der entstandenen Paste und verrühre sie mit derselben Menge von Perlglanzpigmenten. Um die Glimmerteilchen nicht zu zerstören, darf man beim Vermischen nicht mehr reiben.

A 1 Erstelle eine Tabelle von Kosmetik-Produkten, die zur Dekoration dienen. Erläutere ihre Funktion.

A 2 Warum muß Make-Up abgeschminkt werden?

B 2 Farben nach Geschmack und Mode

In allen Jugend-Illustrierten findet man Seiten, auf denen Schönheits- oder Kosmetik-Ratgeber neue Modetrends vorstellen oder Ratschläge erteilen. Werbung und Information sind hier nicht immer auseinanderzuhalten.

Der Wunsch, das eigene Erscheinungsbild zu verschönern, ist so alt wie die Menschheit. Schon in allerfrühester Zeit versuchten die Menschen, mit Hilfe von pflanzlichen, tierischen und mineralischen Farbstoffen ihr Äußeres zu verändern. Entsprechend haben heute die industriell hergestellten Make-Up-Produkte einen hohen Umsatz.

Farbe durch Pigmente. Bei der *dekorativen Kosmetik* unterscheidet man Gesichts-, Augen-, Lippen- und Nagel-Make-Up. Gemeinsam ist allen Produkten die Verwendung von Farbpigmenten. Im Gegensatz zu den in Wasser oder Öl löslichen Farbstoffen sind die Farbpigmente im allgemeinen unlöslich. Es handelt sich um mikroskopisch kleine Puderkörnchen, die beim Mischen mit Wasser, Öl oder Emulsionen nur gleichmäßig verteilt werden. Deshalb decken sie besser als Farbstofflösungen, die durchsichtig sind.

Insbesondere die Farbpigmente sind es, die in der Vergangenheit zu Warnungen vor gesundheitlichen Schäden durch Make-Up-Produkte führten. Noch vor wenigen Jahren wurden zu hohe Konzentrationen von giftigen Blei-, Arsen- und Cadmiumverbindungen in Lidschatten-Produkten nachgewiesen. Diese Schwermetallverbindungen kommen vor allem als Begleitstoffe in natürlichen Erdfarben wie Braun und Ocker vor. Heute greift man deshalb weitgehend auf chemisch hergestellte, naturidentische „Erdfarben" zurück. Die Haut- und Schleimhautverträglichkeit wird durch zahlreiche Verfahren überprüft. Tierversuche zur Entwicklung kosmetischer Produkte sind jedoch seit dem 1. Januar 1987 grundsätzlich verboten.

Lippenstift. Bei den *dekorativen Körperpflegemitteln* steht der Lippenstift an erster Stelle. Grundsubstanzen der Lippenstifte sind Öle, Fette und Wachse. Je mehr Öl ein Stift enthält, desto weicher und pflegender ist er. In fast allen Lippenstiften wird Rizinusöl verwendet, da es die Farbpigmente gut verteilt und geschmacksneutral ist. Wachse geben dem Lippenstift seine Form und Festigkeit. Carnaubawachs macht den Stift zusätzlich hitzebeständig. Das Wollfett Lanolin sorgt für eine gute Haftfestigkeit. Lecithin macht den Lippenstift glänzender und farbintensiver. Parfüme oder Aromastoffe sollen den Fettgeruch überdecken. Außerdem wird Vitamin E als Konservierungsstoff zugesetzt. Es verhindert das Ranzigwerden der Öle. Ferner können Lippenstifte pflegende Stoffe, wie z. B. das Kamillenöl α-Bisabolol, enthalten.

20.11 Praktikum: Wir stellen Kosmetik-Produkte her

Lippen sind von Natur aus rot, weil die Haut dort besonders dünn ist und die Blutgefäße dicht unter der Haut liegen. Da sie weder Behaarung noch Talgdrüsen besitzen, können sie durch ungünstige Umweltbedingungen leicht spröde und sogar rissig werden. Lippenstifte färben und verschönern daher nicht nur, sie schützen die Lippen auch. Wenn die Pflege der Lippen im Vordergrund steht, sind Lippenpflegestifte angebracht, die keine Farbstoffe enthalten.

Wie man mit Lippenstiften die natürliche Farbe verstärken oder verändern kann, ist dieses auch bei Wimpern möglich. Wichtig ist, daß Wimperntusche schnell trocknet und wischfest ist.

Versuch 1 **Herstellung eines Perlglanzlippenstiftes**

Geräte/Materialien

1 Becherglas (250 ml), 2 Bechergläser (100 ml), Waage, Gasbrenner, Dreifuß, Keramik-Drahtnetz, Thermometer, Glasstab, Gießform für Lippenstifte, Speiseöl, Lippenstifthülse, 50 g Rizinusöl, 8 g weißes Bienenwachs, 5 g helles Carnaubawachs, 3 g Lecithin (63 %), Perlglanzpigment, α-Bisabolol, öllösliches Lebensmittelaroma

Versuchsanleitung

1. Gib das Rizinusöl zusammen mit dem Bienenwachs, dem Carnabauwachs und dem Lecithin in ein kleines Becherglas und erhitze es in einem Wasserbad im größeren Becherglas über der Brennerflamme auf 80 °C. Vermische die geschmolzenen Wachse gleichmäßig durch Rühren mit den Ölen.

2. Fülle ca. 5 g von der Fettmasse in das andere kleine Becherglas und rühre 3 g des gewünschten Perlglanzpigmentes sowie 2 Tropfen α-Bisabolol und 1 Tropfen Lebensmittelaroma hinein. Gieße das Gemisch bei einer Temperatur von etwa 60 °C in die mit Öl eingefettete Gießform.

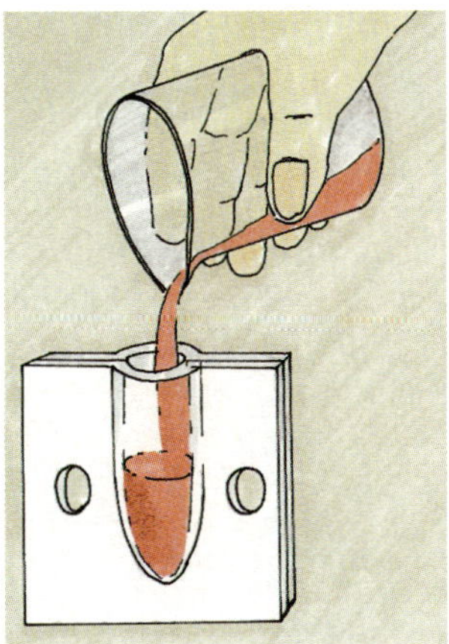

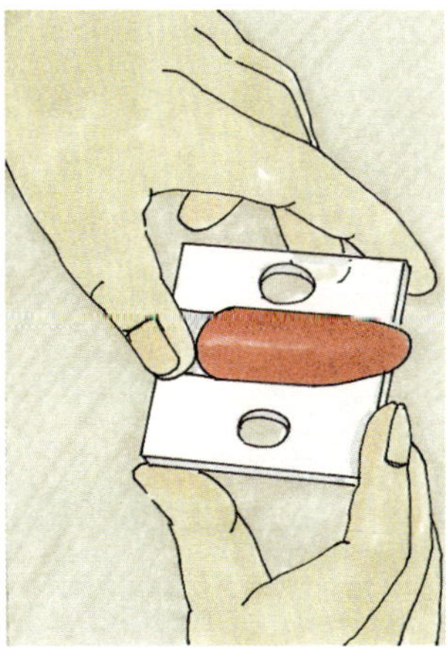

3. Lasse die Gießform etwa 15 Minuten abkühlen und stelle sie danach 1 bis 2 Stunden in den Kühlschrank zum Durchhärten.

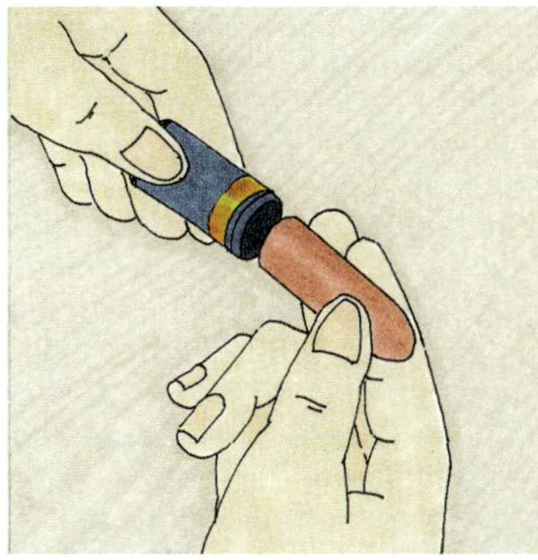

4. Dann öffne die Form und schiebe den Stift mit den Fingern vorsichtig heraus. Um den Lippenstift in die Hülse einzusetzen, muß die leere Hülse zunächst ganz herausgedreht werden, so daß man den Stift in den Halter stecken kann.

Versuch 2 **Herstellung von Wimperntusche (Mascara)**

Geräte/Materialien

1 Becherglas (250 ml), 2 Bechergläser (100 ml), Waage, Gasbrenner, Dreifuß, Keramik-Drahtnetz, Thermometer, Mörser, Pistill, Löffel, Glasstab, Kunststoffspritze (10 ml), Mascarafläschchen, 3 g Lamecreme, 5 g Rizinusöl, 10 ml dest. Wasser, 3 g Farbpigmente, 2 g Sorbit, 1 g Gummi arabicum, 2 bis 3 Tropfen Konservierungsmittel (Heliozimt K)

Versuchsanleitung

1. Erhitze in einem Becherglas im Wasserbad Lamecreme und Rizinusöl auf 70 °C. In einem zweiten Becherglas erhitze das dest. Wasser und Sorbit auf dieselbe Temperatur.

2. Dann gieße die heiße Sorbitlösung unter ständigem Rühren in die Fettphase. Rühre die entstehende Emulsion weiter bis zur Abkühlung auf etwa 30 °C und mische dann das Konservierungsmittel und Gummi arabicum unter.

3. Lasse das Gemisch einige Zeit quellen, und gib danach die cremige Masse zusammen mit den Farbpigmenten in einen Mörser, und verreibe die Bestandteile gleichmäßig.

4. Erhitze die fertige Tusche noch einmal im Becherglas und gieße sie dann in eine Kunststoffspritze, aus der der Kolben herausgezogen wurde. Stecke danach den Kolben wieder in die Spritze und drücke die Tusche in das Mascarafläschchen.

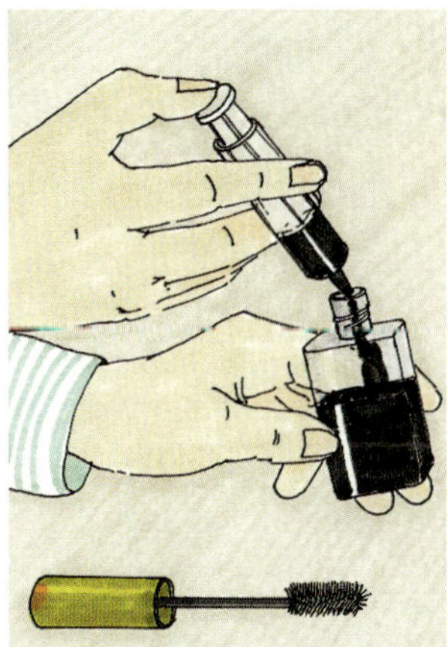

20.12 Anwendung und Vertiefung

1 Lösungen von Seifen oder anderen Tensiden schäumen beim Hineinblasen. Der Schaum besteht aus kleinen Seifenblasen. Seifenblasen schillern im Sonnenlicht und platzen nach einiger Zeit. Nach folgendem Rezept kann man sich selbst eine Lösung für langlebige Seifenblasen herstellen: 20 ml Shampoo (z.B. für Autos), 10 ml Glycerin und 10 ml dest. Wasser. Je größer der Durchmesser des Trinkhalmes zum Blasen ist, desto größer werden auch die Blasen.
In einer Seifenblase ist ein hauchdünner Wasserfilm von Tensidteilchen nach innen und außen abgeschlossen. Sie ist rund, weil die eingeschlossene Luft nach allen Seiten den gleichen Druck ausübt. Mit der Zeit fließt das eingeschlossene Wasser nach unten, die Haut wird an den übrigen Stellen immer dünner, die Seifenblase platzt. Gib eine Erklärung für die Anordnung der Tensidteilchen in der Seifenblase (▷ B 1).

2 Tenside, die in einer Kläranlage nicht abgebaut werden, schädigen die Fische, indem sie deren Kiemenatmung behindern. In der biologischen Reinigungsstufe sorgen Bakterien mit Hilfe von Sauerstoff für den Tensidabbau. Warum wird ein Teil der Klärbecken in der Kläranlage belüftet?

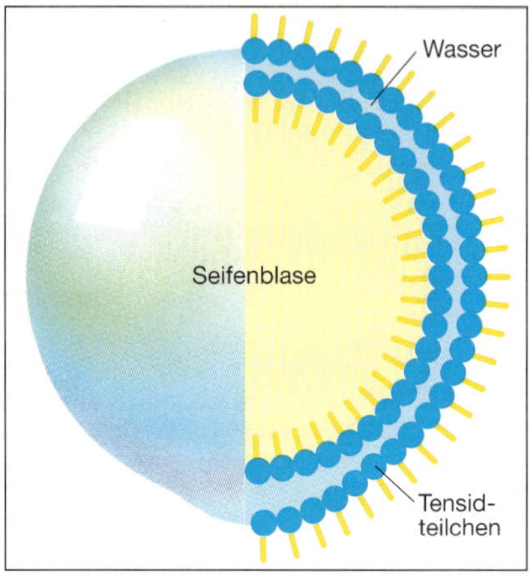

B 1 Zu Aufgabe 1

3 Seifen, die Salze der Fettsäuren, können durch stundenlanges Kochen von tierischen oder pflanzlichen Fetten mit Natronlauge oder Kalilauge gewonnen werden. Von diesem Verfahren stammt auch der für die Spaltung eines Fettes mit einer Lauge (▷ B 2) gebräuchliche Ausdruck **Verseifung**.

a) Zu welchen der folgenden Stoffklassen: Alkane, Alkohole, Carbonsäuren, Ester gehören das Fett und das Glycerin?
b) Warum erhält man bei der Verseifung in der Regel ein Gemisch der Salze verschiedener Fettsäuren?

4 Während des Waschens mit der Maschine wird das Gewebe mechanisch beansprucht, dadurch geraten die Fasern in Unordnung. Beim Trocknen auf der Wäscheleine wird diese Unordnung fixiert. Die Wäsche fühlt sich kratzig und hart an (Trockenstarre). Durch Zugabe von **Weichspüler** im letzten Spülgang wird die Wäsche weich und flauschig. Weichspüler enthalten kationische Tenside, die auf die meist negativ geladenen Fasern (▷ B 3) aufziehen und sie dadurch geschmeidiger machen. Nicht nur die Trockenstarre wird verhindert, sondern auch die elektrostatische Aufladung. Dadurch werden Knistern und Zusammenkleben von Wäschestücken weitgehend vermieden. Allerdings weisen Weichspüler auch einige Nachteile auf. Bei Überdosierung wird die Saugfähigkeit des Gewebes verringert. Bei empfindlichen Personen können sie auch Allergien und Hautreizungen hervorrufen.
a) Warum werden Weichspüler erst dem letzten Spülbad zugesetzt?
b) Warum sind kationische Tenside als Waschmittel ungeeignet?
c) Warum benötigt die mit Weichspülern behandelte Wäsche beim nächsten Waschen etwas mehr Waschmittel?
d) Warum läßt sich weichgespülte Wäsche leichter bügeln?

B 2 Zu Aufgabe 3

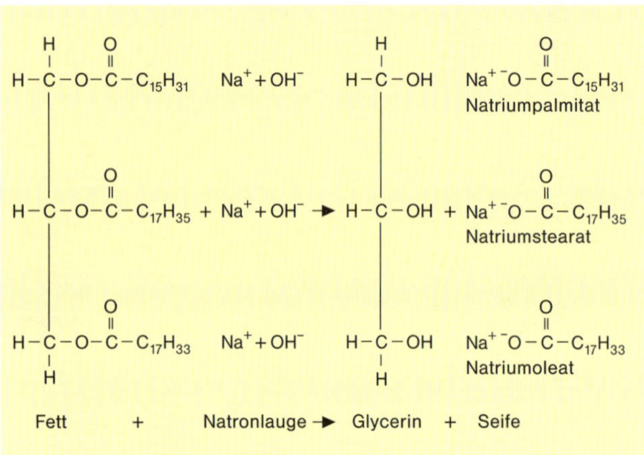

B 3 Zu Aufgabe 4

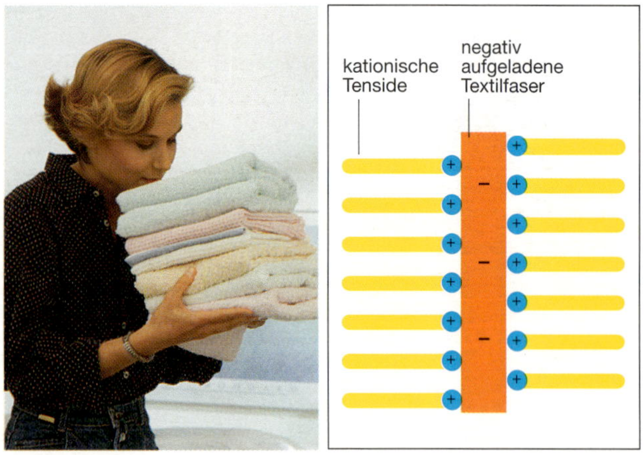

Kunststoffe – Werkstoffe nach Maß

Wollte man unsere Zeit nach einem typischen Werkstoff benennen, so müßte man vom Kunststoff-Zeitalter sprechen.

Wir finden heute Kunststoffe in allen Bereichen des täglichen Lebens, auch aus Gewerbe und Industrie sind sie kaum noch wegzudenken. Mit ihren genau abstimmbaren Eigenschaften haben sie viele herkömmliche Werkstoffe zurückgedrängt oder ersetzt.

Viele technische Leistungen, von der Raumfahrt bis zum Bootsbau, von der Medizin bis zum Sport, sind erst durch die Entwicklung hochspezialisierter Kunststoffe möglich geworden.

Durch Untersuchung und Herstellung von Kunststoffen werden wir nachvollziehen, wie durch gezielte Synthesen bestimmte Stoffeigenschaften zu erreichen sind. Wir werden dabei auch Probleme kennenlernen, die durch die breite Verwendung von Kunststoffen entstehen.

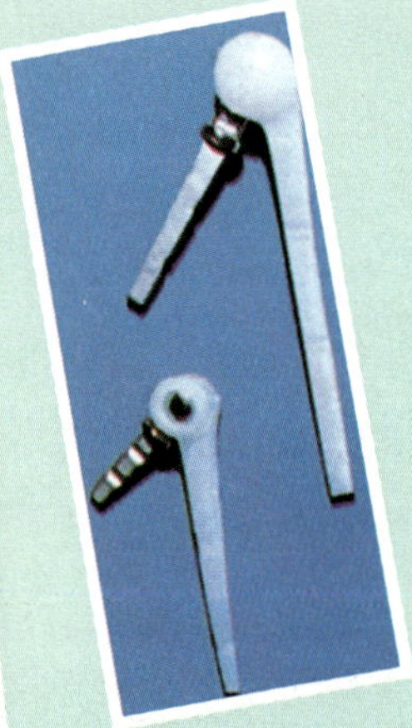

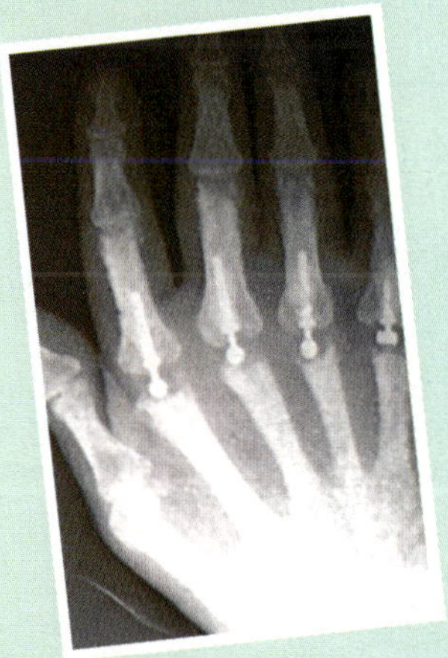

21.1 Kunststoffe

In den Anfängen des Automobilbaus reichten wenig mehr als eine Handvoll Stoffe für die Herstellung eines Fahrzeuges und seiner Ausstattung. Starke Beanspruchung und Verschleiß führten dazu, daß für manche dieser Stoffe nach geeigneten „Ersatzstoffen“ gesucht wurde.

1 Die Abbildung zeigt eine Modell-Limousine ‚Berline de voyage‘ von Mercedes aus dem Jahre 1910.

a) Welche Materialien wurden für die Herstellung dieser Limousine verwendet? Ordne jeweils geeignete Verwendungsbereiche zu.

b) Begründe bei einigen der herausgefundenen Materialien deren Verschleißanfälligkeit.

2 Glas spielt nach wie vor eine besonders bedeutende Rolle im Fahrzeugbau. Finde in den Eigenschaften dieses Werkstoffes die entsprechende Begründung. Äußere dich dazu.

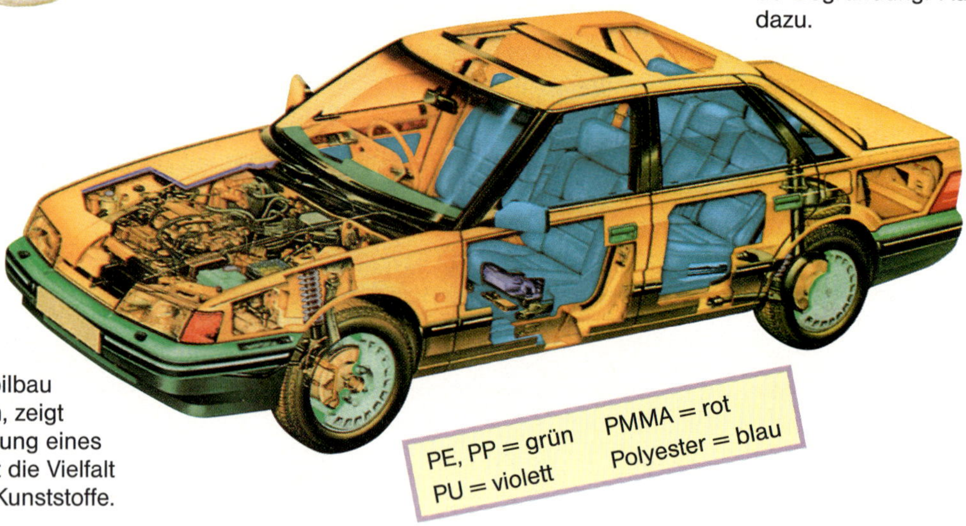

3 Welche Stoffe heute im Automobilbau verwendet werden, zeigt die Schnittdarstellung eines PKWs. Auffällig ist die Vielfalt der verwendeten Kunststoffe.

a) Gruppiere Fahrzeugteile nach den entsprechenden Kunststoffen: Polyethen (PE), Plexiglas (PMMA), Polyester und Polyurethan (PU).

b) Stoßfänger, Radkappen und Türgriffe tragen die Bezeichnung PP. Erkundige dich nach dem Kunststoff, der so gekennzeichnet wird, und überlege dir Eigenschaften, die er in der angegebenen Verwendung erfüllen muß.

c) Suche nach Gründen für die zunehmende Verwendung von Kunststoffen im Fahrzeugbau.

4 Autoreifen müssen heute völlig anderen Ansprüchen gerecht werden als noch vor 50 Jahren. Überlege dir hierfür Begründungen. Befrage dazu eventuell einen Reifenhändler.

5 Surfen mit Kunststoff
Mast, Segel, Gabelbaum und Brett werden fast ausschließlich aus Kunststoffen hergestellt.
a) Zähle wesentliche Vorteile im Vergleich zu anderen Werkstoffen auf.
b) Anzüge aus Neopren bieten dem Surfer fast das ganze Jahr hindurch vielfältigen Schutz. Halte einige dieser Vorzüge fest.

6 „Outdoor" mit Kunststoff
Viele Freizeitaktivitäten finden draussen statt. Die Materialien für Wetterschutz und Bequemlichkeit unterliegen einer dauernden Entwicklung.
a) Bringe in Erfahrung, aus welchen Materialien ein modernes Zelt und ein Rucksack bestehen können.
b) Welches Campingzubehör besteht bevorzugt aus Kunststoffen?

7 Tennisspielen mit Kunststoff
Rahmen und Bespannung von Tennisschlägern sind aus Kunststoff. Im Vergleich mit anderen Werkstoffen können wichtige Vorteile genannt werden.
a) Zähle einige dieser Vorteile auf.
b) Verfolgt man das Spiel von Weltklassespielern, kann man den häufigen Wechsel von Schlägern beobachten. Notiere dir Gründe dafür.

8 Kunststoff für die Musik
Tonbänder, Videocassetten und Disketten bestehen in der Hauptsache aus Kunststoff. Bei der Herstellung von Magnetbändern wird auf eine Folie aus Polyester ein Gemisch aus Eisenoxid, Chromdioxid und Lackpulver aufgebracht. Das Bild zeigt, daß dies in besonders staubfreien Räumen gemacht wird. Jedes Staubkorn stört die gleichmäßige Beschichtung der Folie. Ähnlich werden auch Disketten aus einer Polyesterfolie gefertigt.

a) Gegenüber früher verwendeten Papierbändern mit Beschichtung sind Polyesterbänder in macherlei Hinsicht besser geeignet. Nenne Gründe dafür.
b) Welche Beschichtungsmaterialien werden für Magnetbänder verwendet?

9 Kunststoff – Abfall auf Halde
Das Bild zeigt, daß unsere Konsumgesellschaft auch ihre Kehr-Seite hat. Unaufhaltsam wachsen die Müllberge.

a) Welche Möglichkeiten können dazu beitragen, den Anteil an Kunststoffabfällen im Hausmüll zu vermindern?

b) Sammle Mitteilungen der Presse zum Thema „Kunststoffmüll".

21.2 Kunststoffe und ihre Eigenschaften

B 1 Wärmedämmplatten aus Kunststoff

B 2 Kunststoffbehälter für Säuren und Laugen

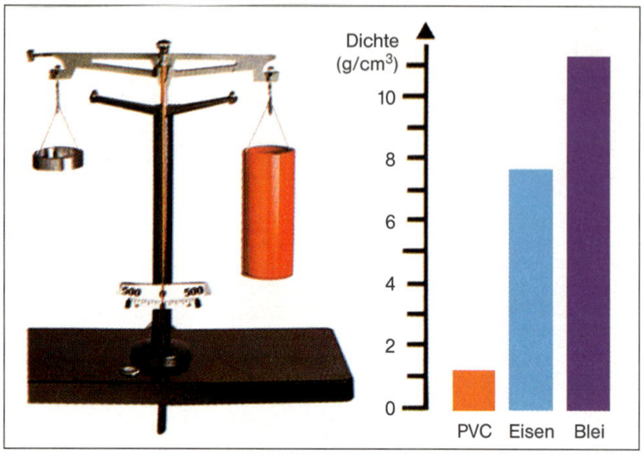

B 3 Dichtevergleich Kunststoff – Metalle

V 1 Vergleiche auf einer Tafelwaage ein Stück Kupfer- oder Aluminiumrohr mit einem gleichgroßen Kunststoffrohr.

V 2 Untersuche Kunststoffproben auf elektrische Leitfähigkeit.

V 3 Tauche einen Metallstab und einen Kunststoffstab in heißes Wasser und vergleiche die Erwärmung am freien Ende.

V 4 Lege in drei Reagenzgläser je eine Kunststoffprobe und übergieße sie mit verd. Salzsäure. Beobachte eine Zeitlang.

V 5 Beobachte das Verhalten verschiedener Kunststoffe in der Flamme. (Abzug!)

V 6 Tropfe auf eine Styroporplatte Aceton, Benzin und Essigsäureethylester und vergleiche.

B 4 Kunststoffe sind meist nicht wärmebeständig

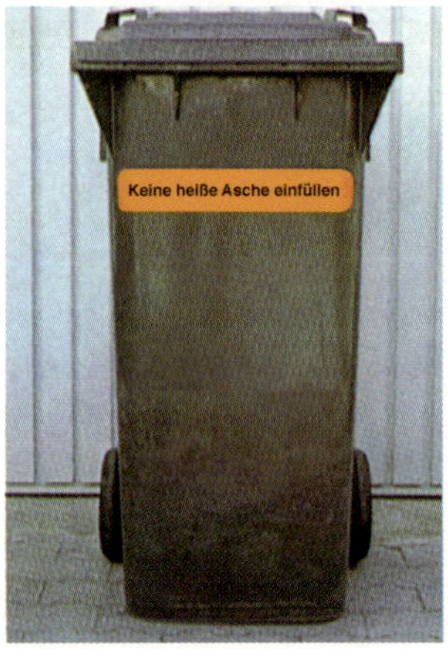

B 5 Manche Lösungsmittel greifen Kunststoffe an

Kunststoffe verdrängen heute die herkömmlichen Werkstoffe Holz, Stein und Metall in vielen Bereichen, weil sie besondere Eigenschaften besitzen.

Vorteilhafte Eigenschaften. Gegenstände aus Kunststoff sind sehr *leicht*. Deshalb finden sie im Automobil- und Flugzeugbau immer mehr Verwendung.
Kunststoffe sind in der Regel *Nichtleiter*. Sie isolieren gut gegen Elektrizität und Wärme. Deshalb werden Elektrokabel mit Kunststoff überzogen, Hauswände mit Schaumstoffplatten isoliert. Kunststoffe sind *sehr beständig gegen Wasser und Luft*. Deshalb werden sie z.B. für wetterfeste Außenverkleidungen an Gebäuden verwendet. Kunststoffbeschichtungen schützen vor Korrosion. Viele Kunststoffe sind auch *beständig gegenüber Chemikalien* wie Säuren und Laugen. *Kunststoffe lassen sich bei ihrer Herstellung leicht einfärben, verformen und verarbeiten.*

Nachteilige Eigenschaften. Aufgrund ihrer *geringen Härte* hinterläßt der Gebrauch an Kunststoffgegenständen seine Spuren, ihre Oberfläche wird zerkratzt.
Die *geringe Temperaturbeständigkeit* vieler Kunststoffe läßt sich bei unsachgemäßer Behandlung von Textilien aus Chemiefasern beobachten. Viele Kunststoffe sind *brennbar* (▷ B 4).
Daß Kunststoffe von *organischen Lösungsmitteln angegriffen* werden können, zeigt sich im Haushalt bei der unbedachten Verwendung von Nagellackentferner als Reinigungsmittel. Kunststoffe *laden sich beim Reiben elektrisch auf*, da sie Nichtleiter sind. Dies ist oft sehr störend, weil sich dadurch auf ihrer Oberfläche Staubteilchen ansammeln.
Unter Einwirkung von Licht und Wärme können Kunststoffe im Laufe der Zeit spröde und brüchig werden. Da sich bei billigen Kunststoffartikeln eine Reparatur nicht lohnt, werden sie zu Wegwerfartikeln.

21.3 Unterscheidung von Kunststoffen

Gebrauchsartikel aus Kunststoff lassen sich schon im Alltag mit einfachen Mitteln unterscheiden. Manche Kunststoffe werden beim Erwärmen weich und zersetzen sich, andere sind zerbrechlich oder werden beim Gefrieren spröde. Durch experimentelle Untersuchungen kann man für *jeden Kunststoff eine typische Eigenschaftskombination* ermitteln.

Schwimmverhalten. Gibt man Kunststoffproben in Wasser, gesättigte Kochsalzlösung und Glycerin, so kann man aus dem *Schwimmverhalten* der Proben auf ihre *Dichte* im Vergleich zu den Testflüssigkeiten schließen. Polyethen schwimmt auf Wasser, seine Dichte ist demnach kleiner als die von Wasser mit $1{,}0\,g/cm^3$. Eine PVC-Probe sinkt in Wasser und Glycerin zu Boden, es muß daher sogar eine größere Dichte als Glycerin mit $1{,}26\,g/cm^3$ aufweisen (▷ B 1, ▷ V 1).

Brennverhalten. Kunststoffe lassen sich beim Erhitzen mit der Brennerflamme in ihrer *Entflammbarkeit*, ihrem *Schmelz- und Abtropfverhalten* und aufgrund ihrer *Verbrennungsprodukte* unterscheiden. Da hierbei gesundheitsschädliche Dämpfe entstehen können, muß man unter dem Abzug arbeiten. Polyethen ist leicht entflammbar, erweicht rasch, tropft ab und brennt rußend weiter. PVC dagegen brennt schlecht, rußt sehr stark, verkohlt, erlischt außerhalb der Flamme und tropft nicht ab. Die stechend riechenden Verbrennungsprodukte färben feuchtes *Indikatorpapier rot* (▷ B 2). Beim Erwärmen zersetzt sich PVC unter Chlorwasserstoffbildung.

Erhitzt man Kunststoffproben im Reagenzglas, so stellt man fest, daß einige *schmelzen* oder *erweichen*, andere sich dagegen sofort unter Bildung giftiger, gasförmiger Reaktionsprodukte *zersetzen* (▷ B 4).

B 1 Schwimmverhalten einiger Kunststoffe

B 2 Chlorwasserstoffnachweis beim Verbrennen von PVC

V 1 Fülle drei Bechergläser zur Hälfte mit a) Wasser, b) gesättigter Kochsalzlösung und c) Glycerin. Füge jeweils etwas Spülmittel hinzu. Lege in die Flüssigkeiten Probestäbchen aus Polyethen, Polyvinylchlorid, Polystyrol und Polyester.

V 2 Halte einige Kunststoffproben aus ▷ V 1 mit einer Tiegelzange in die Flamme und vergleiche ihr Brennverhalten. (Abzug! Tischfläche durch eine Metallauflage vor Tropfen schützen!)

V 3 Erhitze verschiedene Kunststoffproben im Reagenzglas (Abzug!). Prüfe die entstehenden Gase mit feuchtem Indikatorpapier.

B 3 Gefahren durch brennende Kunststoffe

Giftgaswolke nach Brand Bewohner gewarnt

DÜSSELDORF. Der am Wochenende ausgebrochene Brand in Kunststofflagerhallen in der westfälischen Stadt Lengerich war auch am Montag nachmittag noch nicht gelöscht. Die Stadt Lengerich warnte 900 Anwohner der von dem Brand am stärksten betroffenen Wohngebiete vor der Rückkehr in ihre Wohnungen. Rund dreißig Helfer und Schaulustige des Großbrandes hätten über Kopfschmerzen und Übelkeit geklagt.

B 4 Unterscheidung einiger Kunststoffe anhand einfach zu ermittelnder Eigenschaften

Stoff	Schwimmverhalten in Wasser	Brennverhalten	Verhalten beim Erhitzen im Reagenzglas	Färbung von Universalindikatorpapier
Polyethen	schwimmt	brennt mit leuchtender Flamme, tropft ab	schmilzt, siedet ohne Verkohlung	keine
Polyvinylchlorid	sinkt rasch	schwer entflammbar, erlischt außerhalb der Flamme	schmilzt unter Zersetzung	rot
Polystyrol	sinkt sehr langsam	brennt mit stark rußender Flamme	schmilzt unzersetzt	keine
Polyamid	sinkt langsam	blaue Flamme mit gelblichem Rand, tropft fadenziehend	schmilzt	blau
Plexiglas	sinkt rasch	brennt mit gelb-bläulicher Flamme stark knisternd, tropft	schmilzt unzersetzt, Dämpfe flüchtig	keine
Teflon	sinkt sehr rasch	brennt nicht	schmilzt nicht, verkohlt nicht	rot

21.4 Kunststoffe, die durch Polymerisation entstehen

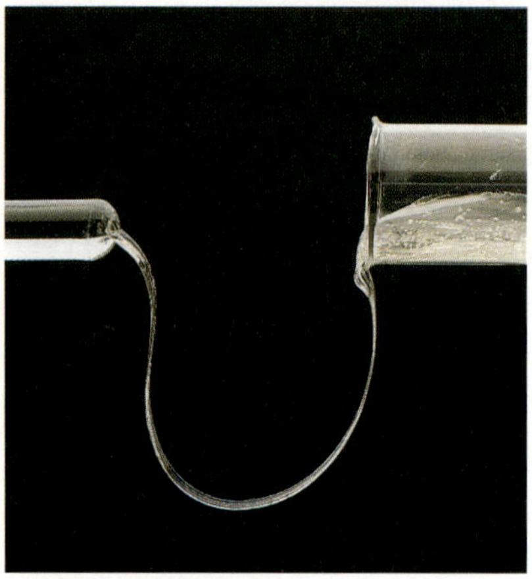

B 1 Polystyrolfaden, gezogen aus der zähflüssigen Schmelze

V 1 a) Man gießt in ein Becherglas 20 ml Styrol, fügt 2 ml Cumolhydroperoxid als Katalysator hinzu und erwärmt etwa 5 Minuten im Sandbad oder mit einem Thermoblock. (Abzug!) Wird das Gemisch zähflüssig, nimmt man es aus dem Sandbad. Aus dem fest werdenden Reaktionsprodukt zieht man mit einem Glasstab Fäden.
b) Erwärmt man das erkaltete Reaktionsprodukt nochmals, kann man erneut Fäden ziehen.

V 2 Man prüft im Reagenzglas Styrol mit Kaliumpermanganatlösung auf Doppelbindungen.

V 3 Prüfe Polyethen mit Kaliumpermanganatlösung auf Doppelbindungen.

V 4 Laß etwa 3 g Styropor P auf einem Teesieb oder Kupfernetz im Wasserdampf quellen. Fülle das vorgeschäumte Styropor in eine ausgefettete Metallform, verschließe diese fest, und hänge die Form ca. 10 Minuten in kochendes Wasser. Löse die Styroporform vorsichtig aus dem Metall.

A 1 Welche Unterschiede in Aufbau und Eigenschaften bestehen zwischen Monomeren und Polymeren? Gib dazu ein Beispiel an.

Erhitzt man dünnflüssiges Styrol unter dem Einfluß eines Katalysators, so entsteht eine zähflüssige, klare Masse. Aus dieser lassen sich mit einem Glasstab Fäden ziehen (▷ B 1). Die Bildung langer Fäden deutet darauf hin, daß kettenförmige *Riesen- oder Makromoleküle* entstanden sind.

Bildung von Kettenmolekülen. Die Bayersche Probe gibt einen Hinweis auf reaktionsfähige C=C-Doppelbindungen in den Styrolmolekülen. In Anwesenheit eines Katalysators werden diese Doppelbindungen aufgespalten, wobei sie sofort mit den Doppelbindungen anderer Moleküle weiterreagieren. Durch die Verknüpfung vieler kleiner, ungesättigter Bausteine (**Monomere**) entstehen kettenförmige Makromoleküle (**Polymere**). Diese Verknüpfungsreaktion nennt man **Polymerisation** (▷ B 2). Bei der Polymerisation von Styrol entsteht Polystyrol (PS), Ethen reagiert zu Polyethen (PE) oder Vinylchlorid zu Polyvinylchlorid (PVC). Durch die Polymerisation unterschiedlichster Monomere kann so eine Vielzahl von Kunststoffen hergestellt werden (▷ B 6).

Die Verknüpfung vieler gleichartiger Moleküle mit einer Doppelbindung zu langen Kettenmolekülen nennt man Polymerisation.

Polyethen (PE). Wird die Polymerisation von Ethen unter hohem Druck durchgeführt, entsteht **Hochdruckpolyethen** mit teilweise verzweigten Kettenmolekülen. Es ist dadurch weich und läßt sich leicht zu Folien verarbeiten. Spezielle Katalysatoren ermöglichen auch die Polymerisation von Ethen bei niederem Druck. Dabei bildet sich **Niederdruckpolyethen**, das aus sehr viel längeren, unverzweigten Kettenmolekülen besteht. Es ist deshalb sehr viel härter als Hochdruckpolyethen. Da es geruch- und geschmacksfrei ist, wird es vor allem für Haushaltsgeschirr verwendet.
Polypropen (PP) findet ähnlich wie PE Verwendung bei Weichplastikartikeln im Haushalt, wie z. B. Gefrierdosen und Joghurtbechern.

Polyvinylchlorid (PVC). Im Monomeren von PVC, dem Vinylchlorid, ist ein Wasserstoffatom des Ethens durch ein Chloratom ersetzt. Dadurch unterscheidet sich PVC in seinen Eigenschaften sehr deutlich von PE. Aufgrund seiner Witterungsbeständigkeit findet PVC breite Verwendung, z.B. bei Kabelisolierungen und Fensterrahmen.

B 2 Polymerisation. Kurze Moleküle (Monomere) werden unter Aufspaltung ihrer Doppelbindung zu Makromolekülen (Polymeren) verknüpft

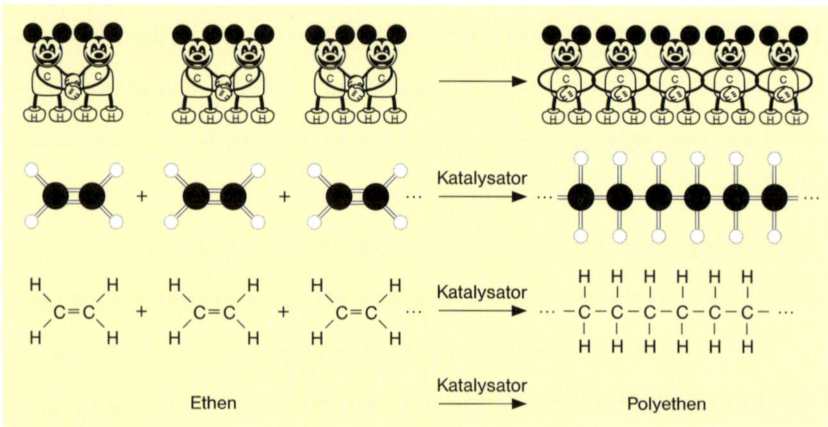

PVC ohne Zusatzstoffe ist hart (▷ B 3), kann aber durch Zugabe von Weichmachern in unterschiedlichen Qualitäten hergestellt werden. Die Weichmacher lagern sich zwischen den Molekülketten ein (▷ B 4). Da sie wieder herausgelöst werden können, ist Weich-PVC als Folie für Lebensmittel nicht zugelassen.

B 3 Gegenstände aus Hart-PVC

B 4 Weichmacher zwischen PVC-Ketten

Polytetrafluorethen (PTFE) ist unter dem Namen Teflon bekannt und wurde ursprünglich für die Raumfahrt entwickelt. Es zeichnet sich durch eine Reihe außergewöhnlicher Eigenschaften aus. So verändert sich Teflon über einen weiten Temperaturbereich von –200 °C bis +300 °C nicht, es ist gegen Chemikalien äußerst beständig und viele Stoffe haften nicht an ihm. Deshalb wird es in der Technik zur Auskleidung von Behältern, im Haushalt als Antihaftbelag in Pfannen und Backformen oder im Sport als Skibelag verwendet.

Plexiglas. Unter diesem Namen ist *Polymethylmethacrylat* (PMMA) seit 1933 im Handel. Plexiglas läßt sich vielseitig verwenden, da es beim Erwärmen auf 150 °C bis 170 °C leicht verformbar ist. Daraus hergestellte Formteile können ähnlich wie Holz gebohrt, gesägt und geklebt werden (▷ B 5). Das glasklare Formmaterial ist relativ kratzfest und polierfähig. Lichtkuppeln, Rücklichter an Fahrzeugen und optische Linsen werden deshalb aus Plexiglas gefertigt.

Kleber. Einige Klebstoffe enthalten Monomere, die mit Katalysatoren unter Einwirkung von Licht oder Luftfeuchtigkeit polymerisieren. Ein Spezialkleber für Plexiglas kann z. B. mit UV-Licht gehärtet werden, beim „Sekundenkleber" wird die Polymerisation durch Luftfeuchtigkeit angeregt. Deshalb ist beim Umgang mit Sekundenkleber Vorsicht geboten, da auch feuchte Haut verklebt wird.

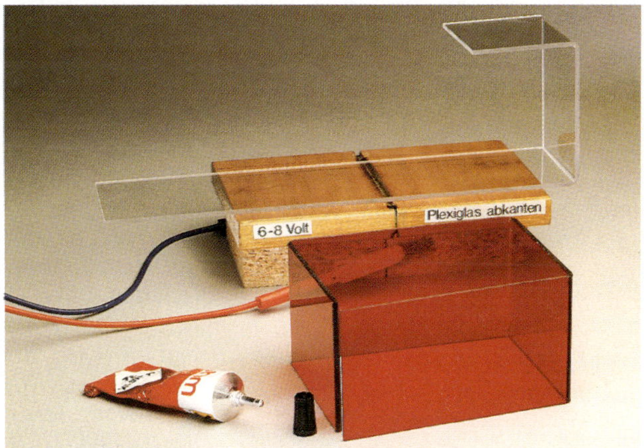

B 5 Plexiglas läßt sich verformen und verkleben

B 6 Wichtige Polymerisationskunststoffe und ihre Verwendung

Name	Polyethen (PE)	Polyvinylchlorid (PVC)	Polytetrafluorethen (PTFE)	Polystyrol (PS)	Polypropen (PP)
Monomer	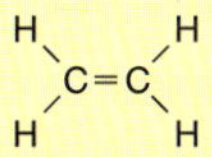 Ethen	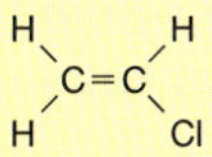 Vinylchlorid	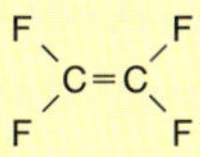 Tetrafluorethen	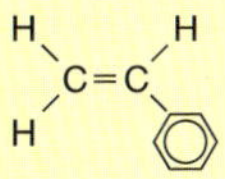 Styrol	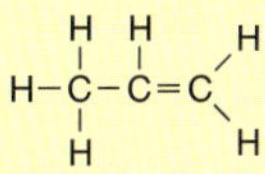 Propen
Handelsnamen	Lupolen Hostalen Vestolen	Hostalit Vestolit	Teflon Hostaflon	Styropor Hostyren Vestyren	Novolen Luparen Vestolen P
Verwendungsbeispiele	Tragetaschen Eimer Mülltonnen	Bodenbeläge Rohre Schläuche Schallplatten	Rohre Dichtungen Pfannenauskleidung	Verpackungen Vorratsdosen Isoliermaterial	Dichtungen Batteriekästen Schalen

B 7 Haushaltsgegenstände aus PE und PP

21.5 Kunststoffe, die durch Polykondensation entstehen

B 1 Polykondensation unter Abspaltung von Wasser

V 1 In ein Reagenzglas werden ca. 2 g Borsäure und etwa 1 bis 2 ml 1,4-Butandiol gegeben. Der Reagenzglasinhalt wird unter ständigem Schütteln erhitzt und das bei der Veresterung entstehende Wasser abgedampft (Nachweis mit Watesmopapier). Nach dem Abkühlen entsteht ein zähes Produkt.

V 2 Rühre in einem Pappbecher zu Polyesterharz (mit Beschleuniger) etwas Katalysator.

Nicht nur durch Polymerisation können Kunststoffe hergestellt werden, sondern durch alle Reaktionen, bei welchen sich Moleküle verknüpfen lassen. Dies ist auch möglich unter Abspaltung kleinerer Moleküle. Bei der Esterbildung haben wir eine solche Reaktion kennengelernt.

Kettenbildung durch Polykondensation. Reagiert die funktionelle Gruppe eines Carbonsäuremoleküls mit der eines Alkoholmoleküls, so bildet sich unter Wasserabspaltung ein Estermolekül. Haben die Kettenenden des Estermoleküls weitere funktionelle Gruppen, so kann das Molekül verlängert werden. Die Bildung von Kettenmolekülen ist möglich, wenn jeder Ausgangsstoff – das Alkoholmolekül und das Carbonsäuremolekül – mindestens *zwei* funktionelle Gruppen trägt. Unter mehrfacher Wasserabspaltung entstehen kettenförmige Polymere. Diese Reaktion bezeichnet man als **Polykondensation** (▷ B 2).

Polyester. Läßt man Dicarbonsäuren mit Alkandiolen reagieren, entstehen unter Wasserabspaltung kettenförmige Makromoleküle, die **Polyester**. Da bei der Esterbildung die hydrophilen Gruppen der Ausgangsstoffe verlorengehen, sind Polyester hydrophob. Polyester werden in großem Umfang zu Textilfasern verarbeitet, die unter dem Namen *Diolen*® und *Trevira*® in den Handel kommen.

Polyamide. Eine andere Möglichkeit zur Verknüpfung von Molekülen durch Kondensation haben wir bei den Eiweißstoffen kennengelernt. Aus Carbonsäuren mit einer Aminogruppe, den Aminosäuren, entstehen unter Wasserabspaltung kettenförmige Moleküle, die Proteine. Dieses Verknüpfungsprinzip haben die Chemiker bei den Polyamiden imitiert. Dem Amerikaner CAROTHERS gelang 1935 die Synthese von *Nylon*. Schon 1940 waren in Amerika die ersten vier Millionen Nylonstrümpfe auf dem Markt. In wenigen Tagen waren sie ausverkauft. In Europa, wo damals noch Krieg herrschte, setzte sich die Synthesefaser erst Jahre später durch. Der deutsche Chemiker SCHLACK entwickelte 1938 eine dem Nylon in Aufbau und Eigenschaften sehr ähnliche Chemiefaser, die unter dem Namen *Perlon* bekannt wurde. SCHLACK hatte eine Möglichkeit entdeckt, das Patent für Nylon zu umgehen, indem er einen anderen Ausgangsstoff wählte. Mit der Synthese von Nylon und Perlon begann die stürmische Entwicklung der Kunststoffe. Innerhalb weniger Jahre führte dies zu einer Revolution der Textilherstellung.

B 2 Bildung eines Polyesters durch Polykondensation. Die funktionellen Gruppen der Monomeren verknüpfen sich unter Abspaltung von Wassermolekülen

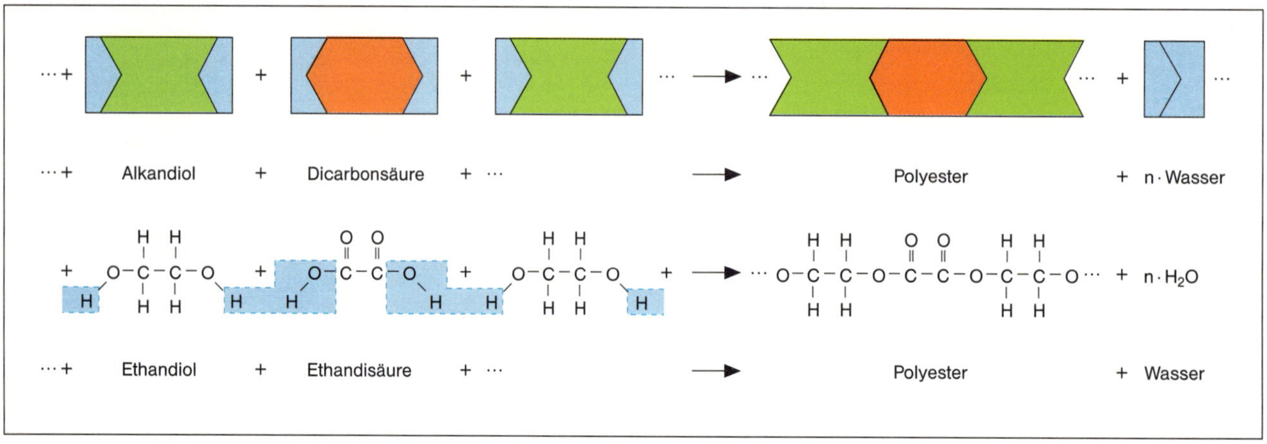

Bildung von Polyamiden. Perlon entsteht durch Polykondensation einer Aminocarbonsäure, der 6-Aminohexansäure $H_2N-(CH_2)_5-COOH$. Unter Wasserabspaltung zwischen den Aminosäuremolekülen entstehen lange Kettenmoleküle. Die Verknüpfung zwischen den Molekülen wird als Amidbindung bezeichnet, daher der Name Polyamide für diese Stoffgruppe. Die Bildung von Nylon durch Polykondensation von zwei Ausgangsstoffen ähnelt mehr der Polyesterbildung. Durch Reaktion einer Dicarbonsäure mit einem Stoff mit zwei Aminogruppen, einem Diamin, entsteht Nylon. Der wichtigste Vertreter dieser Polyamide entsteht durch Polykondensation von Adipinsäure $HOOC-(CH_2)_4-COOH$ mit Hexamethylendiamin $H_2N-(CH_2)_6-NH_2$.

Vom Polyamid zur Faser. Polyamide sind thermoplastische Kunststoffe, aus denen im *Schmelzspinnverfahren* Fasern hergestellt werden können (▷ B 4). Dabei werden die Kunststoffschnitzel bei etwa 270 °C geschmolzen und anschließend von Pumpen durch die Spinndüsen gedrückt. Die austretenden heißen Flüssigkeitsstrahlen werden in einer Stickstoffatmosphäre gekühlt, sie erstarren zu festen Fäden. In Gegenwart von Luftsauerstoff wären die Fasern weniger elastisch und dunkler. Die Spinngeschwindigkeit dieses Verfahrens beträgt mehr als 1 000 Meter in der Minute. Kein Faden, der aus der Spinndüse austritt, hat jedoch seine endgültige Struktur. Erst durch das Verstrecken erhalten die Polyamidfasern ihre große Elastizität, Reiß- und Scheuerfestigkeit. Beim Verstrecken wird der Faden auf das Fünf- bis Achtfache seiner ursprünglichen Länge gedehnt. Dabei gleiten die einzelnen Fadenmoleküle aneinander vorbei und ordnen sich. Einander gegenüberliegende Makromoleküle können zusätzlich stabilisierende Querverbindungen (Wasserstoffbrücken) bilden.

Eigenschaften und Verwendung. Wegen ihrer hohen Reißfestigkeit werden Polyamidfasern nicht nur für Textilien und Teppichböden, sondern auch für technische Produkte wie Förderbänder, Seile oder Reifeneinlagen verwendet. Da Polyamide besonders bruchfest und zähelastisch sind, werden sie auch zur Herstellung von Schutzhelmen, Zahnrädern und Reißverschlüssen benutzt.

Polyester-Gießharz. Bei der Kondensation von ungesättigten Carbonsäuren mit Alkandiolen erhält man Polyester mit Doppelbindungen. Diese werden in einer polymerisierbaren Verbindung, meist Styrol, gelöst. Durch Polymerisation lassen sich die Polyesterketten weiter miteinander verknüpfen, so daß *räumlich vernetzte Makromoleküle* entstehen (▷ B 6). Diese Polyesterharze, häufig mit Glasfaser verstärkt, sind leicht, elastisch, formstabil und relativ preiswert. Sie werden für Lacke und Spachtelmasse, Kunstharzmörtel und Kunststein, Boote und Karosserien verwendet.

B 3 Herstellung eines Nylonfadens durch Grenzflächenkondensation

B 4 Spinnen von Polyamidfäden aus einer Schmelze

V 3 Man löst ca. 1 ml Sebacinsäuredichlorid (Vorsicht! Schutzhandschuhe!) in ca. 30 ml Heptan im Becherglas (250 ml). Die Lösung überschichtet man mit einer Lösung von 2 bis 3 g 1,6-Diaminohexan (Hexamethylendiamin) in 30 ml Wasser. Die sich an der Grenzfläche bildende Nylonschicht zieht man mit einer Pinzette heraus und spult daraus einen Faden (▷ B 3). (Abzug!)

V 4 Ein Reagenzglas wird zu etwa einem Drittel mit AH-Salz (Salz aus Adipinsäure und Hexamethylendiamin) gefüllt und vorsichtig mit kleiner Flamme erhitzt, bis die Schmelze dickflüssig wird. Beim Erkalten kann man mit einem Glasstab aus der Schmelze Fäden ziehen. (Abzug!)

B 5 In Polyester-Gießharz eingebettete Koralle

B 6 Räumliche Vernetzung im Modell

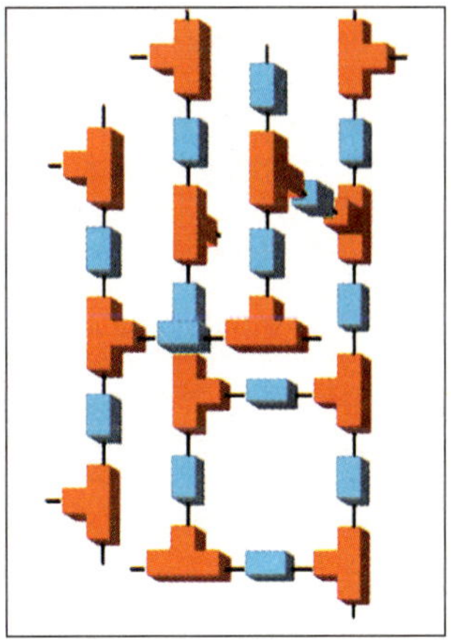

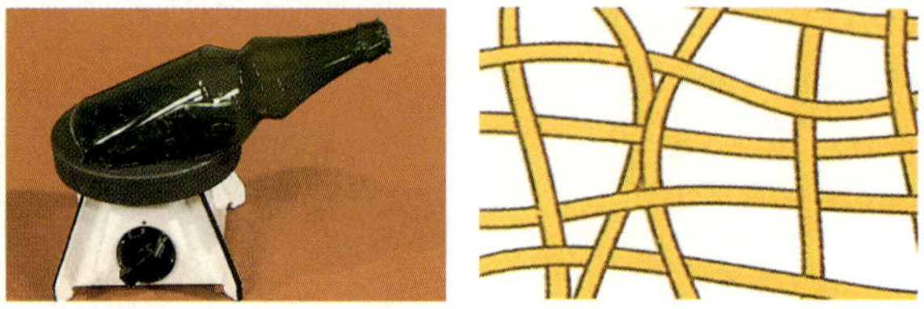

Thermoplaste lassen sich beim Erwärmen verformen.
Sie bestehen aus *unvernetzten* Makromolekülen.

Duroplaste sind spröde und lassen sich nicht schmelzen.
Sie bestehen aus *stark vernetzten* Makromolekülen.

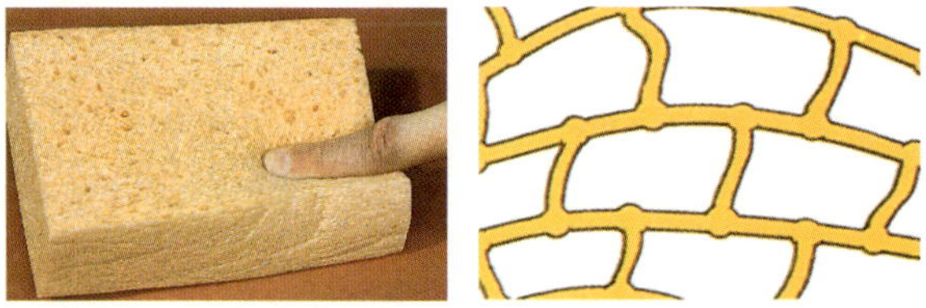

Elastomere verformen sich nur vorübergehend.
Sie bestehen aus *schwach vernetzten* Makromolekülen.

B 1 Einteilung der Kunststoffe nach ihren Eigenschaften

A 1 Ermittle anhand der Buchstaben-Kennzeichnung die Kunststoffart, aus welcher Joghurtbecher hergestellt werden. Erläutere, ob es sich um einen Duroplast oder einen Thermoplast handelt. Nach welchem Verfahren könnten diese Becher hergestellt worden sein?

A 2 Wenn ein Stück Kunststoffschwamm im Reagenzglas erhitzt wird, zersetzt es sich, ohne zu schmelzen. Außerdem gibt es kein Lösungsmittel, in welchem es sich lösen läßt. Versuche diese Angaben mit dem Aufbau zu erklären.

A 3 Gib das Verfahren an, nach welchem a) Kunststoffeimer, b) Haushaltsfolien, c) Kunststoffflaschen, d) PVC-Rohre hergestellt werden.

Kunststoffe bestehen nicht nur aus kettenförmigen Makromolekülen, sondern können auch Verzweigungen und Vernetzungen enthalten. Dies beeinflußt die Eigenschaften, z. B. die Schmelzbarkeit und Löslichkeit der verschiedenen Kunststoffe, und ihre Verarbeitung sehr stark.

Thermoplaste. Erwärmt man Kunststoffe, die aus *kettenförmigen Makromolekülen* aufgebaut sind, so werden sie allmählich weich und schmelzen (▷ B 1). Beim Erwärmen wird soviel Energie zugeführt, daß die langen Kettenmoleküle aneinander vorbeigleiten können, der Stoff wird verformbar, plastisch wie Wachs. Deshalb bezeichnet man diese Kunststoffe als Thermoplaste. Die Mehrzahl aller im Haushalt verwendeten Verpackungsmaterialien zählt hierzu. Da die Molekülketten auch durch manche Lösungsmittel getrennt werden können, sind Thermoplaste oft auch löslich.

Duroplaste. Kunststoffe mit *räumlich vernetztem Aufbau* lassen sich auch beim Erwärmen nicht verformen, da die Bindungen nicht verschoben werden können. Diese Duroplaste (von lat. durus, hart) sind deshalb unschmelzbar. Bei hohen Temperaturen wird der Aufbau zerstört, der Duroplast zersetzt sich. Um aus duroplastischen Kunststoffen Gegenstände zu formen, müssen sie entweder mechanisch durch Sägen, Bohren, Fräsen bearbeitet oder wie z. B. bei Gießharz erst in der Form endgültig ausgehärtet werden. Da die Vernetzungen auch durch Lösungsmittel nicht gelöst werden können, sind Duroplaste unlöslich.

Elastomere. Bei sehr *schwach vernetzten Makromolekülen* zeigen die Kunststoffe eine besondere Eigenschaft, sie sind *elastisch* wie ein Schwamm. Das weitmaschige Netzwerk läßt sich verformen und kehrt nach der Belastung wieder in die Ausgangslage zurück. Wegen der netzartigen Verknüpfung ihrer Moleküle sind auch die Elastomere unschmelzbar und unlöslich.

Verarbeitung von Thermoplasten. Die meisten Massenartikel im Haushalt werden aus thermoplastischen Kunststoffen hergestellt, da diese beim Erwärmen *plastisch* werden und leicht in unterschiedlicher Form zu verarbeiten sind. Folien aus PE, Joghurtbecher aus PS oder Eimer aus PP gehören ebenso hierzu wie Gartenschläuche aus PVC oder Kuppelfenster aus Plexiglas.

Extrudieren. Dieses Verfahren dient zur Herstellung von Endlos-Materialien wie Rohren, Profilen, Tafeln oder Folien. Das Arbeitsprinzip entspricht etwa dem eines Fleischwolfes, allerdings ist die Zylinderwand beheizt. Der Kunststoff wird als Pulver oder Granulat in den Extruder gegeben, in dem es durch eine sich drehende Schnecke gefördert, verdichtet und dabei aufgeschmolzen wird. Die plastische Masse wird durch ein Werkzeug in die gewünschte Form gedrückt.

Extrusionsblasverfahren. Zur Herstellung von Hohlkörpern wie Flaschen oder Kanistern drückt ein Extruder einen fast plastischen Schlauch in ein zweiteiliges Hohlwerkzeug mit der gewünschten Form. Durch das Schließen des Werkzeugs wird der Schlauch luftdicht abgequetscht und durch Einblasen von Luft an die Wände der Form gedrückt. Nach kurzer Abkühlzeit wird die Form geöffnet und der Hohlkörper ausgeworfen. Durch starkes Aufblasen zu einem dünnen Schlauch können auf diese Weise auch Folien hergestellt werden (▷ B 2).

Tiefziehen. Der umgekehrte Weg zur Verformung, das Anlegen eines Unterdrucks an eine Form, wird ebenfalls häufig verwendet. Dabei wird eine erwärmte Kunststoffplatte in die Vertiefungen der Form gesaugt (▷ B 3).

Spritzgießen. Mit diesem Verfahren können auch komplizierte Formteile von hoher Qualität und Maßgenauigkeit ohne Nacharbeit hergestellt werden. Eingefärbtes Granulat wird in einem Extruder mit beweglicher Schnecke gefördert, durch Erwärmen plastisch gemacht und dann durch Vorwärtsbewegen der Schnecke in die gekühlte Form gespritzt (▷ B 4). Nach einigen Sekunden öffnet sich die Form, und das fertige Teil fällt heraus. Mit diesem Verfahren können sehr kleine Teile wie Modelle von Autos, Flugzeugen oder Eisenbahnen gespritzt werden, aber auch große Gegenstände wie Eimer oder Bierkästen.

Kalandrieren. Zur Herstellung von Folien ist das Kalandrieren (von franz. calandrer, rollen) besonders geeignet. Nach dem Prinzip einer Teigrolle wird der plastische Kunststoff zwischen mehreren Walzen zu einem endlosen Folienband breitgewalzt (▷ B 5). Diese Folie kann anschließend durch Prägen, Bedrucken oder Metallisieren weiterbehandelt werden.

B 2 Extrusionsblasformen von Hohlkörpern

B 3 Tiefgezogene Form eines Spielzeugautos

B 4 Spritzgießen thermoplastischer Formteile

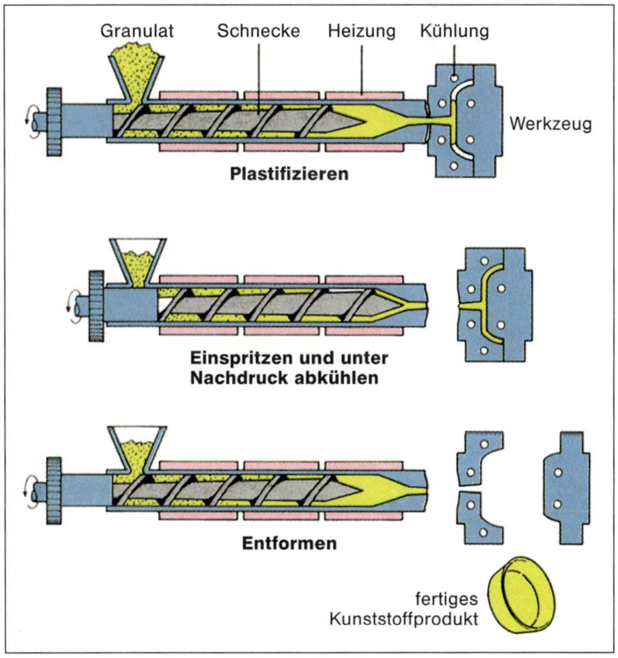

B 5 Herstellung von Folien durch Kalandrieren

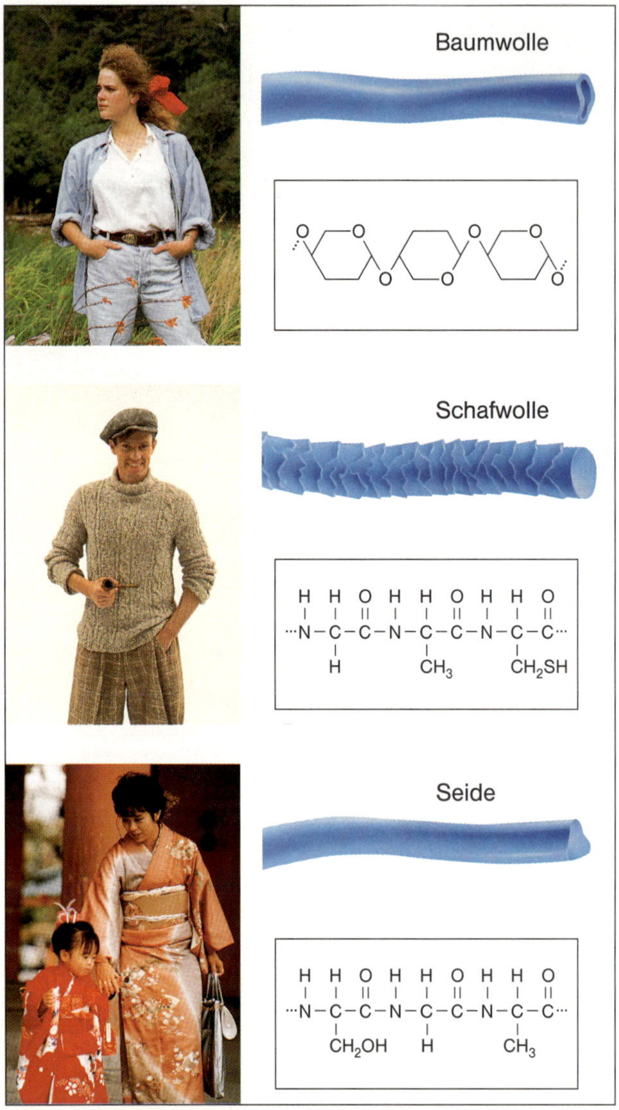

B 1 Naturfasern. Die Fasern von Baumwolle, Wolle und Seide unterscheiden sich in Aufbau und Aussehen

V 1 Schneide aus verschiedenen Gewebematerialien ca. 10x10 cm große Stücke heraus und bestimme ihre Massen. Befeuchte die Proben vollständig mit Wasser, drücke sie kräftig aus und trockne die Stücke 20 Minuten an der Luft. Wiege die noch feuchten Proben und berechne, wieviel Wasser jeweils zurückgehalten wird.

V 2 Bemale weiße Gewebestücke aus Baumwolle und aus Kunstfaser (z. B. Acetatseide) mit a) wasserlöslichen, b) wasserfesten Filzschreibern. Wasche die bemalten Gewebestücke kurz mit Wasser aus. Vergleiche die Haltbarkeit der Färbungen.

An unseren Kleidern können wir die rasche Entwicklung der Chemie in diesem Jahrhundert am eigenen Leibe besonders deutlich erleben. Während unsere Urgroßeltern ausschließlich Stoffe aus Naturfasern trugen, steht uns heute eine Vielzahl immer weiter entwickelter Chemiefasern zur Verfügung. Nur mit synthetischen Fasern ist es möglich, die immer weiter wachsende Weltbevölkerung ausreichend mit Kleidung zu versorgen.

Die verschiedenen Fasern haben sehr unterschiedliche Eigenschaften, die vom chemischen Aufbau der Faser und ihrer Oberflächenbeschaffenheit abhängen. Gemeinsam aber ist allen Fasern, daß sie aus kettenförmigen Makromolekülen aufgebaut sind. Baumwolle, Wolle und Seide sind aus natürlichen Makromolekülen aufgebaut, Chemiefasern werden aus thermoplastischen Kunststoffen in speziellen Spinnverfahren zu Fasern verarbeitet.

Baumwolle ist eine pflanzliche Faser, die aus den Samenfäden der Baumwollpflanze gewonnen wird. Dies erklärt ihren chemischen Aufbau, sie besteht aus fast reiner Cellulose (▷ B 1 oben). Mit ihrem hydrophilen Aufbau hängt auch die gute Aufnahmefähigkeit für Feuchtigkeit und Schweiß zusammen. Dadurch trocknet Baumwolle entsprechend langsam. Deshalb wird für moderne Sportunterwäsche als Innenschicht eine Chemiefaser gewählt, die den Schweiß von der Haut wegtransportiert, darüber folgt eine saugfähige Baumwollschicht. Baumwolle ist wenig elastisch und formbeständig, deshalb knittern diese Textilien und beulen aus. Baumwolle ist kochfest und kann heiß gebügelt werden.

Wolle und Seide sind tierische Fasern. Wolle wird aus den Haaren verschiedener Tiere erhalten. Der Herkunft entspricht der chemische Aufbau aus langkettigen Eiweißmolekülen, die aus verschiedenen Aminosäuren gebildet werden (▷ B 1 Mitte). Dies erklärt die Tatsache, daß Wollartikel nicht mit alkalischen Waschmitteln gewaschen werden dürfen. Die Waschtemperaturen dürfen hierbei nicht über 30 °C liegen, sonst filzt die Wolle. Die Wollfaser ist elastisch und knitterarm, deshalb hängen sich Falten von selbst wieder aus. Im Warmhaltevermögen ist Wolle fast unübertroffen, da sie aufgrund der Kräuselung der Fasern und der schuppenförmigen Oberfläche Luft sehr gut einschließt. Wolle kann bis zu 40 % ihres Gewichtes an Feuchtigkeit aufnehmen, ohne sich feucht anzufühlen. Da Wolle aus Eiweiß besteht, kann sie von Motten angegriffen werden.
Seide wird sehr aufwendig aus dem Kokon der Seidenraupe gewonnen. Als tierische Faser besitzt sie ebenfalls Eiweißstruktur (▷ B 1 unten). Da der Faden aus Spinndrüsen der Seidenraupe gepreßt wird, ist die Oberfläche sehr glatt. Deshalb besitzt Seide ihren charakteristischen Glanz. Seide hat von allen Naturfasern die größte Reiß- und Scheuerfestigkeit.

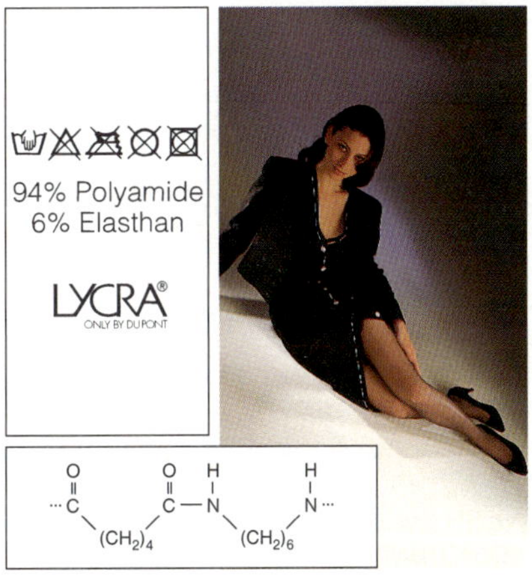

B2 Strumpfhose aus Perlonfaser

B3 Strickware aus Polyacrylfaser

B4 Gardine aus Polyesterfaser

Polyamidfasern. Vergleicht man den chemischen Aufbau einer Perlonfaser (▷B2) mit Wolle und Seide, so fällt die ähnliche Verknüpfungsart auf. Perlon und Nylon sind reiß- und scheuerfester als jede Naturfaser, die Fäden können dünner als Naturfasern ausgezogen werden.
Durch den Spinnvorgang ist die Oberfläche der Chemiefasern glatt, sie glänzen deshalb seidenähnlich. Um ein ähnliches Warmhaltevermögen wie bei Wolle zu erhalten, werden die Fasern künstlich gekräuselt, ihre Oberfläche durch die Form der Düsen verändert. Inzwischen können sogar Hohlfasern gespritzt werden.

Polyacrylnitril (PAN) ist eine Chemiefaser, die aufgrund ihres angenehmen, seidenartigen Griffs viel in Strickwaren verwendet wird (▷B3). Polyacrylfasern sind knitterfrei, leicht waschbar und schnelltrocknend.

Polyesterfasern sind aufgrund ihres chemischen Aufbaus (▷B4) hydrophob, sie trocknen deshalb schnell und quellen nicht. Polyestergewebe zeichnet sich daher durch hohe Formbeständigkeit und Knitterfestigkeit aus. Kleiderstoffe und vor allem auch Gardinen müssen nach der Wäsche weder gespannt noch gebügelt werden.

Vielfalt der Chemiefasern. Durch die Möglichkeit, verschiedenste Polymere zu Fasern zu verarbeiten, können auch für besondere Anforderungen geeignete Fasern hergestellt werden. Sicherheitsgurte, Kletterseile (▷B5) und Fallschirme mit hochreißfesten Polyamidfasern, Schwimmwesten und Segel aus leichten, unverrottbaren PE-Fasern, Feuerschutzbekleidung mit hochhitzebeständigen Aramidfasern oder atmungsaktives, wasserdichtes Material sind nur einige Beispiele.

B5 Kletterseil aus Polyamidfaser

B6 Feuerschutzbekleidung aus Aramidfaser

B7 Wasserdichtes, atmungsaktives Gewebe

17.5 Kunststoffabfälle und Recycling

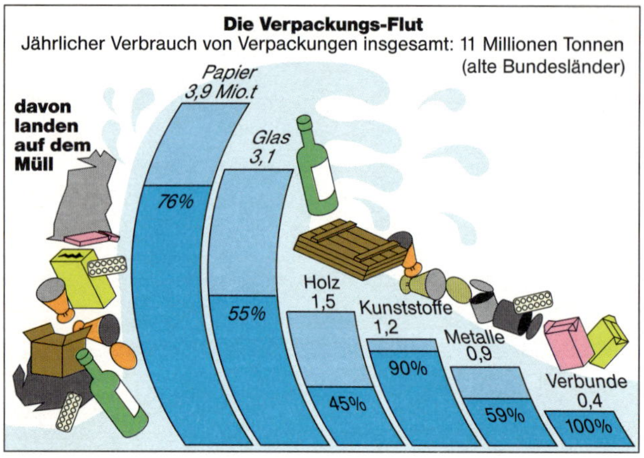

B 1 Die Verpackungsflut. Jährlicher Verbrauch von Verpackungen 11 Mio. Tonnen

B 2 Lärmschutzwand aus Kunststoffabfallmischungen

B 3 Wiederverwertung von Videokassetten

Täglich fallen in Millionen Haushalten riesige Mengen Kunststoffabfälle an (▷ B 1).
Erfolgt die Müllbeseitgung auf einer **Deponie**, so wirkt sich die chemische Beständigkeit der Kunststoffe nachteilig aus, sie verrotten äußerst langsam. Außerdem werden weder der Energiegehalt noch die Rohstoffe in den Kunststoffen genutzt. Deshalb müssen Kunststoffe auf andere Weise entsorgt werden, wobei **Vermeiden – Vermindern – Verwerten** immer als oberstes Prinzip gelten muß.

Thermische Verwertung. Werden die Abfälle in einer Müllverbrennungsanlage beseitigt, gewinnt man wenigstens Energie. Außerdem wird die riesige Abfallmenge beim Verbrennen deutlich verringert; die festen Rückstände haben nur ein Zehntel des ursprünglichen Volumens. Die Verbrennung führt aber auch zu erheblichen Umweltproblemen. So entstehen bei der Verbrennung des Massenkunststoffes PVC große Mengen Chlorwasserstoff, der mit Luftfeuchtigkeit Salzsäure bildet. Daneben können je nach Verbrennungsbedingungen aus chlorhaltigen Kunststoffen auch hochgiftige Stoffe entstehen. Da Kunststoffe auch zahlreiche Zusatzstoffe wie Farbstoffe, Stabilisatoren und Weichmacher enthalten, entstehen beim Verbrennen noch weitere Schadstoffe, die alle mit großem Aufwand aus den Rauchgasen zu entfernen sind. Die Filterrückstände, die den Großteil der Schadstoffe enthalten, müssen als Sondermüll gelagert werden.

Werkstoffliche Verwertung. Da die Abfälle aus dem Haushalt verunreinigt und als Kunststoffgemisch anfallen, ist die Wiederverarbeitung zu hochwertigen Produkten kaum möglich. Zur Zeit können diese Gemische nur aufgeschmolzen und zu grauschwarzen Produkten wie Schallschluckmauern (▷ B 2) oder Parkbänken gepreßt werden. Ist die sortenreine Trennung möglich, lassen sich thermoplastische Kunststoffabfälle sehr gut recyceln (▷ B 3). Zur leichten Trennung ist deshalb die Kennzeichnung von Kunststoffartikeln vorgeschrieben.

Rohstoffliche Verwertung. Eine andere Möglichkeit zur Aufarbeitung von Kunststoffabfällen ist die Zerlegung in die Ausgangsprodukte oder ähnliche Rohstoffe. Die Herstellung von Crackbenzin zeigt, daß organische Moleküle bei hoher Temperatur gespalten werden können. Verfahren zur Zersetzung unter Luftausschluß (Pyrolyse), zum Cracken in Gegenwart von Wasserstoff (Hydrierung) und zur Spaltung mit Wasserdampf (Hydrolyse) sind in der Erprobung.
Bei den verschiedenen Verfahren zur rohstofflichen Verwertung muß grundsätzlich in Betracht gezogen werden, ob der Einsatz an Energie und die Belastung durch neue Stoffe im Vergleich zur thermischen Verwertung sinnvoll sind. Erst eine vollständige Ökobilanz kann zeigen, welches der beste Weg zur Lösung unserer Abfallprobleme ist.

Messen in Labor und Technik

Für eine chemische Reaktion müssen die Ausgangsstoffe im richtigen Mengenverhältnis zusammengebracht werden. Neben den erwünschten Reaktionsprodukten entstehen meist Nebenprodukte. Viele chemische Reaktionen laufen nur bei höheren Temperaturen ab, bei anderen Reaktionen wird soviel Wärmeenergie frei, daß das Reaktionsgefäß ständig gekühlt werden muß. Während im Labor nur mit kleinen Stoffportionen gearbeitet wird, betragen die Massen der eingesetzten Stoffe in einem Chemiebetrieb an einem Tag meist Tonnen, häufig werden gar einige Hundert Tonnen eines Stoffes eingesetzt oder gewonnen.

Dieses erfordert einen durchdachten Betriebsablauf, in dem die Qualität der Ausgangsstoffe und Reaktionsprodukte, die Reaktionsbedingungen und der Zustand der Anlagenteile des Betriebes ständig überwacht werden. Dazu sind vielfältige Messungen notwendig. So sind in einem großen Chemiebetrieb heute nicht nur Chemiefacharbeiter, Laboranten und Laborantinnen, sondern auch Meß- und Regeltechnikerinnen und -techniker tätig. Ein Labor und insbesondere ein großer Chemiebetrieb ist deshalb auf qualifizierte Mitarbeiterinnen und Mitarbeiter angewiesen, die über eine gute schulische Grundbildung verfügen.

Im folgenden Kapitel werden einige Aspekte von Berufen, für die chemische Kenntnisse und Methoden erforderlich sind, und vertiefende Betrachtungen zur chemischen Reaktion und zu Lösungen angestellt. Diese sollen dir auch eine Vorstellung über berufliche Anforderungen verschaffen.

Ausbildungsberuf: Chemielaborantin/Chemielaborant

Arbeitsgebiet

Herstellen, Verarbeiten und Analysieren von Stoffen und Zubereitungen

Vorbereiten, Durchführen und Auswerten von Versuchen

Bedienen von Laborapparaten, Meßgeräten und Versuchsanlagen

Dokumentation von Untersuchungen

Anwenden von Computern

Sachgerechter Umgang mit Chemikalien unter Beachtung von Arbeitssicherheit und Umweltschutz

Einsatzorte sind Laboratorien und Technika von Forschung, Entwicklung, Überwachung und Produktionsbetrieben

Anforderungen

Verständnis für chemische, physikalische und technische Zusammenhänge

Beobachtungsgabe, praktisches Geschick, sorgfältiges Arbeiten, Geduld und Konzentrationsvermögen, Fähigkeit zur Teamarbeit

Chemietauglichkeit

Schulbildung: Hauptschulabschluß 10. Klasse mit Qualifikation oder Abschluß der Realschule oder Abitur

1 Die großen Chemiebetriebe bieten eine Vielfalt an Arbeitsplätzen und legen großen Wert auf sorgfältig ausgebildete und qualifizierte Mitarbeiter.
Bildet eine Erkundungsgruppe aus etwa vier Schülerinnen und Schülern und führt die folgenden Aufträge aus.

a) Erkundigt euch bei einem Chemiebetrieb oder einem Berufsinformationszentrum (BIZ) nach naturwissenschaftlichen und technischen Ausbildungsberufen der chemischen Industrie.

b) Informiert euch bei jedem Beruf über das Arbeitsgebiet, die Anforderungen, den Ausbildungsbedarf und den Verdienst während der Ausbildung und der ersten Berufsjahre.
Sammelt dazu die Informationsblätter zu den Berufen oder legt selbst Protokollbögen an, in denen die Informationen geordnet gesammelt werden.

c) Vergleicht die Anforderungen für die Berufe und erforscht euch selbst im Hinblick auf eine Berufsfindung.

2 Für die chemischen Produktionsbetriebe werden überwiegend Chemikanten ausgebildet. Warum werden bisher nur wenige Chemikantinnen ausgebildet?

3 Nicht nur für die Ausbildung in einem Beruf in einem Chemiebetrieb sind Kenntnisse aus dem Chemieunterricht von großem Vorteil.
Es gibt auch viele weitere Berufe, in denen ein chemisches Grundverständnis zu den Anforderungen oder dem Arbeitsgebiet gehören.
Ermittle einige solcher Berufe.

22.2 Meßwerterfassung mit dem Computer

Der Computer wird heute in jedem größeren Labor und Chemiebetrieb für unterschiedliche Aufgaben eingesetzt (▷ B 1). Im folgenden soll am Beispiel der Neutralisationsreaktion die Erfassung und Auswertung von Meßwerten mit Hilfe des Computers dargestellt werden.

Überwachung einer Neutralisation mit dem Computer. Wir wissen, daß Lösungen, die Ionen enthalten, den elektrischen Strom leiten. Die Neutralisation läßt sich deshalb dadurch verfolgen, daß man die elektrische Stromstärke während des Zutropfens von Natronlauge zu Salzsäure verfolgt.
Bei der Zugabe der Natronlauge zu Salzsäure reagiert ein H_3O^+-Ion mit einem OH^--Ion zu zwei Wassermolekülen. An die Stelle des H_3O^+-Ions tritt also ein Na^+-Ion. Natriumionen leiten den elektrischen Strom aber schlechter als H_3O^+-Ionen. Sobald nur noch die Natriumchloridlösung vorliegt, ist die Leitfähigkeit und Stromstärke am geringsten. Hier liegt der Neutralpunkt vor.

$$H_3O^+ + Cl^- + Na^+ + OH^- \longrightarrow 2\,H_2O + Na^+ + Cl^-$$

Die Leitfähigkeit und damit die Stromstärke steigt bei weiterer Laugenzugabe wieder an, da jetzt mehr Ionen, nämlich die Na^+- und OH^--Ionen, in die Lösung gelangen und nicht reagieren. Man kann das zu der Salzsäure jeweils getropfte Volumen der Natronlauge und die zugehörige Stromstärke erfassen, in eine Tabelle eintragen und die Tabelle grafisch auswerten (▷ B 2). Diese Routinearbeiten können vom Computer übernommen werden. Dazu müssen die prozessorgesteuerte Zugabe von Natronlauge und die Meßwerte vom Stromstärkemeßgerät an den Computer weitergegeben werden. Der Computer erstellt dann mit Hilfe eines Programms die Volumenachse und den grafischen Verlauf der Neutralisation und berechnet den Neutralpunkt.

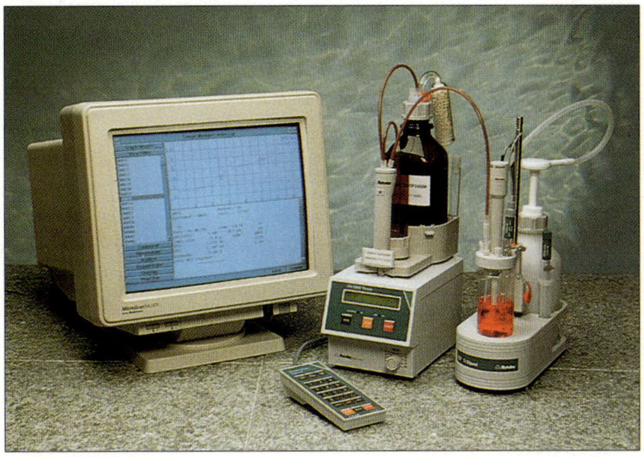

B 1 Computereinsatz zur Erfassung und Auswertung von Meßwerten

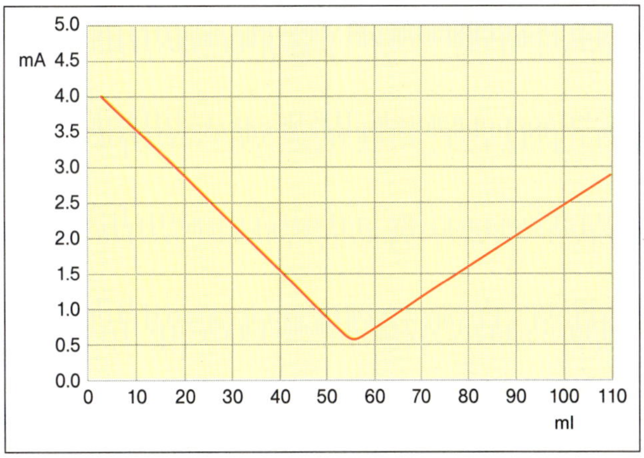

B 2 Veränderung der Stromstärke bei der Zugabe von Natronlauge zu Salzsäure

B 3 Modellieren von Molekülmodellen auf dem Bildschirm ist ein weiteres wichtiges Einsatzgebiet des Computers

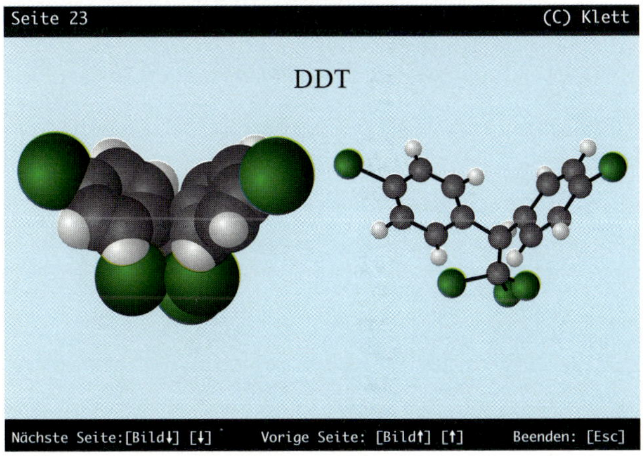

A 1 In einem Versuch ist zu genau 100 ml Salzsäure Natronlauge in Portionen von 1 ml gegeben worden. Nach jeder Zugabe wurde die Stromstärke bestimmt und in die folgende Tabelle eingetragen.

Volumen der Natronlauge in ml	0	1	2	3	4	5	6	7	8	9	10	11	12	13	14
Stromstärke in mA	355	300	304	275	245	218	190	165	135	108	80	96	110	127	141

a) Werte die Tabelle grafisch aus, indem du die Stromstärkewerte in Abhängigkeit vom Volumen der Natronlauge in ein Gitternetz einträgst. Verbinde die Punkte.
b) Erkläre den Verlauf der Kurve.
c) Wo liegt der Neutralpunkt?

22.3 Der Gehalt von Gemischen

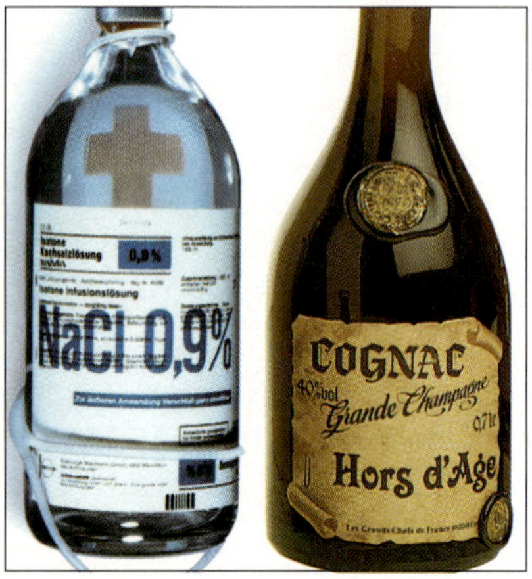

B 1 Massen- und Volumenanteile von Lösungen

A 1 Was bedeutet die Angabe, daß der Grenzwert des Blutalkohols 0,8‰ (Massenanteil) beträgt?

A 2 Konzentrierte Salzsäure ist häufig 37%ig. Die Prozentangabe bezieht sich auf den Massenanteil an gelöstem Chlorwasserstoff. Wie groß ist die Masse der Chlorwasserstoffportion, die in 1 kg Salzsäure gelöst ist?

A 3 Stelle Gehaltsangaben (Massen- oder Volumenanteil) von Gemischen aus dem Haushalt (z.B. Waschmittel) zusammen.

Im Alltag begegnet man Gemischen wie z.B. Waschpulver, Weinbrand, Kaffee, Cola oder Tabletten. Einsatz oder Wirkung eines Gemisches hängen häufig vom Anteil eines Stoffes in dem Gemisch ab. Es gibt unterschiedliche Anteilsangaben für Gemische. Die Angaben richten sich nach dem Zweck.

Der Massenanteil. In der Medizin wird in Notfällen bei hohem Blutverlust eine 0,9%ige Kochsalzlösung (▷ B 1) als Blutersatzstoff in die Venen übertragen. Ein höherer oder niedrigerer Salzgehalt würde die roten Blutkörperchen schädigen oder gar zerstören. Die Gehaltsangabe 0,9% bedeutet, daß in 100 g Kochsalzlösung 0,9 g Natriumchlorid gelöst sind. Bei dieser Gehaltsangabe wird die *Masse eines gelösten Stoffes als Anteil der Gesamtmasse der Lösung* angegeben. Für den *Massenanteil* in % gilt allgemein:

In einer x-%igen Lösung befinden sich x g des gelösten Stoffes in 100 g Lösung.

Der Volumenanteil. Die Gehaltsangaben auf alkoholischen Getränken beziehen sich hingegen auf den *Volumenanteil* des Alkohols, der in dem alkoholischen Getränk gelöst ist. Auf einer Weinbrandflasche steht z.B. häufig 40 Vol.-% (▷ B 1). Diese Angabe bedeutet, daß in 100 ml Weinbrand 40 ml Alkohol gelöst sind. Allgemein gilt für den Volumenanteil in %:

In einer x Vol-%igen Lösung befinden sich x ml des gelösten Stoffes in 100 ml Lösung.

Aus den Gehaltsangaben auf Etiketten sollte deutlich hervorgehen, ob sich die Angaben auf den Massenanteil oder den Volumenanteil beziehen. Die meisten Gehaltsangaben für Feststoffgemische und viele Lösungen geben den Massenanteil in % an.

Anteile von Spurenstoffen. Es gibt heute so genaue Untersuchungsmethoden, daß noch Spuren von Stoffen erfaßt werden. Für die Anteile von Schadstoffen in der Luft oder im Wasser werden häufig ppm-Werte und ppb-Werte angegeben, bei ihnen handelt es sich um Massen- oder Volumenanteile (▷ B 2).

B 2 Der Anteil von Stoffen in Gemischen kann sehr klein sein

1 Prozent ist 1 Teil von 100 Teilen		1 Promille ist 1 Teil von 1000 Teilen		1 ppm (part per million) ist 1 Teil von 1 Million Teilen		1 ppb (part per billion) ist 1 Teil von 1 Milliarde Teilen (billion, amerik. für Milliarde)	
10 g / 1 kg	10 ml / 1 l	1 g / 1 kg	1 ml / 1 l	0,001 g / 1 kg	0,001 ml / 1 l	0,000001 g / 1 kg	0,000001 ml / 1 l
2 g	2 ml	2 g	2 ml	2 g	2 ml	2 g	2 ml
1 Zuckerstück in 200 g Zuckerwasser	1 Löffel Spülmittel in 200 ml Waschwasser	1 Zuckerstück in 2 kg Zuckerwasser	1 Löffel Spülmittel in 2 l Waschwasser	1 Zuckerstück in 2000 kg (2 t) Zuckerwasser	1 Löffel Spülmittel in 2000 l (2 m^3) Waschwasser	1 Zuckerstück in 2000000 kg (2000 t) Zuckerwasser	1 Löffel Spülmittel in 2000000 ml (2000 m^3) Waschwasser

22.4 Praktikum: Bestimmung des Säureanteils in Essig

Essig verleiht vielen Speisen einen angenehm sauren Geschmack. Im Handel sind Essigsorten mit unterschiedlichem Anteil an gelöster Essigsäure erhältlich. Im folgenden werden wir ein Verfahren kennenlernen, mit dem man den Essigsäureanteil von Essig bestimmen kann.

Titration. Beim Essig handelt es sich um eine saure Lösung. Jede saure Lösung enthält H_3O^+-Ionen, deren Anzahl von der Masse der gelösten Essigsäureportion abhängt. H_3O^+-Ionen können durch Hydroxidionen, die in jeder alkalischen Lösung (Lauge) vorhanden sind, neutralisiert werden.

$$H_3O^+ + OH^- \longrightarrow 2\,H_2O$$

Bei der Durchführung der Neutralisation läßt man die Lösung bekannter Konzentration, die **Maßlösung**, aus einer Bürette zu einer bestimmten Portion (z.B. 10 ml) der Lösung unbekannter Konzentration **(Probelösung)** bis zur Neutralisation fließen oder tropfen. Ein Indikator zeigt das Ende der Bestimmung an. Dieses Verfahren nennt man **Titration**. Aus dem Volumen der verbrauchten Maßlösung, ihrer Konzentration und dem Volumen der Probelösung können die Konzentration der Probelösung und der Anteil des gelösten Stoffes errechnet werden. Zur Erzielung guter Ergebnisse ist es sehr sinnvoll, sich zunächst mit der Bürette vertraut zu machen.

Versuch 1 Umgang mit der Bürette

Geräte/Materialien

Stativ, 2 Bürettenklammern, Bürette (25 ml oder 50 ml), Trichter, Erlenmeyerkolben (100 ml)

Versuchsanleitung/Aufgaben

1. Befestige die Bürette mit zwei Klammern senkrecht an einem Stativ. Fülle die Bürette mit Wasser. Bewege den Hahn in verschiedene Richtungen, und laß einen Teil des Wassers in den Erlenmeyerkolben abfließen.

2. Du sollst genau 12,5 ml Wasser aus der Bürette abfließen lassen. Rechne deshalb zunächst den Stand aus, den die Bürette nach dem Ablassen des Wassers aufweisen muß. Laß dann das Wasser bis zu dem errechneten Stand ab.

3. Laß genau 1 ml Wasser aus der Bürette fließen und zähle die Tropfen. Welches Volumen hat ein Tropfen?

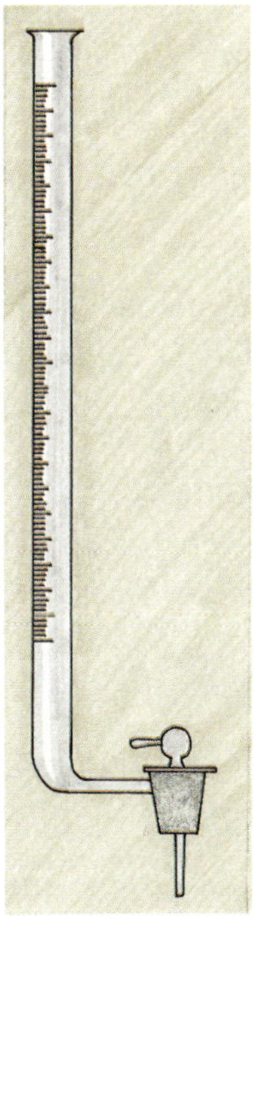

Versuch 2 Bestimmung des Essigsäureanteils im Essig

Geräte/Materialien

Schutzbrille, Stativ, 2 Bürettenklammern, Bürette, Trichter, Becherglas (100 ml), Erlenmeyerkolben (200 ml), Vollpipette (10 ml), Pipettierhilfe, Tropfpipette.

Chemikalien

Essig, Natronlauge ($c_{(NaOH)}$ = 1 mol/l), Phenolphthalein-Lösung.

Versuchsanleitung

1. Gib mit Hilfe der Pipette genau 10 ml Essig in den Erlenmeyerkolben und verdünne mit etwa 50 ml dest. Wasser. Gib 5 Tropfen Phenolphthalein-Lösung zu.

2. Laß ein wenig Natronlauge durch die Bürette in das Becherglas laufen.

3. Fülle die Bürette mit Natronlauge und notiere den Anfangsstand.

4. Tropfe aus der Bürette Natronlauge zu der Lösung in dem Erlenmeyerkolben, der ständig geschwenkt wird, bis die gesamte Lösung gerade rotviolett ist.

5. Lies das Volumen der verbrauchten Natronlauge ab.

6. Überprüfe das ermittelte Volumen der Maßlösung durch eine zweite Titration.

Auswertung/Aufgaben

1. 1 ml verbrauchte Natronlauge entspricht 60 mg (0,06 g) Essigsäure. Berechne die Masse der Essigsäure in der 10-ml-Probe und in 1 l Essig.
2. Welchen Massenanteil in % weist der Essig auf? Gehe dabei davon aus, daß 1 l Essig die Masse 1 kg hat.

22.5 Wie viele Teilchen sind in Stoffportionen?

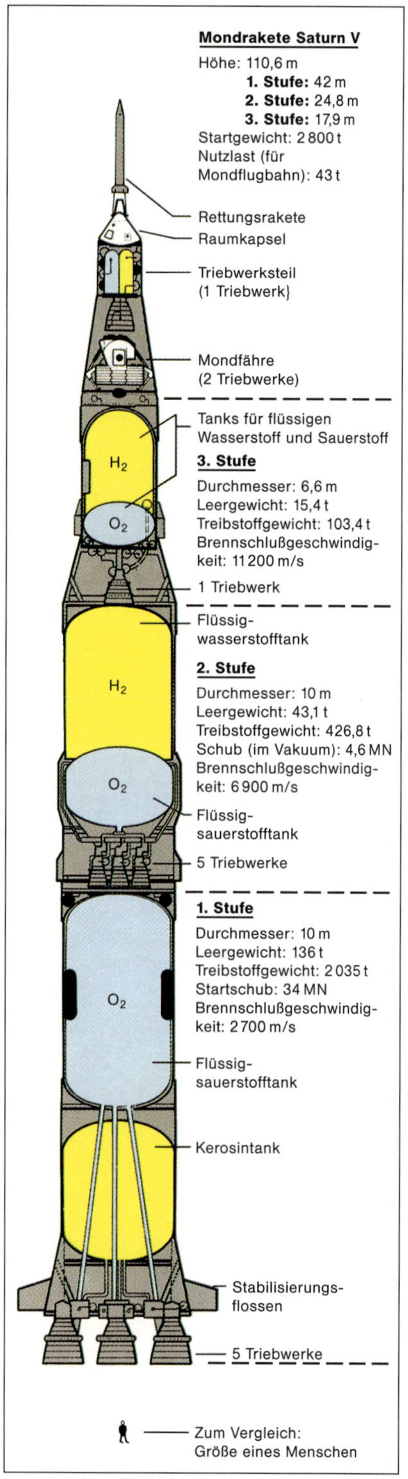

B1 Die Saturn-V-Rakete. Die Tanks enthielten flüssigen Sauerstoff und Wasserstoff

Am 21. Juli 1969 betrat der Amerikaner Neil Armstrong als erster Mensch den Mond. Eine Saturn-V-Rakete hatte die Mondfähre transportiert. Ein alter Menschheitstraum hatte sich erfüllt. Neben Kerosin wurde *Wasserstoff als Raketentreibstoff* verwendet. In der zweiten und der dritten Stufe verbrannte Wasserstoff mit Sauerstoff. Der dabei gebildete sehr heiße Wasserdampf strömte mit hoher Geschwindigkeit aus den Düsen der Triebwerke und erzeugte so den Vortrieb, den Schub der Rakete.

Im Triebwerk der dritten Stufe verbrannten in kurzer Zeit 11,5 t Wasserstoff mit 92 t Sauerstoff. Die *Masse des Sauerstoffs* im Tank der dritten Rakete war also *achtmal so groß* wie die *Masse des Wasserstoffs.* Dieses traf auch für die zweite Stufe zu. Warum wurde für die Reaktion von Wasserstoff und Sauerstoff zu Wasser dieses Massenverhältnis gewählt?

Die Reaktionsgleichung für die Wasserbildung aus den Elementen lautet:

$$2\,H_2 + 1\,O_2 \longrightarrow 2\,H_2O \quad | \text{ exotherm}$$

Es reagieren 2 Wasserstoffmoleküle mit einem Sauerstoffmolekül zu zwei Wassermolekülen. Die Wasserstofftanks der Rakete müssen also doppelt so viele Wasserstoffmoleküle enthalten haben wie die Sauerstofftanks Sauerstoffmoleküle. Allerdings konnten die Moleküle beim Betanken der Rakete nicht gezählt werden. Welcher *Zusammenhang* besteht also zwischen der Anzahl der Teilchen und der Masse?

Masse und Teilchenanzahl. 2 g Wasserstoff und 32 g Sauerstoff enthalten gleich viele Moleküle, nämlich etwa 600 000 000 000 000 000 000 000 oder $6 \cdot 10^{23}$. Diese Zahl ist ungeheuer groß (▷ B 2). So müßte z. B. ein Computer, der in 1 Sekunde 1 Million Moleküle zählen könnte, mehr als 19 Milliarden Jahre arbeiten, um diese $6 \cdot 10^{23}$ Moleküle zu zählen. Diese große Zahl hat aber einen enormen Vorteil, über sie kann ein Zusammenhang zwischen der Masse eines Teilchens in u und der Masse einer Stoffportion, die $6 \cdot 10^{23}$ Teilchen enthält, hergestellt werden.

B 2 Veranschaulichung der Teilchenanzahl $6 \cdot 10^{23}$

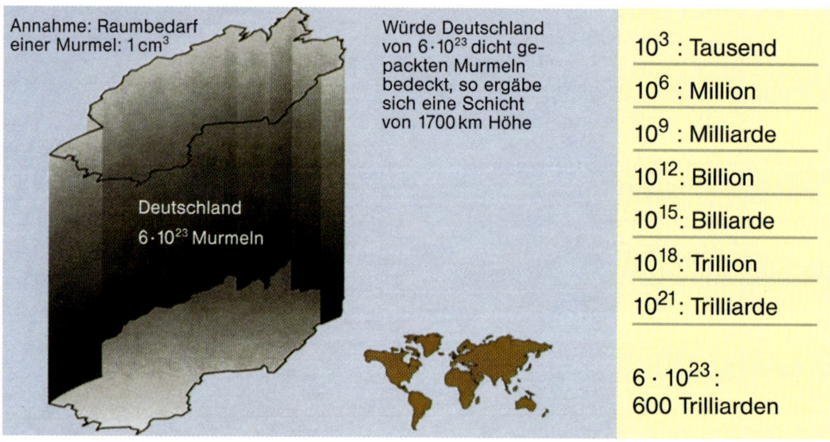

Wie viele Teilchen sind in Stoffportionen?

Der Zahlenwert der Masse eines Teilchens in u entspricht nämlich genau dem der Masse von $6 \cdot 10^{23}$ Teilchen in g. Ein Beispiel soll dieses verdeutlichen: Ein Wasserstoffmolekül hat die Masse 2u, $6 \cdot 10^{23}$ Moleküle haben die Masse 2g. So wie man 12 Eier zu einem Dutzend zusammenfassen kann, so faßt man in der Chemie Stoffpäckchen oder Stoffportionen zusammen, die $6 \cdot 10^{23}$ Teilchen enthalten. Diese Stoffportionen bilden die Grundlage der *Stoffmengeneinheit* **Mol** (Einheitenzeichen: mol).

Eine Stoffportion mit der Stoffmenge 1 mol enthält $6 \cdot 10^{23}$ Teilchen.

Reagieren zwei Wasserstoffmoleküle mit der Masse 4u und ein Sauerstoffmolekül mit der Masse 32u, ist ebenso das Massenverhältnis 1 : 8 erfüllt wie bei der Reaktion von 2 mol Wasserstoff (4g) und 1 mol Sauerstoff (32g) zu Wasser. Umgekehrt kann man auch aus dem Massenverhältnis von 1 : 8 schließen, daß die Zahl der Wasserstoffmoleküle doppelt so groß ist wie die Zahl der Sauerstoffmoleküle.

Ermittlung der Masse aus der Formel. Kennt man die Formel einer Verbindung, läßt sich leicht die Masse von 1 Teilchen und die Masse einer Stoffportion, die 1 mol Teilchen enthält, ermitteln. Die Formel z.B. des Kupfersulfids ist Cu_2S. Da Kupfersulfid nicht aus Molekülen, sondern Ionen besteht, sprechen wir von einer Kupfersulfidgruppe. Die Atommassen kann man dem Periodensystem entnehmen. Der Zahlenwert der Masse einer Kupfersulfidgruppe entspricht dem der Masse von $6 \cdot 10^{23}$ Kupfersulfidgruppen in g. 1 mol Kupfersulfid hat also die Masse 159g (▷ B 3). Die Masse einer Kupfersulfidgruppe ergibt sich durch Addition der Atommassen, also 63,5u + 63,5u + 32u = 159u.

Volumen und Teilchenanzahl. Auch zwischen dem Volumen einer Gasportion und der Teilchenanzahl besteht ein Zusammenhang. Da das Volumen jedoch von Druck und Temperatur abhängt, müssen beide jeweils angegeben werden. Beim Vergleich verschiedener Gase macht man die erstaunliche Feststellung:

Jede Gasportion, deren Stoffmenge 1 mol beträgt, nimmt bei 20 °C und 1013 hPa ein Volumen von etwa 24 l ein.

Das bedeutet, daß in 24 l Gas $6 \cdot 10^{23}$ Teilchen enthalten sind (▷ B 4). Diese können je nach Art des Gases Atome oder Moleküle sein. Das Volumen, das von 1 mol Teilchen eines Gases bei 0 °C und 1013 hPa (Normbedingungen) eingenommen wird, beträgt etwa 22,4 l.

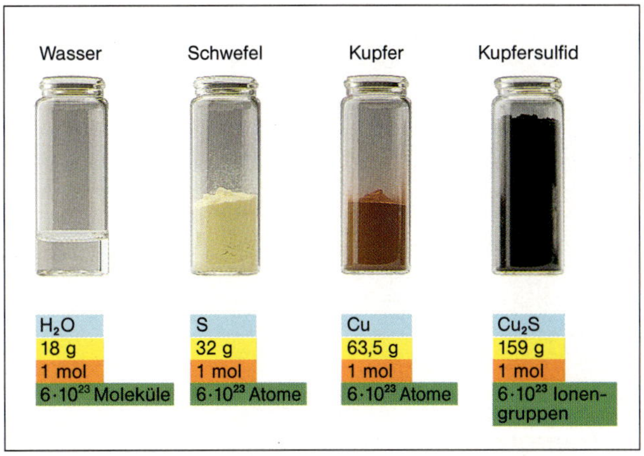

B 3 Massen- und Teilchenanzahlen einiger Stoffportionen

A 1 a) Wie viele Atome sind in 16g Schwefel? Wie groß ist die Stoffmenge dieser Schwefelportion? b) Wie viele Atome sind in 6,35g Kupfer? Wie groß ist die Stoffmenge dieser Kupferportion?

A 2 Welche Masse hat 1 mol Aluminiumoxid (Al_2O_3)?

A 3 Welches Volumen nehmen $3 \cdot 10^{23}$ Wasserstoffmoleküle bei 0 °C und 1013 hPa ein? Welche Masse und welche Stoffmenge hat diese Wasserstoffportion?

A 4 Welches Volumen hat eine Stickstoffportion bei Zimmertemperatur und 1013 hPa, deren Stoffmenge 2 mol beträgt? Wie viele Moleküle enthält diese Stickstoffportion?

B 4 Volumina, Massen und Teilchenanzahlen einiger Gase

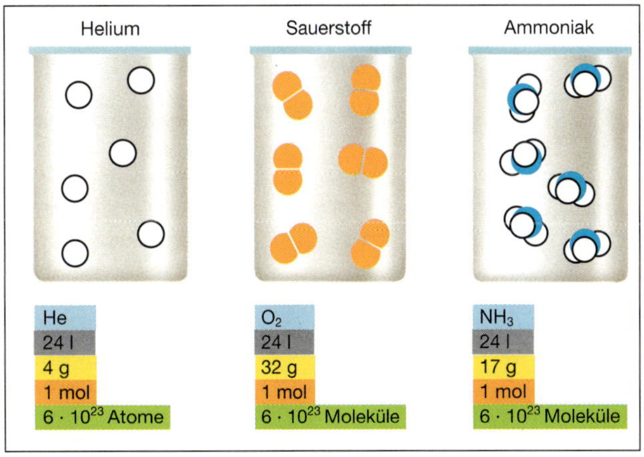

Entsorgung von Chemikalienabfällen

B 1 Lagerung von Sondermüll in einer Untertage-Deponie

B 2 Abfälle beim Experimentieren

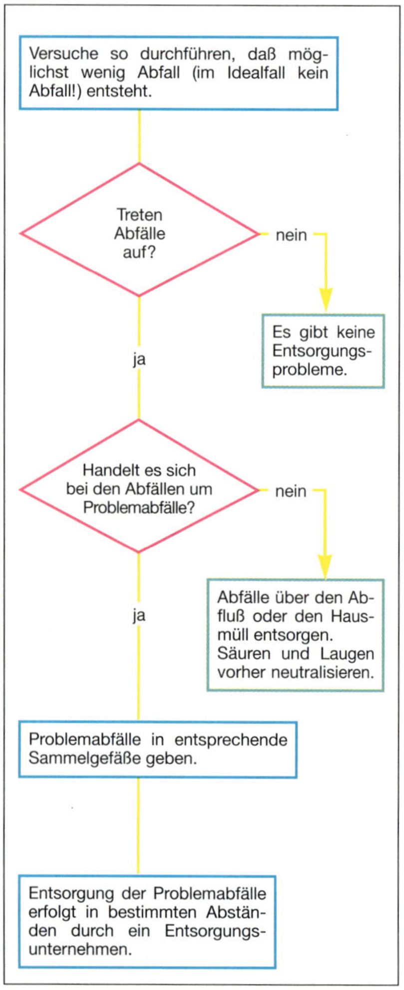

Nach der Durchführung von Experimenten bleiben oft Abfälle (z.B. Chemikalienreste oder Reaktionsprodukte) zurück. Diese Abfälle können gesundheits-, luft- oder wassergefährdend, explosionsgefährlich oder brennbar sein. Nach dem Abfallgesetz werden solche Abfälle als **Problemabfälle** bezeichnet. Zur Entsorgung der Problemabfälle stehen im Chemieraum geeignete Sammelgefäße zur Verfügung.

Bleiben z.B. nach einem Experiment Benzinreste zurück, so dürfen diese nicht einfach in den Ausguß gegeben werden, da sie auf diese Weise über das Abwasser in die Umwelt gelangen würden. Die Benzinreste müssen deshalb in ein Sammelgefäß für organische Lösungsmittel gegeben werden. Die gesammelten Abfälle werden in bestimmten Abständen von einem Entsorgungsunternehmen abgeholt und wiederaufbereitet oder als Sondermüll beseitigt (Müllverbrennung oder Sondermüll-Deponierung ▷ B 1).

Möglichst wenig Abfälle. Besonders im Chemieunterricht gilt der Grundsatz, Abfälle möglichst zu vermeiden (▷ B 2). Gerade die Entsorgung von Problemabfällen ist oft schwierig und mit Umweltgefährdungen verbunden. Bei der Versuchdurchführung sind deshalb nur möglichst kleine Stoffportionen zu verwenden. In der Regel wird ein Versuchsergebnis durch die Verwendung größerer Stoffportionen nicht verbessert. Entscheidend ist die sorgfältige und genaue Durchführung der Versuche.

Wassergefährdungsklassen. Viele Problemabfälle aus dem Chemieunterricht sind flüssig. Werden sie über den Ausguß beseitigt, können sie unterschiedlich stark die Umwelt belasten. Zur Unterscheidung der Wassergefährdung teilt man die Chemikalien in **vier Wassergefährdungsklassen (WGK)** ein. Chemikalien, die ungiftig und biologisch abbaubar sind, gehören der wassergefährdungsklasse 0 an, alle anderen werden je nach ihrem Gefährdungsgrad in die Klasse 1 bis 3 eingestuft.

WGK 0:	im allgemeinen nicht wassergefährdend, z.B. Alkohol (Ethanol) oder Kochsalzlösung
WGK 1:	schwach wassergefährdend, z.B. Säuren oder Laugen
WGK 2:	wassergefährdend, z.B. Dieselöl oder Benzin
WGK 3:	stark wassergefährdend, z.B. Quecksilber oder Quecksilberverbindungen

Nur Chemikalien, die der Wassergefährdungsklasse 0 angehören, dürfen in kleinen Mengen in den Ausguß gegeben werden. Alle anderen Chemikalien müssen zunächst gesammelt und dann entsorgt werden.

Kennzeichnung der Sammelgefäße. Da viele Chemikalienabfälle Gefahrstoffe sind, müssen die Sammelgefäße mit den international gebräuchlichen Gefahrensymbolen gekennzeichnet werden. Bestehen die Abfälle aus einem Gemisch unterschiedlicher Gefahrstoffe, wird mit dem Gefahrensymbol gekennzeichnet, das den gefährlichsten Stoff des Gemisches angibt.

Entsorgungsplan. Bei der Sammlung der Abfälle ist ein Entsorgungsplan nützlich, der in übersichtlicher Form zeigt, in welcher Weise die Chemikalienreste gesammelt und entsorgt werden. Der abgebildete Entsorgungsplan (↗ S. 327) zeigt beispielhaft, wie Chemikalienabfälle gesammelt und weitergeleitet werden können. Fallen im Unterricht noch weitere Abfälle an, muß der Plan ergänzt oder abgeändert werden.

Entsorgung von Chemikalienabfällen

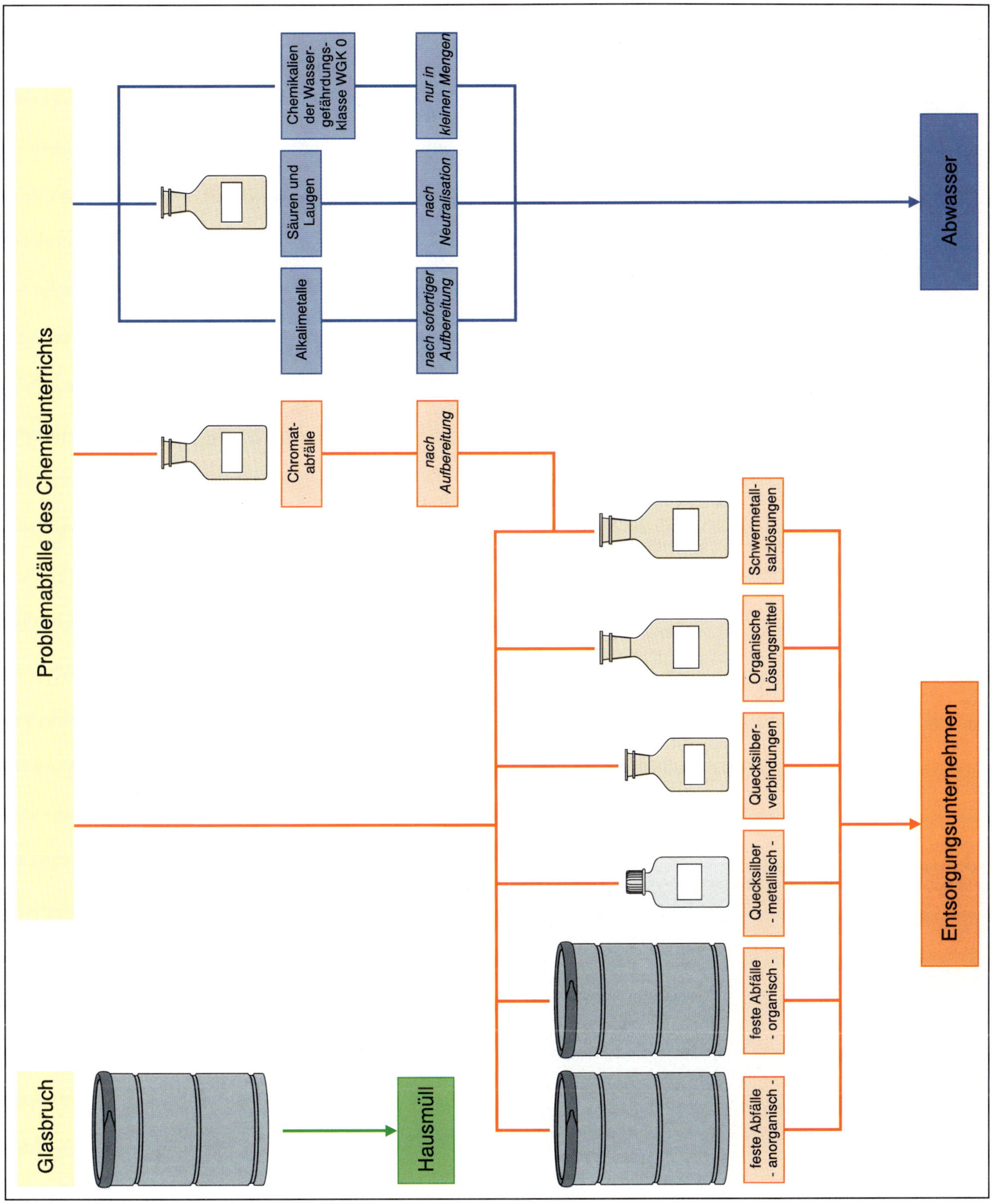

Zeichnerische Darstellung von Versuchsaufbauten

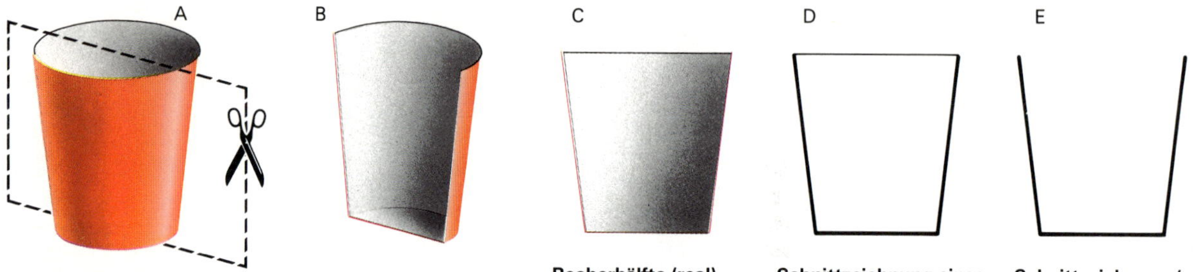

Becher (real) perspektivische Betrachtung mit eingezeichneter Schnittebene (Schnittrichtung)

Becherhälfte (real) perspektivische Betrachtung Innenansicht mit sichtbaren Kanten

Becherhälfte (real) Frontalansicht Nur noch Schnittkanten und oberer Becherrand sichtbar

Schnittzeichnung eines Bechers Schnittkanten werden als dicke Linien, nicht geschnittene Kanten als dünne Linien gezeichnet

Schnittzeichnung (vereinfacht) Nicht geschnittene Kanten entfallen, Gefäßöffnung dadurch besser sichtbar

B 1 Vom realen Gegenstand zur Schnittzeichnung

Chemische Experimente werden mit speziellen **Laborgeräten** durchgeführt. Werden *mehrere* solcher Geräte zu einer **Versuchsapparatur** zusammengebaut, kann eine *Skizze* den Aufbau und die Funktion der Apparatur verdeutlichen und eine Hilfe bei der Beschreibung und Auswertung des Experiments sein. Im folgenden wird gezeigt, wie man Geräte und Apparaturen *zweckmäßig zeichnerisch darstellen* kann.

Die Schnittdarstellung (▷ B 1). Schneidet man einen Becher aus Pappe der Länge nach in der Mitte durch (A) und betrachtet die Innenseite einer Hälfte, erkennt man die Schnittkanten und Halbbögen der Becheröffnung und des Bodens (B). Bei *frontaler* Betrachtung (C) sieht man nur noch Schnittkanten und Becherrand (als gerade Linie). Diese Ansicht eignet sich gut für zeichnerische Zwecke: das Bild ist einfach und enthält alles Wesentliche. Schnittlinien werden dick, die übrigen sichtbaren Kanten dünn gezeichnet (D). Oft läßt man auch noch die dünnen Linien weg (E). Man erhält eine **einfache Schnittdarstellung**.

Zeichnung von Apparaturen. ▷ B 2 zeigt eine Destillationsapparatur als *Foto*, ▷ B 3 als *einfache Schnittdarstellung*. In der *Zeichnung* ist die Apparatur *nicht mit allen Einzelteilen* wiedergegeben. Das Stativmaterial fehlt ganz, da es nur zur Befestigung dient; die Zeichnung gewinnt dadurch an Übersichtlichkeit. Dagegen müssen die *entscheidenden Geräte* deutlich gezeichnet und benannt sowie ihre Verbindung untereinander dargestellt sein.

Bei manchen Geräten ist jedoch eine *exakte* Schnittdarstellung unnötig (z. B. Brenner) oder unzweckmäßig (z. B. Keramik-Drahtnetz, Thermometer, Dreifuß). Man stellt sie ebenfalls frontal betrachtet, aber in einer vereinfachten oder symbolhaften Form dar.

B 2 Foto einer Destillationsapparatur

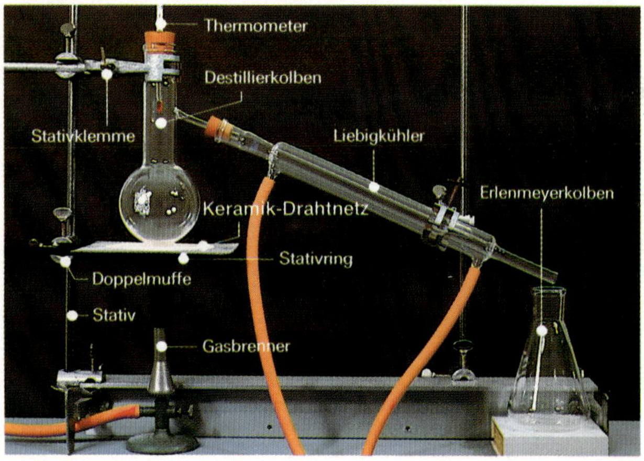

B 3 Schnittzeichnung einer Destillationsapparatur

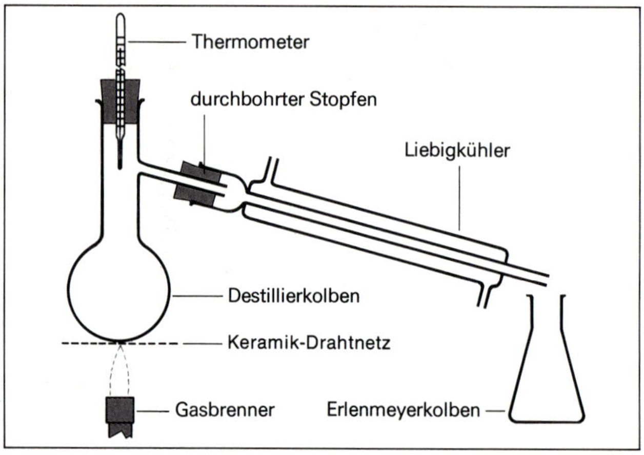

Laborgeräte

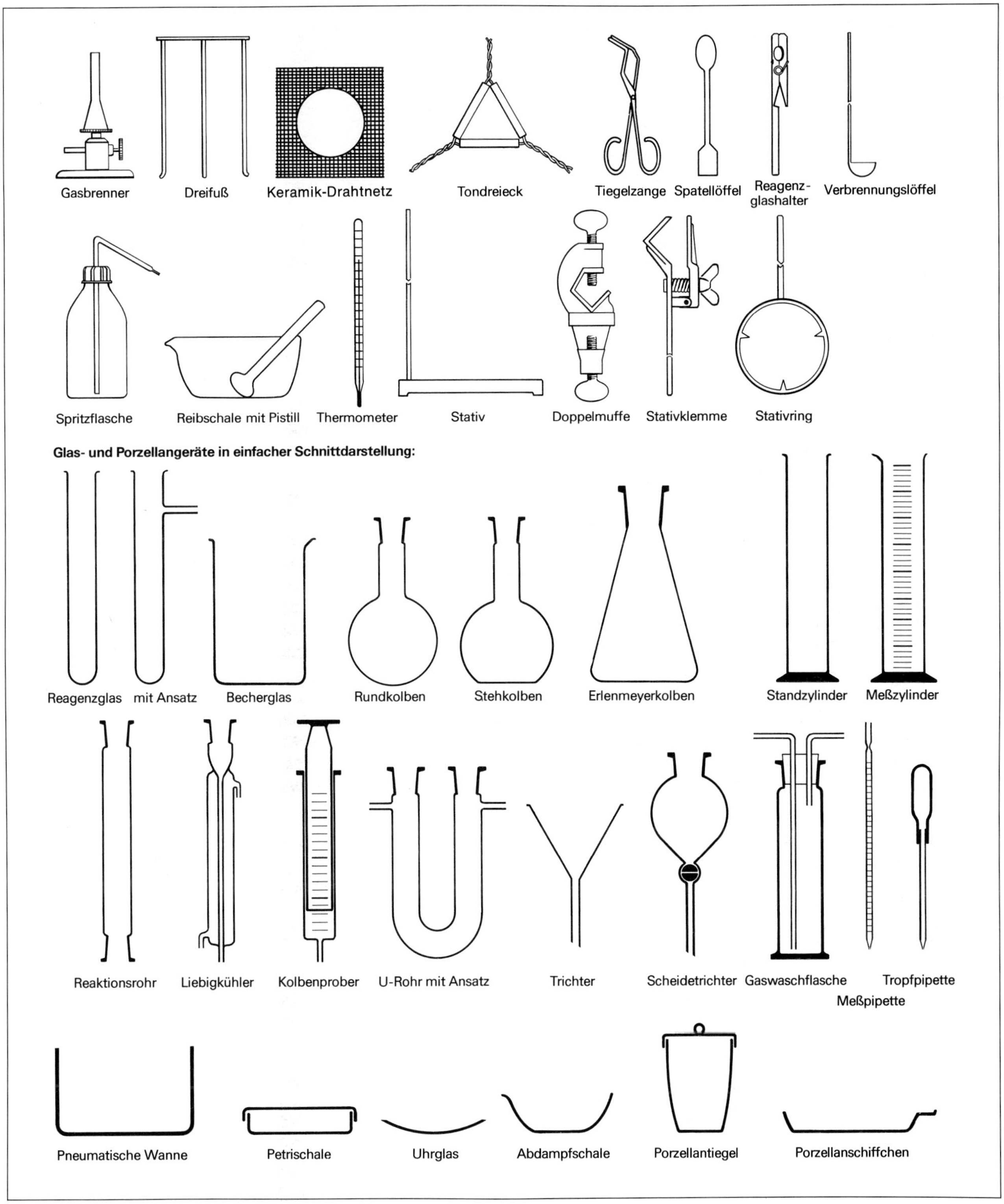

Liste der Gefahrstoffe, die im Versuchsteil dieses Buches vorkommen

In der nachfolgenden Liste werden Gefahrstoffe aufgeführt, die in den Versuchsanleitungen des vorliegenden Buches vorkommen. Die in der zweiten Spalte stehenden Kennbuchstaben sind den Gefahrensymbolen zugeordnet (↗ S. 9). Die Bedeutungen der Kurzdarstellungen der R- und S-Sätze ist im Anschluß aufgeführt. Aus der Nichterwähnung eines Stoffes darf nicht auf seine Unbedenklichkeit geschlossen werden. Vielmehr ist mit Chemikalien grundsätzlich besonnen umzugehen.

Bezeichnung des Stoffes	Kennbuchstabe des Gefahrensymbols	Gefahren-hinweise (R-Sätze)	Sicherheits-ratschläge (S-Sätze)	MAK-Wert mg/m^3
Aceton	F	11	2-9-16-23-33	2400
Alkohol s. Ethanol				
Aluminiumpulver (nicht stabilisiert)	F	15 - 17	2 - 7/8 - 43	6
Aluminiumpulver (phlegmatisiert)	–	10 - 15	7/8 - 43	6
Ameisensäure, 90% und größer	C	35	1/2-23-26-45	9
Ameisensäure, 10% bis unter 90%	C	34	1/2-23-26-45	9
Ameisensäure, 2% bis unter 10%	Xi	36/38	1/2-23-26-45	9
Ammoniak, wasserfrei	T	10-23	1/2-7/9-16-38-45	35
Ammoniaklösung, 10% und größer	C	34-37	1/2-7-26-45	35
Ammoniaklösung, 5% bis unter 10%	Xi	36/37/38	1/2-7-26-45	35
Ammoniumchlorid	Xn	22-36	2-22	
Ammoniumoxalat*	Xn	21/22	2 - 24/25	
Ammoniumthiocyanat*	Xn	20/21/22 - 32	2 - 13	
Bariumchlorid	Xn	20/22	2 - 28	
Benzoesäure*	Xn	22 -36	24	
Brom	T^+, C	26-35	1/2-7/9-26-45	0,7
Butan	F^+	12	2 - 9 - 16 - 33	2350
Butandioldiacrylat, 25% und größer	C	21-34-43	1/2-26-36/37/39-45	
Butandioldiacrylat, 10% bis unter 25%	C	34-43	1/2-26-36/37/39-45	
Butandioldiacrylat, 5% bis unter 10%	Xi	36/38-43	1/2-26-36/37/39-45	
Butandioldiacrylat, 1% bis unter 5%	Xi	43	1/2-26-36/37/39-45	
Buttersäure (Butansäure)	C	34	1/2-26-36-45	
Calcium	F	15	2-8-24/25-43	
Calciumcarbid	F	15	2 - 8 - 43	
Calciumchlorid	Xi	36	2-22-24	
Calciumhydroxid*	C	34	26-36	
Calciumhypochlorit	O, C	8-31-34	1/2-26-43-45	
Calciumoxid*	C	34	26-36	5
Chlor	T	23-36/37/38	7/9-45	1,5
Chlorwasser*	T	23-36/37/38	1/2-7/9-45	1,5

Liste der Gefahrstoffe, die im Versuchsteil dieses Buches vorkommen

Bezeichnung des Stoffes	Kennbuchstabe des Gefahrensymbols	Gefahren-hinweise (R-Sätze)	Sicherheits-ratschläge (S-Sätze)	MAK-Wert mg/m^3
Cobaltchlorid*	T	49 - 25 - 43	53-24-37-44	
Cumolhydroperoxid, 80%	O, C	7-20/22-34	1/2-3/7-14-36/37/39-45-50	
Cumolhydroperoxid, 25% bis unter 80%	C	20/22-34	1/2-3/7-14-36/37/39-45-50	
Cumolhydroperoxid, 10% bis unter 25%	C	34	1/2-3/7-14-36/37/39-45-50	
Cumolhydroperoxid, 5% bis unter 10%	Xi	36/37/38	1/2-3/7-14-36/37/39-45-50	
Dibenzoylperoxid	E, Xi	2-7-36-43	2-3/7-14-36/37/39	5
Eisen(III)-chlorid*	Xn	22 - 38 - 41	26 - 39	
Eisen(II)-sulfat-Heptahydrat*	Xn	22	24/25	
Essigsäure, 90% und größer	C	10-35	1/2-23-26-45	25
Essigsäure, 25% bis unter 90%	C	34	1/2-23-26-45	25
Essigsäure, 10% bis unter 25%	Xi	36/38	1/2-23-26-45	25
Essigsäureethylester	F	11	2 - 16 - 23 - 29 - 33	1400
Ethan	F^+	12	2 - 9 - 16 - 33	
Ethanal (Acetaldehyd)	F^+, Xn	12 - 36/37 - 40	2 - 16 - 33/36/37	90
Ethanol	F	11	2-7-16	1900
Ethen (Ethylen)	F^+	12	2 - 9 - 16 - 33	
Ethin (Acetylen)	F^+	5 - 6 - 12	2 - 9 - 16 - 33	
Glykol (Ethandiol)	Xn	22	2	
Heptan	F	11	2-9-16-23-29-33	2000
Hexamethylendiamin (1,6-Diaminohexan)	C	21/22-34-37	1/2-22-26-36/37/39-45	
Hexen*	F	11	9 - 16 - 23 - 29 - 33	
Iod	Xn	20/21	2-23-25	1
Kalilauge, 5% und größer	C	35	1/2-26-37/39-45	
Kalilauge, 2% bis unter 5%	C	34	1/2-26-37/39-45	
Kalilauge, 0,5% bis unter 2%	Xi	36/38	1/2-26-37/39-45	
Kalium	F, C	14/15-34	1/2-5-8-43-45	
Kaliumhydroxid	C	35	1/2-26-37/39-45	
Kaliumpermanganat	O, Xn	8-22	2	
Kaliumthiocyanat*	Xn	20/21/22 - 32	2 - 13	
Kalkwasser, gesättigt*	C	34	26-36	
Kohlenstoffmonooxid	F^+, T	12 - 23	1/2 - 36/37/39 - 45	33
Kupfer(II)-chlorid*	T	25-36/37/38	37 - 45	
Kupfer(II)-sulfat	Xn	22-36/38	2-22	
Lithium	F, C	14/15-34	1/2-8-43-45	

Liste der Gefahrstoffe, die im Versuchsteil dieses Buches vorkommen

Bezeichnung des Stoffes	Kennbuchstabe des Gefahrensymbols	Gefahren-hinweise (R-Sätze)	Sicherheits-ratschläge (S-Sätze)	MAK-Wert mg/m³
Lithiumcarbonat*	Xn	22	–	
Magnesiumpulver (nicht stabilisiert)	F	15 – 17	2 – 7/8 – 43	
Magnesiumpulver (phlegmatisiert)	F	11 – 15	2 – 7/8 – 43	
Magnesiumspäne	F	11 – 15	2 – 7/8 – 43	
Mangan(IV)-oxid (Mangandioxid)	Xn	20/22	2 – 25	
Methan	F^+	12	2 – 9 – 16 – 33	
Methanol	F, T	11 – 23/25	1/2 – 7 – 16 – 24 – 25	260
Methylenblau*	Xn	22	–	
Milchsäure*	Xi	36/38	–	
Naphthalin*	Xn	22		50
Natrium	F, C	14/15 – 34	1/2 – 5 – 8 – 43 – 45	
Natriumhydrogensulfat	C	34 – 37	1/2 – 26 – 36/37/39 – 45	
Natriumhydrogensulfit-lösung (39%ig)*	Xi	22 – 36/37/38	–	
Natriumhydroxid (wasserfrei)	C	35	1/2 – 26/37/39 – 45	2
Natriumperborat*	Xn	22 – 36	25 – 26	
Natronlauge, 5% und größer	C	35	1/2 – 26 – 37/39 – 45	2
Natronlauge, 2% bis unter 5%	C	34	1/2 – 26 – 37/39 – 45	2
Natronlauge, 0,5% bis unter 2%	Xi	36/38	1/2 – 26 – 37/39 – 45	2
Ninhydrin*	Xn	22 – 36/37/38	–	
Oxalsäure	Xn	21/22	2 – 24/25	1
Palladium(II)-chlorid*	C	34	26	
Phenolphthalein* (in Ethanol gelöst)	F	10		1900
Phenolphtalein* (in Methanol gelöst)	F, T	11 – 23/25	1/2 – 7 – 16 – 24	260
Phosphor(V)-oxid	C	35	1/2 – 22 – 26 – 45	
1-Propanol	F	11	2 – 7 – 16	
2-Propanol (Isopropylalkohol)	F	11	2 – 7 – 16	980
Propanon, s. Aceton				
Propansäure, 25% und größer (Propionsäure)	C	34	1/2 – 23 – 36 – 45	30
Propansäure, 10% bis unter 25%	Xi	36/37/38	1/2 – 23 – 36 – 45	30
Resorcin	Xn	22 – 36/38	2 – 26	45
Salpetersäure, 70% und größer	O, C	8 – 35	1/2 – 23 – 26 – 36 – 45	5
Salpetersäure, 20% bis unter 70%	C	35	1/2 – 23 – 26 – 36 – 45	5

Liste der Gefahrstoffe, die im Versuchsteil dieses Buches vorkommen

Bezeichnung des Stoffes	Kennbuchstabe des Gefahrensymbols	Gefahren-hinweise (R-Sätze)	Sicherheits-ratschläge (S-Sätze)	MAK-Wert mg/m³
Salpetersäure, 5 % bis unter 20 %	C	34	1/2-23-26-36-45	5
Salzsäure, 25 % und größer	C	34-37	1/2-26-45	7
Salzsäure, 10 % bis unter 25 %	Xi	36/37/38	1/2-26-45	7
Schwefeldioxid	T	23-36/37	1/2-7/9-45	5
Schwefelsäure, 15 % und größer	C	35	1/2-26-30-45	1
Schwefelsäure, 5 % bis unter 15 %	Xi	36/38	1/2-26-30-45	1
Sebacinsäuredichlorid*	C	34	26	
Silbernitrat	C	34	1/2-26-45	
Sorbinsäure*	Xi	36/37	22 - 24/25	
Stickstoffdioxid	T^+	26-37	1/2-7/9-26-45	9
Styrol	Xn	10-20-36/38	2-23	85
Terpentinöl	Xn	10 - 20/21/22	2	560
Wasserstoff	F^+	12	2-9-16-33	
Wasserstoffperoxid-lösung, 20 % bis unter 60 %	C	34	1/2-3-28-36/39-45	1,4
Wasserstoffperoxid-lösung, 5 % bis unter 20 %	Xi	36/38	1/2-3-28-36/39-45	1,4
Weinsäure (L(+)-Weinsäure)*	Xi	38	2	
Zinkpulver, nicht stabilisiert	F	15-17	2-7/8-43	
Zinkpulver, stabilisiert	–	10-15	2-7/8-43	
Zinkchlorid	C	34	1/2-7/8-28-45	
Zinksulfat	Xi	36/38	2-22-25	

Spalte 3: Gefahrenhinweise (R-Sätze, r = risk)
Es sind die Nummern der R-Sätze angegeben. Die Nummern sind durch einen Bindestrich getrennt; sind Nummern mit einem Schrägstrich versehen, handelt es sich um eine Kombination von R-Sätzen.

Spalte 4: Sicherheitsratschläge (S-Sätze, s = security)
Es sind die Nummern der S-Sätze angegeben. Die Nummern sind durch einen Bindestrich getrennt; sind Nummern mit einem Schrägstrich versehen, handelt es sich um eine Kombination von S-Sätzen.

Spalte 5: MAK-Wert
Es wird die maximale Arbeitsplatzkonzentration nach der MAK-Liste der Deutschen Forschungsgemeinschaft (DFG) angegeben.

Die mit * gekennzeichneten Substanzen werden in der gültigen Gefahrstoffverordnung nicht mehr aufgeführt. Sie sind nach der aktuellen Liste „Schulrelevante Chemikalien" eingestuft.

Hinweise auf besondere Gefahren: R-Sätze

R 1	In trockenem Zustand explosionsgefährlich
R 2	Durch Schlag, Reibung, Feuer oder andere Zündquellen explosionsgefährlich
R 3	Durch Schlag, Reibung, Feuer oder andere Zündquellen besonders explosionsgefährlich
R 4	Bildet hochempfindliche explosionsgefährliche Metallverbindungen
R 5	Beim Erwärmen explosionsfähig
R 6	Mit und ohne Luft explosionsfähig
R 7	Kann Brand verursachen
R 8	Feuergefahr bei Berührung mit brennbaren Stoffen
R 9	Explosionsgefahr bei Mischung mit brennbaren Stoffen
R 10	Entzündlich
R 11	Leichtentzündlich
R 12	Hochentzündlich
R 14	Reagiert heftig mit Wasser
R 15	Reagiert mit Wasser unter Bildung hochentzündlicher Gase
R 16	Explosionsgefährlich in Mischung mit brandfördernden Stoffen
R 17	Selbstentzündlich an der Luft
R 18	Bei Gebrauch Bildung explosionsfähiger/leichtentzündlicher Dampf/Luft-Gemische möglich
R 19	Kann explosionsfähige Peroxide bilden
R 20	Gesundheitsschädlich beim Einatmen
R 21	Gesundheitsschädlich bei Berührung mit der Haut
R 22	Gesundheitsschädlich beim Verschlucken
R 23	Giftig beim Einatmen
R 24	Giftig bei Berührung mit der Haut
R 25	Giftig beim Verschlucken
R 26	Sehr giftig beim Einatmen
R 27	Sehr giftig bei Berührung mit der Haut
R 28	Sehr giftig beim Verschlucken
R 29	Entwickelt bei Berührung mit Wasser giftige Gase
R 30	Kann bei Gebrauch leicht entzündlich werden
R 31	Entwickelt bei Berührung mit Säure giftige Gase
R 32	Entwickelt bei Berührung mit Säure sehr giftige Gase
R 33	Gefahr kumulativer Wirkungen
R 34	Verursacht Verätzungen
R 35	Verursacht schwere Verätzungen
R 36	Reizt die Augen
R 37	Reizt die Atmungsorgane
R 38	Reizt die Haut
R 39	Ernste Gefahr irreversiblen Schadens
R 40	Irreversibler Schaden möglich
R 41	Gefahr ernster Augenschäden
R 42	Sensibilisierung durch Einatmen möglich
R 43	Sensibilisierung durch Hautkontakt möglich
R 44	Explosionsgefahr bei Erhitzen unter Einschluß
R 45	Kann Krebs erzeugen
R 46	Kann vererbbare Schäden verursachen
R 48	Gefahr ernster Gesundheitsschäden bei längerer Exposition
R 49	Kann Krebs erzeugen beim Einatmen
R 50	Sehr giftig für Wasserorganismen
R 51	Giftig für Wasserorganismen
R 52	Schädlich für Wasserorganismen
R 53	Kann in Gewässern längerfristig schädliche Wirkung haben
R 54	Giftig für Pflanzen
R 55	Giftig für Tiere
R 56	Giftig für Bodenorganismen
R 57	Giftig für Bienen
R 58	Kann längerfristig schädliche Wirkungen auf die Umwelt haben
R 59	Gefährlich für die Ozonschicht
R 60	Kann möglicherweise die Fortpflanzungsfähigkeit beeinträchtigen
R 61	Kann das Kind im Mutterleib schädigen
R 62	Kann möglicherweise die Fortpflanzungsfähigkeit beeinträchtigen
R 63	Kann das Kind im Mutterleib möglicherweise schädigen
R 64	Kann Säuglinge über die Muttermilch schädigen

Beispielhafte Kombinationen der R-Sätze (Auszug)

R 14/15	Reagiert heftig mit Wasser unter Bildung leicht entzündlicher Gase
R 15/29	Reagiert mit Wasser unter Bildung giftiger und leicht entzündlicher Gase
R 20/21	Gesundheitsschädlich beim Einatmen und bei Berührung mit der Haut
R 20/22	Gesundheitsschädlich beim Einatmen und Verschlucken
R 20/21/22	Gesundheitsschädlich beim Einatmen, Verschlucken und bei Berührung mit der Haut
R 21/22	Gesundheitsschädlich bei Berührung mit der Haut und beim Verschlucken
R 23/24/25	Giftig beim Einatmen, Verschlucken und bei Berührung mit der Haut
R 26/27/28	Sehr giftig beim Einatmen, Verschlucken und bei Berührung mit der Haut
R 36/37/38	Reizt die Augen, Atmungsorgane u. die Haut
R 39/23	Giftig: ernste Gefahr irreversiblen Schadens durch Einatmen
R 39/24	Giftig: ernste Gefahr irreversiblen Schadens bei Berührung mit der Haut
R 39/25	Giftig: ernste Gefahr irreversiblen Schadens durch Verschlucken
R 39/23/24	Giftig: ernste Gefahr irreversiblen Schadens durch Einatmen und Berührung mit der Haut
R 39/23/25	Giftig: ernste Gefahr irreversiblen Schadens durch Einatmen und durch Verschlucken
R 39/24/25	Giftig: ernste Gefahr irreversiblen Schadens bei Berührung mit der Haut und durch Verschlucken
R 39/23/24/25	Giftig: ernste Gefahr irreversiblen Schadens durch Einatmen, bei Berührung mit der Haut und durch Verschlucken
R 39/26/27	Sehr giftig: ernste Gefahr irreversiblen Schadens durch Einatmen und bei Berührung mit der Haut
R 39/26/28	Sehr giftig: ernste Gefahr irreversiblen Schadens durch Einatmen und Verschlucken
R 39/27/28	Sehr giftig: ernste Gefahr irreversiblen Schadens bei Berührung mit der Haut und durch Verschlucken
R 39/26/27/28	Sehr giftig: ernste Gefahr irreversiblen Schadens durch Einatmen, bei Berührung mit der Haut und durch Verschlucken
R 40/22	Gesundheitsschädlich: Möglichkeit irreversiblen Schadens durch Verschlucken
R 40/20/21	Gesundheitsschädlich: Möglichkeit irreversiblen Schadens durch Einatmen und bei Berührung mit der Haut
R 40/20/22	Gesundheitsschädlich: Möglichkeit irreversiblen Schadens durch Einatmen und durch Verschlucken

Sicherheitsratschläge: S-Sätze

S 1	Unter Verschluß aufbewahren
S 2	Darf nicht in die Hände von Kindern gelangen
S 3	Kühl aufbewahren
S 4	Von Wohnplätzen fernhalten
S 5	Unter ... aufbewahren (geeignete Flüssigkeit vom Hersteller anzugeben)
S 6	Unter ... aufbewahren (inertes Gas vom Hersteller anzugeben)
S 7	Behälter dicht geschlossen halten
S 8	Behälter trocken halten
S 9	Behälter an einem gut gelüfteten Ort aufbewahren
S 12	Behälter nicht gasdicht verschließen
S 13	Von Nahrungsmitteln, Getränken und Futtermitteln fernhalten
S 14	Von ... fernhalten (inkompatible Substanzen vom Hersteller anzugeben)
S 15	Vor Hitze schützen
S 16	Von Zündquellen fernhalten – Nicht rauchen
S 17	Von brennbaren Stoffen fernhalten
S 18	Behälter mit Vorsicht öffnen und handhaben
S 20	Bei der Arbeit nicht essen und trinken
S 21	Bei der Arbeit nicht rauchen
S 22	Staub nicht einatmen
S 23	Gas/Rauch/Dampf/Aerosol nicht einatmen (geeignete Bezeichnung[en] vom Hersteller anzugeben)
S 24	Berührung mit der Haut vermeiden
S 25	Berührung mit den Augen vermeiden
S 26	Bei Berührung mit den Augen gründlich mit Wasser abspülen und Arzt konsultieren
S 27	Beschmutzte, getränkte Kleidung sofort ausziehen
S 28	Bei Berührung mit der Haut sofort abwaschen mit viel ... (vom Hersteller anzugeben)
S 29	Nicht in die Kanalisation gelangen lassen
S 30	Niemals Wasser hinzugießen
S 33	Maßnahmen gegen elektrostatische Aufladung treffen
S 35	Abfälle und Behälter müssen in gesicherter Weise beseitigt werden
S 36	Bei der Arbeit geeignete Schutzkleidung tragen
S 37	Geeignete Schutzhandschuhe tragen
S 38	Bei unzureichender Belüftung Atemschutzgerät anlegen
S 39	Schutzbrille/Gesichtsschutz tragen
S 40	Fußboden und verunreinigte Gegenstände mit ... reinigen (Material vom Hersteller anzugeben)
S 41	Explosions- und Brandgase nicht einatmen
S 42	Beim Räuchern/Versprühen geeignetes Atemschutzgerät anlegen (geeignete Bezeichnung[en] vom Hersteller anzugeben)
S 43	Zum Löschen ... (vom Hersteller anzugeben) verwenden (wenn Wasser die Gefahr erhöht, anfügen: „Kein Wasser verwenden")
S 44	Bei Unwohlsein ärztlichen Rat einholen (wenn möglich, dieses Etikett vorzeigen)
S 45	Bei Unfällen oder Unwohlsein sofort Arzt zuziehen (wenn möglich, dieses Etikett vorzeigen)
S 46	Bei Verschlucken sofort ärztlichen Rat einholen und Verpackung oder Etikett vorzeigen
S 47	Nicht bei Temperaturen über ... °C aufbewahren (vom Hersteller anzugeben)
S 48	Feucht halten mit ... (geeignetes Mittel vom Hersteller anzugeben)
S 49	Nur im Originalbehälter aufbewahren
S 50	Nicht mischen mit ... (vom Hersteller anzugeben)
S 51	Nur in gut belüfteten Bereichen verwenden
S 52	Nicht großflächig für Wohn- und Aufenthaltsräume zu verwenden
S 53	Exposition vermeiden. Vor Gebrauch besondere Anweisung einholen
S 56	Diesen Stoff und seinen Behälter der Problemabfallentsorgung zuführen
S 57	Zur Vermeidung einer Kontamination der Umwelt geeigneten Behälter verwenden
S 59	Informationen zur Wiederverwendung/Wiederverwertung beim Hersteller/Lieferanten erfragen
S 60	Dieser Stoff und/oder sein Behälter sind als gefährlicher Abfall zu entsorgen
S 61	Freisetzung in die Umwelt vermeiden. Besondere Anweisungen einholen/Sicherheitsdatenblatt zu Rate ziehen
S 62	Bei Verschlucken kein Erbrechen herbeiführen. Sofort ärztlichen Rat einholen und Verpackung oder dieses Etikett vorzeigen

Beispielhafte Kombination der S-Sätze (Auszug)

S 1/2	Unter Verschluß und für Kinder unzugänglich aufbewahren
S 3/7/9	Behälter dicht geschlossen halten und an einem kühlen, gut gelüfteten Ort aufbewahren
S 3/9	Behälter an einem kühlen, gut gelüfteten Ort aufbewahren
S 3/14	An einem kühlen Ort entfernt von ... aufbewahren (die Stoffe, mit denen Kontakt vermieden werden muß, sind vom Hersteller anzugeben)
S 3/9/14	An einem kühlen, gut gelüfteten Ort, entfernt von ... aufbewahren (die Stoffe, mit denen Kontakt vermieden werden muß, sind vom Hersteller anzugeben)
S 3/9/49	Nur im Originalbehälter an einem kühlen, gut gelüfteten Ort aufbewahren
S 3/9/14/49	Nur im Originalbehälter an einem kühlen, gut gelüfteten Ort, entfernt von ... aufbewahren (die Stoffe, mit denen Kontakt vermieden werden muß, sind vom Hersteller anzugeben)
S 7/8	Behälter trocken und dicht geschlossen halten
S 7/9	Behälter dicht geschlossen an einem gut gelüfteten Ort aufbewahren
S 20/21	Bei der Arbeit nicht essen, trinken, rauchen
S 24/25	Berührung mit den Augen und der Haut vermeiden
S 36/37	Bei der Arbeit geeignete Schutzhandschuhe und Schutzkleidung tragen
S 37/39	Bei der Arbeit geeignete Schutzhandschuhe und Schutzbrille/Gesichtsschutz tragen
S 36/37/39	Bei der Arbeit geeignete Schutzkleidung, Schutzhandschuhe und Schutzbrille/Gesichtsschutz tragen
S 47/49	Nur im Originalbehälter bei einer Temperatur von nicht über ... °C (vom Hersteller anzugeben) aufbewahren

Stichwortverzeichnis

Stichwortverzeichnis

Stichwortverzeichnis

Stichwortverzeichnis

Stichwortverzeichnis

Stichwortverzeichnis

Tabellen

Dezimale Vielfache und Teile von Einheiten

Vorsatz		Faktor
p	Piko	10^{-12}
n	Nano	10^{-9}
µ	Mikro	10^{-6}
m	Milli	10^{-3}
c	Zenti	10^{-2}
d	Dezi	10^{-1}
da	Deka	10
h	Hekto	10^{2}
k	Kilo	10^{3}
M	Mega	10^{6}

Griechische Zahlwörter
(nach chemischer Nomenklatur)

½	hemi	10	deca
1	mono	11	undeca
2	di	12	dodeca
3	tri	13	trideca
4	tetra	14	tetradeca
5	penta	15	pentadeca
6	hexa	16	hexadeca
7	hepta	17	heptadeca
8	octa	18	octadeca
9	nona	19	enneadeca
10	deca	20	eicosa

Griechisches Alphabet

Α	α	Alpha	Ν	ν	Ny
Β	β	Beta	Ξ	ξ	Xi
Γ	γ	Gamma	Ο	ο	Omikron
Δ	δ	Delta	Π	π	Pi
Ε	ε	Epsilon	Ρ	ϱ	Rho
Ζ	ζ	Zeta	Σ	σ (ς)	Sigma
Η	η	Eta	Τ	τ	Tau
Θ	ϑ (θ)	Theta	Υ	υ	Ypsilon
Ι	ι	Jota	Φ	φ	Phi
Κ	ϰ	Kappa	Χ	χ	Chi
Λ	λ	Lambda	Ψ	ψ	Psi
Μ	µ	My	Ω	ω	Omega

Eigenschaften einiger Gase

Name, Formel	Dichte in g/l [1]	Siedetemp. in °C	Löslichkeit in Wasser [1] [2]
Wasserstoff (H_2)	0,090	– 253	0,022
Helium (He)	0,179	– 269	0
Stickstoff (N_2)	1,250	– 196	0,024
Sauerstoff (O_2)	1,429	– 183	0,05
Chlor (Cl_2)	3,214	– 34	4,61
Ammoniak (NH_3)	0,771	– 33,4	1175
Schwefelwasserstoff (H_2S)	1,539	– 60	4,7
Chlorwasserstoff (HCl)	1,639	– 85	525

Name, Formel	Dichte in g/l [1]	Siedetemp. in °C	Löslichkeit in Wasser [1] [2]
Kohlenstoffdioxid (CO_2)	1,977	– 78,5	0,04
Schwefeldioxid (SO_2)	2,926	– 10	79,8
Methan (CH_4)	0,717	– 161,5	0,056
Ethan (C_2H_6)	1,356	– 88,6	0,099
Propan (C_3H_8)	2,020	– 42,1	0,11
n-Butan (C_4H_{10})	2,703	– 0,5	0,25
Ethen (C_2H_4)	1,260	– 103,7	0,226
Ethin (C_2H_2)	1,16	– 83,6	1,73

[1]) bei 0 °C und 1013 hPa

[2]) Quotient aus dem Volumen der (lösbaren) Gasportion und dem Volumen des Wassers (bei 0 °C und 1013 hPa)

Größen und Einheiten

Größe				Einheit(en)	
Name	Zeichen	Beziehung	Erläuterungen	Name	Zeichen
Masse	m			Gramm Kilogramm	g kg
Volumen	V		Produkt aus drei Längen	Kubik[zenti]meter Liter Milliliter	[c]m³ 1 l = 1 dm³ 1 ml = 1 cm³
Anzahl	N			Eins	1
Dichte	ϱ	$\varrho = \frac{m}{V}$	m: Masse der Stoffportion V: Volumen der Stoffportion		g/cm³ 1 g/l = 0,001 g/cm³
Celsiustemperatur	t, ϑ			Grad Celsius	°C
thermodynamische Temperatur	T	$T = t + 273{,}15\ \mathrm{K}$		Kelvin	K

Chemische Elemente

Die Elemente mit den Ordnungszahlen 60 bis 71 und 93 bis 105 sind nicht aufgeführt.
Eine Zusammenstellung aller Elemente befindet sich im Periodensystem am Ende des Buches.

Elementname	Zeichen	Ordnungszahl	Atommasse in u	Dichte [1] in g/cm³ (Gase: g/l)	Schmelztemperatur in °C	Siedetemperatur in °C
Actinium	Ac	89	227,0278	10,1	1050	3200
Aluminium	Al	13	26,9815	2,70	660	2467
Antimon	Sb	51	121,757	6,68	630	1750
Argon	Ar	18	39,948	1,66	−189	−186
Arsen	As	33	74,9216	5,72	613 s	817 p
Astat	At	85	210,0	–	302	337
Barium	Ba	56	137,33	3,51	725	1640
Beryllium	Be	4	9,0122	1,85	1278	2970
Bismut	Bi	83	208,9804	9,8	271	1560
Blei	Pb	82	207,2	11,4	327	1740
Bor	B	5	10,811	2,34	2300	2550 s
Brom	Br	35	79,904	3,12	−7	59
Cadmium	Cd	48	112,41	8,65	321	765
Caesium	Cs	55	132,9054	1,88	28	669
Calcium	Ca	20	40,078	1,54	839	1484
Cer	Ce	58	140,12	6,65	799	3426
Chlor	Cl	17	35,453	2,95	−101	−35
Chrom	Cr	24	51,9961	7,20	1857	2672
Cobalt	Co	27	58,9332	8,9	1495	2870
Eisen	Fe	26	55,847	7,86	1535	2750
Fluor	F	9	18,9984	1,58	−219	−188
Francium	Fr	87	223,0	–	27	677
Gallium	Ga	31	69,723	5,90	30	2403
Germanium	Ge	32	72,6	5,32	937	2830
Gold	Au	79	196,9665	19,32	1064	3080
Hafnium	Hf	72	178,49	13,3	2227	4602
Helium	He	2	4,0026	0,17	−272 p	−269
Indium	In	49	114,818	7,30	156	2080
Iod	I	53	126,9045	4,93	113	184
Iridium	Ir	77	192,22	22,41	2410	4130
Kalium	K	19	39,0983	0,86	63	760
Kohlenstoff	C	6	12,011	2,25 [2]	3650 [2]	4827
Krypton	Kr	36	83,80	3,48	−157	−152
Kupfer	Cu	29	63,546	8,92	1083	2567
Lanthan	La	57	138,9055	6,17	921	3457
Lithium	Li	3	6,941	0,53	180	1342
Magnesium	Mg	12	24,305	1,74	649	1107
Mangan	Mn	25	54,938	7,20	1244	1962
Molybdän	Mo	42	95,94	10,2	2610	5560
Natrium	Na	11	22,9898	0,97	98	883

Elementname	Zeichen	Ordnungszahl	Atommasse in u	Dichte [1] in g/cm³ (Gase: g/l)	Schmelztemperatur in °C	Siedetemperatur in °C
Neon	Ne	10	20,179	0,84	−249	−246
Nickel	Ni	28	58,6934	8,90	1455	2730
Niob	Nb	41	92,9064	8,57	2468	4742
Osmium	Os	76	190,23	22,5	2700	5300
Palladium	Pd	46	106,4	12,0	1554	2970
Phosphor	P	15	30,9738	1,82 [3]	44 [3]	280
Platin	Pt	78	195,08	21,4	1772	3827
Polonium	Po	84	209,0	9,4	254	962
Praseodym	Pr	59	140,9077	6,77	931	3512
Protactinium	Pa	91	231,03588	15,4	–	–
Quecksilber	Hg	80	200,59	13,6	−39	356
Radium	Ra	88	226,0254	5,0	700	1140
Radon	Rn	86	222,0	9,23	−71	−62
Rhenium	Re	75	186,207	20,5	3180	5627
Rhodium	Rh	45	102,9055	12,4	1966	3727
Rubidium	Rb	37	85,4678	1,53	39	686
Ruthenium	Ru	44	101,07	12,3	2310	3900
Sauerstoff	O	8	15,9994	1,33	−219	−183
Scandium	Sc	21	44,9559	3,0	1541	2831
Schwefel	S	16	32,066	2,07	119	444
Selen	Se	34	78,96	4,81	217	685
Silber	Ag	47	107,868	10,5	962	2212
Silicium	Si	14	28,0855	2,32	1410	2355
Stickstoff	N	7	14,0067	1,17	−210	−196
Strontium	Sr	38	87,62	2,60	769	1384
Tantal	Ta	73	180,9479	16,6	2996	5425
Technetium	Tc	43	98,9062	11,5	2172	4877
Tellur	Te	52	127,60	6,0	449	990
Thallium	Tl	81	204,37	11,8	303	1457
Thorium	Th	90	232,0381	11,7	1750	4790
Titan	Ti	22	47,88	4,51	1660	3287
Uran	U	92	238,029	19,0	1132	3818
Vanadium	V	23	50,9415	5,96	1890	3380
Wasserstoff	H	1	1,0079	0,083	−259	−253
Wolfram	W	74	183,84	19,3	3410	5660
Xenon	Xe	54	131,30	5,49	−112	−107
Yttrium	Y	39	88,9059	4,47	1522	3338
Zink	Zn	30	65,39	7,14	419	907
Zinn	Sn	50	118,71	7,30	232	2270
Zirconium	Zr	40	91,224	6,49	1852	4377

1) Dichteangaben für 20 °C und 1013 hPa

2) Angaben gelten für Graphit; Diamant: Schmelztemp. 3550, Dichte 3,51

3) Angaben gelten für weißen Phosphor; Roter Phosphor: Schmelztemp. 590 p, Dichte 2,34

s = sublimiert
p = unter Druck
– = Werte nicht bekannt

Bildquellen

5 BASF AG, Ludwigshafen / Bayer Diagnostic GmbH, München; **8.3** Riedel-de-Haën AG, Seelze; **11** Franz Boveri GmbH, Hanau; **13** Fotoarchiv Christoph + Meyer GmbH, Essen (B 1 und B 5) / Keyphoto Mauritius, Stuttgart / Hermann Pfauter GmbH, Ludwigsburg; **19.3** Okapia (Tom Mc Hugh), Frankfurt; **19.4** Müller, Stuttgart; **19.5** dpa, Frankfurt; **24.2** Mauritius (Zak), Stuttgart; **24.3** Hopfer, Neusäß; **27.5** BHS, Bad Reichenhall; **27.6** Bavaria, Gauting; **29.6** Gesellschaft für technische Zusammenarbeit, Eschborn; **32** unten Ford Werke AG, Köln; **34.2** Angermayer (Pfletschinger), Holzkirchen; **36.2** Bayer AG, Leverkusen; **37** Anthony, Starnberg; **38** oben Andreas Henseler, Stuttgart; **42.1** Hartmann, Sobernheim / Medenbach, Witten; **45.1** The Mansell Collection Ltd., London; **46.1** Deutsches Museum, München; **49** Helga Lade, Frankfurt / dpa (Europress), Oppenheim / Mauritius (Rawi), Stuttgart; **50** Mauritius (E. Gebhardt), Stuttgart / Europress, Oppenheim; **51** Werner Frick, Stuttgart; **56.1** Drägerwerk AG Lübeck, **57.6** Bildagentur Huber, Garmisch-Partenkirchen; **58.1** Messer, Griesheim; **61.1** Bavaria, Gauting; **61.2** DVA, Stuttgart; **62.1** Hahn, Bopfingen; **63.5** AGEFKO GmbH, Düsseldorf; **63.6** Peter Menzel, Esslingen; **65** AKG, Berlin / Focus (Gary Braasch), Hamburg / dpa, Frankfurt / Schutzgemeinschaft Deutscher Wald, Bonn / Landeshauptstadt Stuttgart, Branddirektion; **66** Landeshauptstadt Stuttgart; Branddirektion; **67** Mauritius, Stuttgart / dpa, Frankfurt / Bavaria, Gauting; **69.8** Peter Menzel, Esslingen / **70.1** ZEFA, Düsseldorf; **72.2** Heinz Schrempp, Breisach; **73** Kraftwerke Oberhasli, Innertkirchen / Bayer AG, Leverkusen / Bavaria, Gauting / Mauritius (Photri), Stuttgart / Georg Gerstner, Zumikon; **75.6** Albrecht Becker, Altenriet; **76.1**, **80.1** dpa, Frankfurt; **82.1** Daimler-Benz AG, Stuttgart; **82.2** Bayernwerk, München; **83.1** Deutsches Museum, München; **83.3** Peter Menzel, Esslingen; **84** BGW e.V., Bonn; **85** Mauritius, Stuttgart; **86.1** Foto Hauck, Hamburg; **86.2** Angermayer, Holzkirchen; **86.3** Eberhardt, Waiblingen; **87** D. Schmidtke; **88** Daniel Bühler, Neuhausen; **90.1** Hans Reinhard, Heiligkreuzsteinach; **90.2** BPK, Berlin; **91** Leybold Didactic GmbH, Hürth; **92.2** BGW e.V., Bonn; **92.4** Mauritius (Pott), Stuttgart; **93.6** Mauritius (Hackenberg), Stuttgart; **94.2** Landeshauptstadt Stuttgart, Tiefbauamt; **94.3** ZEFA (Weigel), Düsseldorf; **95.4** Europress, Oppenheim; **96.3** BGW e.V., Bonn; **97** Tiefbauamt (Ute Schmidt-Contag), Stuttgart / Stadt Reutlingen, Pressestelle / dpa, Frankfurt / Helga Lade, Frankfurt / Okapia, Frankfurt / Europress, Oppenheim; **98.1** Helga Lade, Frankfurt; **98.2** Landesanstalt für Immissionsschutz, Essen; **99** Drägerwerk AG, Lübeck; **100.1** Mauritius (Matwijow), Stuttgart; **101.6** Bundesministerium für Umwelt, Bonn; **101.7** Superbild (Thomas Rinke), Grünwald; **101.8** Bavaria (Kappelmeyer), Gauting; **101.9** dpa (Hollemann), Frankfurt; **101.11** Silvestris (Kerscher), Kastl; **102.12**, **102.13** Focus (Mike Yamashita), Hamburg; **102.14** Bavaria (Kneer), Gauting; **102.15** Sonderabfalldeponie Billigheim; **103** Krupp Stahl AG, Bochum / Mauritius (Hubatka), Stuttgart / Deutsches Museum, München; **104** Mauritius (Richard Mayer), Stuttgart; **107.3** Elektro Thermit GmbH, Berlin; **108.1** Hermann Eisenbeiss, München; **108.2** Hoesch AG, Dortmund; **109.2** dpa, Frankfurt; **110.3** Mannesmann AG, Duisburg; **111.6** Beratungsstelle für Stahlverwendung, Düsseldorf; **112.1** Internationales Bildarchiv (Horst von Irmer), München; **112.2** Informationszentrum Weißblech, Düsseldorf; **122.1** Silvestris (Detlef Singer), Kastl; **122.3** Linde AG, Höllriegelskreuth; **123.1**, **123.2**, **126.1**, **126.2**, **126.4**, **126.5**, **127.7** Deutsches Museum, München; **132.1** dpa, Frankfurt; **133.1a**) Siemens AG, München; **133.1c**) Kroschke Sign International GmbH, Stuttgart; **133.3** dpa (Photoreporters), Frankfurt; **133.4** Niedersächsisches Landesamt für Bodenforschung, Hannover; **134.2** Mauritius (P. Freytag), Stuttgart; **135** BPK, Berlin / Südwestsalz-Vertriebs GmbH, Bad Friedrichshall / Schuster, Oberursel; **136.3a**) Verein Deutsche Salzindustrie, Bonn; **137.4** Weisser Wintermaschinen; **137.7** Kali + Salz, Kassel; **138.1** Mauritius, Stuttgart; **139.3** Bayerische Berg-, Hütten- und Salzwerke, München; **139.4**, **139.5** Stadtarchiv Schwäbisch Hall; **139.6** Südwestdeutsche Salzwerke AG, Heilbronn; **139.7** Ullstein Bilderdienst, Berlin; **143.1b**), **143.4** Florian Karly, München; **146.2** Mauritius, Stuttgart; **149.1** VAW, Bonn; **152.1** dpa, Frankfurt; **154.1** Deutsches Museum, München; **155.3** Leitz, Wetzlar; **155.6** Graphitwerk Kropfmühl AG, München; **157.1** Zeiss, Optisches Museum, Oberkochen; **157.2** Franz Lazi, Stuttgart; **160.4** Rupert Hochleitner, München; **161** Deutsches Museum, München / Deutsches Kupferinstitut, Düsseldorf / AG der dt. Galvanotechnik, Düsseldorf; **162.2** AEG AG, Frankfurt; **162.3** Dornier GmbH, Deutsche Aerospace, Friedrichshafen; **162.4** Helga Lade, Frankfurt; **166.6** Bernhardt Apparatebau GmbH, Wedel; **168.1**, **168.3** Trienekens Entsorgung GmbH, Viersen; **168.4** Varta Batterie AG, Hannover; **169.3** USIS, Bonn; **170.2**, **170.3**, **170.4** Dirk Krauel Wirtschaftswerbung, Hilden; **171.4** Ruhrgas AG, Essen; **173** realfoto, Weil der Stadt; **188.3a**) Medenbach, Witten; **188.3b**) Werner Lieber, Heidelberg; **189.6** Knauf Gipswerke, Iphofen; **190.3** Lurgi AG, Frankfurt; **198** oben dpa, Frankfurt; **201** Krauter, Esslingen / Hans Reinhard, Heiligkreuzsteinach / Landesdenkmalamt, Stuttgart; **202** realfoto, Weil der Stadt / Silvestris, Kastl / Ingrid Kottke, Tübingen / B. Wagner; **204.2** B. Wagner; **206.1**, **206.2** Baumüller, Stuttgart; **207** oben Action Press, Hamburg; **208.1**, **209.4**, **209.6**, **209.7** Neckarwerke Stuttgart; **210.4** Helga Lade, Frankfurt; **211** Deutsches Museum, München / Bavaria (Anton Geisser), Gauting / BASF AG, Ludwigshafen; **214.1** Focus (Science Photo Library), Hamburg; **214.2** Silvestris (Frank Lane), Kastl; **216.3** BASF AG, Ludwigshafen; **217.6** Merck, Darmstadt; **218.1** AKG, Berlin; **219** Peter Menzel, Esslingen / Deutsches Museum, München; **221** Luftbild Brugger, Stuttgart / TWS, Stuttgart; **223.9** Anthony, Starnberg; **223.12** DFVLR Energietechnik, Köln; **224.2** BASF AG, Ludwigshafen; **226.1** GVS, Stuttgart; **226.2** Schmidt-Reutter, Köln; **227.4** Neckarwerke Stuttgart; **232.1** Dt. Shell AG, Hamburg; **232.3** Fotoarchiv Christoph + Mayer (Charles Mason), Essen; **232.4** Grindler, Sindelfingen; **233** dpa, Frankfurt / Internationales Bildarchiv (Horst von Irmer), München / Daimler-Benz AG, Stuttgart; **234** Mauritius (Hubatka), Stuttgart / Südöl GmbH, Eislingen; **235.12** Greenpeace, Hamburg; **235** unten dpa (Eilmers), Frankfurt; **236.1** dpa (Haid), Frankfurt; **237.4** Wildlife (J. Kamien), Hamburg; **238.1** Esso AG, Hamburg; **240.1** Mauritius (E. Gebhardt), Stuttgart; **242.2** Deutsches Museum, München; **243** Bavaria, München / Focus (H. Silvester), Hamburg; **244.3** Trienekens u. R + T Entsorgung GmbH, Grevenbroich; **245.1** Deutscher Wetterdienst (Krügler), Offenbach; **245.2** USIS, Bonn; **246.1** AgriMedia (Wolfgang Redeleit), Pinneberg; **247.5** Visual Impact Hawaii (Brad Lewis), Honolulu; **248.2** dpa (camera press), Frankfurt; **248.3** dpa, Frankfurt; **248.4** Johann Leupold, Windisch-Evern; **248.5** dpa, Frankfurt; **249** Europress, Oppenheim / Pieroth, Layen/Bingen / Haarmann + Reimer, Holzminden / Bols, Neuss; **250.1** Europress, Oppenheim; **251** Motor-Presse International, Stuttgart; **258.2** South American Pictures, Woodbridge; **259.5** Mauritius, Stuttgart; **260.7** Okapia, Frankfurt; **265.3** Deutsches Museum, München; **265.4** Johannes Lieder, Ludwigsburg; **266.3b**) Dow Corning GmbH, Wiesbaden; **266.3c**) Bayer AG, Leverkusen; **268.1** Baumann, Ludwigsburg; **268.2** Okapia (Pott), Frankfurt; **268.4** Okapia (Kiepke), Frankfurt; **270.1** Hans Reinhard, Heiligkreuzsteinach; **270.2** Johannes Lieder, Ludwigsburg; **271.1** Messo-Chemietechnik, Duisburg; **271.3** Bayer AG, Leverkusen; **274.4** Angermayer, Holzkirchen; **274.5** dpa, Frankfurt; **274.6** Tony Stone Worldwide, München; **276** Bildagentur Eising, München; **279.2** Anthony Verlag (Lauer), Starnberg; **280** Margarine-Institut, Hamburg; **282.1** Baumann, Ludwigsburg; **282.2** Mundel, Stuttgart; **283.6** ZEFA, Düsseldorf; **283.7** AgriMedia, Pinneberg; **285.7** Bavaria (Hiroshi Higuchi), Gauting; **287** Mauritius (Ridder), Stuttgart / Kulturgeschichtliches Bildarchiv Hansmann, München / aus Hobbythek: „Cremes und sanfte Seifen“ von Jean Pütz u. Christine Niklas, vgs, Köln; **288** Henkel KGaA, Düsseldorf; **289.4a**) Mauritius (Johannes), Stuttgart; **289.4b**) Okapia, Frankfurt; **291.1** Bayer AG, Leverkusen; **291.2**, **292.5**, **293.1**, **293.3** Henkel KGaA, Düsseldorf; **295.4** Hans Reinhard, Heiligkreuzsteinach; **295.5**, **295.6**, **296.9** Henkel KGaA, Düsseldorf; **296.11** Quinzler, Sindelfingen; **298.2** Margarine-Institut, Hamburg; **298.3** Industrieverband Körperpflege und Waschmittel e.V., Frankfurt; **300.1** aus Hobbythek: „Cremes und sanfte Seifen“ von Jean Pütz u. Christine Niklas, vgs, Köln; **302.1** Bavaria, Gauting; **302.2** Mauritius (Rawi), Stuttgart; **304.3** IFA-Bilderteam, München; **305** Hoechst AG, Frankfurt / dpa, Frankfurt; **306.1** aus: „Eine Jahrhunderliebe“, Christian Verlag, München; **306.2** Bayer AG, Leverkusen; **307.5** Mauritius (Nakamura), Stuttgart; **307.6** Intersport Deutschland eG, Heilbronn; **307.7** Bongarts, Hamburg; **307.8a**) Allcomm AG (Foto Ciba Geigy), Allschwill, Schweiz; **307.8b**) Bavaria (Merten), Gauting; **307.9** dpa, Frankfurt; **308.1** Hoechst AG, Frankfurt; **308.4** AG Dt. Kunststoffindustrie, Frankfurt; **311.3** Hoechst AG, Frankfurt; **311.7** Helga Lade, Frankfurt; **313.4** Bayer AG, Leverkusen; **315.2** AG Dt. Kunststoffindustrie, Frankfurt; **316.1a**) Bavaria (Hiroshi Higuchi), Gauting; **316.1b**) Bavaria (Stock Star), Gauting; **316.1c**) IFA-Bilderteam, München; **317.2** Kunert AG, Immenstadt; **317.3** Bayer AG, Leverkusen; **317.4** Bär und Lorenz GmbH, Insingen; **317.5** Bongarts (Angi Gross), Hamburg; **317.6**, **317.7** Hoechst AG, Frankfurt; **318.1** Globus-Kartendienst GmbH, Hamburg; **318.2** EWvK, Wiesbaden; **318.3** BASF Magnetics, Mannheim; **319** BP Oil Deutschland GmbH, Hamburg / Lurgi AG, Frankfurt / Hüls AG, Marl; **320** Hüls AG, Marl; **321.1** Methrom AG, Herisau; **322.1a**) Verein Dt. Salzindustrie, Bonn; **322.1b**) Bavaria (Gläser), Gauting; **326.1** BASF AG, Ludwigshafen.

Alle weiteren Fotos stammen von Ralph Grimmel, Stuttgart; Bernhard Heinze, Stuttgart; Harald Kaiser, Alfdorf; Neumann und Zörlein, Stuttgart; Eberhard Theophel, Gießen oder aus dem Archiv des Ernst Klett Schulbuchverlages.

Bildperiodensystem: Autor: Prof. Dr. Peter Menzel, Esslingen;
Fotos: Bernhard Heinze, Stuttgart

Umschlaggestaltung: Conrad Höllerer, Stuttgart, unter Verwendung eines Fotos „Hot Springs, Yellowstone National Park“ von Tony Stone Worldwide (Paul Chesley), München

Periodensystem der Elemente

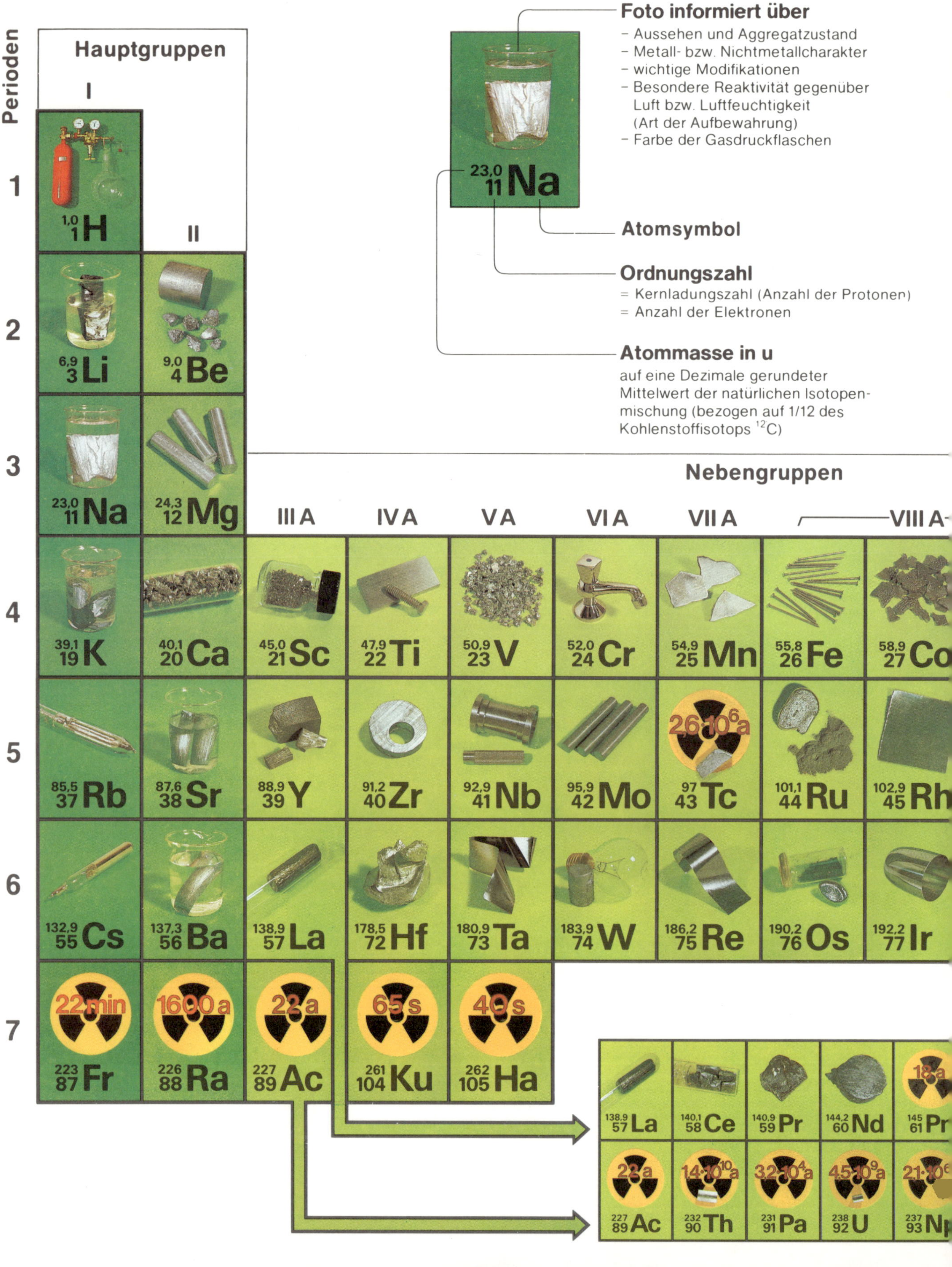